précis de recherche opérationnelle

DUNOD DÉCISION

J. Acher, J. Gardelle
programmation linéaire

Gérard Calot
cours de statistique descriptive

Gérard Calot
cours de calcul des probabilités

Gérard Calot
exercices de calcul des probabilités

Ronald Céhessat
exercices commentés de statistique et informatique appliquées

A. Chevalier
programmation dynamique

Gérard Desbazeille
exercices et problèmes de recherche opérationnelle

E. Diday, J. Lemaire, J. Pouget, F. Testu
éléments d'analyse de données

R. Faure
précis de recherche opérationnelle

M. Jambu, M.-O. Lebeaux
classification automatique pour l'analyse des données
tome 1 - méthodes et algorithmes
tome 2 - logiciels

L. Lebart, A. Morineau, J.-P. Fénelon
traitement des données statistiques

L. Lebart, A. Morineau, N. Tabard
techniques de la description statistique : méthodes et logiciels pour l'analyse des grands tableaux

I.C. Lerman
classification et analyse ordinale des données

M. Minoux
programmation mathématique : théorie et algorithmes (2 volumes)

J.-P. Nakache, A. Chevalier, V. Morice
exercices commentés de mathématiques pour l'analyse statistique des données

J.-M. Romeder
méthodes et programmes d'analyse discriminante

B. Escofier, J. Pages
analyses factorielles simples et multiples

Robert Faure

Professeur titulaire de la chaire de recherche opérationnelle
au Conservatoire national des Arts et Métiers
détaché à la Faculté des Sciences de Rabat
Conseiller scientifique honoraire de la Régie autonome des transports parisiens

précis de recherche opérationnelle

Exposé succinct des méthodes, enrichi de 50 exercices et problèmes, presque tous résolus, et de 12 programmes en langage évolué.

avec la collaboration de

Nicole-Sylvie GUILLOT-LE GARFF
Ingénieur E.P.F.

Manuel BLOCH
Ingénieur civil des Mines

Préface de Paul GUERIN †
Directeur du Conservatoire National des Arts et Métiers

Quatrième édition entièrement refondue
des ELEMENTS DE LA RECHERCHE OPERATIONNELLE
Nouveau tirage

Dunod

DU MÊME AUTEUR

Initiation à l'électronique 1e éd. 1961, 2e éd. 1966, Dunod, Paris (épuisé en langue française ; disponible en langue espagnole : *Iniciación a la electrónica,* 2e éd. Marcombo, Barcelone).

Aide-mémoire de mathématiques nouvelles (tome 1), 1e éd. 1964, 2e éd. 1970, Dunod, Paris (épuise en français, mais disponible en langues espagnole, italienne, roumaine et, notamme, russe : СОВРЕМЕННАЯ МАТЕМАТИКА , éd. MIR, Moscou).

Recherche opérationnelle (cours professé à la section "Informatique") réf. 2067; 1e éd. 1967, 2e éd. 1970, Ecole supérieure d'électricité, Plateau du Moulon, Gif-sur-Yvette.

Compléments de mathématiques (cours professé à la section "Informatique" de l'Ecole supérieure d'électricité, réf. 2536, v. ci-dessus).

La programmation linéaire appliquée, Collection Que sais-je ? n° 1776, 1979, P.U.F., Paris.

Collection *PROGRAMMATION*, série *RECHERCHE OPERATIONNELLE APPLIQUEE :*

1. *Chemins et flots, ordonnancements* (en coll. avec C. ROUCAIROL et P. TOLLA), 1976, Gauthier-Villars, Paris.
2. *Processus stochastiques, leurs graphes, leurs usages* (en coll. avec Ph. CHRETIENNE), 1974, Gauthiers-Villars, Paris.
3. *Eléments de programmation dynamique* (J.L. LAURIERE), 1979, Gauthier-Villars; Paris.
4. *Fiabilité et renouvellement des équipements* (en coll. avec J.L. LAURIERE), 1974, Gauthier-Villars, Paris.

En collaboration avec M. DENIS-PAPIN et A. KAUFMANN :

Cours de calcul booléien appliqué 1e éd. 1963, 2e éd. 1970 (cours de mathématiques supérieures, t.V), Albin Michel, Paris.

Exercice de calcul matriciel et de calcul tensoriel, 1e éd. 1958, 4e éd. 1970, Eyrolles, Paris.

Exercices de calcul opérationnel, 1e éd. 1959, 3e éd. 1966 (Epuisé).

Structures ordonnées et algèbres de Boole (en coll. avec E. HEURGON), 1971 Gauthier-Villars, Paris.

Mathématiques pour l'informaticien (en coll. avec B. LEMAIRE), 1e éd. 1973, Gauthier-Villars, Paris.

Les jeux d'entreprises (en coll. avec A. KAUFMANN et A. LE GARFF), collection Que sais-je ? n° 892, 1e éd. 1960, 4e éd. 1976, P.U.F., Paris.

Invitation à la recherche opérationnelle (en coll. avec A. KAUFMANN), 1e éd. 1962, 2e éd. 5e nouveau tirage 1976, Dunod, Paris.

La recherche opérationnelle (en coll. avec J.P. BOSS et A. LE GARFF), 1e éd. 1961, 5e éd. entièrement refondue (60e mille), 1980, Que sais-je ? n° 941, P.U.F., Paris.

ISBN : 2-04-011029-1

TABLE DES MATIÈRES

SIXIEME PARTIE - EXEMPLES DE PROGRAMMES

PRÉFACE

Depuis sept ans ([1]), M. Robert FAURE, ancien élève de l'Ecole Normale Supérieure de l'Enseignement technique et Ingénieur du Conservatoire National des Arts et Métiers (spécialité Mécanique) donne dans notre établissement, à titre bénévole, un enseignement de Recherche opérationnelle.

Cet enseignement était destiné initialement aux élèves de la section de "Programmation". Lorsque la création du cours de Machines mathématiques a entraîné la suppression de cette section, il est apparu que de nombreux auditeurs du Conservatoire étaient intéressés par ces conférences. Nous avons donc décidé de leur donner une plus large audience et de leur faire une place importante dans les enseignements complémentaires du cours de Machines mathématiques. Le succès a été tel que de nombreuses demandes nous sont parvenues en vue de la publication de ces conférences.

Si l'on met à part les qualités propres au professeur, il est normal que les élèves du Conservatoire aient pris un grand intérêt à un enseignement qui présente un indéniable caractère d'actualité, et qui touche à des problèmes essentiels pour l'avenir de l'économie.

L'ingénieur moderne ne peut plus limiter ses préoccupations à l'organisation de la fabrication ou à la direction de recherches. Il est intégré à la gestion de l'entreprise tout entière et son souci doit être de fabriquer au meilleur prix et d'inventer au moindre coût. Comment pourrait-il y parvenir s'il n'a pas été préparé à appliquer les méthodes de calcul prévisionnel et de l'optimisation.

De la même façon tous ceux : économistes ou techniciens qui font métier du traitement de l'information ne peuvent ignorer les principaux problèmes posés par la recherche opérationnelle, ni la façon de se servir des machines pour leur résolution.

En seize conférences, l'auteur ne pouvait évidemment traiter qu'un nombre limité de sujets. Ceux-ci ont été choisis en raison de leur simplicité, mais aussi de leur généralité, de manière à fournir au lecteur un tableau assez complet des méthodes employées. On remarquera que l'exposé de ces méthodes est toujours déduit d'exemples simples, ne comportant eux-mêmes que des difficultés limitées. De cette façon la théorie générale n'est jamais introduite d'une manière abstraite.

La première partie de l'ouvrage est écrite dans un style simple écartant délibérément le jargon pseudo-scientifique dont abusent tant d'auteurs modernes. Les méthodes générales sont exposées sans appareil théorique inutile et le lecteur peut aborder aisément les problèmes de décision. La seconde partie de l'ouvrage doit lui permettre

([1]) Cette préface a été écrite en 1967 (pour la 1e édition, 1968). Depuis, l'auteur a été nommé professeur associé, puis professeur titulaire; un cours de recherche opérationnelle B_1, relevant du second cycle, B, et comprenant 27 leçons d'une heure trente, 26 séances d'exercices de même durée et, l'année suivante des travaux pratiques sur des cas réels, a été créé dès 1968 au CNAM; un autre cours B_2, comprenant, en plus, 15 leçons sur l'optimisation continue, est réservé aux auditeurs d'un niveau mathématique plus élevé en analyse fonctionnelle (1974); un troisième cycle, C, enfin, a fonctionné dès 1972.

de contrôler, en résolvant des problèmes élémentaires dont la solution lui est indiquée, qu'il a acquis l'esprit et la pratique de la recherche opérationnelle.

La dernière partie enfin, constitue une mine de petits organigrammes et de programmes dont les utilisateurs d'ordinateurs pourront s'inspirer lorsqu'ils auront à confier aux machines la résolution de problèmes concrets.

On retrouve dans cet ouvrage les qualités bien connues de l'excellent professeur qu'est M. Robert FAURE : la clarté de l'exposé, la richesse de l'information et l'objectivité qui est la marque même de l'esprit scientifique. Je suis persuadé qu'il intéressera un large public, non seulement parmi les étudiants, mais aussi parmi tous ceux qui se préoccupent, dans divers domaines, d'appliquer les techniques rationnelles d'analyse et de synthèse des phénomènes d'organisation.

P. GUERIN (†, 1974)

Directeur du Conservatoire National des Arts et Métiers

AVERTISSEMENT

Le présent ouvrage comprend :

a) un exposé, volontairement limité à l'essentiel, des applications les plus classiques de la recherche opérationnelle ;

b) un choix de textes d'exercices ou de problèmes, suivis, pour la plupart de leurs solutions ;

c) un recueil de programmes, illustrant la manière dont les ordinateurs peuvent venir en aide aux analystes pour le traitement des problèmes de recherche opérationnelle.

Aussi bien, ce livre n'a-t-il que la prétention d'être utile aux étudiants de toutes formations qui, par obligation ou par souci de culture, cherchent à connaître, des méthodes de la recherche opérationnelle, un peu plus qu'ils n'en apprendraient dans les articles des revues ou des brochures de vulgarisation.

Il n'est pas indifférent que les quatre premières parties aient été conçues au cours d'un enseignement de bientôt vingt années au Conservatoire National des Ars et Métiers. En effet, si le public des élèves du CNAM se distingue par une extrême bonne volonté et une ardente soif de connaissances, il est constitué d'étudiants de formations disparates dont beaucoup n'ont eu accès à la culture générale qu'à la fin de leur jeunesse. Il serait donc indécent, sous prétexte d'élégance ou même de rigueur académique, de compliquer leur tâche en leur présentant les techniques de la recherche opérationnelle sous la forme la moins accessible.

C'est pourquoi l'essence des méthodes a été, presque toujours, déduite d'exemples simples, ne comportant en eux-mêmes que peu de difficulté, tant il importait que la théorie générale ne fût pas introduite d'une manière abstraite.

Pour la même raison, on a lutté, autant que possible, contre l'abus du jargon et des notations spéciales.

Quant à la cinquième partie, elle est l'oeuvre de spécialistes du traitement en ordinateurs et constitue, à notre avis, une précieuse illustration des deux premières. Il ne faut pas oublier, en effet, qu'une majorité des auditeurs des cours de recherche opérationnelle donnés au CNAM est recrutée parmi les élèves qui poursuivent des études d'informatique ou d'organisation : il est donc bien normal qu'ils soient friands d'exemples d'utilisation des ordinateurs.

Certains se demanderont peut-être s'il était utile et même souhaitable d'enseigner des éléments de recherche opérationnelle au CNAM. Notre sentiment est qu'il faut répondre résolument par l'affirmative à une telle question. Le Conservatoire National des Arts et Métiers est une grande école, dont les ingénieurs possèdent une culture scientifique de premier ordre et sont souvent appelés à un brillant avenir.

Eux aussi seront confrontés avec les impératifs de la nouvelle révolution industrielle : l'automatisation, et nombreux sont ceux qui se préoccuperont des problèmes d'aide à la décision dans l'entreprise. L'enseignement qu'ils auront pu recevoir en cette matière au CNAM les préparera à jouer ainsi pleinement leur rôle.

Nous serions tout à fait satisfait si ce petit livre était jugé comme approprié à son but, qui est de fournir une ouverture d'esprit sur l'optimisation économique et un cadre de réflexion en vue de lectures plus spécialisées.

R. F.

Note pour la troisième édition :

En dix-sept ans d'enseignement d'un cours de même niveau, il était fatal que, pour des raisons logiques et pédagogiques, la présentation, le plan et le contenu en fussent quelque peu modifiés (1). Il nous a donc paru nécessaire de *refondre entièrement* le livre qui reflète ce cours, à l'occasion de sa troisième édition. Nous souhaitons qu'ainsi rénové et amendé ce manuel continue à faciliter leur travail aux auditeurs du cours de recherche opérationnelle du CNAM et des centres régionaux, comme aux ingénieurs et aux économistes qui veulent s'initier aux méthodes scientifiques de gestion.

Rabat, août 1976.

Grâce à B. LEMAIRE, M.C. COSTA et quelques autres, la quatrième édition a été débarrassée de fautes matérielles déplorables et renforcée dans ses commentaires, notes ou appendices.

---

(1) Je remercie vivement les lecteurs qui m'ont signalé des fautes en tout genre dans la seconde édition, et tout particulièrement M. J.C. Rochat, de l'E.P. de Lausanne, ainsi que mon fils Pierre, qui a relu attentivement et corrigé chapitre et exercices concernant les ordonnancements.

Mes remerciements les plus sincères vont également à Madame Yvonne Maulet qui, malgré les difficultés, a su présenter très élégamment un texte aride, hérissé de formules, à Monsieur Izorce, qui a repris et complété l'illustration avec goût et compétence et, enfin, aux Editions Gauthier-Villars qui ont assuré la publication de cet ouvrage.

Je n'aurai garde d'oublier d'adresser aussi un grand merci à J.L. et Marion LAURIERE, qui ont corrigé les épreuves du cours, refait les calculs et amélioré la lisibilité.

chapitre I. INTRODUCTION A LA RECHERCHE OPÉRATIONNELLE

Pour le grand public, la *recherche opérationnelle* est une technique récente, datant tout au plus de la seconde guerre mondiale. Et, en fait, c'est bien à son application aux *opérations* militaires qu'elle doit son nom.

En réalité, elle est bien plus ancienne, car, dès le dix-septième siècle, B. Pascal et P. de Fermat, inventeurs de la notion d'*espérance mathématique* (1654), cherchaient, suivis de peu par Jacques Bernoulli et Waldegrave, à résoudre des problèmes de *décision dans l'incertain*. Avant la fin de l'ancien régime, Monge s'était proposé et avait résolu analytiquement un problème économique de nature *combinatoire :* celui des déblais et remblais (1776). Sous la monarchie de Juillet, Augustin Cournot s'était attaqué à la *théorie mathématique des richesses (1838)*, devenant ainsi le précurseur de l'économétrie. Plus récemment, Emile Borel introduisait la *théorie mathématique des jeux*, sous sa forme moderne, à l'Académie des Sciences (1921-25), tandis qu'Erlang fondait celle des *files d'attente*, qu'il utilisait à la conception des réseaux téléphoniques (1917). Enfin, à la veille de la guerre 1939-45, L. Kantorovitch concevait et appliquait la *programmation linéaire* à la planification peu après que König se fut intéressé aux *graphes* (1936).

On peut donc dire que, lorsque le physicien anglais Blackett fut, en 1940, appelé à présider la première équipe de chercheurs opérationnels, d'illustres devanciers l'avaient précédé. Cependant, Blackett eut l'immense mérite de trouver l'organisation lui permettant de traiter rapidement et avec succès la difficile question de l'implantation optimale des radars de surveillance britanniques, qui devaient jouer un rôle si déterminant dans la *bataille d'Angleterre*. On sait qu'il attribua lui-même l'efficacité de son entreprise aux faits que l'équipe qu'il avait rassemblée était très *hétérogène* (autrement dit les points de vue qui s'y manifestèrent étaient très variés), qu'aucune *information* (même secrète) ne fut jugée trop noble pour échapper à sa compétence et qu'enfin il réserva la *décision* à ses commettants.

Dès la fin des hostilités, furent tentés de nombreux essais d'application à l'économie industrielle de méthodes jusqu'alors éprouvées seulement par les états-majors alliés. Depuis cette date, des milliers de publications témoignent de leur réussite et de leurs heureux développements.

C'est pourquoi l'on peut légitimement se demander pourquoi l'apparition de la recherche opérationnelle a été si tardive. Il est bon d'énumérer quelques-unes des principales raisons de cette naissance laborieuse :

a) les modèles mathématiques qui ont, de longue date, conquis la physique et peu à peu, bien d'autres sciences expérimentales, n'ont pas été acceptés d'emblée par les spécialistes des sciences économiques, particulièrement de la micro-économie et surtout de l'économie d'entreprise. Il ne faut pas méconnaître que les économistes avaient quelques raisons de suspecter des modèles inertes, simplistes, rigides et abstraits, d'être peu propres à représenter le milieu vivant, complexe, flexible et terriblement concret de l'économie. Toutefois, dès que la connaissance économique fut suffisamment avancée et consentit à se parer du nom de science, il fallut bien se rendre à l'évidence : comme dans toutes les autres sciences expérimentales, parvenues à une certaine maturité, le recours à la mathématique était fatal ;

b) c'est seulement à notre époque que les problèmes sont devenus irrémédiablement complexes, en raison de la taille croissante des firmes et de l'intrication extraordinaire des liens qui les unissent entre elles;

c) enfin, la théorie de la recherche opérationnelle ne serait rien sans les moyens de calcul, les machines numériques automatiques, seules aptes à résoudre les problèmes dans la pratique. Or, les premiers ordinateurs n'ont été commercialisés qu'en 1955-56.

A ce propos, il peut être utile de remarquer qu'il en va de la recherche opérationnelle comme des ordinateurs. Ces derniers suscitent souvent des espoirs démesurés ou des craintes infondées. Il faut répéter que la machine doit être considérée comme un instrument, un outil au service de son créateur : l'homme. Il faut se persuader que lorsqu'on confie à une machine l'exécution d'opérations qui, naguère encore étaient l'apanage de l'esprit humain, le caractère de cette besogne se transforme, du même coup, radicalement : *le travail intellectuel devient un simple travail d'exécution*. Il n'y a donc aucune chance qu'une machine *dépasse* un jour son auteur, bien qu'il n'y ait pas d'impossibilité à ce qu'elle *démontre* une conjecture, voire découvre un théorème inconnu (par une combinaison logique inattendue...). De la même manière, la recherche opérationnelle est l'*auxiliaire de la décision humaine* : elle lui est, par essence, *subordonnée* et il n'existe pas plus de chance qu'elle la supplante un jour.

TENTATIVE DE DEFINITION

Plutôt qu'un arsenal de méthodes mathématiques adaptées à l'optimisation des processus de production et de diffusion des produits, la recherche opérationnelle est *l'ensemble des méthodes et techniques rationnelles d'analyse et de synthèse des phénomènes d'organisation utilisables pour élaborer de meilleures décisions*. Chaque fois que des hommes, des machines, des produits se trouvent en relations actives, on dira qu'on a affaire à un *phénomène d'organisation*. Les problèmes relatifs à ces phénomènes d'organisation se signalent tout d'abord, généralement, par leur caractère hautement combinatoire. Pour peu que le hasard y soit mêlé et que la concurrence s'y manifeste, les situations deviennent encore plus compliquées.

Il a été longtemps de mode de penser que les décisions, à propos des phénomènes d'organisation qui existent dans l'entreprise, la région, voire la nation, étaient du ressort du seul bon sens.

C'est particulièrement vrai en France, où la formation des dirigeants et des entrepreneurs est fortement teintée de cartésianisme et où l'on confond volontiers la puissance de l'esprit humain avec les ressources du *sens commun*.

Aussi, la recherche opérationnelle n'est pas le moyen d'échapper aux jugements de bon sens. Bien au contraire, elle constitue la méthode adéquate pour ramener l'attention de l'homme aux domaines où sa raison individuelle peut s'exercer efficacement, c'est-à-dire au niveau des choix - une fois résolus et explorés, par des techniques adéquates, les problèmes combinatoires, aléatoires ou concurrentiels qui ne sont pas du ressort de l'esprit, même le mieux constitué.

LES DOMAINES D'APPLICATION

L'idée à retenir est que la R.O. ne s'occupe pas des problèmes dans lesquels une solution de bon sens intervient tout naturellement. Son domaine réservé est celui des situations dans lesquelles, pour une raison quelconque, le sens commun se révèle faible ou impuissant.

Tels sont :

1) les problèmes combinatoires;
2) les domaines de l'aléatoire;
3) les situations de concurrence.

a) Il est bien connu que l'homme envisage difficilement la multiplicité des combinaisons qui se présentent, dans les moindres faits de la vie, lorsque plusieurs variables peuvent prendre, chacune, des états différents.

Ainsi, si l'on pose à l'homme de la rue cette question : combien faut-il de temps à une famille de huit personnes, prenant en commun deux repas journaliers, pour épuiser les diverses possibilités de se grouper autour de la table familiale ? , on recevra des réponses variées,dont les moins optimistes fixeront un délai de quelques mois pour la réalisation de ce modeste objectif. On sait qu'en réalité, à deux repas par jour (2), douze mois par an (3 × 4), trente jours par mois (5 × 6), il faudra cinquante-six ans (7 × 8) pour en venir à bout, car :

$$8\,! = 1 \times 2 \times 3 \times 4 \times 5 \times 6 \times 7 \times 8,$$

nombre des dispositions différentes, est déjà un nombre très grand.

Dans tous les problèmes fortement combinatoires (le précédent donne encore des résultats de petite taille), l'esprit humain ne peut envisager le nombre astronomique des arrangements, permutations, combinaisons. Il lui faut un *fil d'Ariane* s'il veut choisir, entre telle ou telle de ces dispositions, relativement à un critère quelconque, car, même avec une puissante machine, le principe fondamental en matière combinatoire demeure d'*éviter toute énumération.* Pour s'en convaincre, il suffit de constater que l'énumération de 20 ! solutions (nombre des affectations de vingt personnes à vingt postes), à la vitesse d'une par microseconde, prendrait 77096 ans. Ou bien d'imaginer un instant qu'il est possible d'énumérer les fonctions différentes de 9 variables binaires seulement; or, celles-ci sont au nombre de $2^{(2^9)} = 2^{512} \simeq 1{,}134076087.10^{155}$, qui dépasse le nombre estimé des électrons et des protons dans l'Univers !

b) Devant les problèmes de l'aléatoire, la situation du *décideur* n'est guère meilleure.

Exemple : Dans une usine, la moyenne des entrées des ouvriers au bureau du correspondant de la sécurité sociale est d'une personne par 4 minutes; l'employé de ce bureau peut servir, en moyenne, une personne toutes les 3 minutes 18 secondes. On peut en conclure (1) que l'employé de bureau, recevant $\frac{8 \times 60}{4} = 120$ clients par jour et leur consacrant 3 mn 18 × 120 = 6 h 36 mn, sur sa journée de 8 heures, peut largement suffire à ce service.

Mais cette solution *par les moyennes* est mauvaise, comme on le verra plus loin,car le temps perdu par les ouvriers, en attente d'être servis, peut atteindre de nombreuses heures qui, étant donnée la perte à la production correspondante, reviennent incroyablement plus cher que l'embauche d'un second employé, pourtant destiné seulement à *absorber les pointes de trafic.*

Pour que cette véritable solution puisse apparaître, il est nécessaire de considérer le phénomène aléatoire dans toute son ampleur; il faut tenir compte de toutes les incidences du hasard et minimiser l'espérance mathématique du coût global des opérations.

c) Enfin, les situations de duel (sinon de concurrence multiple, cas encore plus difficile) demandent à être étudiées avec le plus grand soin. Il est bien clair, en effet, que le choix d'une *stratégie*,dans une situation donnée, dépend des décisions des concurrents. Et, comme celles-ci sont éventuelles, il s'agit, à la fois, d'un problème *combinatoire* et d'une *situation de hasard.*

Imaginons, par exemple, qu'un fabricant A hésite, à chaque campagne de vente, entre la hausse, le maintien et la diminution de ses prix de vente, sachant parfaitement que la concurrence peut lui opposer les mêmes *stratégies pures*. Supposons, en outre, qu'il ait été en mesure de déterminer les gains (les gains négatifs sont des pertes) qu'il réaliserait pour chaque paire de choix (son propre choix et le choix du concurrent en duopole) par rapport au chiffre normal : ces situations sont résumées par le tableau ci-dessous :

---

(1) Tant il est vrai que la croyance à la *compensation* est ancrée dans la conscience de l'homme social,alors que les conditions ne sont évidemment pas réunies pour qu'elle puisse jouer au niveau de l'entreprise.

		Concurrence		
		+	=	-
Stratégies de A	+	5	-1	-4
	=	6	0	-2
	-	10	-1	2

On verra que la solution (nullement immédiate) de ce problème est la suivante : le fabricant doit, au hasard, mais trois fois sur cinq, maintenir ses prix et, deux fois sur cinq, les abaisser, pendant que son concurrent, s'il est habile (ce qui est évidemment postulé) doit, quatre fois sur cinq, les maintenir et, une fois sur cinq, les diminuer, moyennant quoi A ne perdra, en moyenne, que 0,4 à chaque coup.

Les domaines d'application de la recherche opérationnelle peuvent donc se classer en:

- *problèmes combinatoires* : exemples : définition des investissements les plus rentables ; optimisation des niveaux d'activité, des affectations, des transports ; ordonnancements, etc. ;

- *problèmes stochastiques* (c'est-à-dire où intervient le hasard) ; exemples : files d'attente, problème de stocks, réparation et renouvellement des équipements, etc. ;

- *problèmes concurrentiels* : exemples : définition de politiques d'approvisionnement, de vente, etc.

DIFFICULTES ET DANGERS DE L'OPTIMISATION

a) Un entrepreneur quelconque pourrait avoir le sentiment qu'en minimisant ses investissements, optimisant ses fabrications (productivité maximale, coût minimal), déterminant le prix de vente le plus convenable, etc., il fera le profit maximal.

Mais le mathématicien n'est généralement pas capable de résoudre un problème dans lequel existent, à la fois, plusieurs fonctions à optimiser.

C'est pourquoi, dans l'immense majorité des cas, l'entrepreneur doit se borner à indiquer les limites de ses investissements, dépenses en études et recherches, en service commercial, en capacités de fabrication et de stockage, etc., pour permettre au chercheur opérationnel d'optimiser une seule et unique fonction, par exemple maximiser une fonction de revenu.

Les limites indiquées fournissent les *contraintes* du problème. Par exemple, si les produits P_1, P_2 et P_3, fabriqués en quantités respectives x_1, x_2 et x_3, occupent des capacités de 1, 2 et 2 unités de volume, respectivement, et si l'on dispose d'une capacité totale de stockage de 4000 unités, on écrira :

$$x_1 + 2x_2 + 2x_3 \leq 4000;$$

c'est la *contrainte* de capacité de stockage.

Si ces mêmes produits laissent des profits nets respectifs de 4, 12 et 3 unités monétaires et si l'on désire maximiser le revenu, on posera :

$$[\text{MAX}]\, z = 4x_1 + 12x_2 + 3x_3 \;;$$

c'est la *fonction économique* ou critère d'optimisation du problème.

Les différentes contraintes limitent, dans un espace à n dimensions (s'il existe n variables), une surface à l'intérieur ou à la périphérie de laquelle se trouvent les points dont les coordonnées constituent une solution possible du problème. Il reste alors à trouver et à utiliser des techniques de calcul permettant de choisir, parmi cette infinité de points, celui (ou ceux) qui donne(nt) à la fonction économique sa valeur optimale.

L'idée essentielle à retenir est donc celle de *l'unicité* de la fonction à optimiser (1).

b) On se rend compte qu'il est bien difficile d'imaginer - et, a fortiori, en général impossible de bâtir - un modèle *complet* du fonctionnement d'une entreprise.

En conséquence, l'entrepreneur propose, souvent, au chercheur opérationnel, de se borner à un aspect de ses préoccupations (fixation des niveaux d'activité, optimisation de la gestion des stocks, par exemple). Dans ces conditions, il ne s'agit que d'une *sous-optimisation*, qui risque de provoquer des perturbations sérieuses dans des domaines connexes de l'entreprise (ou de son environnement).

Une sous-optimisation comporte donc des dangers; avant de l'appliquer, il faut prendre garde à ses conséquences sur les éléments qui ne figurent pas dans le modèle.

Exemple : Une optimisation des stocks chez B, qui a comme fournisseur A, et C comme client, peut entraîner des difficultés inattendues chez ce fournisseur et ce client.

c) Un critère d'optimisation peut se dégrader ou être périmé lorsque du temps a passé. Cela est dû, avant tout, à la grande flexibilité du monde économique, aux progrès de la technique, à l'obsolescence des produits, aux fluctuations de la législation, aux renversements de la mode, etc. et parfois, tout simplement, à la succession des saisons.

Ce qui est bon en 1975 peut devenir mauvais en 1976; ce qui est à conseiller en été peut être à rejeter en hiver.

Bref, en recherche opérationnelle, l'évolution est de règle, même pour le critère de choix.

OBJECTIFS ET CRITERES

La définition des objectifs et la détermination du critère d'optimisation sont du ressort de l'entrepreneur.

Ce serait avoir une vue technocratique de la recherche opérationnelle que d'imaginer que c'est à l'analyste de fixer les valeurs limites définissant les contraintes et d'instituer le critère de choix.

Au contraire, ce sont là des domaines qui appartiennent en propre à l'entrepreneur. Si, par exemple, l'analyste se voit confier l'étude des politiques d'exploitation d'une société concessionnaire de services, il ne peut décider, de lui-même, d'optimiser la rémunération du capital, en limitant le service aux exigences du cahier des charges, ou, au contraire, d'optimiser le service au meilleur profit des usagers, en assignant au capital tel ou tel rendement qui lui plaît. C'est aux dirigeants de la société, ou, dans certains cas, aux autorités de tutelle, de choisir entre ces deux situations opposées. Le mieux étant sans doute, dans le cas présent, d'obtenir un éventail de solutions favorisant ainsi un choix éclairé.

---

(1) Cette idée n'est pas en opposition avec la démarche de l'*analyse multicritère* en vogue depuis plusieurs années; en effet, cette analyse n'aboutit pas à un véritable optimum, même si l'on agrège (plus ou moins) les différents critères.

Car le chercheur opérationnel ne saurait non plus se substituer à l'entrepreneur,dont c'est la fonction de décider quelle solution lui paraît la plus convenable ou la plus praticable.

Il faut affirmer bien haut que la R.O., loin d'entraver l'exercice des prérogatives de l'entrepreneur, autorise ce dernier à décider en meilleure connaissance de cause, donc élève finalement le niveau où se manifeste la liberté du choix.

LA R.O. EST PLUS UN ART QU'UNE SCIENCE

Les méthodes et les buts de la recherche opérationnelle en font bien plus un *art* qu'une science. En effet, elle ne cherche pas tant à *expliquer* les phénomènes qu'elle prend en compte qu'à permettre d'*agir* sur leur évolution.

Ce qu'on appelle pompeusement un *modèle* n'est le plus souvent qu'un *schéma d'intervention,* utile à un agent économique déterminé pour obtenir - de son point de vue - les meilleurs résultats possibles dans des circonstances déterminées.

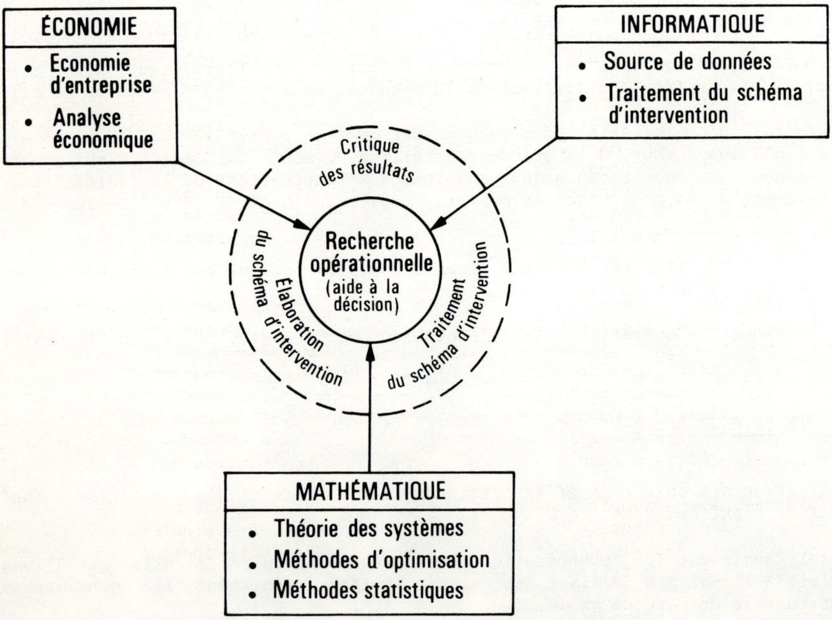

En tout cas, la recherche opérationnelle apparaît comme une discipline-carrefour, associant étroitement les méthodes et les résultats de l'économie d'entreprise, la mathématique et l'informatique. L'élaboration du schéma d'intervention utilise les ressources conjuguées de l'analyse économique et de la théorie des systèmes; elle a besoin aussi de données, fournies par le système informatique et justiciables de méthodes statistiques. Le traitement du schéma, après que la mathématique ait permis de choisir une voie pour atteindre une bonne solution (voire l'optimum, s'il est bien défini et accessible), entraîne presque toujours l'usage d'un ordinateur puissant. Enfin la critique des résultats exige, une fois de plus, la réunion des différents acteurs.

RENTABILITE DE LA R.O.

On se doute bien que la R.O. n'est pas gratuite. Dans les circonstances les plus fréquentes,elle est mise en oeuvre par des consultants n'appartenant pas à l'entreprise; il s'agit donc de savoir si, au plan financier, l'application des résultats de leurs études procure ou non un bénéfice, compte tenu des charges entraînées par l'étude elle-même.

Selon certains, les cas ne manqueraient pas, où les améliorations enregistrées seraient balancées par le coût d'intervention des spécialistes. Et nous voulons bien, à la rigueur, admettre qu'il a pu se faire, effectivement, qu'il en soit ainsi, dans certaines firmes particulièrement bien gérées, dont les dirigeants recherchaient seulement la confirmation de leur excellente gestion.

Il en va tout autrement lorsqu'interviennent, par exemple, même dans la société la mieux administrée, un certain nombre de problèmes combinatoires.

Nous nous permettrons de citer, à ce sujet, deux exemples empruntés à A. Kaufmann :

1) une société de transports aériens, ayant 400 vols et 600 liaisons à effectuer entre 13 villes souhaitait améliorer le plan de ses vols, conçu jusqu'alors par un bureau d'études travaillant selon les normes habituelles. A première vue d'ailleurs, le programme établi par cette méthode semblait donner satisfaction, mais la direction désirait en obtenir confirmation. A cause de nombreuses contraintes de caractère économique ou social (temps maximal de pilotage, temps supplémentaire passé au sol, repos obligatoire, retour périodique des équipages et des appareils au port d'attache, entretien préventif, indemnités de déplacement, etc), le calcul apparaissait comme compliqué. Néanmoins, l'ordinateur, muni d'un programme d'affectation approprié,fournit, en un temps relativement très court, une solution qui procurait un gain de 18 % par rapport au plan obtenu manuellement.

2) Une usine sidérurgique possédait trois chaînes de laminoirs,dont la première était très moderne et la dernière très vétuste. Chaque mois, un bureau de planification répartissait entre les trois chaînes les productions à réaliser,selon le carnet de commandes et les prévisions du service commercial. Un simple programme linéaire, dont la solution sur ordinateur peut être obtenue en quelques minutes,établit une répartition qui faisait gagner 6 % du coût total de fabrication, par rapport au plan, particulièrement soigné, calculé par le bureau compétent. Et, bien entendu, tout plan et toute modification pouvaient être désormais obtenus dans les minutes qui suivaient ...

Nous y ajoutons un exemple beaucoup plus récent. En utilisant une méthode de calcul des réseaux de distribution à moyenne tension, due à M.C. Rubinstein (1)et J.P.Ludot, et fondée sur la théorie des graphes, une société nationale épargne annuellement plusieurs centaines de milliers de francs actuels.

Il est bien clair, néanmoins, qu'on ne doit pas toujours s'attendre à des gains de cet ordre, à chaque intervention. Mais plusieurs sous-optimisations non contradictoires peuvent conduire à des bénéfices cumulés dignes d'être pris en considération.

D'autre part, la recherche opérationnelle apparaît, de jour en jour davantage, dans un rôle moins ponctuel d'*aide à la décision*, qui lui sied bien mieux. Pour le jouer convenablement, il lui faut revenir à une composition plus hétérogène des équipes d'analystes (qui ne sauraient notamment se passer ni d'*économistes*, ni d'*organisateurs* - au sens de spécialistes de la vie des entreprises -) et à une prolongation des interventions au-delà de la remise du rapport d'étude.

([1]) M.C. Rubinstein, *Optimisation des réseaux à moyenne tension* (Thèse du 3ème cycle, Paris VI, 1974).

En effet, la mode est passée du rapport alambiqué, hérissé de formules, dont les conclusions ne seront jamais mises en application. Les analystes, après le dépôt de leur rapport, qui sera rédigé le plus simplement possible dans le langage le plus courant, devront encore *convaincre* les responsables de la possibilité d'agir en tenant compte de leurs recommandations et les aider à les mettre en oeuvre.

Le conseiller en recherche opérationnelle apporte un oeil neuf et des méthodes raffinées d'analyse et de synthèse. Sa fonction n'est pas d'émettre des oracles,mais d'aider ceux qui le consultent à comprendre les implications des différentes décisions qu'ils pourraient prendre, de les aider à choisir, puis finalement de les assister dans la mise en pratique de la décision retenue. Sans cette volonté *d'accompagner l'action*, il risque, le plus souvent, d'abandonner le *décideur* à ses préjugés ou ses impulsions irrationnelles.

R.O. ET GESTION

Naguère encore, le souci d'une bonne gestion se traduisait par un soin spécial apporté à la comptabilité. En fait, la comptabilité est *l'histoire du passé* et elle comporte plusieurs buts, dont l'un est de permettre de connaître la situation de fortune de l'entreprise (les éléments passifs et actifs) et l'autre de fournir au fisc les bases d'imposition.

Plus récemment, la comptabilité a tenté aussi de devenir un instrument de *prévision*. L'étude des ratios permet de surveiller le développement de l'entreprise et facilite l'élaboration de certaines décisions : le contrôle budgétaire autorise une certaine planification interne et un contrôle permanent de l'utilisation et de la croissance des ressources.

Dans les années à venir, la comptabilité semble devoir concourir à une gestion de plus en plus *scientifique*. Une des conditions de ce développement est l' *intégration* des données, qui vise à saisir le fait élémentaire, une fois pour toutes, dans sa pureté, c'est-à-dire au plus près de sa source. Il faut remarquer que cette exigence ne contrarie en rien la réalisation d'un *système d'informations* adapté à une structure plus ou moins décentralisée de l'entreprise et s'accomode, sans difficulté, de tout *système informatique* correspondant au type d'organisation retenu, pourvu qu'un archivage convenable soit prévu.

Exemple : L'étude de la distribution statistique des ventes nécessitait hier une ventilation particulière des commandes des clients; aujourd'hui, le support mnémonique, sur lequel ont été enregistrées les données, en vue d'établir les bons de livraison, bordereaux, factures, etc., pourra servir, sans autre apprêt, à un nouveau et rapide dépouillement.

BUT ET PLAN DE L'OUVRAGE

Le présent ouvrage reproduit en grande partie des conférences, puis des cours, donnés depuis plus de quinze ans au CNAM, où ils ont bénéficié du meilleur accueil. Sans doute faut-il rechercher la raison de ce bon accueil dans le fait que les élèves du Conservatoire National des Arts et Métiers étant déjà des praticiens, ont, plus que d'autres élèves-ingénieurs, le sens des réalités économiques et la notion des difficultés à vaincre dans ce domaine.

Dans l'entreprise ou l'administration classiques, dans les groupements économiques horizontaux ou verticaux, privés ou publics, les nouvelles méthodes de gestion scientifique et, en particulier, la recherche opérationnelle ont, il est vrai, gagné du terrain.

Mais ces méthodes deviennent indispensables au moment où la société tout entière se prépare à *l'automatisation*. Car ce mot, automatisation, n'évoque plus seulement la création, pour les productions de masse, de chaînes où les manipulations des éléments en cours de fabrication sont effectuées mécaniquement. Il s'agit, bien davantage, de l'association des ordinateurs à la production et au contrôle :

a) *commande et contrôle numériques* des machines-outils (et bientôt d'autres machines), en vue de l'usinage des pièces complexes, de grandes dimensions, à tolérances serrées ;

b) *conduite et régulation des processus* dans les industries de transformation physique, chimique ou physico-chimique, par l'intermédiaire d'une unité centrale traitant l'information ;

c) commande et contrôle en *temps réel* d'un ensemble de processus industriels et administratifs par des ordinateurs, capables, à tout moment : 1) d'élaborer des instructions ayant pour but de corriger une action en cours ou de la modifier ; 2) de rendre compte sur-le-champ de leur activité aux intéressés immédiats ; 3) d'informer succinctement, au fur et à mesure, les dirigeants.

Il est donc naturel que les ingénieurs des diverses spécialités du CNAM et, au premier rang, ceux qui s'occuperont justement du traitement des données, soient intéressés par les méthodes et les techniques de la recherche opérationnelle.

Ce petit livre est destiné à leur venir en aide.

L'exposé a été divisé en quatre grandes parties.

1. *La R.O., fil d'Ariane dans les problèmes combinatoires discrets.*

Après avoir donné quelques éléments *d'algèbre de Boole* binaire, de *théorie des graphes* et de *programmation dynamique* en univers certain, on examine leurs principales applications en recherche opérationnelle.

Pour l'algèbre de Boole : *codage* et *énumération implicite. Recherche arborescente.*

Pour les graphes :

- problèmes de *chemins de valeur optimale* ;
- problèmes d'*ordonnancement* ;
- problèmes de *flot maximal* ;
- problèmes d'*affectation* ;
- problèmes de *transport* ;
- problème du *voyageur de commerce*.

La théorie des graphes constitue d'ailleurs le lien implicite entre les deux premières parties du livre.

2. *La R.O. contre le hasard.*

Dans cette partie, on étudie tout d'abord, au moyen des graphes, les éléments de la théorie des processus stochastiques et l'on donne un aperçu de la *programmation dynamique* en univers aléatoire.

Puis on envisage les nombreuses applications :

- *usure* et *renouvellement des équipements* ;
- *phénomènes d'attente* ;

- problèmes de *stocks*.

Enfin, un chapitre particulier est consacré aux méthodes de *simulation*.

3. *La R.O. dans les problèmes combinatoires continus.*

Cette partie est entièrement dévolue à la programmation mathématique. En fait, vu le niveau auquel on se place, on se bornera à la programmation linéaire, selon le plan suivant :

- *présentation des programmes linéaires ;*

- *méthode du simplexe ;*

- *notion de dualité ;*

- *paramétrisation :* paramétrages de la fonction économique et du second membre.

En dépit du titre de cette troisième partie, on apportera quelques indications sur les *troncatures* réalisables en programmation *discrète*.

4. *La R.O. et les situations concurrentielles.*

On se borne, dans cette partie, à présenter quelques rudiments de la *théorie des jeux* et à évoquer rapidement la question des *jeux* et *modèles d'entreprises*.

POST SCRIPTUM (1979).

Oubliant sans doute que ce précis n'est qu'un ouvrage didactique (1), certains critiques ont estimé qu'il n'abordait pas suffisamment les conditions dans lesquelles la R.O. intervient dans la pratique.

Hâtons-nous de préciser d'abord, que, dans la vie, on ne recontre que rarement des situations assez simples pour être justiciables d'un des algorithmes élémentaires. Bien souvent, un problème concret nécessite la mise en oeuvre d'un ensemble de méthodes, les unes s'inspirant des procédés classiques, les autres résultant de recherches originales.

Répétons aussi (2) qu'on a tout avantage, dans la pratique à substituer à la notion d'optimum (mathématique), utilisée dans les schémas les plus simples, le concept de solution très satisfaisante, ou même seulement bonne. C'est notamment le cas lorsqu'un critère unique et précis n'a pu être défini.

Insistons enfin sur les relations entre chercheurs opérationnels et "utilisateurs". Toute équipe de R.O. doit, sous peine d'échec, travailler en parfait accord avec les utilisateurs, et préparer, en collaboration avec eux et leur organisateur, les améliorations et changements qu'elle préconise et dont il lui faut établir clairement l'efficacité. Tout ceci est valable, qu'il s'agisse d'une décision exceptionnelle prise au niveau le plus élevé ou qu'il soit tout simplement question d'améliorer des procédures décisionnelles répétitives. Dans ce dernier cas, il peut y avoir intérêt à instituer une collaboration, généralement acceptée, entre l'homme et la machine, représentée, par exemple, par un terminal ou par un mini-ordinateur.

---

(1) "On n'apprend pas la R.O. à l'école, bien qu'on s'y prépare", écrivions-nous, en 1963, pour la préface des *Exercices et problèmes de R.O.*, de G. DESBAZEILLE (Dunod).
(2) Voir notre article, publié par *Management international*, en mai-juin 1961 (Gabler) Voir aussi notre remarque, page 22 du présent ouvrage.

première partie

LA RECHERCHE OPÉRATIONNELLE
FIL D'ARIANE
DANS LES PROBLÈMES
COMBINATOIRES DISCRETS

chapitre II. STRUCTURES ORDONNÉES APPLICATIONS DES TREILLIS ET DE L'ALGÈBRE DE BOOLE EN RECHERCHE OPÉRATIONNELLE

A. *NOTIONS SUR LES STRUCTURES ORDONNÉES* (1)

RELATIONS. RELATIONS BINAIRES. PROPRIETES.

Le lecteur n'ignore pas qu'en mathématiques on nomme *relation* tout sous-ensemble du produit cartésien de deux ou plusieurs ensembles. Ainsi, R = {a, β); (c, α); (c, δ)} est un sous-ensemble de {(a, α); (a, β); (a, γ); (a, δ); (b, α); (b, β); (b, γ); (b, δ); (c,α); (c, β); (c, γ); (c, δ)}, produit cartésien A × B de A = {a, b, c} par B = {α, β, γ, δ}.

En particulier, une *relation binaire* sur un ensemble de E (ainsi qu'on dit par abus de langage) est un sous-ensemble du produit E × E. Prenons E = {x, y, z}. Nous représentons le produit cartésien sous forme d'un tableau :

	x	y	z
x	(x,x)	(x,y)	(x,z)
y	(y,x)	(y,y)	(y,z)
z	(z,x)	(z,y)	(z,z)

Produit cartésien

	x	y	z
x	(x,x)		(x,z)
y		(y,y)	
z	(z,x)		

R_1

	x	y	z
x	(x,x)	(x,y)	
y			(y,z)
z	(z,x)		(z,z)

R_2

On nomme tout naturellement relation *diagonale* : Δ = {(x, x); (y, y); (z, z)}.

Une relation est, par définition, *réflexive* si elle contient la diagonale. La relation R_1 est symétrique, mais elle n'est pas réflexive. Pour qu'une relation soit *symétrique*, il faut, quels que soient α et β, qu'elle contienne le couple (β, α) si le couple (α, β) lui appartient. La relation R_2 est *antisymétrique*, mais elle n'est pas réflexive. Pour qu'une relation soit antisymétrique, il faut, quels que soient α et β, qu'elle ne contienne pas le couple (β, α) si le couple (α, β) lui appartient, sauf si α = β, c'est-à-dire s'il s'agit d'un élément de la diagonale.

	a	y	z
x	(x,x	(x,y) ··	·(x,z)
		⋮	⋮(y,z)
			(z,z)

R_3

	x	y	z	t
x	(x,x)	(x,y)		(x,t)
y	(y,x)	(y,y)		(y,t)
z			(z,z)	
t	(t,x)	(t,y)		(t,t)

R_4

La relation R_3 est *transitive;* elle n'est pas non plus réflexive; elle est antisymétrique.

La relation R_4 est *transitive;* elle est réflexive; elle est symétrique.

([1]) Ce sous-chapitre ne contitue qu'un rapide rappel. Au cas où le lecteur voudrait approfondir les questions concernant les relations et les structures ordonnées, il pourrait se reporter à des livres spécialisés, par exemple *Mathématiques pour l'informaticien*, par R. Faure et B. Lemaire, Gauthier-Villars.

Pour qu'une relation soit transitive, il faut qu'elle contienne (α, γ) si elle contient (α, β) et (β, γ), quels que soient α, β et γ.

N.B. Le contraire de réflexif, symétrique, transitif est irréflexif, asymétrique, intransitif. Une relation est *irréflexive* si elle ne contient *aucun* élément de Δ; elle est *asymétrique*, si elle n'est symétrique pour *aucun couple*; elle est *intransitive* si elle n'est transitive pour aucune paire de couples; c'est le cas de la relation $\mathcal{R}_5$.

	x	y	z
x		(x,y)	
y			(y,z)
z	(z,x)		

$\mathcal{R}_5$

	x	y	z
x	(x,x)	(x,y) ..	(x,z)
y		:	(y,z)
z	(z,x)		

$\mathcal{R}_6$

Il faut se garder de confondre ces qualificatifs avec non-réflexif (il y a des éléments dans la diagonale, mais non tous), non-symétrique (il existe des éléments symétriques, mais tous ne le sont pas), non-transitif (la transivité existe pour certains couples, mais pas pour d'autres). La relation $\mathcal{R}_6$ est, à la fois, non-réflexive, non-symétrique et non-transitive.

PREORDRE. EQUIVALENCE. ORDRE.

a) une relation *réflexive* et *transitive* est une relation de *préordre*.

Exemple.

Le Criterium des champions a donné les résultats suivants (tableau I) :

1er	Camille
2ème ex aequo	Anatole / Désiré
4ème	Ernest
5ème	Bernard

Tableau I

	A	B	C	D	E
A	(A,A)	(A,B)		(A,D)	(A,E)
B		(B,B)			
C	(C,A)	(C,B)	(C,C)	(C,D)	(C,E)
D	(D,A)	(D,B)		(D,D)	(D,E)
E		(E,B)			(E,E)

Tableau II

Classons-les d'après la relation "avoir obtenu un rang meilleur ou aussi bon que". Dans le tableau II, le couple (A,B) signifie qu'Anatole a obtenu un rang meilleur ou aussi bon que Bernard $A \succcurlyeq B$. La relation est évidemment réflexive, puisqu'elle contient la diagonale; elle est aussi transitive puisque, si X a obtenu un rang meilleur ou aussi bon que Y et Y un rang meilleur ou aussi bon que Z, X a évidemment un rang meilleur ou aussi bon que Z: $[X \succcurlyeq Y$ et $Y \succcurlyeq Z]$ entraîne $[X \succcurlyeq Z]$. Mais elle n'est pas symétrique, bien que $A \succcurlyeq D$ et $D \preccurlyeq A$; par exemple, $A \succcurlyeq E$, mais $E \not\succcurlyeq A$; elle n'est pas non plus antisymétrique, puisque $[A \succcurlyeq D$ et $D \succcurlyeq A]$ n'entraîne pas $[A = D]$ (Anatole ne peut être confondu avec Désiré).

b) Une relation *réflexive*, *transitive* et *symétrique* est une relation d'*équivalence*.

Par exemple, envisageons deux groupes de droites parallèles : $A \,//\, C$; $B \,//\, D \,//\, E$. Le tableau III correspond à la relation "être parallèle à ou confondu avec". Le tableau IV, résulte de la partition des droites en classes d'équivalence. Il y a deux classes $\{A, C\}$ et $\{B, D, E\}$.

	A	B	C	D	E
A	A,A		A,C		
B		B,B		B,D	B,E
C	C,A		C,C		
D		D,B		D,D	D,E
E		E,B		E,D	E,E

Tableau III

	A	C	B	D	E
A	A,A	A,C			
C	C,A	C,C			
B			B,B	B,D	B,E
D			D,B	D,D	D,E
E			E,B	E,D	E,E

Tableau IV

	C	A	D	E	B
C	(C,C)	(C,A)	(C,D)	(C,E)	(C,B)
A		(A,A)	(A,D)	(A,E)	(A,B)
D		(D,A)	(D,D)	(D,E)	(D,B)
E				(E,E)	(E,B)
B					(B,B)

Tableau V

A titre d'exercice, reprenons maintenant le classement du Criterium des champions dans l'ordre d'arrivée (A et D étant indifférents). L'existence d'une relation d'équivalence (donc réflexive, symétrique et transitive), "avoir le même rang que", est manifeste pour A et D. Si l'on fait le *quotient* du préordre par cette relation d'équivalence, on trouve en réalité quatre classes : $\{C\}$, $\{A,D\}$, $\{E\}$, $\{B\}$ et, désormais : $\{C\} \succ \{A,D\} \succ \{E\} \succ \{B\}$, la relation stricte ayant le sens : "avoir un meilleur rang que".

Posons $\{C\} = \alpha$, $\{A,D\} = \beta$, $\{E\} = \gamma$ et $\{B\} = \delta$; si l'on représente par le tableau VI la relation sur l'ensemble $\{\alpha, \beta, \gamma, \delta\}$, on constate qu'elle est irréflexive, asymétrique ; en revanche, elle est transitive.

	α	β	γ	δ
α		α,β	α,γ	α,δ
β			β,γ	β,δ
γ				γ,δ
δ				

Tableau VI

c) Une relation *réflexive*, *antisymétrique*, *transitive* est une relation d'*ordre large*.

Exemple. Considérons l'ensemble des entiers naturels, privé du zéro, et la relation $x \| y$ (x divise y), étant entendu que x divise x, quel que soit x. En raison de cette dernière hypothèse, la relation est réflexive (ce qu'on traduit en disant que l'ordre est large). Elle est évidemment transitive, car si $x \| y$ et $y \| z$, alors : $x \| z$. De plus, elle est antisymétrique : en effet si $x \| y$ et $y \| x$, c'est que $x = y$.

Soit $X = \{1, 2, 3, 5, 10, 20, 30\}$ une partie de $\mathbb{N}$. Le tableau VII représente la la relation $x \| y$ sur cet ensemble.

	1	2	3	5	10	20	30
1	(1,1)	(1,2)	(1,3)	(1,5)	(1,10)	(1,20)	(1,30)
2		(2,2)			(2,10)	(2,20)	(2,30)
3			(3,3)				(3,30)
5				(5,5)	(5,10)	(5,20)	(5,30)
10					(10,10)	(10,20)	(10,30)
20						(20,20)	
30							(30,30)

Tableau VII

On vérifie aisément sur le tableau la réflexivité et l'antisymétrie. On voit moins facilement les "rectangles", dont un sommet (carré : □) est sur la diagonale, traduisant la transitivité :

1,2 1,10   1,2 1,20
□ 2,10   □ 2,20
1,2 1,30   1,3 1,30
□ 2,30   □ 3,30
1,5 1,10   1,5 1,20
□ 5,10   □ 5,20
1,5 1,30   1,10 1,20
□ 5,30   □ 10,20
1,10 1,30   2,10 2,20
□ 10,30   □ 10,20
2,10 2,30   5,10 5,20
□ 10,30   □ 10,20
5,10 5,30
□ 10,30

Contrairement à ce qui se passe pour le tableau V, la partie supérieure du tableau (au-dessus de la diagonale) ne fait pas apparaître tous les couples. C'est qu'au sens de la relation tous les éléments ne sont pas deux à deux comparables. Ainsi, par exemple, on n'a pas $2 \| 3$ ni $2 \| 5$ (et pas davantage $3 \| 2$ ou $5 \| 2$).

On exprime ce fait en disant que l'ordre est *partiel*. Dans le cas contraire, l'ordre est *total*.

On peut exécuter une représentation sagittale de la relation (figure 1-II)

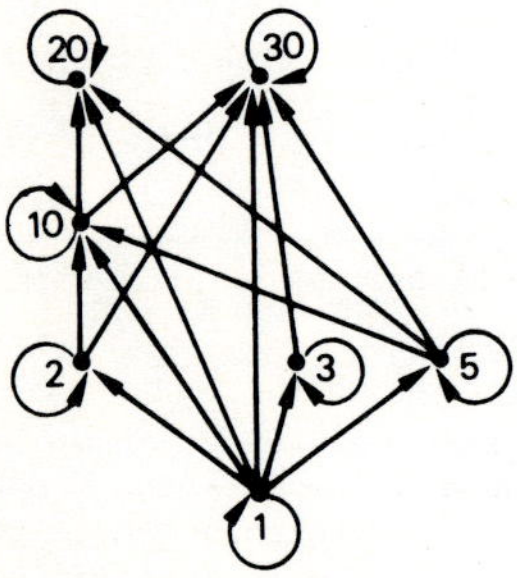

Fig. 1.II

Deux éléments a et b, représentés chacun par un point, sont réunis par une flèche si et seulement si $a \| b$. Il y a autant de flèches que de couples dans le tableau VII, soit 22, y compris 7 boucles. Mais on peut réduire le nombre de ces flèches, en supprimant celles qui résultent de la réflexivité et de la transitivité. On obtient alors un diagramme de Hasse (fig. 2.II)

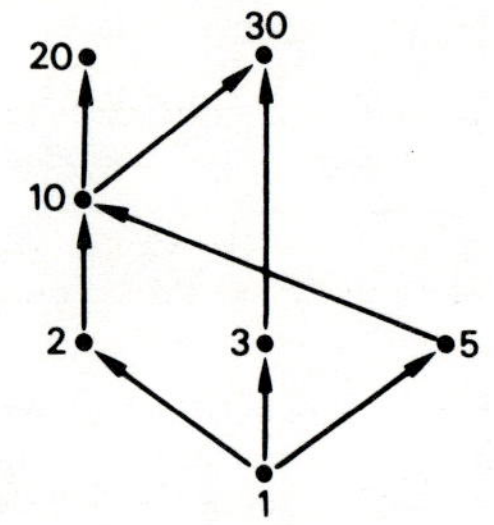

Fig. 2.II

Le diagramme de Hasse d'un ensemble totalement ordonné est une *chaîne* (fig. 3.II)

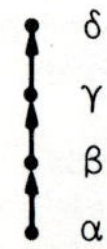

Fig. 3.II

A toute relation d'ordre large correspond une et une seule relation d'ordre *strict*. Une relation d'ordre strict est *irréflexive*, *asymétrique* et *transitive*. Elle peut induire un ordre partiel ou un ordre total. Nous en avons déjà vu, au § b, un exemple, auquel était associé un ordre total.

Pour obtenir la représentation de la relation d'ordre strict correspondant à $\|$ (divise), c'est-à-dire la relation $|$ (divise et n'est pas égal), il suffit de supprimer la diagonale du tableau VII et les boucles (flèches fermées sur elles-mêmes) de la fig. 1.II. Ici, l'ordre strict n'est que partiel.

A toute relation d'ordre $\preccurlyeq$ (ou $\prec$) correspond une relation converse $\succcurlyeq$ (ou $\succ$).

ELEMENTS PARTICULIER D'UN ENSEMBLE ORDONNE.

Un ensemble sur lequel est défini une relation d'ordre (partiel ou total) est dit (partiellement ou totalement) ordonné.

Certains éléments particuliers des ensembles partiellement ordonnés jouent un grand rôle en recherche opérationnelle.

Considérons un ensemble X, partiellement ordonné par la relation $\preccurlyeq$ (être inférieur ou égal à) et une partie P de cet ensemble. S'ils existent (bien noter cette restriction) :

a. Un élément m de X qui est inférieur ou égal à tout élément x de P est un *minorant* de P.

   Un élément M de X qui est supérieur ou égal à tout élement x de P est un *majorant* de P.

b. Un élément M de P, tel qu'il n'existe pas d'éléments de P supérieur à M est un *élément maximal* de P.

   Un élément m de P, tel qu'il n'existe pas d'éléments de P inférieur à m est un *élément minimal* de P.

c. Le *plus grand élément* E (ou encore : le maximum) de P est l'élément de P, tel que, pour tout $x \in P$, $E \succcurlyeq x$.

Le *plus petit élément* e (ou encore : le minimum) de P est l'élément de P, tel que, pour tout $x \in P$, $e \preccurlyeq x$ (1).

d. La *borne supérieure* (b.s.) B de P ou supremum de P (sup P) est le plus petit élément de l'ensemble des majorants de P.

La *borne inférieure* (b.i.) b de P ou infimum de P (inf P) est le plus grand élément de l'ensemble des minorants de P.

e. L'*élément universel* de X est le plus grand élément de X.

L'*élément nul* de X est le plus petit élément de X.

Exemples. Soit $X = \{1, 2, 3, 5, 10, 20, 30\}$ un ensemble partiellement ordonné par la relation $x \| y$ (x divise y).

N.B. $x \| y$ peut s'interpréter comme $x \preccurlyeq y$; $x \| y$ et $x \neq y$, qu'on écrit $x|y$, comme $x \prec y$.

1. Prenons $P = \{2, 3, 5, 10\}$.

Il existe un majorant de P : 30, un minorant : 1, un élément maximal : 10, trois éléments minimaux : 2, 3, 5, ni plus grand élément, ni plus petit élément de P. la b.s. de P est 30, la b.i, 1. X n'admet pas d'élément universel, mais un élément nul : 1.

2. Prenons maintenant $P = \{2, 5, 10\}$.

P compte trois majorants : 10, 20, 30, un minorant : 1, un élément maximal : 10, deux éléments minimaux : 2 et 5, un plus grand élément : 10, pas de plus petit élément. La b.s. de P est 10, la b.i est 1.

Pour une partie réduite à deux éléments $\{x, y\}$, d'un ensemble ordonné, il peut exister une borne supérieure, une borne inférieure; la b.s., lorsqu'elle existe, est désignée par $x \vee y$ et la b.i. par $x \wedge y$.

TREILLIS.

a) On appelle *treillis* (ou encore *lattis* ou *ensemble réticulé*) un ensemble partiellement ordonné dans lequel, pour toute paire d'éléments, existent une b.s. et une b.i.

A cette définition naïve, on peut substituer la définition axiomatique suivante. Soit un ensemble T, dont les éléments sont munis de deux lois de composition, $\vee$ et $\wedge$, vérifiant, quels que soient x, y et $z \in T$, les propriétés ci-après :

(1) Il importe de proscrire, ainsi que l'a recommandé l'Académie des sciences, mais comme le seul bon goût aurait pu le dicter, les affreux mélanges entre adjectifs et substantifs employés adjectivement (!). Ne pas dire élément maximum pour maximal, ce qui prête à confusion, ni élément maximum pour le maximum, ce qui signifierait qu'un substantif peut être utilisé comme adjectif.

1. $x \vee y = y \vee x$ (commutativité) 1'. $x \wedge y = y \wedge x$

2. $x \vee (y \vee z) = (x \vee y) \vee z$ (associativité) 2'. $x \wedge (y \wedge z) = (x \wedge y) \wedge z$

3. $x \vee x = x$ (idempotence) 3'. $x \wedge x = x$

4. $x \vee (x \wedge y) = x$ (absorption) 4'. $x \wedge (x \vee y) = x$,

alors T constitue un ensemble ordonné par la relation $\preccurlyeq$, telle que :

5. $[x \preccurlyeq y]$ équivaut à $[x \wedge y] = x$ équivaut à $[x \vee y] = y$.

On l'appelle un *treillis*.

Exemple. Considérons, par exemple, les diviseurs de 30 : 1, 2, 3, 5, 6, 10, 15, 30 (ils sont au nombre de 8, car (1+1).(1+1).(1+1) = 8 et $30 = 2^1 . 3^1 . 5^1$), ordonnés par la relation $x \| y$ (x divise y).

Ils forment un treillis dont le diagramme de Hasse est donné par la figure 4.II. La b.s. de deux éléments quelconques est leur p.p.c.m; la b.i., leur p.g.c.d. . Ainsi : $5 \vee 6 = 5 \times 6 = 30$, $5 \wedge 6 = 1$; $6 \vee 15 = 2 \times 3 \times 5 = 30$, $6 \wedge 15 = 3$, etc.

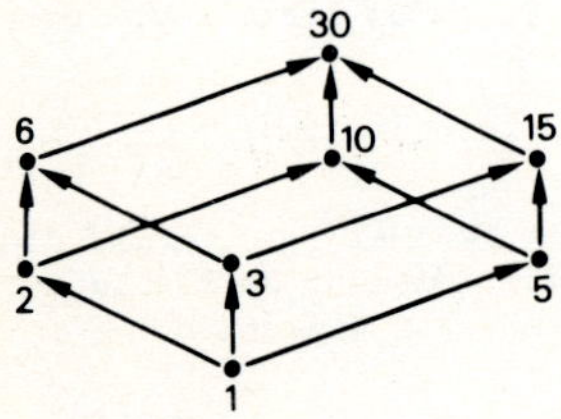

Fig. 4.II

L'élément universel de ce treillis est 30, l'élément nul, 1.

D'une manière général $\mathbb{N} - \{0\}$, ordonné par la relation $x \| y$ (x divise y), présente une structure de treillis infini. L'élément nul est toujours 1; il n'y a pas d'élément universel.

b) Un treillis, avec éléments nul et universel, que nous désignerons, respectivement par n et $\mathcal{U}$, est *complémenté* si, à tout élément x de T, on peut associer au moins un élément de T, noté $\bar{x}$, tel que :

6. $x \vee \bar{x} = \mathcal{U}$ et 6'. $x \wedge \bar{x} = n$.

Le treillis de la figure 4.II est complémenté. En effet : $1 \vee 30 = 30$, $1 \wedge 30 = 1$; $2 \vee 15 = 30$, $2 \wedge 15 = 1$; $3 \vee 10 = 30$, $3 \wedge 10 = 1$; $5 \vee 6 = 30$, $5 \wedge 6 = 1$.

Propriétés. On a, d'après 4 : $x \wedge (x \vee \bar{x}) = x$. Or, $x \wedge (x \vee \bar{x}) = x \wedge \mathcal{U}$, d'où : $x \wedge \mathcal{U} = x$.

De même : $x \vee n = x$.

Le système d'axiomes (1-4),(1'-4') n'est pas minimal; mais il est pratique pour le calcul.

c) Un treillis est *distributif* lorsqu'aux axiomes 1 à 4 et 1' à 4', s'ajoute le suivant :

7. $x \wedge (y \vee z) = (x \wedge y) \vee (x \wedge z)$,

quels que soient x, y et $z \in T$.

Cet axiome entraîne :

7'. $x \vee (y \wedge z) = (x \vee y) \wedge (x \vee z)$.

Inversement, 7' entraîne 7.

Exercices. 1. Soit à démontrer, à partir des axiomes 1-4, 1'-4' et 7 que :

7'. $x \vee (y \wedge z) = (x \vee y) \wedge (x \vee z)$.

Grâce à 4, on peut écrire le premier membre de 7' sous la forme :

$$[x \vee (x \wedge y)] \vee (y \wedge z) ;$$

grâce à 2, il vient alors :

$$x \vee [(x \wedge y) \vee (y \wedge z)]$$

et, en vertu de 1' :

$$x \vee [(y \wedge x) \vee (y \wedge z)].$$

De ce fait, grâce à 7, cette expression devient :

$$x \vee [y \wedge (x \vee z)] .$$

Remplaçons x par sa valeur d'après 4' :

$$[x \wedge (x \vee z)] \vee [y \wedge (x \vee z)] ;$$

il vient alors, en appliquant 7 :

$$(x \vee y) \wedge (x \vee z)$$

et c'est précisément le deuxième membre de 7', qu'il fallait obtenir *par un calcul fondé sur les seuls axiomes*.

2. Dans un treillis distributif, la complémentation est unique. Supposons, en effet, que l'élément x ait deux compléments différents, $\bar{x}$ et x^* ; on aurait :

$$x \vee \bar{x} = x \vee x^* = \mathcal{U}$$

et

$$x \wedge \bar{x} = x \wedge x^* = n, \quad \text{avec } \bar{x} \neq x^*.$$

On peut écrire :

$$\bar{x} = \bar{x} \wedge \mathcal{U} = \bar{x} \wedge (x \vee x^*) = (\bar{x} \wedge x) \vee (\bar{x} \wedge x^*)$$
$$= n \vee (\bar{x} \wedge x^*) = \bar{x} \wedge x^* ,$$

d'où, d'après 5 : $\bar{x} \preccurlyeq x^*$, d'une part ;

$$\bar{x} = \bar{x} \vee n = \bar{x} \vee (x \wedge x^*) = (\bar{x} \vee x) \wedge (\bar{x} \vee x^*)$$
$$= \mathcal{U} \wedge (\bar{x} \wedge x^*) = \bar{x} \wedge x^* ,$$

d'où, d'après 5 : $x^* \preccurlyeq \bar{x}$.

Finalement $\bar{x} = x^*$, contrairement à l'hypothèse, et ainsi la complémentation est unique.

d) Un treillis à la fois distributif et complémenté est appelé *treillis de Boole.* Il est isomorphe à une *algèbre de Boole.*

Une algèbre de Boole B est donc un ensemble partiellement ordonné, doté d'éléments nul et universel, dont les éléments vérifient les axiomes 1-4; 1'-4'; 6, 6' et 7 (donc 7').

La relation d'ordre est définie par l'une des quatre relations équivalentes suivantes :

5*. $x \preccurlyeq y$ équivaut à $x \wedge y = x$ ou $x \vee y = y$ ou $x \wedge \bar{y} = 0$ ou

$x \vee \bar{y} = 1$, 0 et 1 désignant, respectivement n et $\mathcal{U}$.

Une algèbre de Boole à un générateur a, différent de 0 et de 1, comporte quatre éléments (fig. 5.II).

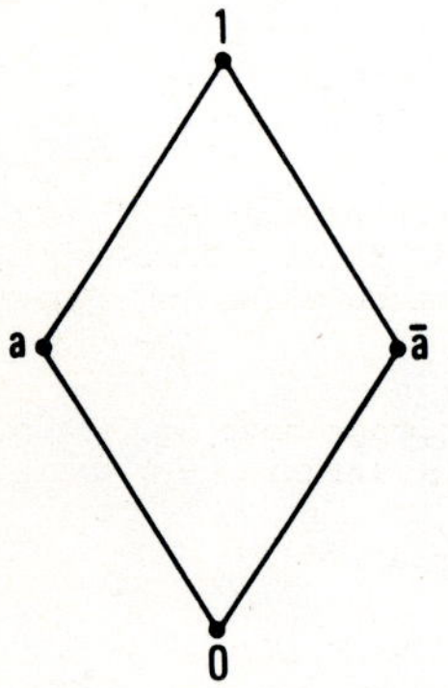

Fig. 5.II

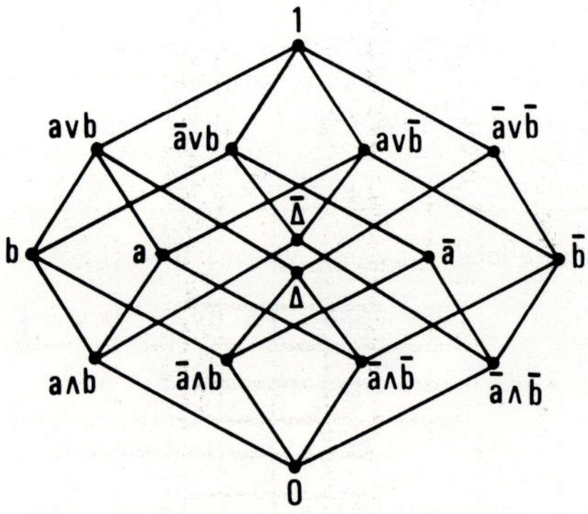

Fig. 6.II

La figure 6.II représente un hypercube, qui n'est autre que le diagramme de Hasse d'une algèbre de Boole à deux générateurs, a et b, différents de 0 et 1. Elle comporte seize éléments. Les éléments diagonalement opposés sur la figure sont le complément l'un de l'autre. Ainsi : $a \wedge b$ et $\bar{a} \vee \bar{b}$, $\bar{a} \vee b$ et $a \wedge \bar{b}$, etc. Noter que : $\Delta = (a \wedge \bar{b}) \vee (\bar{a} \wedge b) = (a \vee b) \wedge (\bar{a} \vee \bar{b})$ désigne la somme disjonctive ou différence symétrique de a et b : $\Delta = a \bullet b$; $\bar{\Delta} = (\bar{a} \vee b) \wedge (a \vee \bar{b}) = (a \wedge b) \vee (\bar{a} \wedge \bar{b})$ est le complément de Δ.

Comme toute algèbre de Boole finie, l'algèbre à deux générateurs est *atomique.* Ses atomes, ou éléments qui couvrent 0 (c'est-à-dire sont immédiatement supérieurs à 0) sont $a \wedge b$, $\bar{a} \wedge b$, $a \wedge \bar{b}$ et $\bar{a} \wedge \bar{b}$.

Le *théorème de Stone,* dont la démonstration n'est pas immédiate (1), énonce que toute algèbre de Boole est isomorphe à un corps d'ensembles.

Ainsi, à l'algèbre de Boole de la figure 6.II, on peut faire correspondre le schéma de la figure 7.II. On suppose que $a \neq b$ et $a \wedge b \neq 0$.

Alors apparaissent clairement sur la figure, dont le carré représente l'univers 1, les "régions" $A \cap B$, $\bar{A} \cap B$, $A \cap \bar{B}$ et $\bar{A} \cap \bar{B}$, correspondant aux atomes $a \wedge b$, $\bar{a} \wedge b$, $a \wedge \bar{b}$ et $\bar{a} \wedge \bar{b}$.

(1) Voir, en cas d'intérêt : R. FAURE et E. HEURGON, Structures ordonnées et algèbres de Boole, Gauthier -Villars.

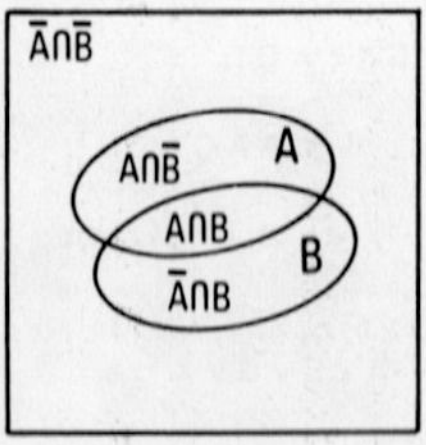

Fig. 7.II

N.B. On appelle corps d'ensembles une famille de parties d'un ensemble, munie des opérations ensemblistes classiques (réunion, intersection, complémentation); dans le cas d'un ensemble fini, la famille de ses parties constitue un corps d'ensembles.

EXEMPLE D'APPLICATION D'UNE STRUCTURE DE TREILLIS A LA RESOLUTION D'UN PROBLEME DE RECHERCHE OPERATIONNELLE.

Pour éclairer un ensemble de locaux, on doit réaliser le programme indiqué par le tableau VIII et l'on veut mettre en service le moins possible de minuteries.

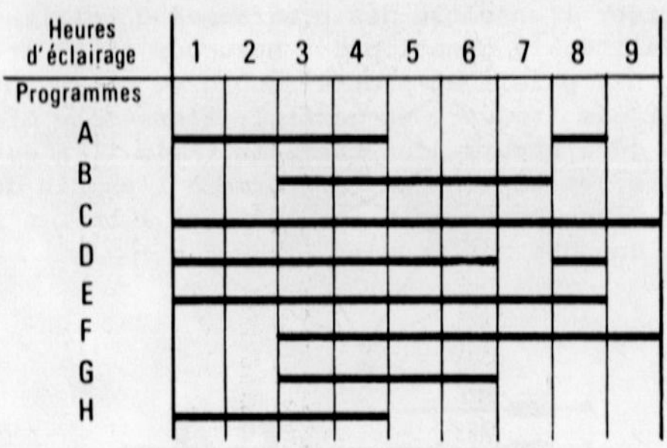

Tableau VIII

Nous dirons qu'un programme M est inférieur ou égal à P si P réalise un éclairage durant au moins les mêmes heures que M.

Ainsi tous les programmes envisagés, autres que C, sont inférieurs à C.

On a, par exemple :

$$G \propto B ;$$

$$H \propto A ;$$

etc.

Nous pouvons alors introduire tout naturellement les bornes inférieure et supérieure de toute paire de programmes.

On constate, par exemple, que :

$$A \wedge B = A \wedge G = B \wedge H = F \wedge H = G \wedge H$$

et que ce programme, qui ne figure pas dans la liste initiale, est inférieur à tous les autres. Nous l'appellerons, par exemple, N.

De même, nous définirons : $X = A \wedge F$; $Y = D \wedge F$; $S = E \wedge F$ et $T = H \vee G$; $Z = H \vee B$, ainsi que : $Q = R \vee Z$ et $R = F \wedge Q$, ces deux dernières définitions étant liées.

Avec un peu d'habitude, il est facile de dessiner alors le treillis de la figure 8.II. Il comporte un élément nul, N, et un élément universel, C. Aux niveaux 2, 3,...., 9 correspondent des programmes d'éclairage de 2, 3, ... , 9 périodes d'une heure. Il a été complété par tous les éléments utiles (bornes supérieure et inférieure de tous les couples) et il est distributif.

Certains éléments ont des propriétés particulières : ainsi, les éléments X, H, G, B et R ne peuvent être définis comme bornes supérieures; en revanche, les éléments Q, F, E, D, A ne peuvent être, de leur côté, définis comme bornes inférieures d'autres éléments.

On a visiblement le choix entre deux systèmes de "générateurs" du treillis. En prenant comme générateurs : A, D, E, F, Q, on peut obtenir les autres éléments de la manière suivante :

$$C = E \vee Q \ ; \quad B = E \wedge F \wedge Q \ ;$$

$$G = D \wedge E \wedge F \wedge Q \ ; \quad H = A \wedge Q \ .$$

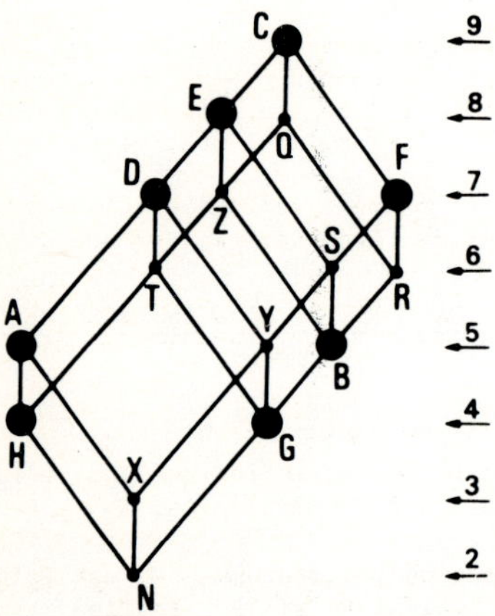

Fig. 8.II

En prenant, au contraire, B, G, H, R et X, on aura :

$$A = H \vee X \ ; \quad D = H \vee G \vee X \ ; \quad E = B \vee H \vee G \vee X \ ;$$

$$C = B \vee H \vee G \vee R \vee X \ ; \quad F = R \vee X.$$

Dans les deux cas, il faut cinq minuteries et cinq relais, dont certains à plusieurs contacts, sans compter ceux commandant l'utilisation. Les figures 9 et 10.II donnent une idée de montages possibles.

Remarque.

Cette application pourra laisser insatisfaits un certain nombre de lecteurs. En effet, nous n'avons pas démontré qu'il faut au minimum cinq minuteries pour réaliser l'ensemble des programmes d'éclairage. En réalité, la question est beaucoup plus ardue qu'il n'y paraît au premier abord et notamment, on ne sait pas trouver, en général, l'ensemble minimal des générateurs d'un treillis. Mais il n'est pas mauvais, et en tout cas conforme à l'esprit de la recherche opérationnelle, de se contenter d'une bonne solution, même si l'on n'a pas pu démontrer que c'est la meilleure ou l'une des meilleures.

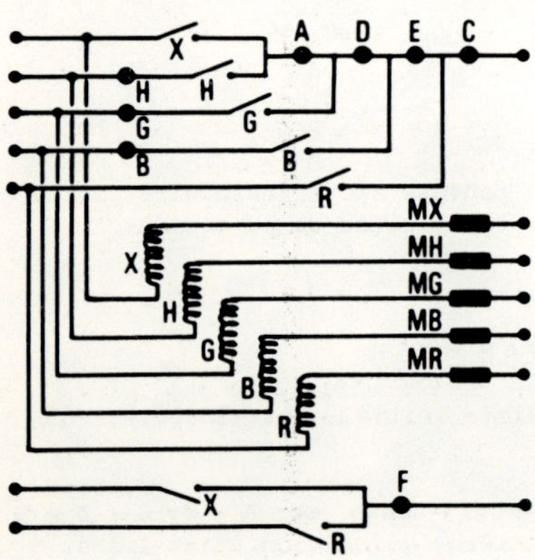

Fig. 9.II

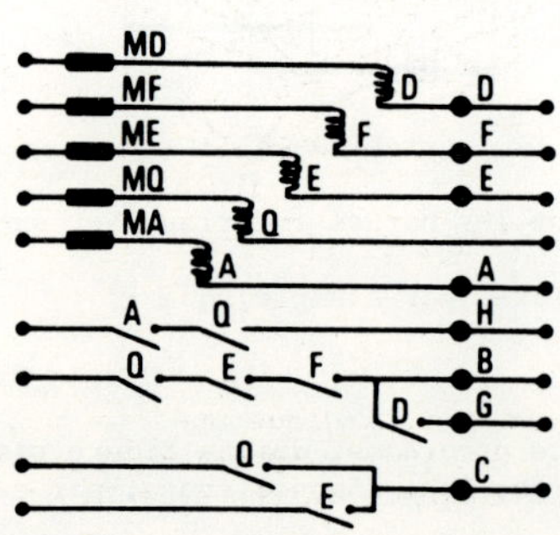

Fig. 10.II

Toutefois, un autre raisonnement est possible, pour notre problème. En regardant le tableau des divers éclairages à réaliser, on constate que tous contiennent les heures 3 et 4. C'est d'ailleurs ce que confirme la figure 8.II., où l'élément nul est $N=3 \vee 4$. Or, sur cette même figure, on a, par exemple :

$$H = 1 \vee 2 \vee N \text{ , d'où } H' = 1 \vee 2$$

$$\text{et } \quad F = 5 \vee 6 \vee 7 \vee 8 \vee 9 \vee N \text{ , d'où } F' = 5 \vee 6 \vee 7 \vee 8 \vee 9.$$

Considérant alors $C' = C - N = 1 \vee 2 \vee 5 \vee 6 \vee 7 \vee 8 \vee 9$, F' apparaît comme le complément de H'; en effet :

$$H' \vee F' = C' \quad \text{et} \quad H' \wedge F' = 0.$$

Cela donne l'idée de plonger un treillis qui représenterait des relations entre les éclairages A', B', C', etc. dans un treillis de Boole.

Or, on aperçoit, dans cette algèbre de Boole, la présence de 5 atomes : 7, 8, 9, $1 \vee 2$ et $5 \vee 6$. Une algèbre de Boole à n générateurs compte 2^n atomes, ainsi que nous le verrons ultérieurement; par suite, une algèbre de Boole à 3 générateurs, c'est-à-dire 8 atomes et 256 éléments sera nécessaire pour y plonger le treillis considéré.

Si a, b, c sont les générateurs de cette algèbre, ses atomes sont $a \wedge b \wedge c$, $a \wedge b \wedge \bar{c}$, $a \wedge \bar{b} \wedge c$, $a \wedge \bar{b} \wedge \bar{c}$, $\bar{a} \wedge b \wedge c$, etc. Il y a de nombreuses manières de réaliser un codage, tel que les atomes soient 7, 8, 9, $1 \vee 2$ et $5 \vee 6$.

Prenons, par exemple : $a \wedge b \wedge c = 7$, $a \wedge b \wedge \bar{c} = 8$; $a \wedge \bar{b} \wedge c = 9$; $a \wedge \bar{b} \wedge \bar{c} = 1 \vee 2$; $\bar{a} \wedge b \wedge c = 5 \vee 6$; d'où :

$$a = 7 \vee 8 \vee 9 \vee (1 \vee 2) \; ; \quad b = 7 \vee 8 \vee (5 \vee 6) \; ; \quad c = 7 \vee 9 \vee (5 \vee 6) \; ;$$

$$\bar{a} = 5 \vee 6 \text{ (atome)} \quad ; \quad \bar{b} = 9 \vee (1 \vee 2) \; ; \quad \bar{c} = 8 \vee (1 \vee 2).$$

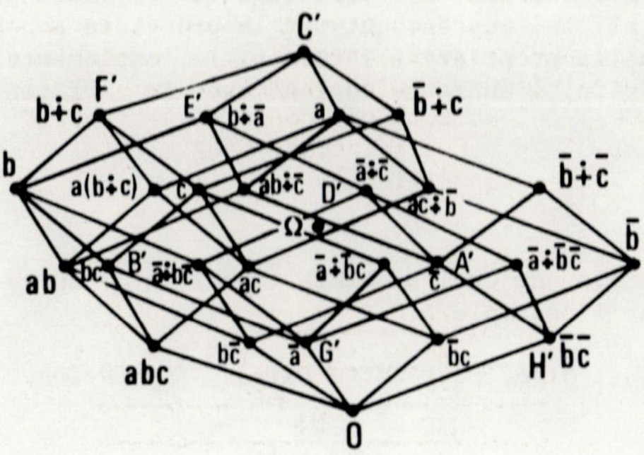

Fig. 11.II

$A' = \bar{c}$ $\qquad A = \bar{c} \dotplus N = 1 \vee 2 \vee 3 \vee 4 \vee 8$

$B' = bc$ $\qquad B = bc \dotplus N = 3 \vee 4 \vee 5 \vee 6 \vee 7$

$C' = a \dotplus \bar{a}$ $\qquad C = a \dotplus \bar{a} + N = 1 \vee 2 \vee 3 \vee 4 \vee 5 \vee 6 \vee 7 \vee 8 \vee 9$

$D' = \bar{a} \dotplus \bar{c}$ $\qquad D = \bar{a} \dotplus \bar{c} \dotplus N = 1 \vee 2 \vee 3 \vee 4 \vee 5 \vee 6 \vee 8$

$E' = b \dotplus \bar{c}$ $\qquad E = b \dotplus \bar{c} \dotplus N = 1 \vee 2 \vee 3 \vee 4 \vee 5 \vee 6 \vee 7 \vee 8$

$F' = b \dotplus c$ $\qquad F = b \dotplus c \dotplus N = 3 \vee 4 \vee 5 \vee 6 \vee 7 \vee 8 \vee 9$

$G' = \bar{a}$ $\qquad G = \bar{a} \dotplus N = 3 \vee 4 \vee 5 \vee 6$

$H' = \bar{b}\,\bar{c}$ $\qquad H = 1 \vee 2 \vee 3 \vee 4$

La figure 11.II indique une représentation de la partie utile de l'algèbre à 3 générateurs; les points symétriques par rapport au centre de la figure représentent des éléments complémentaires au sens de l'algèbre de Boole.

Ainsi donc, on pourra réaliser le système d'éclairage *avec quatre générateurs seulement* : a, b, c et N, mais *à condition d'utiliser les compléments* $\bar{a}$, $\bar{b}$ et $\bar{c}$ de a, b et c (inversion des contacts repos et travail des relais).

B. REPRESENTATION ENSEMBLISTE DES ALGEBRES DE BOOLE. APPLICATION A LA LOGIQUE ELEMENTAIRE.

1. PRINCIPES DE LA LOGIQUE ARISTOTELICIENNE.

Soit un ensemble fondamental R, appelé *référentiel*, dont les éléments sont susceptibles de présenter certaines propriétés. Etant donnée une propriété p déterminée, les éléments qui la vérifient forment le sous-ensemble A(p) de R, que nous désignerons plus brièvement par A. On connaît aussi le sous-ensemble $\bar{A}$ des éléments de R qui vérifient la propriété non-p (ou, de manière équivalente, n'ont pas la propriété p).C'est le complémentaire du sous-ensemble A. Un diagramme d'Euler-Venn illustre ces définitions (figure 12.II). En logique classique, le *principe de contradiction*(certains disent de non-contradiction) enseigne qu'aucun élément ne peut, à la fois, vérifier et ne pas vérifier une propriété, ou encore présenter, en même temps,la propriété p et la propriété non-p. Ce principe se traduit, en mathématique, par le fait que A et $\bar{A}$ sont disjoints. Un autre principe de la logique aristotélicienne, le *principe du tiers exclu*, indique qu'on ne trouvera jamais plus de deux classes en triant un ensemble d'éléments par rapport à une propriété p : les uns, qui vérifient la propriété p, constituent le sous-ensemble A du référentiel; les autres, qui ont la propriété non-p (ou de manière équivalente, ne vérifient pas la propriété p), forment le complémentaire $\bar{A}$ de A. Si l'un de ces deux classes est vide, l'autre se confond avec le référentiel.

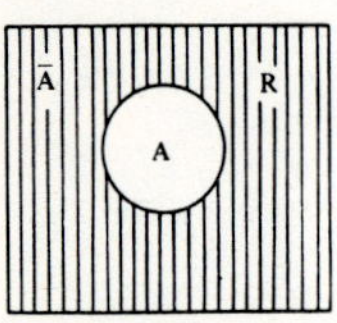

Fig. 12.II

Remarque.

Si l'on prend le complément de l'ensemble $\bar{A}$, soit $\bar{\bar{A}}$, on retombe évidemment sur l'ensemble A.

La complémentation est dite, pour cette raison, *involutive*.

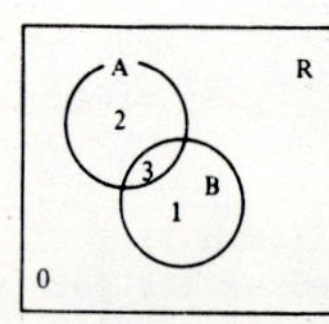

Fig. 13.II

2. EXPRESSION DU PRINCIPE DE CONTRADICTION.

Considérons maintenant une propriété p, à laquelle correspond le sous-ensemble A de R, et une propriété q, à laquelle correspond le sous-ensemble B de R. si les deux propriétés ne sont pas contradictoires, il y aura des éléments vérifiant à la fois les deux propriétés. On aura donc, dans R (fig. 13.II) :

- des éléments vérifiant la propriété p seule (région 2) ;
- des éléments vérifiant la propriété q seule (région 1) ;
- des éléments vérifiant les propriétés p *et* q (région 3) ;
- des éléments ne vérifiant ni la propriété p, ni la propriété q (région 0)

Par définition, les éléments possédant les propriétés p *et* q sont dits constituer l' *intersection* des sous-ensembles A et B (région 3) et l'on désigne ce sous-ensemble par la notation $A \cap B$, où le symbole $\cap$ indique qu'on a appliqué l' opération d'intersection aux sous-ensembles A et B.

On remarque :

- que les éléments de la région 2 forment un sous-ensemble qui peut être noté $A \cap \bar{B}$;

- que les éléments de la région 1 forment le sous-ensemble $\bar{A} \cap B$;

- que les éléments de la région 0 constituent le sous-ensemble $\bar{A} \cap \bar{B}$.

De plus, le principe de contradiction peut maintenant s'exprimer par :

$$A \cap \bar{A} = \emptyset , \qquad (1)$$

le symbole $\emptyset$ désignant le sous-ensemble vide.

3. *FORMULES DE A. DE MORGAN. PRINCIPE DU TIERS EXCLU.*

Revenons aux sous-ensembles A et B précédents et préoccupons-nous de savoir si nous pouvons trouver un sous-ensemble de R dont les éléments vérifient les propriétés p *ou* q.

Hâtons-nous de dire que cette formulation est peu claire. Les latins, par exemple, avaient deux mots pour exprimer la conjonction de coordination ou: *vel* et *aut*. Nous traduisons aut par : ou bien et vel simplement par : ou ; c'est dire que, dans le premier cas, il s'agit du ou *exclusif*, tandis que, dans le second, il s'agit du ou *non-exclusif* (ou inclusif), le ou banal du français.

Aussi quand nous voulons rechercher les éléments qui vérifient les propriétés p *ou* q, nous entendons retenir :

- les éléments qui vérifient la propriété p seule ;

- les éléments qui vérifient la propriété q seule ;

- les éléments qui vérifient les propriétés p *et* q, à la fois.

Ces éléments sont tous ceux qui, compris dans les régions 1, 2 et 3 de la figure 14.II constituent ce qu'on appelle la *réunion* des sous-ensembles A et B, qu'on note :

$$A \cup B$$

On constate, sur le diagramme, que le complément de $A \cup B$ est formé par les éléments de la région 0, c'est-à-dire le sous-ensemble $\bar{A} \cap \bar{B}$. On a donc :

$$\overline{A \cup B} = \bar{A} \cap \bar{B}. \qquad (2)$$

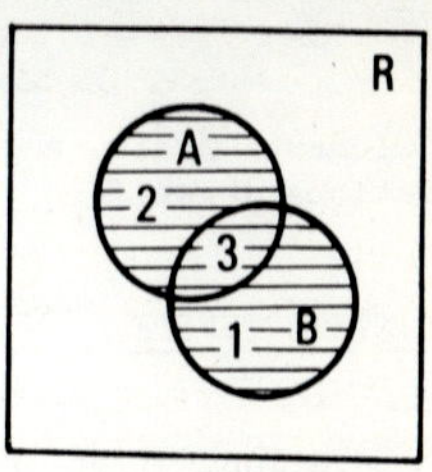

Fig. 14.II

Remplaçons, dans cette formule, A par $\bar{A}$ et B, par $\bar{B}$; on obtient :

$$\overline{\bar{A} \cup \bar{B}} = \bar{\bar{A}} \cap \bar{\bar{B}} = A \cap B.$$

Prenons maintenant le complémentaire de chaque membre; il vient :

$$\overline{\overline{\bar{A} \cup \bar{B}}} = \overline{A \cap B} ;$$

mais, d'après l'involution, $\overline{\overline{\bar{A} \cup \bar{B}}} = \bar{A} \cup \bar{B}$; on a donc :

$$\overline{A \cap B} = \bar{A} \cup \bar{B}. \tag{3}$$

Les expressions (2) et (3) sont dites *formules de A. de Morgan.*

En revenant à la figure 1, on voit que le principe du tiers exclu s'exprime par :

$$A \cup \bar{A} = R. \tag{4}$$

4. *COMMUTATIVITE. IDEMPOTENCE. ELEMENTS NEUTRES.*

Les opérations $\cap$ et $\cup$ sont évidemment *commutatives :*

$$A \cap B = B \cap A; \tag{5}$$

$$A \cup B = B \cup A. \tag{5 bis}$$

On montre, étant donné le contexte logique sous-jacent, qu'elles doivent être aussi *associatives :*

$$A \cap (B \cap C) = (A \cap B) \cap C ; \tag{6}$$

$$A \cup (B \cup C) = (A \cup B) \cup C . \tag{6 bis}$$

Il n'est pas difficile de voir que :

$$A \cap A = A \tag{7}$$

et

$$A \cup A = A ; \tag{7 bis}$$

on dit que les deux opérations $\cap$ et $\cup$ sont *idempotentes* (cette propriété se traduit par l'inutilité d'exposants et de coefficients en algèbre de Boole).

Revenons à l'ensemble vide, $\emptyset$; il ne comprend aucun élément ; en conséquence, on a :

$$A \cup \emptyset = A. \tag{8}$$

Prenons maintenant l'intersection de A et de R ; elle est évidemment identique à A :

$$A \cap R = A. \tag{9}$$

Les éléments $\emptyset$ et R sont, respectivement, les éléments neutres (ou unités) des opérations $\cup$ et $\cap$.

5. *DISTRIBUTIVITE*

Les opérations $\cap$ et $\cup$ doivent être *mutuellement distributives.* C'est-à-dire qu'on a :

$$A \cap (B \cup C) = (A \cap B) \cup (A \cap C) \tag{10}$$

et

$$A \cup (B \cap C) = (A \cup B) \cap (A \cup C). \tag{10 bis}$$

Il est facile de le vérifier, par exemple au moyen des diagrammes d'Euler-Venn. Construisons, à cet effet, le sous-ensemble correspondant à l'expression formant le membre gauche de (10 bis) : il s'agit de réunir les régions A (hachures verticales) et $B \cap C$ (hachures horizontales) ; on obtient ainsi une région, comportant un type *ou* l'autre des hachures, qui a été entourée d'un trait gras sur la figure 15.II.

Construisons maintenant le sous-ensemble correspondant au second membre de (10 bis) : il s'agit de trouver l'intersection des réunions $A \cup B$ (hachures verticales) et $A \cup C$ (hachures horizontales) ; on obtient ainsi une région comportant l'un *et* l'autre type de hachures; elle a été entourée d'un trait gras sur la figure 16.II et l'on voit qu'elle coïncide avec la région distinguée de la figure 15.II.

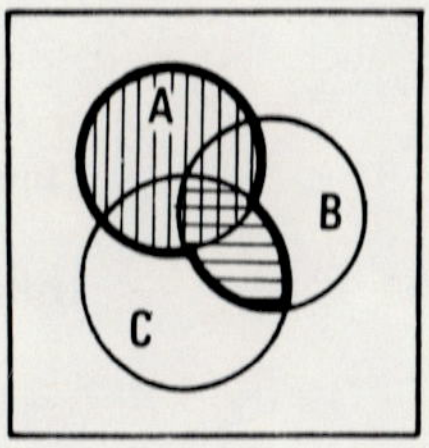

Figure 15.II $A \cup (B \cap C)$

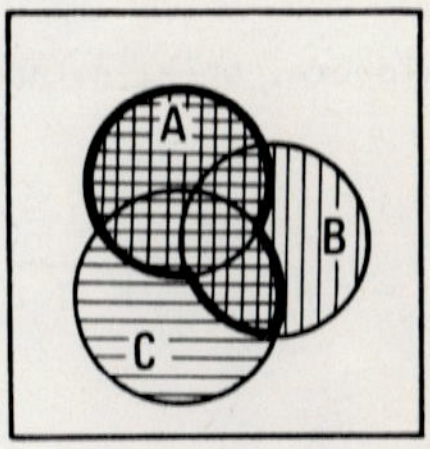

Figure 16.II $(A \cup B) \cap (A \cup C)$

Le lecteur est invité à vérifier lui-même la formule (10), au moyen d'une construction analogue.

Remarque. Il ne s'agit ici que de vérification ; elle ne se hausserait au rang d'une démonstration que si l'on prenait soin de considérer les seize cas de figure.

Pour une démonstration, et non une vérification de (10), étant donné (10 bis), considéré comme un axiome, et à condition d'ajouter les axiomes d'absorption :

$$A \cap (A \cup B) = A \cup (A \cap B) = A,$$

le lecteur pourrait s'inspirer du paragraphe consacré aux treillis distributifs.

6. *VERS UNE AXIOMATIQUE*.

On a l'habitude, en algèbre de Boole, de désigner l'ensemble vide par 0 et le référentiel par 1.

On montre qu'un ensemble dans lequel existent deux opérations binaires, $\cap$ et $\cup$, et une opération unaire, $\bar{\ }$, telles que les axiomes suivants soient vérifiés :

$$A \cup B = B \cup A$$
$$A \cap B = B \cap A \qquad \text{(Commutativité)}$$

$$A \cup (B \cup C) = (A \cup B) \cup C$$
$$A \cap (B \cap C) = (A \cap B) \cap C \qquad \text{(Associativité)}$$

$$A \cup A = A$$
$$A \cap A = A \qquad \text{(Idempotence)}$$

$$A \cup 0 = A$$
$$A \cap 1 = A$$
(Eléments neutres)

$$A \cup \bar{A} = 1$$
$$A \cap \bar{A} = 0$$
(Définition du complément)

$$A \cup (B \cap C) = (A \cup B) \cap (A \cup C)$$
$$A \cap (B \cup C) = (A \cap B) \cup (A \cap C)$$
(Distributivité mutuelle)

constitue une algèbre de Boole comprenant au moins deux éléments, 0 et 1.

Dans cette algèbre, on a, notamment les propriétés :

$$\bar{\bar{A}} = A \qquad \text{(Involution)}$$

$$\overline{A \cap B} = \bar{A} \cup \bar{B} \text{ et } \overline{A \cup B} = \bar{A} \cap \bar{B} \qquad \text{(Formules de A. de Morgan)}$$

On remarque que le deuxième axiome de chacune des six paires d'axiomes ci-dessus peut être obtenu à partir du premier axiome de la paire, en changeant tout signe $\cup$ en $\cap$, tout signe $\cap$ en $\cup$ et tout 0 en 1.

Les correspondances :

$$\cup \leftrightarrow \cap \quad ; (\cap \leftrightarrow \cup) ; 0 \leftrightarrow 1$$

permettent donc de passer d'un axiome quelconque à l'axiome qui lui correspond dans la même paire. En appliquant les règles de la logique (en particulier deux des axiomes de la liste : contradiction et tiers exclu), cette propriété sera conservée. Ainsi, à toute propriété générale, établie pour une algèbre de Boole, correspond une propriété *duale*, obtenue en effectuant les échanges de symboles indiqués ci-dessus.

7. *IMPLICATION. INCLUSION.*

On remarque que l'opération d'intersection correspond à la conjonction *et*, l'opération de réunion à la conjonction *ou* et la complémentation à la négation.

On utilise aussi en logique l'*implication* : la propriété p implique la propriété q, et l'on écrit : $p \Rightarrow q$, si et seulement si tous les éléments qui vérifient la propriété p vérifient aussi la propriété q. Dans ces conditions, le sous-ensemble A(p) est inclus dans le sous-ensemble B(q) et l'on écrit :

$$A \subset B$$

La relation d'*inclusion*, que nous avons désignée par le symbole $\subset$, est une relation d'ordre :

1) elle est réflexive, car, quel que soit p, $p \Rightarrow p$, d'où :

$$A \subset A$$

2) elle est transitive, car :

$$(p \Rightarrow q \text{ et } q \Rightarrow r) \Rightarrow (p \Rightarrow r),$$

d'où :

$$(A \subset B \text{ et } B \subset C) \Rightarrow (A \subset C)$$

3) elle est antisymétrique, car si l'on a, à la fois : p $\Rightarrow$ q et q $\Rightarrow$ p, c'est que A(p) = B(q), d'où :

$$\left.\begin{array}{c} A \subset B \\ \text{et} \\ B \subset A \end{array}\right\} \Rightarrow A = B$$

Sur le diagramme d'Euler-Venn (figure 17.II), on remarque que, si $A \subset B$:

$A \cup B = B$ et $A \cap B = A$

On verrait facilement aussi que, si $A \subset B$:

$\bar{A} \cup B = 1$ et $A \cap \bar{B} = 0$.

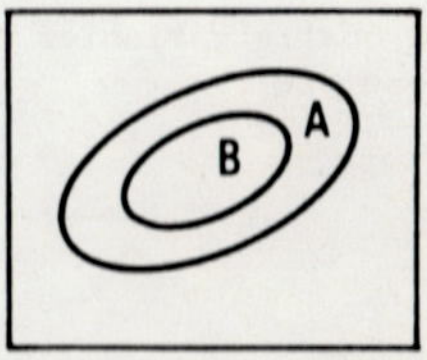

Figure 17.II

Ce sont là quatre expressions équivalentes de l'inclusion :

$$(A \subset B) \Leftrightarrow A \cap B = A \Leftrightarrow A \cup B = B$$
$$\Leftrightarrow \bar{A} \cup B = 1 \Leftrightarrow A \cap \bar{B} = 0$$

Remarque. Le fait d'écrire : $P \Rightarrow P$ c'est-à-dire que toute proposition s'implique elle-même, revient à formuler le *principe d'identité*.

8. *FORMES CANONIQUES.*

Au lieu de parler de sous-ensembles A_1, A_2.... d'un référentiel, nous pourrons, grâce au § 6, parler maintenant de variables A_1, A_2,...

Soient n variables booléiennes (n, nombre fini) : $A_1, A_2, A_3, \ldots, A_i, \ldots, A_n$.

Désignons par X_i la variable A_i sous l'un de ses aspects : A_i (affirmatif) ou $\bar{A}_i$ (négatif).

On appelle *minterme* de l'algèbre de Boole à n variables toute expression :

$$X_1 \cap X_2 \cap X_3 \cap \ldots \cap X_i \cap \ldots \cap X_n$$

où chaque variable figure sous un et un seul de ses aspects.

Dualement, on appelle *maxterme* toute expression de la forme :

$$X_1 \cup X_2 \cup X_3 \cup \ldots \cup X_i \cup \ldots \cup X_n$$

où chaque variable figure sous un et un seul de ses aspects.

Il est facile de voir que le nombre des mintermes de n variables est 2^n ; de même le nombre des maxtermes.

La notion de minterme (ou atome) est très importante ; en effet, d'une part, les mintermes de n variables sont deux à deux disjoints (ils diffèrent, en effet, l'un de l'autre au moins par l'aspect d'une variable et $X \cap \bar{X} = \emptyset$); d'autre part, la réunion des 2^n mintermes de n variables est égale au référentiel (en effet, 2^{n-1} mintermes s'écrivent $A \cap (X_2 \cap X_3 \cap \ldots \cap X_n)$ et les 2^{n-1} autres $\bar{A} \cap (X_2 \cap X_3 \cap \ldots \cap X_n)$; ainsi, leur réunion est $X_2 \cap X_3 \cap \ldots \cap X_n$ et, en diminuant à chaque fois d'une variable, on finit par tomber sur $X \cup \bar{X} = 1$). Par conséquent, les mintermes constituent une *partition* du référentiel.

Tout minterme est désigné par m_i, i étant la valeur décimale du nombre binaire obtenu en faisant correspondre 1 à toute variable affirmée et 0 à toute variable niée.

Exemple. Pour quatre variables A, B, C et D, n = 4, on a 2^4 mintermes, soit 16. On écrira, par exemple :

$$m_{13} = \underset{1}{A} \cap \underset{1}{B} \cap \underset{0}{\bar{C}} \cap \underset{1}{D}$$

car la valeur décimale du nombre binaire 1101 est 13.

On montre que toute fonction booléienne

$$f(A_1, A_2, \ldots, A_i, \ldots, A_n)$$

peut être mise sous une forme unique de réunion de mintermes : la *forme canonique disjonctive*.

Dualement, il existe, bien entendu, une forme canonique conjonctive, qui est une intersection de maxtermes.

Soit un vecteur ligne $\vec{\varepsilon} = |\varepsilon_0, \varepsilon_1, \ldots, \varepsilon_{2^n-1}|$ de 2^n éléments, ε_i étant égal à 1 si le minterme m_i existe dans la forme canonique disjonctive, et à 0, sinon. La forme canonique disjonctive peut donc être symbolisée par le produit scalaire :

$$\vec{\varepsilon} \cdot \vec{m}$$

m étant le vecteur colonne :

$$\vec{m} = \begin{pmatrix} m_0 \\ m_1 \\ \vdots \\ m_i \\ \vdots \\ m_{2^n-1} \end{pmatrix}$$

à condition d'interpréter le produit de deux composantes comme une intersection et la somme des produits comme une réunion.

Exemple. Soit :

$$\Phi = \{\overline{[(A \cap B) \cup C]} \cap (A \cap \bar{B})\} \cup [(B \cap \bar{C}) \cap (\bar{A} \cup C)]$$

Appliquons d'abord la formule généralisée de A. de Morgan :

$$\Phi = \{[(\bar{A} \cup \bar{B}) \cap \bar{C}] \cap (A \cap \bar{B})\} \cup [(B \cap \bar{C}) \cap (\bar{A} \cup C)]$$

Developpons ensuite en utilisant la distributivité de l'opération $\cap$ par rapport à l'opération $\cup$:

$$\Phi = \{[(\bar{A} \cap \bar{C}) \cup (\bar{B} \cap \bar{C})] \cap (A \cap \bar{B})\}$$
$$\cup \{[(B \cap \bar{C}) \cap \bar{A}] \cup [(B \cap \bar{C}) \cap C]\}$$

$$\Phi = [(\bar{A} \cap \bar{C}) \cap (A \cap \bar{B})] \cup [(\bar{B} \cap \bar{C}) \cap (A \cap \bar{B})]$$
$$\cup [(\bar{A} \cap B \cap \bar{C}) \cup (B \cap C \cap \bar{C}]$$

$$\Phi = (A \cap \bar{A} \cap \bar{B} \cap \bar{C}) \cup (A \cap \bar{B} \cap \bar{B} \cap \bar{C})$$
$$\cup \quad (\bar{A} \cap B \cap \bar{C}) \cup (B \cap C \cap \bar{C})$$

Eliminons ensuite les termes tels que $X \cap \bar{X} = 0$ et remplaçons $X \cap X$ par X :

$$\Phi = 0 \cup (A \cap \bar{B} \cap \bar{C}) \cup (\bar{A} \cap B \cap \bar{C}) \cup 0$$
$$= (A \cap \bar{B} \cap \bar{C}) \cup (\bar{A} \cap B \cap \bar{C}).$$

On a donc :

$$\Phi = m_4 \cup m_2 .$$

On peut obtenir $\bar{\Phi}$ de deux façons :

- ou bien, sous la forme d'une réunion de mintermes, en ne prenant que ceux qui n'appartiennent pas à Φ :

$$\bar{\Phi} = m_7 \cup m_6 \cup m_5 \cup m_3 \cup m_1 \cup m_0$$

- ou bien, sous la forme d'une intersection de maxtermes, en prenant le complément de l'expression de Φ sous la forme d'une réunion de mintermes :

$$\bar{\Phi} = \overline{m_4 \cup m_2} = \bar{m}_4 \cap \bar{m}_2 = M_3 \cap M_5$$

(on observe, en effet, qu'en prenant le complémentaire d'un minterme d'indice i on obtient le maxterme d'indice $2^n - 1 - i$).

Dans ces conditions, on peut obtenir Φ sous la forme d'une intersection de maxtermes de deux façons, en effet, on a d'abord :

$$\bar{\bar{\Phi}} = \Phi = \overline{m_7 \cup m_6 \cup m_5 \cup m_3 \cup m_1 \cup m_0} =$$
$$= M_0 \cap M_1 \cap M_2 \cap M_4 \cap M_6 \cap M_7 ,$$

puis , aussi bien :

$\bar{\bar{\Phi}} = \Phi =$ intersection de tous les maxtermes, à l'exception de ceux qui figurent dans $\bar{\Phi}$:

$$= M_0 \cap M_1 \cap M_2 \cap M_4 \cap M_6 \cap M_7 .$$

Généralisation. Reprenons (1) la notation

$$\Phi = \cup \; (\vec{\varepsilon} \cap \vec{m}) \tag{1}$$

et décidons de nommer $\vec{M}$ le vecteur colonne :

$$\begin{pmatrix} M_{2^n-1} \\ M_{2^n-2} \\ \vdots \\ M_0 \end{pmatrix}$$

c'est-à-dire : $\overline{\vec{m}}$.

En faisant apparaître les mintermes qui ne figurent pas dans Φ, on a :

$$\overline{\Phi} = \cup \; (\overline{\vec{\varepsilon}} \cap \vec{m}) \; ; \tag{2}$$

en prenant le complément de (1), on a aussi :

$$\overline{\Phi} = \cap \; (\overline{\vec{\varepsilon}} \cup \overline{\vec{m}}) = \cap \; (\overline{\vec{\varepsilon}} \cup \vec{M}). \tag{3}$$

Il en résulte bien deux façons d'obtenir Φ sous forme d'une intersection de maxtermes. En effet, si l'on complémente (2), on a :

$$\overline{\overline{\Phi}} = \Phi = \cap \; (\overline{\overline{\vec{\varepsilon}}} \cup \overline{\vec{m}}) = \cap \; (\vec{\varepsilon} \cup \vec{M}).$$

et si l'on ne prend que les maxtermes qui n'apparaîssent pas dans (3), on a aussi :

$$\overline{\overline{\Phi}} = \Phi = \cap \; (\vec{\varepsilon} \cup \vec{M}).$$

(Dans l'exemple cité ci-dessous en note :

$$\Phi = \cap \; (|0\;0\;1\;0\;1\;0\;0\;0| \;\; \cup \begin{pmatrix} M_7 \\ M_6 \\ M_5 \\ M_4 \\ M_3 \\ M_2 \\ M_1 \\ M_0 \end{pmatrix})$$

$$= (0 \cup M_7) \cap (0 \cup M_6) \cap (1 \cup M_5) \cap (0 \cup M_4) \cap (1 \cup M_3) \cap (0 \cup M_2) \cap (0 \cup M_1) \cap (0 \cup M_0)$$

$$= M_7 \cap M_6 \cap M_4 \cap M_2 \cap M_1 \cap M_0).$$

---

(1) Par exemple :

$$\cup \; (|0\;0\;1\;0\;1\;0\;0\;0| \;\; \cap \begin{pmatrix} m_0 \\ m_1 \\ m_2 \\ m_3 \\ m_4 \\ m_5 \\ m_6 \\ m_7 \end{pmatrix}) = (0 \cap m_0) \cup (0 \cap m_1) \cup (1 \cap m_2) \cup (0 \cap m_3)$$

$$\cup \; (1 \cap m_4) \cup (0 \cap m_5) \cup (0 \cap m_6) \cup (0 \cap m_7)$$

$$= (1 \cap m_2) \cup (1 \cap m_4) = m_2 \cup m_4 .$$

C. L'ALGEBRE DE BOOLE BINAIRE

FONCTION CARACTERISTIQUE. OPERATIONS BINAIRES.

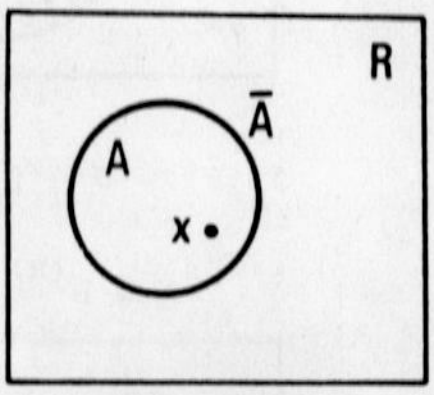

Figure 18.II

Appelons fonction caractéristique $f_A(x)$ d'un élément x, par rapport à un sous-ensemble A du référentiel, une fonction qui prend la valeur 1 si et seulement si $x \in A$ et, sinon, la valeur 0.

On voit clairement (figure 18.II) que si $f_A(x) = 1$, alors $f_{\bar{A}}(x) = 0$ et inversement. C'est la complémentation ou *négation logique*.

Considérons maintenant deux sous-ensembles A et B d'un référentiel R (figure 19.II) et étudions la valeur de $f_{A \cap B}(x)$ par rapport aux valeurs de $f_A(x)$ et $f_B(x)$, pour toutes les positions possibles de x.

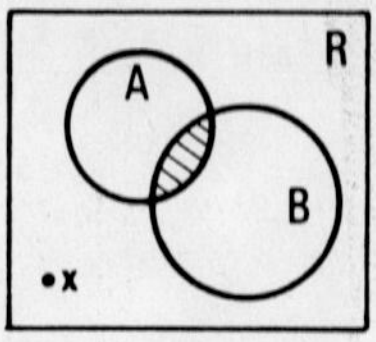

$f_A(x) = 0 \quad f_B(x) = 0$

$f_{A \cap B}(x) = 0$

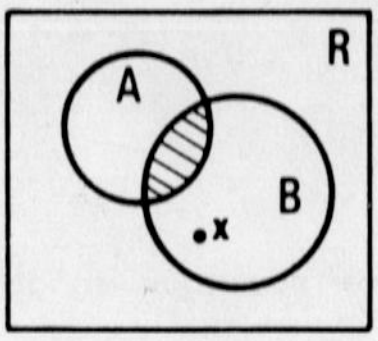

$f_A(x) = 0 \quad f_B(x) = 1$

$f_{A \cap B}(x) = 0$

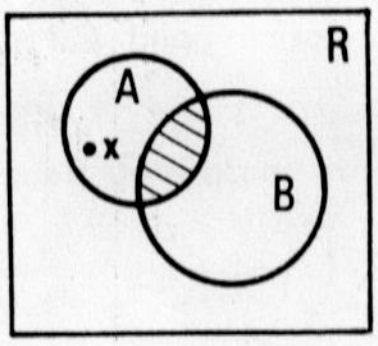

$f_A(x) = 1 \quad f_B(x) = 0$

$f_{A \cap B}(x) = 0$

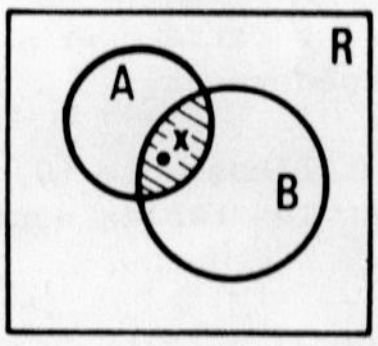

$f_A(x) = 1 \quad f_B(x) = 1$

$f_{A \cap B}(x) = 1$

Figure 19.II

On constate qu'on a :

$$f_{A \cap B}(x) = f_A(x) \cdot f_B(x)$$

avec les règles habituelles du produit, que nous appellerons néanmoins, ici *produit logique*, car il n'est pas difficile de découvrir qu'il s'agit bien de l'opération *et*, envisagée plus haut.

Effectuons maintenant l'étude pour $f_{A \cup B}(x)$, dans les mêmes conditions (figure 20.II).

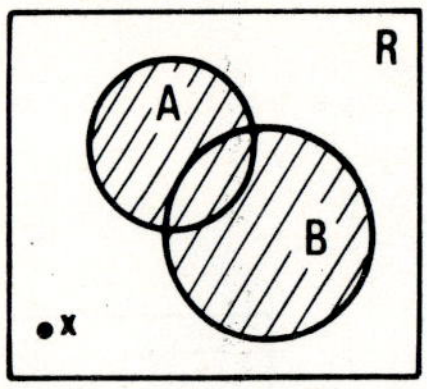

$f_A(x) = 0 \quad f_B(x) = 0$

$f_{A \cup B}(x) = 0$

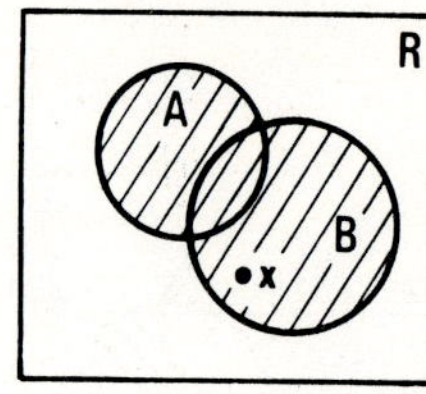

$f_A(x) = 0 \quad f_B(x) = 1$

$f_{A \cup B}(x) = 1$

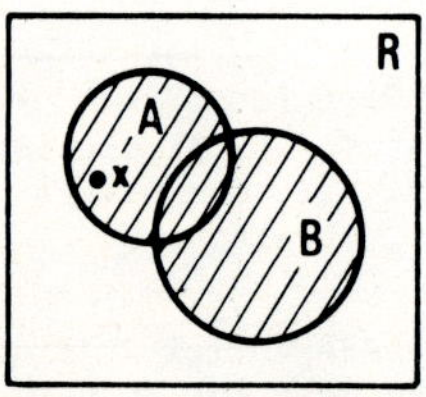

$f_A(x) = 1 \quad f_B(x) = 0$

$f_{A \cup B}(x) = 1$

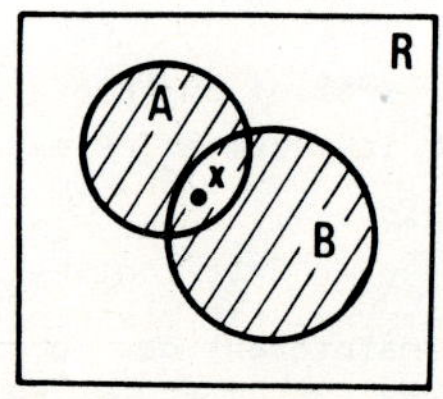

$f_A(x) = 1 \quad f_B(x) = 1$

$f_{A \cup B}(x) = 1$

Figure 20.II

Cette fois, on remarque qu'on a :

$$f_{A \cup B}(x) = f_A(x) \dotplus f_B(x)$$

avec une règle spéciale qui veut que : $1 \dotplus 1 = 1$.

Nous appellerons cette opération la *somme logique* ; elle correspond à l'opération *ou*, envisagée précédemment.

En résumé, sur l'ensemble {0, 1}, nous avons une opération unaire et deux opérations binaires, dont les tables sont résumées ci-dessous :

Négation logique

-	0	1
	1	0

Produit logique

•	0	1
0	0	0
1	0	1

Somme logique

$\dotplus$	0	1
0	0	1
1	1	1

Nous utiliserons en particulier ces opérations à propos de la théorie des graphes .

<u>Remarque.</u>

L'élément 0 peut apparaître comme l'élément neutre de l'opération $\dotplus$ et le 1 , comme l'élément neutre de l'opération •

Mais, faute de symétrique pour chaque élément, tant pour la somme logique où 1 n'a pas de symétrique que pour le produit logique où 0 n'a pas de symétrique, les opérations considérées ne confèrent pas une structure de groupe à l'ensemble {0, 1}.

C'est pourquoi l'on introduit souvent une nouvelle opération appelée *somme disjonctive* ou encore somme modulo 2, telle que $\forall$ a, b $\in$ {0,1} :

$$a \oplus b = a \,.\, \bar{b} \dotplus \bar{a} \,.\, b \,.$$

Du fait que $A \oplus B$ représente la zone hachurée sur la figure 21.II, on voit que :

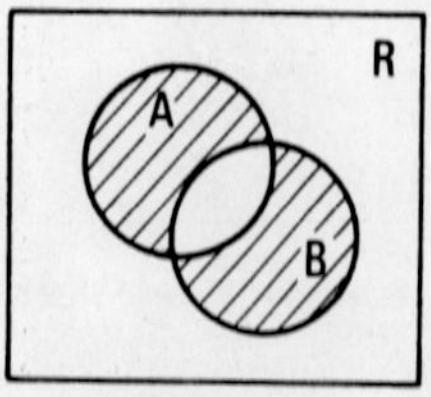

Figure 21.II

$\oplus$	0	1
0	0	1
1	1	0

La somme disjonctive confère à l'ensemble {0, 1} une structure de groupe abélien, car elle est associative, commutative, admet un élément neutre (0), et chaque élément est son propre symétrique. Or, le produit logique est associatif, commutatif et distributif par rapport à la somme disjonctive ; ces propriétés entraînent que la somme disjonctive et le produit logique munissent l'ensemble {0, 1} d'une structure *d' anneau abélien*, qui, en outre, est unitaire ; 1 est l'unité (ou élément neutre du produit logique).

Il est alors à remarquer que, 1 admettant un symétrique pour l'opération produit logique, l'anneau abélien unitaire défini ci-dessus est un corps.

TABLEAU DE BOOLE

Soit une fonction booléienne des variables 0 et 1 :

$$\Phi = \overline{(a \,.\, b \dotplus c)} \,.\, a \,.\, \bar{b} \dotplus b \,.\, \bar{c} \,.\, (\bar{a} \dotplus c).$$

On la ramène facilement à la forme :

$$\Phi = (\bar{a} \dotplus \bar{b}) \,.\, \bar{c} \,.\, a \,.\, \bar{b} \dotplus \bar{a} \,.\, b \,.\, \bar{c}$$

$$= a \,.\, \bar{b} \,.\, \bar{c} \dotplus \bar{a} \,.\, b \,.\, \bar{c} = m_4 \dotplus m_2$$

Montrons qu'on aurait pu obtenir directement sa décomposition canonique en utilisant un tableau de valeurs, où les variables a, b, c prennent toutes les valeurs possibles.

1	2	3	4	5	6	7	8	9	10	11	12	13	14	15	16
a	b	c	$\bar{a}$	$\bar{b}$	$\bar{c}$	a.b	$a.b \dotplus c$	$\overline{a.b \dotplus c}$	$a.\bar{b}$	$\overline{(ab \dotplus c)}.a.\bar{b}$	$b.\bar{c}$	$\bar{a} \dotplus c$	$b.\ \bar{c}.(\bar{a} \dotplus c)$	Φ	a. b. c
0	0	0	1	1	1	0	0	1	0	0	0	1	0	0	m_0
0	0	1	1	1	0	0	1	0	0	0	0	1	0	0	m_1
0	1	0	1	0	1	0	0	1	0	0	1	1	1	1	m_2
0	1	1	1	0	0	0	1	0	0	0	0	1	0	0	m_3
1	0	0	0	1	1	0	0	1	1	1	0	0	0	1	m_4
1	0	1	0	1	0	0	1	0	1	0	0	1	0	0	m_5
1	1	0	0	0	1	1	1	0	0	0	1	0	0	0	m_6
1	1	1	0	0	0	1	1	0	0	0	0	1	0	0	m_7

Dans la colonne 15, on a fait la somme logique des valeurs contenues dans les colonnes 11 et 14, un calcul direct ayant été pratiqué à partir de la forme initiale de Φ.

On retrouve bien : $\Phi = m_2 \dot{+} m_4$; ce sont les deux seuls mintermes à apparaître dans la **décomposition**.

MINIMISATION D'UNE FONCTION BOOLEIENNE.

Considérons deux fonctions des variables binaires $(x_1, x_2, \ldots, x_n)$. On dit que la fonction f implique la fonction g et l'on écrit ;

$$f \Rightarrow g$$

si f = 1 entraîne g = 1, c'est-à-dire si f est une partie de g.

Soit alors la fonction :

$$F = x_1 \, . \, x_2 \dot{+} \bar{x}_2 \, . \, x_3 \dot{+} \bar{x}_1 \, . \, x_3 .$$

Si l'on choisit des valeurs telles que l'un des produits $x_1 . x_2$ ou bien $\bar{x}_2 . x_3$, ou bien $\bar{x}_1 . x_3$, soit égal à 1, on a évidemment F = 1. La fonction F est impliquée par l'un quelconque de ces produits.

Considérons alors la fonction $\phi = x_1 . x_2$; si l'on y fait $x_1 = 1$, ou bien $x_2 = 1$, on obtient :

$$\phi \, (x_1 = 1) = x_2 \; ; \; \phi \, (x_2 = 1) = x_1 \; ;$$

la fonction ϕ n'est impliquée ni par x_1, ni par x_2 ; en effet :

$$(x_1 = 1) \not\Rightarrow \phi = 1 \; ; \; (x_2 = 1) \not\Rightarrow \phi = 1 .$$

Comme ϕ implique F et ϕ n'est impliqué ni par x_1, ni par x_2, on dit que ϕ est un *constituant premier* (ou encore *monome premier*) de F.

Au contraire, si l'on fait $x_3 = 1$ dans F, on obtient :

$$F(x_3 = 1) = x_1 \, . \, x_2 \dot{+} \bar{x}_2 \dot{+} \bar{x}_1$$

et, si l'on construit le tableau des valeurs (voir tableau, ci-dessous, à gauche),

x_1	x_2	$F = x_1 . x_2 \dot{+} \bar{x}_2 \dot{+} \bar{x}_1$
0	0	$= 0 \;\dot{+}\; 1 \;\dot{+}\; 1 = 1$
0	1	$= 0 \;\dot{+}\; 0 \;\dot{+}\; 1 = 1$
1	0	$= 0 \;\dot{+}\; 1 \;\dot{+}\; 0 = 1$
1	1	$= 1 \;\dot{+}\; 0 \;\dot{+}\; 0 = 1$

on s'aperçoit que :

$$(x_3 = 1) \Rightarrow F.$$

C'est que $\psi = \bar{x}_2 . x_3$ ou $\theta = \bar{x}_1 . x_3$ ne sont *pas* des constituants premiers de F.

Il est important de pouvoir obtenir la liste de tous les constituants premiers d'une fonction booléienne.

Considérons, à cet effet, les fonctions :

$$\phi_1 = Cy \dot{+} C$$

$$\phi_2 = A . \bar{x} \dot{+} B . x.$$

Dans la fonction ϕ_1, C est un produit booléien qui ne comporte la variable y sous aucun de ses aspects.

On peut écrire :

$$\phi_1 = C\ (1 \dotplus y) = C$$

et seul le constituant C est premier, car Cy $\subset$ C.

On en déduit que : 1) dans une liste de constituants, on peut simplifier en supprimant tout constituant qui est contenu (inclus) dans un autre.

Dans la fonction ϕ_2, ni A ni B ne contiennent la variable x sous l'un de ses aspects. On a :

$$A\ \bar{x} = 1 \Leftrightarrow \bar{A} \dotplus x = 0$$

$$B\ x = 1 \Leftrightarrow \bar{B} \dotplus \bar{x} = 0$$

d'où :

$$(\bar{A} \dotplus x = 0) \text{ ou } (\bar{B} \dotplus \bar{x} = 0) \Leftrightarrow (A\bar{x} = 1) \text{ ou } (Bx = 1) \Rightarrow F = 1$$

Or :

$$(\bar{A} \dotplus x = 0) \text{ ou} (\bar{B} \dotplus \bar{x} = 0) \Leftrightarrow (\bar{A} \dotplus x)\ .\ (\bar{B} \dotplus \bar{x}\ ) = 0 \quad ;$$

donc :

$$\left[(\bar{A} \dotplus x)\ .\ (\bar{B} \dotplus \bar{x}) = 0\right] \Rightarrow F = 1$$

ou :

$$(\bar{A}\ .\ \bar{B} \dotplus \bar{A}\ \bar{x} \dotplus \bar{B}\ x = 0) \Rightarrow F = 1$$

ou encore :

$$\left[(A \dotplus B)\ .\ (A \dotplus x)\ .\ (B \dotplus \bar{x}) = 1\right] \Rightarrow F = 1.$$

En faisant le produit, on obtient :

$$(A\ .\ B \dotplus A\ .\ \bar{x} \dotplus B\ .\ x = 1) \Rightarrow F = 1.$$

On en déduit que : 2) lorsqu'une fonction se présente sous la forme $A\ .\ \bar{x} \dotplus B\ .\ x$, on peut ajouter A . B comme constituant, ce qui ne présente d'intérêt que s'il n'est pas identiquement égal à 0.

Ce sont ces remarques qui constituent le fondement de la méthode de Quine pour l'obtention des constituants premiers. Leur application systématique et itérative permet de calculer la liste complète des constituants premiers d'une fonction.

Reprenons à cet effet la fonction :

$$F = x_1\ .\ x_2 \dotplus \bar{x}_2\ .\ x_3 \dotplus \bar{x}_1\ .\ x_3$$

Elle n'est pas simplifiable par la première règle. Ecrivons-la sous la forme d'un tableau à double entrée pour faciliter l'application de la seconde.

On a ainsi le tableau I, qui permet de comparer deux à deux les constituants et de calculer, selon la règle 2, des constituants supplémentaires.

Ainsi , si l'on pose :

$$A \cdot \bar{x} = x_1 \cdot x_2, \qquad (A = x_1 \; ; \; \bar{x} = x_2),$$

on a aussi :

$$B \cdot x = x_3 \cdot \bar{x}_2, \qquad (B = x_3 \; ; \; x = \bar{x}_2),$$

d'où l'apparition du constituant :

$$A \cdot B = x_1 \cdot x_3 .$$

De même : $x_1 \cdot x_2$ et $\bar{x}_1 \cdot x_3$ donnent : $x_2 \cdot x_3$.

	$x_1.x_2$	$\bar{x}_2.x_3$	$\bar{x}_1.x_3$	$x_1.x_3$	$x_2.x_3$
$x_1.x_2$		$x_1.x_3$	$x_2.x_3$		
$\bar{x}_2.x_3$					x_3
$\bar{x}_1.x_3$				x_3	
$x_1.x_3$					
$x_2.x_3$					

On n'écrirait évidemment pas le constituant supplémentaire s'il était déjà contenu dans F, en raison de l'idempotence ; on ne l'écrirait pas non plus s'il était contenu dans un des constituants déjà connus ou s'il était identique à l'un de ces constituants.

Après l'achèvement du tableau I, on applique la règle 1, mais elle ne fournit pas de simplification; on a alors :

$$F = x_1 \cdot x_2 \dotplus \bar{x}_2 \cdot x_3 \dotplus \bar{x}_1 \cdot x_3 \dotplus x_1 \cdot x_3 \dotplus x_2 \cdot x_3 .$$

Avec les constituants de cette liste, on forme le tableau II ; on trouve, à deux reprises, grâce à l'application de la règle 2, le constituant nouveau x_3, qu'on n'écrit qu'une fois.

La règle de simplification 1 s'applique maintenant : en effet, $\bar{x}_2 \cdot x_3$, $\bar{x}_1 \cdot x_3$, $x_1 \cdot x_3$ et $x_2 \cdot x_3$ sont contenus dans x_3 et il reste donc :

$$F = x_1 \cdot x_2 \dotplus x_3 .$$

On pourrait constituer un tableau III pour examiner ces deux constituants, mais c'est parfaitement inutile, car, la fonction n'étant pas de la forme ϕ_2, la règle 2 ne peut plus s'appliquer.

C'est à ce moment qu'on a la liste de tous les constituants premiers de F.

<u>Remarque.</u> Une autre manière commode d'obtenir la liste des constituants premiers consiste à :

1) Prendre le complément $\bar{F}$ de F ;

2) Développer ; supprimer termes nuls et redondants ;

3) Prendre alors le complément $\bar{\bar{F}}$ de $\bar{F}$. L'expression obtenue après développement, puis réduction, constitue la liste des constituants premiers de F.

<u>Exemple</u>.

$$F = a.b.\bar{c} \dot{+} \bar{a}.\bar{b}.c \dot{+} b.c \; .$$

$$\bar{F} = (\bar{a} \dot{+} \bar{b} \dot{+} c).(a \dot{+} b \dot{+} \bar{c}).(\bar{b} \dot{+} \bar{c}) = (\bar{a} \dot{+} \bar{b} \dot{+} c).(a.\bar{b} \dot{+} \bar{c})$$

$$= \bar{a}.\bar{c} \dot{+} a.\bar{b} \dot{+} \bar{b}.\bar{c} \dot{+} a.\bar{b}.c = \bar{a}.\bar{c} \dot{+} a.\bar{b} \dot{+} \bar{b}\,\bar{c} \; .$$

$$F = \bar{\bar{F}} = (a \dot{+} c).(\bar{a} \dot{+} b).(b \dot{+} c) = (a \dot{+} c).(b \dot{+} \bar{a}.c) = a.b \dot{+} b.c \dot{+} \bar{a}.c.$$

En fait, cette méthode équivaut à la précédente car $F = \phi_1 \dot{+} \phi_2$ donne :

$\bar{F} = \bar{\phi}_1.\bar{\phi}_2 = \bar{C} \; . \; (\bar{A}.\bar{B} \dot{+} \bar{A}.\bar{x} \dot{+} \bar{B}.x)$, puis $F = \bar{\bar{F}} = C \dot{+} A.B \dot{+} A.\overline{x} \dot{+} Bx$, comme p.37 .

On a ainsi obtenu, pour la fonction F (p. 36), sa forme minimale. Mais ce n'est pas toujours le cas. Soit, par exemple, de nouveau :

$$F = a.b.\bar{c} \dot{+} \bar{a}.\bar{b}.c \dot{+} b.c \; ;$$

le lecteur pourra vérifier facilement, par la méthode indiquée plus haut, la liste complète des constituants premiers de cette fonction :

$$F = a.b \dot{+} \bar{a}.c \dot{+} b.c \; ;$$

or, cette liste n'est pas la forme minimale de F.

En effet, si nous développons F sous la forme canonique disjonctive, nous trouvons :

$$F = a.b.\bar{c} \dot{+} \bar{a}.\bar{b}.c \dot{+} a.b.c \dot{+} \bar{a}.b.c \; ;$$

si maintenant nous développons :

$$F' = a.b \dot{+} \bar{a}.c,$$

nous aurons également :

$$F' = a.b.\bar{c} \dot{+} \bar{a}.\bar{b}.c \dot{+} a.b.c \dot{+} \bar{a}.b.c \; ;$$

c'est donc que les deux constituants premiers a.b et $\bar{a}$.c suffisent à représenter la fonction F.

Pour nous en rendre mieux compte, dressons un tableau à double entrée dans lequel nous mentionnerons, en tête de colonne, les mintermes de la forme canonique et, en ligne, les constituants premiers.

	$a.b.\bar{c}$	$\bar{a}.\bar{b}.c$	$a.b.c$	$\bar{a}.b.c$
$a.b$	(X)		X	
$\bar{a}.c$		(X)		X
$b.c$			X	X

Marquons d'une croix, sur chaque ligne, les mintermes qu'on obtiendrait en développant chacun des constituants premiers.

On constate que les mintermes $a.b.\bar{c}$ et $\bar{a}.\bar{b}.c$ ne sont contenus , respectivement, que dans a.b et $\bar{a}$.c ; au contraire, les mintermes a.b.c et $\bar{a}$.b.c peuvent être obtenus respectivement, soit par développement de a.b et $\bar{a}$.c, soit encore par développement de b.c.

Les constituants premiers a.b et $\bar{a}$.c sont des constituants *essentiels* ; l'absence de l'un d'entre eux dans la forme minimale n'est pas concevable, puisqu'ils engendrent des mintermes qui ne sont contenus dans aucun autre constituant premier.

Il se trouve que les constituants essentiels suffisent ici à représenter la fonction et que b.c est un constituant premier redondant, qu'il ne faut pas faire figurer dans la forme minimale. Mais il arrive que, pour obtenir la forme minimale, on doive employer, outre les constituants essentiels, un certain nombre de constituants non essentiels; le problème qui consiste à trouver le jeu minimal de ces constituants n'est guère plus difficile, mais sortirait de notre sujet (1).

Remarque.

La manipulation des formules de l'algèbre de Boole exige parfois des calculs très longs. Cela est dû au caractère énumératif des méthodes employées. Il faut naturellement se garder d'effectuer des calculs inutiles. Voici un exemple où le raisonnement permet d'éviter des longueurs.

Soit : $F = \overline{(a \dotplus \bar{b}).(c \dotplus \bar{d})}.(\bar{a} \dotplus b) \dotplus (a \dotplus b \dotplus \bar{c}).(c \dotplus \bar{d})$. On obtient :

$$\bar{F} = a.\bar{b}.\bar{c}.d \dotplus \bar{a}.\bar{b}.c \text{ et } F = \bar{\bar{F}} = b \dotplus a.c \dotplus a.\bar{d} \dotplus \bar{c}.\bar{d} \dotplus \bar{a}.\bar{c} .$$

On voit facilement que $\bar{F}$ ne contient que trois mintermes ; d'où $\bar{\bar{F}}$ en comporte treize. Il serait donc très fastidieux d'avoir recours à un tableau tel que celui du bas de la page 39 pour chercher les constituants essentiels et la forme minimale. Mais la simple inspection de la liste des constituants premiers permet d'éviter tout calcul. b est évidemment un constituant essentiel ; $a.c$ également, puisque $a.\bar{b}.c.d$ n'est couvert par aucun autre constituant ; de même $\bar{a}.\bar{c}$, à cause de $\bar{a}.\bar{b}.\bar{c}.d$. Restent les constituants premiers $a.\bar{d}$ et $\bar{c}.\bar{d}$; un développement ne faisant apparaître que des mintermes non couverts par b ne peut admettre b comme facteur; d'où : $a.\bar{b}.d$ et $\bar{b}.\bar{c}.\bar{d}$.

Mais alors, tout développement du premier (resp. second) constituant, non couvert par $a.c$ (resp. $\bar{a}.\bar{c}$), ne peut admettre c (resp. $\bar{a}$) comme facteur. L'un ou l'autre, ne pouvant plus servir à couvrir que le minterme $a.\bar{b}.\bar{c}.\bar{d}$, peut être choisi pour être adjoint aux constituants essentiels. Ainsi y a-t-il deux formes minimales :

$$F_1 = b \dotplus a.c \dotplus \bar{a}.\bar{c} \dotplus a.\bar{d} = b \dotplus a.(c \dotplus \bar{d}) \dotplus \bar{a}.\bar{c} ,$$

$$F_2 = b \dotplus a.c \dotplus \bar{a}.\bar{c} \dotplus \bar{c}.\bar{d} = b \dotplus a.c \dotplus \bar{c}.(\bar{a} \dotplus \bar{d}) .$$

D. APPLICATIONS ELEMENTAIRES

L'algèbre de Boole se prête à l'analyse et à la synthèse des chaînes de contacts, en électricité, en électronique et en automatique, à l'étude de certaines questions de logique, etc. Nous allons voir quelques-unes de ses applications élémentaires en recherche opérationnelle, notamment à des problèmes combinatoires.

1. *ETUDE D'UN ITINERAIRE.*

Une personne veut, partant de la ville A et y revenant, choisir parmi les moyens de locomotion ceux qui lui permettront de se rendre dans les villes B, C et D, de manière à ce que son absence totale soit de durée minimale.

Elle peut partir de A pour B par bateau à 08.00 h, la durée du trajet étant de trois heures ou bien par avion, à 09.00 h, le trajet ne durant alors qu'une heure. Elle pourra revenir de B vers A par ces moyens respectifs en partant à 17.00 et 21.00 h, les durées de trajet étant inchangées.

---

(1) En cas de nécessité, se reporter au *Cours de calcul booléien appliqué*, 2éme édition, par R. Faure, A. Kaufmann et M. Denis-Papin, Albin Michel éditeur, ou aux fascicules d'*Algèbre de Boole appliquée*, par R. Faure, Institut de programmation, Université de Paris VI.

Entre B et C, elle peut prendre le train, qui met deux heures pour effectuer le trajet et part à 10.30 h ; elle peut, par le même moyen, revenir de C vers B, en partant à 13.00 h.

Entre B et D existe un service ferroviaire : départ à 11.30 h, retour à 14.30 h, durée du trajet : deux heures, et aussi un service aérien : départ à 12.00 h, retour à 14.00 h, durée : une heure.

Enfin, entre C et D existe un express, qui part de D à 12.30 h et de C à 14.00 h, et dont le trajet dure une heure dans chaque sens.

Pour être plus concrets, établissons un schéma des liaisons (figure 22.II) et un tableau récapitulatif des horaires.

HORAIRES

	a	$\bar{a}$	α	$\bar{\alpha}$
A	0800	0900	2000	2200
B	1100	1000	1700	2100

	b	β
B	1030	1500
C	1230	1300

	c	$\bar{c}$	$\bar{\gamma}$	γ
B	1130	1200	1500	1630
D	1330	1300	1400	1430

	δ	d
D	1230	1500
C	1330	1400

Affectons des variables booléiennes latines aux trajets AB, BC, BD, CD et des variables booléiennes grecques aux trajets inverses.

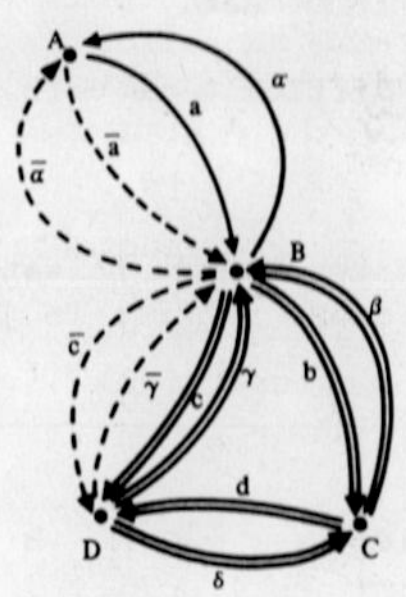

Figure 22.II

Il est évident (figure 22.II) qu'il y a deux sens de circulation : ABCDBA ou ABDCBA. On pourrait évidemment énumérer toutes les solutions possibles en développant les expressions :

$$(a \dotplus \bar{a}).b.d.(\gamma \dotplus \bar{\gamma}).(\alpha \dotplus \bar{\alpha})$$

et

$$(a \dotplus \bar{a}).(c \dotplus \bar{c}).\delta.\beta.(\alpha \dotplus \bar{\alpha})$$

qui correspondent, respectivement, à ces deux sens ; on trouverait ainsi 16 possibilités.

Mais étudions plutôt les suites de deux lettres de façon à faire apparaître les changements de date si l'emploi d'un moyen oblige à attendre le lendemain pour emprunter le suivant. Nous indiquerons ces changements de date par une barre verticale :

sens ABCDBA

parcours ABC : $\bar{a}b$; $a|b$

parcours BCD : bd

parcours CDB : $d|\bar{\gamma}$; $d|\gamma$

parcours DBA : $\bar{\gamma}\alpha$; $\bar{\gamma}\bar{\alpha}$; $\gamma\alpha$; $\gamma\bar{\alpha}$;

sens ABDCBA

parcours ABD : ac ; $a\bar{c}$; $\bar{a}c$; $\bar{a}\bar{c}$

parcours BDC : $c|\delta$; $\bar{c}|\delta$

parcours DCB : $\delta|\beta$

parcours CBA : $\beta\alpha$; $\beta\bar{\alpha}$

Dans la deuxième colonne (sens ABDCBA), nous remarquons qu'il y a toujours deux changements de date. Dans la première colonne, il n'y en a qu'un si nous empruntons la suite $\bar{a}$ b.

Il reste finalement à examiner les suites :

$$\bar{a}bd\bar{\gamma}\alpha \; ; \; \bar{a}bd\bar{\gamma}\bar{\alpha} \; ; \; \bar{a}bd\gamma\alpha \; ; \; \bar{a}bd\gamma\bar{\alpha} \; .$$

En utilisant les moyens indiqués, le voyageur pourra partir un jour quelconque et être de retour le lendemain.

Il n'est pas difficile de voir que les suites :

$$\bar{a}bd\bar{\gamma}\alpha \text{ et } \bar{a}bd\gamma\alpha$$

sont équivalentes, comme faisant partir le voyageur le jour J, à 09.00 h, et le faisant, toutes deux, rentrer le jour J + 1, à 20.00 h.

	J						J + 1				
Ville	A		B	C	D		D		B	A	
Solution	d	a	d	a	d	a	d avion	a	d	a	
$\bar{a}bd\bar{\gamma}\alpha$	0900	1000	1030	1230	1400	1500	1400	1500	1700	2000
$\bar{a}bd\gamma\alpha$	0900	1000	1030	1230	1400	1500	1430	1630	1700	2000
	avion		c. de f.		c. de f.		c. de f.		bateau	

La seconde solution est plus économique, mais la première procure un arrêt plus long dans la ville B, au retour.

2. *CHOIX D'INVESTISSEMENTS.*

Un atelier reçoit trois commandes c_1, c_2, c_3, qui peuvent être exécutées au moyen d'au plus cinq machines x_1, x_2, x_3, x_4 et x_5.

Pour exécuter c_1, on peut avoir recours aux machines x_1 et x_3 ou à la machine x_4, ce qui peut s'écrire :

$$c_1 = x_1 . x_3 \dot{+} x_4 .$$

On a, de même, pour c_2 et c_3 :

$$c_2 = x_2 . x_4 \dot{+} x_1 . x_5 ,$$

$$c_3 = x_2 . x_5 \dot{+} x_3 .$$

D'autre part, une contrainte technique t_1 exige qu'on utilise x_2 ou qu'on utilise pas x_4 (ou encore qu'on ne manque pas de x_2 si l'on a x_4) :

$$t_1 = x_2 \dotplus \bar{x}_4 = \overline{\bar{x}_2 . x_4} ;$$

une autre contrainte technique peut s'écrire :

$$t_2 = x_1 . \bar{x}_2 \dotplus x_4 . x_5 \dotplus x_2 . x_3 .$$

Pour que les fabrications soient assurées, il faut et suffit qu'on ait :

$$c_1 = c_2 = c_3 = 1 ;$$

pour que les contraintes soient observées, il faut et suffit que :

$$t_1 = t_2 = 1.$$

Tous les ensembles de cinq valeurs binaires (x_1, x_2, x_3, x_4, x_5), tels que :

$$F = c_1 . c_2 . c_3 . t_1 . t_2 = 1$$

sont solutions du problème .

Imaginons maintenant que l'achat et l'installation des machines entraîne les dépenses suivantes (en milliers d'unités monétaires) :

	x_1	x_2	x_3	x_4	x_5
A_i	7	5	3	6	2

On désire minimiser la dépense totale , c'est-à-dire :

$$I = \sum_{i=1}^{5} A_i . x_i .$$

Il importe donc de trouver tous les *constituants premiers* de $F(x_1, x_2, \ldots, x_5)$ et de calculer, pour chacun d'eux, la valeur de I, de manière à pouvoir sélectionner la plus faible. En effet, un constituant premier implique la fonction (si ce constituant vaut aussi 1) et il n'est impliqué par aucun autre constituant impliquant lui-même la fonction, si bien que les ensembles de machines représentés par les constituants premiers sont les ensembles minimaux qui couvrent la fonction, donc permettent les fabrications, tout en assurant le respect des contraintes.

Calculons d'abord F :

$$F = (x_1 . x_3 \dotplus x_4) . (x_2 . x_4 \dotplus x_1 . x_5) . (x_2 . x_5 \dotplus x_3) . (x_2 \dotplus \bar{x}_4) . (x_1 . \bar{x}_2 \dotplus x_4 . x_5 \dotplus x_2 . x_3)$$

$$= x_2 . x_4 . x_5 \dotplus x_2 . x_3 . x_4 \dotplus x_1 . x_2 . x_3 . x_5 \dotplus x_1 . \bar{x}_2 . x_3 . \bar{x}_4 . x_5 ,$$

puis, par une méthode quelconque, par exemple celle de Quine, constatons que les termes $x_1 . x_2 . x_3 . x_5$ et $x_1 . \bar{x}_2 . x_3 . \bar{x}_4 . x_5$ donnent le constituant $x_1 . x_3 . \bar{x}_4 . x_5$, dans lequel est inclus :

$$x_1 . \bar{x}_2 . x_3 . \bar{x}_4 . x_5 .$$

D'où la liste des constituants premiers de F :

$$F = x_2 . x_4 . x_5 \dotplus x_2 . x_3 . x_4 \dotplus x_1 . x_2 . x_3 . x_5 \dotplus x_1 . x_3 . \bar{x}_4 . x_5 .$$

Seules les valeurs affirmées nous intéressent pour établir les prix, car elles seules impliquent des achats de machines; d'où :

$$F = x_2.x_4.x_5 \dotplus x_2.x_3.x_4 \dotplus x_1.x_3.x_5$$

et

A_i	7	5	3	6	2	
	x_1	x_2	x_3	x_4	x_5	Total
$x_2.x_4.x_5$		1		1	1	13
$x_2.x_3.x_4$		1	1	1		14
$x_2.x_3.x_5$	1		1		1	12

La troisième solution est la moins coûteuse.

On vérifie bien que, pour : $x_1 = x_3 = x_5 = 1$, $x_2 = x_4 = 0$, on a :

$$c_1 = x_1.x_3 \dotplus x_4 = 1$$

$$c_2 = x_2.x_4 \dotplus x_1.x_5 = 1$$

$$c_3 = x_2\ x_5 \dotplus x_3 = 1$$

$$t_1 = x_2 \dotplus \bar{x}_4 = 1$$

$$t_2 = x_1.\bar{x}_2 \dotplus x_4.x_5 \dotplus x_2.x_3 = 1$$

3. *FONCTIONNELLE A OPTIMISER SOUS CONTRAINTES* (1)

a. *Variables booléiennes.*

Soit à optimiser la fonctionnelle : $F = 3x_1 + 5x_2 - x_3 + 2x_4$, où x_1, x_2, x_3 et x_4 sont des variables ne pouvant prendre que les valeurs 0 ou 1, sachant qu'elles sont soumises aux inégalités suivantes :

$$3x_1 + 4x_2 - 2x_3 + x_4 \leqq 5$$

$$2x_1 - x_2 + 3x_3 - x_4 \leqq 4$$

$$4x_1 - x_2 - x_3 + 2x_4 \leqq 5,$$

exprimant les contraintes du problème.

1. Nous allons transformer toute variable x_i, pourvue d'un coefficient négatif, dans l'une des inégalités ou la fonction économique, en la variable opposée, de manière à n'avoir que des coefficients positifs ; en effet : $x_i + \bar{x}_i = 1$, donc : $-x_i = \bar{x}_i - 1$.

Le problème s'écrit alors :

$$[\text{MAX}]\ F = 3x_1 + 5x_2 + \bar{x}_3 + 2x_4 - 1$$

sous les contraintes :

(1) Voir R. Faure et Y. Malgrange, Résolution des programmes linéaires en nombres entiers par une méthode booléienne, *Gestion*, avril 1963.

$$3x_1 + 4x_2 + 2\bar{x}_3 + x_4 \leqq 7$$

$$2x_1 + \bar{x}_2 + 3x_3 + \bar{x}_4 \leqq 6$$

$$4x_1 + \bar{x}_2 + \bar{x}_3 + 2x_4 \leqq 7$$

2. Rangeons les coefficients de la fonctionnelle dans l'ordre décroissant de leur contribution à la valeur F :

$$F = 5x_2 + 3x_1 + 2x_4 + \bar{x}_3 - 1 ,$$

car c'est dans cet ordre que nous tenterons, ultérieurement, de donner aux variables la valeur 1.

3. Remarquons que F ne peut dépasser la valeur 10. On peut ainsi écrire :

$$10 - F = 10 - 5x_2 - 3x_1 - 2x_4 - \bar{x}_3 + 1$$

$$= 5\bar{x}_2 + 3\bar{x}_1 + 2\bar{x}_4 + x_3 ,$$

d'où :

$$F = 10 - (5\bar{x}_2 + 3\bar{x}_1 + 2\bar{x}_4 + x_3) .$$

4. Dressons un tableau où les variables x_i et $\bar{x}_i$ figurent dans l'ordre : x_2, $\bar{x}_2$; x_1, $\bar{x}_1$; x_4, $\bar{x}_4$; x_3, $\bar{x}_3$ et où nous inscrivons les valeurs des coefficients des inégalités dans les colonnes et sur les lignes appropriées. La valeur du second membre de chaque inégalité prend place dans la colonne 0, à droite du tableau.

Notons, sur la dernière ligne du tableau, immédiatement au-dessous de la valeur du second membre de la dernière inégalité, la valeur que ne peut dépasser la fonction économique F. Chaque fois que nous ne pourrons prendre $x_i = 1$, nous serons contraints d'adopter $\bar{x}_i = 1$ et ainsi F sera diminuée de la valeur du coefficient de x_i dans $F = 10 - (5\bar{x}_2 + 3\bar{x}_1 + 2\bar{x}_4 + x_3)$; c'est évidemment le contraire pour x_3.

Dans ces conditions, nous écrirons les coefficients de $10 - F = 5\bar{x}_2 + 3\bar{x}_1 + 2\bar{x}_4 + x_3$, sur la dernière ligne du tableau, dans les colonnes voulues.

5. Nous disposons alors des instruments nécessaires pour résoudre le problème par *énumération implicite*, c'est-à-dire en n'énumérant qu'un petit nombre de solutions *admissibles* (ce qui veut dire qu'elles vérifient les contraintes, sans être nécessairement optimales), parmi les meilleures du problème, jusqu'à ce qu'on ait trouvé la solution optimale et montré qu'elle est unique ou, au contraire, exhibé toutes les solutions équivalentes.

	Coefficients des contraintes et de la fonctionnelle								Seconds membres							
	x_2	$\bar{x}_2$	x_1	$\bar{x}_1$	x_4	$\bar{x}_4$	x_3	$\bar{x}_3$	0	1	2	2a	2	2a	2b	1
	4		3		1			2	7	3	0	0	3	2	0	7
		1	2			1	3		6	6	4	0	6	6	6	5
		1	4		2			1	7	7	3	3	7	5	4	6
		5		3		2	1		10	10	10	7	7	7	7	5
Choix	1*		2*			2	2		Résultat: $x_1=x_2=x_3=1$; $x_4=0$; F=7							
				2*	2'			2'	Résultat: $x_2=x_4=1$; $x_1=x_3=0$; F=7							
		1*							$F \leq 5$. Sans intérêt							

1ère Phase OBTENTION D'UNE BONNE SOLUTION ADMISSIBLE.

Nous avons, semble-t-il, tout intérêt à prendre $x_2 = 1$, si c'est possible, puisque x_2 a le coefficient le plus élevé dans F.

Essayons donc $x_2 = 1$; nous dirons que nous effectuons le choix 1* et nous noterons ce choix sur la ligne et dans la colonne appropriées du tableau. Les valeurs figurant au second membre ne peuvent plus être celles de la colonne 0; en effet, si l'on fait $x_2 = 1$, la première inégalité devient $3x_1 + x_4 + 2\bar{x}_3 \leqq 3$; en revanche, la seconde et la troisième ne sont pas modifiées et nous conservons l'espoir que F atteigne 10. C'est ce que nous traduisons avec les nouvelles valeurs du second membre figurant dans la colonne 1.

Examinons alors si rien ne s'oppose maintenant à la liberté de nos choix ultérieurs. Pour cela, comparons les coefficients des colonnes du tableau, au-delà de x_2, et pour chaque ligne, avec les valeurs de la colonne 1 du second membre. On constate que tous les choix sont possibles.

Prenons donc le meilleur, apparemment, en essayant $x_1 = 1$. Ce sera notre choix 2*,que nous noterons sur la ligne des choix. Ses conséquences apparaissent à la colonne 2 du second membre.

Nous nous apercevons alors que les choix ultérieurs ne seront plus libres. En effet , nous ne pouvons faire ni $x_4 = 1$, ni $\bar{x}_3 = 1$, car le second membre deviendrait négatif, ce qui est impossible évidemment.

Contraints de prendre $x_4 = 0$ et $x_3 = 1$, nous dirons que ces affectations sont des *implications* du choix 2*. C'est pourquoi sur la ligne des choix, nous écrirons 2 (sans astérisque) dans les colonnes correspondantes. Mettons à jour le second membre (2a).

Etant parvenus au bord droit du tableau des coefficients, nous avons donc une solution. C'est $x_1 = 1$; $x_2 = 1$; $x_3 = 1$; $x_4 = 0$, qui donne bien à F la valeur 7 qui figure au bas de la colonne 2a. En effet :

$$F = 10 - (5 \times 0 + 3 \times 0 + 2 \times 1 + 1 \times 1) = 10 - 3 = 7.$$

Mais nous ne savons pas si cette solution est optimale.

2ème PHASE : RECHERCHE DE LA SOLUTION OPTIMALE OU DES SOLUTIONS EQUIVALENTES A LA PRECEDENTE, SI ELLE SE REVELE OPTIMALE.

S'il existe une meilleure solution que la précédente, c'est que nos choix n'ont pas été heureux. C'est pourquoi nous allons les remettre en question, *systématiquement*, en remontant de proche en proche.

1) Lorsque nous avons effectué le choix 2*, nous aurions aussi bien pu prendre $\bar{x}_1 = 1$ (en effet, notre choix était libre) et c'est ce que nous ferons maintenant. Ce choix entraîne un nouveau second membre numéroté 2, à droite du double trait, et l'on remarque déjà qu'on ne pourra ainsi trouver une solution meilleure que la précédente, puisque ce choix implique $F \leq 7$. Continuons, dans l'espoir de découvrir une solution équivalente.

Nos choix sont libres : autrement dit, le nouveau choix 2* n'implique aucune affectation. Il faut néanmoins, pour notre choix 3*, prendre $x_4 = 1$, car, sans cela, F serait inférieure ou égale à 5. Dans ces conditions, nous écrirons, non pas 3*, mais 2', d'où un nouveau second membre, 2a.

Notre choix est encore libre, en apparence. Mais si nous prenions $x_3 = 1$, il en résulterait $F \leq 6$. C'est pourquoi nous choisissons $\bar{x}_3 = 1$ et obtenons le second membre 2 b.

Une nouvelle fois, nous sommes arrivés au bord droit du tableau des coefficients. La nouvelle solution obtenue est *équivalente* à la précédente : $x_1 = 0$, $x_2 = 1$; $x_3 = 0$; $x_4 = 1$; $F = 7$.

2) Nous ne sommes pas encore certains que les deux solutions obtenues soient optimales, car il nous faut encore remettre en question le tout premier choix, 1*, que nous avons effectué.

Ce faisant, nous obtenons un nouveau second membre 1, écrit tout à droite du tableau des seconds membres et constatons que $F \leq 5$. Il est donc inutile de poursuivre le calcul.

Conclusion. Les deux solutions équivalentes déterminées précédemment sont optimales.

6. Nous montrerons maintenant que nous avons réalisé l'exploration partielle d'une arborescence (1) faisant apparaître toutes les combinaisons possibles des valeurs des variables. Pour cela, nous représenterons par une flèche dirigée vers le haut de la feuille toute variable pouvant prendre la valeur 1. Dans l'ordre de leur contribution à F, les variables sont x_2, $\bar{x}_1$, x_4, $\bar{x}_3$. S'il n'existait pas de contraintes, il faudrait prendre $x_2 = x_1 = x_4 = \bar{x}_3 = 1$; d'où la branche de gauche de l'arborescence, dont la racine est l'extrémité initiale de la flèche x_2 ; nous aurions donc pu, en l'absence de contrainte, monter le long de cette branche, en arbitrant à 1, au fur et à mesure de notre ascension, les variables correspondant aux flèches dont nous aurions atteint l'extrémité terminale. Mais, dans un certain problème, les contraintes pourraient, par exemple, nous obliger à nous arrêter à $x_2 = x_1 = x_4 = 1$, $\bar{x}_3$ devant être égal à 0. Cela reviendrait alors à s'arrêter, sur la branche gauche de l'arborescence à l'extrémité terminale de x_4 (ou plus précisément, à tenter de monter enco-

(1) La notion d'*arborescence* sera précisée lors de l'étude des graphes (Ch. III).

re, en faisant $x_3 = 1$, mais, constatant l'impossibilité, à redescendre de l'extrémité terminale de $\bar{x}_3$ à l'extrémité terminale de x_4).

Les contraintes pourraient encore nous autoriser à prendre $x_2 = x_1 = 1$, mais nous empêcher de faire $x_4 = 1$ (à la suite d'une tentative infructueuse nous nous trouverions donc à l'extrémité terminale de x_2) ; mais alors, il resterait à essayer de faire $\bar{x}_3 = 1$, d'où le rameau le plus haut et à droite de la branche de gauche.

Et ainsi de suite.

Revenons maintenant au problème traité plus haut. Grâce à la figure 23.II, la démarche suivie est facile à reconnaître.

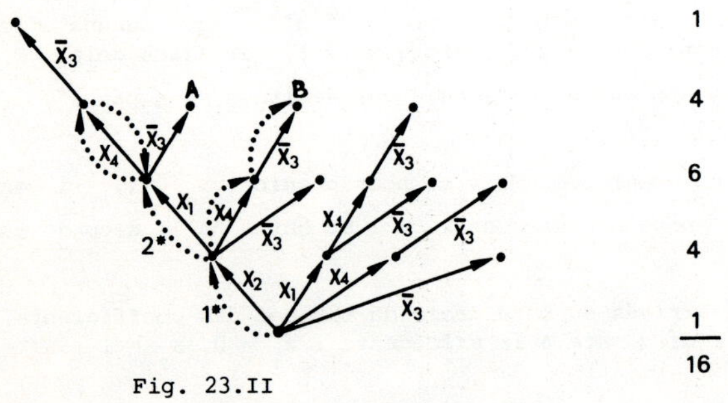

Fig. 23.II

1ère *Phase* . Choix 1* : on parcourt la flèche x_2. Choix 2* : on parcourt la flèche x_1 ; on tente de faire $x_4 = 1$; parvenu à l'extrémité terminale de x_4, on redescend. On tente alors de faire $\bar{x}_3 = 1$; c'est possible et l'on atteint la solution A, à l'extrémité terminale de $\bar{x}_3$.

2ème *Phase* . On conteste le choix 2*; on repart donc de l'extrémité initiale de x_1 ; on tente de faire $x_4 = 1$; c'est possible et l'on atteint l'extrémité terminale de x_4 ; on tente alors de faire $\bar{x}_3 = 1$: c'est encore possible et l'on atteint l'extrémi- terminale B, où existe encore une solution.

Lorsqu'on remet finalement en cause le choix 1^*, il faut repartir de la racine de l'arborescence; mais, la fonctionnelle ne pouvant plus dépasser la valeur 5, toute exploration est inutile.

b. *Variables positives entières quelconques.*

Soit à résoudre le problème suivant :

$$[\text{MAX}]\ F = 3x_1 + 8\,x_2$$

sous les contraintes :

$$x_1 + 4x_2 \leqq 20$$
$$x_1 + 2x_2 \leqq 11$$
$$3x_1 + 2x_2 \leqq 19$$
$$4x_1 - x_2 \leqq 22,$$

les variables x_1 et x_2 étant astreintes à être *entières*.

1) *Obtention de bornes supérieures des variables* .

La première inégalité donne : $x_2 \leqq 5$, une combinaison linéaire positive des deux dernières fournit $11x_1 \leqq 63$, d'où $x_1 \leqq 5$.

2) *Remplacement des variables entières par des variables booléiennes.*

On peut écrire : $x_1 = 4X_1^1 + 2X_1^2 + X_1^3$, les variables X_1^1, X_1^2 et X_1^3 étant bivalentes; cela revient en somme, tenant compte de sa borne supérieure, à décomposer x_1 en ses poids binaires.

De même : $x_2 = 4X_2^1 + 2X_2^2 + X_2^3$.

3) *Transformation des expressions pour faire disparaître les coefficients négatifs.*

On a, par exemple : $x_2 + \bar{x}_2 = 7$, en posant :

$\bar{x}_2 = 4\bar{X}_2^1 + 2\bar{X}_2^2 + \bar{X}_2^3$; en effet : $X_2^1 + \bar{X}_2^1 = X_2^2 + \bar{X}_2^2 = X_2^3 + \bar{X}_2^3 = 1$.

Par conséquent : $-x_2 = \bar{x}_2 - 7$ et la quatrième inégalité s'écrira :

$$4x_1 + \bar{x}_2 \leqq 29.$$

Remplaçons les variables par leur développement binaire dans toutes les relations et ordonnons par rapport aux coefficients décroissants des variables binaires dans F. On obtient :

$$[\text{MAX}]\ F = 32X_2^1 + 16X_2^2 + 12X_1^1 + 8X_2^3 + 6X_1^2 + 3X_1^3$$

sous les contraintes :

$$16X_2^1 + 8X_2^2 + 4X_1^1 + 4X_2^3 + 2X_1^2 + X_1^3 \leqq 20$$
$$8X_2^1 + 4X_2^2 + 4X_1^1 + 2X_2^3 + 2X_1^2 + X_1^3 \leqq 11$$
$$8X_2^1 + 4X_2^2 + 12X_1^1 + 2X_2^3 + 6X_1^2 + 3X_1^3 \leqq 19$$
$$4\bar{X}_2^1 + 2\bar{X}_2^2 + 16X_1^1 + \bar{X}_2^3 + 8X_1^2 + 4X_1^3 \leqq 29 .$$

Le tableau correspondant s'écrit :

Coefficients des contraintes et de F

	X_2^1	$\bar{X}_2^1$	X_2^2	$\bar{X}_2^2$	X_1^1	$\bar{X}_1^1$	X_2^3	$\bar{X}_2^3$	X_1^2	$\bar{X}_1^2$	X_1^3	$\bar{X}_1^3$	0	1	1_a	2	2_a	2	2_a	1	1_a	1_b
	16		8		4		4		2		1		20	4	4	0	0	4	1	20	4	4
	8		4		4		2		2		1		11	3	3	1	1	3	0	11	1	1
	8		4		12		2		6		3		19	11	11	9	9	11	2	19	1	1
		4		2	16			1	8		4		29	29	27	27	27	26	14	25	9	9
		32		16		12		8		6		3	77	77	49	49	40	41	41	45	45	39
Choix	1*			1		1	2*			2		2	Résultat : $x_1=0$, $x_2=5$; F=40									
								2*	2'		2'		Résultat : $x_1=3$, $x_2=4$; F=41									
		1*	1'		1'		1'			1			$F \leqq 39$. Sans intérêt									

et nous ne croyons pas utile de commenter le déroulement des calculs. La première solution obtenue vaut 40, avec $x_1 = 0$ et $x_2 = 5$. Elle n'est pas optimale, puisque la seconde, à laquelle on aboutit en remettant en cause le choix 2*, fournit F = 41, avec $x_1 = 3$ et $x_2 = 4$.

Enfin, la remise en question du choix 1* implique $F \leqq 39$ (en fait F = 36), d'où l'arrêt de l'exploration.

Remarque. Le problème se prête à une interprétation dans le plan, car il ne comporte que deux variables, x_1 et x_2. La figure 24.II fait apparaître le domaine admissible, avec ses 28 solutions entières.

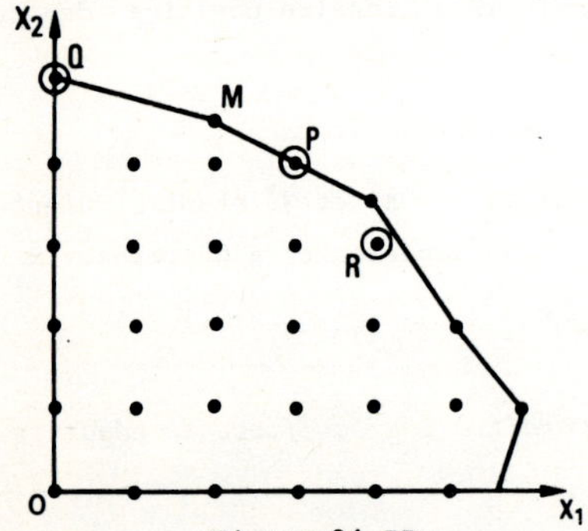

Figure 24.II

En nombre rationnels, la solution est : $x_1 = 2$, $x_2 = \frac{9}{2}$, avec F = 42; on aurait tort de croire que la partie entière des valeurs des variables constituant la solution optimale en rationnels donne l'optimum entier; en effet : $E(x_1) = 2$, $E(x_2) = 4$, d'où F = 38.

L'exploration arborescente conduit d'abord au point Q, avec F = 40, ensuite au point P, avec F = 41 et c'est l'optimum entier. Toute autre solution, avec le deuxième choix 2* ne peut que donner F < 41 (ex : $x_1 = 4$, $x_2 = 2$, F = 38) ; c'est pourquoi cette solution n'est pas explorée.

Avec la remise en cause du choix 1*, on aboutirait au point R (F = 36), mais on ne s'y rend pas, puisqu'on s'arrête dès qu'on constate que $F \leqq 39$.

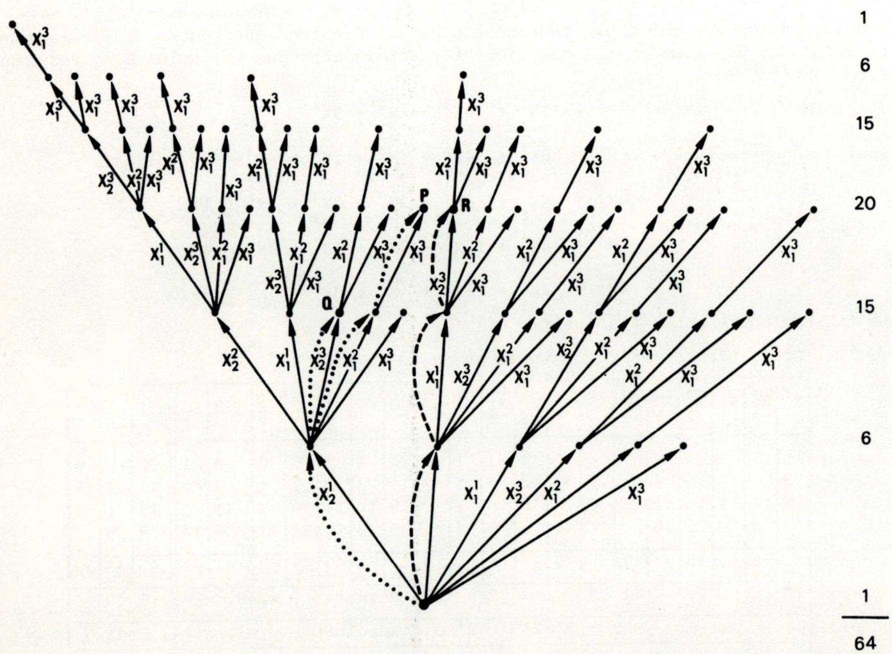

Figure 25.II

Remarque.

N.B. Cette remarque *ne doit pas être considérée comme un complément à la méthode*, mais seulement comme une *explication complémentaire*, à un détail près qui sera précisé.

On a comparé la méthode au processus employé pour les pesées (voir la référence, note 1, page 44). En effet, quand on pèse un objet, disposé sur l'un des plateaux d'une balance, on essaie un premier poids; s'il est trop fort, on le remplace par un plus faible; s'il est trop faible, on le remplace par un plus fort ou l'on ajoute un autre poids. Ici, ce sont les coefficients de la fonctionnelle à optimiser qui jouent le rôle de la boîte de poids, mais l'essai commence par le poids le plus fort, si l'on n'a pas d'autre information.

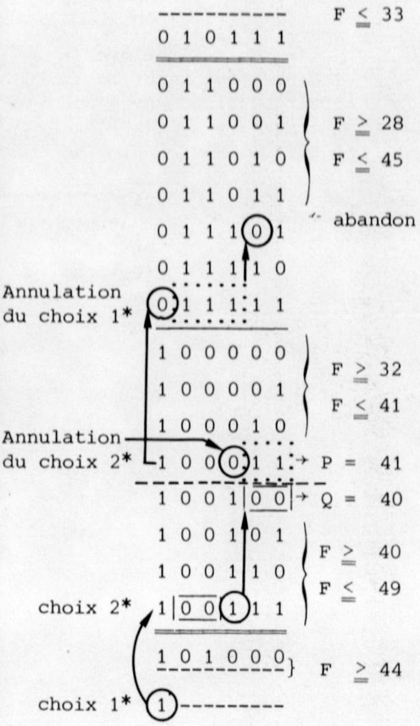

Figure 26.II

Montrons comment on pourrait "guider" les "pesées".

Au problème ci-dessus correspondent, au maximum, 2^6, c'est-à-dire soixante - quatre 6-uples formés uniquement de valeurs binaires.

En réalité lorsqu'on sait que la fonctionnelle optimale est telle que F = 42 pour les valeurs *rationnelles* des variables (l'une au moins étant non entière), on est certain que la valeur optimale de la même fonction, mais de variables entières, sera inférieure ou égale à 42.

Dès lors, il est parfaitement inutile d'essayer de faire $X_2^1 = X_2^2 = 1$, car ceci impose $F \geq 48$. De même, il est superflu d'essayer $X_2^1 = 1$, $X_2^2 = 0$ et $X_1^1 = 1$, ce qui entraîne $F \geq 44$.

On retrouve donc l'implication :
$X_2^1 = 1 \Rightarrow X_2^2 = X_1^1 = 0$.

On essaie donc, en veillant à ce que les autres contraintes soient satisfaites : $X_2^1 = 1$, $X_2^2 = X_1^1 = 0$ et $X_2^3 = 1$, ce qui implique, on le sait, $X_1^2 = X_1^3 = 0$ et fournit F = 40.

Comme $6X_1^2 + 3X_1^1$ peut être supérieure à $8X_2^3$, il est nécessaire de tenter de nier le choix $X_2^3 = 1$. C'est ainsi qu'on parvient à F = 41.

Il n'est pas non plus impossible, a priori, que $F \geq 41$ si $X_2^1 = 0$, car $X_2^2 = X_1^1 = X_2^3 = X_1^2 = X_1^3 = 1$ entraîne F = 45. D'où la remise en cause du choix $X_2^1 = 1$. Mais alors, il est nécessaire que $X_1^1 = 1$, car, sinon, on aurait : $F \leq 33$. Finalement, l'essai avorte aussitôt.

L'énumération "potentielle" se réduirait ainsi à 16 cas sur 64, l'énumération effective à 5 cas, au lieu de 7 par la méthode décrite plus haut.

Par conséquent, si l'on dispose d'une borne supérieure de F, on pourra toujours ajouter une ligne au tableau. Sur cette ligne, on fera figurer les coefficients des variables de la fonctionnelle à optimiser et, au second membre, la borne qui ne peut être dépassée, ce qui revient à ajouter une nouvelle contrainte.

chapitre III. ÉLÉMENTS DE LA THÉORIE DES GRAPHES ET DE LA PROGRAMMATION DYNAMIQUE CERTAINE APPLICATIONS A LA RECHERCHE OPÉRATIONNELLE (chemins, ordonnancements, flots, affectation, transport, optimaux - recherche arborescente).

A - ELEMENTS DE LA THEORIE DES GRAPHES

A1. *QU'EST-CE QU'UN GRAPHE ?*

Un des plus anciens problèmes combinatoires : la détermination d'un itinéraire à travers Königsberg (aujourd'hui Kaliningrad) en n'utilisant qu'une fois et une seule chacun des sept ponts qui enjambaient les bras de la Pregel ou conduisaient à l'île de Kneiphof (1735), dont Euler montra l'impossibilité, semble constituer le premier témoignage de l'emploi des graphes finis.

Plus tard, J. Petersen, avec ses graphes réguliers (1891), André Sainte-Laguë, ancien professeur du CNAM, avec ses *réseaux* (ou graphes), en 1926, et surtout Dénes König, publiant sa *Theorie der endlichen und unendlichen Graphen* (1936), développèrent ce concept. C'est en 1958 que Claude Berge fit paraître sa *Théorie des graphes et applications*, considérablement amplifiée dans *Graphes et hypergraphes* (1971), d'où un renouvellement des recherches en France, en Hongrie, aux Etats-Unis et en Union Soviétique.

La théorie des graphes est devenue l'un des instruments les plus efficaces pour résoudre la plupart des problèmes discrets que pose la recherche opérationnelle. Claude Berge reconnaît que la R.O. contribue aux progrès de la théorie des graphes, en suscitant de nouvelles recherches (voir l'Avant-propos de *Graphes et hypergraphes*).

Considérons les points A, B, C, D, E et un certain nombre de flèches joignant entre eux plusieurs couples de ces points (voir figure 1.III).

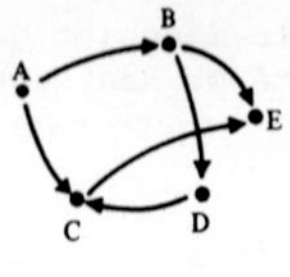

Figure 1.III

Au sens mathématique, ces flèches peuvent symboliser une application Γ dont le point extrémité initiale est l'argument (ou variable) et le point extrémité terminale, l'image (ou valeur). A chaque point (ou *sommet*) de l'ensemble $X = \{A, B, C, D, E\}$ correspond, par l'application Γ, un sous-ensemble de X ; ainsi, en suivant les flèches, on voit que :

$$\Gamma(A) = \{B, C\} ; \Gamma(B) = \{D, E\} ; \Gamma(C) = \{E\}; \Gamma(D) = \{C\} ; \Gamma(E) = \emptyset .$$

Si l'on remonte maintenant les flèches, on obtient les images réciproques Γ^{-1} :

$$\Gamma^{-1}(A) = \emptyset ; \Gamma^{-1}(B) = \{A\} ; \Gamma^{-1}(C) = \{A, D\} ; \Gamma^{-1}(D) = \{B\} ; \Gamma^{-1}(E) = \{B, C\}.$$

Le graphe G de la figure 1.III est donc défini lorsqu'on connaît : 1) l'ensemble X des sommets; 2) l'application Γ, d'où l'écriture $G = (X, \Gamma)$.

D'une manière équivalente, chaque flèche, qui prend le nom d'*arc*, peut être désignée par le couple formé de *son extrémité initiale* et de son *extrémité terminale*. Exemple: la flèche $\vec{AB}$ peut être notée (A, B). Dans ces conditions, le graphe $G = (X,\Gamma)$ devient $G = (X, U)$, U étant l'ensemble des arcs de G. Pour le graphe de la figure 1.III,on a:

$$U = \{(A, B) ; (A, C) ; (B, D) ; (B, E) ; (C, E) ; (D, C)\} .$$

Le lecteur remarquera que U n'est autre qu'une relation, c'est-à-dire un sous-ensemble du produit cartésien $X \times X$.

Dans certains cas, on n'a pas besoin de noter (ou de conserver) les orientations des arcs d'un graphe; en particulier, à tout graphe *orienté* correspond un graphe *non orienté*.

Les arcs d'un graphe non orienté se nomment les *arêtes*. Exemple : si l'on fait disparaître l'orientation de l'arc (A, B), on a l'arête [A, B] (ou [B, A]) .

A2. *VOCABULAIRE DE LA THEORIE DES GRAPHES.*

Dans un graphe, on appelle *chemin* une suite d'arcs dont l'extrémité terminale de chacun, sauf pour le dernier, est l'extrémité initiale du suivant.

Un chemin qui se ferme sur lui-même est un *circuit* ; de nombreux auteurs exigent qu'un circuit soit simple (voir ci-dessous).

La *longueur* d'un chemin est le nombre de ses arcs. Un circuit de longueur 1 est une *boucle*.

Un chemin est *simple* s'il ne passe qu'une fois par chacun de ses arcs ; il est *élémentaire* s'il ne rencontre pas plus d'une fois chacun de ses sommets.

La figure 2.III représente un graphe pour lequel : (D, A, E, A, E, A) est un chemin, (A, C, D, A) un circuit; en B existe une boucle.

(D, A, E, A, E, A) n'est pas simple, (D, A, E, A) est simple, mais pas élémentaire ; (D, A, E) est élémentaire.

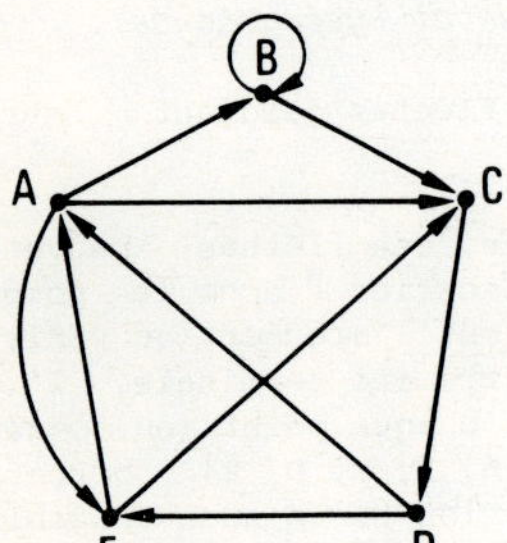

Figure 2.III

Considérons maintenant le graphe de la figure 2.III comme non orienté. C'est le graphe $G = (X, \mathcal{U})$, où $\mathcal{U}$ est l'ensemble des arêtes. On appelle *chaîne* une suite d'arêtes , dont chacune a une extrémité commune avec l'arête précédente (sauf la première) et l'autre commune avec l'arête suivante (sauf la dernière).

Une chaîne qui se ferme sur elle-même (et qui est simple) est un *cycle*. Un graphe (orienté ou non) est connexe s'il existe au moins une chaîne entre toute paire de sommets.

Tout graphe peut être défini par sa *matrice associée* (ou matrice d'adjacence), qui peut être littérale (matrice *aux arcs*) ou booléienne. Dans la matrice aux arcs, comme dans la matrice booléienne, les éléments de l'ensemble des sommets du graphe servent à désigner les lignes et les colonnes. S'il existe un arc (X, Y) entre le sommet X (extrémité initiale) et le sommet Y (extrémité terminale), on écrit XY à l'intersection de la ligne X et de la colonne Y. Dans la matrice booléienne, l'existence d'un arc entre X et Y se traduit par la présence d'un 1 à l'intersection de la ligne X et de la colonne Y; l'absence d'arc , par la présence d'un 0.

Les matrices aux arcs et booléienne relatives au graphe de la figure 2.III sont données côte à côte.

$\mathcal{A}$ =

	A	B	C	D	E
A		AB	AC		AE
B		BB	BC		
C				CD	
D	DA				DE
E	EA		EC		

Matrice aux arcs
(Figure 2.III)

$\mathcal{M}$ =

	A	B	C	D	E
A	0	1	1	0	1
B	0	1	1	0	0
C	0	0	0	1	0
D	1	0	0	0	1
E	1	0	1	0	0

Matrice associée booléienne (figure 2.III)

A une matrice associée symétrique (voir § sur les relations) correspond un graphe *symétrique*; à une matrice associée antisymétrique, un graphe *antisymétrique*. Un graphe est *complet* si, pour tout arc (X, Y), on a : [(X, Y) $\notin$ U] entraîne [(Y, X) $\in$ U].

A3. *CHEMINS DE LONGUEUR k. FERMETURE TRANSITIVE.*

Considérons la matrice $\mathcal{A}$, aux arcs, du graphe de la figure 2.III.
On peut se proposer de l'élever au carré, au cube, etc. en adoptant les lois de composition suivantes : la loi "multiplicative" n'est autre que la *concaténation* de deux arcs (puis de deux chemins) dont les extrémités terminale du premier et initiale du second sont le même sommet ; par exemple :

(A, B).(B, C) = (A, B, C) ; (A, E).(E, C) = (A, E, C) ;

la loi "additive" est simplement la *réunion* ensembliste, que nous noterons comme une simple juxtaposition ; par exemple : (A, B, C) et (A, E, C) figurent dans la même case de $\mathcal{A}^2$. On obtient ainsi, en renouvelant l'opération : $\mathcal{A}^2$, $\mathcal{A}^3$, $\mathcal{A}^4$, ...

$\mathcal{A}^2$ =

	A	B	C	D	E
A	AEA	ABB	ABC AEC	ACD	
B		BBB	BBC	BCD	
C	CDA				CDE
D	DEA	DAB	DAC DEC		DAE
E		EAB	EAC	ECD	EAE

$\mathcal{A}^4$ =

	A	B	C	D	E
A	AEAEA ABCDA AECDA ACDEA	AEABB ABBBB ACDAB	AEABC AEAEC ABBBC ACDAC ACDEC	AEACD ABBCD	ABCDE AECDE ACDAE
B	BBCDA BCDEA	BBBBB BCDAB	BBBBC BCDAC BCDEC	BBBCD	BBCDE BCDAE
C	CDAEA	CDABB CDEAB	CDABC CDAEC CDEAC	CDACD CDECD	CDEAE
D	DEAEA DACDA DECDA	DEABB DABBB DAEAB	DEABC DEAEC DABBC DAEAC	DEACD DABCD DAECD	DACDE DAEAE DECDE
E	EACDA ECDEA	EABBB ECDAB EAEAB	EABBC ECDAC ECDEC EAEAC	EABCD EAECD	EACDE ECDAE EAEAE

On remarque qu'on aboutit :
dans $\mathcal{A}^2$, à l'énumération de tous les chemins de longueur 2;
dans $\mathcal{A}^3$, à l'énumération de tous les chemins de longueur 3 ; etc.

Une manière de contrôler le nombre de chemins obtenus consiste à faire correspondre à la matrice booléienne $\mathcal{M}$, la matrice *arithmétique* M, où 0 et 1 sont les nombres entiers, puis à élever cette matrice au carré, au cube, etc. Un calcul facile donne:

M^2 =

	A	B	C	D	E
A	1	1	2	1	0
B	0	1	1	1	0
C	1	0	0	0	1
D	1	1	2	0	1
E	0	1	1	1	1

; M^3 =

	A	B	C	D	E
A	1	2	2	2	2
B	1	1	1	1	1
C	1	1	2	0	1
D	1	2	3	2	1
E	2	1	2	1	1

; M^4 =

	A	B	C	D	E
A	4	3	5	2	3
B	2	2	3	1	2
C	1	2	3	2	1
D	3	3	4	3	3
E	2	3	4	2	3

Un point de vue différent revient à chercher dans le graphe G les chemins *élémentaires*. On y arrive très facilement en modifiant légèrement la règle de la multiplication littérale : en effet, il suffit de ne retenir que les chemins *ne comportant aucune répétition de lettre* ; A. Kaufmann et Y. Malgrange ont appelé *multiplication latine* la concaténation assortie de cette restriction.

Dans la matrice A, nous éliminerons donc la boucle ; dans la matrice A^2, les produits (A, E, A) , (E, A, E) - sans compter (A, B, B) , (B, B, B), (B, B, C) qui n'apparaissent plus à cause de la suppression de la boucle - .

On a ainsi :

A'^2 =

	A	B	C	D	E
A			ABC AEC	ACD	
B				BCD	
C	CDA				CDE
D	DEA	DAB	DAC DEC		DAE
E		EAB	EAC	ECD	

A'^4 =

	A	B	C	D	E
A					ABCDE
B	BCDEA				BCDAE
C		CDEAB			
D			DEABC		
E		ECDAB		EABCD	

En fait, dans A'^4 apparaissent les chemins (A, B, C, D, E) ; (B, C, D, A, E) et (E, C, D, A B) ; le premier se refermant sur lui-même, engendre : (B, C, D, E, A) ; (C, D, E, A, B) ; (D, E, A, B, C) ; (E, A, B, C, D) .

Dans un graphe de n sommets, les plus longs chemins élémentaires comportent, évidemment, s'ils existent, n-1 arcs. Ils passent une fois et une seule par tous les sommets du graphe : on les appelle chemins *hamiltoniens*. Un chemin hamiltonien qui se referme sur lui-même est un *circuit hamiltonien*. Dans le graphe de la fig. 2.III, on n'a qu'un circuit hamiltonien : (A, B, C, D, E, A), alors qu'on avait plusieurs chemins hamiltoniens.

Revenant à la matrice booléienne, M, dans laquelle la présence d'un 1 à l'intersection de la ligne X et de la colonne Y signifie : "l'arc (X, Y) existe", on peut également en calculer les "puissances" successives, en utilisant comme loi "multiplicative" le produit logique et, comme loi "additive", la somme logique; ainsi, $M^{[k]}$ sera encore une matrice booléienne.

Dans ces conditions, la présence d'un 1 à l'intersection de la ligne X et de la colonne Y de $M^{[k]}$ signifie : "il existe au moins un chemin de longueur k entre X et Y". Dans l'exemple choisi, on a les résultats suivants :

$M^{[2]}$ =

	A	B	C	D	E
A	1	1	1	1	0
B	0	1	1	1	0
C	1	0	0	0	1
D	1	1	1	0	1
E	0	1	1	1	1

$M^{[3]}$

	A	B	C	D	E
A	1	1	1	1	1
B	1	1	1	1	1
C	1	1	1	0	1
D	1	1	1	1	1
E	1	1	1	1	1

$M^{[4]}$ =

	A	B	C	D	E
A	1	1	1	1	1
B	1	1	1	1	1
C	1	1	1	1	1
D	1	1	1	1	1
E	1	1	1	1	1

Si l'on fait la somme booléienne :

$$M \dot{+} M^{[2]} \dot{+} M^{[3]} \dot{+} M^{[4]} \text{ et, plus généralement : } M \dot{+} M^{[2]} \dot{+} \ldots + M^{[k-1]},$$

on trouve une matrice (qui, dans le cas particulier de l'exemple est entièrement formée de 1) dans laquelle la présence d'un 1 à l'intersection de la ligne X et de la colonne Y signifie : "il existe dans le graphe au moins un chemin de longueur inférieure ou égale à k-1 entre X et Y ".

On appelle *fermeture transitive* d'un sommet x, d'un graphe G = (X, Γ), l'expression :

$$\hat{\Gamma}(x) = \{x\} \cup \Gamma(x) \cup \Gamma^2(x) \cup \ldots \cup \Gamma^{n-1}(x),$$

où : $$\Gamma^k(x) = \Gamma(\Gamma^{k-1}(x)).$$

Il est facile de montrer qu'on obtient la fermeture transitive de l'ensemble X des sommets du graphe en calculant la matrice

$$\hat{\Gamma}(X) = I \dot{+} M \dot{+} M^{[2]} \dot{+} \ldots \dot{+} M^{[n-1]} = (I \dot{+} M)^{[n-1]}$$

où I est la matrice booléienne unité (qui ne comporte que des 1 dans la diagonale et des 0 partout ailleurs).

Considérons, par exemple, le graphe de la figure 3.III. On a d'abord M, puis en portant des 1 dans la diagonale, $I \dot{+} M$.

Calculons $(I \dot{+} M)^{[2]}$, $(I \dot{+} M)^{[3]}$, puis $(I \dot{+} M)^{[5]}$. Nous obtenons :

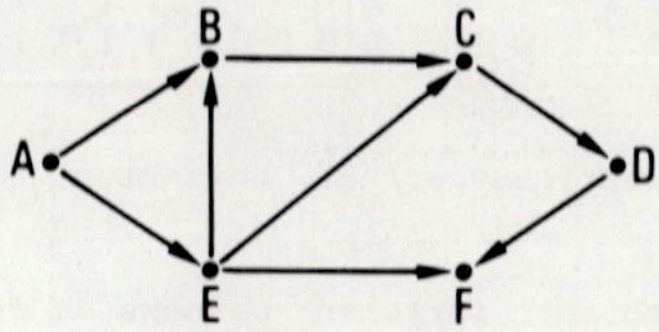

Figure 3.III

M =

	A	B	C	D	E	F
A	0	1	0	0	1	0
B	0	0	1	0	0	0
C	0	0	0	1	0	0
D	0	0	0	0	0	1
E	0	1	1	0	0	1
F	0	0	0	0	0	0

$I \dot{+} M$ =

	A	B	C	D	E	F
A	1	1	0	0	1	0
B	0	1	1	0	0	0
C	0	0	1	1	0	0
D	0	0	0	1	0	1
E	0	1	1	0	1	1
F	0	0	0	0	0	1

$(I \dot{+} M)^{[2]}$ =

	A	B	C	D	E	F
A	1	1	1	0	1	1
B	0	1	1	1	0	0
C	0	0	1	1	0	1
D	0	0	0	1	0	1
E	0	1	1	1	1	1
F	0	0	0	0	0	1

$(I \dot{+} M)^{[3]}$ =

	A	B	C	D	E	F
A	1	1	1	1	1	1
B	0	1	1	1	0	1
C	0	0	1	1	0	1
D	0	0	0	1	0	1
E	0	1	1	1	1	1
F	0	0	0	0	0	1

$(I \dot{+} M)^{[5]}$ =

	A	B	C	D	E	F
A	1	1	1	1	1	1
B	0	1	1	1	0	1
C	0	0	1	1	0	1
D	0	0	0	1	0	1
E	0	1	1	1	1	1
F	0	0	0	0	0	1

Remarques. 1. $(I \dot{+} M)^{[k]}$ est la matrice des chemins d'au plus k arcs dans le graphe, en considérant que, de X à X, existe un chemin de 0 arc.

2. M comporte, dans l'exemple, une colonne entièrement formée de 0: c'est une *entrée* du graphe (ici, le sommet A) ; elle comporte aussi une ligne consituée uniquement de 0 : c'est une *sortie* du graphe (ici, F).

3. Dans un graphe de n sommets, il ne peut y avoir de chemin de n-1 arcs sans répétition d'arc, si bien que lorsqu'on recherche la fermeture transitive, (ou

ensemble des descendants de tous les sommets) il n'y a pas intérêt à dépasser la puissance n-1 de $I \dot{+} M$. En pratique, on peut d'ailleurs s'arrêter dès que :

$$(I \dot{+} M)^{[k]} = (I \dot{+} M)^{[k-1]} .$$

A4. *FORTE CONNEXITE*.

Soit la relation : "il existe au moins un chemin de X à Y et au moins un chemin de Y à X" (il est équivalent de dire : pour tout X et tout Y, il existe au moins un chemin de X à Y); elle est réflexive (chemin de longueur 0), symétrique, par définition, et transitive. C'est donc une relation d'équivalence. Si l'on fait le quotient d'un graphe par cette relation d'équivalence, les classes obtenues se nomment les *composantes fortement connexes* du graphe (1).

Considérons, à titre d'exemple, le graphe de la figure 4.III, pour lequel $|X| = n = 7$. Si l'on observe la matrice $(I + M)^{[6]}$, on constate qu'un nouvel arrangement des co-

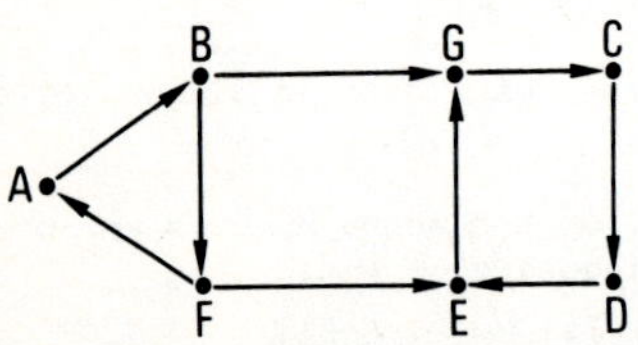

Figure 4.III

$(I+M)^{[6]} =$

	A	B	C	D	E	F	G
A	1	1	1	1	1	1	1
B	1	1	1	1	1	1	1
C	0	0	1	1	1	0	1
D	0	0	1	1	1	0	1
E	0	0	1	1	1	0	1
F	1	1	1	1	1	1	1
G	0	0	1	1	1	0	1

	A	B	F	C	D	E	G
A	1	1	1	1	1	1	1
B	1	1	1	1	1	1	1
F	1	1	1	1	1	1	1
C	0	0	0	1	1	1	1
D	0	0	0	1	1	1	1
E	0	0	0	1	1	1	1
G	0	0	0	1	1	1	1

lonnes et des lignes permet de faire apparaître des matrices carrées, uniquement formées de 1, s'appuyant sur la diagonale principale.

A chacune de ces matrices carrées correspond une composante fortement connexe du graphe : {A, B, F} et {C, D, E, G} sont les ensembles de sommets des deux composantes connexes du graphe de la figure 4.III.

Remarque. Lorsque le graphe comporte un circuit hamiltonien, il constitue un graphe fortement connexe (une seule classe) et la matrice $(I \dot{+} M)^{[n-1]}$ ne contient que des 1. Mais le fait que la matrice $(I \dot{+} M)^{[n-1]}$ soit uniquement formée de 1 n'implique pas l'existence d'un circuit hamiltonien : cela veut simplement dire que le graphe est fortement connexe.

Exemple. $G = (X, U) = (\{A, B, C, D\} ; \{(A, B) ; (B, C) ; (C, A) ; (C,D) ; (D, B)\})$.

A5. *RECHERCHE DES CHEMINS ET CIRCUITS HAMILTONIENS*.

Nous avons déjà vu comment on peut utiliser la multiplication latine pour obtenir la liste des chemins hamiltoniens d'un graphe.

Si nous revenons à la matrice $A'^{(n-1)}$, soit A'^{4} dans l'exemple de la page 56 , et si nous calculons A'^{n} , en n'éliminant pas, cette fois, les chemins avec répétition de lettre, nous trouverons les circuits hamiltoniens du graphe. Dans l'exemple :

---
(1) Dans une composante fortement connexe, il existe donc un chemin entre tout couple de sommets différents.

A'^5 =

	A	B	C	D	E
A	ABCDEA				
B		BCDEAB			
C			CDEABC		
D				DEABCD	
E					EABCDE

A'^5 met en évidence l'existence du circuit (A, B, C, D, E, A).
Une autre méthode, utilisée pour déterminer plus facilement les chemins hamiltoniens d'un graphe, est due à Georges Demoucron.

De même qu'on a défini $\hat{\Gamma}(X_i)$ comme l'ensemble des chemins d'extrémité initiale X_i, on peut définir $\hat{\Gamma}^-(X_i)$ comme l'ensemble des chemins d'extrémité terminale X_i ; la classe d'équivalence (ou composante fortement connexe) à laquelle appartient X_i^i est donc $\hat{\Gamma}(X_i) \cap \hat{\Gamma}^-(X_i)$, puisque cette intersection ne contient que les sommets qui sont reliés à X_i et auxquels X_i est relié.

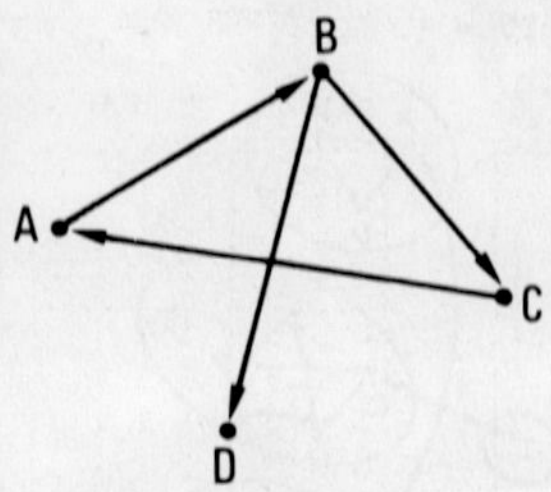

Figure 5.III

Par exemple, dans le graphe de la figure 5.III, on a:

$$\hat{\Gamma}(A) = \{A, B, C, D\}$$

et

$$\hat{\Gamma}^-(A) = \{A, B, C\}$$

donc $\hat{\Gamma}(A) \cap \hat{\Gamma}^-(A) = \{A, B, C\}$; il y a donc deux classes; la classe {A, B, C}, de trois sommets, et la classe {D}, réduite à ce sommet.

Soit alors le graphe défini par la matrice ci-dessous (dans laquelle on n'a pas indiqué les 0) :

	A	B	C	D	E	F	G	H	I	J	K	$\hat{\Gamma}^-(A)$	$\hat{\Gamma}^-(C)$	$\hat{\Gamma}^-(H)$
A		1						1				0	X	X
B				1								2	X	X
C							1						0	X
D	1											1	X	X
E						1							2	X
F			1										1	X
G					1								3	X
H									1					0
I											1			2
J														
K								1						1
$\hat{\Gamma}(A)$	0	1		2				1'	2'		3'			
$\hat{\Gamma}(C)$	X	X	0	X	2	3	1							
$\hat{\Gamma}(H)$	X	X	X	X	X	X	X	0	1		2			

Calculons $\hat{\Gamma}(A)$. Il suffit pour cela, de poser 0 sous A, dans la ligne $\hat{\Gamma}(A)$, sous la matrice, et de rechercher les arcs qui ont comme extrémité initiale A : ce sont (A, B) et (A, H) ; nous marquerons 1 dans la ligne $\hat{\Gamma}(A)$, sous B et H, respectivement; nous rechercherons ensuite les arcs d'extrémité initiale B, puis H, et nous écrirons le chiffre 2 sous la colonne de leur extrémité terminale ; et ainsi de suite, jusqu'à ce qu'on ait épuisé les chemins d'extrémité initiale A.

Calculons ensuite $\hat{\Gamma}^-(A)$, d'une manière analogue, mais en opérant, cette fois, sur les colonnes et non les lignes de la matrice du graphe.

On voit que $\hat{\Gamma}(A) \cap \hat{\Gamma}^-(A) = \{A, B, D\}$

Le point C ne faisant pas partie de la classe précédente, on calcule alors $\hat{\Gamma}(C)$, puis, $\hat{\Gamma}^-(C)$, d'où :

$$\hat{\Gamma}(C) \cap \hat{\Gamma}^-(C) = \{C, E, F, G\}$$

On calcule de même $\hat{\Gamma}(H) \cap \hat{\Gamma}^-(H) = \{H, I, K\}$.

Il reste J qui constitue à lui seul , une classe.

La méthode permet donc d'obtenir les composantes fortement connexes d'un graphe. C'est aussi en cela qu'elle peut être utile pour la recherche des chemins hamiltoniens.

	A	B	C	D	E	F	G	H	I	J	K	$\Gamma^-(A)$	$\Gamma^-(C)$	$\Gamma^-(H)$
A		1						1				0	X	X
B				1								2	X	X
C							1			1			0	X
D	1											1	X	X
E						1							2	X
F			1										1	X
G					1								3	X
H									1				6	0
I											1		5	2
J														
K							1	1					4	1
$\hat{\Gamma}(A)$	0	1	7'	2	5'	6'	4'	1'	2'	8'	3'			
$\hat{\Gamma}(C)$	X	X	0	X	2	3	1			1'				
$\hat{\Gamma}(H)$	X	X	X	X	X	X	X	0	1		2			

Ainsi, modifions le graphe précédent en lui ajoutant les arcs (C, J) et (K, G) (fig. 6.III). Recommençons le calcul. Nous retrouverons les quatre classes :

$$I = \{A, B, D\} ;$$

$$II = \{C, E, F, G\} ;$$

$$III = \{H, I, K\} ;$$

$$IV = \{J\} .$$

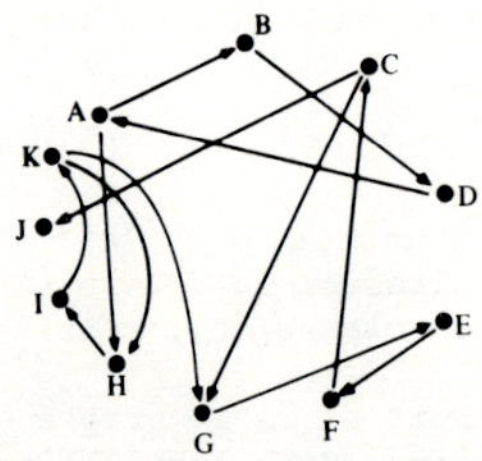

Figure 6.III

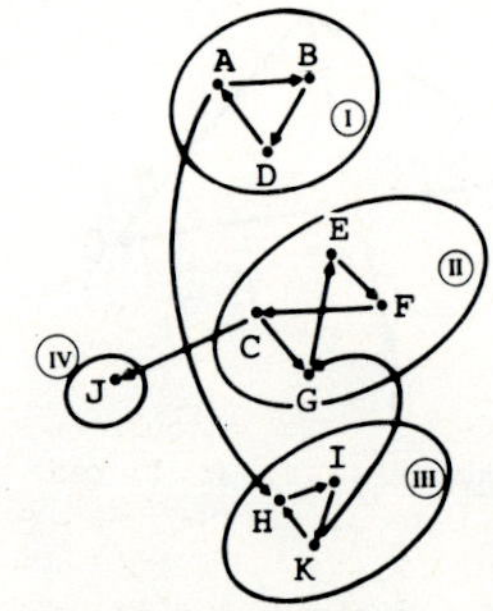

Figure 7.III

De la classe I, on ne peut aller que vers la classe III, de la classe III seulement vers la classe II et de la classe II seulement vers la classe IV.

Les arcs (A, H), (K, G), (C, J) nous imposent donc un ordre sur les classes: tout chemin hamiltonien, s'il en existe, doit évidemment passer par ces arcs.

Il est alors manifeste qu'il existe (figure 7.III) un et un seul chemin hamiltonien : (B, D, A, H, I, K, G, E, F, C, J).

Il n'y a évidemment pas de circuit hamiltonien dans le graphe proposé (s'il en existait un, on aurait une seule classe d'équivalence).

A6. *UTILITE DU CONCEPT DE GRAPHE EN RECHERCHE OPERATIONNELLE.*

Un graphe peut représenter toutes sortes de situations dans les phénomènes d'organisation. Par exemple, un *réseau*, c'est-à-dire un graphe comportant une entrée et une sortie (1), peut correspondre à des canalisations où circule un fluide (liquide,gaz). Dans ce cas, il vérifie la loi des noeuds ou loi de Kirchhoff, bien connue en électricité, et selon laquelle les quantités entrantes (p. ex. par unité de temps) en un sommet sont égales aux quantités sortantes (par unité de temps) en ce même sommet (figure 8.III). Il est facile, en effet, de comprendre que, si trois canalisations apportent en un sommet A des débits respectifs de 2, 3 et 1 litres/mn, soit en tout 6 ℓ/mn, les canalisations qui partent de A doivent avoir un débit total de 6 ℓ/mn.

(1) Lorsqu'il existe p entrées et q sorties, moyennant l'addition de deux sommets et de p + q arcs, il est facile de se ramener au cas ci-dessus.

Mais un graphe n'est pas toujours un réseau, représentant des circulations quelconques.

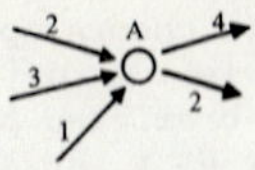

Figure 8.III

Souvent, une flèche entre deux points implique seulement une relation de succession : par exemple, le graphe ci-dessous (figure 9.III) peut vouloir dire seulement que A précède B, qui lui-même précède C. Une propriété évidente, dans ce cas, est la *transivité* : Si A précède B et B précède C, alors A précède C ; mais on n'a pas besoin de l'indiquer par une flèche supplémentaire entre A et C.

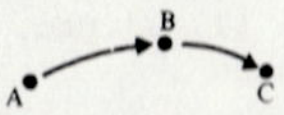

Figure 9.III

Si dans cette interprétation, on aboutit à une figure (figure 10.III) comportant un *circuit*, le problème n'est pas cohérent, car on ne saurait avoir à la fois : A précède C (par transitivité) et C précède A.

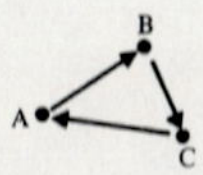

Figure 10.III

On dit qu'un graphe est *valué* si, à tout arc qui le constitue, correspond une valeur numérique, qu'on écrit seulement, sur la figure, à proximité de cet arc. Ces valeurs peuvent être des quantités transportées, des débits, des coûts, des durées, etc.

B. *NOTIONS DE PROGRAMMATION DYNAMIQUE CERTAINE.*

La programmation dynamique, implicitement contenue dans l'oeuvre de P. de Fermat (1601-1665), auteur du principe fondamental de l'optique, a été utilisée en recherche opérationnelle par P. Massé (1944), puis R. Bellman (1952). Fondée sur le *principe d'optimalité,* sur lequel nous reviendrons, elle s'est beaucoup développée, au cours de ces dernières années, notamment aux Etats-Unis, et, parallèlement au *principe du maximum* de Pontrjagine, en Union Soviétique.

Sous des conditions peu restrictives dans la pratique, quant à la forme du critère d'optimisation et à la manière dont le graphe est valué (1), *toute partie d'un chemin optimal est elle-même optimale.* En effet, s'il n'en était pas ainsi, on pourrait lui substituer une partie "meilleure", ce qui améliorerait la valeur de l'ensemble du chemin, préalablement supposé optimal, d'où l'absurdité. Cette idée fondamentale (qui est un théorème lorsque les conditions ci-dessus sont remplies) a été généralisée sous forme d'un PRINCIPE : *Toute sous-politique d'une politique optimale est elle-même optimale,* utile, mais bien trop général pour être accepté sans démonstration dans chaque cas d'espèce. Mais nos applications se ramènent toutes à la détermination des chemins optimaux dans les graphes.

Le cas discret est particulièrement simple et nous en donnerons un exemple avant de formuler les équations générales de récurrence qui en facilitent l'application.

Exemple. Imaginons que nous ayons à construire une autoroute entre les villes A et K, ainsi que l'indique la figure, les points intermédiaires pouvant être classés en groupes ou (phases) et les arcs du graphe ayant été valués par l'indication des coûts totaux (coûts de réalisation : chaussées, ouvrages d'art, etc. + coûts sociaux, de regrets, etc.).

Dans ces conditions, la meilleure des politiques $F(x_0, \dots, x_4)$ est celle qui correspond au coût minimal, avec :

$$x_0 = \{A\},\ x_1 \in \{B, C, D\},\ x_2 \in \{E, D, G, H\},\ x_3 \in \{I, J\},\ x_4 = \{K\}$$

([1]) La fonction "de retour" (de revenu) doit être "décomposable"(condition de Mitten) et, par exemple, pour un critère "multiplicatif"(produit de revenus élémentaires),les valuations doivent être positives. Voir J.L. LAURIERE, *Eléments de programmation dynamique,* Gauthier-Villars, 1979, p. 17 et 27.

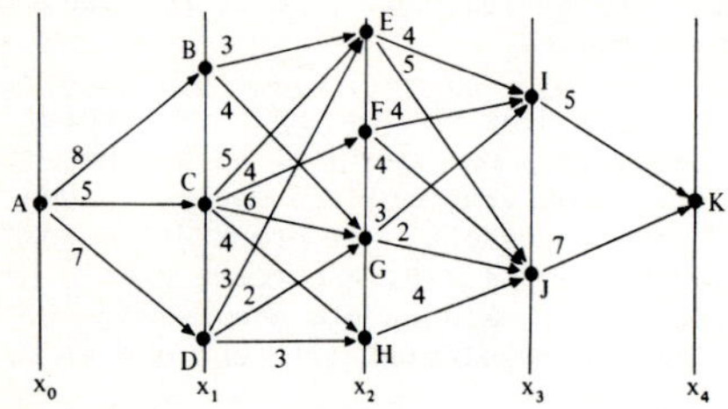

Figure 11.III

On peut, par exemple, déterminer, pour la variable, attachée à chaque phase de la progression sur le terrain, le chemin optimal depuis l'origine ; cela revient à déterminer d'abord, pour les deux premières phases, le sous-chemin optimal entre A et chacun des sommets de l'ensemble $X_2 = \{E, F, G, H\}$; puis, ne *retenant que les sous-chemins optimaux de l'étape précédente*, à calculer les sous-chemins optimaux entre A et chacun des sommets de l'ensemble $X_3 = \{I, J\}$.Etc. D'où les trois tableaux ci-dessous :

x_2	chemin optimal	coût
E	ACE, ADE	10
F	ACF	9
G	ADG	9
H	ACH	9

x_3	chemins possibles	chemin optimal	coût
I	ACEI, ADEI ACFI, ADGI	ADGI	12
J	ACEJ, ADEJ ACFJ, ADGJ ACHJ	ADGJ	11

x_4	possibles	optimal	coût
I	ADGIK ADGJK	ADGIK	17

Equations de récurrence.

Appelons $v_k^*(x_k)$ la valeur optimale des chemins entre A et chacun des sommets x_k de l'ensemble X_k, $v_{k+1}(x_k, x_{k+1})$ la valeur de l'arc (x_k, x_{k+1}) pour tout $x_{k+1} \in X_{k+1}$.
On a :

$$v_{k+1}^*(x_{k+1}) = \underset{x_k \in X_k}{\text{OPT}} [v_{k+1}(x_k, x_{k+1}) + v_k^*(x_k)] .$$

Revenant à l'exemple, pour la première phase, aucun calcul n'est nécessaire pour obtenir $v_1^*(x_1)$. En effet :

$$v_1^*(B) = 8 \; ; \; v_1^*(C) = 5 \; ; \; v_1^*(D) = 7 .$$

Cherchons maintenant, pour chaque $x_2 \in \{E, F, G, H\}$, les valeurs optimales $v_2^*(x_2)$.
Il vient :

$$v_2^*(E) = \underset{x_1 \in X_1}{\text{OPT}} [v_2(x_1, E) + v_1^*(x_1)]$$

$$= \underset{B, C, D}{\text{OPT}} [v_2(B, E) + v_1^*(B) \; ; \; v_2(C,E) + v_1^*(C) \; ; \; v_2(D, E) + v_1^*(D)]$$

$$= \text{OPT}\ [3 + 8\ ;\ 5 + 5\ ;\ 3 + 7]\ ,$$

d'où le choix indifférent : (A, C, E) ou (A, D, E) pour la valeur commune 10 ;

$$v^*_2(F) = \underset{x_1 \in X_1}{\text{OPT}}\ [v_2(x_1, F) + v^*_1(x_1)]$$

$$= \underset{B,C,D}{\text{OPT}}\ [v_2(C, F) + v^*_1(C)]$$

$$= 4 + 5 = 9,$$

d'où le choix (indiscutable) : (A, C, F), pour la valeur 9 ;

$$v_2(G) = \underset{x_1 \in X_1}{\text{OPT}}\ [v_2(x_1, G) + v^*_1(x_1)]$$

$$= \underset{B,C,D}{\text{OPT}}\ [v_2(B, G) + v^*_1(B)\ ;\ v_2(C, G) + v^*_1(C)\ ;\ v_2(D, G) + V^*_1(D)]$$

$$= \text{OPT}\ [4 + 8\ ;\ 6 + 5\ ;\ 2 + 7]\ ,$$

d'où le choix : (A, D, G), pour la valeur 9.

Et ainsi de suite.

L'économie de calcul provient de l'*affaiblissement du caractère combinatoire du problème*. Au lieu d'énumérer 64 chemins de quatre arcs, on ne prend en compte que 3 sous-chemins d'un arc, 9 sous-chemins de deux arcs, dont on ne conserve que cinq, 9 sous-chemins de trois arcs, dont on ne conserve que deux, 2 sous-chemins de quatre arcs, dont on ne conserve qu'un. On a fait que 20 additions de deux nombres, au lieu de 192.

Dans ce type de problème, dit faiblement ordonné, le calcul aurait aussi bien pu commencer à partir du point K, ou encore être relatif à des groupes de phases contiguës pris séparément.

La présente méthode s'étend au cas d'autres fonctions que les fonctions additives; il n'est pas nécessaire que les ensembles dans lesquels s'opèrent les choix soient discrets, ils peuvent être continus, pourvu qu'ils soient bornés. En programmation dynamique, on n'a pas toujours affaire à un problème non ordonné ; souvent, la décomposition et l'optimisation ne peuvent se faire que selon des ordres particuliers;dans les problèmes fortement ordonnés, une seule décomposition et un seul ordre d'optimisation sont possibles.

Même en avenir déterminé, les problèmes de caractère économique se posent différemment lorsque l'horizon est limité ou, au contraire, illimité. Si, par exemple, le nombre de phases augmente indéfiniment, il se peut qu'on ait des difficultés à comparer des fonctions qui, elles aussi, augmentent indéfiniment. Dans ce cas, on a souvent recours à une procédure d'*actualisation*, qui est légitime à la fois du point de vue mathématique et du point de vue économique, lorsque les phases se succèdent dans le temps. Dans le cas contraire, on essaie parfois d'obtenir la convergence "en moyenne" :

$$\lim_{N \to \infty} \frac{F(x_0, \ldots, x_N)}{N}\ .$$

C. APPLICATIONS AUX CHEMINS, ORDONNANCEMENTS, FLOTS, AFFECTATION OPTIMAUX

C1. PROBLEMES DES CHEMINS DE VALEUR OPTIMALE

Les problèmes de chemins de valeur minimale (ou maximale) se rencontrent très fréquemment en recherche opérationnelle. Nous considérerons ici des graphes finis, connexes, dont les arcs sont (sauf indication contraire) de valeur positive.

Dans ces conditions, nous devrons prendre garde que l'existence d'un circuit entraîne la valeur $+\infty$ pour les chemins de valeur maximale (1).

Exemple (chemins de valeur minimale).

Soit, par exemple, un croquis géographique, représentant les routes qui existent entre deux points A et F : les valeurs indiquées sur chaque route sont des distances kilométriques ; de plus, comme il s'agit d'un pays de montagne à routes étroites, la circulation y a lieu à sens unique : d'où les flèches portées sur le dessin (figure 12.III). Il existe évidemment un grand nombre de chemins conduisant de A en F, mais on voudrait trouver celui de longueur minimale.

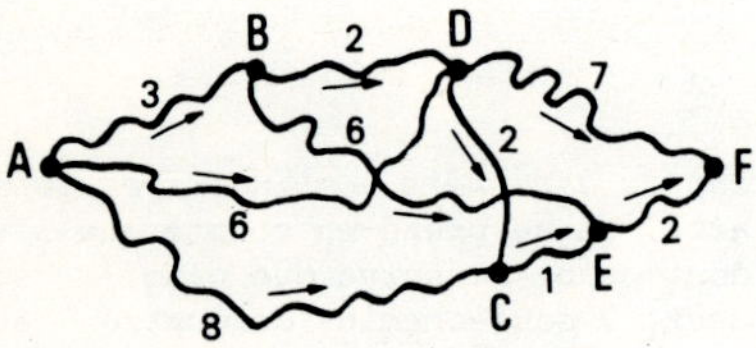

Figure 12.III

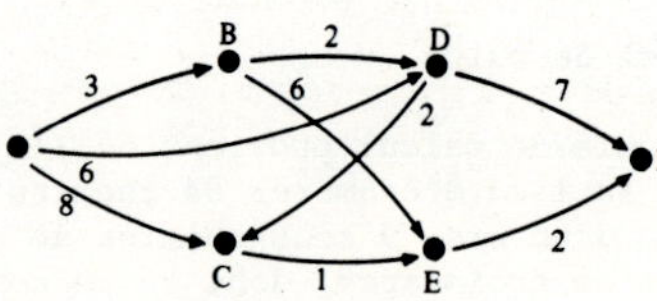

Figure 13.III

Employons à cet effet, un graphe valué, dont les sommes représentent les points de passage possible et les flèches les routes praticables (figure 13.III).

Nous allons examiner, pour chaque point, la longueur du plus court chemin y conduisant à partir de A.

Pour B, c'est la route AB = 3 ; pour D, la route (A, B, D) = 3 + 2 = 5 (et non l'arc (A, D)); pour C, la route (A, B, D, C) = 3 + 2 + 2 = 7 (et non l'arc (A, C)); pour E, la route (A, B, D, C, E) = 3 + 2 + 2 + 1 = 8 (et non (A, B, E), ou (A, C, E) ou (A, D, C, E)). Il en résulte que, pour aller de A en F par le plus court chemin, il faut passer par B, D, C et E. On a un chemin de valeur minimale 10.

a. *Algorithme (2) de Ford*.

Pour un graphe comportant de nombreux sommets, une procédure aussi peu assurée risquerait de conduire à de longs calculs et sans doute à des oublis. Il est d'autre part évident, par exemple, que lorsque les plus courtes distances de A aux points B, C et D ont été calculées, il est inutile, pour avoir la plus courte distance entre A et E, de remonter au-delà des points qui sont directement liés par une flèche à E : en

(1) Un inconvénient analogue se produirait pour la recherche des chemins de valeur minimale, dans l'hypothèse où certaines valuations seraient négatives et où il existerait un circuit de valeur négative.
(2) On rappelle que le mot *algorithme* résulte de la corruption du nom du grand mathématicien arabe Al Khwarizmi, qui vivait au IXème siècle, et signifie simplement: procédé permettant de résoudre un problème en un nombre fini d'opérations.

d'autres termes, il suffit de comparer les chemins (A, B, E) et (A, B, D, C, E), car on sait que le plus court chemin entre A et B est AB = 3 et le plus court chemin entre A et C, (A, B, D, C) = 7. Finalement, entre A et E, c'est le chemin (A, B, D, C, E) = 8 qui est plus court que (A, B, E) = 9.

Le mathématicien Ford a donné, parmi les nombreux algorithmes qui peuvent être employés pour faire ce calcul d'une manière systématique, une méthode extrêmement simple et qui consiste à :

1) numéroter les sommets du graphe dans un ordre quelconque, en observant toutefois que le sommet de départ doit être marqué X_0 et celui d'arrivée X_{n-1}, si n est le nombre total de sommets du graphe ;

2) affecter provisoirement à tout sommet X_i $(i \neq 0)$ une valeur : $\lambda_i = +\infty$ et poser : $\lambda_0 = 0$;

3) pour tout sommet X_j, tel que $\lambda_j - \lambda_i > v(X_i, X_j)$, $v(X_i, X_j)$ représentant la valuation de l'arc (X_i, X_j), remplacer λ_j par $\lambda_i + v(X_i, X_j)$;

4) continuer ainsi jusqu'à ce qu'aucun λ_i ne puisse être modifié.

En posant i = 0 et j = 1, puis en majorant, pas à pas, j d' une unité à chaque fois, jusqu'à j = 5, on est sûr d'examiner tous les arcs partant de X_0 ; en remettant j à 0 et en majorant ensuite i de 1, c'est-à-dire en posant i = 1, on se prépare à examiner tous les arcs partant de X_1, grâce à de nouvelles majorations successives de j ; etc. Lorsqu'on aura fait i = 5, on aura terminé.

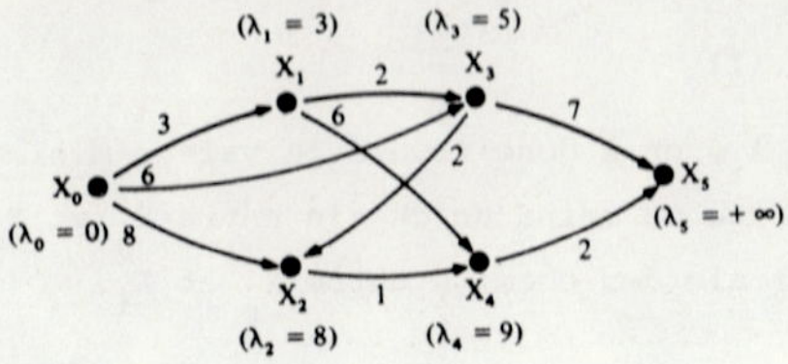

Figure 14.III Premiers calculs

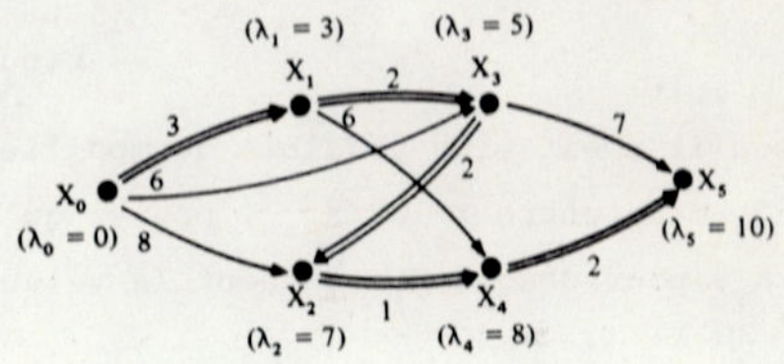

Figure 15.III Calcul achevé

Toutefois, si, à un moment donné, on a i > j, c'est-à-dire s'il existe un arc dont l'indice de l'extrémité terminale est inférieur à celui de l'extrémité initiale, il faut recommencer une partie des opérations, en posant i = j, puis en faisant ensuite j = 0.

<u>Exemple</u>. Le lecteur n'aura aucune peine à obtenir, après avoir seulement examiné les arcs partant de X_0, X_1 et X_2 : $\lambda_1 = 3$, $\lambda_2 = 8$, $\lambda_3 = 5$ et $\lambda_4 = 9$. Passant alors à X_3, il aura $\lambda_2 - \lambda_3 = 8 - 3 > 2$ et remplacera donc $\lambda_2 = 8$ par $\lambda_2 = 5 + 2 = 7$. S'il continuait à ce moment sans précaution, il aurait $\lambda_5 = 12$, par (X_3, X_5) puis passant à X_4, $\lambda_5 = 11$ et il remplacerait $\lambda_5 = 12$ par $\lambda_5 = 11$; il y aurait donc erreur. C'est que, comme il est indiqué ci-dessus, du fait qu'un arc (X_3, X_2) existe $(3 > 2)$, il faut revenir en arrière et examiner de nouveau les chemins qui partent de X_2, d'où remplacement de $\lambda_4 = 9$ par $\lambda_4 = 7 + 1 = 8$. Au pas suivant, on obtient alors correctement $\lambda_5 = 10$.

Nous donnerons l'ordinogramme du marquage de l'algorithme de Ford, pour permettre au lecteur de s'exercer sur des cas plus compliqués. On remarque qu'on pose :

$$v(X_i, X_j) = +\infty \text{ si } (X_i, X_j) \notin U.$$

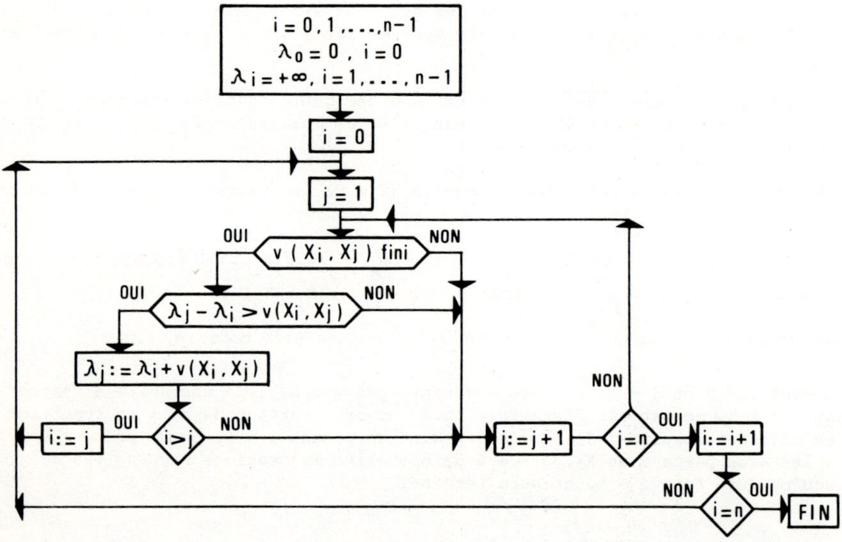

Figure 16.III

Lorsqu'il n'est plus possible de modifier les λ_i, on a donc trouvé la valeur minimale des chemins entre X_0 et X_{n-1}, pourvu qu'il existe au moins un chemin entre X_0 et X_{n-1}. Les λ_i, pour chaque X_i, donnent la valeur minimale des chemins entre X_0 et X_i.

Pour retrouver le chemin de valeur minimale lui-même de X_0 à X_{n-1}, il suffit de déterminer, partant de X_{n-1}, le prédécesseur X_{p_1}, tel que $\lambda_{n-1} - \lambda_{p_1} = v(X_{p_1}, X_{n-1})$, puis le prédécesseur X_{p_2} de X_{p_1}, tel que : $\lambda_{p_1} - \lambda_{p_2} = v(X_{p_2}, X_{p_1})$, etc. et de remonter jusqu'à X_0.

Il peut naturellement y avoir plusieurs chemins de valeur minimale.

L'algorithme de Ford, évidemment fini, donne nécessairement un chemin de valeur minimale. En effet, soit un autre chemin $(X_0, X_{k_\ell}, X_{k_{\ell-1}}, \ldots, X_{k_1}, X_{n-1})$ on a :

$$\lambda_{k_\ell} - 0 \leqq v(X_0, X_{k_\ell})$$

$$\lambda_{k_{\ell-1}} - \lambda_{k_\ell} \leqq v(X_{k_\ell}, X_{k_{\ell-1}})$$

$$\cdots\cdots\cdots\cdots\cdots$$

$$\lambda_{n-1} - \lambda_{k_1} \leqq v(X_{k_1}, X_{n-1}),$$

d'où, en additionnant : $\lambda_{n-1} \leqq v(X_0, X_{k_\ell}) + v(X_{k_\ell}, X_{k_{\ell-1}}) + \ldots + v(X_{k_1}, X_{n-1})$.

Cet algorithme, le lecteur s'en rendra compte en consultant les exercices, est très énumératif ; il guide mais ne simplifie guère les calculs, dans ce genre de problème combinatoire ; notamment, il oblige à de fréquents retours en arrière (1). C'est pourquoi nous verrons, ci-après, quelques algorithmes plus rapides.

b. *Algorithme de Dantzig*.

On numérote d'abord les sommets de X_0 à X_{n-1} (X_0 étant l'origine et X_{n-1}, l'extrémité du chemin cherché) et l'on appelle λ_j la valeur minimale du chemin entre X_0 et X_j.

1) Poser : $\lambda_0 = 0$ et $E_1 = \{X_0\}$;

2) A toute étape $k \geq 2$ du problème, associer à chacun des sommets X_i des k sommets marqués - c'est-à-dire dont les λ_i sont déterminés -, le sommet $X_i^* \notin E_k$, tel que $v(X_i, X_i^*)$ soit minimal ;

3) Déterminer le sommet $X_p \in E_k$, tel que :

$$\lambda_p + v(X_p, X_p^*) = \min_i [\lambda_i + v(X_i, X_i^*)]$$

4) Poser : $E_{k+1} = E_k \cup \{X_p^*\} = E_k \cup \{X_q\}$

et $\lambda_q = \lambda_p + v(X_p, X_q)$.

Revenir à 2, jusqu'à ce que λ_{n-1} soit déterminé (2).

Exemple. Reprenons l'exemple traité par l'algorithme de Ford. Nous obtenons successivement :

1) $\lambda_0 = 0$, $E_1 = \{X_0\}$;

2) $\min\limits_{X_0^* \in \{X - E_1\}} v(X_0, X_0^*) = v(X_0, X_1) = 3$,

d'où : $\lambda_1 = 0 + 3 = 3$ et $E_2 = \{X_0, X_1\}$;

3) $\min\limits_{X_0^* \in \{X - E_2\}} v(X_0, X_0^*) = v(X_0, X_3) = 6$

$\min\limits_{X_1^* \in \{X - E_2\}} v(X_1, X_1^*) = v(X_1, X_3) = 2$

puis : $\min \{\lambda_0 + v(X_0, X_3) ; \lambda_1 + v(X_1, X_3)\} = \min \{6; 5\} = 5$,

d'où : $\lambda_3 = 5$ et $E_3 = \{X_0, X_1, X_3\}$;

4) $\min\limits_{X_0^* \in \{X - E_3\}} v(X_0, X_0^*) = v(X_0, X_2) = 8$

$\min\limits_{X_1^* \in \{X - E_3\}} v(X_1, X_1^*) = v(X_1, X_4) = 6$

$\min\limits_{X_3^* \in \{X - E_3\}} v(X_3, X_3^*) = v(X_3, X_2) = 2$,

---

(1) Ceci est lié à la numérotation arbitraire des sommets du graphe.
(2) On connait alors la valeur minimale du chemin de X_0 à X_{n-1}. Si l'on désire calculer les valeurs minimales des chemins de X_0 à tous les X_i, on n'arrête que lorsque tous les λ_i sont déterminés.

puis : $\min \{\lambda_0 + v(X_0, X_2) ; \lambda_1 + v(X_1, X_4) ; \lambda_3 + v(X_3, X_2)\}$
$= \min \{8; 9 ; 7\} = 7,$

d'où : $\lambda_2 = 7$ et $E_4 = \{X_0, X_1, X_3, X_2\}$;

5) $\min_{X^* \in \{X - E_4\}} v(X_1, X_1^*) = v(X_1, X_4) = 6$

$\min_{X^* \in \{X - E_4\}} v(X_2, X_2^*) = v(X_2, X_4) = 1$

$\min_{X^* \in \{X - E_4\}} v(X_3, X_3^*) = v(X_3, X_5) = 7$

puis : $\min \{\lambda_1 + v(X_1, X_4) ; \lambda_2 + v(X_2, X_4) ; \lambda_3 + v(X_3, X_5)\}$
$\min \{9; 8; 12\} = 8$

d'où : $\lambda_4 = 8$ et $E_5 = \{X_0, X_1, X_3, X_2, X_4\}$;

6) enfin :

$\min_{X^* \in \{X - E_5\}} v(X_3, X_3^*) = v(X_3, X_5) = 7.$

$\min_{X^* \in \{X - E_5\}} v(X_4, X_4^*) = v(X_4, X_5) = 2$

puis : $\min \{\lambda_3 + v(X_3, X_5) ; \lambda_4 + v(X_4, X_5)\} = \min \{12, 10\} = 10$

d'où : $\lambda_5 = 10.$

L'algorithme de Dantzig est évidemment fini, il procède par sous-chemins optimaux et assure l'obtention du chemin de valeur minimale cherché lorsqu'on arrive à X_{n-1}.

Un autre algorithme, qui donne aussi *tous les chemins de valeur minimale entre* X_0 *et les* X_i est celui de Bellman-Kalaba (voir, par exemple, QSJ ? n° 941, *La recherche opérationnelle*, P.U.F., 4ᵉ édition, p. 25 à 27).

c. *Méthode matricielle.*

Voici maintenant un algorithme qui permet d'obtenir les chemins de valeur minimale *entre toute paire de sommets* du graphe. Il est dû à G. Demoucron, qui nous l'a communiqué en 1968, peu avant que ne paraissent, dans la littérature spécialisée, d'autres procédures équivalentes.

Après avoir numéroté les sommets de 1 à n, poser :

$$v'_{ij} = \begin{cases} v(X_i, X_j) & \text{si} \quad (X_i, X_j) \in U \\ +\infty & \text{si} \quad (X_i, X_j) \notin U, \end{cases}$$

et mettre ces valeurs dans une matrice $n \times n$, D_0.

A chaque étape, $k \geq 1$, de l'algorithme, calculer :

$$v'^{(k-1)}_{ij} = v^{(k-1)}_{ik} + v^{(k-1)}_{kj},$$

puis : $$v^{(k)}_{ij} = \min \{v'^{(k-1)}_{ij} ; v^{(k-1)}_{ij}\},$$

$$\text{d'où} \; : D_k = \min \{D'_{k-1}, D_{k-1}\} .$$

Arrêter dès que : $D_k = D_{k-1}$.

Appliquons cet algorithme à l'exemple que nous avons considéré plus haut, page 65.

On a successivement :

$D_0 = D_1 =$

	1	2	3	4	5	6
1	-	3	8	6	-	-
2	-	-	-	2	6	-
3	-	-	-	-	1	-
4	-	-	2	-	-	7
5	-	-	-	-	-	2
6	-	-	-	-	-	-

$D_2 =$

	1	2	3	4	5	6
1	-	3	8	5	9	-
2	-	-	-	2	6	-
3	-	-	-	-	1	-
4	-	-	2	-	-	7
5	-	-	-	-	-	2
6	-	-	-	-	-	-

En effet, $D_0 = D_1$, car aucun chemin n'a X_0 comme extrémité intermédiaire.

D'autre part :

$$v'^{(1)}_{14} = v^{(1)}_{12} + v^{(1)}_{24} = 5,$$

$$v'^{(1)}_{15} = v^{(1)}_{12} + v^{(1)}_{25} = 9,$$

$$\text{d'où} : v^{(2)}_{14} = \min \{5, 6\} = 5 \; ; \; v^{(2)}_{15} = \min \{9, +\infty\} = 9 .$$

$D_3 =$

	1	2	3	4	5	6
1	-	3	8	5	9	-
2	-	-	-	2	6	-
3	-	-	-	-	1	-
4	-	-	2	-	3	7
5	-	-	-	-	-	2
6	-	-	-	-	-	-

$D_4 =$

	1	2	3	4	5	6
1	-	3	7	5	8	12
2	-	-	4	2	5	9
3	-	-	-	-	1	-
4	-	-	2	-	3	7
5	-	-	-	-	-	2
6	-	-	-	-	-	-

$D_5 =$

	1	2	3	4	5	6
1	-	3	7	5	8	10
2	-	-	4	2	5	7
3	-	-	-	-	1	3
4	-	-	2	-	3	5
5	-	-	-	-	-	2
6	-	-	-	-	-	-

Les calculs les plus longs ont lieu pour k = 4 :

$$v'^{(3)}_{13} = v^{(3)}_{14} + v^{(3)}_{43} = 7 \qquad v'^{(3)}_{23} = v^{(3)}_{24} + v^{(3)}_{43} = 12$$

$$v'^{(3)}_{15} = v^{(3)}_{14} + v^{(3)}_{45} = 8 \qquad v'^{(3)}_{25} = v^{(3)}_{24} + v^{(3)}_{45} = 5$$

$$v'^{(3)}_{16} = v^{(3)}_{14} + v^{(3)}_{46} = 9 \qquad v'^{(3)}_{26} = v^{(3)}_{24} + v^{(3)}_{46} = 9,$$

d'où :

$$v^{(4)}_{13} = \min \{7, 8\} = 7 \qquad v^{(4)}_{23} = \min \{4, +\infty\} = 4$$

$$v^{(4)}_{15} = \min \{8, 9\} = 8 \qquad v^{(4)}_{25} = \min \{5, 6\} = 5$$

$$v^{(4)}_{16} = \min \{12, +\infty\} = 12 \qquad v^{(4)}_{26} = \min \{9, +\infty\} = 9$$

Le schéma de la figure 17.III, très simple, résume encore l'algorithme.

k = 1 à n

  i = 1 à n (sauf k).

    si $v_{ik} \neq \infty$, $\gamma = v_{ik}$

      j = 1 à n (sauf i)

        $v_{ij} = \min [(\gamma + v_{kj}) , v_{ij}]$.

Figure 17.III

On voit que les calculs se simplifient lorsque $v_{ik} = \infty$; en effet, il est alors inutile de faire varier j ; de plus, en posant $\gamma = v_{ik}$, on n'a pas à refaire, à chaque itération sur j, le calcul d'adresse de la variable indicée v_{ik} . Tel quel, l'algorithme n'exige qu'un unique balayage de la matrice.

L'avantage de cet algorithme est de donner le chemin de valeur minimale entre tous les points. L'algorithme est évidemment fini ; de plus, il procède par extension optimale de sous-chemins minimaux ; il atteint donc le chemin de valeur minimale.

Les divers algorithmes que nous avons cités (parmi des dizaines d'autres) diffèrent par leur but et le volume de calcul qu'ils engendrent. Mais celui-ci dépend essentiellement du type de la matrice des valuations sur laquelle on travaille (est-elle pleine ou creuse, diagonale ou éparse, etc. ?) ; ces facteurs ont tellement d'importance qu'il est souvent vain de se fier à la taille de la matrice pour décider de l'algorithme à utiliser.

Remarque. Nous avons traité jusqu'à présent des chemins de valeur minimale ; nous allons voir que, dans quelques problèmes, ce sont, au contraire, les chemins de valeur maximale qui importent.

Il est facile de transformer certains algorithmes valables pour le premier cas en algorithmes utilisables pour le second.

Nous laissons à la sagacité du lecteur la découverte de ces modifications.

C2. *PROBLEMES D'ORDONNANCEMENT*

Il s'agit d'une application directe des méthodes de recherche des chemins optimaux dans un graphe. Nous verrons, plus précisément, qu'on détermine le chemin de valeur maximale : comme le graphe est, en général, très "allongé", c'est-à-dire représenté par une matrice dans laquelle les valeurs significatives sont centrées autour de la diagonale principale, il n'y a pas de raison impérative d'employer des algorithmes extrêmement efficaces (on pourra notamment, au moins pour les problèmes modestes - quelques centaines de sommets - utiliser l'algorithme de Ford, en l'adaptant à la recherche du chemin de valeur maximale). Mais nous verrons également qu'on pourra même se passer de tracer le graphe et, dans ces conditions, effectuer le calcul par une méthode ingénieuse, due à B. Roy.

On dit qu'on a affaire à un problème d'ordonnancement lorsque, en vue de la réalisation d'un *objectif* quelconque, il faut accomplir de multiples *tâches*, elles-mêmes soumises à un ensemble de *contraintes*.

Les contraintes auxquelles sont soumises les diverses tâches qui concourent à la réalisation de l'objectif sont de divers types. On distingue :

a) *les contraintes du type potentiel*, qui sont les contraintes de *localisation temporelle* (la tâche i ne doit pas commencer avant telle date ou, au contraire, doit être achevée à telle date), les contraintes de *succession* (la tâche j ne peut commencer avant que la tâche i ne soit terminée, ou simplement, parvenue à un certain degré d'achèvement) ;

b) *les contraintes du type disjonctif*, imposant la disjonction de deux intervalles de temps, relatifs, par exemple, à l'exécution de deux tâches i et j, qui ne peuvent être réalisées simultanément ; dans certains cas, les contraintes disjonctives peuvent être ramenées au type potentiel ;

c) *les contraintes du type cumulatif*, concernant l'évolution dans le temps du volume total des moyens humains et matériels consacrés à l'exécution des tâches. Il est très difficile de tenir compte de telles contraintes.

Quand le processus de réalisation d'un objectif est décomposable en tâches (1), ces tâches étant soumises à des contraintes diverses, il importe de déterminer un *ordre* d'exécution des tâches, compatible avec les contraintes. Trouver un tel ordre, c'est obtenir une solution du problème d'ordonnancement. Toutefois, parmi les diverses solutions, il en est de meilleures et de moins bonnes relativement à un critère donné.

Ainsi, il existera probablement une solution moins coûteuse, une autre plus rapide, une troisième plus équilibrée que les autres. Au sens mathématique, résoudre un problème d'ordonnancement, c'est en déterminer une solution quelconque ; au sens de la recherche opérationnelle, c'est choisir, parmi toutes les solutions, la solution optimale, par rapport à un critère fixé à l'avance.

Jusqu'à une époque récente (avant 1958), les praticiens de l'ordonnancement ne disposaient guère que du *planning* à barres, dit encore graphique de Gantt, pour aborder ce genre de problèmes. Cet instrument est trop connu pour qu'il soit utile de le décrire. De plus, les chercheurs opérationnels connaissaient les algorithmes de Johnson, applicables dans quelques cas bien particuliers (tâches à exécuter en deux ou trois postes successifs).

C'est donc avec un grand intérêt qu'on a vu apparaître, simultanément et indépendamment, deux méthodes nouvelles, fondées sur la théorie des graphes. Ce sont la méthode américaine *CPM* (Critical Path Method), avec sa variante, incluant d'éventuelles données aléatoires, *PERT* (Program Evaluation and Review Technique ou Program Evaluation Research Task), d'une part, et la méthode française des *potentiels* (*MPM*), d'autre part.

Dans l'état actuel de leur développement, prenant en compte les contraintes du type potentiel ou se ramenant à ce type, elles permettent :

1) d'établir un ordonnancement, dès l'instant qu'aucune contrainte n'est contradictoire avec une autre ;

2) de déterminer le meilleur temps total nécessaire à la réalisation de l'objectif et

3) les tâches critiques, c'est-à-dire celles dont l'exécution ne peut être ni retardée ni ralentie, sans que la fin de l'ensemble des travaux ne soit décalée du temps correspondant.

Des méthodes ou algorithmes annexes permettent, en outre, certains paramétrages : obtention du coût le plus bas par aménagement des tâches non critiques ; accélération du programme initial au moindre coût par raccourcissement du temps d'exécution des tâches critiques dont la compression temporelle revient relativement le moins cher; etc.

Pour utiliser la *méthode américaine*, on construit un graphe orienté, sans boucle, dont les *sommets* constituent les *événements* (étapes de la réalisation ou, si l'on veut,

(1) Pour le moment, nous n'examinons pas comment cette décomposition est réalisée; nous pouvons, par exemple, nous borner à considérer toutes les tâches "élémentaires".

objectifs intermédiaires) et les *arcs* représentent les *opérations* (tâches élémentaires en lesquelles on a décomposé le processus de réalisation de l'objectif final).Les arcs étant valués par les délais d'exécution, il sera aisé, au moyen d'un algorithme approprié, de rechercher le chemin de valeur maximale dans le graphe et d'obtenir ainsi le chemin critique.

Dans la *méthode des potentiels*, on n'a pas besoin de construire de graphe, mais si l'on en traçait un, les sommets représenteraient les opérations et les arcs, les contraintes ; les arcs seraient valués chacun par un nombre indiquant la durée minimale devant s'écouler entre le début de la tâche formant extrémité initiale et celui de la tâche formant extrémité terminale.

Nous examinerons sur un exemple l'une et l'autre des méthodes.

Exemple. Un éditeur veut passer commande d'un ouvrage technique à un écrivain scientifique.Les opérations à accomplir sont indiquées dans le tableau ci-après, avec leur durée et la mention des opérations qui doivent précéder chacune d'entre elles.

	Opérations	Durée (en quinzaines)	Opérations antérieures
a	approbation du plan de l'ouvrage	1	néant
b	signature du contrat	1	a
c	remise du manuscrit	12	b
d	approbation du comité de lecture	2	c
e	composition du texte	3	d
f	correction par les correcteurs de l'imprimerie	1	e
g	clichage et tirage des hors-texte	3	d
h	exécution des dessins des figures	4	d
i	révision des dessins par l'auteur	1	h
j	correction des dessins; clichage des figures	2	i
k	première correction des épreuves par l'auteur	2	f
ℓ	exécution des premières correction à l'imprimerie	1	k
m	seconde correction des épreuves par l'auteur; indication de l'emplacement des clichés; approbation des hors-texte	2	g,j,ℓ
n	exécution des secondes corrections à l'imprimerie; mise en pages	1	m
o	tirage du livre	2	n
p	établissement de la prière d'insérer, des listes d'exemplaires de presse et d'hommage	1	m
q	pliage	1	o
r	brochage	1	q
s	reliure de certains exemplaires	2	q
t	impression de la prière d'insérer	1/2	p
u	envoi des exemplaires de presse	1/4	r et t
v	envoi des hommages	1/8	s et t
w	envoi des contingents aux libraires	1/2	r et s

A. <u>Méthode américaine</u>. Pour établir le *diagramme de la méthode américaine*, il convient de définir les *événements* qui en formeront les sommets; par exemple :

0. début des opérations ;
1. plan approuvé ;
2. contrat signé ;
3. manuscrit remis ;
4. manuscrit approuvé ;
5. texte composé ;
6. texte corrigé par l'imprimerie ;
7. premières épreuves corrigées par l'auteur ;
8. dessins exécutés ;
9. dessins revus par l'auteur ;
10. premières corrections exécutées par l'imprimerie, secondes épreuves tirées ; clichage terminé pour les figures ; impression achevée pour les hors-texte ; envoi à l'auteur des secondes épreuves, après exécution des premières corrections, de spécimens des hors-texte et des épreuves des clichés des dessins ;
11. retour des secondes épreuves ;
12. secondes corrections exécutées ;
13. tirage exécuté ;
14. pliage exécuté ;
15. brochage exécuté ;
16. reliure exécutée ;
17. prière d'insérer, liste des services de presse et des hommages remises;
18. prière d'insérer imprimée ;
19. début de l'envoi des contingents aux libraires ;
20. début de l'envoi des hommages ;
21. début de l'envoi des exemplaires de presse ;
22. achèvement des opérations.

Le diagramme obtenu, sans boucle, est aussi sans circuit ; il réalise donc un ordonnancement dans lequel les contraintes de succession ne sont pas contradictoires (fig. 18.III).

Pour déterminer les dates attendues des divers événements, il suffit d'examiner pour tout sommet (événement) la date la plus proche de réalisation (date attendue), le début des opérations étant supposé avoir lieu à la date 0 ; lorsqu'il existe plusieurs chemins entre deux points, la date attendue est évidemment celle qui est obtenue en suivant le (ou les) chemin(s) de valeur la plus grande. Par exemple, bien que l'impression des hors-texte puisse être achevée à 16 + 3 = 19, l'événement n° 10 n'aura lieu que lorsque les secondes épreuves du texte auront tirées, ainsi que celles des dessins ; la date attendue est donc :

$$16 + 3 + 1 + 2 + 1 = 16 + 4 + 1 + 2 = 23$$

L'exemple étant particulièrement simple, il n'y a aucune difficulté à obtenir la date attendue de l'achèvement des opérations, qui est 31 1/2.

On remarquera, sur le graphe, l'emploi d'arcs de valeur 0 entre les événements 15 et 19, 15 et 21, 16 et 19, 16 et 20, 18 et 20, 18 et 21. En effet, par exemple, les événements 15 et 21 ne peuvent être confondus : 15 représente la fin du brochage, 21 le début de l'envoi des exemplaires de presse, une fois achevée l'impression de la prière d'insérer ; si l'on confondait 15 et 21, l'arc t aboutirait à 15 et alors l'opération w, qui suit r et s, devrait suivre également t, ce qui n'est pas.Le lecteur examinera pourquoi les autres points où aboutissent des arcs de valeur 0 ne peuvent être confondus.

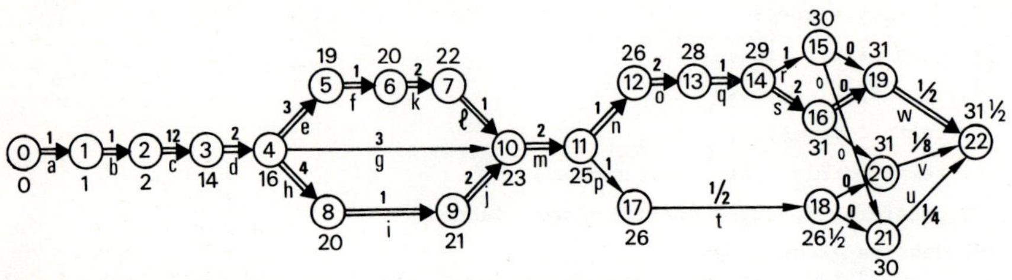

Figure 18.III

Le *chemin critique* (qui peut comporter, comme ici, plusieurs ramifications) est le chemin jalonné par les événements (dits critiques) dont la date attendue est égale à la différence entre la date attendue de l'événement suivant, sur le chemin critique , et la valeur de l'arc qui les relie. L'événement début des opérations et l'événement fin des opérations marquent évidemment le début et la fin du chemin critique.Tout arc dont la suppression rendrait le graphe de la méthode américaine non connexe fait partie du chemin critique : par exemple, l'une quelconque des opérations a à d, l'opération m.

L'événement 22, étant sur le chemin critique, faisons les différences 31 1/2 - 1/2 , 31 1/2 - 1/8, 31 1/2 - 1/4, afin de remonter les arcs aboutissant à 21;seul l'événement 19 est tel que sa date attendue est égale à 31 1/2 - 1/2 = 31 ; il fait donc partie du chemin critique (1). Continuons,avec 31 - 0 et 31 - 0; seul l'événement 16,tel que sa date attendue est égale à 31 - 0 = 31, fait partie du chemin critique. On remonterait ainsi, de proche en proche, jusqu'au premier point du graphe. Noter qu'en remontant à partir de l'événement 10, on doit calculer 23 - 1, 23 - 3, 23 - 2, pour voir si les dates attendues coïncident avec celles des événements 7, 4 et 9 : or, 23-1=22, date attendue de 7 et 23 - 2 = 21, date attendue de 9 : le chemin critique a donc deux branches.

B. Méthode française. L'emploi de la *méthode des potentiels* ne nécessite aucune définition d'événement, ni non plus aucun tracé de graphe; néanmoins, nous en tracerons un, après avoir indiqué l'algorithme, afin justement, de *permettre la compréhension de cet algorithme*.

La méthode consiste à dresser un tableau, dans lequel chaque opération (on les prend dans un ordre quelconque) est dotée d'une colonne et d'une sous-colonne ; il existe tout de même deux événements : le début, D, et l'achèvement F, des opérations.

---

(1) Nous devrions ici revenir sur la signification *pratique* de la notion de chemin critique; nous verrions alors que, dans le problème proposé, il existe des chemins "presque critiques", surtout vers la fin de l'ensemble des opérations; nous constaterions probablement que le découpage en tâches que nous avons réalisé doit être revu : comme nous l'avions annoncé précédemment, nous avons simplement considéré la liste de toutes les opérations "élémentaires"; cette méthode peut conduire à des difficultés si l'on a des tâches de durée très inégale (exemple : 12 et 1/8, c'est-à-dire ordre de 1 à 100); pour cette raison, il convient souvent de regrouper certaines tâches, de façon à obtenir des durées du même ordre.

op^{on}	0	a	1	b	2	c	14	d	16	e	19	f	16	g	16	h	20	i	21	j	20	k	22	ℓ
pré ala bles	0	D:0	0	a:1	1	b:1	2	c:12	14	d:2	16	e:3	14	d:2	14	d:2	16	h:4	20	i:1	19	f:1	20	k:2

23	m	25	n	26	o	25	p	28	q	29	r	29	s	26	t	30	u	31	v	31	w	31 $\frac{1}{2}$	F
16	g:3	23	m:2	25	n:1	23	m:2	26	o:2	28	q:1	28	q:1	25	p:1	29	r:1	26	t:$\frac{1}{2}$	29	r:1	30	u:$\frac{1}{4}$
21	j:2															26	t:$\frac{1}{2}$	29	s:2	29	s:2	31	v:$\frac{1}{8}$
22	ℓ:1																					31	w:$\frac{1}{2}$

Dans chacune des colonnes, on écrit les opérations qui doivent précéder celle qui est indiquée en tête de colonne; on indique aussi la durée de ces opérations préalables . Quand une opération n'est précédée par aucune autre, et si elle peut commencer dès le démarrage de l'ensemble, on écrit D et l'on indique alors 0, à côté de D.

Une fois cette opération effectuée, on écrit 0, en face de D, dans la sous-colonne correspondant aux opérations qui comportent un D. Comme il y a sûrement au moins une opération qui comporte un D et seulement un D dans sa colonne, on a immédiatement une colonne "complète", c'est-à-dire dont la colonne et la sous-colonne sont remplies: on fait la somme des chiffres inscrits dans la colonne et la sous-colonne et l'on obtient : 0 + 0 = 0 ; on en déduit que la date de début de l'opération a est 0 et l'on écrit cette valeur en tête de colonne. Ensuite, partout où apparaît un a, on marquera 0 dans la sous-colonne correspondante. Ici, dans la colonne b. On a une nouvelle colonne "complète" et l'on inscrit 0 + 1 = 1 en tête de colonne, et ainsi de suite.

On arrive fatalement, sauf en cas de graphe linéaire, où toutes les opérations se suivraient sur un seul chemin (mais alors, il n'y aurait pas de problème !), à une colonne où figurent plusieurs opérations préalables. Lorsque la colonne est "complète",au sens ci-dessus, on fait les additions des nombres inscrits sur la même ligne dans la colonne et la sous-colonne et l'on inscrit, en tête de colonne, le maximum des résultats obtenus. Ainsi, pour la colonne m, on a, sur la ligne g : 16 + 3 = 19, sur la ligne j : 21 + 2 = 23 et sur la ligne ℓ : 22 + 1 = 23. On inscrit donc 23 en tête de colonne. 23 est la date la plus proche à laquelle peut commencer l'opération m.

En continuant ainsi, on arrive à marquer la colonne F ; le nombre qui est indiqué en tête de cette colonne indique la date la plus proche d'achèvement de l'ensemble des opérations. Pour trouver le chemin critique, il suffit de reprendre dans le tableau , et en partant de la fin, les opérations enchaînées dont la ligne a fourni le nombre indiqué en tête de colonne. Ainsi, dans la colonne F, c'est w ; dans la colonne w, c'est s ; dans la colonne s, c'est q ; etc.

Le graphe illustre l'algorithme de façon parfaite, mais on se rend bien compte qu'il n'est pas du tout nécessaire pour résoudre le problème. On remarquera bien que, dans un tel graphe, les sommets représentent les opérations et les flèches, les contraintes. Par exemple, l'opération d précède e, g et h et, comme elle est de durée 2, on porte 2 sur les arcs (d, e), (d, g) et (d, h).

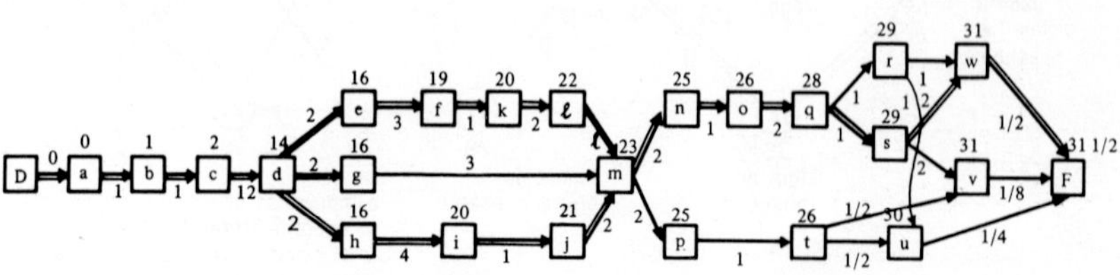

Figure 19.III

Remarque . Dans le cas où le graphe aurait un circuit (c'est-à-dire comporterait la contradiction signalée plus haut), l'algorithme s'arrêterait de lui-même, car on ne trouverait plus de colonne complète, à un stade déterminé de son application (voir l'exemple ci-dessous , figure et tableau 20.III).

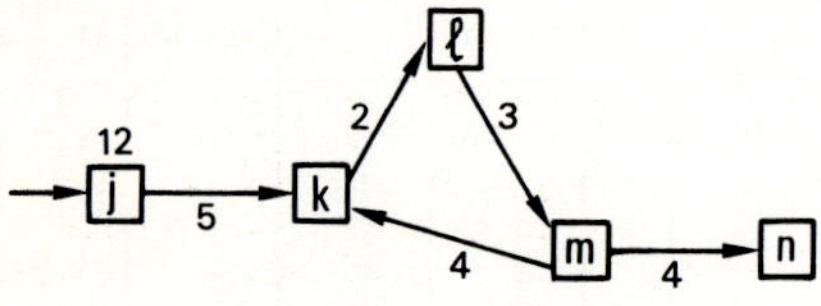

Figure 20.III

	k		ℓ		m		n
12	j:5		k:2		ℓ:3		m:4
	m:4						

C. Intervention de modifications.

Supposons maintenant que des *modifications* interviennent dans notre exemple :

1) le tirage o peut commencer lorsque la mise en pages n a été effectuée à moitié ;

2) le tirage q peut commencer avec un décalage d'une quinzaine seulement sur le début du tirage o, mais alors sa durée est augmentée de moitié ;

3) on ne désire demander à l'auteur la prière d'insérer et les listes d'envoi des exemplaires de presse et des hommages que lorsque le pliage est achevé.

Si l'on entreprend de modifier le diagramme de la méthode américaine, on va devoir effacer des flèches, en créer de nouvelles et, en outre, imaginer de nouveaux événements. Nous ne reprendrons ici le graphe qu'à partir de l'événement 11 (figure 21. III).

Pour reprendre le même problème par la méthode des potentiels, il suffit de remplacer ou ajouter quelques chiffres dans le tableau :

25	n	25 $\frac{1}{2}$	o	28	p	26 $\frac{1}{2}$	q	28	r	28	s	29	t	29 $\frac{1}{2}$	u	30	v	30	w	30$\frac{1}{2}$	F
23	m:2	25	n:$\frac{1}{2}$	26$\frac{1}{2}$	q:1$\frac{1}{2}$	25	n:1	25$\frac{1}{2}$	o:2	25$\frac{1}{2}$	o:2	28	p:1	28	r:1	28	s:2	28	r:1	29$\frac{1}{2}$	u:$\frac{1}{4}$
			$\frac{1}{2}$			25$\frac{1}{2}$	o:1	26$\frac{1}{2}$	q:1$\frac{1}{2}$	26$\frac{1}{2}$	q:1$\frac{1}{2}$			29	t:$\frac{1}{2}$	29	t:$\frac{1}{2}$	28	s:2	30	v:$\frac{1}{8}$
							$\frac{1}{2}$													30	w:$\frac{1}{2}$

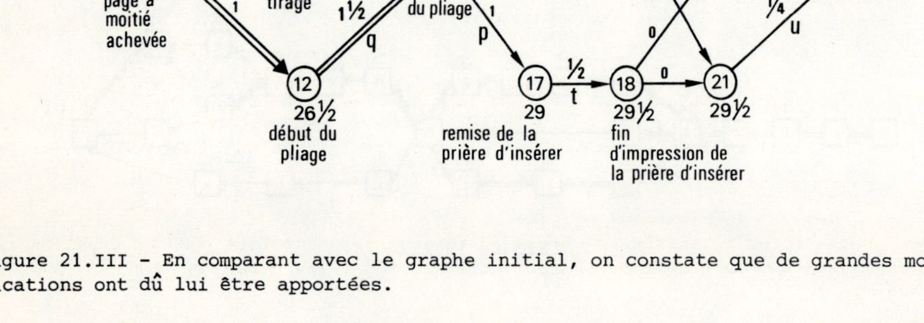

Figure 21.III - En comparant avec le graphe initial, on constate que de grandes modifications ont dû lui être apportées.

Le graphe lui-même se modifierait (si on l'avait tracé) par des additions de flèches et des remplacements de nombres (figure 22.III). Noter que, lorsqu'on remplace une opération par une opération partielle, diminuant ainsi la valuation d'une flèche, il faut veiller à ce que les opérations qui suivent l'achèvement total de cette opération ne commencent pas avant cet achèvement. Par exemple q ne peut commencer que si n (durée totale 1) est terminée; r et s que si o est achevée.

Les facilités évidentes de la méthode des potentiels la font préférer par les chercheurs opérationnels qui ne désirent pas présenter de résultats sous forme d'un graphe (ou qui disposent d'un programme auxiliaire pour éditer ultérieurement un graphe de type américain). Au contraire, nombre de praticiens emploient la méthode américaine, en dépit de ses inconvénients, parce qu'un graphe (1) de ce type donne une bonne "visualisation" d'un ordonnancement et permet de se faire comprendre même du profane.

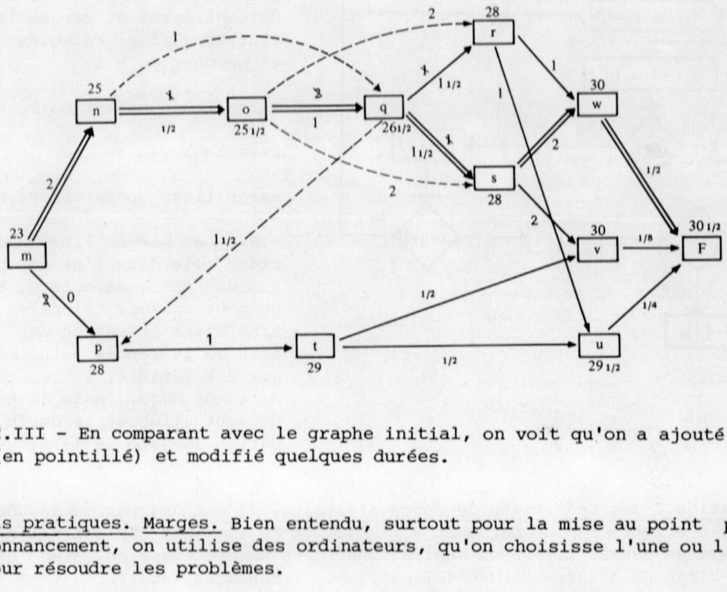

Figure 22.III - En comparant avec le graphe initial, on voit qu'on a ajouté quelques flèches (en pointillé) et modifié quelques durées.

D. Calculs pratiques. Marges. Bien entendu, surtout pour la mise au point périodique de l'ordonnancement, on utilise des ordinateurs, qu'on choisisse l'une ou l'autre méthode, pour résoudre les problèmes.

Un des algorithmes les plus employés pour la recherche du chemin critique dans le diagramme, est une simple modification de celui de Ford, que nous avons étudié avec les généralités.

Ici, t_i désigne la date attendue pour l'événement X_i, t_{ij}, la durée de l'opération ij. Il suffira de se reporter à l'algorithme décrit plus haut pour se rendre compte de leur étroite parenté, bien que la présente méthode ait pour but de rechercher le *chemin de valeur maximale*, et non celui de valeur minimale (figure 23.III).

Appliquons l'algorithme de Ford, modifié, au graphe de la figure 24.III, p. 79.

Le schéma fait apparaître une notion très intéressante ; en effet, si l'on ne peut retarder l'exécution d'aucune tâche critique, sous peine de faire prendre un retard correspondant à l'achèvement de l'ouvrage, il est bien clair qu'une opération non criti-

(1) On observera qu'il existe un *unique* graphe du type potentiel pour un problème donné et, en général, de très nombreuses représentations "équivalentes" pour le système américain.

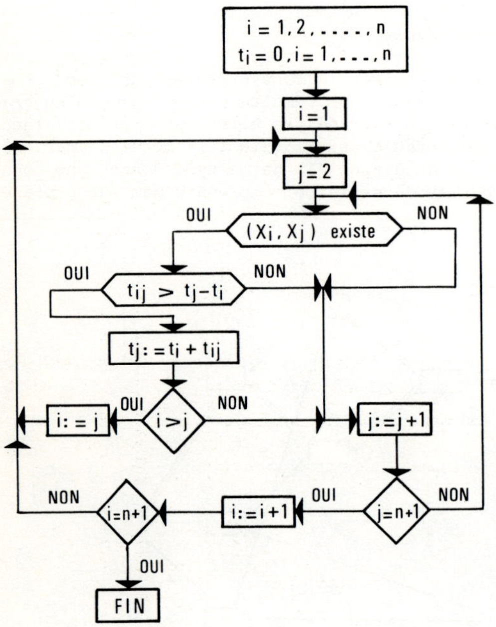

Figure 23.III

que peut au contraire, soit débuter après la date attendue marquant son début possible, soit être ralentie. Par exemple, la tâche P_{69} peut commencer à 11, mais elle ne dure que 5. On peut donc, si on le désire, soit ne la commencer qu'à 15 (date limite t_i^*) pour qu'elle se termine en même temps que la dernière opération du chemin critique, soit allonger sa durée de 4, car 11 et 9 font encore 20. Dans les deux cas, elle est elle-même devenue critique.

On dit que, sur l'opération P_{69}, on jouit d'une *marge libre* de 4. Les dates limites et marges libres peuvent être ainsi calculées de proche en proche. On a :

marge libre opération $P_{ij}=t_j-t_i-t_{ij}$

Exemple :

marge libre opération $P_{56}=11-7-1=3$

N.B.- Les marges libres jouent un grand rôle dans l'un des paramétrages des ordonnancements. En effet, on peut vouloir ralentir l'exécution d'une opération non critique, afin de la rendre moins coûteuse,ce qui est vérifié, entre certaines limites de durée, mais on ne peut évidemment allonger la durée d'une opération au-delà de la marge libre.

E. Application à des opérations de durée aléatoire. Il est des cas où les durées des opérations à effectuer pour parvenir à l'objectif ne sont pas connues de façon déterminée. Ainsi en est-il lorsqu'on désire construire un prototype ou lorsqu'on est soumis à des aléas de diverse nature (climatiques, techniques, etc.).

Un système intéressant a été proposé pour pouvoir néanmoins utiliser la méthode américaine (qui prend alors le nom de PERT) ou des potentiels. Supposons, en effet,qu'on puisse évaluer, pour chaque opération P_{ij}, trois nombres a_{ij}, b_{ij} et m_{ij}, représentant, respectivement, les durées minimale , maximale et la plus probable de l'opération. Ces nombres peuvent être obtenus, par exemple, en questionnant les chefs d'ateliers, de chantiers, de laboratoires, etc. qui auront à exécuter les tâches. On admet alors qu'il n'est pas déraisonnable de calculer, de la façon suivante, le temps moyen et la variance de l'opération P_{ij} :

$$\bar{t}_{ij} = \frac{1}{6}\,(a_{ij} + 4\,m_{ij} + b_{ij}) \;; \qquad \sigma^2_{ij} = \left(\frac{b_{ij} - a_{ij}}{6}\right)^2$$

et l'on procède ainsi pour chacune des opérations (1).

(1) Cela revient à imaginer qu'on peut arbitrairement adopter comme loi de probabilité des durées une loi B(bêta),qui a l'avantage d'être bornée à droite et à gauche.

C'est d'autant plus vraisemblable que les estimations a_{ij} , b_{ij} et m_{ij} sont sans biais et que le nombre d'opérations est assez élevé pour que le théorème de la limite centrale s'applique, ce qui permettra, le long du chemin critique C, de calculer :

$$\overline{\sum_{p_{ij}\in C} t_{ij}} = \sum_{p_{ij}\in C} \bar{t}_{ij} \quad \text{et} \quad \sigma^2_{(\sum_C t_{ij})} = \sum_C \sigma^2_{ij}$$

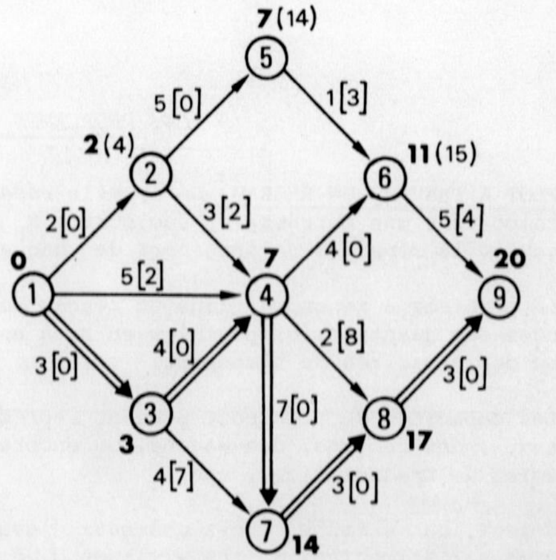

Figure 24.III - On trouve immédiatement les dates attendues t_i (en gras sur la figure) et le chemin critique : les opérations indiquées par un double trait sont les opérations critiques.

__Exemple.__ Reprenons le graphe ci-contre, mais en admettant, cette fois, que les durées des opérations p_{ij} ne sont connues que par les estimations a_{ij} , b_{ij} et m_{ij}.

On obtient un nouveau chemin critique, de nouvelles marges. Le chemin de valeur maximale est 1 - 3 - 4 - 6 - 9, avec comme valeur : 18,67 (figure 25.III).

	a_{ij}	b_{ij}	m_{ij}	$\bar{t}_{ij}$	σ^2_{ij}
p_{12}	1	3	2	2	0,11
p_{13}	2	5	3,5	3,5	0,25
p_{14}	4	7	5,5	5,5	0,25
p_{24}	3	6	3,5	3,83	0,25
p_{25}	4	7	5,5	5,5	0,25
p_{34}	2	5	3,5	3,5	0,25
p_{37}	2	6	4	4	0,44
p_{46}	3	8	5,5	5,5	0,70
p_{47}	4	8	6,5	6,33	0,44
p_{48}	1	4	2	2,17	0,25
p_{56}	0,5	5	1,5	1,92	0,56
p_{69}	5	8	6	6,17	0,25
p_{78}	1	3,5	2,5	2,41	0,17
p_{89}	1	4	3	2,83	0,25

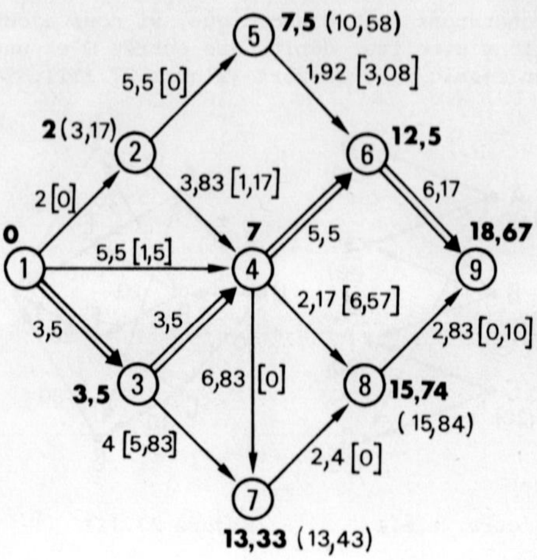

Figure 25.III

Dans le graphe élémentaire que nous considérons et qui comporte peu de points, il n'est pas indiqué de se fier au calcul de la variance qui, pour le chemin critique, donnerait :

$$\sigma^2_{13} + \sigma^2_{34} + \sigma^2_{46} + \sigma^2_{69} = 0,25 + 0,25 + 0,70 + 0,25 = 1,45$$

__Remarque.__ Le choix d'une loi B a été critiqué vigoureusement ; de même - et l'exemple cité ne fait que corroborer cette opinion, si l'on considère la valeur le long de l'ancien chemin critique, qui est très voisine de celle du nouveau - il est peut-être recommandable d'examiner si des chemins "presque critiques" n'apparaissent pas dans le graphe. Voir à ce sujet un article de E. Ventura, dans *Gestion*, n°sp. juin 1965 (Dunod).

C3. PROBLEMES DE FLOT MAXIMAL

FLOT A TRAVERS UN RESEAU. On appelle *réseau de transport* (1) un graphe sans boucle, comportant une entrée X_0 et une sortie X_n, dont les arcs sont valués par des nombres figurant la *capacité de transport* de chaque arc.

Le problème à résoudre, dans un réseau de transport, consiste, en général, étant données des quantités disponibles en X_0 à en acheminer le maximum jusqu'a X_n, compte tenu des capacités de transport.

Les capacités de transport peuvent représenter des tonnages disponibles sur des bateaux, des camions, des wagons, ou encore des débits dans des oléoducs, canalisations, voies de transmissions, etc.

Soient, par exemple, trois châteaux d'eau, A, B et C, gérés par un syndicat intercommunal, alimentant quatre villages D, E, F et G. Le château d'eau A bénéficie d'une alimentation et d'une réserve capables de débiter 45 l/s; le château B peut seulement débiter 25 l/s et le château d'eau C, 20 l/s. Plusieurs canalisations existent et leur débit, en l/s, est mentionné, pour chacune, sur la figure (figure 26.III). Le village D aurait besoin d'un débit de 30 l/s, le village E, 10 l/s, le village F, 20 l/s et, enfin, le village G, 30 l/s. On demandé d'établir la meilleure alimentation possible et de déterminer, s'il y a lieu, entre quels points il importe de construire des canalisations supplémentaires.

Constatons tout d'abord que, si nous ajoutons au graphe représentant les canalisations avec leur débit, une entrée O et une sortie S, toutes deux fictives, on obtient un réseau de transport (figure 27.III).

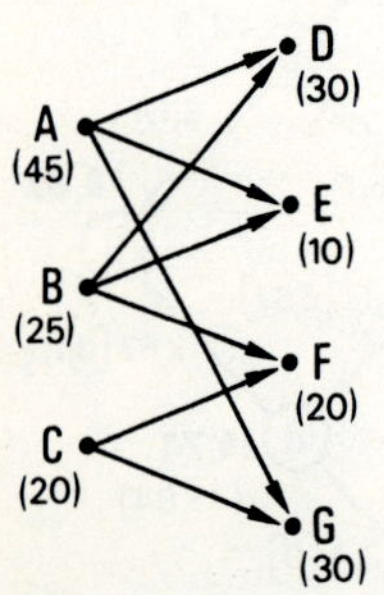

Figure 26.III

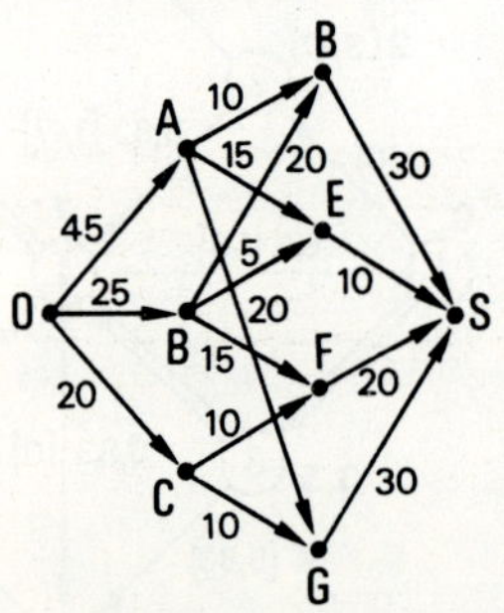

Figure 27.III

On pourra valuer les arcs (O, A), (O, B) et (O, C) en mentionnant les disponibilités respectives en A, B et C. De même on pourra valuer les arcs (D, S), (E, S), (F, S) et (G, S), en notant les besoins respectifs en D, E, F et G. Le problème sera alors ramené à faire passer le flot maximal entre O et S (ou, si l'on veut, sur un arc imaginaire, dit *de retour*, qui reviendrait de S vers O).

Pour le résoudre, on peut employer l'algorithme de Ford-Fulkerson, qui s'énonce ainsi :

a) Faire passer un flot au jugé;

b) Améliorer ce flot jusqu'a ce que tout chemin de l'entrée à la sortie comporte au moins un arc saturé (c'est-à-dire transportant exactement sa capacité) ; on dit alors qu'on a un "flot complet" ;

c) 1) Marquer l'entrée du réseau (par exemple, au moyen d'un +) ;

2) Marquer toute extrémité terminale J d'un arc non saturé (I, J), dont l'extrémité initiale I est marquée (par exemple, en écrivant + I, à côté de J) ;

---

(1) Ne pas confondre réseau de transport et problème de transport (voir plus loin à ce dernier sujet).

3) Marquer l'extrémité initiale K de tout arc (K, L) transportant un flot non nul, dont l'extrémité L est marquée (par exemple, en écrivant - L, à côté de K) ;

Si l'on n'arrive pas ainsi à marquer la sortie du réseau, c'est que le flot est maximal ;

d) Si l'on arrive, au contraire, à marquer la sortie du réseau, le flot n'est pas maximal ; dans ces conditions, considérer une suite de sommets marqués, constituant une chaîne, entre l'entrée et la sortie du réseau (1) et améliorer le flot en augmentant ou diminuant (selon leur sens de parcours) la capacité des arcs joignant les sommets de la suite, de manière à respecter la loi de Kirchhoff ;

e) Reprendre autant de fois qu'il sera nécessaire les opérations c et d, jusqu'à ce qu'on ne puisse plus marquer la sortie du réseau.

Appliquons l'algorithme à notre problème. Il est facile d'obtenir un flot complet, par exemple celui de la figure 28.III, dans laquelle les arcs saturés ont été indiqués par un double trait.

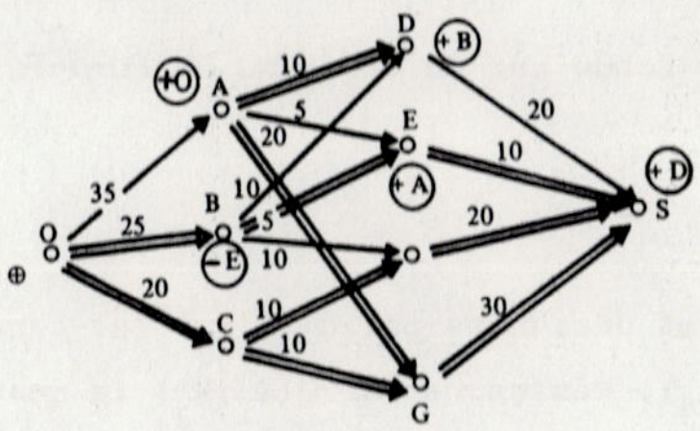

Figure 28.III

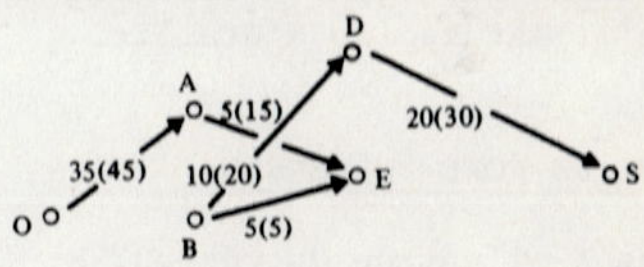

Figure 29.III

Essayons la procédure de marquage des sommets : O est marqué d'un + ; A, extrémité terminale de l'arc (O, A), non saturé, est marqué d'un + O ; E, extrémité terminale de l'arc (A, E), non saturé, est marqué + A ; B, extrémité initiale de l'arc (B, E), transportant un flot non nul, est marqué - E ; D, extrémité terminale de l'arc (B,D), non saturé, est marqué + B ; enfin, S, extrémité terminale de l'arc non saturé (D,S), est marqué + D. Nous n'avons donc pas un flot maximal.

Considérons alors la chaîne [O, A, E, B, D, S] et les arcs qui relient ses sommets (figure 29.III).

Si nous désirons améliorer le flot, il faudra augmenter celui qui est transporté par (O, A), (A, E), (B, D) et (D, S), mais il faudra diminuer d'autant le flot transporté par (B, E), de manière qu'au sommet E la loi de Kirchhoff, qui était vérifiée dans le graphe du flot complet, continue d'être respectée. Nous voyons immédiatement qu'on ne peut diminuer le flot de (B, E) que de 5 l/s ; par conséquent, nous ne pouvons augmenter les flots de chacun des autres arcs que de 5 l/s et c'est possible parce que la différence entre la capacité et la quantité transportée est supérieure à 5 pour tous ces arcs (il suffirait qu'elle soit égale).

Effectuons maintenant cette modification sur le graphe du flot complet considéré plus haut. On obtient la figure 30.III . Essayons de nouveau la procédure de marquage : on arrive seulement jusqu'à E, qui est marqué + A. Comme on n'aboutit pas en S, le flot obtenu est maximal.

Ici, la solution est unique. Il faut donc créer une canalisation AD supplémentaire, d'un débit de 5 l/s au moins.

---

(1) Il y en a au moins une, puisqu'on a réussi à marquer la sortie du réseau.

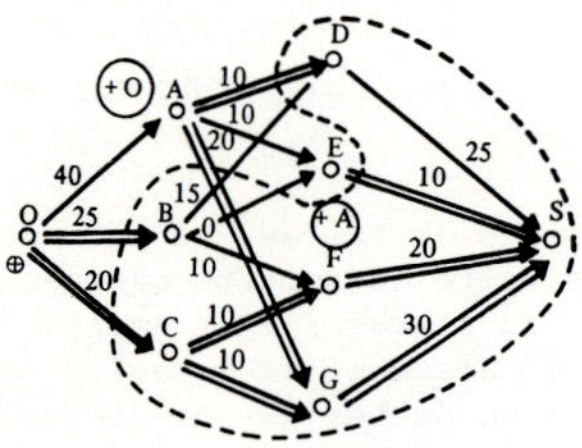

Figure 30.III

Bien que nous ne donnions que plus loin la démonstration de l'algorithme, nous allons déjà nous rendre compte qu'il conduit bien à une solution. Considérons une ligne fermée, à l'intérieur de laquelle sont tous les points non marqués. A l'intérieur de cette courbe ne *pénètrent* que des arcs *saturés* (l'arc (B, D) ayant son extrémité initiale et son extrémité terminale à l'intérieur de la courbe ne doit être considéré ni comme arc sortant, ni comme arc entrant); de cette courbe ne *sortent* que des arcs de flot nul (l'arc (B, E)). Il est évidemment impossible de faire pénétrer un flot supérieur à celui qui est indiqué, puisque tous les arcs entrants sont saturés et impossible de reduire le flot sortant, puisqu'il est nul. Comme la courbe contient le sommet S, c'est bien le flot maximal qui est acheminé vers la sortie du réseau (figure 30.III).

L'algorithme qui vient d'être mis en oeuvre est fondé sur un *théorème de Ford-Fulkerson*, qu'il est facile d'établir.

THEOREME DE FORD-FULKERSON.

Appelons X_0 l'entrée du réseau, X_n, la sortie et désignons par $c(X_i,X_j)$ la capacité (nombre non négatif) associée à tout arc (X_i,X_j). Désignons par $\varphi(X_i,X_j)$ la quantité (ou flux) effectivement transportée par l'arc (X_i,X_j).

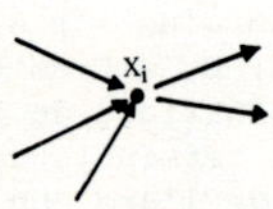

Figure 31.III

Les arcs U ayant X_i pour extrémité se partagent en :

1) arcs ayant X_i pour extrémité terminale, que nous désignerons par $U^-(X_i)$;

et

2) arcs ayant X_i pour extrémité initiale, que nous désignerons par $U^+(X_i)$.

En tout sommet X_i $(i \neq 0 \;;\; i \neq n)$, on a :

$$\sum_{u \in U^-(X_i)} \varphi(u) - \sum_{u \in U^+(X_i)} \varphi(u) = 0 \qquad (1)$$

d'après la loi de Kirchhoff.

D'autre part, le flot total qui circule dans le réseau peut être exprimé par :

$$\Phi = \sum_{u \in U^+(X_0)} \varphi(u) = \sum_{u \in U^-(X_n)} \varphi(u). \qquad (2)$$

Soit F un sous-ensemble de sommets, contenant X_0 mais non X_n, de l'ensemble E de tous les sommets du graphe. F étant déterminé, il existe dans E le complémentaire $\bar{F}$ de F ; $\bar{F}$ contient évidemment X_n. L'opération qui consiste à séparer les sommets en deux sous-ensembles peut s'appeler coupe; on appelle *valeur de la coupe* (et souvent, simplement *coupe*) la somme des capacités des arcs qui relient les sommets du premier sous-ensemble aux sommets de l'autre.

D'après (2), on peut écrire :

$$\Phi = \sum_{u \in U^+(X_0)} \varphi(u) = \sum_{j=1}^{n} \varphi(X_0, X_j)$$

et, d'après (1) :

$$\sum_{i \in F - \{X_0\}} [\varphi(X_i, X_j) - \varphi(X_j, X_i)] = 0$$

car on applique ainsi la loi de Kirchhoff à tous les sommets de F (X_0 excepté).

Dans ces conditions, on a :

$$\Phi = \sum_{j=1}^{n} \varphi(X_0, X_j) + \sum_{i \in F - \{X_0\}} \sum_{j=1}^{n} [\varphi(X_i, X_j) - \varphi(X_j, X_i)] = \sum_{i \in F} \sum_{j=1}^{n} [\varphi(X_i, X_j) - \varphi(X_j, X_i)]$$

et, en dédoublant l'ensemble des j :

$$\Phi = \sum_{i \in F} \sum_{j \in F} [\varphi(X_i, X_j) - \varphi(X_j, X_i)] + \sum_{i \in F} \sum_{j \in \bar{F}} [\varphi(X_i, X_j) - \varphi(X_j, X_i)]$$

$$= \sum_{i \in F} \sum_{j \in \bar{F}} [\varphi(X_i, X_j) - \varphi(X_j, X_i)]$$

car la double somme sur $i \in F$ et $j \in F$ est évidemment nulle.

On a donc a fortiori :

$$\Phi = \sum_{i \in F} \sum_{j \in \bar{F}} [\varphi(X_i, X_j) - \varphi(X_j, X_i)] \leq \sum_{i \in F} \sum_{j \in \bar{F}} c(X_i, X_j) = \Gamma(F, \bar{F})$$

car : $\varphi(X_i, X_j) \leqq c(X_i, X_j)$; Γ est la valeur de la coupe F.

Soient alors tous les chemins possibles, partant de l'origine, et assurant un flot maximal, tels que :

$$\varphi^*(X_i, X_j) - \varphi^*(X_j, X_i) < c(X_i, X_j)$$

L'extrémité X_p de tout chemin de ce type sera certainement différente de X_n, car, autrement, on aurait un chemin de X_0 à X_n pour lequel on pourrait augmenter le flot, contrairement à l'hypothèse.

Si l'on avait :

$$\Phi_{max} < \Gamma(F, \bar{F}),$$

on pourrait écrire :

$$\sum_{i \in F} \sum_{j \in \bar{F}} [\varphi^*(X_i, X_j) - \varphi^*(X_j, X_i)] < \sum_{i \in F} \sum_{j \in \bar{F}} c(X_i, X_j)$$

et il existerait au moins deux sommets $X_p \in F$ et $X_q \in \bar{F}$, tels que :

$$\varphi^*(X_p, X_q) - \varphi^*(X_q, X_p) < c(X_p, X_q)$$

mais alors X_q appartiendrait aussi à la coupe, d'après l'hypothèse initiale, ce qui est impossible.

On en déduit qu'on peut toujours déterminer une coupe correspondant au flot maximal :

$$\Phi_{max} = \Gamma(F,\bar{F})$$

d'où :

$$\Phi_{max} = \Gamma_{min},$$

puisqu'il s'agit de valeurs extrêmales.

La procédure de marquage se justifie aisément, grâce au théorème précédent.

Il est, en effet, évident qu'on peut toujours obtenir un flot complet. En effet, si l'on considère un flot quelconque et un chemin ne comportant pas d'arc saturé, reliant X_0 à X_n, il existe un arc de ce chemin pour lequel $c(u) - \varphi(u)$ est minimal; il est alors toujours possible d'augmenter $\varphi(u)$ de la différence pour que cet arc soit saturé. Par conséquent, quand cette opération aura été faite pour tous les chemins ne comportant pas d'arc saturé, on aura bien un flot complet.

Marquons alors X_0 d'un + 0. Puis, à chaque fois que nous rencontrerons : un sommet X_i marqué, relié par un arc non saturé (X_i, X_j) à un sommet X_j non marqué, marquons cet X_j d'un + i ; ou un sommet marqué X_j, relié par un arc de flot non nul (X_j, X_i) à un sommet X_i non marqué, marquons cet X_i d'un - j.

Si nous trouvons une chaîne de sommets marqués de X_0 à X_n, on n'a certainement pas le flot maximal ; en effet, il existe une valeur non nulle dont on peut augmenter le flot des arcs non saturés parcourus dans le sens direct et diminuer le flot non nul des arcs parcourus dans le sens inverse (il suffit de prendre la plus petite valeur $c(\vec{u}) - \varphi(\vec{u})$ ou $\varphi(\overleftarrow{u})$).

Et si l'on n'arrive plus à marquer X_n, on a alors une coupe dans le graphe ; les sommets non marqués (dont X_n) ne peuvent plus être reliés aux sommets marqués que par des arcs saturés s'ils sont dans le sens direct et des arcs de flot nul s'ils sont dans le sens inverse ; sinon, ils seraient marqués. Comme tous les arcs incidents vers l'intérieur du sous-ensemble contenant X_n sont saturés et que les arcs incidents vers l'extérieur sont de flot nul, on a évidemment atteint le flot maximal et l'on retombe sur le théorème de Ford-Fulkerson.

RECHERCHE D'UN FLOT COMPLET.

La construction d'un *flot complet* facilite l'application de l'algorithme de Ford-Fulkerson utilisé pour obtenir un flot maximal dans un réseau de transport.

Voici une procédure due à notre collaborateur Manuel Bloch (1966-67). Elle est fondée sur l'élimination progressive des arcs dont on ne peut plus augmenter le flux, ces arcs étant soit "saturés", soit "bloqués". Dans le premier cas, c'est évident par définition. Dans le second, l'impossibilité d'augmenter le flux résulte de la nécessité de "bloquer" :

a) tout arc incident vers l'extérieur à un sommet si tous les arcs incidents vers l'intérieur à ce sommet sont eux-mêmes saturés ou bloqués ; et, inversement :

b) tout arc incident vers l'intérieur à un sommet si tous les arcs incidents vers l'extérieur à ce sommet sont saturés ou bloqués.

En outre, comme il est inutile d'augmenter le flot sur les arcs d'un circuit, on pourra bloquer les arcs de valeur la plus faible appartenant à ce circuit.

Tout arc qui n'est ni saturé, ni bloqué, est dit "praticable".

Initialisation : On pose $\rho_{ij} = c_{ij}$ et $\varphi_{ij} = 0$ ($i = 0, \ldots, n$; $j = 1, \ldots, n$), $c_{ij} > 0$ étant la capacité donnée de l'arc (i,j). Dans la suite, ρ_{ij} sera la capacité résiduelle de l'arc (i,j), sur lequel passe le flux φ_{ij} : $\rho_{ij} = c_{ij} - \varphi_{ij}$.

Etape courante. a) choisir, dans la liste des arcs praticables, le premier (i_0, j_0), de capacité résiduelle strictement positive ρ_{i_0,j_0} la plus faible :

$$(\forall i),\ (\forall j) : \rho_{ij} \geq \rho_{i_0 j_0} > 0 \ ;$$

b) déterminer un chemin simple (sans répétition d'arc) passant par (i_0, j_0), formé d'arcs praticables, chacun de capacité résiduelle au moins égale à ρ_{i_0,j_0}, du fait du choix ;

• si c'est un chemin élémentaire (sans répétition de sommet), faire passer le flux $\varphi_{ij} = \rho_{i_0 j_0}$ sur tous les arcs (i,j) de ce chemin ; on a :

$$\rho_{ij} := \rho_{ij} - \rho_{i_0 j_0}$$

et les arcs de capacité résiduelle nulle sont saturés; passer à c) ;

• si ce n'est pas un chemin élémentaire, bloquer les arcs de capacité la plus faible du circuit ainsi mis en évidence et revenir à a) ;

c) en chacun des sommets du chemin précédent, examiner s'il y a lieu de procéder à des blocages ; les exécuter, le cas échéant, puis revenir à a).

Arrêt. On doit arrêter d'appliquer l'algorithme dès que tous les arcs incidents vers l'extérieur à l'entrée du réseau (ou tous les arcs incidents vers l'intérieur à la sortie) sont saturés ou bloqués.

L'algorithme de Manuel Bloch conduit évidemment à un flot complet. En effet, s'il reste des arcs non saturés, ils sont bloqués et tout chemin passant par de tels arcs comporte au moins un arc saturé.

On obtient souvent le flot optimal, mais, de toute manière, il ne s'agit que d'une préparation à l'algorithme de Ford-Fulkerson.

Exemple. Soit le réseau, valué par les capacités de ses arcs, donné par le croquis a. On veut déterminer un flot complet sur ce réseau de transport.

a) Commençons par dresser une liste des arcs, par ordre alphabétique, avec indication de leur capacité.

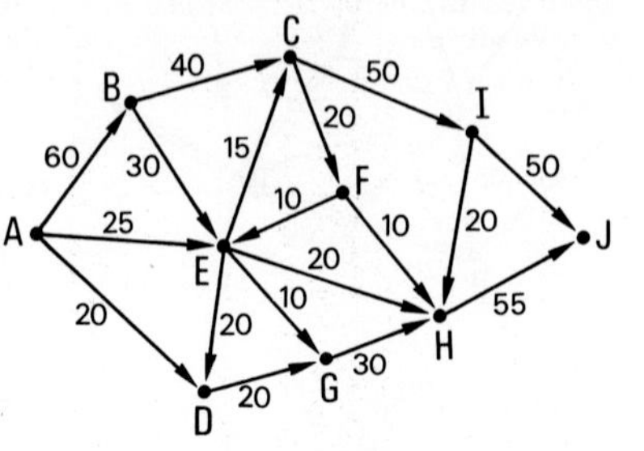

Croquis a.

	a	b	c	d	e	f	g	
AB	60	60	50	50	50	35	5	X
AD	20	20	20	20	15	X	X	X
AE	25	15	15	0	0	0	0	0
BC	40	40	30	30	30	30	0	0
BE	30	30	30	30	30	15	X	X
CF	20	20	10	X	X	X	X	X
CI	50	50	50	50	50	35	5	X
DG	20	20	20	5	0	0	0	0
EC	15	15	15	15	15	0	0	0
ED	20	20	20	5	5	X	X	X
EG	10	0	0	0	0	0	0	0
EH	20	20	20	20	20	20	X	X
FE	10	10	0	0	0	0	0	0
FH	10	10	0	0	0	0	0	0
GH	30	20	20	5	0	0	0	0
HJ	55	45	35	20	15	0	0	0
IH	20	20	20	20	20	5	X	X
IJ	50	50	50	50	50	50	20	X

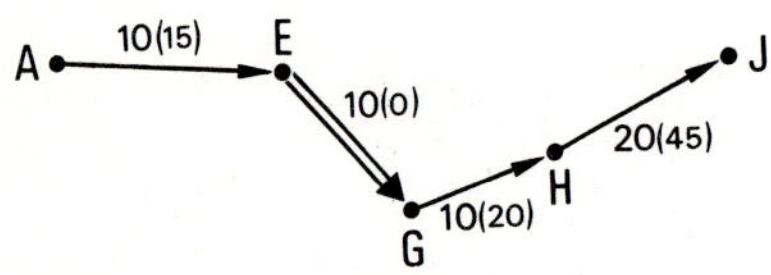

Croquis b.

b) L'arc de plus faible capacité, lu en premier sur le tableau, étant (E,G), on reconstitue, en suivant l'ordre dans lequel figurent les arcs dans la première colonne du tableau, le chemin (A,E,G,H,J), sur lequel on acheminera un flux de 10, saturant ainsi (E,G) dont la capacité résiduelle tombe à 0 (croquis b).

c) L'arc de plus faible capacité étant maintenant (F,E), on reconstitue, en prenant les arcs dans l'ordre alphabétique, le chemin (A,B,C,F,E,C,F,E,C,...), qui n'est pas élémentaire ; on bloquera l'arc (F,E) du circuit (F,E,C,F), le flux transporté étant 0.

On passe alors à (F,H) qui sera saturé par un flux de 10, véhiculé le long du chemin (A,B,C,F,H,J). On voit qu'il faut bloquer (C,F), les arcs incidents vers l'extérieur à F étant bloqués ou saturés (croquis c).

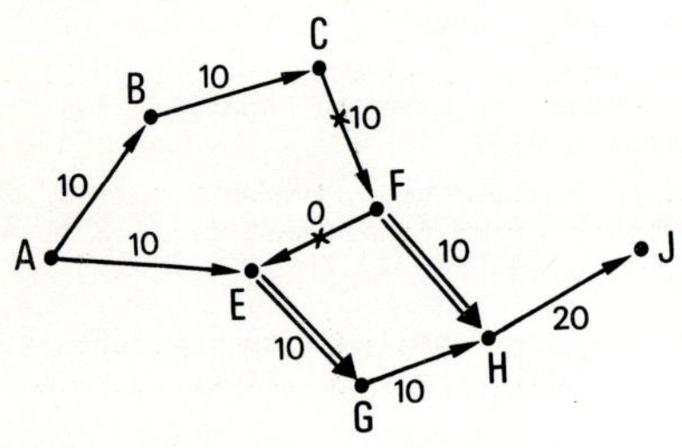

Croquis c.

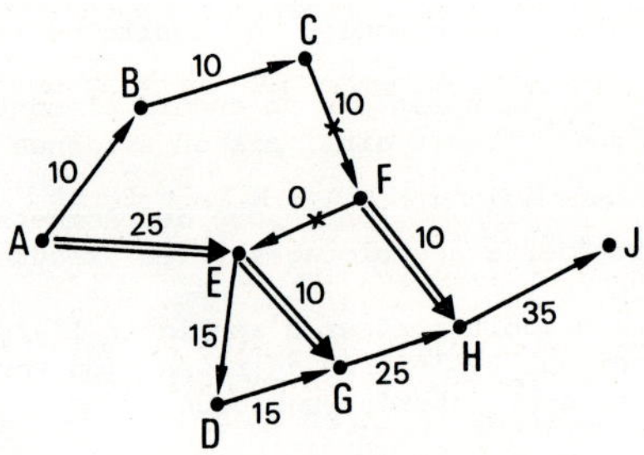

Croquis d.

d) C'est maintenant (A,E) qui offre la capacité résiduelle la plus faible. On va saturer (A,E) en acheminant un flux de 15 sur (A,E,D,G,H,J) ; voir croquis d ;

e) l'étape e voit la saturation de (D,G) et (G,H) par un flux de 5 acheminé le long du chemin (A,D,G,H,J) ; voir croquis e, sur lequel on a bloqué, en outre, (E,D) et (A,D).

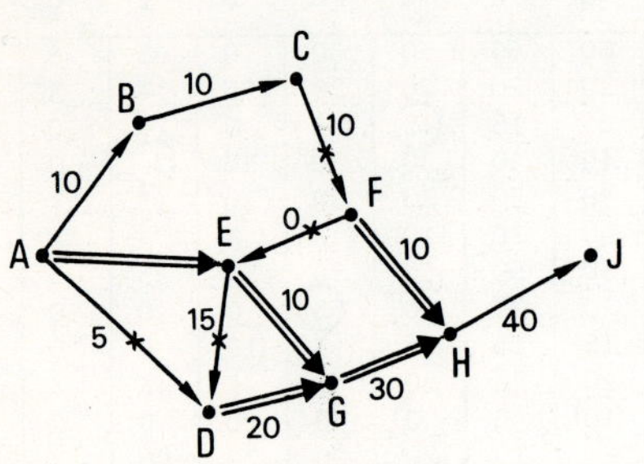

Croquis e.

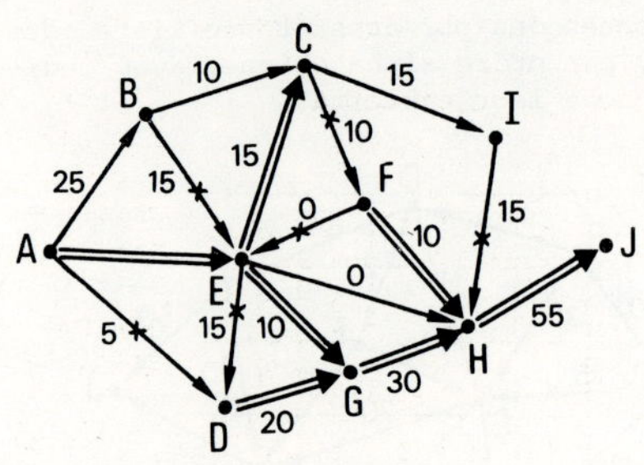

Croquis f.

f) Le premier arc de capacité la plus faible étant maintenant (E,C), on sature cet arc, en faisant passer un flux de 15 sur le chemin (A,B,E,C,I,H,J). De ce fait (H,J) se trouve saturé et (I,H) doit être bloqué. De plus, il faut bloquer (E,H) et, par voie de conséquence (B,E). Voir le croquis f.

g) (B,C) étant l'arc praticable de capacité résiduelle minimale, on le sature par un flux de 30, passant sur le chemin (A,B,C,I,J). Voir le croquis g. On doit bloquer (C,I) et (I,J) ; de même (A,B).

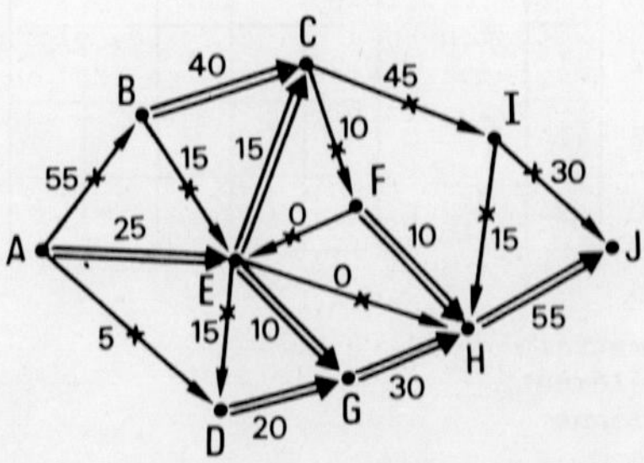

Croquis g.

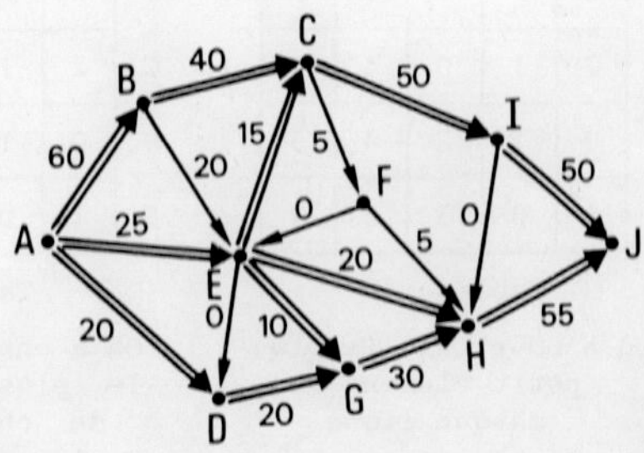

Croquis h.

On arrêtera l'algorithme à cette étape, puisque les arcs incidents vers l'extérieur à l'entrée et vers l'intérieur à la sortie sont saturés ou bloqués.

Il est facile de voir, par un marquage, que si l'on a bien un flot complet, il n'est pas maximal.

Les deux chaînes (A,D,E,H,I,J) et (A,B,E,H,F,C,I,J) permettent, respectivement, de gagner 15 et 5 sur le flot, si bien que le flot optimal est finalement fourni par les flux du croquis h.

Alors, le marquage se limite au sommet A et la coupe entre points marqués et non marqués contient tous les sommets sauf A. De fait, elle rencontre trois arcs saturés : (A,B) ; (A,D) et (A,E).

C4. *PROBLEMES D'AFFECTATION*

Il s'agit encore, comme on va le voir, d'une application du marquage de Ford-Fulkerson.

Exemple. Une administration désire procéder aux mutations de MM. A, B, C, D et E et leur offre les postes a, b, c, d, e. Ces fonctionnaires désirant maximiser leur satisfaction générale, décident d'effectuer chacun un classement des postes offerts et obtiennent le tableau suivant regroupant leurs avis (tableau 1) :

Tableau 1

	a	b	c	d	e
A	1	2	3	4	5
B	1	4	2	5	3
C	3	2	1	5	4
D	1	2	3	5	4
E	2	1	4	3	5

Il est évident qu'il convient, pour maximiser la satisfaction générale, de choisir un chiffre et un seul par ligne et par colonne, de manière que la somme des cinq chiffres choisis soit minimale (si chacun pouvait obtenir le poste qu'il a classé n° 1, la somme minimale serait 5). On ne change pas le problème en soustrayant, ligne par ligne, puis colonne par colonne, le plus petit élément de la ligne ou de la colonne.

Si l'on pouvait, dans le tableau 3, choisir un zéro par ligne et par colonne, on aurait la solution, mais ce n'est pas possible.

De plus, nous savons déjà que le "coût" de l'affectation ne sera pas inférieur à 9 (somme des chiffres ôtés aux différentes rangées pour faire apparaître un zéro par ligne et par colonne).

	a	b	c	d	e
A	0	1	2	3	4
B	0	3	1	4	2
C	2	1	0	4	3
D	0	1	2	4	3
E	1	0	3	2	4

Tableau 2

On a soustrait le plus petit élément de chaque ligne

	a	b	c	d	e
A	0	1	2	1	2
B	0	3	1	2	0
C	2	1	0	2	1
D	0	1	2	2	1
E	1	0	3	0	2

Tableau 3

On a ensuite soustrait le plus petit élément de chaque colonne

	a	b	c	d	e
A	0				
B					0
C			0		
D					
E		0			

Tableau 4

Affectons le zéro unique de la ligne A; nous ne pouvons plus affecter,sur la ligne B, que le zéro de la colonne e ; affectons encore le zéro unique de la ligne C ; nous ne pouvons plus affecter aucun zéro de la ligne D, l'unique zéro qu'elle contenait ayant été exclu de l'affectation par le choix du zéro de la ligne A ; enfin, sur la ligne E, nous avons le choix entre le zéro de la colonne b et celui de la colonne d. Retenons, par exemple, le premier.

Nous n'avons pas obtenu la solution, mais il convient de vérifier que nous ne pouvons affecter davantage de zéros.

Pour cela, considérons un graphe en forme de réseau de transport, dont les arcs, tous de capacité 1, correspondent, entre les points A, B, C, D, E, d'une part, et mes sommets a, b, c, d et e, d'autre part, aux zéros du tableau 3 (figure 32.III).

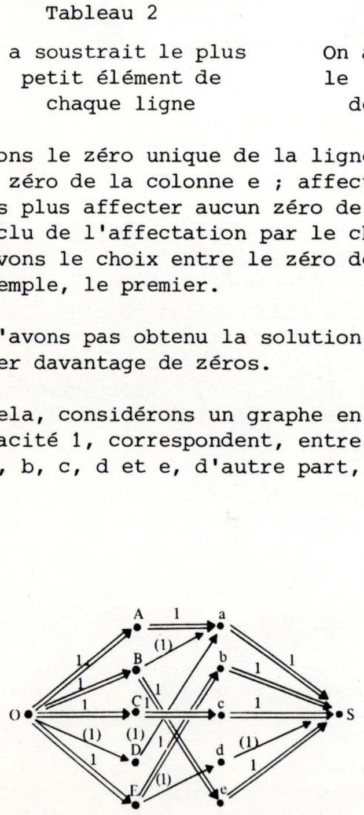

Figure 32.III

Ayant affecté les zéros comme au tableau 4, nous obtenons des arcs saturés sur (A,a), (B,e), (C,c) et (E,b).

Par suite, (O,A), (O,B), (O,C), (O,E),d'une part, (a,S), (b,S), (c,S) et (e,S),d'autre part, sont aussi saturés.

La procédure de marquage échoue ; nous avons donc bien un flot maximal, ce qui veut dire que, quels que soient les choix sur le tableau 3, nous n'arriverons pas à affecter plus de quatre zéros.

Pour résoudre le problème,nous devons maintenant avoir recours à la *méthode hongroise*.

Reprenons le tableau 4, en mentionnant toutefois également les zéros que nous avons dû éliminer des choix ultérieurs par suite d'une affectation d'un autre zéro sur la même ligne ou la même colonne : ces zéros seront dits : *zéros barrés* ; les zéros affectés seront dits : *zéros encadrés*.

a) Marquons toute ligne n'ayant pas de zéro encadré (ici, la ligne D) ;

b) Marquons ensuite toute colonne ayant un zéro barré sur une ligne marquée (ici, la colonne a) ;

c) Marquons alors toute ligne ayant un zéro encadré dans une colonne marquée (ici, la ligne A) et revenons à b) jusqu'à ce que le marquage ne soit plus possible (c'est le cas, dès à présent, dans l'exemple).

	a	b	c	d	e	
A	[0]					X 3
B	Ø				[0]	
C			[0]			
D	Ø					X 1
E		[0]		Ø		
	X 2					

Tableau 5

Traçons alors un trait sur les lignes non marquées et les colonnes marquées (tableau 6). Considérons le plus petit nombre du tableau restant : retranchons-le de tous les éléments non rayés et ajoutons-le aux éléments rayés deux fois (tableau 7).

Sur le tableau 7, il est maintenant possible d'affecter un zéro par ligne et par colonne, et ceci de trois manières, qui constituent les solutions équivalentes du problème, en ce sens qu'elles donnent toutes, en revenant au tableau 1, la somme 10 (1).

On remarquera que le coût de 10 correspond bien à la somme de la borne inférieure 9, trouvée précédemment, et du plus petit élément soustrait postérieurement au tableau.

	a	b	c	d	e
A	0	1	2	1	2
B	0	3	1	2	0
C	2	1	0	2	1
D	0	1	2	2	1
E	1	0	3	0	2

Tableau 6

	a	b	c	d	e
A	0	0	1	0	1
B	1	3	1	2	0
C	3	1	0	2	1
D	0	0	1	1	0
E	2	0	3	0	2

Tableau 7

Au cas où le tableau 7 n'aurait pas fourni la solution, il aurait fallu reprendre l'algorithme, après avoir affecté le plus possible de zéros, à la procédure de marquage, et ainsi de suite jusqu'à obtention de la solution .

Solutions équivalentes du problème .

(1)

	a	b	c	d	e
A	X				
B					X
C			X		
D		X			
E				X	

(2)

	a	b	c	d	e
A		X			
B					X
C			X		
D	X				
E				X	

(3)

	a	b	c	d	e
A				X	
B					X
C			X		
D	X				
E		X			

Telle est l'économie de la méthode "hongroise", à laquelle on a donné ce nom en souvenir de deux mathématiciens hongrois, Egervary et König, qui ont contribué à en fonder la théorie.

Nous n'avons pas l'intention de démontrer ici la validité de l'algorithme, mais le lecteur sera sûrement intéressé de constater que la colonne rayée correspond au sommet marqué (+ D), soit a, et que les lignes non rayées correspondent également aux sommets marqués - a et + 0, soient A et D (figure 33.III), d'après le marquage réalisé à partir de la figure 32.III.

---

(1) Pour le carré des écarts par rapport à la meilleure satisfaction, seules les deux premières demeurent équivalentes.

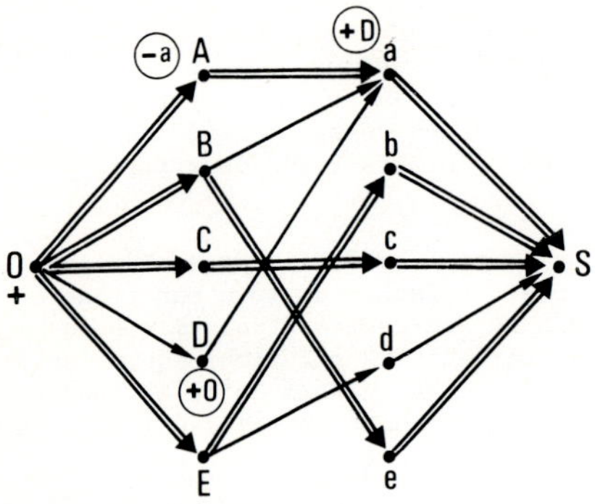

Figure 33.III

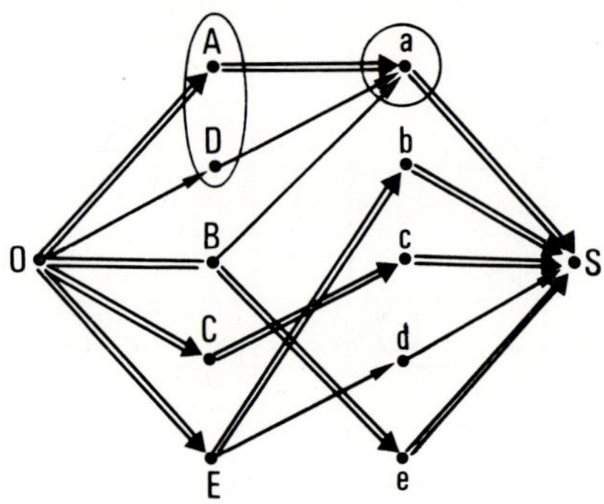

Figure 33 bis.III

La figure 33 bis.III présente la situation de telle sorte qu'il est visible que, pour résoudre le problème, il importe de trouver l'arc du moindre coût (ou un arc de moindre coût) entre l'ensemble des points marqués de la première colonne ((O,D) insaturé) et l'ensemble des points non marqués de la seconde ((d,S) insaturé), à condition de pouvoir effectuer une augmentation du flot utilisant cet arc (ou l'un de ces arcs).

En regroupant le tableau des coûts sous la forme correspondant à la figure 33 bis.III, on voit qu'on ne change rien à la situation existant entre points marqués si l'on soustrait le plus petit élément des éléments non rayés de la matrice et si on l'ajoute aux éléments rayés deux fois. En effet, dans les cases (A,a) et (D,a) le coût demeurera 0.

	a	b	c	d	e	
A	0	1	2	1	2	- 1
D	0	1	2	2	1	
B	0	3	1	2	0	
C	2	1	0	2	1	
E	1	0	3	0	2	
	+ 1					

Mais on crée ainsi quatre arcs de coût zéro entre l'ensemble des points marqués de la première colonne et l'ensemble des points non marqués de la seconde; ce sont : (A,b); (A,d); (D,b); (D,e).

Les échanges de flots les plus simples sont les suivants (au choix) :

1) faire circuler un flot saturant de 1 sur (A,d), saturant (d,S); faire circuler un flot saturant de 1 sur (O,D) et saturer (D,a);

2) faire circuler un flot saturant de 1 sur (O,D) et saturer (D,b), reporter le flot saturant de 1 de (E,b) à (E,d), ce qui sature (d,S).

Une troisième possibilité nous est offerte. Saturer (A,b) et (O,D), acheminer le flot de (O,D) sur (D,a) ; enfin reporter le flot de (E,b) à (E,d), ce qui sature (d,S).

L'arc (D,e) ne permet pas de modification intéressante, car le coût de l'arc (B,d) est 2 et non 0.

Remarque. Le lecteur pourrait contester une méthode aussi lourde pour un problème où l'énumération des solutions demeure possible, puisque 5! = 120. Il devra se souvenir que 10! atteint déjà 3.628.800 et qu'il faudrait plus de quatre milliards de siècles pour énumérer, à la vitesse d'une permutation par microseconde, les affectations possibles sur un tableau de 25 x 25, alors que l'algorithme hongrois, exploité sur ordinateur, peut fournir le résultat cherché en quelques minutes (entrées et sorties comprises).

D. *NOTIONS D'ARBRE ET D'ARBORESCENCE*

D1. *ARBRE. DEFINITION ET PROPRIETES ELEMENTAIRES.*

Etant donné n sommets ($n \geq 2$), on obtient un *arbre* en connectant tous les sommets sans former de cycle.

Un tel arbre comporte n-1 arêtes. En effet, cela est vrai pour n=2, l'arbre étant réduit à n-1 = 1 arête. Supposons maintenant que cela soit vrai pour n = k - 1, autrement dit que l'arbre obtenu en connectant les k-1 sommets sans former de cycle compte k - 2 arêtes.

Si l'on ajoute un k^e sommet, pour rendre le graphe connexe sans former de cycle, il faut et suffit de relier le nouveau sommet à l'un des k-1 précédents, au moyen d'une arête, ce qui porte le nombre d'arêtes à k-1 pour k sommets et démontre la propriété par récurrence.

Une définition équivalente d'un arbre est qu'il constitue un graphe connexe (ou bien sans cycle) de n-1 arêtes.

Une propriété qui nous sera fort utile pour les applications est que l'addition à un arbre d'une arête entre deux sommets (en particulier, deux sommets non-adjacents dès que $n \geq 3$) crée un cycle et un seul. En effet, si l'on relie par une arête supplémentaire les deux sommets d'un arbre d'une seule arête, il est bien vrai qu'on a créé un cycle unique. D'autre part, supposons maintenant que la propriété soit vraie pour n = k - 1, c'est-à-dire qu'en réunissant par une arête deux sommets d'un arbre de k-1 sommets on crée un cycle et un seul. Ajoutons un sommet, par exemple P; nous devons relier P par une arête à un et un seul des k-1 sommets précédents (soit, par exemple, [P,L]). Il nous faut montrer que lorsqu'on ajoute une arête entre deux sommets de la nouvelle figure (34.III), on crée un cycle et un seul : cela est déjà vrai pour l'arête que nous pourrions ajouter entre toute paire de sommets pris parmi les k-1 précédents. Il est d'autre part évident que si l'on relie P à un sommet quelconque, X, appartenant à l'ensemble des anciens sommets, on crée encore un cycle et un seul: l'addition de [X,L] créait un cycle unique, le remplacement de [X,L] par [X,P] n'a pour conséquence que d'augmenter de l'arête[P,L] le cycle obtenu précédemment.

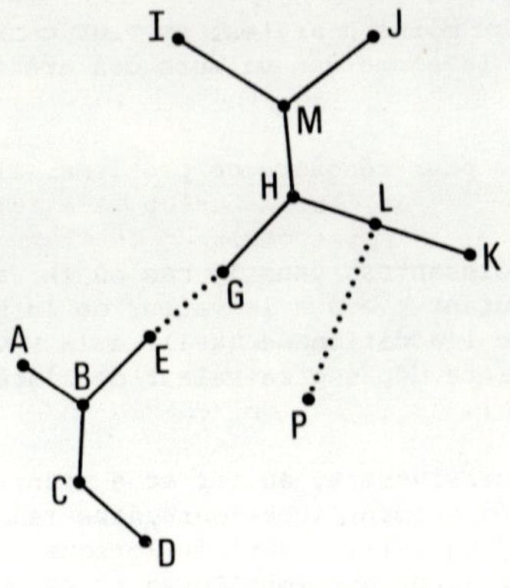

Figure 34.III

D2. *QUASI-FORTE CONNEXITE. ARBORESCENCE.*

On dit d'un graphe qu'il est *quasi-fortement connexe* si, pour toute paire {x,y} de sommets, on peut trouver un sommet z du graphe, tel qu'il existe un chemin de z à x et de z à y. La forte connexité entraîne évidemment la quasi-forte connexité, mais la réciproque n'est pas vraie.

Pour qu'un graphe G = (X,U) soit quasi-fortement connexe, il faut et suffit qu'il admette une *racine* (c'est-à-dire un sommet duquel part un chemin vers tous les autres sommets). En effet, d'une part, si une racine existe, le graphe est évidemment quasi-fortement connexe. D'autre part, s'il est quasi-fortement connexe avec $\{x_1, x_2,\ldots,x_n\}$ comme ensemble de ses sommets, il existe un sommet z_1, avec un chemin de z_1 à x_1 et et de z_1 à x_2, un sommet z_2, avec un chemin de z_2 à z_1 et de z_2 à x_3, ..., et finalement, un sommet z_{n-1} (qui est la racine), avec un chemin de z_{n-1} à z_{n-2} et de z_{n-1} à x_n (figure 35.III).

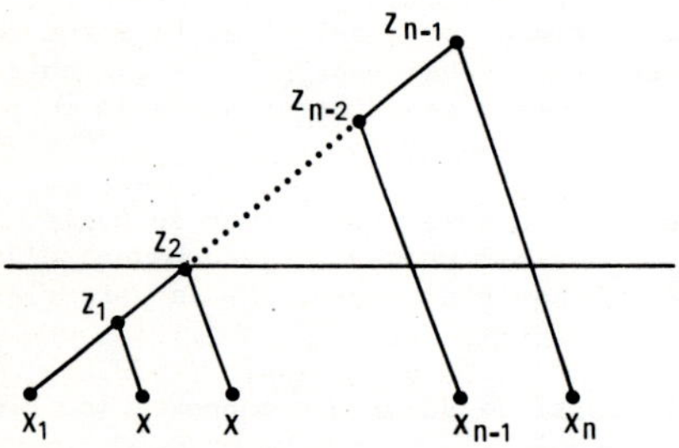

Figure 35.III

On définit une *arborescence* comme un graphe quasi-fortement connexe et sans cycle, mais c'est aussi un arbre admettant une racine. En effet, s'il admet une racine, l'arbre est quasi-fortment connexe; d'autre part, il est sans cycle, par définition.

En recherche opérationnelle, on utilise fréquemment la notion d'arborescence, à tel point que nous avons déjà dû nous en servir plus haut. Nous donnerons plus loin un autre exemple d'application au fameux problème du voyageur de commerce.

E. APPLICATIONS AUX ARBRES OPTIMAUX, TRANSPORT A COÛT MINIMAL ET RECHERCHE ARBORESCENTE

E1. PROBLEME DE L'ARBRE DE VALEUR MINIMALE

En recherche opérationnelle, on rencontre assez souvent des problèmes de distribution faisant appel à la notion d'arbre et de valeur minimale.

Etant donné un graphe valué G, de n sommets et d'au moins n arêtes, on veut construire, en utilisant n-1 de ses arêtes, un arbre dont la somme des valeurs des arêtes sera minimale.

En 1956, J.B. Kruskal a donné un algorithme simple pour résoudre ce problème. Il consiste à :

a) établir une liste des arêtes par valuations croissantes; dans le cas où k arêtes sont de même valuation, on les distinguera en ajoutant $\varepsilon > 0$ à la valeur de la seconde, 2ε à la valeur de la troisième, etc., sans que l'addition de $(k-1)\varepsilon$ à la valeur de la k^e entraîne que la nouvelle valeur de l'arête dépasse la valeur de l'arête de valuation immédiatement supérieure dans le graphe ;

b) choisir l'arête de valeur minimale, puis, successivement, au fur et à mesure de la construction de l'arbre, l'arête de valeur immédiatement supérieure, dans la liste, ne formant pas un cycle avec les arêtes retenues jusque-là. S'arrêter lorsque tous les sommets du graphe sont connectés (ou, ce qui revient au même, lorsque le nombre d'arêtes retenues égale n-1).

c) Pour obtenir la valeur de l'arbre, additionner les valuations des n-1 arêtes obtenues, en ayant soin de faire $\varepsilon = 0$.

On montre sans difficulté que la solution est unique si toutes les arêtes sont *initialement* de valeurs différentes.

Un algorithme plus rapide encore, puisqu'il n'impose pas de trier les arêtes sur leur valeur, et plus commode, car il permet de décomposer le problème, a été proposé en 1961, par G. Sollin, chef de travaux au CNAM. Le voici :

a) Comme au § a de l'algorithme de Kruskal, distinguer les arêtes de même valeur initiale ;

b) A chaque étape de l'algorithme, choisir arbitrairement un sommet en dehors de ceux qui ont déjà été retenus et relier, par l'arête de valeur la plus faible, ce sommet à l'un des sommets auxquels il est adjacent ;

c) Lorsque l'ensemble des sommets a été utilisé entièrement :
- ou bien le résultat obtenu est déjà un arbre et la question est résolue;
- ou bien on n'a encore que plusieurs sous-arbres qu'on considérera chacun comme l'un des sommets d'un multigraphe (1),les arêtes de ce multigraphe étant toutes les arêtes qui sont susceptibles de connecter deux à deux ces sous-arbres et l'on reprendra l'algorithme à b).

La validité de cet algorithme est des plus aisées à jusitifier. La procédure nécessairement finie, ne peut engendrer que des sous-arbres, puisqu'à chaque nouveau choix on prend un sommet dans l'ensemble complémentaire des sommets déjà retenus, ce qui évite de créer un cycle. Ces sous-arbres sont optimaux, puisqu'en chaque sommet on sélectionne l'arête localement optimale. Finalement, on construit un arbre à partir de ses sous-arbres optimaux, ce qui constitue une application de la programmation dynamique, un arbre optimal ne pouvant être formé que de sous-arbres optimaux.

Exemple. Considérons un graphe G = (X,U), dont les arêtes sont valuées par des coûts ; on veut trouver dans ce graphe, qui représente le projet d'un réseau de distribution; un arbre de coût minimal (fig. 36.III).

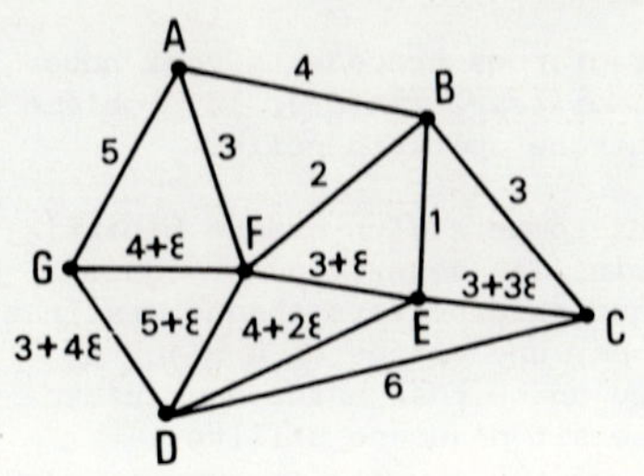

Figure 36.III

Opérons selon l'algorithme de Sollin :

1) choix de A : sélection de l'arête [A,F] ;
2) choix de B : sélection de l'arête [B,E] ;
3) choix de C : sélection de l'arête [C,B] ;
4) choix de D : sélection de l'arête [D,G] .

La liste des sommets est épuisée : on a trois sous-arbres entre lesquels subsistent un certain nombre d'arêtes (ici, toutes les autres, sauf [C,E], qui forme un cycle dans l'un des sous-arbres).

Nous désignerons maintenant par α, β et γ les sous-arbres {A,F}, {B,C,E} et {D,G}, considérés désormais comme les sommets d'un multigraphe (figures 37.III et 38.III , avant et après "condensation"), formé par ces sommets et les arêtes qui les relient entre eux. Ce sont, on le voit, toutes les arêtes autres que celles déjà retenues, à l'exception de [C,E] qui ne relie pas deux sous-arbres (et, pour cette raison, forme un cycle dans {B,C,E}).

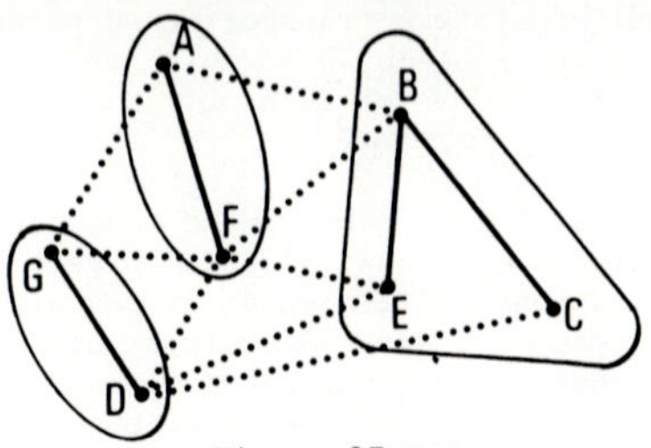

Figure 37.III

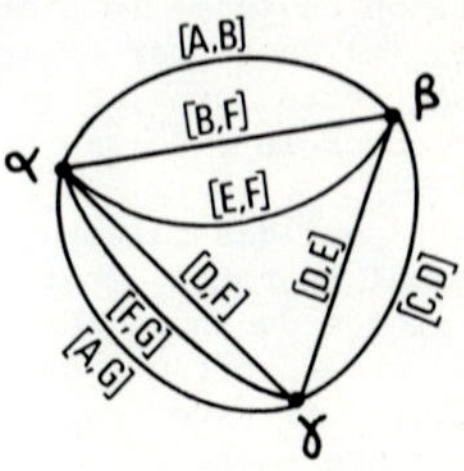

Figure 38.III

(1) On appelle *multigraphe* un graphe dont deux sommets au moins sont reliés par plus d'un arc.

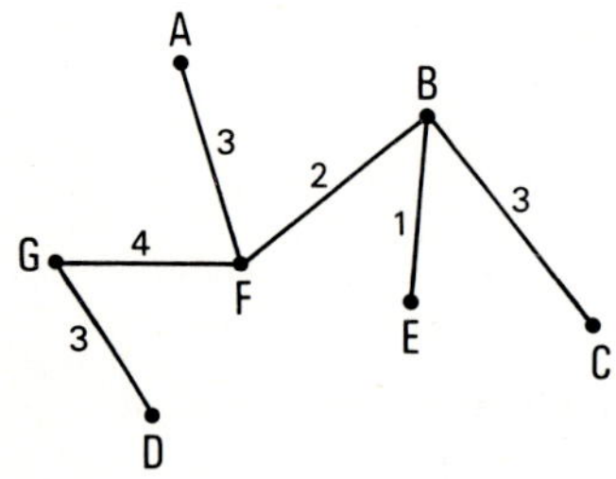

Figure 39.III

Sélectionnons, par exemple, le sommet α.

L'arête de valeur la plus faible incidente vers l'extérieur à α est [B,F], de valeur 2, qui relie α à β.

Prenons un sommet, en dehors de $\{\alpha,\beta\}$;seul reste γ. L'arête de valeur la plus faible incidente vers l'extérieur à γ est [F,G] , de valeur $4 + \varepsilon$.

On obtient finalement l'arbre de la figure 39.III, de valeur 16, en ajoutant [B,F] et [F,G] aux trois sous-arbres de la figure 37.III.

Il y a d'autre solutions : [F,G] peut être remplacée par [D,E] et [B,C] par [C,E].

N.B. Dans cet exemple miniscule, les avantages de l'algorithme de Sollin ne sont pas mis en relief; en revanche, lorsqu'il existe plusieurs centaines de sommets, on peut couper le graphe en plusieurs morceaux (à condition de noter les valuations des arêtes de chaque côté de la coupe), résoudre séparément chacun des problèmes plus petits, puis repartir des composantes connexes ainsi obtenues.

E2. *LE PROBLEME DE TRANSPORT*

Les notions sur les arbres présentées dans les paragraphes précédents vont nous être très utiles pour résoudre, *indiscutablement de la meilleure manière*, le problème pratique le plus courant, peut-être, de toute la recherche opérationnelle.

Entre m origines et n destinations, constituant les sommets d'un graphe biparti (1) , on peut tracer $m \times n$ arcs qui symbolisent les chemins (au sens vulgaire) qu'on peut employer pour transporter des marchandises de chaque origine vers chaque destination. On pourrait aussi compléter ce graphe sans boucle par une entrée et une sortie pour obtenir un réseau de transport. Mais le problème qu'on se pose maintenant n'est plus celui du flot optimal et cette transformation ne serait d'aucune utilité.

En effet, dans le *problème de transport*, les capacités des arcs sont supposées illimitées, mais chaque arc est valué par le coût unitaire du transport sur la relation (ou liaison) qu'il représente et ce qu'on cherche est une solution à *coût minimal*.

Dès 1776, G. Monge s'était attaqué à ce problème, mais *en continu*, c'est-à-dire en considérant le déplacement de volumes infinitésimaux dv ; il avait dû bâtir la théorie nouvelle des congruences de normales pour le résoudre.

Aujourd'hui, on envisage le problème discret, qui consiste à transporter des unités indivisibles (m^3 ou t, par exemple) et d'ailleurs le problème se formule en nombres entiers. Sous cette forme, c'est A. Tolstoï qui l'a publié en 1939, L.V.Kantorovitch et F.L. Hitchcock le précisant de nouveau en 1941, avec Koopman.

Pratiquement, pour des raisons qui apparaîtront plus loin, on se ramène toujours au cas pour lequel le total général des quantités disponibles aux origines correspond au total général des demandes aux différentes destinations. S'il n'en était pas ainsi,il suffirait de créer soit une destination fictive (cas de l'excès des disponibilités) , soit une origine fictive (cas de l'excès des demandes), en affectant à ce sommet fictif la différence entre les deux totaux généraux et en valuant les relations nouvelles

(1) Un graphe est dit *biparti* si ses sommets sont partagés en deux classes, à l'intérieur de chacune desquelles il ne sont pas adjacents.

par un coût extrêmement élevé, de manière à ne pas troubler le processus de minimisation du coût de transport des quantités effectivement transportées.

A titre d'exemple, nous examinerons le problème suivant: assurer, au moindre coût, les transports des quantités demandées aux dépôts numérotés de 1 à 6, à partir des usines de I à IV, connaissant les disponibilités de ces usines et les coûts de transport unitaires de toute origine à toute destination.

Matrice des coûts unitaires

	1	2	3	4	5	6	Quantités disponibles (a_i)
I	12	27	61	49	83	35	18
II	23	39	78	28	65	42	32
III	67	56	92	24	53	54	14
IV	71	43	91	67	40	49	9
Quantités demandées (b_j)	9	11	28	6	14	5	73

a) On observe que la somme des demandes est égale à la somme des disponibilités ;

b) Soient a_i les quantités disponibles, b_j les quantités demandées, c_{ij} les coûts de transport ; la solution du problème est constituée par l'ensemble des nombres non négatifs x_{ij}, tels que :

$$\sum_{i=1}^{m} a_i = \sum_{j=1}^{n} b_j \quad (i = 1, 2, \ldots, m ; j = 1, 2, \ldots, n) \tag{1}$$

$$\sum_{j=1}^{n} x_{ij} = a_i \tag{2}$$

$$\sum_{i=1}^{m} x_{ij} = b_j \tag{3}$$

et que la fonction économique :

$$\sum_{i=1}^{m} \sum_{j=1}^{n} c_{ij}.x_{ij} \tag{4}$$

soit minimale.

Nous verrons plus tard que ce type de problème appartient à la classe des programmes linéaires, mais il n'est pas intéressant de lui appliquer les méthodes générales de la programmation mathématique, ce que nous nous garderons de faire, même si l'on peut interpréter les méthodes particulières qui vont suivre en termes de programmation mathématique .

Considérations préliminaires.

Pour résoudre un tel problème, il convient tout d'abord d'obtenir une solution conforme aux relations (1), (2) et (3) sans se préoccuper de la fonctionnelle (4). Pour qu'une telle solution soit utilisable pour la suite de l'algorithme, il convient qu'elle ne soit pas dégénérée, c'est-à-dire qu'elle comporte exactement :

$$n.m - (n + m - 1)$$

variables nulles (1).

(1) Il y a n.m inconnues, liées par n + m relations; mais ces n + m relations ne sont pas indépendantes, puisque la somme des seconds membres des n premières est la même que la somme des seconds membres des m autres; il doit donc y avoir, dans une solution, au moins n.m - (n + m - 1) variables nulles.

Nous verrons d'ailleurs que seule une *solution de base*, c'est-à-dire répondant à la condition ci-dessus, entraîne une structure d'arbre.

Il existe une méthode extrêmement facile pour en obtenir une; malheureusement elle n'a pas de sens économique, alors que nous serons ensuite confrontés à un problème économique. Employons-la néanmoins pour introduire les éléments théoriques de la question.

Il s'agit de la procédure dite du *coin Nord-Ouest*, consistant à transporter d'abord sur la relation (I,1) la quantité maximale possible, c'est-à-dire le minimum du couple (demande, disponibilité), soit ici min (9,18) = 9, puis, le dépôt 1 étant servi et l'usine I étant encore approvisionnée de 9 unités, à transporter sur la relation (I,2), min (11,9) = 9. Cette fois, c'est l'usine I dont le stock est épuisé, mais il manque 2 unités au dépôt 2, qu'on acheminera sur la relation (II,2) et ainsi de suite.

	1	2	3	4	5	6	
I	9	9					18
II		2	28	2			32
III				4	10		14
IV					4	5	9
	9	11	28	6	14	5	

solution de base obtenue par la méthode du coin Nord-Ouest

On constate que, dans le cas général, cette procédure se traduisant, à chaque choix d'une relation, par l'élimination d'une destination ou bien d'une origine (sauf toutefois lors de la dernière affectation au coin Sud-Est, pour laquelle on achève de servir le dernier dépôt en épuisant le stock de la dernière usine), donne effectivement une solution de base. En effet, elle conduit à sélectionner en tout m + n - 1 relations utilisées pour les transports, alors qu'on ne transporte rien sur les autres, ce qui correspond bien à la condition selon laquelle il faut *exactement* $n\,m - (n + m - 1) = (n-1)\,(m-1)$ variables nulles dans la solution.

Dans l'exemple ci-dessus, m = 4, n = 6 ; on doit avoir 3 × 5 = 15 zéros dans la solution : ils sont représentés par les quinze cases restées vides.

La figure 40.III montre que le graphe du transport effectif est bien un arbre ; du reste, il n'y a pas à en douter, puisque nous avons un graphe sans cycle (ou encore connexe) de N = n + m sommets et N - 1 = n + m-1 arêtes.

Bien entendu, la matrice d'affectation obtenue vérifie les équations (1), (2) et (3) portant sur les quantités :

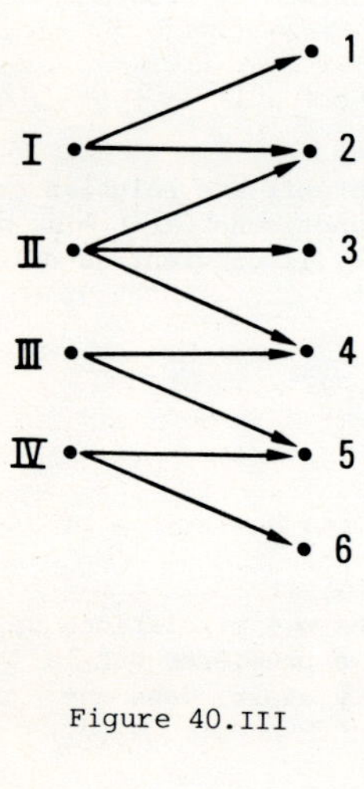

Figure 40.III

1) $\sum_{i=1}^{4} a_i = 18 + 32 + 14 + 9 = 73$;

$\sum_{j=1}^{6} b_j = 9 + 11 + 28 + 6 + 14 + 5 = 73$,

car l'on avait pris $\sum_{i=1}^{4} a_i = \sum_{j=1}^{6} b_j$;

2) $\sum_{j=1}^{6} x_{1j} = 9 + 9 + 0 + 0 + 0 + 0 = 18 = a_1$;

$\sum_{j=1}^{6} x_{2j} = 0 + 2 + 28 + 2 + 0 + 0 = 32 = a_2$;

etc.

3) $\sum_{i=1}^{4} x_{i1} = 9 + 0 + 0 + 0 = 9 = b_1$;

$\sum_{i=1}^{4} x_{i2} = 9 + 2 + 0 + 0 = 11 = b_2$; etc.

et, rappelons-le, nous ne nous sommes, jusqu'à présent, pas occupé du seul problème de recherche opérationnelle que contient la question, c'est-à-dire la minimisation du coût de transport.

Dans chaque problème de transport, il y aura donc nécessairement une phase d'optimisation. Nous voudrions indiquer comment la théorie des graphes va faciliter le travail.

Monétairement, la solution que nous avons trouvée coûte :

$$9 \times 12 + 9 \times 27 + 2 \times 39 + 28 \times 78 + \ldots + 5 \times 49 = 3700,$$

mais on peut imaginer, du moment qu'elle n'a aucune signification économique, que des modifications ultérieures vont pouvoir l'améliorer.

Or, comment la modification la plus élémentaire se présente-t-elle ?

Admettons qu'on veuille transporter une unité de marchandise sur la relation (I,3) jusqu'à présent inutilisée. Si nous réalisions cette opération, il nous faudrait retrancher une unité transportée sur la relation (I,2) et également sur la relation (II,3), de manière à ne pas changer les totaux sur la ligne I et dans la colonne 3 ; il faudrait aussi ajouter une unité sur la relation (II,2) de manière à rétablir l'équilibre sur la ligne II et dans la colonne 2.

	2	3	
I	9	0	9
II	2	28	30
	11	28	

(avant modification)

	2	3	
I	9 - 1	+ 1	9
II	2 + 1	28 - 1	30
	11	28	

(après modification unitaire)

	2	3
I	27	61
II	39	78

Extrait du tableau des coûts

	2	3	
I	0	9	9
II	11	19	30
	11	28	

(après modification maximale)

D'autre part, nous sommes en mesure d'apprécier le *coût marginal* de l'opération, puisque nous connaissons les coûts unitaires de transport pour toutes les relations. On a donc dans ce cas :

$$+ 61 + 39 - 27 - 78 = 100 - 105 = - 5,$$

ce qui signifie qu'on va gagner 5 unités monétaires pour chaque unité transportée sur la relation (I,3).

Sur combien d'unités ce gain peut-il porter ? On le voit, à la relation (I,2) on ne peut soustraire que 9 unités transportées (au lieu de 28 sur (II,3)); le gain maximal résultant de cet échange portera donc sur 9 unités et se montera à 9 × 5 = 45 unités monétaires.

Remarquons d'ailleurs que seul un échange libérant l'une des relations auparavant sélectionnées conduit de nouveau à une solution de base (dans le cas présent, avec 15 zéros).

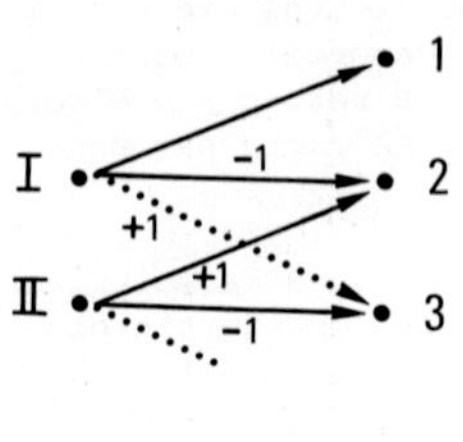

Figure 41.III

Mais à quelle modification le transfert unitaire envisagé ci-dessus correspond-il sur le graphe de la figure 40.III ? Simplement à la création d'un arc (I,3), ce qui engendre *un cycle et un seul* dans l'arbre représentatif de la solution. Ce cycle (I,3), (3,II), (II,2), (2,I) a deux arêtes parcourues dans le sens des flèches, deux autres parcourues en sens inverse (fig. 41.III). Du point de vue des quantités, la loi de Kirchhoff est observée : il y a équilibre entre + 1 et - 1, en chacun des quatre sommets I, 3, II et 2.

Monétairement, on ajoute les coûts d'une unité sur les arcs (I,3) et (II,2) et l'on en retranche les coûts sur les arcs (I,2) et (II,3) : on retrouve exactement - 5.

Mais la structure d'arbre va encore faciliter les calculs. En effet, un arbre constitue un graphe topologique sur lequel on peut définir, connaissant le potentiel d'un point et les différences de potentiel entre les sommets adjacents, une structure *unique* de potentiels. La propriété est triviale et résulte d'ailleurs du fait que, dans un arbre, il existe une chaîne et une seule entre deux sommets quelconques.

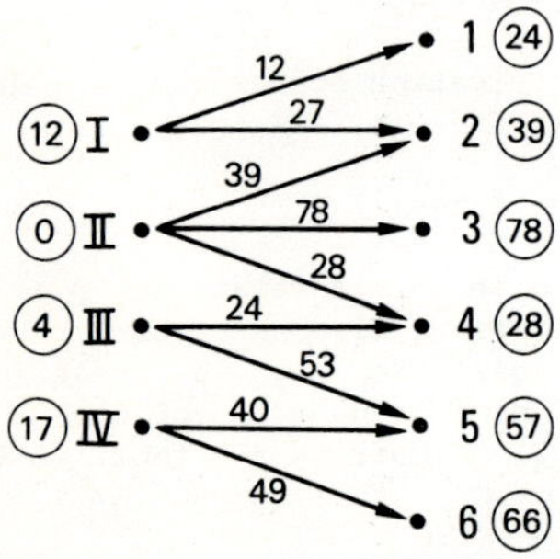

Figure 42.III

Considérons alors le réseau électrique formé par l'arbre de la figure 42.III ; entre les sommets, et dans le sens des flèches, indiquons des différences de potentiel égales aux coûts unitaires de transport sur les relations correspondantes.

De plus, fixons à 0 le potentiel du sommet II. On peut ainsi, de proche en proche, calculer le potentiel de tous les autres sommets.

Mais alors, lorsque nous rajoutons la relation (I,3), du coût 61, on peut écrire :

$$\delta_{(I,3)} = V_I + V_{(I,3)} - V_3 = 12 + 61 - 78 = -5,$$

et plus généralement :

$$\delta_{(X,Y)} = V_X + V_{(X,Y)} - V_Y ,$$

formule qui permettra de calculer *rapidement* le coût marginal $\delta_{(X,Y)}$, même sur les plus longues chaînes de substitution. Ainsi :

$$\delta_{(I,6)} = V_I + V_{(I,6)} - V_6 = 12 + 35 - 66 = -19 ,$$

ce qui résume en fait le calcul :

$$+ 35 - 49 + 40 - 53 + 24 - 28 + 39 - 27 = 138 - 157 = - 19.$$

Nous profiterons de toutes ces remarques dans les applications.

On entrevoit désormais une méthode d'améliorations successives de la solution initiale, permettant de passer d'une solution de base à une autre solution de base, plus économique, ce qui nécessitera, à chaque étape, de déterminer tous les coûts marginaux $\delta_{(X,Y)}$, pour les relations inutilisées, et, d'après les quantités déplaçables sur la chaîne de substitution, le gain total correspondant à chacun de ceux qui sont négatifs, à l'effet de choisir à chaque pas la meilleure modification possible. Si tous les $\delta_{(X,Y)}$ deviennent non-négatifs, on aura atteint l'optimum. Cet optimum sera unique si tous les $\delta_{(X,Y)}$ sont strictement positifs à la dernière étape ; il y aura une ou plusieurs solutions équivalentes si certains sont égaux à 0.

La démonstration de la convergence de cet algorithme, qui serait très aisée si le coût total du transport diminuait strictement à chaque étape, est compromise par le fait qu'il se présente, comme on le verra ci-dessous, des risques de retour à une solution déjà rencontrée antérieurement, si le coût total de transport ne varie pas pour certains échanges.

Remarque. Jusqu'à présent nous n'avons pas encore envisagé le cas où la solution initiale obtenue ne serait pas une solution de base, c'est-à-dire comporterait plus de zéros qu'il n'en faut.

Tel serait le cas du problème considéré plus haut si l'on échangeait la première ligne contre la troisième et la première colonne contre la cinquième avant d'appliquer la méthode du coin Nord-Ouest.

	5	1	2	3	4	6	
III							14
I							18
II							32
IV							9
	14	9	11	28	6	5	

	5	1	2	3	4	6	
III	14						14
I		9	9				18
II			2	28	2		32
IV					4	5	9
	14	9	11	28	6	5	

On obtiendrait une solution *dégénérée*, avec 16 zéros au lieu de 15, ce qui correspondrait à deux sous-arbres et ne permettrait plus de calculer les $\delta_{(X,Y)}$.

Bien entendu, une telle solution dégénérée peut se présenter aussi à une étape quelconque d'un problème.

La manière de remédier à cette situation est extrêmement simple. Elle consiste à "reconnecter" les sous-arbres, de manière à obtenir de nouveau un arbre.

Dans le présent cas (fig. 43.III), cela peut se faire d'un grand nombre de façons ; le plus simple consiste à ajouter un arc (III,1), représentant le transport d'une quantité très petite, $\varepsilon > 0$. Une fois l'optimum obtenu, on fera $\varepsilon = 0$.

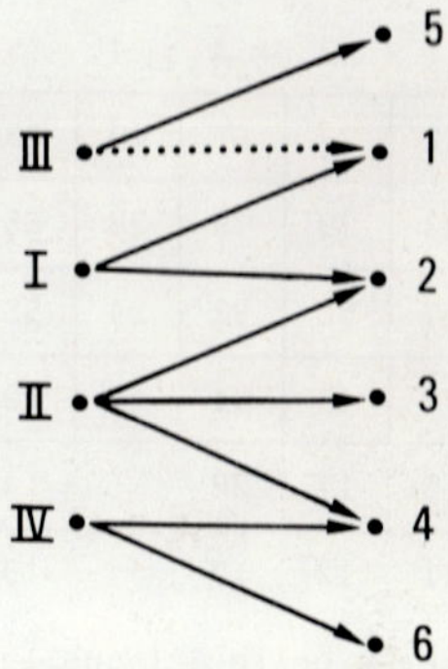

Figure 43.III

<u>Remarque pratique importante</u>. Lorsque, dans un problème dégénéré, la seule quantité à déplacer est ε, il ne faudrait pas en conclure qu'on a

	5	1	2	3	4	6	
III	14	ε					14 + ε
I		9	9				
II			2	28	2		
IV					4	5	
		9+ε					

atteint l'optimum et l'on doit poursuivre l'algorithme (en veillant à ne pas retomber sur une solution antérieure).

<u>Résolution pratique du problème de transport</u>.

<u>Première phase</u> (obtention d'une solution de base initiale).

Il est bien évident que si la solution de base initiale du problème a été construite en tenant compte des faits économiques, c'est-à-dire en essayant d'obtenir un coût total peu élevé, la procédure d'optimisation décrite au paragraphe précédent risque d'être considérablement abrégée.

Les praticiens ont proposé un très grand nombre d'heuristiques pour parvenir à "améliorer" la première solution de base : certains ont préconisé la procédure MINILI, consistant à affecter le maximum à la relation de coût minimal dans la première ligne, puis à la relation de coût minimal, parmi celles qui subsistent, dans la seconde, etc., ou encore MINICO (méthode correspondante utilisant, cette fois, les coûts minimaux en colonne). Plus utilement, l'affectation aux relations de coûts minimaux croissants du tableau, en partant du minimum minimorum, a ses partisans. Il faut dire que des considérations sur la manipulation de la matrice par le programme d'ordinateur interviennent dans le choix de la procédure.

A titre de comparaison, le lecteur pourra essayer MINILI, qui donne un coût de 3734 (pas de chance !), MINICO, pour laquelle le coût tombe à 3658 et MINITAB qui fournit 3634, contre 3700 pour la méthode du coin Nord-Ouest.

Une procédure généralement très efficace est celle de la *différence maximale* (ou méthode de Balas-Hammer); si elle est un peu difficile à programmer, du moins favorise-t-elle l'obtention d'un coût total assez proche de l'optimum.

Elle consiste à calculer pour chaque rangée (ligne ou colonne), la différence entre le coût le plus petit et le coût immédiatement supérieur. Puis à affecter, à la relation de coût le plus petit correspondant à la rangée présentant la différence maximale, la quantité la plus élevée possible, ce qui a pour effet de "saturer" une ligne ou une colonne. Ensuite, de reprendre le processus jusqu'à ce que toutes les rangées soient saturées. Comme on sature à chaque fois une ligne ou une colonne, sauf au dernier pas, où deux rangées sont saturées à la fois, on utilise bien n + m - 1 relations, dans le cas général, et l'on obtient une solution de base.

Donnons les premiers pas pour la matrice proposée plus haut :

	1	2	3	4	5	6		Δ_ℓ
I	12	27	61	49	83	35	18	15
II	23	39	78	28	65	42	32	5
III	67	56	92	24	53	54	14	(29)
IV	71	43	91	67	40	49	9	3
	9	11	28	6	14	5		
Δ_c	11	12	17	4	13	7		

1er pas. La différence maximale

$$53 - 24 = 29$$

est relative à la ligne III. A la relation (III,4), correspondant au coût le plus petit de la ligne III, on affecte la quantité 6, ce qui sature la colonne 4.

Observations. On remarque que c'est une idée de "regret" qui constitue le fondement économique de la méthode ; plutôt que d'affecter le maximum d'unités à transporter à la relation qui comporte le plus petit côut de la matrice (ici I,1), puis passer à celle à laquelle correspond le plus petit coût dans le reste du tableau, et ainsi de suite, on préfère *rechercher une relation* telle que, *si l'on ne lui affecte pas* la quantité la plus grande possible, *on sera obligé*, dans la suite du problème, *d'affecter* cette quantité, *à une ou plusieurs relations de coût de beaucoup supérieur ;* puis on passe à la relation qui est désignée par la différence maximale dans le tableau restant, et ainsi de suite.

2e pas. Sur la matrice réduite, la différence maximale est 17, ce qui amène à affecter la quantité 18 à la relation (I,3) saturant ainsi la ligne 1.

	1	2	3	5	6		Δ_l
I						12	15
II						32	16
III						8	1
IV						9	3
	9	11	28	14	5		
Δ_c	11	12	(17)	13	7		

	2	3	5	6		Δ_l
II	39	(78)	65	42	23	3
III	56	92	53	54	8	1
IV	43	91	(40)	49	9	3
	11	10	14	5		
Δ_c	4	13 ↑	13 ↑	7		

3e pas. Le tableau restant fait apparaître la différence maximale 44, correspondant à la relation (II,1). On y affectera la quantité 9, ce qui sature la colonne 1.

4e pas. Au quatrième pas, le tableau restant se présente comme il est indiqué ci-dessus. Deux colonnes fournissent la même différence maximale ; les relations (II,3) et (IV,5) leur correspondent, avec des affectations possibles de 10 et 9 respectivement.

Trois solutions sont ici acceptables, que nous ne discuterons pas plus à fond :

1) affecter 10 à la relation (II,3) ;

2) affecter 9 à la relation (IV,5) ;

3) faire les deux affectations en même temps.

Tout à fait arbitrairement (1), décidons d'affecter 9 à la relation (IV,5), ce qui sature la ligne IV.

A ce moment, grâce aux affectations pratiquées, quatre relations sont utilisées et quatre rangées sont saturées. En continuant ainsi, on affecte ensuite 11 en (II,2), 5 en (II,6), 5 en (III,5), 7 en (II,3) et, enfin, 3 en (III,3).

Le plan de transport qui en résulte :

	1	2	3	4	5	6	
I			18				18
II	9	11	7			5	32
III			3	6	5		14
IV					9		9
	9	11	28	6	14	5	

a) vérifie les équations (1), (2) et (3):

1) $\sum_{i=1}^{4} a_i = 18 + 32 + 14 + 9 = 73$

$\sum_{j=1}^{6} b_j = 9 + 11 + 28 + 6 + 14 + 5 = 73$

et $\Sigma a_i = \Sigma b_j$

2) $\sum_{j=1}^{6} x_{1j} = 0 + 0 + 18 + 0 + 0 + 0 = 18 = a_1$

$\sum_{j=1}^{6} x_{2j} = 9 + 11 + 7 + 0 + 0 + 5 = 32 = a_2$

etc.

3) $\sum_{i=1}^{4} x_{i1} = 0 + 9 + 0 + 0 = 9 = b_1$

$\sum_{i=1}^{4} x_{i2} = 0 + 11 + 0 + 0 = 11 = b_2$

$\sum_{i=1}^{4} x_{i3} = 18 + 7 + 3 + 0 = 28 = b_3$

etc.

---

(1) Les autres affectations conduisant directement à l'optimum, nous priveraient de la possibilité d'exposer concrètement la deuxième phase de résolution des problèmes de transport.

b) en outre, le nombre des relations inutilisées est de 15 ; il est précisément égal à :

$$n\,m - (n + m - 1) = 6 \times 4 - (6 + 4 - 1) = 24 - 9 = 15\ ,$$

la solution obtenue n'est donc pas dégénérée.

On a bien affaire à une solution *de base.*

Deuxième phase (amélioration de la solution de base jusqu'à l'optimum).

On ne sait pas encore si la solution obtenue optimise la fonctionnelle (4) ou fonction économique :

$$z = \sum_i \sum_j c_{ij}.x_{ij}$$

$$= 12x_{11} + 27x_{12} + 61x_{13} + \ldots + 23x_{21} + 39x_{22} + \ldots + 40x_{45} + 49x_{46}\ .$$

On peut calculer la valeur de la fonction économique pour les affectations obtenues ; on trouve :

$$z = 61 \times 18 + 23 \times 9 + 39 \times 11 + 78 \times 7 + 42 \times 5$$

$$+ 92 \times 3 + 24 \times 6 + 53 \times 5 + 49 \times 9 = 3535\ .$$

Pour reconnaître si la solution *de base* initiale, *obtenue par une procédure quelconque,* est optimale, il faut bien entendu calculer les coûts marginaux relatifs aux relations inutilisées.

Il est bon d'avoir recours, à cet effet, au calcul des différences de potentiel sur l'arbre représentatif de la solution et c'est ce que nous ferons en revenant à l'exemple ci-dessus.

Grâce au schéma de la figure 44.III, on pourra calculer tous les coûts marginaux de la forme :

$$\delta_{(X,Y)} = V_X + V_{(X,Y)} - V_Y\ .$$

Par exemple :

$$\delta_{(I,1)} = 31 + 12 - 37 = 6\ ;$$

$$\delta_{(I,2)} = 31 + 27 - 53 = 5\ ;$$

etc.

$$\delta_{(II,4)} = 14 + 28 - 24 = 18\ ;$$

etc.

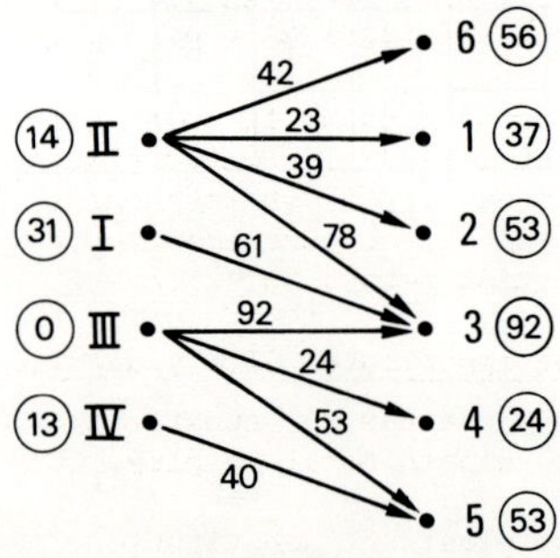

Figure 44.III

	1	2	3	4	5	6	
I	12	27	18 / 61	49	83	35	31
II	9 / 23	11 / 39	7 / 78	28	65	5 / 42	14
III	67	56	3 / 92	6 / 24	5 / 53	54	0
IV	71	43	91	67	9 / 40	42	13
	37	53	92	24	53	56	

Il n'est d'ailleurs pas nécessaire de tracer la figure elle-même ; on peut opérer directement sur la matrice, en ayant soin de diviser chaque case en deux parties, l'une recevant (de façon définitive) le coût de transport de la relation correspondante et l'autre la quantité affectée dans une solution déterminée.

On choisit alors la relation affectée du coût le plus grand [ici, (III,3)] et l'on pose 0 (origine des potentiels) face à la ligne III, sur la droite de la matrice; on a alors :

$$V_{(III,3)} = V_3 - V_{III}\ ,$$

d'où :

$$V_3 = V_{(III,3)} - 0 = 92 - 0 = 92 ,$$

et, par suite, l'inscription du potentiel 92 sous la colonne 3 au bas de la matrice. Du fait que $V_{III} = 0$, on a immédiatement $V_4 = 24$ et $V_5 = 53$, puisque les relations (III,4) et (III,5) sont affectées. Ayant $V_5 = 53$, on obtient

$$V_{IV} = V_5 - V_{(IV,5)} = 53 - 40 = 13,$$

et ainsi de suite. La procédure équivaut très exactement à celle qu'on a pratiquée sur l'arbre de la figure 44.III, mais elle évite le recours à un dessin.

Pour calculer alors le coût marginal d'une relation inoccupée, on la repère d'abord sur le tableau, par exemple III,2, et l'on lit $V_{(III,2)} = 56$. On a :

$$\delta_{III,2} = V_{III} + V_{(III,2)} - V_2 = 0 + 56 - 53 = 3,$$

car on remarque que V_{III} est le potentiel lu sur la ligne III à droite de la matrice, alors que V_2 est celui qu'on lit au bas de la colonne 2, sous la matrice.

Le lecteur s'exercera à calculer de cette façon tous les coût marginaux. Il en trouvera un seul négatif (c'est-à-dire seul économiquement intéressant); c'est :

$$\delta_{(III,6)} = 0 + 54 - 56 = -2$$

Il faut ensuite, pour tous les coûts marginaux négatifs, rechercher la chaîne de substitution permettant de réaliser le transport auquel il correspond.

Dans le cas présent, posons un signe + dans la case (III,6) ; il nous faut un signe - en (II,6), un signe + en (II,3) et, enfin, un signe - en (III,3). On contrôle d'ailleurs que 54 - 42 + 78 - 92 = - 2.

Cherchons maintenant la quantité maximale déplaçable : les signes -, dans les cases (II,6) et (III,3), permettent de constater que si l'on peut diminuer de 5 la quantité inscrite en (II,6), en revanche on ne peut diminuer que de 3 celle portée en (III,3): Finalement, il est seulement possible de déplacer trois unités. Le résultat de cette substitution sera 3 × (-2) = - 6, c'est-à-dire un gain total de 6.

Remarque importante. S'il y avait plusieurs $\delta_{(X,Y)}$ négatifs, on calculerait le gain relatif à chacune des substitutions possibles et l'on choisirait de réaliser celle qui apporte le gain total le plus grand.

Parfois, plusieurs substitutions sont possibles simultanément et rien n'empêche de les réaliser ensemble ; il suffit qu'elles se traduisent par des chaînes de substitution indépendantes.

Exercice. Le lecteur pourra s'exercer, en partant de la solution de base obtenue par la méthode du coin Nord-Ouest (page 96). Il trouvera 5 coûts marginaux négatifs,dont les deux plus intéressants peuvent être réalisés ensemble, faisant tomber le coût total du transport à 3607. Après avoir effectué ces substitutions simultanées, il trouvera encore deux substitutions compatibles, l'amenant au coût total de 3529.

Revenons à notre problème. Effectuons les substitutions indiquées plus haut. Nous obtenons un nouveau plan de transport, vérifiant toujours les équations (1), (2) et (3) et réalisant une solution de base. Après avoir établi un système de potentiels, calculons les coût marginaux :

$$\delta_{(I,1)} = 17 + 12 - 23 = 6 ;$$

$$\delta_{(I,2)} = 17 + 27 - 39 = 5 ;$$

etc.

Ils sont tous positifs et l'on a donc atteint l'optimum. Le coût de transport total

	1	2	3	4	5	6	
I	12	27	18 / 61	49	83	35	17
II	9 / 23	11 / 39	10 / 78	28	65	2 / 42	0
III	67	56	92	6 / 24	5 / 53	3 / 54	-12
IV	71	43	91	67	9 / 40	49	1
	23	39	78	12	41	42	

est alors de 3529.En effet: 3529= coût de la solution antérieure - gain fourni par la substitution = 3535 - 6.

L'optimum est unique du fait que tous les coût marginaux sont strictement positifs. Si certains étaient nuls, on ferait apparaître d'autres solutions équivalentes (grâce à des substitutions de gain nul).

Remarque (1) La transposition mécanique de ce problème de transport sous la forme d'un programme linéaire doit amener à écrire 9 équations portant sur 24 variables principales, qui se traduisent par 18 inéquations avec 24 variables principales, 18 variables d'écart et 9 variables artificielles. Le problème dual comporte 24 inéquations de 10 variables ; il correspond en fait à la méthode ci-desus. L'avantage de partir d'une solution de base réalisable est d'éviter des itérations nombreuses avant d'aborder l'optimisation proprement dite. D'où la supériorité des méthodes spécifiques utilisées pour les programmes de transport.

E3. *PROBLEME DU VOYAGEUR DE COMMERCE. RECHERCHE ARBORESCENTE.*

Imaginons un voyageur de commerce qui doit visiter de nombreuses villes et revenir à son point de départ. Si l'on dispose de la matrice des coûts de transport de ville à ville (qu'on pourra supposer non symétrique pour corser le problème), le voyageur de commerce recherche le *circuit hamiltonien de valeur minimale*.

Pendant de longues années, de nombreux chercheurs ont tenté d'inventer un algorithme pour résoudre ce problème ; on n'en trouvait pas et l'on n'était pas certain de la validité des solutions ingénieuses proposées par les uns et les autres pour des exemples numériques relativement importants (entre 40 et 50 villes). Bien entendu, ces solutions étaient obtenues à l'aide d'heuristiques, car il n'était pas question d'énumérer les (n-1) ! circuits possibles. C'est alors que Little et autres (novembre 1963) ont appliqué au problème une procédure de recherche arborescente, qui a permis d'obtenir des résultats exacts en des temps de calcul parfois assez longs.De nombreux perfectionnements sont apportés continuellement à des méthodes de ce type ; nous citerons seulement la méthode de Lin (2), qui paraît aujourd'hui polariser les recherches, à cause de sa rapidité, bien qu'elle ne soit qu'approchée ("k-optimale")

En fait de recherche arborescente, nous n'avons l'intention de ne traiter ici que l'exemple du voyageur de commerce, ne posant aucune question quant à la convergence et à la finitude de la méthode employée. Nous laissons au lecteur le soin de se reporter, en cas de besoin, pour d'autres problèmes de recherche arborescente moins classiques, à l'énorme littérature consacrée, même en langue française, à ces sujets.

Signalons, néanmoins que les initiales S.E.P., très employées en France pour caractériser la classe des méthodes mises au point, en 1964-65, par les chercheurs d'une société de services, signifient "séparation et évaluation progressives". Nous allons justement donner un exemple d'un principe de séparation dichotomique, consistant à augmenter ou non un ensemble d'un élément, en mesurant l'efficacité de l'une ou de l'autre décision par l'évaluation de la borne inférieure d'un coût.

---

(1) L'intelligibilité de cette remarque suppose la connaissance du chapitre IX du présent livre.

(2) S. LIN. *Computer solution of the traveling salesman problem*. The Bell System technical journal, Dec. 1965.

Pour éviter des longueurs, l'exemple choisi sera celui d'un voyageur de commerce demeurant dans la ville A et désireux de se rendre une fois et une seule dans les villes B, C, D, E et F, avant de revenir chez lui. La matrice des coûts est donnée ci-après (les tirets remplacent des valeurs infinies) ; il s'agit évidemment de déterminer, parmi les 120 circuits hamiltoniens, celui de valeur minimale.

Nous diviserons les opérations en blocs.

Bloc A. Comme cette opération ne change évidemment rien au problème, *on soustrait le plus petit élément de chaque rangée* (d'abord les lignes, puis les colonnes); la matrice résultante comporte donc au moins un zéro par rangée.

	A	B	C	D	E	F
A	-	6	7	3	1	3
B	7	-	8	2	9	7
C	5	10	-	10	1	7
D	8	6	5	-	5	1
E	7	7	6	7	-	4
F	9	8	8	5	3	-

1. Matrice des coûts

Bloc B. On calcule une *borne inférieure de la valeur du circuit de valeur minimale* cherché. Elle n'est autre que la somme des valeurs soustraites de la matrice du bloc A. En effet, si la matrice 3 permettait de trouver un circuit utilisant uniquement des arcs de coût 0, la valeur de ce circuit coïnciderait avec la somme des coûts retranchés à la matrice initiale.

Dans le cas présent, c'est :

B = 1 + 2 + 1 + 1 + 4 + 3 + 3 + 3 + 2 = 20.

La racine R de l'arborescence recevra la valuation B = 20 .

	A	B	C	D	E	F
A	-	5	6	2	0	2
B	5	-	6	0	7	5
C	4	9	-	9	0	6
D	7	5	4	-	4	0
E	3	3	2	3	-	0
F	6	5	5	2	0	-

2. Soustraction du plus petit élément de chaque ligne

	A	B	C	D	E	F
A	-	2	4	2	0	2
B	2	-	4	0	7	5
C	1	6	-	9	0	6
D	4	2	2	-	4	0
E	0	0	0	3	-	0
F	3	2	3	2	0	-

3. Soustraction du plus petit élément de chaque colonne

Bloc C. On calcule les *coûts de substitution* des arcs de coût minimal (0) et l'*on retient le maximum minimorum* (ou l'un d'eux en cas d'égalité).

Expliquons d'abord cette notion de *regret* (1) : soit, par exemple, le 0 qui occupe la relation (B,D) dans la matrice 3 ; il signifie qu'on a intérêt à employer l'arc (B,D) qui, a priori, est à recommander, étant de coût résiduel le plus petit sur la ligne. Combien paierait-on si l'on décidait de ne pas l'utiliser ? Comme il faudrait tout de même passer par les points B et D, la meilleure solution consisterait à atteindre D par (A,D) : coût 2 - ou encore (F,D) : coût 2 - et à quitter B par (B,A) : coût 2.

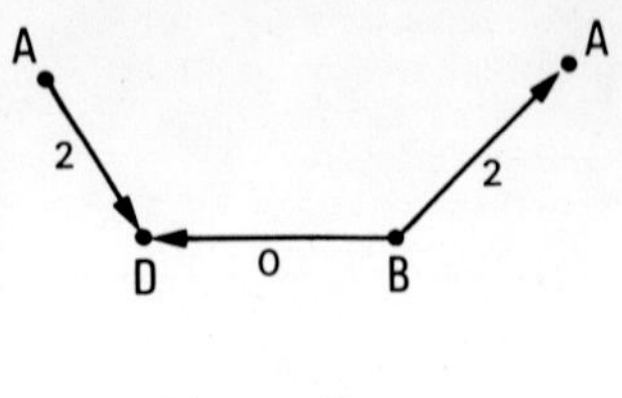

Figure 45.III

La somme de ces deux minimums, soit 2 + 2 = 4, donne le regret minimal relatif au zéro de la relation (B,D).

On détermine ainsi un coût de substitution pour tous les zéros de la matrice 3. Finalement, on choisit d'examiner les conséquences qu'auraient la sélection ou le rejet de l'arc correspondant au plus fort des regrets minimaux. En cas d'égalité, on se donne une règle arbitraire pour retenir l'un des regrets maximaux, par exemple le premier rencontré lors du balayage de la matrice.

On obtient ainsi la matrice 4, dont le regret maximal, soit 4, concerne l'arc (B,D).

---

(1) Nous avons déjà vu que les notions de regret sont efficaces en recherche opérationnelle

Bloc D. On sait à présent, après qu'on a procédé à l'évaluation des coûts de substitution des zéros d'une matrice, et cela à toute étape du problème, qu'il reste possible :

- soit de *renoncer à utiliser la relation (X,Y)*, de regret le plus fort ρ(X,Y) parmi les regrets minimaux, étant entendu que la valeur de ce regret doit être *ajoutée à la borne inférieure*, calculée plus haut ;

- soit de *prendre en considération la relation (X,Y)*, de manière à examiner les conséquences de ce choix.

	A	B	C	D	E	F
A					2	
B				(4)		
C					1	
D						2
E	1	2	2			2
F					2	

4. Regrets correspondant aux zéros de la matrice 3

C'est ainsi que se développera l'arborescence réellement parcourue dans la recherche, par la création d'un sommet de type I : NON (X,Y) et d'un sommet de type II : (X,Y).

D'où déjà, pour le sommet de type I, correspondant à la décision NON (X,Y), c'est-à-dire la décision de renoncer à l'utilisation de (X,Y) :

$$B := B + \rho(X,Y).$$

Dans l'exemple cité, la borne du sommet NON (B,D) de l'arborescence est

$$B := 20 + 4 = 24.$$

Bloc E. 1) Au contraire, si l'on prend en considération l'arc (X,Y), *supprimer la ligne X et la colonne Y* de la matrice des coûts réduits, puis, par l'introduction de coûts infinis, *interdire les circuits parasites* (c'est-à-dire qui ne peuvent être empruntés sans empêcher la continuation de la recherche d'un circuit hamiltonien).

N.B. Les circuits parasites n'existent plus lorsqu'on est parvenu à une matrice de dimensions 1 × 1.

2) Il faut maintenant vérifier, s'il existe toujours dans la matrice réduite (matrice 5) un zéro par ligne et par colonne. Sinon, *faire apparaître un zéro par rangée* (matrice 5 bis).

Dans l'exemple, il n'y a rien à modifier ; la matrice 5 bis se confond avec la matrice 5.

	A	B	C	E	F
A	-	2	4	0	2
C	1	6	-	0	6
D	4	∞	2	4	0
E	0	0	0	-	0
F	3	2	3	0	-

Matrice 5

3) La borne du sommet (X,Y) de l'arborescence devient, le cas échéant :

B : = B + sommes des éléments ôtés au § 2 du bloc E.

Dans notre exemple, elle reste égale à 20.

4) Si l'on a atteint une matrice 1 × 1, *arrêter les calculs*, car on a la solution. Sinon passer au bloc suivant.
C'est ce qu'on doit faire en poursuivant le traitement de l'exemple.

Bloc F. 1) A cette étape du problème, inspecter d'abord les bornes des sommets pendants de l'arborescence et *choisir le sommet de borne la plus petite*.

Dans l'exemple, on a NON (B,D) : 24 , (B,D) : 20 ; on choisit donc (B,D).

2) Si ce sommet correspond au *type II* : (X,Y), il faut *revenir au bloc C*.

Sinon, il faut *aller au bloc G*.

Dans l'exemple, on ira à C, puisqu'on a choisi un sommet de type II : (B,D).

Bloc G. Il s'agit du cas où l'on a choisi, au bloc F, d'après la valeur de sa borne, un sommet de type I, c'est-à-dire NON (X,Y).

Dans ce cas, *interdire l'arc (X,Y)* en mettant un coût infini dans la case correspondante de la matrice des coûts réduits. Puis *soustraire le plus petit élément de la ligne X et de la colonne Y*, ce qui correspond à l'emploi de la substitution envisagée au bloc C.

Enfin, revenir au bloc C.

Continuation de l'exemple.

Rappelons d'abord la situation à laquelle la procédure nous a conduit. Le problème se ramène maintenant à l'étude de la matrice 5 bis (qui se confond avec la matrice 5, dans l'exemple). Sur l'arborescence, on a créé les deux sommets NON (B,D) et (B,D) ; le premier a 24 pour valeur de la borne inférieure, le second, 20. On a choisi le sommet (B,D), de type II ; il faut donc revenir au bloc C.

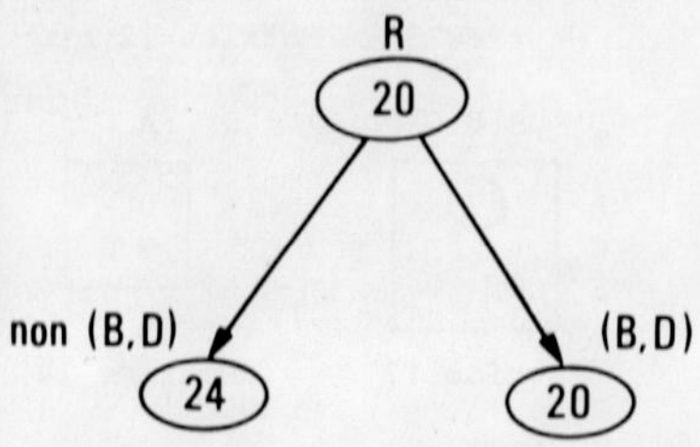

Figure 46.III

1. *Matrice 6*: Evaluation des zéros de la matrice 5 bis. Prendre en considération le regret maximal, concernant (A,E).

   A partir du sommet (B,D) = 20, développer l'arborescence : NON (A,E) = 20 + 2 = 22, (A,E) = ?

   Supprimer la ligne A et la colonne E de la matrice 5 bis, interdire (E,A), d'où la *matrice 7*.

	A	B	C	E	F
A				(2)	
C				1	
D					2
E	1	2	2		0
F				2	

Matrice 6

	A	B	C	F
C	1	6	-	6
D	4	∞	2	0
E	∞	0	0	0
F	3	2	3	-

Matrice 7

Cette matrice ne comporte plus un zéro sur chacune de ses rangées.

Soustraire 1 de la ligne C et 2 de la ligne F.

On obtient la *matrice 7 bis* et la borne du sommet (A,E) : 20 + 3 = 23.

Choisir le sommet pendant de la borne la plus petite : c'est NON (A,E), de type I, avec B = 22.

	A	B	C	F
C	0	5	-	5
D	4	∞	2	0
E	∞	0	0	0
F	1	0	1	-

Matrice 7 bis

2. Il faut évidemment reprendre la matrice 5 (matrice des coûts relative au sommet de l'arborescence précédant celui qu'on vient d' adopter) pour exécuter le bloc G, d'où la *matrice 8*. Revenir à C.

	A	B	C	E	F
A	-	0	2	∞	0
C	1	6	-	0	6
D	4	∞	2	4	0
E	0	0	0	-	0
F	3	2	3	0	-

Matrice 8

Matrice 9. Evaluation des zéros de la matrice 8. Borne de NON (D,F) = 22+2=24, borne de (D,F) = ?

	A	B	C	E	F
A		0			0
C				1	
D					(2)
E	1	0	2		0
F				2	

Matrice 9

Matrice 10: Suppression de la ligne D et de la colonne F de la *matrice 8* interdiction de (F,B).
Borne de (D,F) = 22 + 0 = 22.

	A	B	C	E
A	-	0	2	∞
C	1	6	-	0
E	0	0	0	-
F	3	∞	3	0

Matrice 10

Calcul du min {24, 24, 23, 22} = 22.

Repartir de (D,F), de type II.

3. La *matrice 11* désigne (F,E).
   Borne de NON (F,E) = 22 + 3 = 25
   Borne de (F,G) = 22 + 1 = 23 (passage de la *matrice 12* à la *matrice 12 bis*).

   Calcul du min {24, 24, 25, 23, 23} = 23.

   On décide de continuer à partir de (F,E), de borne 23.

	A	B	C	E
A		2		
C				1
E	1	0	2	
F				(3)

Matrice 11

4. La *matrice 13* désigne (A,B).
   Borne de NON (A,B) = 23 + 7 = 30.
   Borne de (A,B) = 23 + 0 (*matrice 14*).

   Calcul du min {24, 24, 25, 30, 23, 23} = 23.

   On décide de continuer à partir de (A,B) de borne 23.

	A	B	C
A	-	0	2
C	1	6	-
E	0	∞	0

Matrice 12

	A	B	C
A	-	0	2
C	0	5	-
E	0	∞	0

Matrice 12 bis

5. La *matrice 15* laisse le choix entre (C,A) et (E,C). Arbitrairement : choix de (C,A).

   Borne de NON (C,A) = 23 + ∞ = + ∞.

   Borne de (C,A) = 23 + 0 (*matrice 16*).

   La *matrice 16* est de format 1 × 1 : se garder d'interdire l'arc (E,C).

	A	B	C
A		(7)	
C	5		
E	0		2

Matrice 13

A	C
0	-
∞	0

Matrice 14

	A	C
C	∞	
E		∞

Matrice 15

	C
E	0

Matrice 16

6. Prendre (E,C).
   Borne de NON (E,C) = 23 + ∞ = + ∞ .
   Borne de (E,C) = 23 + 0 = 23.

   On a le circuit hamiltonien : (B,D,F,E,C,A,B), de valeur 23.

6 bis. On remarque que la borne du sommet (A,E) est également 23; au numéro 5, on a d'ailleurs choisi de continuer en prenant (E,C) parce que la matrice 16 était de format 1 × 1.

   Il se pourrait donc qu'il existe un autre circuit hamiltonien utilisant l'arc (A,E). Revenant à la matrice 7 bis, on évalue ses zéros et l'on choisit ainsi l'arc (C,A). On a ensuite : borne de NON (C,A) = 23 + 6 = 29 et borne de (C,A) = 23+1=24.

	A	B	C	F
C	6			
D				2
E		0	1	0
F		1		

	B	C	F
D	∞	2	0
E	0	∞	0
F	0	1	-
		- 1	

Toutes les autres bornes des sommets pendants de l'arborescence étant maintenant strictement supérieures à 23, on est sûr que le circuit optimal trouvé en 6 est unique.

La figure 47.III (page 109) représente très exactement la partie de l'arborescence parcourue ; elle est relativement peu étendue par rapport à l'arborescence "potentielle", celle qui contient les cent vingt chemins hamiltoniens.

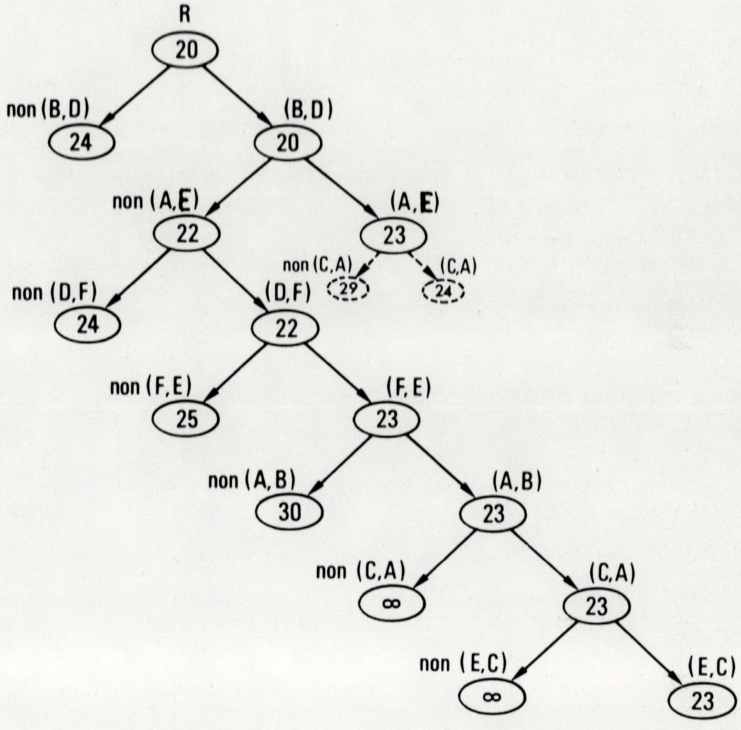

Figure 47.III

deuxième partie

LA RECHERCHE OPÉRATIONNELLE CONTRE LE HASARD

chapitre IV. NOTIONS SUR LES PROCESSUS ALÉATOIRES ET LA PROGRAMMATION DYNAMIQUE STOCHASTIQUE

A. PROCESSUS ALEATOIRES

A1. *INTRODUCTION AUX PROBLEMES STOCHASTIQUES.*

On dit qu'on a affaire à un problème stochastique lorsque le hasard y intervient comme difficulté principale.

Or, le gestionnaire n'est pas totalement désarmé dans une telle situation. S'il a une connaissance statistique du passé et s'il estime que l'avenir ressemblera à ce passé, il peut songer à utiliser son information pour se prémunir contre les conséquences fâcheuses du hasard.

Cette attitude, toute naturelle dans les sciences expérimentales où les lois peuvent, à l'échelle humaine, être considérées comme permanentes et où les mêmes causes produisent les mêmes effets, ne peut être étendue aux phénomènes d'organisation qu'avec prudence. Ainsi, si l'on a reconnu que les ventes de l'année passée ont affecté la forme d'une certaine distribution statistique, de moyenne 500 par mois, par exemple, et s'il s'agit d'un produit en pleine expansion, on pourra estimer que la même allure statistique du phénomène se conservera cette année, la moyenne étant toutefois relevée de x % - et l'on déterminera cette proportion par l'étude de la "tendance"(trend) sur les statistiques antérieures.

La projection du passé sur l'avenir ne peut donc se faire de façon automatique. Si les budgets de la publicité et du service commercial doivent subir une sérieuse augmentation, on ne se donnera pas pour objectif de maintenir les ventes de l'année précédente ; mais, si un puissant concurrent vient de s'installer, peut-être faudra-t-il prévoir que le développement du marché ne profitera pas qu'aux firmes déjà en place.

Dans ces conditions, les indications statistiques qui seront utilisées dans les divers chapitres relatifs à la lutte contre le hasard, quoique présentées, pour la facilité de l'exposé, comme des données résultant de l'étude directe du passé,devraient en réalité faire d'abord l'objet d'une critique et d'un rajustement convenable avant leur projection sur l'avenir.

Une autre méthode consisterait, dans bien des cas, tout en partant de données non rectifiées, à mettre ensuite en cause les résultats provisoires de l'optimisation mathématique, pour tenir compte des expansions ou régressions dues à la conjoncture ou aux événements particuliers à l'entreprise et à son environnement immédiat.

Une autre caractéristique commune aux chapitres en question est d'aboutir chacun à un *compromis* entre le coût correspondant à l'entretien d'un niveau de moyens humains ou matériels et l'espérance mathématique du gain résultant de l'usage de ces moyens,dans des conditions seulement connues en probabilité.

Dans un problème de *files d'attente* (1), par exemple, il s'agit, en général, de déterminer le nombre des stations (où les clients viennent chercher un service) de ma-

---

(1) Pour le vocabulaire technique employé ici, voir les § suivants.

nière que les clients ne perdent qu'un temps raisonnable. Et cela revient à minimiser le coût total de l'entretien des stations et de l'attente des clients, donc finalement à établir un compromis entre le prix des serveurs et le prix de l'attente des clients, ces deux prix variant évidemment en sens inverse. Mais le coût des serveurs est simplement proportionnel à leur nombre, tandis que celui de l'attente des clients dépend de données aléatoires (l'affluence de la clientèle et la durée du service).

De la même manière, si l'on recherche une règle de *gestion des stocks*, il conviendra, par exemple, de trouver une balance entre un niveau d'autant plus onéreux du stock de sécurité que ce dernier est plus élevé et le coût estimé des ruptures de stock, compte tenu de la demande aléatoire.

Dans les problèmes d'*entretien des équipements*, c'est l'usure qui est aléatoire, et c'est sa connaissance statistique qui peut permettre de fixer les taux d'approvisionnement, de manière à obtenir le meilleur compromis entre le coût des arrêts du matériel et celui du stockage des pièces de rechange.

Tous ces problèmes font appel à la notion commune de *processus stochastique*. Il sera donc pratique de donner ici, tout d'abord, quelques notions sur ces processus, d'autant plus que, destin remarquable des éléments fondamentaux de la recherche opérationnelle, presque tous, étant donné le caractère fini des ensembles d'états ou discret des temps peuvent s'expliquer concrètement en utilisant la théorie des graphes (1).

La première idée de la théorie des processus stochastiques revient sans doute à A. Einstein qui, en 1905, soutient sa thèse sur le mouvement brownien.

Ensuite, A. Markov, vers 1910, en étudiant l'oeuvre de Pouchkine intitulée Eugène Onéguine, décrivit l'alternance des consonnes et des voyelles sous la forme d'une chaîne qui porte son nom. C'est à A. Kolgomorov, qu'on doit la formalisation générale du processus stochastique (1933). Des mathématiciens comme P. Lévy, A. Khintchine, W. Feller, J. Doob ont entrepris, dans l'intervalle ou par la suite, de développer encore cette théorie.

A2. NOTION DE PROCESSUS STOCHASTIQUE.

Un *processus stochastique* (ou *processus aléatoire*) est une famille d'aléas numériques (ou variables aléatoires) :

$$\{\xi_t,\ t \in T\} .$$

ou t parcourt l'ensemble d'indices T.

Si T est discret, on parle plus volontiers de *suite stochastique*, l'appelation de processus (qu'on qualifie aussi de permanent) étant alors réservée au cas de T continu.

La lettre t a été choisie en raison du fait que, très souvent, l'indice désigne une date; lorsque T est discret, t_1, t_2, ..., t_n,.... sont des instants donnés; lorsque T est continu, t, désigne un instant quelconque.

Lorsque ξ_t peut prendre un nombre fini ou dénombrable de valeurs, le processus est dit à *espace d'état discret*. Si, au contraire, ses valeurs appartiennent à un continu, il est dit à *espace d'état continu*.

Un processus aléatoire $\{\xi_t\ ,\ t \in T\}$ est *markovien* si à tout instant u, pour une valeur $\xi_u = x$ donnée, quel que soit x, les ξ_t pour tout $t > u$ ne dépendent pas des ξ_s, $s \leq u$.

(1) Nous insistons sur l'énorme économie de pensée que procure l'emploi de la théorie des graphes pour la présentation des notions utiles sur les processus stochastiques et leurs applications.

Autrement dit, le comportement du système, décrit par le processus, après un instant u quelconque, pour un état $\xi_u = x$ donné, *ne dépend pas de son comportement antérieur*. On parle encore de *processus sans mémoire*.

A3. CHAINE DE MARKOV A ESPACE D'ETAT DISCRET.

C'est ainsi qu'on nomme une suite stochastique markovienne, homogène dans le temps(1), si l'ensemble d'indices et l'espace d'état sont tous deux discrets.

Soient, par exemple, un ensemble d'états :

$$E = \{E_1, E_2, \ldots, E_n, \ldots\},$$

fini ou infini, et une suite de tirages successifs , telle que l'aléa ξ_n, correspondant au n^e tirage, ait pour valeur k si l'état E_k est apparu lors de ce n^e tirage. L'ensemble d'indices est donc confondu avec $\mathbb{N}$ (ou une partie de $\mathbb{N}$).

Si la probabilité d'occurrence de la valeur $\xi_n = k$ au n^e tirage est déterminée par la seule connaissance de la valeur $\xi_{n-1} = j$ obtenue au (n-1)^e, on a une chaîne de Markov, d'ordre 1, à espace d'état discret (2) :

$$\Pr\{\xi_n = k \mid \xi_0 = j_0, \ldots, \xi_{n-1} = j_{n-1}\} = \Pr\{\xi_n = k \mid \xi_{n-1} = j_{n-1}\}.$$

Les probabilités conditionnelles : $\Pr\{\xi_n = k \mid \xi_{n-1} = j\}$, qu'on appelle *probabilités de transition*, ne dépendent pas de n lorsque la suite est homogène dans le temps. On les note simplement p_{jk}, dans le sens suivant :

$$p_{jk} = \Pr\{\xi_n = k \mid \xi_{n-1} = j\},$$

quel que soit n. On exprime parfois le même fait en qualifiant de stationnaire(3) ces probabilités de transition constantes.

Bien entendu, si r est le cardinal de E, on a :

$$(\forall_j),\ (\forall_k) : \quad 0 \leq p_{jk} \leq 1$$

$$\sum_{k=1}^{r} p_{jk} = 1 \quad (j = 1, 2, \ldots, r),$$

ce qui veut dire que les p_{jk} constituent une matrice carrée, de dimensions $r \times r$, qu'on appelle une *matrice stochastique* car la somme des éléments de chacune de ses lignes vaut 1.

Nous désignerons par P(n) le vecteur stochastique :

$$\Pr\{\xi_n = k\} \quad (k = 1; 2, \ldots)$$

et ainsi P(0) sera la distribution initiale.

Par définition même des probabilités de transition, on a :

$$P(n) = P(n-1).[p_{jk}],$$

(1) Un processus $\{\xi_t, t \in T\}$ est homogène si la loi de son comportement dans tout intervalle [s,t], tel que $\xi_s = x$, ne dépend pas de l'origine s de l'intervalle des temps, mais seulement de t - s.

(2) Elle serait d'ordre p si le résultat du n^e tirage $(n > p)$ ne dépendait que des résultats des p tirages antérieurs.

(3) Ou "stationnaires dans le temps", ce qui ne vaut guère mieux, mais se trouve aussi dans la littérature technique.

où $[p_{jk}]$ représente la matrice des probabilités de transition.

On peut écrire aussi :

$$P(n-1) = P(n-2).[p_{jk}],$$

et ainsi de suite, jusqu'à :

$$P(2) = P(1).[p_{jk}]$$

et

$$P(1) = P(0).[p_{jk}],$$

En remplaçant P(1) par sa valeur dans l'expression de P(2), P(2) par sa valeur dans l'expression de P(3),...., on obtient évidemment:

$$P(n) = P(0).[p_{jk}]^n ,$$

ce qui signifie que la situation du système à la n^e transition ne dépend que de la distribution initiale et des probabilités de transition.

En recherche opérationnelle, on ne s'intéresse qu'aux chaînes de Markov à espace d'état *fini* ; dans ce qui suit, le nombre r d'états sera toujours fini (1).

Nous noterons $p_{ij}^{(n)}$ la probabilité de passer de l'état E_i à l'état E_j, en *exactement* n transitions (2). Dans ces conditions, on a évidemment :

$$p_{ij}^{(2)} = \sum_{k=1}^{r} p_{ik}.p_{kj}$$

car pour aller de E_i à E_j en exactement deux transitions, il faut passer par un intermédiaire, qui peut être n'importe lequel des r états formant l'espace d'état (fig. 1.IV). De la même façon, on a aussi :

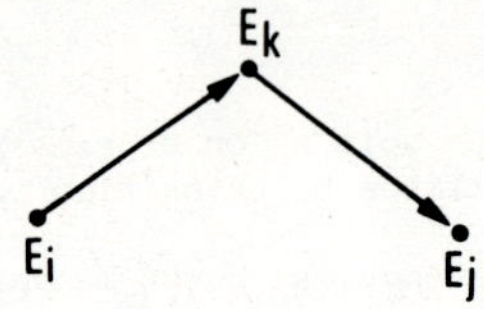

Figure 1.IV

$$p_{ij}^{(n)} = \sum_{k=1}^{r} p_{ik}.p_{kj}^{(n-1)} ,$$

puis, d'une manière plus générale :

$$p_{ij}^{(p+q)} = \sum_{k=1}^{r} p_{ik}^{(p)}.p_{kj}^{(q)} .$$

Cette dernière relation est appelée *relation de Markov* ; elle est caractéristique du fait que la chaîne est "sans mémoire".

Il est facile de montrer que $p_{ij}^{(n)} = p_{ij}^{n}$. En effet, on a bien $p_{ij}^{(2)} = \sum_{k=1}^{r} p_{ik}.p_{kj} = p_{ij}^{2}$.

D'autre part, si la propriété est vraie pour n-1, elle est vraie pour n. En effet, si $p_{ij}^{(n-1)} = p_{ij}^{n-1}$, comme $p_{ij}^{(n)} = \sum_{k=1}^{r} p_{ik}.p_{kj}^{(n-1)}$, on a aussi : $p_{ij}^{(n)} = \sum_{k=1}^{r} p_{ik}^{1}.p_{kj}^{(n-1)} = p_{ij}^{n}$,

p_{ij}^{n} désignant l'élément (i,j) de la matrice des transitions, élevée à la puissance n.

---

(1) Cela nous évitera, un peu plus loin, d'avoir à introduire les états persistants nuls et de distinguer entre états transitoires et états non essentiels.

(2) Nous poserons, en outre, $p_{ij}^{(0)} = \delta_{ij}$, δ_{ij} étant le symbole de Kronecker ($\delta_{ij} = 1$ si et seulement si i = j et zéro sinon).

<u>CLASSIFICATION DES CHAÎNES ET DES ETATS. EMPLOI DU GRAPHE DE TRANSITION ET DE SA MATRICE ASSOCIEE</u>. Nous rendrons rapide et concrète notre étude, en faisant correspondre à la matrice des p_{ij} d'une chaîne de Markov homogène à espace d'état discret fini, d'abord le graphe des transitions, puis la matrice associée à ce graphe.

Indiquons d'abord qu'on nomme *accessible* à partir de l'état E_i tout état E_j d'une chaîne de Markov tel que $p_{ij}^{(q)} > 0$, au moins pour une certaine valeur de q. Deux états mutuellement accessibles l'un à partir de l'autre sont dits *communicants*.

A la matrice $[p_{ij}]$, faisons correspondre le graphe $G = (X,\Gamma)$, tel que $X = E$ et $\Gamma(x_i) = \{x_{j_1}, x_{j_2}, \ldots, x_{j_m}\}$ si et seulement si $p_{i_{j_1}}, p_{i_{j_2}}, \ldots, p_{i_{j_m}} \neq 0$.

Par suite, un état E_j est accessible, à partir de l'état E_i, si et seulement si un chemin existe, dans G, de E_i à E_j. La relation d'équivalence caractérisant les états communicants est identique à celle qui nous a permis de définir les composantes fortement connexes d'un graphe. Nous avons vu, à ce propos, qu'il est facile de les obtenir grâce au calcul de la fermeture transitive, à partir de la matrice associée au graphe. Soit M la matrice associée au graphe G : nous aurons à calculer $(I \dot{+} M)^{[r-1]}$, si r est le cardinal de X, à moins que, pour $p < r$, on ait déjà :

$$(I \dot{+} M)^{[p-1]} = (I \dot{+} M)^{[p]},$$

ce qui permet d'arrêter le calcul.

<u>Exemple</u>. Dans la cour de récréation d'une école, des élèves s'exercent au ballon. La matrice de transition décrit le comportement de tout élève. Ainsi, l'élève A, dès qu'il détient le ballon, le garde encore trois secondes, avec la probabilité 0,1, ou bien l'envoie, avec la probabilité 0,5 à l'élève B, ce qui prend également trois secondes, ou bien encore l'envoie, avec la probabilité 0,4, à l'élève H, la durée de la transition étant toujours trois secondes. D'autres élèves ont des comportements plus simples ; par exemple, C, s'il reçoit le ballon, le renvoie toujours à F, la durée de la transition étant aussi de trois secondes.Etc.

Le surveillant donne un ballon à l'élève A et un ballon à l'élève I. Que deviennent ces ballons, au bout d'un temps assez long ?

Au graphe des transitions, associons la matrice d'adjacence (p.118),puis calculons(1):

$(I \dot{+} M)^{[2]}$, $(I \dot{+} M)^{[4]}$, $(I \dot{+} M)^{[8]}$; comme on constate que : $(I \dot{+} M)^{[8]} = (I \dot{+} M)^{[4]}$, il est inutile d'aller plus loin et l'on a déjà : $(I \dot{+} M)^{[4]} = [\hat{\Gamma}(G)]$, c'est-à-dire que la matrice de la fermeture transitive du graphe est obtenue et qu'il existe des chemins de tout sommet à tout autre sommet accessible dont la longueur est inférieure ou égale à 4 arcs.

$[p_{ij}] =$

	A	B	C	D	E	F	G	H	I	J	K	L
A	0,1	0,5						0,4				
B		0,2						0,5			0,3	
C						1						
D				0,3	0,7							
E				0,4	0,2						0,4	
F							1					
G			1									
H		0,6	0,3								0,1	
I									0,2			0,8
J										1		
K				0,4	0,5						0,1	
L									0,8	0,1		0,1

(1) On rappelle qu'il s'agit de calcul booléien.

Sur la matrice $(I \dotplus M)^{[4]}$, on voit tout de suite qu'il est possible d'introduire un ordre d'énumération des sommets plus intéressant que l'ordre alphabétique, mettant en évidence les composantes fortement connexes du graphe des transitions.

$M =$

	A	B	C	D	E	F	G	H	I	J	K	L
A	1	1						1				
B		1						1			1	
C						1						
D				1	1							
E				1	1							
F							1					
G			1									
H		1	1								1	
I									1			1
J										1		
K				1	1						1	
L									1	1		1

On constate d'abord que le graphe G comporte deux composantes connexes (fig. 2,IV); en effet, la matrice $\hat{\Gamma}(G)$ se décompose en deux sous-matrices carrées indépendantes : on dit que la matrice stochastique $[p_{ij}]$ est *décomposable* ; tout se passe comme s'il existait deux chaînes de Markov tout à fait indépendantes et c'est d'ailleurs pourquoi l'on a donné deux ballons à des élèves bien choisis.

$(I \dotplus M)^{[2]} =$

	A	B	C	D	E	F	G	H	I	J	K	L
A	1	1	1					1			1	
B		1	1	1	1			1			1	
C			1			1	1					
D				1	1						1	
E				1	1						1	
F			1			1	1					
G			1			1	1					
H		1	1	1	1	1		1			1	
I									1	1		1
J										1		
K				1	1						1	
L									1	1		1

$(I \dotplus M)^{[4]}$

	A	B	C	D	E	F	G	H	I	J	K	L
A	1	1	1	1	1	1	1	1			1	
B		1	1	1	1	1	1	1			1	
C			1			1	1					
D				1	1						1	
E				1	1						1	
F			1			1	1					
G			1			1	1					
H		1	1	1	1	1	1	1			1	
I									1	1		1
J										1		
K				1	1						1	
L									1	1		1

Le dessin s'interprète aisément à l'aide de $[\hat{\Gamma}(G)]$; le sommet A constitue à lui seul une classe : l'élève A ne conservera le ballon que peu de temps (1), pour le passer soit à B, soit à H; les échanges entre B et H, qui constituent une classe, ne dureront pas non plus très longtemps, le ballon sortira nécessairement de la classe {B,H}, pour tomber dans l'une des deux autres classes {K,D,E} ou {C,F,G}, dont il ne pourra plus sortir.

$[\hat{\Gamma}(G)] =$

	A	B	H	C	F	G	D	E	K	I	L	J
A	1	1	1	1	1	1	1	1	1			
B		1	1	1	1	1	1	1	1			
H		1	1	1	1	1	1	1	1			
C				1	1	1						
F				1	1	1						
G				1	1	1						
D							1	1	1			
E							1	1	1			
K							1	1	1			
I										1	1	1
L										1	1	1
J												1

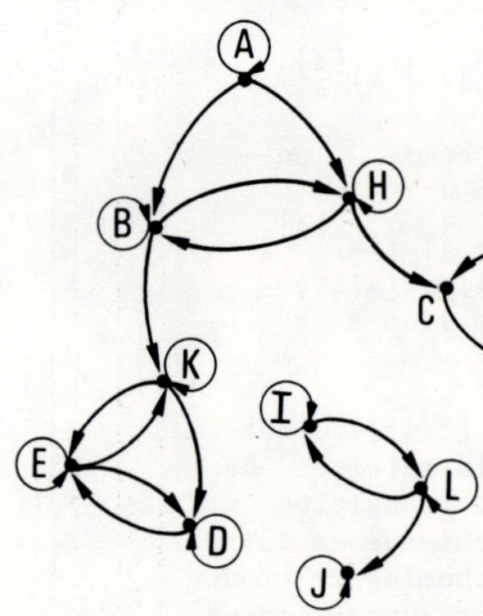

Figure 2.IV

(1) plus correctement, la probabilité pour que A détienne encore le ballon à la n^e période tend vers 0 quand n augmente indéfiniment.

Le sommet A, les sommets B et H représentent des états *transitoires*, par lesquels le ballon ne fait que passer, pour ne plus revenir ensuite. Les classes {A} et {B,H}sont des classes transitoires. Au contraire, les sommets K,D,E, d'une part, C,F,G, d'autre part, représentent des états *récurrents* (ou encore *persistants*), auxquels le ballon aura la probabilité 1 de revenir une infinité de fois, pourvu qu'il y soit parvenu une fois et que le temps soit illimité.

Ce sont des classes récurrentes (on dit aussi finales).

Mais il existe de profondes différences entre la classe {C,F,G} et la classe {K,D,E}. En effet, une fois arrivé en C, les évolutions du ballon échappent au hasard : s'il arrive en C à la transition k, il est *certain* qu'il sera en F à k+1, en G à k+2, puis de nouveau en C à k+3, et ainsi de suite. Il s'agit d'une *classe périodique;* on vérifiera que la matrice des évolutions est une matrice de substitution, dont la puissance 3 redonne la matrice initiale.

Au contraire, dans la classe également fermée {K,D,E}, l'évolution sera toute différente. On peut calculer la probabilité pour que le ballon se trouve dans l'un des états de la classe. Considérons, en effet, la sous-matrice $\mathcal{E}$ des transitions entre ces états.

$$\mathcal{E} = \begin{array}{c} K \\ D \\ E \end{array} \begin{array}{|ccc|} \hline 0,1 & 0,4 & 0,5 \\ 0 & 0,3 & 0,7 \\ 0,4 & 0,4 & 0,2 \\ \hline \end{array}$$

(colonnes : K D E)

Supposons qu'au bout d'un temps assez long on ait atteint une distribution stationnaire :

$$\{p_K, p_D, p_E\},$$
$$\text{avec } p_K + p_D + p_E = 1,$$

donc telle que :

$$\{p_K\ p_D\ p_E\}.\ \mathcal{E} = \{p_K\ p_D\ p_E\}.$$

on obtient le système :

$$0,1\ p_K \qquad + 0,4\ p_E = p_K$$
$$0,4\ p_K + 0,3\ p_D + 0,4\ p_E = p_D$$
$$0,5\ p_K + 0,7\ p_D + 0,2\ p_E = p_E.$$

On calcule :

$$0,9\ p_K = 0,4\ p_E\ , \quad \text{d'où } p_K = \frac{4}{9}\ p_E\ ,$$

puis :

$$0,4.\frac{4}{9}\ p_E + 0,3\ p_D + 0,4\ p_E = p_D\ ,$$

soit :

$$1,6\ p_E \quad + 2,7\ p_D + 3,6\ p_E = 9\ p_D$$

ou encore :

$$6,3\ p_D = 5,2\ p_E, \quad \text{d'où : } p_D = \frac{52}{63}\ p_E\ .$$

Dans ces conditions, l'expression :

$$\frac{4}{9}\ p_E + \frac{52}{63}\ p_E + p_E = 1$$

entraîne :

$$\frac{28}{63}\ p_E + \frac{52}{63}\ p_E + \frac{63}{63}\ p_E = 1,$$

d'où :

$$p_E = \frac{63}{143}\ ,\ p_D = \frac{52}{143}\ ,\ p_K = \frac{28}{143}\ .$$

Ce sont les probabilités de trouver le ballon en E, D, K.

A cause de cette propriété particulière, la matrice est qualifiée d'*ergodique* (car elle assure, comme en théorie cinétique des gaz, un certain équilibre statistique , qu'on nomme ergodisme). Cette sous-chaîne de Markov est *fortement ergodique;* la classe {K,D,E} est *récurrente apériodique*.

En ce qui concerne la deuxième chaîne de Markov en laquelle on a pu décomposer la matrice $[p_{ij}]$, il existe deux classes : la première est formée de deux états transitoires, I et L, la seconde ne comprend que le sommet J. Lorsque le second ballon a été envoyé à l'élève J, celui-ci continue à jouer tout seul. L'état correspondant est dit *absorbant*.

Remarques. 1. Dans le cas d'une chaîne de Markov finie, il y a toujours, au moins,une classe récurrente (apériodique ou périodique).

2. La forte ergodicité correspond aux propriétés suivantes :

a. la distribution stationnaire limite P*, qu'on obtient en résolvant le système linéaire $P^*.E = P^*$, ne dépend pas de l'état initial P(0) du système ;

b. la matrice : $\lim_{n\to\infty} E^n$ a toutes ses lignes égales à P*.

3. Toute matrice stochastique admet, au moins, une valeur propre égale à 1; le nombre de valeurs propres égales à 1, pour une chaîne indécomposable, donne le nombre de classes récurrentes. Lorsqu'il s'agit d'une classe périodique de période d, les valeurs propres sont les racines d^e de l'unité.

Le polynôme caractéristique de E n'est autre que :

$$\lambda^3 - 0{,}6\lambda^2 - 0{,}37\lambda - 0{,}03 = (\lambda-1)\ (\lambda^2 + 0{,}4\lambda + 0{,}03),$$

ce qui montre qu'il s'agit d'une classe apériodique.

L'équation caractéristique de la matrice P est

$$\lambda^3-1 = (\lambda-1)\ (\lambda + \frac{1}{2} + \frac{i}{2})\ (\lambda + \frac{1}{2} - \frac{i}{2}) = 0$$; on voit qu'elle a pour racines les racines cubiques de l'unité, ce qui correspond bien à une classe périodique de période 3.

$P =$

	C	F	G
C	0	1	0
F	0	0	1
G	1	0	0

4. Si l'on résolvait le sysрème $P^*\ P = P^*$,on obtiendrait : $p_C = p_F = p_G = \frac{1}{3}$. Il faut prendre garde que ce calcul n'est pas du tout équivalent à celui de la remarque 2a, qui concerne une classe apériodique. Il n'est pas vrai que la probabilité de trouver le ballon en C, F, G, après sa première arrivée en C, soit $\frac{1}{3}$, puisque le phénomène est *complètement déterminé* ; il s'agit donc seulement d'une moyenne du nombre des passages.

A4. PROCESSUS DE MARKOV HOMOGENE A ESPACE D'ETAT DISCRET.

Ainsi qu'on l'a remarqué plus haut, le terme de processus est réservé au cas où l'ensemble d'indices, T, est continu. On a ainsi :

$$\{\xi_t \mid 0 \leqq t < +\infty\}$$

On impose généralement à un tel processus d'être homogène et, par suite, les probabilités de transition, dans l'espace d'état qui reste discret, sont indépendantes du temps; enfin, bien entendu, comme il s'agit d'un processus markovien, l'état à $t + \tau$, $\tau > 0$, ne dépend que l'état du système à la date t. On posera :

$$p_{ij}(\tau) = \Pr\{X_{t+\tau} = j \mid X_t = i\} \quad (i,j = 1, 2, ...),$$

ne dépendant que de τ, pour chaque couple (i,j).

La relation de Markov :

$$p_{ij}(\tau + \tau') = \sum_{k=1}^{r} p_{ik}(\tau).p_{kj}(\tau')$$

est vérifiée.

a. Considérons l'équation :

$$p_{ij}(\tau' + \tau) - p_{ij}(\tau) = \sum_{\substack{k=1 \\ (\text{sauf } k=i)}}^{r} p_{ij}(\tau').p_{kj}(\tau). + (p_{ii}(\tau') - 1).p_{ij}(\tau) .$$

En divisant par $\tau' \to 0$, on obtient :

$$\lim_{\tau' \to 0} \frac{p_{ij}(\tau' + \tau) - p_{ij}(\tau)}{\tau'} = \sum_{\substack{k=1 \\ (\text{sauf } k=i)}}^{r} \left[\frac{p_{ik}(\tau')}{\tau'}\right]_{\tau' \to 0} . p_{kj}(\tau) + \left[\frac{p_{ii}(\tau')-1}{\tau'}\right]_{\tau' \to 0} . p_{ij}(\tau) ,$$

soit :

$$p'_{ij}(\tau) = \sum_{\substack{k=1 \\ (\text{sauf } k=i)}}^{r} q_{ik}.p_{kj}(\tau) - q_i.p_{ij}(\tau) ,$$

en posant :

$$\lim_{\tau' \to 0} \frac{p_{ik}(\tau')}{\tau'} = q_{ik} \quad \text{et} \quad \lim_{\tau' \to 0} \frac{p_{ii}(\tau')-1}{\tau'} = - q_i .$$

Ces équations différentielles, dites *équations du passé*, se formulent aisément, en considérant la matrice A, dite *matrice infinitésimale de processus*, dont les éléments sont les q_{ij} pour $i \neq j$ et $-q_i$ sinon. On montre qu'elles sont vérifiées dès que $\sum_{j \neq i} q_{ij} = q_i < + \infty$. Elles s'expriment plus simplement par :

$$[p'_{ij}(\tau)] = A .[p_{ij}(\tau)] .$$

b. En divisant maintenant par $\tau \to 0$, après avoir soustrait $p_{ij}(\tau')$, on peut écrire :

$$\lim_{\tau \to 0} \frac{p_{ij}(\tau + \tau') - p_{ij}(\tau')}{\tau} = \sum_{\substack{k=1 \\ (\text{sauf } k=i)}}^{r} \left[\frac{p_{ik}(\tau)}{\tau}\right]_{\tau \to 0} . p_{kj}(\tau') + \left[\frac{p_{ii}(\tau)-1}{\tau}\right]_{\tau \to 0} . p_{ij}(\tau')$$

Ce qui permet d'écrire les *équations du futur* :

$$[p'_{ij}(\tau)] = [p_{ij}(\tau)] . A .$$

Dans le cas d'un processus infini leur validité impose certaines conditions, d'ailleurs peu restrictives.

A5. *PROCESSUS DE NAISSANCE. PROCESSUS DE POISSON. PROCESSUS DE MORT.*

Processus de naissance.

On dit qu'on a affaire à un *processus de naissance* lorsque des individus apparaissent, selon une certaine loi, au sein d'une population.

Dans un processus de naissance homogène, la probabilité d'apparition d'un individu, pendant le temps Δt, s'il en existe déjà k, est $\lambda_k \Delta t$, à un infiniment petit d'ordre supérieur près. Elle est indépendante de la position de l'intervalle de durée Δt sur l'axe des temps. Comme on néglige la probabilité pour qu'il se produise plus d'une apparition pendant le temps Δt, la probabilité complémentaire $1 - \lambda_k \Delta t$ est, à un infiniment petit d'ordre supérieur près, la probabilité pour qu'il n'apparaisse aucun individu pendant le temps Δt.

Soient N_t le nombre d'individus apparus durant l'intervalle $[0,t[$ et $p_n(t)$ la probabilité pour que l'effectif à t soit n. On note que :

$$p_{ij}(t) = 0 \quad \text{si} \quad i > j \quad \text{(pas de disparition)}$$

et

$$p_n(t) = p_{0n}(t) = p_{1,\, n+1}(t) = \ldots$$

Le graphe de transition se présente comme l'indique la figure 3.IV.

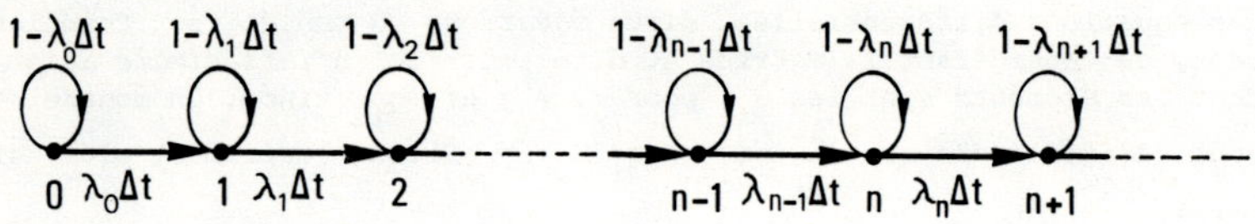

Figure 3 IV

Il lui correspond la matrice M des transitions $p_{ij}(\Delta t)$:

$$M = \begin{array}{c} \\ 0 \\ 1 \\ 2 \\ \\ n-1 \\ n \\ n+1 \\ \\ \end{array} \begin{array}{cccccccc} 0 & 1 & 2 & & n-1 & n & n+1 & \\ 1-\lambda_0\Delta t & \lambda_0\Delta t & 0 & \ldots & 0 & 0 & 0 & \ldots \\ 0 & 1-\lambda_1\Delta t & \lambda_1\Delta t & \ldots & 0 & 0 & 0 & \ldots \\ 0 & 0 & 1-\lambda_2\Delta t & \ldots & 0 & 0 & 0 & \ldots \\ \cdots & \cdots & \cdots & \cdots & \cdots & \cdots & \cdots & \cdots \\ 0 & 0 & 0 & \ldots & 1-\lambda_{n-1}\Delta t & \lambda_{n-1}\Delta t & 0 & \ldots \\ 0 & 0 & 0 & \ldots & 0 & 1-\lambda_n\Delta t & \lambda_n\Delta t & \ldots \\ 0 & 0 & 0 & \ldots & 0 & 0 & 1-\lambda_{n+1}\Delta t & \ldots \\ \cdots & \cdots & \cdots & \cdots & \cdots & \cdots & \cdots & \cdots \end{array}$$

Considérons les vecteurs des p_n au temps t et au temps $t + \Delta t$; on a :

$$[p(t+\Delta t)\ p_1(t+\Delta t)\ \ldots.\ p_n(t+\Delta t)\ \ldots.] = [p_0(t)\ p_1(t)\ \ldots.\ p_n(t)]\ .\ M\ ,$$

c'est-à-dire :

$$p_0(t+\Delta t) = (1-\lambda_0\Delta t)\ p_0(t)$$

$$p_1(t+\Delta t) = \lambda_0\Delta t \cdot p_0(t) + (1-\lambda_1\Delta t)\ p_1(t)$$

$$p_2(t+\Delta t) = \lambda_1\Delta t . p_1(t) + (1-\lambda_2\Delta t)\ p_2(t)$$

- - - - - - - - - - - - - - - - - - - -

$$p_n(t+\Delta t) = \lambda_{n-1}\Delta t \cdot p_{n-1}(t) + (1-\lambda_n\Delta t)\ p_n(t)$$

- -

De ces relations, on tire, d'une façon générale :

$$\frac{p_n(t+\Delta t) - p_n(t)}{\Delta t} = \lambda_{n-1}\, p_{n-1}(t) - \lambda_n\, p_n(t) \ ,$$

c'est-à-dire, en faisant tendre Δt vers zéro :

$$p'_n(t) = \lambda_{n-1}\, p_{n-1}(t) - \lambda_n\, p_n(t)$$

sauf toutefois pour n = 0, où l'on a :

$$p'_0(t) = -\lambda_0\, p_0(t).$$

On a, de plus, les conditions : $p_0(0) = 1$ et $p_n(0) = 0$ pour $n \geq 1$.

Nous avons employé la méthode différentielle pour obtenir les équations du futur, que nous aurions pu calculer aussi à l'aide de la matrice infinitésimale du processus :

$$\begin{bmatrix} 1-\lambda_0 & \lambda_0 & 0 & \dots & 0 & 0 & \dots \\ 0 & 1-\lambda_1 & \lambda_1 & \dots & 0 & 0 & \dots \\ \dots & \dots & \dots & \dots & \dots & \dots & \dots \\ 0 & 0 & 0 & \dots & 1-\lambda_n & \lambda_n & \dots \\ \dots & \dots & \dots & \dots & \dots & \dots & \dots \end{bmatrix}$$

En effet, en utilisant A, il vient :

$$p'_{00}(t) = \lambda_0\, p_{00}(t)$$
$$p'_{01}(t) = \lambda_0\, p_{01}(t) - \lambda_1\, p_{02}(t)$$
$$p'_{02}(t) = \lambda_1\, p_{01}(t) - \lambda_2\, p_{02}(t) \ ,$$
$$\dots \text{ etc.}$$

avec : $p_{ij}(t) = p_{0,j-i}(t) = p_{j-i}(t)$, pour $j \geq i$.

PROCESSUS DE POISSON.

Lorsqu'on observe l'arrivée des clients à un arrêt d'autobus, au guichet d'une banque, l'occurrence des pannes de composants électroniques, des appels à un central téléphonique, le passage des véhicules, en circulation fluide, en un point donné sur une route, etc., on rencontre fréquemment un processus de naissance particulier appelé *processus de Poisson.*

On s'intéresse ici au nombre d'événements N_t qui se produisent dans l'intervalle de temps $[0,t[$, dans les conditions ci-dessous:

1) le processus est homogène ; donc les probabilités de transition sont constantes dans le temps ;

2) le processus est additif, à accroissements indépendants : étant donnés deux intervalles de temps disjoints, le nombre d'événements qui se produisent dans l'un est indépendant du nombre d'événements qui se produisent dans l'autre ;

3) la probabilité pour que deux événements se réalisent en même temps est négligeable devant la probabilité pour qu'il s'en produise un ;

4) on écarte le cas des probabilités de transition nulle ou, au contraire, égale à 1.

Ces conditions peuvent s'exprimer dans la façon suivante :

a) $\Pr\{N_{t+\Delta t} - N_t > 0 \mid N_t = n\} = \lambda\Delta t + o_1(\Delta t)$ lorsque Δt tend vers 0, quel que soit $n \in \mathbb{N}$ et λ, réel : $0 < \lambda < 1$;

b) $\{\Pr \ N_{t+\Delta t} - N_t > 1 \mid N_t = n\} = o_2 \ (\Delta t)$.

On rappelle que $o(\Delta t)$ signifie $\lim_{\Delta t \to 0} \frac{o(\Delta t)}{\Delta t} = 0.$

Par suite, on a plus simplement (Δt tendant vers zéro) :

$$\Pr \{N_{t+\Delta t} - N_t = 1 \mid N_t = n\} = \lambda\Delta t + o_3 \ (\Delta t)$$

$$\text{et} \quad \Pr \{N_{t+\Delta t} - N_t = 0 \mid N_t = n\} = 1 - \lambda\Delta t + o_4 \ (\Delta t)$$

Le graphe des transitions (figure 4.IV) est encore plus simple que celui de la figure 3.IV ; en effet, on n'a plus besoin de faire dépendre les probabilités de transition du nombre d'individus existant lors de l'occurrence d'un nouvel événement ; autrement dit, $\lambda_n = \lambda$, quel que soit n :

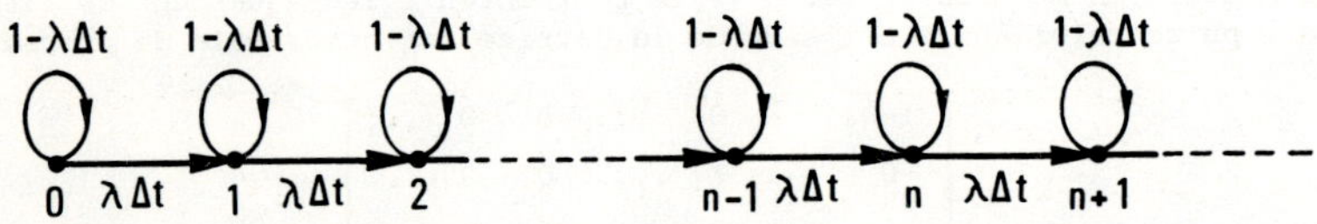

Figure 4.IV

La matrice M des probabilités de transition se simplifie, elle aussi :

$$\begin{array}{c} \\ 0 \\ 1 \\ 2 \\ \\ n-1 \\ n \\ n+1 \\ \\ \end{array}
\begin{array}{c} \begin{array}{ccccccc} 0 & 1 & 2 & & n-1 & n & n+1 \end{array} \\
\left[\begin{array}{cccccccc}
1-\lambda\Delta t & \lambda\Delta t & 0 & \dots & 0 & 0 & 0 & \dots \\
0 & 1-\lambda\Delta t & \lambda\Delta t & \dots & 0 & 0 & 0 & \dots \\
0 & 0 & 1-\lambda\Delta t & \dots & 0 & 0 & 0 & \dots \\
\dots & \dots & \dots & \dots & \dots & \dots & \dots & \dots \\
0 & 0 & 0 & \dots & 1-\lambda\Delta t & \lambda\Delta t & 0 & \dots \\
0 & 0 & 0 & \dots & 0 & 1-\lambda\Delta t & \lambda\Delta t & \dots \\
0 & 0 & 0 & \dots & 0 & 0 & 1-\lambda\Delta t & \dots \\
\dots & \dots & \dots & \dots & \dots & \dots & \dots & \dots
\end{array}\right] \end{array}$$

Pour obtenir les équations du futur, il suffira de multiplier par M le vecteur :

$$[p_0(t) \ p_1(t) \ \dots\dots \ p_n(t) \ \dots\dots] \ ,$$

où $p_n(t)$ désigne la probabilité pour qu'il se produise n événements pendant l'intervalle de temps $[0,t[$, et de faire subir aux résultats les mêmes manipulations que précédemment.

On a :

$$p_0(t+\Delta t) = (1-\lambda\Delta t) \ p_0(t)$$

$$p_1(t+\Delta t) = \lambda\Delta t \ p_0(t) + (1-\lambda\Delta t) \ p_1(t)$$

$$\dots\dots\dots\dots\dots\dots\dots\dots$$

$$p_n(t+\Delta t) = \lambda\Delta t \cdot p_{n-1}(t) + (1-\lambda\Delta t) \ p_n(t)$$

$$\dots\dots\dots\dots\dots\dots\dots\dots ,$$

d'où :

$$\frac{p_0(t+\Delta t) - p_0(t)}{\Delta t} = -\lambda \ p_0(t)$$

$$\frac{p_1(t+\Delta t) - p_1(t)}{\Delta t} = \lambda p_0(t) - \lambda p_1(t)$$

$$\dots\dots\dots\dots\dots\dots\dots\dots$$

$$\frac{p_n(t+\Delta t) - p_n(t)}{\Delta t} = \lambda \ p_{n-1}(t) - \lambda \ p_n(t)$$

$$\dots\dots\dots\dots\dots\dots\dots\dots$$

et, faisant tendre Δt vers zéro :

$$p'_0(t) = - \lambda\, p_0(t)$$

$$p'_1(t) = \lambda\, p_0(t) - \lambda\, p_1(t()$$

$$p'_n(t) = \lambda\, p_{n-1}(t) - \lambda\, p_n(t)$$

Prenant la première équation, on a : $\dfrac{p'_0(t)}{p_0(t)} = - \lambda$, d'où: $\ln p_0(t) = - \lambda t + C$ et $p_0(t) = k\, e^{-\lambda t}$. Mais $p_0(0) = 1$ et ainsi $k = 1$. Il vient donc :

$$p_0(t) = e^{-\lambda t} .$$

La seconde équation peut alors s'écrire :

$$p'_1(t) = \lambda e^{-\lambda t} - \lambda\, p_1(t),$$

ce qui fait que l'équation homogène $p'_1(t) + \lambda\, p_1(t) = 0$ a la même forme que précédemment. De ce fait, on écrira :

$$p_1(t) = k(t)\, e^{-\lambda t} ,$$

avec : $p_1(0) = 0$, d'où $k(0) = 0$.

On a alors : $p'_1(t) = k'(t)\, e^{-\lambda t} - k(t) e^{-\lambda t}$,

d'où $k'(t) = \lambda$, par identification, et $k(t) = \lambda t$, en tenant compte de la valeur de $k(0)$.

Par suite : $p_1(t) = \lambda t\, e^{-\lambda t}$.

Continuant ainsi, on aurait : $p_2(t) = \dfrac{(\lambda t)^2}{2} e^{-\lambda t}$, $p_3(t) = \dfrac{(\lambda t)^3}{6} e^{-\lambda t}$ et l'on verrait que $p_n(t)$ doit être de la forme : $p_n(t) = \dfrac{(\lambda t)^n}{n!} e^{-\lambda t}$, ce qu'on vérifie aisément par récurrence.

Remarque. Les lecteurs plus avancés en mathématiques de l'ingénieur préféreront prendre les transformées de Carson-Laplace, qui conduisent plus rapidement au résultat.

L'expression de la loi de Poisson :

$$p_n(t) = \frac{(\lambda t)^n}{n!} e^{-\lambda t}$$

détermine donc la probabilité d'occurrence de n événements vérifiant les conditions 1) à 4) pendant l'intervalle $[0,t[$.

LOI EXPONENTIELLE.

Nous nous intéresserons également, par exemple lors de l'étude des phénomènes d'attente, au temps Θ qui sépare deux événements consécutifs d'un processus de Poisson.

Remarquons qu'on peut écrire :

$$\Pr\{N_{t_0+\theta} - N_{t_0} > 0\} = 1 - p_0(\theta) = \Pr\{\Theta \leqq \theta\} = 1 - e^{-\lambda\theta},$$

qui n'est autre que la fonction de répartition $F(\theta)$ de l'aléa numérique Θ. La probabilité pour que le temps Θ qui s'écoule entre deux événements successifs soit compris entre θ et $\theta + d\theta$ est le produit de la probabilité pour qu'il ne se soit produit aucun événement jusqu'à θ , par la probabilité pour qu'il se produise un événement durant $d\theta$.

$$\Pr\{\theta \leqq \Theta < \theta + d\theta\} = \Pr\{\Theta \geqq \theta\} \,.\, \lambda\, d\theta,$$

d'où:

$$\Pr\{\theta \leqq \Theta < \theta + d\theta\} = \lambda e^{-\lambda\theta}\, d\theta$$

et une fonction de densité :

$$f(\theta) = \lambda e^{-\lambda\theta},$$

qui est bien la dérivée de $F(\theta)$.

Cette loi porte le nom de *loi exponentielle*.

Il importe de bien comprendre qu'il est rigoureusement équivalent d'envisager un processus de Poisson de taux λ ou une loi des intervalles de paramètre λ. Simplement, dans le premier cas, on s'intéresse à $p_n(t)$, probabilité pour que n événements aient lieu dans l'intervalle $[0,t[$, tandis que, dans le second, on porte son attention sur la probabilité pour que l'intervalle qui sépare l'occurrence de deux événements successifs soit compris entre θ et $\theta + d\theta$.

Processus de mort.

Les hypothèses qui caractérisent un processus de mort sont très voisines de celles que nous avons formulées pour un processus de naissance, sauf évidemment du fait qu'il est nécessaires que $N_0 = N > 0$ et que $\mu_k \Delta t$ soit la probabilité pour qu'une disparition ait lieu entre t et $t + \Delta t$, Δt tendant vers zéro, lorsque k individus existent encore à t :

$$\Pr\{N_{t+\Delta t} - N_t = -1 \mid N_t = k\} = \mu_k \Delta t + o_1(\Delta t).$$

Mais alors:

$$\Pr\{N_{t+\Delta t} - N_t = 0 \mid N_t = k\} = 1 - \mu_k \Delta t + o_2(\Delta t).$$

On voit que μ_k doit être positif, sauf pour $k = 0$ où $\mu_0 = 0$.

A6. PROCESSUS DE NAISSANCE ET DE MORT.

Un tel processus résulte de la "fusion" d'un processus de naissance et d'un processus de mort. Les événements qui se présentent sont donc soit des naissances, soit des morts ; pendant le temps élémentaire Δt, *on n'envisage pas qu'il puisse se produire plus d'un événement* ; il faut bien comprendre ce fait, qui étonne parfois les débutants, car il n'y a plus qu'*un* processus. On désigne par N_t l'effectif à la date t.

Les probabilités de transition $p_{ij}(t) = \Pr\{N_{t+t_0} = j \mid N_{t_0} = i\}$ sont donc soumises aux conditions suivantes (Δt tendant vers zéro) :

$$p_{i,i+1}(\Delta t) = \lambda_i \Delta t + o_1(\Delta t) ;$$

$$p_{i,i-1}(\Delta t) = \mu_i \Delta t + o_2(\Delta t)$$

$$p_{i,i}(\Delta t) = 1 - (\lambda_i + \mu_i) \Delta t + o_3(\Delta t)$$

$$p_{ij}(0) = \delta_{ij},$$

les λ_i et μ_i, étant positifs, sauf μ_0 qui est nul; on ne peut écrire la seconde condition pour $i = 0$. Dans ces expressions, λ_i est le *taux de naissance* lorsque i individus existent dans le processus ; dans la même hypothèse, μ_i est le *taux de mort*.

Le graphe des transitions est donné par la figure 5.IV.

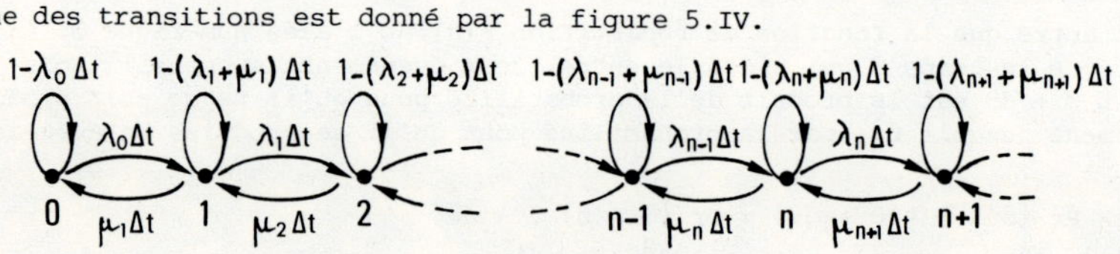

Figure 5.IV

Toutefois, il arrive que le processus soit limité, c'est-à-dire comporte un nombre d'états N, fini ($\lambda_N=0$). Pour l'état N, la probabilité de transition relative à la boucle finale n'est alors que $1 - \mu_N \Delta t$.

La matrice des probabilités de transition, dans le cas infini, n'est autre que :

$$M=\begin{array}{c|cccccccc|}
 & 0 & 1 & 2 & & n-1 & n & n+1 & \\
0 & 1-\lambda_0\Delta t & \lambda_0\Delta t & 0 & \ldots & 0 & 0 & 0 & \ldots\ldots \\
1 & \mu_1\Delta t & 1-(\lambda_1+\mu_1)\Delta t & \lambda_1\Delta t & \ldots & 0 & 0 & 0 & \ldots\ldots \\
2 & 0 & \mu_2\Delta t & 1-(\lambda_2+\mu_2)\Delta t & \ldots & 0 & 0 & 0 & \ldots\ldots \\
 & \ldots & \ldots & \ldots & \ldots & \ldots & \ldots & \ldots & \ldots \\
n-1 & 0 & 0 & 0 & \ldots & 1-(\lambda_{n-1}+\mu_{n-1})\Delta t & \lambda_{n-1}\Delta t & 0 & \ldots\ldots \\
n & 0 & 0 & 0 & \ldots & \mu_n\Delta t & 1-(\lambda_n+\mu_n)\Delta t & \lambda_n\Delta t & \ldots\ldots \\
n+1 & 0 & 0 & 0 & \ldots & 0 & \mu_{n+1}\Delta t & 1-(\lambda_{n+1}+\mu_{n+1})\Delta t & \ldots \\
 & \ldots & \ldots & \ldots & \ldots & \ldots & \ldots & \ldots & \ldots
\end{array}$$

En appliquant la méthode différentielle de Kolmogorov, comme précédemment, on a, si $p_n(t) = Pr\ \{N_t = n\}$:

$$[p_0(t+\Delta t)\ p_1(t+\Delta t)\ p_2(t+\Delta t)\ \ldots\ldots\ p_n(t+\Delta t)\ \ldots] = [p_0(t)\ p_1(t)\ \ldots\ p_n(t)\ldots]\cdot M,$$

d'où :

$$p_0(t+\Delta t) = (1-\lambda_0\Delta t)p_0(t) + \mu_1\cdot p_1(t)\Delta t$$

$$p_1(t+\Delta t) = \lambda_0\Delta t\cdot p_0(t) + [1-(\lambda_1+\mu_1)\Delta t]\cdot p_1(t) + \mu_2\Delta t\cdot p_2(t)$$

$$\ldots\ldots\ldots\ldots\ldots\ldots\ldots\ldots$$

$$p_n(t+\Delta t) = \lambda_{n-1}\Delta t\cdot p_{n-1}(t) + [1-(\lambda_n+\mu_n)\Delta t]\cdot p_n(t) + \mu_{n+1}\Delta t\cdot p_{n+1}(t)$$

$$\ldots\ldots\ldots\ldots\ldots\ldots\ldots\ldots$$

ce qui donne :

$$\frac{p_0(t+\Delta t) - p_0(t)}{\Delta t} = -\lambda_0\ p_0(t) + \mu_1\ p_1(t)$$

$$\frac{p_1(t+\Delta t) - p_1(t)}{\Delta t} = \lambda_0\ p_0(t) - (\lambda_1+\mu_1)\ p_1(t) + \mu_2\ p_2(t)$$

$$\ldots\ldots\ldots\ldots\ldots\ldots\ldots\ldots$$

$$\frac{p_n(t+\Delta t) - p_n(t)}{\Delta t} = \lambda_{n-1}\ p_{n-1}(t) - (\lambda_n+\mu_n)\ p_n(t) + \mu_{n+1}\ p_{n+1}(t)$$

$$\ldots\ldots\ldots\ldots\ldots\ldots\ldots\ldots$$

et, lorsqu'on fait tendre Δt vers zéro :

$$p'_0(t) = -\lambda_0\ p_0(t) + \mu_1\ p_1(t)$$

$$p'_1(t) = \lambda_0\ p_0(t) - (\lambda_1+\mu_1)\ p_1(t) + \mu_2\ p_2(t)$$

$$\ldots\ldots\ldots\ldots\ldots\ldots\ldots\ldots$$

$$p'_n(t) = \lambda_{n-1}\ p_{n-1}(t) - (\lambda_n+\mu_n)\ p_n(t) + \mu_{n+1}\ p_{n+1}(t)$$

$$\ldots\ldots\ldots\ldots\ldots\ldots\ldots\ldots$$

De plus, dans le cas où il existe une limite supérieure, N, de l'effectif, la dernière équation différentielle est :

$$p'_N(t) = \lambda_{N-1}\, p_{N-1}(t) - \mu_N\, p_N(t).$$

On aurait pu obtenir les mêmes équations en utilisant la matrice infinitésimale du processus :

$$A = \begin{bmatrix} -\lambda_0 & \lambda_0 & 0 & \ldots & 0 & 0 & 0 & \ldots\ldots \\ \mu_1 & -(\lambda_1+\mu_1) & & \ldots & 0 & 0 & 0 & \ldots\ldots \\ 0 & \mu_2 & -(\lambda_2+\mu_2) & \ldots & 0 & 0 & 0 & \ldots\ldots \\ \ldots & \ldots & \ldots & \ldots & \ldots & \ldots & \ldots & \ldots \\ 0 & 0 & 0 & \ldots & -(\lambda_{n+1}+\mu_{n-1}) & \lambda_{n-1} & & \ldots\ldots \\ 0 & 0 & 0 & \ldots & \mu_n & -(\lambda_n+\mu_n) & \lambda_n & \ldots\ldots \\ 0 & 0 & 0 & \ldots & 0 & \mu_{n+1} & -(\lambda_{n+1}+\mu_{n+1}) & \ldots \\ ! & ! & ! & \ldots & ! & ! & ! & \\ \ldots & \ldots & \ldots & \ldots & \ldots & \ldots & \ldots & \ldots \end{bmatrix}$$

d'où les équations du futur :

$$p'_{0,i+1}(t) = \lambda_i\, p_{0i}(t) - (\lambda_{i+1}+\mu_{i+1})\, p_{0,i+1}(t) + \mu_{i+2}\, p_{0,i+2}(t) ,$$

qui, compte tenu de ce que $p_{0j}(t) = p_j(t)$, se ramène à :

$$p'_{i+1}(t) = \lambda_i\, p_i(t) - (\lambda_{i+1}+\mu_{i+1})\, p_{i+1}(t) + \mu_{i+2}\, p_{i+2}(t).$$

L'intégration de ce système d'équations n'est évidemment pas facile dans le cas général. On la trouvera néanmoins dans quelques ouvrages spécialisés.

Mais, en fait, en recherche opérationnelle, on s'intéresse beaucoup plus souvent au *régime permanent* qu'aux régimes transitoires. Or, le régime permanent est caractérisé par le fait que $p_0(t)$, $p_1(t)$, ..., $p_n(t)$ ... ne dépendent plus du temps. Dans ces conditions $p'_0(t)$, $p'_1(t)$, ..., $p'_n(t)$, ... sont nuls et le système d'équations différentielles est remplacé par un système d'équations linéaires récurrentes :

$$- \lambda_0\, p_0 + \mu_1\, p_1 = 0$$

$$\lambda_0\, p_0 - (\lambda_1+\mu_1)\, p_1 + \mu_2+p_2 = 0$$

$$\ldots\ldots\ldots\ldots\ldots\ldots$$

$$\lambda_{n-1}\, p_{n-1} - (\lambda_n+\mu_n)\, p_n + \mu_{n+1}\, p_{n+1} = 0 .$$

On peut facilement exprimer p_1, p_2, ... p_n, en fonction de p_0:

$$p_1 = \frac{\lambda_0}{\mu_1}\, p_0 \;;\; p_2 = \frac{\lambda_0\lambda_1}{\mu_1\mu_2}\, p_0 \;;\; \ldots , \; p_n = \frac{\lambda_0\lambda_1\ldots\lambda_{n-1}}{\mu_1\mu_2\ldots\mu_n} \cdot p_0, \ldots ,$$

d'où, si : $p_0 + p_1 + \ldots + p_n + \ldots = 1 = p_0 \left[1 + \dfrac{\lambda_0}{\mu_1} + \dfrac{\lambda_0\lambda_1}{\mu_1\mu_2} + \ldots\right]$,

la valeur de p_0 :

$$p_0 = \frac{1}{1 + \dfrac{\lambda_0}{\mu_1} + \dfrac{\lambda_0\lambda_1}{\mu_1\mu_2} + \ldots + \dfrac{\lambda_0\lambda_1\ldots\lambda_{n-1}}{\mu_1\mu_2\ldots\mu_n} + \ldots}$$

et, d'une façon générale :

$$p_n = \frac{\dfrac{\lambda_0\lambda_1 \ldots \lambda_{n-1}}{\mu_1\mu_2 \ldots \mu_n}}{1 + \dfrac{\lambda_0}{\mu_1} + \dfrac{\lambda_0\lambda_1}{\mu_1\mu_2} + \ldots + \dfrac{\lambda_0\lambda_1 \ldots \lambda_{n-1}}{\mu_1\mu_2 \ldots \mu_n} + \ldots}$$

N.B. Le calcul est valable dans le cas où $\sum_{i=1}^{\infty} p_i = 1$.

Exemple. On rencontre, en recherche opérationnelle, le cas élémentaire, où :

$$\lambda_0 = \lambda_1 = \lambda_2 = \ldots = \lambda_n = \ldots = \lambda \; ; \; \mu_1 = \mu_2 = \ldots = \mu_n = \ldots = \mu ,$$

avec $\lambda < \mu$. Le graphe de la figure 6.IV correspond à cette situation particulière.

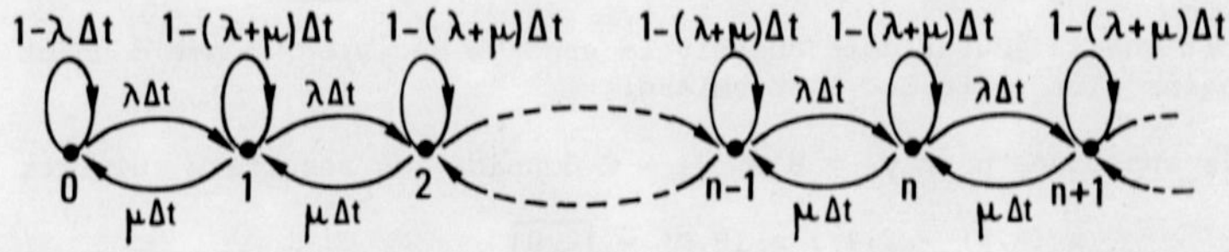

Figure 6.IV

Dans ces conditions, les équations de récurrence se réduisent, en régime permanent, au système suivant:

$$- \lambda p_0 + \mu p_1 = 0$$
$$\lambda p_0 - (\lambda+\mu) p_1 + \mu p_2 = 0$$
$$\ldots\ldots\ldots\ldots$$
$$\lambda p_{n-1} - (\lambda+\mu) p_n + \mu p_{n+1} = 0$$
$$\ldots\ldots\ldots\ldots$$

et l'on a donc, d'après le calcul précédent de p_0 :

$$p_0 + p_1 + \ldots + p_n + \ldots = p_0 \cdot [1 + (\frac{\lambda}{\mu}) + \ldots + (\frac{\lambda}{\mu})^n + \ldots] = \frac{1}{1 - \frac{\lambda}{\mu}} p_0 ,$$

car la série géométrique est convergente, puisque $\frac{\lambda}{\mu} < 1$.

Dans ces conditions, il vient :

$$p_n = (\frac{\lambda}{\mu})^n \left(1 - \frac{\lambda}{\mu}\right).$$

N.B. Voir le § A7 p. 132.

B. *NOTION DE PROGRAMMATION DYNAMIQUE STOCHASTIQUE*

Au chapitre III, division B, nous avons introduit la programmation dynamique certaine, se rapportant à des situations où le hasard n'intervient pas. Dans la présente division, au contraire, nous nous intéresserons aux cas où le *hasard* joue un rôle. Bien entendu, de ce fait, nous ne pourrons plus comparer directement les résultats de telle ou telle politique, mais seulement des espérances mathématiques. L'introduction de cette mesure des résultats impose un certain nombre de précautions et, notamment, ne peut donner des indications valables que si la loi des grands nombres s'applique, dans le contexte du problème.

Nous donnerons d'abord un exemple simple de la manière dont peut se pratiquer le calcul, en présence d'événements soumis au hasard.

Exemple. Supposons, que nous ayons affaire à un joueur, qui connaît au début du jeu la position qu'il occupe et reçoit, en phase I, l'autorisation de changer de position, selon les flèches pleines du dessin. Le hasard intervient ensuite, suivant les flèches dessinées en pointillés, qui indiquent les probabilités de déplacement et le gain correspondant à chaque déplacement. A la fin de la phase I, le joueur se trouve donc dans une des trois positions A, B ou C et reçoit de nouveau - c'est la phase II - le droit de se déplacer à son gré, puis de participer à un nouveau tirage.(Fig. 7.IV)

Etudions quelles doivent être les stratégies optimales de ce joueur dans un jeu comportant de nombreuses parties de même type.

Appelons $\overline{z}_2$ (y_2, x_2) l'espérance mathématique du joueur qui, se trouvant en y_2, décide d'aller en x_2; on a, en prenant y_2 = A :

$$\overline{z}_2\ (A,A) = 2 \times 0{,}8 + 4 \times 0{,}2 = 2{,}4$$

$$\overline{z}_2\ (A,B) = 3 \times 0{,}5 + 4 \times 0{,}5 = \boxed{3{,}5}$$

et l'on voit que le joueur doit choisir la seconde décision, comme donnant une espérance de gains plus forte que la première.

Des calculs analogues pour y_2 = B et y_2 = C donnant les résultats suivants :

$$\overline{z}_2(B,A) = 2{,}4\ ;\ \overline{z}_2(B,C) = \boxed{2{,}8}\ ;$$

$$\overline{z}_2(C,A) = 2{,}4\ ;\ \overline{z}_2(C,B) = \boxed{3{,}5}\ ;\ \overline{z}_2(C,C) = 2{,}8\ ,$$

d'où les choix x_2 = C pour y_2 = B et x_2 = B pour y_2 = C.

Calculons de la même manière, l'espérance $\overline{z}_1$ (y_1, x_1) ; on a pour y_1 = A :

$$\overline{z}_1(A,A) = (3 + 3{,}5) \times 0{,}7 + (2 + 2{,}8) \times 0{,}2 + (1 + 3{,}5) \times 0{,}1 = 5{,}96\ ;$$

$$\overline{z}_1(A,C) = (2 + 2{,}8) \times 0{,}2 + (5 + 3{,}5) \times 0{,}8 = \boxed{7{,}76}\ ,$$

d'où l'on déduit que, pour y_1 = A, il faut choisir x_1 = C.

On obtient également :

$$\overline{z}_1(B,A) = 5{,}96\ ;\ \overline{z}_1(B,B) = \boxed{7{,}10}\ ;$$

$$\overline{z}_1(C,B) = 7{,}10\ ;\ \overline{z}_1(C,C) = \boxed{7{,}76}\ ,$$

d'où les stratégies :

pour y_1 = B, choisir : x_1 = B ;

pour y_1 = C, choisir : x_1 = C.

On remarque que, dans ces calculs, on utilise déjà les résultats de la phase précédente, c'est-à-dire qu'on admet que les déplacement futurs seront conformes aux stratégies optimales déjà déterminées.

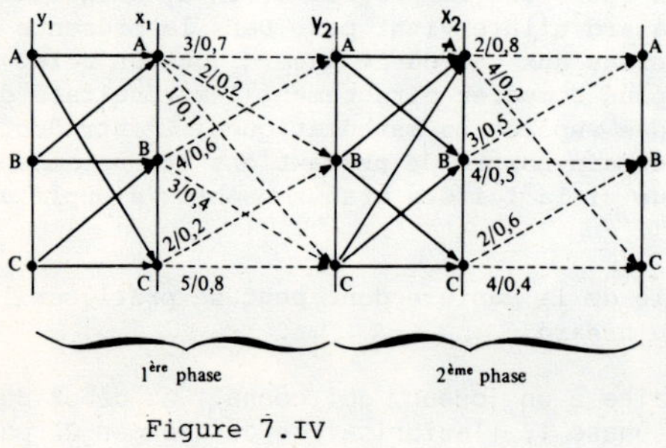

Figure 7.IV

Il faut observer qu'on a été obligé, ici, de remonter du futur au passé pour effectuer les calculs, car sinon l'on n'aurait pas bénéficié d'une réduction du caractère combinatoire du problème::il aurait fallu énumérer 56 chemins possibles, comme si l'on ignorait la notion d'espérance mathématique.

Le problème est dit fortement ordonné.

Stratégies optimales

En phase I		En phase II	
Si le joueur se trouve en	il choisit	Si le joueur se trouve en	il choisit
A	C	A	B
B	B	B	C
C	C	C	B

Bien entendu, l'exemple n'est relatif qu'à deux phases, mais on peut imaginer un nombre élevé de phases successives. Il arrive parfois que les diverses phases se déroulent exactement selon le même schéma, contrairement à ce qui se passe dans l'exemple choisi; il est alors indiqué de faire appel également à la théorie des chaînes de Markov (méthode d'Howard).

Le théorème d'optimalité, relatif à un phénomène s'étendant sur N périodes, s'énonce alors : *"une sous-stratégie optimale de N à N - n ne peut être formée que par une sous-stratégie optimale de N à N - n + 1"*.

On peut évidemment considérer, en avenir aléatoire, des choix discrets ou continus, un horizon limité ou un horizon illimité.

Essayons de formuler les équations de récurrence dans le cas aléatoire, comme nous l'avons fait pour le cas certain.

Nous choisirons un processus où, à chaque phase, le hasard intervient pour faire évoluer la situation, après qu'on ait pris une décision; pour cette raison, on qualifie un tel processus de *processus D.H.* (décision-hasard) ; il existe, bien entendu, le processus inverse, H.D, un peu plus difficile cependant à manier.

Soient donc :

- E_1^{t-1}, E_2^{t-1}, ..., E_i^{t-1}, ..., $E_{p(t)}^{t-1}$, les états dans lesquels peut se trouver le système au début de la phase t ;
- D_1^t, D_2^t, ..., D_j^t, ..., $D_q(t)$, les états auxquels le décideur peut transférer le système par sa décision à la phase t ; c_{ij}^t le coût de la décision de transférer le système se trouvant dans l'état E_i^{t-1} en l'état D_j^t.

  Observons toutefois qu'à partir de l'état E_i^{t-1} seule une partie des D_j^t, soit $\Gamma\ (E_i^{t-1})$, est accessible;

  p_{jk}^t, la probabilité de passer de l'état D_j^t à l'état E_k^t à la fin de la phase t, et r_{jk}^t le revenu résultant de ce passage.

Rappelons qu'on appelle stratégie la collection des décisions qui doivent être prises, pour chaque phase, quand le système est dans un état déterminé.

Supposons que nous connaissions la sous-stratégie optimale du début de la phase t + 1 à la fin de la phase N, donc les $\overline{z}_t^*\ (E_k^t)$, c'est-à-dire les p(t) valeurs optimales de l'espérance mathématique en chacun des états E_k^t à la fin de la phase t (ou début de t + 1).

Nous écrirons $\overline{z}_t^*\ (E_k^t)$ sous la forme plus simple $\overline{z}{*}_k^t$. Nous voulons évaluer les $\overline{z}{*}_i^{t-1}$, espérances mathématiques optimales, lorsqu'au début de la phase t le système se trouve dans l'état E_i^{t-1}. On a :

$$\bar{z}^{*t-1}_{i} = \max_{j\in\Gamma(E_i^{t-1})} \left\{ - c_{ij}^{t} + \sum_{k=1}^{p(t)} p_{jk}^{t} \, (r_{jk}^{t} + \bar{z}^{*t}_{k}) \right\}$$

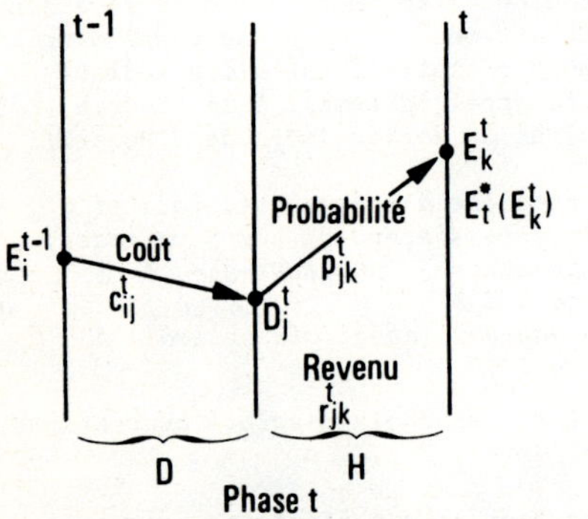

Figure 8.IV

Ces équations montrent que le calcul ne peut être mené qu'en partant de la fin de la phase N et en remontant, de proche en proche, dans le temps.

Nous n'essaierons pas d'envisager tous les cas possibles, espérant que la connaissance des principes suffira, pour l'instant, au lecteur. Celui-ci pourra se reporter à des ouvrages spécialisés s'il désire approfondir la programmation dynamique (1).

Il resterait, pour conclure ce court paragraphe concernant une méthode pourtant puissante, à examiner la théorie de l'adaptation séquentielle, utilisable lorsque la connaissance qu'on a de l'avenir se limite à quelques phases d'avance ; mais il s'agit d'un sujet encore trop neuf.

A7. *CONSERVATION DU FLUX DE TRANSITION DANS LES PROCESSUS DE MARKOV* (2)

Soit un processus de Markov homogène; les probabilités de transition entre t et t + Δt sont :

$$p_{i,j}(\Delta t) = \lambda_{ij}\Delta t + o\,(\Delta t) \text{ si } i\neq j \quad (\lambda_{ij} \geq 0) \; ; \; p_{i,i}(\Delta t) = 1 - \sum_{j\neq i} \lambda_{ij} \, \Delta t + o(\Delta t)$$

Supposons que le régime permanent soit atteint : la probabilité d'occurrence de l'état E_i indépendante de la répartition initiale, est alors p_i. Considérons le graphe associé au processus (comme p. 126) : le sommet i note l'état E_i, l'arc (i,j), la transition de E_i vers E_j, si $\lambda_{ij} > 0$ ($i\neq j$) ; une boucle (i,i) figure en tout sommet i. Si A est sous-ensemble d'états, la "coupe" associée à A est l'ensemble des arcs ayant une extrémité et une seule dans A ; définissons par $p_i \cdot \lambda_{ij}$, la fréquence des transitions de E_i vers E_j ($i\neq j$) en régime permanent.

Théorème des coupes. Pour un processus de Markov homogène et ergodique, en régime permanent, la fréquence des transitions vers l'extérieur de toute coupe A (soit de A vers $\bar{A}$) *égale celle vers l'intérieur de A :* $\sum_{i\in A} \sum_{j\in\bar{A}} p_i \cdot \lambda_{ij} = \sum_{j\in\bar{A}} \sum_{i\in A} p_j \cdot \lambda_{ji}$.

Appliquons-le au graphe de la p. 126 ; soit $A_n = \{E_0, E_1, \ldots, E_n\}$: la coupe associée ne comprend que les deux arcs (n,n+1) et (n+1,n) ; le théorème s'écrit donc : $p_n \cdot \lambda_n = p_{n+1} \cdot \lambda_{n+1}$, ce qui allège les calculs des p. 127-8. Pour démontrer ce théorème, il suffit de constater que les flux $\varphi_{ij} = p_i \cdot \lambda_{ij}$ ($i\neq j$) et $\varphi_{ii} = 0$ forment un flot sur le graphe associé. En effet, la méthode différentielle fournit :

$$p_i\,(t + \Delta t) = p_i(t) \left[1 - \sum_{j\neq i} \lambda_{ij} \, \Delta t\right] + \sum_{j\neq i} p_j(t) \, \lambda_{ji} \cdot \Delta t + o(\Delta t),$$

d'où, en régime permanent : $p_i'\,(t) = 0 = - p_i \sum_{j\neq i} \lambda_{ij} + \sum_{j\neq i} p_j \, \lambda_{ji}$ qui n'est autre que la loi de Kirchhoff : $\sum_{j\neq i} \varphi_{ij} = \sum_{j\neq i} \varphi_{ji}$. On est donc ramené à la conservation du flot à travers une coupe (v. p. 83).

---

(1) Voir, par exemple : J.L. LAURIERE, *La programmation dynamique*, Série Recherche opérationnelle appliquée. Gauthier-Villars.

(2) Voir B. LEMAIRE, *Méthode de conservation et blocage dans les files d'attente*, R.A.I.R.O. série verte, vol. 11, n° 4, nov. 1977, p. 363-77.

chapitre V. USURE ET RENOUVELLEMENT DES ÉQUIPEMENTS

L'usure et le renouvellement des équipements peuvent être envisagés dans le cas de *l'usure certaine*, ce qui donne lieu à des problèmes de mathématiques financières absolument classiques, l'actualisation étant alors le moyen de comparer les équipements entre eux.

Nous ne nous occuperons pas ici de ce point de vue. Au contraire, lorsqu'il s'agit d'*usure aléatoire*, celle-ci ne peut être connue qu'en probabilité ; dans ces conditions, c'est bien à un problème de recherche opérationnelle qu'on a affaire. On a déjà dit, plus haut, que l'étude de ce genre de question doit conduire à un compromis entre le coût d'approvisionnement et le coût de panne des matériels.

L'étude de l'usure et du renouvellement des équipements doit beaucoup à V. Volterra (1931), bien que des ingénieurs comme T.C. Fry s'en soient préoccupés dès 1928. Elle a fait ensuite des progrès avec M. Fréchet, W. Feller et, d'une façon générale, tous ceux qui ont travaillé dans les domaines d'application de la théorie des processus stochastiques.

1. *DONNEES DISCRETES. COURBE DE SURVIE EXPERIMENTALE.*

Pour commencer, nous allons examiner comment, à partir d'un humble registre de magasinier ou de sources comptables élémentaires, on peut définir la *courbe de survie* d'un matériel, car c'est de la loi de survie que nous déduirons le taux d'approvisionnement.

Exemple. Considérons une société de louage de voitures, comptant 500 véhicules, tous du même modèle, chaussés chacun de cinq pneus identiques. Moyennant une organisation très simple, le cahier du magasin permet de connaître, sur un lot de 2500 pneus, combien ont duré moins d'un mois, de un mois à deux mois, de deux mois à trois mois, etc. Les données du problème se présentent sous la forme du tableau ci-après (page 134).

La cinquième colonne du tableau donne le nombre de pneus restants, $n(t)$, à chaque date t de la gestion du lot considéré.

On obtient donc facilement la courbe $n(t)$; un simple changement d'échelle sur l'axe des ordonnées permet de représenter la *courbe de survie* :

$$v(t) = \frac{n(t)}{n(0)} ;$$

$v(t)$ peut être interprété comme la probabilité de survie d'un pneu à toute époque déterminée, en raison du fait qu'on a étudié un lot assez nombreux d'équipements a priori identiques (figure 1.V).

Par exemple, la probabilité pour qu'un pneu dure plus de 8 mois est :

$$\frac{1390}{2500} = 0,556$$

soit encore 55,6 %.

La probabilité pour qu'un pneu cesse d'être en état de rouler entre l'époque $t - 1$ et l'époque t n'est autre que :

$$p_t = \frac{n(t - 1) - n(t)}{n(0)} ;$$

1 Classe de durée t	2 Durée t'	3 Nombre de pneus ayant duré	n(t-1)-n(t)	4 Nombre cumulé de pneus défaillants	5 Nombre de pneus restants	6 Mortalité relative $p_t = \frac{n(t-1)-n(t)}{n(0)}$
0				0	2500	
1	0,5	moins de 1 mois	5	5	2495	0,002
2	1,5	de 1 mois à 2 mois	15	20	2480	0,006
3	2,5	de 2 mois à 3 mois	40	60	2440	0,016
4	3,5	de 3 mois à 4 mois	90	150	2350	0,036
5	4,5	de 4 mois à 5 mois	160	310	2190	0,064
6	5,5	de 5 mois à 6 mois	200	510	1990	0,080
7	6,5	de 6 mois à 7 mois	250	760	1740	0,100
8	7,5	de 7 mois à 8 mois	350	1110	1390	0,140
9	8,5	de 8 mois à 9 mois	600	1710	790	0,240
10	9,5	de 9 mois à 10 mois	450	2160	340	0,180
11	10,5	de 10 mois à 11 mois	250	2410	90	0,100
12	11,5	de 11 mois à 12 mois	60	2470	30	0,024
13	12,5	de 12 mois à 13 mois	20	2490	10	0,008
14	13,5	de 13 mois à 14 mois	10	2500	0	0,004
		plus de 14 mois	0	2500	0	0

on lit les résultats *(mortalité relative)* dans la colonne 6. Ainsi, la probabilité pour qu'un pneu soit réformé entre 8 et 9 mois atteint :

$$p_9 = \frac{n(8) - n(9)}{n(0)} = \frac{1390 - 790}{2500} = \frac{600}{2500} = 0{,}24\,,$$

valeur très élevée.

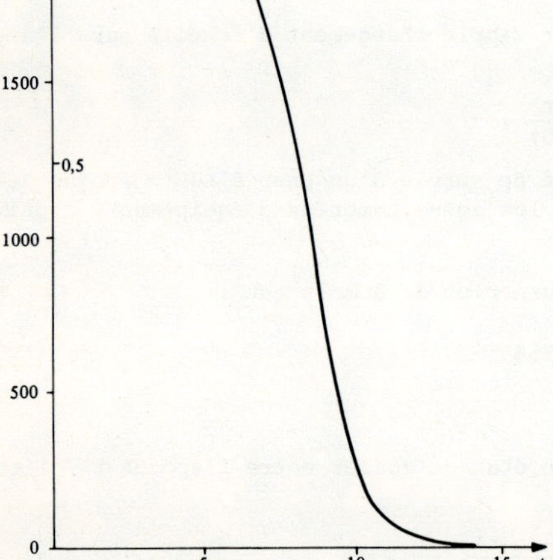

Figure 1.V

On remarque qu'on a aussi :

$$p_t = \frac{n(t-1) - n(t)}{n(0)} = v(t-1) - v(t).$$

La probabilité pour qu'un pneu soit réformé entre t et $t + \Delta t$ peut s'écrire :

$$v(t) - v(t + \Delta t).$$

Or, si Δt tend vers 0, le rapport

$$\frac{v(t) - v(t + \Delta t)}{\Delta t}$$

tend, par définition, vers $-v'(t)$. Il en résulte que $-v'(t).\Delta t$ est la probabilité pour qu'un pneu soit réformé entre t et $t + \Delta t$, lorsque Δt tend vers zéro.

Il est important de connaître la *probabilité d'avarie* $p_c(t)$, c'est-à-dire la probabilité pour qu'un pneu encore en état à $t - 1$ cesse d'être apte à rouler entre $t - 1$ et t ; c'est une probabilité conditionnelle. Pour la calculer, remarquons que la probabilité p_t pour qu'un pneu cesse d'être en état entre $t - 1$ et t est le produit de la probabilité pour qu'il ait survécu jusqu'à $t - 1$, soit $v(t - 1)$, par la probabilité d'avarie $p_c(t)$:

$$p_t = v(t-1).p_c(t) ,$$

d'où :

$$p_c(t) = \frac{p_t}{v(t-1)} = \frac{n(t-1) - n(t)}{n(0)} \times \frac{n(0)}{n(t-1)} = \frac{n(t-1) - n(t)}{n(t-1)} = 1 - \frac{n(t)}{n(t-1)} .$$

Evaluons ainsi $p_c(9)$; on a :

$$p_c(9) = 1 - \frac{n(9)}{n(8)} = 1 - \frac{790}{1390} \approx 0,432 .$$

Ce résultat est fort significatif puisqu'il nous apprend que plus de 43 % des pneus encore en service au bout de 8 mois auront cessé d'être aptes à rouler avant la fin du neuvième mois.

La formule de calcul de la moyenne : $\overline{t} = \sum_1^{14} t.p_t$ donne ici la valeur 8,55, qu'on peut toutefois rectifier (1) si l'on tient compte de la durée centrale pour chaque classe (colonne 2) ; on obtient alors :

$$\overline{t}' = \sum_1^{14} t'.p_t \approx 8,06 ;$$

on calculera aussi très facilement la variance :

$$\sigma^2 = \sum_1^{14} t'^2.p_t - \overline{t}'^2 \approx 1,98 ,$$

d'où un écart-type de :

$$\sigma = \sqrt{1,98} \approx 1,41.$$

La figure 2.V montre que

$$t.p_t = t[v(t-1) - v(t)] = t.\Delta v$$

Si donc on fait la somme $\Sigma t.p_t$, pour toutes les valeurs de t, on obtient une aire qui est très légèrement supérieure à l'aire sous-tendue par la courbe v(t). Dans le cas où v(t) est une fonction continue, on peut faire tendre Δv vers zéro et l'on obtient exactement l'aire sous-tendue par la courbe de survie. On peut donc écrire aussi, dans ce cas :

$$\overline{t} = \int_0^\infty v(t)\,dt.$$

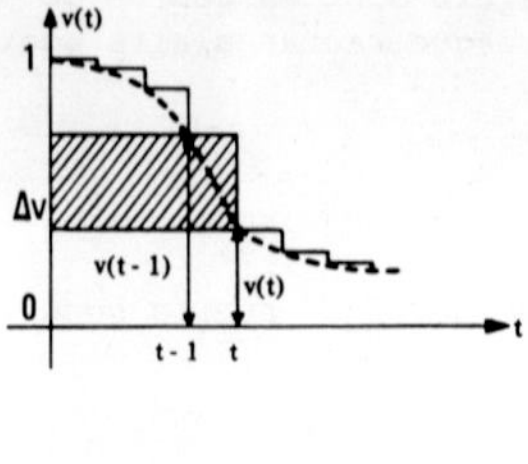

Figure 2.V

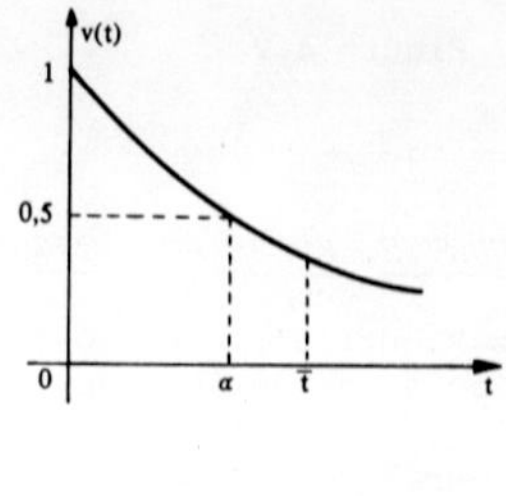

Figure 3.V

(1) Cette rectification donnera $\overline{t}' = \overline{t} - 0,5$, car $\sum_1^{14} (t - \frac{1}{2}).p_t = \sum_1^{14} t_{p_t} - \frac{1}{2}\sum_1^{14} p_t = \overline{t} - \frac{1}{2}$.

En général, la forme même de la courbe de survie peut déjà renseigner sur le type d'équipement auquel on a affaire. Plus elle se rapproche d'une exponentielle décroissante (figure 3.V) et plus la probabilité d'avarie tend vers une constante.

En effet, si l'on avait : $v(t) = e^{-\lambda t}$ (cas d'une exponentielle continue), on pourrait poser :

$$- v'(t).\Delta t = v(t).\Pi_c(t).\Delta t ,$$

en désignant par $\Pi_c(t).\Delta t$ la probabilité d'avarie entre t et t + Δt, lorsque Δt tend vers 0.

Il viendrait donc :

$$\Pi_c(t) = - \frac{v'(t)}{v(t)}$$

soit pour la valeur particulière ci-dessus de v(t) :

$$\Pi_c(t) = - [- \lambda e^{-\lambda t}] . \frac{1}{e^{-\lambda t}} = \lambda .$$

Calculons la moyenne $\bar{t}$ dans le cas d'une courbe de survie exponentielle ; on a :

$$\bar{t} = \int_0^\infty e^{-\lambda t} dt = \frac{1}{\lambda} ;$$

or, la valeur α, correspondant à $v(t) = 0,5$, est telle que : $0,5 = e^{-\lambda t}$ ou encore : $\alpha = \frac{\ln 2}{\lambda}$. On a donc $\alpha < \bar{t}$.

Plus la courbe de survie se rapproche d'un échelon rectangulaire, plus la probabilité d'avarie, qui était nulle jusqu'à l'âge $\alpha = \bar{t}$, subit un saut brusque ; elle vaut alors 1 (figure 4.V).

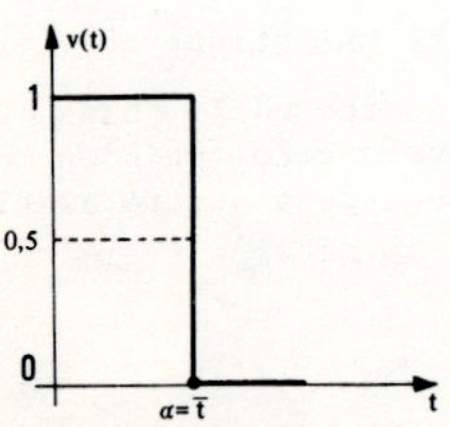

Figure 4.V

Ces remarques permettent d'affirmer que, dans le premier cas (celui de la figure 3.V), on a affaire à des pièces dites "de fatigue", dont la probabilité de rupture est constante ; dans ces conditions, il n'y a, par exemple, aucun intérêt à pratiquer un entretien préventif sur ce genre de matériel, puisqu'une pièce neuve présente la même fragilité qu'une pièce usagée.

Dans le second cas (figure 4.V), on a, au contraire, affaire à des pièces constituant un lot parfaitement homogène ; les matériels dont la courbe de survie affecte une forme presque rectangulaire sont des pièces "d'usure".

2. *LOI DE SURVIE. FORME ANALYTIQUE.*

Dans le cas "continu", c'est-à-dire où l'on dispose de la *loi de survie* sous forme analytique, on a les définitions et résultats suivants :

a) la *durée de vie* est un aléa numérique T, représentant le temps écoulé depuis la mise en service jusqu'à la défaillance de l'équipement.

   Si l'on pose : $v(t) = \Pr \{T \geqq t\}$,

   v(t) est la probabilité pour que l'équipement accomplisse sans défaillance des fonctions déterminées pendant le temps donné t : pour cette raison, cette probabilité prend le nom de *fiabilité*, car elle caractérise le degré de confiance qu'on peut accorder au matériel.

b) A la mortalité relative, calculée dans le cas discret, correspond ici la densité de probabilité i(t), telle que :

$$i(t)\ dt = Pr\ \{t \leq T < t + dt\}$$

représente la probabilité de défaillance.

On remarque d'ailleurs que :

$$i(t) = - \frac{d}{dt}\ v(t) = -\ v'(t)$$

et que : $1 - v(t) = \int_0^t i\ (u)\ du$.

c) A la probabilité d'avarie $p_c(t)$ du cas discret, correspond, dans le cas "continu" la probabilité conditionnelle $\lambda(t)\ dt$, pour qu'un équipement d'âge t, subisse une défaillance entre t et t + dt ; en effet :

$$Pr\ \{t \leq T < t + dt\} = Pr\ \{T \geq t\}\ .\ \lambda(t)\ dt,$$

d'où :

$$\lambda(t) = \frac{i(t)}{v(t)} = - \frac{v'(t)}{v\ (t)}\ .$$

On nomme $\lambda(t)$ le *taux d'avarie*. On a évidemment :

$$v(t) = e^{-\int_0^t \lambda(u)\ du}\ .$$

d) Calculons l'âge moyen d'apparition de l'avarie ou encore la *vie moyenne* d'un équipement.

Il vient : $\bar{t} = \int_0^\infty t\ i(t)\ dt = \int_0^\infty v(t)\ dt,$

car, en intégrant par parties, le terme $- t\ v(t)$, pris entre 0 et l'infini est nul. On a : $\lim_{t \to \infty} t\ v(t) = 0$, ce qui est physiquement évident, aucun équipement n'étant éternel.

C'est cette vie moyenne qui est appelée M.T.B.F. ou T.M.B.F. par les industriels. Une interprétation acceptable de l'expression anglaise "mean time between failures" est , en effet, "temps moyen de bon fonctionnement" (1).

Bien entendu, la loi "continue" n'est qu'une loi idéale, tirée de l'observation par le statiticien, d'après des données du même type que celles dont nous avons fait usage dans l'exemple traité plus haut.

Dans beaucoup de problèmes pratiques, on n'a pas besoin de cette loi. C'est le cas lorsque, pour exécuter un calcul sur ordinateur, il est nécessaire de "discrétiser" la loi continue qu'on vient de tirer des données expérimentales discrètes. En revanche, les méthodes statistiques sont très utiles si les données expérimentales contiennent des points aberrants ou des "trous".

Par des méthodes statistiques que nous ne précisons pas ici, on a pu trouver l'expression continue suivante pour l'exemple cité plus haut :

$$v(t) = e^{-(0,12t)^5},$$

(1) Dans la littérature spécialisée, on introduit le M.T.T.F. = moyenne du temps jusqu'à la première défaillance (syst. non réparables) et M.T.B.F. = M.U.T. (temps moyen de fonct^{t} après réparation) + M.D.T. (durée moyenne de défaillance, incluant le délai moyen de réparation pour les syst. réparables).

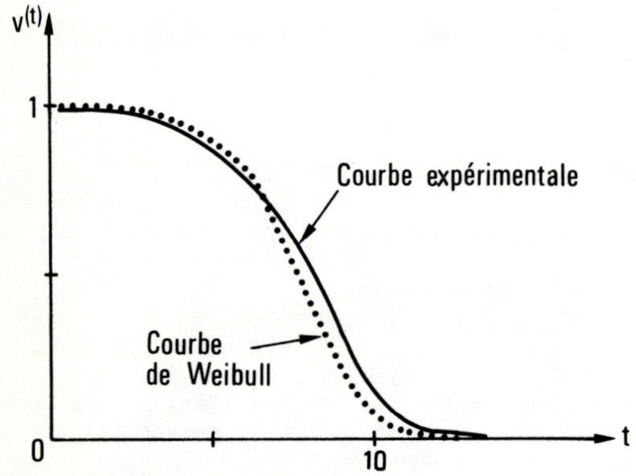

Figure 5.V

ce qui correspond à une loi de Weibull, de la forme $v(t) = e^{-(\alpha t)^{\beta}}$, avec les valeurs $\alpha = 0{,}12$, $\beta = 5$.

On a alors $\bar{t} = 7{,}64$ au lieu de la valeur expérimentale 8 et des écarts entre la courbe idéale et la courbe courbe pratique (figure 5.V).

3. *PROBABILITE DE CONSOMMATION. TAUX D'APPROVISIONNEMENT.*

L'étude des courbes (et fonctions) de survie est de nature à favoriser la connaissance de nombreuses quantités significatives, telles que la probabilité de consommation et le taux d'approvisionnement.

On appelle *probabilité de consommation* la probabilité, durant le temps t, d'avoir à remplacer une quantité déterminée d'équipements défaillants. On désignera par $p_m(t)$ la probabilité de constater m défaillances dans l'intervalle de temps [0,t].

D'après la définition même de la courbe de survie on a :

$$p_0(t) = \frac{n(t)}{n(0)} = v(t) ,$$

car, si un équipement survit à t, on n'aura pas eu à le remplacer jusqu'à cette date.

Cherchons maintenant à évaluer $p_1(t)$. Pour cela, supposons que l'intervalle de temps [0,t] soit divisé en r sous-périodes de durée τ ; pour qu'à l'époque t on n'ait eu qu'un remplacement à exécuter, il faut que l'équipement initial ait été défaillant entre $(k - 1)\tau$ et $k\tau$ $(1 \leqq k \leqq r)$ et que l'équipement neuf substitué à l'équipement remplacé ait survécu de $k\tau$ à t.

La probabilité pour qu'il y ait une consommation entre $(k - 1)\tau$ et $k\tau$ est égale à :

$$p_{k\tau} = \frac{n[(k-1)\tau] - n(k\tau)}{n(0)} ;$$

celle de survie du nouvel équipement n'est autre que :

$$v(t - k\tau) = \frac{n(t - k\tau)}{n(0)} ;$$

le produit de ces deux probabilités :

$$p_{k\tau}.v(t - k\tau) = \frac{n[(k-1)\tau] - n(k\tau)}{n(0)} \times \frac{n(t - k\tau)}{n(0)} ,$$

doit être considéré pour chaque valeur de k, de 1 à r, d'où :

$$p_1(t) = \sum_{k-1}^{k=r} \frac{n[(k-1)\tau] - n(k\tau)}{n(0)} \times \frac{n(t - k\tau)}{n(0)} = \sum_{k=1}^{k=r} p_{k\tau}.v(t - k\tau) .$$

D'une manière analogue, on aurait :

$$p_m(t) = \sum_{k=1}^{k=r} p_{m-1}(t - k\tau).p_{k\tau} ,$$

c'est-à-dire une formule de récurrence.

En présence d'une fonction v(t) continue, la formule deviendrait :

$$p_m(t) = - \int_0^t p_{m-1}(t)\, v'(t)\, dt ,$$

puisque $p_{k\tau}$ tend vers $- v'(t)\Delta t$ lorsque τ tend vers zéro.

Le taux d'approvisionnement permet le calcul, pour une période t donnée, du nombre d'équipements nécessaires pour couvrir les besoins en rechanges dans une limite déterminée. Supposons, par exemple, qu'on veuille assurer le dépannage à 95 %. On aura à calculer m tel que :

$$p_{n \leq m}(t) = 0,95,$$

c'est-à-dire encore tel que :

$$\sum_{k=1}^{k=m} p_k(t) = 0,95 .$$

Les conditions d'approvisionnement durant une période de gestion sont précisées par la considération du *taux d'approvisionnement*. Pour mettre en évidence cette notion, il est nécessaire de connaître, en fonction du temps, le nombre d'équipements qu'on veut maintenir en état : c'est la fonction d'utilisation $\mathcal{N}(t)$.

Soit, par exemple, à mettre en service N équipements au temps t = 0, puis à porter le nombre de ces équipements à N' au temps $t = t_1$, pour le maintenir à cette valeur jusqu'à t_2 , puis le laisser décroître régulièrement de N à 0 entre t_2 et t_3 . La figure 6.V représente la fonction d'utilisation.

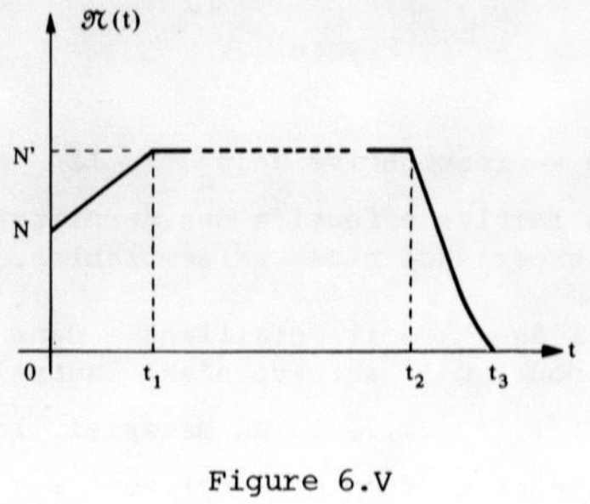

Figure 6.V

Imaginons maintenant que l'axe des temps soit divisé en périodes égales de durée τ. Pour la période $[(k - 1)\tau, k\tau]$, le taux d'approvisionnement $\rho(\tau)$ est :

$$\rho(k\tau) = n(k\tau) - n[(k - 1)\tau] ,$$

si l'on appelle $n(k\tau)$ le nombre d'équipements remplacés jusqu'au temps $k\tau$.

A chaque période $i\tau$, les équipements remplacés, au nombre de $\rho(i\tau)$, étant neufs, seront soumis à la loi de survie $v(t - i\tau)$, si bien qu'il en restera :

$$\rho(i\tau).v(t - i\tau)$$

en service au temps t.

A toute époque t, on devra avoir, si $t = r\tau$:

$$\mathcal{N}(t) = N.v(t) + \sum_{k=1}^{k=r} \rho(k\tau).v(t - k\tau)$$

puisqu'à chaque temps τ, 2τ,... , $k\tau$,..., on a procédé au remplacement de $\rho(k\tau)$ équipements.

Dans le cas d'une fonction continue, on obtient une intégrale de Volterra :

$$\mathcal{N}(t) = Nv(t) + \int_0^t R'(\tau).v(t - \tau),d\tau,$$

si $R'(\tau)$ désigne la dérivée par rapport au temps du nombre d'équipements $R(\tau)$ remplacés jusqu'à τ.

Il est très remarquable que si l'on désire maintenir un niveau constant, égal à N_0, d'équipements en service, on ne tende que lentement vers le taux $\frac{N_0}{\bar{t}}$, limite, pour t tendant vers l'infini, de $R'(t)$. Pendant une période plus ou moins longue, le taux d'approvisionnement oscille autour de cette valeur limite, dont, au début, il s'écarte beaucoup. Cela est dû au fait que le phénomène demeure longtemps transitoire et n'évolue que lentement vers un régime permanent.

4. *CALCUL DES APPROVISIONNEMENTS à REALISER.*

Reprenons l'exemple de la page 133 et calculons cette fois, pour chaque valeur de t, la quantité $p_c(t)$ ou probabilité d'avarie.

t	n(t)	n(t)/n(t-1)	$p_c(t)$
0	2500	-	
1	2495	0,998	0,002
2	2480	0,993988	0,006012
3	2440	0,983880	0,016120
4	2350	0,963115	0,036885
5	2190	0,931923	0,068077
6	1990	0,908676	0,091324
7	1740	0,874372	0,125628
8	1390	0,798851	0,201149
9	790	0,568345	0,431655
10	340	0,430380	0,569620
11	90	0,264706	0,735294
12	30	0,333333	0,666666
13	10	0,333333	0,666666
14	0	0	1

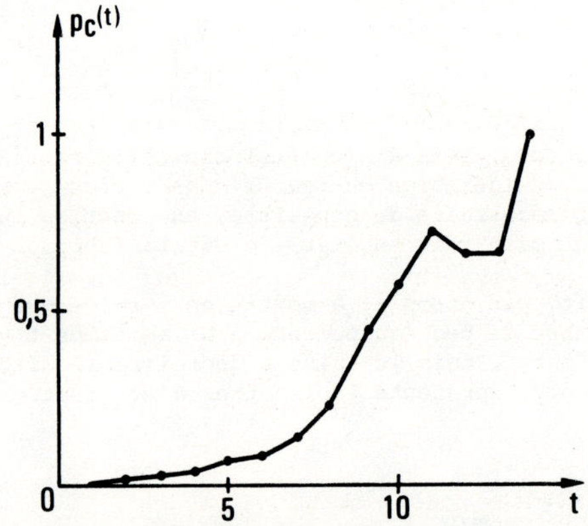

Figure 7.V

Remarque. On note une "irrégularité"de la courbe représentative de $p_c(t)$. Il n'y a pas lieu de s'alarmer de cette constatation, les faibles effectifs des dernières classes ne permettant pas d'espérer des résultats d'expérience plus vraisemblables.

La probabilité pour qu'un équipement, parvenu à l'âge t, soit défaillant dans l'intervalle [t, t + 1[étant $p_c(t)$, la probabilité pour qu'il survive n'est autre que $1 - p_c(t)$. Donc, si nous considérons les états 0, 1, 2, ..., 13 du matériel, les probabilités de transition des états précédents à l'état 0 (remplacement) sont :

0,002; 0,006; .....; 0,667; 1,

tandis que les probabilités de transition des états précédents aux états 1, 2, 3,.... (survie d'une période) sont :

0,998; 0,994, ..., 0,333, 0.

Nous obtenons ainsi la matrice des probabilités de transition de dimension 14 × 14,

M =

	0	1	2	3	4	5	6	7	8	9	10	11	12	13
0	0,002	0,998												
1	0,006		0,994											
2	0,016			0,984										
3	0,037				0,963									
4	0,068					0,932								
5	0,091						0,909							
6	0,126							0,876						
7	0,201								0,799					
8	0,432									0,568				
9	0,570										0,430			
10	0,735											0,265		
11	0,667												0,333	
12	0,667													0,333
13	1													0

dont le graphe est donné par la figure 8.V ; elle est non décomposable et apériodique.

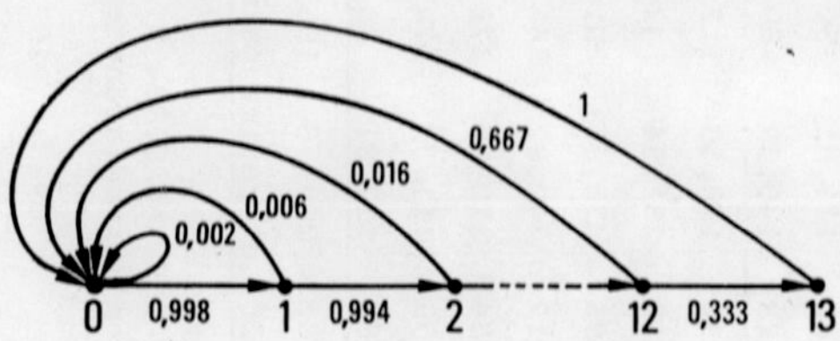

Figure 8.V

En faisant le produit du vecteur N(0), dont les éléments sont les nombres d'équipements d'âges déterminés mis en service à la date 0, par la matrice M, on obtiendra N(1), les éléments de ce vecteur étant les nombres d'équipements d'âges déterminés à remplacer (colonne 0) ou survivants (colonnes 1 à 13) à la date 1. En multipliant N(1) par M, on obtiendra N(2), et ainsi de suite. Nous ferons le calcul dans l'hypothèse où l'on a, initialement, 2500 équipements neufs :

$$N(0) = [2500;\ 0;\ 0;\ \ldots\ldots\ldots\ldots;\ 0]$$

Il vient successivement :

$$N(1) = [5;\ 2495;\ 0;\ 0;\ \ldots\ldots\ ;\ 0]\ ;$$

$$N(2) = [14{,}98;\ 4{,}99;\ 2480{,}03;\ 0;\ 0;\ \ldots\ldots,\ 0]$$

etc.

pour les âges des équipements aux périodes successives.

On remarque que la première composante $N_0(k)$ de chaque vecteur N(k) donne la quantité à réapprovisionner en chaque début de période.

Initialement : 2500; après une période, 5 ; après deux périodes : 14,98; etc. Bien entendu, les nombres non entiers qui apparaissent sur le tableau correspondent à un calcul théorique; dans la pratique, on remplace un nombre d'équipements entier et les effectifs des différentes classes d'âge s'expriment également en nombres entiers (voir tableau p. 142).

La "courbe" de la fig. 9.V (pour rendre plus visible l'évolution, on a réuni les points par des segments de droite) est extrêmement intéressante. Elle montre que les quantités à approvisionner oscillent très largement autour de la valeur moyenne $\frac{N}{t} = \frac{2500}{8{,}05} \simeq 315$ équipements par période (qu'il faudrait en fait rectifier : $\frac{2500}{8{,}33} \simeq 300$).

La poursuite du calcul montrerait que ce n'est qu'à partir d'une lointaine période qu'on aurait une différence de moins de 1 % entre réapprovisionnements calculés et réapprovisionnement moyen. Cela signifie qu'on a renouvelé, en moyenne, six à sept fois le matériel avant d'être parvenu à l'équilibre (52 : 8,33 ≈ 6,24).

	0	1	2	3	4	5	6	7	8	9	10	11	12	13
0	2500													
1	5	2495												
2	14,98	4,99	2480,03											
3	39,74	14,95	4,96	2440,35										
4	90,54	39,66	14,86	4,88	2350,06									
5	160,64	90,36	39,42	14,62	4,70	2190,25								
6	201,67	160,32	89,82	38,79	14,08	4,38	1990,94							
7	256,45	201,26	159,36	88,38	37,36	13,12	3,98	1740,08						
8	361,53	255,94	200,06	156,81	85,11	34,82	11,93	3,48	1390,32					
9	623,04	360,81	254,40	196,86	151,01	79,32	31,65	10,43	2,78	789,70				
10	489,67	621,79	358,64	250,33	189,57	140,74	72,10	27,66	8,33	1,58	339,57			
11	314,14	488,69	618,06	352,91	241,07	176,68	127,93	63,02	22,10	4,73	0,68	89,99		
12	160,53	313,51	485,76	608,17	339,85	224,68	160,60	111,81	50,35	12,55	2,03	0,18	29,97	
13	169,25	160,21	311,63	477,98	585,67	316,74	204,23	140,37	89,34	28,60	5,40	0,54	0,06	9,98
14	215,81	168,91	159,25	306,64	460,30	545,85	287,92	178,50	112,15	50,74	12,30	1,43	0,18	0,02
15	255,97	215,38	167,90	156,70	295,30	429,00	496,17	251,64	142,62	63,70	21,82	3,26	0,48	0,06
16	299,02	255,46	214,08	165,21	150,90	275,22	389,96	433,66	201,06	81,01	27,39	5,78	1,09	0,16
17	341,18	298,42	253,93	210,66	159,10	140,64	250,17	340,82	346,49	114,20	34,83	7,26	1,93	0,36
18	384,84	340,50	296,63	249,87	202,87	148,28	127,84	218,65	272,32	196;81	49,11	9,23	2,42	0,64
19	378,47	384,07	338,45	291,88	240,62	189,07	134,79	111,73	174,70	154,68	84,63	13,01	3,07	0,80
20	329,66	377,72	381,77	333,04	281,08	224,26	171,86	117,81	89,27	99,23	66,51	22,43	4,33	1,02
Rég.perm.	299,96	299,36	297,56	292,80	281,97	262,79	238,88	208,78	166,82	94,75	40,74	10,80	3,60	1,20

Tableau des lignes N(0) à N(20) et régime permanent

Pour la comparaison avec le régime stationnaire, calculons π_0^* , d'après :

$$1 = \pi_0^* + 0{,}998\ \pi_0^* + 0{,}998 \times 0{,}994\ \pi_0^* + \ldots + 0{,}998 \times 0{,}994 \times 0{,}984 \times \ldots \times 0{,}333\ \pi_0^* ,$$

soit : $\pi_0^* = 0{,}119924$ d'où : $2500\ \pi_0^* = 300$ et, en arrondissant approximativement à l'entier le plus proche:

$2500[\pi_0^*]=[300 \quad 299 \quad 297 \quad 293 \quad 282 \quad 263 \quad 239 \quad 209 \quad 167 \quad 95 \quad 41 \quad 11 \quad 3 \quad 1\ ]$

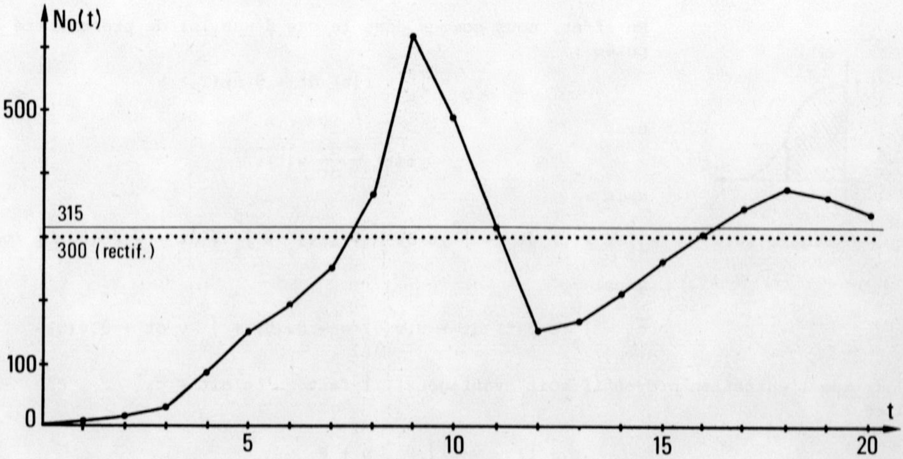

Figure 9.V

Il faut en tirer la conclusion, très importante, que les phénomènes permanents sont en général de peu d'intérêt en matière de renouvellement des équipements. En effet, on n'a pas encore atteint le régime permanent que, frappé d'absolescence, l'équipement considéré est déjà à remplacer par un autre type d'équipement. On peut donc, avec avantage, se laisser guider par un calcul simple d'ordinateur pour dresser les tableaux de commande du matériel à renouveler, période par période, quitte à instituer un certain stock de sécurité, pour éviter les conséquences de malchances éventuelles. Le gain, souvent considérable, qui résulte de commandes cadencées, selon la méthode ci-dessus, pour le réapprovisionnement des équipements, est calculé comme en matière de stockage (voir chapitre VII).

5. *UN AUTRE COMPROMIS : L'ENTRETIEN PREVENTIF*.

Il sera commode de considérer ici qu'une machine comporte un organe particulièrement fragile et d'étudier quelles sont les conséquences des décisions contraires qu'on peut prendre au sujet du remplacement de cet organe : soit attendre sa rupture et subir, de ce fait, une panne coûteuse ; soit envisager de le remplacer à une période θ (restant à déterminer), de manière à éviter, dans une certaine mesure, une interruption intempestive du service.

Dans le premier cas, on paie : 1) le remplacement de la pièce au prix p ; 2) le coût de la panne, soit P. Si $\overline{t}$ est la durée de vie moyenne de l'organe considéré, le coût moyen, par unité de temps, ressort à :

$$c_1 = \frac{p + P}{\overline{t}} .$$

Dans le second cas, la courbe de survie présente un saut à l'époque θ et, si v(t) est la fonction continue de survie correspondante, les conséquences de la panne ne se feront sentir que si l'organe fragile se rompt avant θ, c'est-à-dire avec la probabilité $1 - v(\theta)$. On a ainsi un coût moyen, par unité de temps :

$$c_2 = \frac{p + [1 - v(\theta)].P}{\overline{t}_\theta} ,$$

$\overline{t}_\theta$ étant la vie moyenne d'un organe dont la courbe de survie subit un saut à θ, soit (fig. 10.V) :

$$\overline{t}_\theta = \int_0^\theta v(t)\, dt .$$

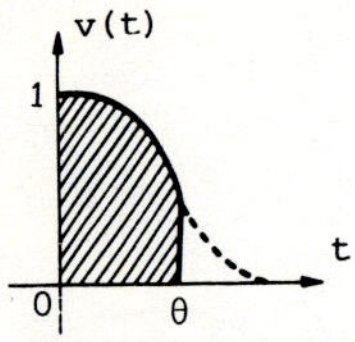

Figure 10.V

En effet, nous sommes dans le cas d'une loi de probabilité amputée :

$$\overline{t}_\theta = \int_0^\theta t\, f(t)\, dt + \theta.\Pr(T > \theta),$$

avec

$$f(t) = \frac{d}{dt}\, v(t).$$

Mais :

$$\int_0^\theta t\, f(t)\, dt = -\int_0^\theta t\, dv = -[tv]_0^\theta + \int_0^\theta v\, dt = -\theta v(\theta) + \int_0^\theta v dt;$$

ainsi :

$$\overline{t}_\theta = \int_0^\theta t\, f(t)\, dt + \theta.v(\theta) = -\theta v(\theta) + \int_0^\theta v\, dt + \theta.v(\theta).$$

Pour que l'entretien préventif soit avantageux, il faut qu'on ait : $c_2 < c_1$, c'est-à-dire :

$$\frac{p + [1 - v(\theta)]\, P}{\overline{t}_\theta} < \frac{p + P}{\overline{t}}$$

ou

$$p\,\overline{t} + P\,\overline{t} - P\, v\, \overline{t} < (p + P)\, \overline{t}_\theta\ ;$$

mais : $\overline{t}_\theta = \overline{t} - \overline{\tau}_\theta$, avec $\overline{\tau}_\theta = \int_\theta^\infty v\, dt.$

Il vient donc :

$$-P\, v\, \overline{t} < -(p + P)\, \overline{\tau}_\theta\ ,$$

d'où :

$$\frac{p + P}{P} < \frac{v(\theta)\, \overline{t}}{\overline{\tau}_\theta}\ ,$$

soit encore : $c_1 < P\,\dfrac{v(\theta)}{\overline{\tau}_\theta}$.

Dans ces conditions, c'est-à-dire si : $c_1 < P\,\dfrac{v(\theta)}{\overline{\tau}_\theta}$, l'époque la plus favorable pour l'entretien préventif sera évidemment la valeur θ rendant c_2 minimal.

Or, c_2 est généralement une fonction tout d'abord décroissante, puis croissante de θ.

Calculons $\dfrac{dc_2}{d\theta}$; on a :

$$\frac{dc_2}{d\theta} = \frac{-\overline{t}_\theta\, P\, \dfrac{dv}{d\theta} - [p + (1 - v)\, P]\, \dfrac{d\overline{t}_\theta}{d\theta}}{\overline{t}_\theta^2}$$

et l'on observe que : $\dfrac{d\overline{t}_\theta}{d\theta} = v(\theta)$.

Il en résulte que c_2 est minimal pour :

$$-\overline{t}_\theta\, P\, \frac{dv}{d\theta} - [p + (1 - v)\, P]\, v(\theta) = 0$$

ou encore : $-\overline{t}_\theta\, \dfrac{v'_\theta}{v} + v = \dfrac{p + P}{P}$.

Appliquons ces résultats à un exemple dans lequel la loi de survie serait conforme au tableau que nous avons donné antérieurement, page 134, mais oublions qu'il s'agissait de pneumatiques, les conséquences de la panne étant dans ce dernier cas trop faibles pour que le problème soit intéressant. Considérons, au contraire, et successivement, que :

1) $p = 0{,}1$; $P = 1$; 2) $p = 1$; $P = 1$.

Le tableau ci-dessous permet de tirer des conclusions intéressantes :

θ	v	$1 - v$	$\Delta v/\Delta\theta$	$\overline{t}_\theta$	$\overline{t}_\theta/v$	$\overline{\tau}_\theta$	$v/\overline{\tau}_\theta$	$-\frac{\overline{t}_\theta}{v}\frac{\Delta v}{\Delta\theta} + v$	c_2 cas 1	c_2 cas 2
1	0,998	0,002	- 0,002	0,999	1,001	6,835	0,146	1	0,102	1,002
2	0,992	0,008	- 0,006	1,994	2,010	5,840	0,169	1,004	0,054	0,505
3	0,976	0,024	- 0,016	2,978	3,051	4,857	0,201	1,025	0,042	0,343
4	0,940	0,060	- 0,036	3,936	4,187	3,898	0,241	1,090	0,041	0,269
5	0,876	0,124	- 0,064	4,844	5,529	2,990	0,293	1,230	0,046	0,232
6	0,796	0,204	- 0,080	5,680	7,135	2,154	0,369	1,366	0,054	0,212
7	0,696	0,304	- 0,100	6,426	9,232	1,408	0,494	1,619	0,063	0,203
8	0,556	0,444	- 0,140	7,052	12,683	0,782	0,711	2,331	0,077	0,204
9	0,316	0,684	- 0,240	7,488		0,346	0,913		0,105	0,225
10	0,136	0,864	- 0,180	7,714		0,120	1,133		0,125	0,241
11	0,036	0,964	- 0,100	7,800		0,034	1,158		0,136	0,252
12	0,012	0,988	- 0,024	7,824		0,010	1,200		0,139	0,254
13	0,004	0,996	- 0,008	7,832		0,002	2		0,140	0,254
14	0	1	- 0,004	7,834		0			0,141 $= c_1$	0,255 $= c_1$

1) Dans le premier cas, on a constamment : $c_1 < \frac{v(\theta)}{\overline{\tau}_\theta}$ (ici $P = 1$) ; le minimum de c_2 a lieu pour $\theta = 4$ et l'on constate qu'on aura :

$$-\frac{\overline{t}_\theta}{v} \cdot \frac{\Delta v}{\Delta\theta} + v = \frac{p + P}{P} = 1{,}1$$

pour une valeur de θ très légèrement supérieure à $\theta = 4$.

Il est très intéressant de pratiquer l'entretien préventif et d'adopter la valeur $\theta = 4$; le gain relatif $\frac{c_1 - c_2}{c_1}$ est de 70 % ;

2) dans le second cas, on n'a $c_1 < \frac{v(\theta)}{\overline{\tau}_\theta}$ qu'à partir de $\theta = 5$, le minimum de c_2 a lieu entre l'époque 7 et 8 ; pour $\theta = 7{,}5$, on peut calculer :

$$-\frac{\overline{t}_\theta}{v} \cdot \frac{\Delta v}{\Delta\theta} + v \approx 1{,}950$$

c'est-à-dire pratiquement: $\frac{p + P}{P} = 2$.

Il est intéressant de pratiquer l'entretien préventif, en adoptant une valeur $\theta \approx 7,5$; mais le gain relatif n'est que de 20 %.

La comparaison des diverses courbes de survie est facilitée par l'adoption d'une variable auxiliaire :

$$x = \frac{\ln \frac{\bar{t}}{\alpha}}{\mu},$$

μ étant un paramètre de dispersion. On constate, en effet, que la variable x est distribuée selon un loi de Laplace-Gauss. Ce passage par un loi lognormale (1) est très fructueux, car les pièces de fatigue sont alors caractérisées par une valeur de paramètre μ de l'ordre de 0,9, tandis que les pièces d'usure le sont par des valeurs comprises entre 0,2 et 0,6.

Si v(t) est la fonction de survie, on peut calculer la médiane, soit la valeur de t pour v(t) = 0,5 ; appelons α cette valeur. Considérons alors la variable auxiliaire :

$$x = \frac{\ln \frac{t}{\alpha}}{\mu} = \frac{\ln t - \ln \alpha}{\mu} = \frac{\ln t - m}{\mu} ;$$

on montre que, pour beaucoup de pièces, la dérivée de la loi de survie peut s'écrire:

$$- \frac{dv}{dt} = \frac{1}{\mu\sqrt{2\pi}\, t} e^{-\frac{(\ln t - m)^2}{2\mu^2}},$$

d'où, avec : $t = e^{\mu x + m}$, $dt = \mu e^{\mu x + m} dx$

et
$$v = 1 - \frac{1}{\sqrt{2\pi}} \int_{-\infty}^{x} e^{-\frac{x^2}{2}} dx = 1 - \Pr(x).$$

On reconnaît dans l'intégrale la fonction de répartition de la loi normale réduite.

Représentons (figure 11.V) un certain nombre de courbes de survie, en fonction de $\frac{t}{\alpha}$; elles passent toutes, dans ces conditions, par :

$$\frac{t}{\alpha} = 1 \; ; \; v = 0,5 .$$

On remarque, de plus, que ces courbes vont, de la loi rectangulaire pour $\mu = 0$ à la loi exponentielle décroissante pour $\mu \approx 0,84$, c'est-à-dire balaient le champ habituel des courbes de survie.

Il est aisé de calculer :

$$\bar{t} = e^{m + \frac{\mu^2}{2}}$$

$$\bar{t}_\theta = e^{m + \frac{\mu^2}{2}} \Pr(\tau + \mu) + e^{\mu\tau + m} [1 - \Pr(\tau)]$$

en posant :
$$\tau = \frac{\ln \theta - m}{\mu} .$$

([1])Le lecteur pourra trouver dans la *Revue de la SOFRO*, n° 10, un article de Kelly , fondant l'étude de l'entretien préventif sur l'utilisation d'une représentation lognormale des courbes de survie.

On obtient alors :

$$\frac{c_2}{c_1} = \frac{p + [1 - v(\theta)]\, P}{\overline{t}_\theta} \cdot \frac{\overline{t}}{p + P}$$

$$= \frac{p/P + Pr\ (\tau)}{p/P + 1} \cdot \frac{1}{Pr(\tau - \mu) + e^{\mu(\tau - \frac{\mu}{2})} \cdot [1 - Pr(\tau)]} \cdot$$

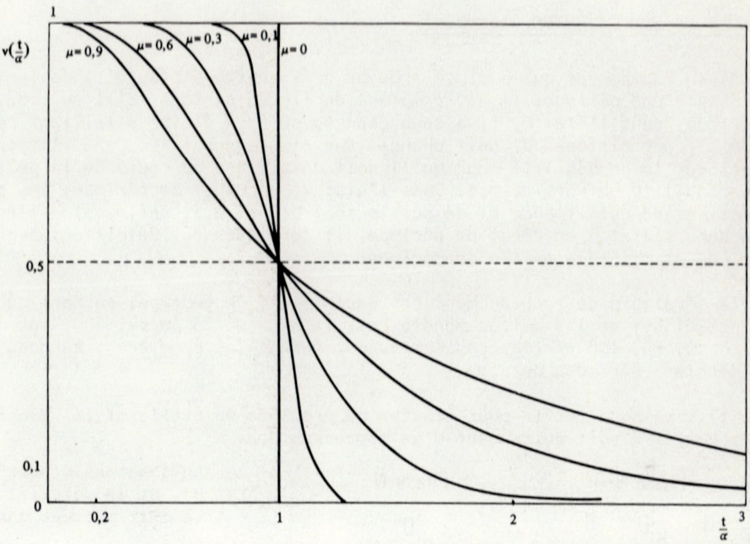

Figure 11.V

Il est intéressant de constater que les pièces d'*usure*, pour lesquelles le coefficient μ est compris entre 0,3 et 0,6, donnent des minimums bien marqués du rapport $\frac{c_2}{c_1}$, et ceci d'autant mieux que p/P est petit (nous l'avons constaté sur l'exemple numérique précédent, où l'on pourrait prendre $\mu \approx 0{,}4$, tout au moins pour la partie supérieure de la courbe de survie). Il est donc, en général, avantageux de pratiquer l'entretien préventif : une pièce d'usure (courroie, garniture de frein, chaîne, etc.) est, le plus souvent, de peu de prix devant le coût d'une panne.

Au contraire, les pièces de *fatigue* (axes, roulements, fleuret, vilebrequin, etc.), pour lesquelles le coefficient μ est voisin de 0,9, ne donnent de minimums significatifs du rapport $\frac{c_2}{c_1}$ que lorsque p/P est vraiment faible, de l'ordre de 0,05, par exemple. Or, les pièces de fatigue sont généralement coûteuses et ainsi le rapport p/P dépasse largement la limite indiquée ci-dessus, si bien qu'on n'a pas intérêt à pratiquer l'entretien préventif.

D'ailleurs,puisque les pièces de fatigue survivent selon une courbe qui s'apparente à l'exponentielle décroissante, il est à peu près évident qu'on n'a pas d'avantage à remplacer une vieille pièce par une pièce neuve... de *fragilité égale*.

Examinons ainsi, pour : $v(t) = e^{-\lambda t}$, si l'on peut avoir :

$$\frac{p + P}{P} = \frac{v(\theta)\ \overline{t}}{\overline{\tau}_\theta} \quad ;$$

on obtient :

$$\frac{p + P}{P} < \frac{e^{-\lambda\theta} \cdot \frac{1}{\lambda}}{\frac{1}{\lambda} \cdot e^{-\lambda\theta}} = 1 ,$$

d'où $p < 0$, ce qui est impossible.

6. STRATEGIE DE REMPLACEMENT (*exemple*).

Considérons un équipement qui peut se trouver dans quatre états. S'il devient défaillant au cours d'une période, il est remplacé en fin de période. S'il se trouve,en début de période, dans l'état 0, il a deux chances sur dix d'être défaillant en cours de période et, par différence, huit chances sur dix de survivre. Dans l'état 1,en début de période, la probabilité pour qu'il soit défaillant au cours de la période est 0,5; la probabilité de survie, 0,5. Dans l'état 2, en début de période, les probabilités respectives de défaillance et de survie sont 0,7 et 0,3. Enfin, si l'équipement se trouve dans l'état 3 en début de période, il sera sûrement défaillant avant la fin de la période et remplacé en fin de période.

Etudions la stratégie de remplacement des équipements de ce type, sachant que le prix de l'équipement est de 175 unités monétaires, le prix de la panne, 300, les prix de l'entretien 40, 60, 100 et 160, respectivement durant les première , seconde, troisième et dernière périodes de vie.

La figure 12.V va nous servir pour traiter ce problème en utilisant la programmation dynamique, car il s'agit évidemment d'un processus D.H.

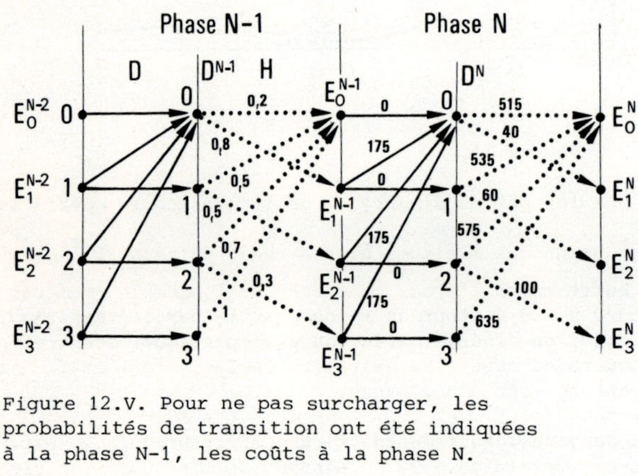

Figure 12.V. Pour ne pas surcharger, les probabilités de transition ont été indiquées à la phase N-1, les coûts à la phase N.

Envisageons d'abord la phase N . Si le matériel se trouve initialement dans l'état E_0^{N-1}, le gestionnaire n'a pas de véritable décision à prendre, il se retrouve en D_0^N , où l'espérance mathématique des coûts n'est autre que :

$$0{,}2 \times 515 + 0{,}8 \times 40 = 135,$$

d'où $\overline{z}_0^{*N} = 135.$

Si le matériel se trouve en E_1^{N-1}, il a le choix entre D_0^N et D_1^N ; dans le premier cas, cela coûte, en moyenne:

$$175 + 0{,}2 \times 515 + 0{,}8 \times 40 = 310 ,$$

puisque D_0^N entraîne le changement de matériel au coût de 175 ;

dans le second :

$$0 + 0{,}5 \times 535 + 0{,}5 \times 60 = 297{,}5 .$$

On voit que cette deuxième solution est préférable, d'où : $\bar{z}^{*N}_1 = 297{,}5$. Cela signifie qu'à la phase N il ne faut pas changer le matériel qui se trouve dans l'état 1.

On calcule de même $\bar{z}^{*N}_2 = \bar{z}^{*N}_3 = 310$, ce qui signifie qu'à la phase N, il faut remplacer le matériel ayant atteint l'âge 2 ou l'âge 3.

Passons maintenant à la phase N - 1. En modifiant légèrement la formule de récurrence du § 13, ch. IV, puisqu'il n'y a ici que des coûts, on obtient :

$$\bar{z}^{*N-1}_i = \min_{D_j^{N-1}} \{c_{ij} + \sum_k p_{jk}(\gamma_{jk} + \bar{z}^{*N}_k)\}$$

où : $c_{ij} = 175$ si $j \neq i$ et 0 si $i = j$;

$\gamma_{jk} = 515, 535, 575$ et 635, si $j = 0, 1, 2, 3$ et $k = 0$;

$\gamma_{jk} = 40, 60, 100, 160$, si $k = j + 1$, $j < 3$,

p_{jk} étant les probabilités de transition.

On a :

1) $\bar{z}^{*N-1}_0 = c_{00} + p_{00}(\gamma_{00} + \bar{z}^{*N}_0) + p_{01}(\gamma_{01} + \bar{z}^{*N}_1)$

$= 0 + 0{,}2(515 + 135) + 0{,}8(40 + 297{,}50) = 400$;

2) $$\bar{z}^{*N-1}_1 = \min_{D_0^{N-1}, D_1^{N-1}} \left\{ \begin{array}{l} [c_{10} + p_{00}(\gamma_{00} + \bar{z}^{*N}_0) + p_{01}(\gamma_{01} + \bar{z}^{*N}_1)] ; \\ [c_{11} + p_{10}(\gamma_{10} + \bar{z}^{*N}_0) + p_{12}(\gamma_{12} + \bar{z}^{*N}_2)] \end{array} \right\}$$

$$= \min \left\{ \begin{array}{l} [175 + 0{,}2(515 + 135) + 0{,}8\ (40 + 297{,}5)] ; \\ [\ 0 + 0{,}5(535 + 135) + 0{,}5\ (60 + 310)] \end{array} \right\}$$

$= \min\ (575;\ 520) = 520$;

ce résultat signifie qu'à la phase N-1, il ne faut pas remplacer un matériel dans l'état 1;

3) $\bar{z}^{*N-1}_2 = \min\ \{ [575] ; [0 + 0{,}7(575 + 135) + 0{,}3(100 + 310)]\}$

$= \min\ (575,\ 620) = 575$;

cela indique que tout matériel dans l'état 2, au début de la phase N - 1, doit être remplacé ;

4) $\bar{z}^{*N-1}_3 = \min\ (575,\ 770) = 575$;

d'où l'on conclut qu'il faut aussi remplacer, au début de la phase N - 1, tout matériel dans l'état 3.

En remontant dans le temps, on peut essayer de contrôler si la stratégie ainsi définie est "permanente" (valable pour toutes les périodes) ou seulement adaptée à certaines périodes (début, fin), etc.

Comme on l'a dit plus haut, la méthode de Howard permet de calculer la stratégie optimale sans calcul inutile, mais nous n'avons pas l'intention de l'exposer ici (1).

---

(1) Voir, par exemple, R. FAURE et J.L. LAURIERE. *Fiabilité et renouvellement des équipements*. Coll. Programmation. R.O. appliquée. Gauthier-Villars.

chapitre VI. LES PHÉNOMÈNES D'ATTENTE

1. *GENERALITES SUR LES PHENOMENES D'ATTENTE.*

Les phénomènes d'attente sont hélas d'observation courante dans la vie quotidienne. Quand nous nous rendons à la poste, à la gare, à la banque, bien souvent nous devons "faire la queue" pour obtenir des timbres, un billet, de l'argent. On a l'habitude d'appeler *clients* les individus qui constituent la file d'attente et *station* le guichet où un *serveur* leur procure un service déterminé.

La file d'attente ne se manifeste pas toujours d'une manière physique : par exemple, si, dans un atelier, des machines tombées en panne "attendent" la visite et les soins du mécanicien-réparateur, elles ne se constituent pas en file. De même, les personnes qui sollicitent une communication par l'intermédiaire d'un standard téléphonique. Il est néanmoins facile, à chaque fois, de déterminer quels sont les clients, la ou les station(s), le ou les serveur(s).

Remarquons qu'il s'agit de phénomènes stochastiques. En effet, les clients arrivent en général au hasard ; d'autre part, la durée d'occupation de la station par chaque client n'est en général pas constante. Il suffit d'ailleurs que l'une de ces deux caractéristiques se présente comme un phénomène aléatoire pour qu'il s'agisse déjà d'un problème stochastique.

Considérons le cas très simple (figure I.VI) où il n'existe qu'une station, donc qu'une file d'attente (en l'absence de priorités). Chaque client pénètre dans l'enceinte où fonctionne la station en passant par un tambour : il se dirige aussitôt vers la file d'attente et y prend la dernière place : dès qu'un client a reçu le service qu'il attendait de la station, il s'en va ; aussitôt, le premier de ceux qui attendaient dans la file fait fonctionner le cabestan qui se trouve devant lui et entre en contact avec le serveur.

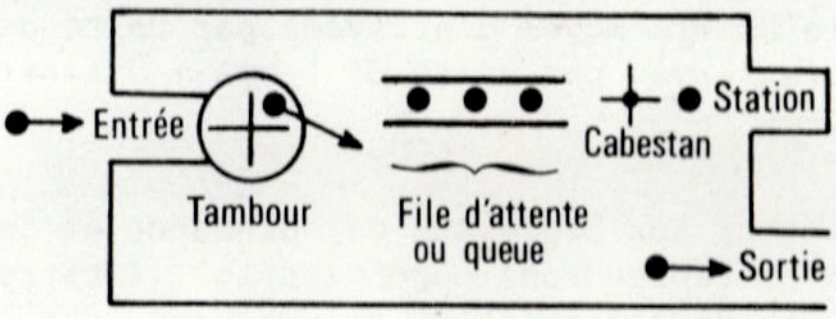

Figure 1.VI

Cette matérialisation du passage des clients d'un état dans un autre est simplement utile pour préciser le vocabulaire employé dans la théorie des phénomènes d'attente.

On a, en effet, coutume d'appeler *file d'attente* l'ensemble des clients qui attendent d'être servis, à l'exclusion de celui qui est en train de se faire servir. On nomme *système d'attente* l'ensemble des clients qui font la queue, y compris celui qui se fait servir. Le *phénomène d'attente* s'étend à tous les clients possibles (dans le cas de systèmes bouclés, où les mêmes clients reviennent plus tard à l'entrée - par exemple les machines qui tombent en panne dans un atelier -, le nombre des clients est, en général, fini). Ces appellations se généralisent et prennent surtout leur intérêt dans les situations où coexistent plusieurs stations et plusieurs files d'attente.

Nous distinguerons donc deux types principaux de systèmes d'attente : le système *ouvert*, dans lequel le nombre de clients potentiels est très élevé (cas des guichets publics, des grands magasins, etc.), au point qu'on peut considérer qu'il est illimité ; le système d'attente *fermé*, dans lequel le nombre de clients est limité (cas d'un atelier dans lequel existe un service de réparation de machines) ; dans les deux cas il peut y avoir une ou plusieurs files d'attente.

La théorie des files d'attente remonte aux premiers travaux de K. Erlang, en 1917, sur le calcul du nombre d'organes de chaque type à installer dans un central de téléphone automatique. Développé aussi par Engset (1918), cette théorie s'est amplifiée sous l'impulsion de nombreux chercheurs, parmi lesquels il faut citer E. Borel, A. Khintchine, F. Pollaczek, W. Feller, etc. Après l'avoir longtemps boudée, les informaticiens y viennent par nécessité, notamment pour établir des systèmes en temps réel ou des réseaux d'ordinateurs.

2. *LOI DES ARRIVEES. LOI DES SERVICES.*

Revenons au phénomène d'attente le plus simple où il n'existe qu'une queue et qu'une station.

Le cas intéressant est celui où deux phénomènes aléatoires sont conjugués : 1) les clients arrivent au hasard ; 2) le temps passé à la station par chaque client est aléatoire.

Par exemple, les automobilistes arrivent au hasard à un parc (cela veut dire: l'heure d'arrivée de chacun est aléatoire) ; ils y stationnent un temps variable qui ne peut être prévu pour chacun d'eux (c'est encore une variable aléatoire).

Peut-on caractériser statistiquement la manière dont les clients arrivent au parc et la durée de leur stationnement ?

L'expérience montre que, dans beaucoup de phénomènes d'attente, les lois des arrivées et des services sont, respectivement, *poissonniennes* et *exponentielles*. Ce ne sont évidemment pas les seules formes que peuvent affecter ces lois, mais ce sont les plus fréquentes et aussi les plus simples à employer pour obtenir un exposé facile des principes et de la théorie des phénomènes d'attente.

Nous avons étudié le processus de Poisson et la loi exponentielle au chapitre IV, auquel le lecteur voudra bien se reporter.

3. *FILE A UNE STATION. SYSTEME OUVERT.*

Considérons, dans le cas où il existe une seule station, les arrivées des clients formant un processus de Poisson de taux λ et le temps de service suivant une loi exponentielle de taux μ. On observera que λ est le nombre moyen d'arrivées par unité de temps, μ, le nombre moyen de clients pouvant être servis par unité de temps ; ainsi $\frac{1}{\mu}$ est la durée moyenne d'un service.

Nous pourrions nous contenter de renvoyer le lecteur aux processus de naissance et de mort que nous avons envisagés au chapitre IV. Nous reprendrons cependant ici, à titre d'exercice, le raisonnement élémentaire de la méthode différentielle.

Si n personnes sont dans le système d'attente à $t + \Delta t$, cela ne peut provenir (1) que des trois situations ci-après :

Nombre de personnes à t	Entrées pendant Δt	Sorties pendant Δt	Nombre de personnes à $t + \Delta t$
n - 1	1	0	n
n	0	0	n
n + 1	0	1	n

Les probabilités d'entrée et de sortie pendant Δt étant, respectivement, $\lambda.\Delta t$ et $\mu.\Delta t$ et les probabilités complémentaires $(1 - \lambda.\Delta t)$ et $(1 - \mu.\Delta t)$, on a :

$$\begin{aligned} p_n(t + \Delta t) &= p_{n-1}(t)\ [\lambda.\Delta t\ (1 - \mu.\Delta t)] \\ &+ p_n(t)\ [(1 - \lambda.\Delta t)(1 - \mu.\Delta t)] \\ &+ p_{n+1}(t)\ [(1 - \lambda.\Delta t).\mu.\Delta t)], \end{aligned}$$

(1) Ainsi que nous l'avons remarqué au chapitre IV, dans un processus de naissance et de mort, on n'a pas à envisager une entrée *et* une sortie pendant le temps Δt, la probabilité de cet événement étant négligeable. Le lecteur qui commettrait cette erreur par inadvertance verrait d'ailleurs le terme correspondant disparaître ensuire de l'équation donnant $p_n\ (t + \Delta t)$.

si $p_n(t)$ désigne la probabilité pour que n personnes soient dans le système à la date t.

En négligeant les produits en Δt^2, on obtient :

$$p_n(t + \Delta t) = p_{n-1}(t)\ \lambda\Delta t + p_n(t)\ [1 - (\lambda + \mu)\ \Delta t] + p_{n+1}(t)\ \mu\Delta t,$$

d'où :

$$\frac{p_n(t + \Delta t) - p_n(t)}{\Delta t} = \lambda p_{n-1}(t) - (\lambda + \mu)\ p_n(t) + \mu p_{n+1}(t)\ ,$$

sauf pour n = 0, auquel cas on a seulement les situations du tableau de gauche :

Nombre de personnes à t	Entrées	Sorties	Nombre de personnes à t + Δt
0	0	0	0
1	0	1	0

d'où : $\dfrac{p_0(t + \Delta t) - p_0(t)}{\Delta t} = - \lambda p_0(t) + \mu p_1(t)$

(on observera que s'il existe 0 client à t, la probabilité pour qu'il n'en sorte pas du système pendant le Δt suivant est 1, et non $1 - \mu\Delta t$).

On a donc, en faisant tendre Δt vers 0 :

$$p'_n = \lambda p_{n-1} - (\lambda + \mu) p_n + \mu p_{n+1} \qquad (5)$$

et

$$p'_0 = - \lambda p_0 + \mu p_1 \qquad (6)$$

Comme le phénomène est stationnaire :

$$p'_0 = p'_1 = \ldots = p'_n = \ldots = 0$$

et les équations différentielles (5) et (6) se transforment en équations linéaires algébriques.

On obtient facilement, de $- \lambda p_0 + \mu p_1 = 0$:

$$p_1 = \frac{\lambda}{\mu}\ p_0$$

En portant dans : $\lambda p_0 - (\lambda + \mu)\ p_1 + \mu p_2 = 0$, on obtient :

$$p_2 = \left(\frac{\lambda}{\mu}\right)^2 p_0$$

et, ainsi de suite, d'où :

$$p_n = \left(\frac{\lambda}{\mu}\right)^n p_0. \qquad (7)$$

Or,

$$p_0 + p_1 + \ldots + p_n + \ldots = 1 \qquad (8)$$

et, d'après la formule (7) :

$$\begin{aligned} & p_0 + p_1 + \ldots + p_n + \ldots \\ & = p_0 + \frac{\lambda}{\mu} p_0 + \left(\frac{\lambda}{\mu}\right)^2 p_0 + \ldots + \left(\frac{\lambda}{\mu}\right)^n p_0 + \ldots \\ & = p_0 \left[1 + \frac{\lambda}{\mu} + \left(\frac{\lambda}{\mu}\right)^2 + \ldots + \left(\frac{\lambda}{\mu}\right)^n + \ldots \right] \\ & = p_0 \frac{1}{1 - \frac{\lambda}{\mu}}\ , \qquad (9) \end{aligned}$$

en faisant la somme de la progression géométrique illimitée entre crochets. On observera que cette progression est convergente, car il est physiquement nécessaire que $\frac{\lambda}{\mu} < 1$, autrement dit que le taux d'entrée soit inférieur au taux de service, pour qu'il n'y ait pas engorgement.

Le rapprochement de (8) et de (9) permet de calculer :

$$p = 1 - \frac{\lambda}{\mu},$$

d'où, avec (7) :

$$p_n = \left(\frac{\lambda}{\mu}\right)^n \left(1 - \frac{\lambda}{\mu}\right)$$

Calculons la moyenne de cette distribution :

$$\overline{n} = \sum_0^{\infty} n.p_n = 0.p_0 + 1.p_1 + 2.p_2 + \ldots + n.p_n + \ldots$$

$$= \left[\left(\frac{\lambda}{\mu}\right) + 2\left(\frac{\lambda}{\mu}\right)^2 + 3\left(\frac{\lambda}{\mu}\right)^3 + \ldots + n\left(\frac{\lambda}{\mu}\right)^n + \ldots\right]\left(1 - \frac{\lambda}{\mu}\right).$$

Or : $\frac{\lambda}{\mu} + 2\left(\frac{\lambda}{\mu}\right)^2 + \ldots + n\left(\frac{\lambda}{\mu}\right)^n + \ldots = \frac{\lambda}{\mu}\left[1 + 2\frac{\lambda}{\mu} + 3\left(\frac{\lambda}{\mu}\right)^2 + \ldots + n\left(\frac{\lambda}{\mu}\right)^{n-1} + \ldots\right]$ et l'on reconnait, dans le crochet, la dérivée, par rapport à $\frac{\lambda}{\mu}$ de la progression :

$$\frac{\lambda}{\mu} + \left(\frac{\lambda}{\mu}\right)^2 + \left(\frac{\lambda}{\mu}\right)^3 + \ldots + \left(\frac{\lambda}{\mu}\right)^n + \ldots = \frac{\frac{\lambda}{\mu}}{1 - \frac{\lambda}{\mu}}.$$

En dérivant la dernière expression par rapport à $\frac{\lambda}{\mu}$, on obtient : $\frac{1}{\left(1 - \frac{\lambda}{\mu}\right)^2}$ et ainsi :

$$\overline{n} = \Sigma\, n.p_n = \frac{\lambda}{\mu} \cdot \frac{1}{\left(1 - \frac{\lambda}{\mu}\right)^2}\left(1 - \frac{\lambda}{\mu}\right)$$

$$= \frac{\frac{\lambda}{\mu}}{1 - \frac{\lambda}{\mu}} = \frac{\lambda}{\mu - \lambda}.$$

Il est facile de calculer le temps moyen qu'attend un client dans la file ; une file de $\overline{n}$ clients s'écoulera en un temps $\overline{n} \times \frac{1}{\mu}$, $\frac{1}{\mu}$ étant le temps moyen passé par chaque client à la station (1). On écrit :

$$\overline{t}_f = \frac{\overline{n}}{\mu} = \frac{\lambda}{\mu(\mu - \lambda)}.$$

(1) Remarque. On observera que, dans le cas où λ est constant, quel que soit n, on a : $\overline{n} = \lambda.\overline{t}$, $\overline{t}$ étant le temps d'attente *dans le système* et non dans la file. On a aussi : $\overline{\nu} = \lambda.\overline{t}_f$, $\overline{\nu}$ étant le nombre moyen de clients dans la file, à l'exception de celui qui se fait servir, quand le service est occupé.
La différence entre $\overline{t}$ et $\overline{t}_f$ est évidemment égale à la moyenne du temps de service: moyenne du temps d'attente dans le système - moyenne du temps d'attente dans la file = moyenne du temps de service.
Ainsi : $\overline{t} - \overline{t}_f = \frac{1}{\mu}$, d'où $\overline{n} - \overline{\nu} = \lambda(\overline{t} - \overline{t}_f) = \frac{\lambda}{\mu}$ et $\overline{\nu} = \overline{n} - \frac{\lambda}{\mu}$.
Dans le *cas particulier* considéré, on retrouve bien également $\overline{t}_f = \frac{\overline{\nu}}{\lambda} = \frac{\overline{n}}{\mu}$.
Lorsque λ dépend de n, on définit un taux d'arrivée moyen λ^*, tel que :

$$\overline{n} = \lambda^*.\overline{t} \text{ et } \overline{\nu} = \lambda^*.\overline{t}_f.$$

Application. Dès à présent, le lecteur peut se rendre compte des raisons pour lesquelles il attend si longtemps chez le médecin, par exemple. Si la durée d'une consultation est, *en moyenne*, de 15 mn, le médecin convoque ses clients toutes les 20 mn, mais, dans notre société motorisée où l'inexactitude est devenue la règle, ceux-ci arrivent finalement au hasard .... On a : $\lambda = 3$, $\mu = 4$, par heure. Il est alors facile de calculer :

$$\bar{n} = \frac{\lambda}{\mu - \lambda} = \frac{3}{4 - 3} = 3$$

$$\bar{t}_f = \frac{\bar{n}}{\mu} = \frac{3}{4},$$

ce qui veut dire que le nombre *moyen* de clients en attente est 3 et leur attente *moyenne* 3/4 d'heure !

4. *FILE A S STATIONS.*

Lorsque S stations sont disponibles, le phénomène n'est guère plus compliqué à décrire; tant que les stations ne sont pas toutes occupées, il n'y a pas de file d'attente : autrement dit, les possibilités de traitement du système d'attente sont: μ lorsqu'un guichet est occupé, 2μ lorsque deux guichets sont occupés, etc., jusqu'à $S\mu$.

Reprenons les équations générales d'un processus de naissance et de mort (ch.IV,§ A6). On a, bien sûr : $\lambda_i = \lambda$, pour tout i, car le nombre d'arrivées ne dépend pas du nombre de clients présents dans le système.

En revanche, on a : $\mu_n = n\mu$, pour $1 \leq n < S$, et $\mu_n = S\mu$, pour $n \geq S$. Ainsi l'on peut écrire :

$$p'_0(t) = -\lambda p_0(t) + \mu p_1(t)$$

$$p'_1(t) = \lambda p_0(t) - (\lambda + \mu)\, p_1(t) + 2\mu\, p_2(t)$$

$$\cdots\cdots\cdots\cdots\cdots\cdots$$

$$p'_n(t) = \lambda p_{n-1}(t) - (\lambda + n\mu)\, p_n(t) + (n+1)\, \mu\, p_{n+1}(t) \quad \text{pour } 1 \leq n < S$$

et

$$p'_n(t) = \lambda p_{n-1}(t) - (\lambda + S\mu)\, p_n(t) + S\mu\, p_{n+1}(t) \quad \text{pour } n \geq S.$$

Bien entendu, la condition pour que le système ne s'engorge pas est ici : $\frac{\lambda}{\mu S} < 1$.

(Suite de la note p. 154)
Par exemple, si la file est limitée à N personnes et comporte une station :

$$\lambda^* = \sum_{n=0}^{N-1} \lambda p_n = \lambda(1 - p_N) \; ;$$

si le système est fermé et comporte N clients et une station :

$$\lambda^* = \sum_{n=0}^{N} (N-n)\, \lambda p_n = \mu(1 - p_0).$$

Dans ces deux cas, si l'on a S stations, au lieu d'une seule, on montre que :

$$\bar{n} - \bar{\nu} = S + \sum_{n=0}^{S-1} (n - S)\, p_n.$$

M. Lemaire, s/dir. de labo[re] au CNAM, a beaucoup travaillé sur les méthodes dites de *conservation*, symbolisées par la formule de Little : $\bar{n} = \lambda.\bar{t}$ et leurs conditions générales d'application (v. p.164).

Lorsqu'on envisage le régime permanent, on a : $p'_0(t) = p'_1(t) = \dots = p'_n(t) = \dots = 0$.
Il vient :

$$p_1 = \frac{\lambda}{\mu}\,p_0\ ;\ p_2 = \frac{1}{2}\left(\frac{\lambda}{\mu}\right)^2 p_0\ ;\ p_3 = \frac{1}{6}\left(\frac{\lambda}{\mu}\right)^3 p_0,\ \dots$$

et,plus généralement, pour $n \leqq S$:

$$p_n = \frac{1}{n!}\left(\frac{\lambda}{\mu}\right)^n p_0.$$

D'autre part, à la limite :

$$p_S = \frac{1}{S!}\left(\frac{\lambda}{\mu}\right)^S p_0,$$

formule également vérifiée pour p_{S-1} . Grâce à l'équation :

$$\lambda p_{S-1} - (\lambda + S\mu)\,p_S + S\mu\,p_{S+1} = 0,$$

on obtient l'expression de p_{S+1} :

$$p_{S+1} = \frac{1}{SS!}\left(\frac{\lambda}{\mu}\right)^{S+1} p_0,$$

puis, de proche en proche, pour $n \geqq S$:

$$p_n = \frac{1}{S^{n-S}\,S!}\left(\frac{\lambda}{\mu}\right)^n p_0.$$

Comme la somme illimitée des p_n donne 1 :

$$1 = p_0\left[\underbrace{\frac{\lambda}{\mu} + \frac{1}{2!}\left(\frac{\lambda}{\mu}\right)^2 + \dots + \frac{1}{n!}\left(\frac{\lambda}{\mu}\right)^n}_{n<S} + \dots + \overbrace{\frac{1}{S!}\left(\frac{\lambda}{\mu}\right)^S + \frac{1}{SS!}\left(\frac{\lambda}{\mu}\right)^{S+1} + \dots + \frac{1}{S^{n-S}S!}\left(\frac{\lambda}{\mu}\right)^S + \dots}^{n \geqq S}\right]$$

et l'on a finalement :

$$p_0 = \frac{1}{\dfrac{\left(\frac{\lambda}{\mu}\right)^S}{S!\left(1 - \frac{\lambda}{\mu S}\right)} + \displaystyle\sum_{n=0}^{S-1}\frac{\left(\frac{\lambda}{\mu}\right)^n}{n!}}.$$

Il vient alors aisément :

$$\bar{t}_f = \frac{\left(\frac{\lambda}{\mu}\right)^S}{\mu S S!\left(1 - \frac{\lambda}{\mu S}\right)^2}\cdot p_0$$

et l'on a d'ailleurs la relation : $\bar{n} = \lambda t_f + \frac{\lambda}{\mu}$.

5. *APPLICATION NUMERIQUE*.

Dans une usine existe un bureau de la Sécurité Sociale, auquel les ouvriers ont accès pendant les heures de travail. Le chef du personnel, qui a remarqué l'affluence des intéressés au guichet, demande qu'une étude relative au fonctionnement de ce service lui soit présentée.

Un analyste est désigné pour déterminer le temps moyen d'attente des ouvriers dans la file et la durée moyenne de l'entretien que chacun a avec le préposé, lors du dépôt des dossiers de maladie.

Il s'agit bien d'un problème d'attente à *une* station.

Le premier travail de l'analyste sera de définir les périodes pendant lesquelles le phénomène peut être considéré comme *stationnaire* : durant la première demi-heure et la dernière de la journée, ainsi que l'heure du repas, l'affluence au guichet est très fluctuante et faible ; au contraire, durant les autres périodes de la journée, le phénomène stationnaire est établi et l'on peut songer à examiner les entrées et services du point de vue statistique.

a) Etudes des arrivées.

Pendant cent intervalles de cinq minutes, successifs ou non, mais tous situés dans la période de stationnarité, le nombre de "clients" arrivant durant chaque intervalle de cinq minutes est décompté.

Supposons que les résultats soient les suivants (tableau) :

Nombre d'ouvriers arrivant pendant une période de 5 mn n	Fréquences observées f_n
0	29
1	34
2	24
3	9
4	3
5	1
6	0
	100

La moyenne de cette loi de distribution est facile à calculer :

$$\sum_0^6 n\cdot\frac{f_n}{100} = \frac{1}{100}\,(0 \times 29 + 1 \times 34 + 2 \times 24 + 3 \times 9 + 4 \times 3 + 5 \times 1) = 1{,}26 .$$

L'emploi d'un test statistique va permettre de vérifier si la loi observée se rapproche d'une loi théorique classique, en l'espèce celle de Poisson.

La formule : $p_n(t) = \frac{(\lambda t)^n}{n!}\,e^{-\lambda t}$, avec $\lambda t = 1{,}26$ et $e^{-1,26} = 0{,}2837$, permet de calculer les fréquences théoriques d'une loi de Poisson de moyenne 1,26 ; ce sont cent fois les valeurs :

$$p_0 = 0{,}28\ ;\ p_1 = 0{,}36\ ;\ p_2 = 0{,}23\ ;\ p_3 = 0{,}09\ ;\ p_4 = 0{,}03\ ;\ p_5 = 0{,}01$$

(cette dernière valeur est en réalité la différence entre 1 et la somme des autres p_n jusqu'à p_4).

Employons, par exemple, le test du χ^2 de Pearson, qui s'applique à des classes dans lesquelles le nombre d'événements attendus est au moins de l'ordre de 5 (il suffit de regrouper les deux dernières classes pour satisfaire grossièrement à cette exigence).

Ce test consiste à calculer les carrés des différences entre les fréquences théoriques de la loi à vérifier et les fréquences observées, puis à diviser chacun de ces carrés par la fréquence théorique de la clase à laquelle les fréquences sont relatives.

$$\chi^2 \text{ calculé} = \Sigma\, \Delta^2/f_{th}$$

n	Fréquences observées (f_n)	Fréquences théoriques (f_{th})	$\lvert\Delta\rvert$	Δ^2	Δ^2/f_{th}
0	29	28	1	1	0,0357
1	34	36	2	4	0,1111
2	24	23	1	1	0,0435
3	9	9	0	0	0
>4	4	4	0	0	0
					0,1903

Le nombre de degrés de liberté du système est $d = c - 1 - p$, c étant le nombre de classes (ici : 5) et p le nombre de paramètres de la loi théorique tirés de l'observation (ici : 1, la moyenne) ; on a donc : $d = 5 - 1 - 1 = 3$.

Or, en se reportant à une table des χ^2, on trouve, pour 3 degrés de liberté :

$$\chi^2_{0,95} = 0,352 \ .$$

Comme le χ^2 calculé (0,19) est inférieur à cette valeur, l'analyste décide d'admettre que le phénomène observé suit une loi de Poisson.

La conclusion à tirer de l'étude des arrivées est qu'elles se font "à la Poisson", avec un taux de $\frac{1,26}{5} \approx 0,25$ arrivée par minute.

Remarque. Lorsque, pour le même nombre de degrés de liberté, le χ^2 calculé avec les données de l'expérience, moyennant l'hypothèse que celles-ci suivent telle ou telle loi théorique, est comparé aux valeurs inscrites sur la même ligne de la table, la valeur calculée se situe entre deux valeurs du tableau, lues dans des colonnes adjacentes, p_1 et p_2 ($p_1 > p_2$). Cela veut dire que, si la variable suivait la loi théorique envisagée, la probabilité d'obtenir un écart dû au hasard supérieur au χ^2 calculé serait supérieure à p_2.

Si la valeur p_2 est très petite (disons, inférieure à 0,05), l'hypothèse est très peu vraisemblable ; si, au contraire, elle est très grande (disons, par exemple, supérieure à 0,50), l'hypothèse est vraisemblable.

Entre ces deux valeurs, y a-t-il place pour une hypothèse "assez vraisemblable" ou, du moins,"n'introduisant pas de contradiction dangereuse" ? Selon les raisons qu'on a d'être exigeant, on fixe quelquefois le seuil de rejet à 0,10, voire 0,20 ; en recherche opérationnelle, il n'est pas rare qu'on soit beaucoup plus exigeant que cela. A l'inverse, certains se méfient des χ^2 calculés inférieurs à $\chi^2_{0,98}$ ou, a fortiori , $\chi^2_{0,99}$ et rejettent l'hypothèse, car les résultats sont jugés "trop bons pour être honnêtes", les écarts dus au hasard devant, la plupart du temps, être plus importants. Nous nous garderons d'adopter systématiquement ce point de vue. A moins d'avoir de sérieuses raisons de douter des données collectées, il est rare qu'on repousse, en recherche opérationnelle, une hypothèse donnant un excellent χ^2 ; le cas est d'ailleurs assez rare !

Les seuils indiqués plus haut sont arbitraires. Mais, en tout cas, avant chaque test, il convient de se donner, a priori, le seuil d'acceptation.

b) Etudes des services.

A cent reprises, consécutives ou non, mais prises dans la période stationnaire, on relève la durée du service, c'est-à-dire le temps passé par un client au guichet.

Supposons que les résultats obtenus soient les suivants :

Durée des services	Nombre de services observés	Durée des services	Nombre de services observés
< 1 mn	23	de 7 à 8 mn	5
de 1 à 2 mn	20	- 8 - 9 -	3
- 2 - 3 -	14	- 9 - 10 -	2
- 3 - 4 -	12	- 10 - 11 -	2
- 4 - 5 -	9	- 11 - 12 -	1
- 5 - 6 -	5	> 12	0
- 6 - 7 -	4		

La moyenne est ici :

$$\frac{1}{100}(0,5 \times 23 + 1,5 \times 20 + 2,5 \times 14 + 3,5 \times 12 + 4,5 \times 9 + 5,5 \times 5 + 6,5 \times 4 + 7,5 \times 5 + 8,5 \times 3 + 9,5 \times 2 + 10,5 \times 2 + 11,5 \times 1) = 3,27 \text{ mn} .$$

Le nombre de clients servis par minute est donc :

$$\frac{1}{3,27} \approx 0,30 .$$

On fait alors l'hypothèse que la loi des services est une loi exponentielle,

$$0,30 \, e^{-0,30 \, t} ,$$

de taux : $\mu = 0,30$.

Se ramenant au centre des classes : 0,5 ; 1,5 ; 2,5 ; etc., et réduisant à huit classes (6 degrés de liberté), on a $\chi^2_{calculé} = 0,906$; le $\chi^2_{0,95}$, lu dans la table, s'élève à 1,635 et l'analyste décide d'admettre qu'il a bien une loi exponentielle de taux : $\mu = 0,30$.

c) Premiers calculs.

Les formules données précédemment pour une station unique permettent de calculer :

- le nombre moyen de clients dans le système :

$$\bar{n} = \frac{\frac{\lambda}{\mu}}{1 - \frac{\lambda}{\mu}} = \frac{\frac{0,25}{0,30}}{1 - \frac{0,25}{0,30}} = \frac{0,25}{0,30 - 0,25} = 5 ;$$

- le temps moyen d'attente dans la file :

$$\bar{t}_f = \frac{\bar{n}}{\mu} = \frac{5}{0,30} = 16 \text{ mn } \frac{2}{3} .$$

On se rend compte que le temps perdu par les "clients" (les ouvriers de l'entreprise qui, pendant ce temps, ne prennent pas part à la production) est considérable; à 8 heures par jour et 0,25 client par minute, attendant chacun en moyenne $16 \frac{2}{3}$ mn, cela fait :

$$8 \times 60 \times 0,25 \times 16 \frac{2}{3} \text{ mn} = 33 \text{ h } \frac{1}{3} .$$

Pourtant, le guichetier n'est occupé que :

$$8 \times 60 \times 0,25 \times 3,27 \text{ mn} \approx 6 \text{ h } \frac{1}{2} .$$

d) Optimisation du nombre de guichetiers.

La "solution par les moyennes" consisterait pratiquement à adopter un nombre de guichetiers permettant d'assurer le service et l'on trouverait ainsi que l'unique préposé suffit à sa tâche.

La solution économique, fondée sur la recherche opérationnelle, a pour but d'établir un bilan total de l'opération qui consisterait à embaucher 1, 2, ... autres préposés (cette décision accroissant le coût de fonctionnement du service), en vue de diminuer le temps perdu par les ouvriers (ce résultat faisant réaliser un gain sur le temps total de travail, donc sur la production). Définir le nombre d'employés correspondant au bilan optimal est justement l'objet du problème.

Il ne faudrait surtout pas imaginer que si, par exemple, on double le nombre de guichetiers, le nombre moyen d'ouvriers dans la file diminuera de moitié et qu'en conséquence le temps d'attente sera également diminué de moitié.

Du reste, appelant S le nombre de stations (ici : le nombre de guichetiers), et Ψ le rapport $\frac{\lambda}{\mu}$, on a, d'après les résultats de la page 156 :

- probabilité d'une attente nulle (probabilité de l'absence de tout client dans le système :

$$p_0 = \frac{1}{\dfrac{\Psi^S}{S!\left(1 - \dfrac{\Psi}{S}\right)} + \sum\limits_{n=0}^{S-1} \dfrac{\Psi^n}{n!}} ;$$

- attente moyenne dans la file :

$$\bar{t}_f = \frac{\Psi^S}{\mu S S!\left(1 - \dfrac{\Psi}{S}\right)^2} \cdot p_0 ;$$

- nombre moyen de clients dans le système :

$$\bar{n} = \Psi[\mu \bar{t}_f + 1] .$$

On désigne, de plus, par $\bar{\rho}$ le taux moyen d'inactivité des stations.

Dans le cas qui nous occupe, on calcule facilement :

- pour S = 1,

$$p_0 = 1 - \Psi = 1 - 0{,}833 = 0{,}167 ;$$

- pour S = 2,

$$p_0 = \frac{1}{\dfrac{(0{,}833)^2}{2!\left(1 - \dfrac{0{,}833}{2}\right)} + 1 + \dfrac{0{,}833}{1\,!}} = 0{,}411 ;$$

- pour S = 3,

$$p_0 = \frac{1}{\dfrac{(0{,}833)^3}{3!\left(1 - \dfrac{0{,}833}{3}\right)} + 1 + \dfrac{0{,}833}{1!} + \dfrac{(0{,}833)^2}{2!}} = 0{,}432$$

On peut alors calculer aussi :

- pour S = 1, $\bar{t}_f = 16$ mn $\frac{2}{3}$, $\bar{\rho} = 0{,}167$;

- pour S = 2, $\bar{t}_f = 0{,}70$ mn , $\bar{\rho} = 1{,}167$;

- pour S = 3, $\bar{t}_f = 0{,}09$ mn , $\bar{\rho} = 2{,}167$.

Supposant alors que le coût de l'inactivité des employés représente le salaire (et les charges) correspondant à la durée de cette inactivité, soit, par exemple, 24 F de l'heure et que le temps perdu en attente par les ouvriers peut être évalué à 100 F de l'heure (compte tenu, cette fois, de la perte à la production), on obtient les coûts totaux suivants :

$$\text{pour } S = 1,\ \Gamma(1) = 120 \times 16\ \frac{2}{3} \times \frac{100}{60} + 480 \times 0,167 \times \frac{24}{60} = 3365,30 \text{ F}$$

$$\text{pour } S = 2,\ \Gamma(2) = 120 \times 0,70 \times \frac{100}{60} + 480 \times 1,167 \times \frac{24}{60} = 364,00 \text{ F}$$

$$\text{pour } S = 3,\ \Gamma(3) = 120 \times 0,09 \times \frac{100}{60} + 480 \times 2,167 \times \frac{24}{60} = 434,00 \text{ F}$$

On constate qu'il suffit de doubler le guichetier pour atteindre la perte minimale (il faudrait connaître le taux d'absentéisme des employés pour être à même d'examiner s'il ne serait pas plus rationnel, finalement, de prévoir trois préposés).

6. *CAS DU SYSTEME FERME*.

Reprenons encore les résultats du § A6 du chapitre IV, mais imposons maintenant au nombre d'unités dans le système d'être limité, par exemple, par le nombre N.

Bien entendu, le nombre de stations sera inférieur au nombre N, car, sans cela, il n'y aurait pas d'attente ; soit S ce nombre : $S < N$.

Nous nous intéresserons au cas où le taux de naissance est proportionnel, à tout instant, au nombre d'individus présents dans le phénomène à cet instant. Dans ces conditions :

$$p'_0(t) = -N\lambda p_0(t) + \mu p_1(t)$$

$$p'_1(t) = N\lambda p_0(t) - [(N-1)\lambda + \mu] p_1(t) + 2\mu p_2(t)$$

. . . .

$$p'_n(t) = (N-n+1)\lambda p_{n-1}(t) - [(N-n)\lambda + n\mu] p_n(t) + (n+1)\mu p_{n+1}(t) \quad \text{pour } 1 \leq n < S\ ;$$

$$p'_n(t) = (N-n+1)\lambda p_{n-1}(t) - [(N-n)\lambda + S\mu] p_n(t) + S\mu p_{n+1}(t) \quad \text{pour } S \leq n < N\ ;$$

. . . .

$$p'_N(t) = \lambda p_{N-1}(t) - S\mu p_N(t) \quad \text{pour } n = N\ .$$

Les calculs sont assez laborieux et font appel à l'analyse combinatoire. Ils donnent des résultats généraux difficilement exploitables. On remarque cependant que :

$$p_{N-1} = \frac{1}{\frac{\lambda}{\mu S}} p_N\ ,$$

en régime permanent, ce qui permet de remonter, de proche en proche toute la série des équations (les deux premières doivent évidemment donner le même résultat en p_0).

On préférera souvent se borner au calcul numérique.

Exemple. Un atelier dispose de cinq machines, tombant en panne au taux $\lambda = \frac{1}{3}$ par heure. On a un mécanicien et trois ouvriers. Le taux de service est $\mu = \frac{1}{2}$;autrement dit, il faut deux heures en moyenne au mécanicien pour réparer une machine. Le salaire, charges comprises, d'un mécanicien est 40 F l'heure. Lorsqu'un ouvrier est immobilisé la perte (salaire + charges + perte de production) est estimée à 100 F par heure. Ne vaudrait-il pas mieux augmenter le nombre de mécaniciens ?

1) Pour 5 machines et 1 mécanicien, on a, en regime permanent :

$$
\begin{aligned}
0 &= -\frac{5}{3}p_0 + \frac{1}{2}p_1 \\
0 &= \frac{5}{3}p_0 - (\frac{4}{3}+\frac{1}{2})\,p_1 + \frac{1}{2}p_2 \\
0 &= \frac{4}{3}p_1 - (1+\frac{1}{2})\,p_2 + \frac{1}{2}p_3 \\
0 &= p_2 - (\frac{2}{3}+\frac{1}{2})\,p_3 + \frac{1}{2}p_4 \\
0 &= \frac{2}{3}p_3 - (\frac{1}{3}+\frac{1}{2})\,p_4 + \frac{1}{2}p_5 \\
0 &= \frac{1}{3}p_4 - \frac{1}{2}p_5
\end{aligned}
$$

$$p_0 + p_1 + p_2 + p_3 + p_4 + p_5 = 1.$$

On en tire : $p_0 = \frac{81}{5711}$; $p_1 = \frac{270}{5711}$; $p_2 = \frac{720}{5711}$; $p_3 = \frac{1440}{5711}$; $p_4 = \frac{1920}{5711}$; $p_5 = \frac{1280}{5711}$.

Le mécanicien est inoccupé les $\frac{81}{5711}$ de la journée (c'est bien peu !), d'où un coût de : $\frac{81}{5711} \times 8 \times 40 = 4{,}55$ F.

Les ouvriers ne peuvent travailler pendant les laps de temps suivants :

- les trois pendant $\frac{1280}{5711}$ de la journée ;
- deux d'entre eux pendant $\frac{1920}{5711}$ de la journée ;
- l'un,enfin, pendant $\frac{1440}{5711}$ de la journée.

La perte totale journalière, par impossibilité de travailler, est donc :

$$(3 \times \frac{1280}{5711} + 2 \times \frac{1920}{5711} + \frac{1440}{5711}) \times 8 \times 100 = 1277{,}55 \text{ F.}$$

d'où un manque à gagner se montant à :

$$1277{,}55 + 4{,}55 = 1282{,}10 \text{ F par jour}$$

2) Dans les mêmes conditions, mais avec deux mécaniciens, on a :

$$
\begin{aligned}
0 &= -\frac{5}{3}p_0 + \frac{1}{2}p_1 \\
0 &= \frac{5}{3}p_0 - (\frac{4}{3}+\frac{1}{2})\,p_1 + p_2 \\
0 &= \frac{4}{3}p_1 - (1+1)\,p_2 + p_3 \\
0 &= p_2 - (\frac{2}{3}+1)\,p_3 + p_4 \\
0 &= \frac{2}{3}p_3 - (\frac{1}{3}+1)\,p_4 + p_5 \\
0 &= \frac{1}{3}p_4 - p_5
\end{aligned}
$$

$$p_0 + p_1 + p_2 + p_3 + p_4 + p_5 = 1 .$$

On en tire : $p_0 = \frac{81}{1391}$; $p_1 = \frac{270}{1391}$; $p_2 = \frac{360}{1391}$; $p_3 = \frac{360}{1391}$; $p_4 = \frac{240}{1391}$; $p_5 = \frac{80}{1391}$.

On obtient finalement un manque à gagner de 99,00 + 621,15 = 720,15 F par jour.

3) Essayons d'augmenter encore le nombre de mécaniciens. Le lecteur vérifiera sans peine que le manque à gagner remonte à 722,85 F par jour dans l'hypothèse où l'on a un effectif de trois mécaniciens.

Le problème est loin d'être complètement élucidé, car on pourrait penser aussi à faire varier le nombre d'ouvriers !

7. *PROBABILITE DE DEPASSER UNE CERTAINE ATTENTE.*

Revenons au cas d'un système ouvert à S stations. La probabilité d'attendre, soit $\Pr\{T > 0\}$, est évidemment égale, pour une unité quelconque, à $\Pr\{n \geq S\}$, c'est-à-dire à la probabilité pour que toutes les stations soient occupées.

On a :
$$\Pr\{T > 0\} = \sum_{n=S}^{\infty} p_n = \sum_{n=S}^{\infty} \frac{1}{S^{n-S}\, S!}\left(\frac{\lambda}{\mu}\right)^n \cdot p_0$$

$$= \frac{1}{S!}\left(\frac{\lambda}{\mu}\right)^S \left[1 + \frac{\lambda}{\mu S} + \ldots\right] p_0 = \frac{1}{S!\left(1 - \frac{\lambda}{\mu S}\right)}\left(\frac{\lambda}{\mu}\right)^S \cdot p_0$$

et d'ailleurs $\overline{t}_f = \dfrac{\Pr\{T > 0\}}{\mu\left(1 - \frac{\lambda}{\mu S}\right)}$, car $\mu\left(1 - \frac{\lambda}{\mu S}\right)$ est le temps d'attente moyen des clients dont l'attente est non nulle.

La probabilité d'attendre pendant un temps T, compris entre t et t + dt n'est autre que :

$$f(t)\, dt = \Pr\{t \leq T < t + dt\} = \sum_{n=0}^{\infty} p_N \Pr\{t \leq T < t + dt \mid N = n\}$$

Or, la probabilité pour que l'attente soit non nulle est nulle jusqu'à $N = S - 1$. D'autre part, pour $N = S$, la probabilité pour que T soit compris entre t et t + dt est le produit de la probabilité pour qu'aucune fin de service n'ait lieu jusqu'à T par la probabilité pour qu'une fin de service ait lieu dans l'intervalle [t,t + dt], soit :

$$\Pr\{t \leq T < t + dt \mid N = S\} = e^{-\mu S t} \cdot \mu S\, dt\ ;$$

en effet S stations débitent, au taux μ.

On calculerait de même :

$$\Pr\{t \leq T < t + dt \mid N = S + 1\} = \mu S t\, e^{-\mu S t}\, \mu S\, dt\ ;$$

etc.,

$$\Pr\{t \leq T < t + dt \mid N = S + n\} = e^{-\mu S t} \frac{(\mu S t)^{N-S}}{(N-S)!}\, \mu S\, dt\ .$$

Par suite, on obtient :

$$f(t)\, dt = \sum_{n=0}^{\infty} p_N \Pr\{t \leq T < T + dt \mid N = n\} = \sum_{N=S}^{\infty} \frac{1}{S^{N-S} S!}\left(\frac{\lambda}{\mu}\right)^N p_0 \frac{(\mu S t)^{N-S}}{(N-S)!}\, \mu S\, e^{-\mu S t}\, dt$$

$$= \sum_{N=S}^{\infty} \frac{\left(\frac{\lambda}{\mu}\right)^S}{S!} p_0 \frac{(\lambda t)^{N-S}}{(N-S)!}\, \mu S\, e^{-\mu S t}\, dt = \frac{\left(\frac{\lambda}{\mu}\right)^S}{S!}\, p_0\, \mu S\, e^{-(\mu S - \lambda)t}\, dt$$

$$= \frac{\left(\frac{\lambda}{\mu}\right)^S}{S!\left(1 - \frac{\lambda}{\mu S}\right)}\, p_0\, (\mu S - \lambda)\, e^{-(\mu S - \lambda)t}\, dt = \Pr\{T > 0\} \cdot (\mu S - \lambda)\, e^{-(\mu S - \lambda)t}\, dt\ .$$

On voit ainsi que : $Pr\{T \geq t\} = Pr\{T > 0\}.\ e^{-(\mu S-\lambda)\,t}$ et l'on calcule que :

$$F(t) = Pr\{T \leq t\} = 1 - Pr\{T > 0\}\ e^{-(\mu S-\lambda)t}.$$

Les deux dernières formules sont d'usage courant dans les calculs de files d'attente.

8. *NOTATION DE KENDALL D'UNE FILE D'ATTENTE.*

On note A/B/S (N) (discipline),une file d'attente où A est le code de la loi des arrivées, B, celui de la loi des services ; S est le nombre de guichets (tous identiques),fonctionnant en parallèle; N désigne le nombre maximal de clients admis dans le système (il est infini si cette indication est omise) ; puis on précise la discipline du service sauf si elle est : "Premier Arrivé, Premier Servi", auquel cas on l'omet. Les codes employés pour A et B sont : M qui désigne des lois markoviennes,c'est-à-dire : pour des arrivées, une loi de Poisson ; pour des services, une loi exponentielle ; E_k, pour une loi d'Erlang-k ; H_r, pour une loi hyper-exponentielle d'ordre r; D (pour déterministe), pour des arrivées régulièrement espacées d'un temps $1/\lambda$ ou pour des services de durée constante $1/\mu$; G, pour une loi générale (quelconque,incluant donc les précédentes).

Ainsi les notations des files étudiées ci-dessus sont: M/M/1 (P.152-5), M/M/S (P.155-61), M/M/S/N (p. 161-2). Enfin, la formule de Little : $\bar{n} = \lambda.\bar{t}$ est valable dans le cas G/G/S téndis que la formule: $\bar{n} = \mu.\bar{t}_f$ ne l'est que dans le cas G/M/1. Dans tous les cas envisagés, la discipline du service était "P.A.P.S." ("F.I.F.O").

9. *BREVE NOTE SUR LES METHODES DE CONSERVATION* (1)

Conservation des clients (cas G/G/1) : en régime permanent (donc si $\lambda < \mu$), le taux λ des arrivées dans le système égale, intuitivement, le taux des sorties du système (puisqu'il ne s'y produit ni accumulation infinie ni génération spontanée de clients); or, le taux de ces sorties n'est autre que le produit du taux de service μ par la probabilité $1 - p_0$ pour que le système ne soit pas vide ce clients (donc que le guichet serve); l'égalité des taux d'arrivées et de sorties s'écrit : $\lambda = \mu\cdot(1-p_0)$, d'où la formule (valable dans le cas très général G/G/1) :

$$p_0 = 1 - \lambda/\mu.$$

Dans le cas G/G/S, si $\bar{g}$ est le nombre moyen de guichets occupés (supposés tous de même taux μ), le taux des sorties vaut : $\bar{g}$; d'où : $\lambda = \mu\cdot\bar{g}$, soit $\bar{g} = \lambda/\mu$ et $\bar{\rho} = S - \lambda/\mu$.

Conservation du flux de transition : voir p. 132. On peut souvent modéliser un phénomène d'attente par un processus de Markov, dont l'étude est facilitée par l'application du théorème des coupes.

Conservation de l'ancienneté. Les trois formules de Little :

$$\bar{n} = \lambda\cdot\bar{t}\ , \qquad \bar{\nu} = \lambda\cdot\bar{t}_f\ , \qquad \bar{g} = \lambda/\mu \qquad (\text{car} : \bar{n} = \bar{\nu} + \bar{g}),$$

valables dans le cas G/G/S, peuvent s'interpréter comme l'invariance de l'ancienneté, c'est-à-dire du cumul des temps passés dans le système (resp. dans la file, resp. au guichet) par les clients qui y sont présents à une époque t du régime permanent, ceci en moyenne et pour une tranche de temps [t, t + h].

Voici une justification intuitive de : $\bar{n} = \lambda\cdot\bar{t}$; en régime permanent, un client, lors de son arrivée, trouve en moyenne $\bar{n}$ clients déjà présents dans le système, et il y passera un temps moyen $\bar{t}$ (attente et service) ; si l'on peut définir un taux d'arrivées λ, pendant ce temps $\bar{t}$ arriveront en moyenne $\lambda\cdot\bar{t}$ autres clients : ce sont ceux laissés par ce client, dans le système, lors de son départ ; intuitivement, le nombre moyen de clients laissés $(\lambda\cdot\bar{t})$ égale le nombre moyen de clients trouvé à l'arrivée $(\bar{n})$.

---

(1) Voir B. LEMAIRE. *Contribution à l'étude des systèmes avec attente : les méthodes de conservation*. Thèse de Doctorat d'Etat, Université Pierre et Marie Curie,juin 1978.

chapitre VII. VERS UNE GESTION SCIENTIFIQUE DES STOCKS

Ce pourrait être le chapitre *économiquement* le plus important de tous. En effet, quel gaspillage énorme une mauvaise gestion de stocks n'entraîne-t-elle pas ! Mais la confusion règne : par nécessité, on a toujours géré les stocks ; lorsque l'informatique a fait son apparition, une des premières démarches a consisté à partager avec l'ordinateur les travaux de gestion ; un peu plus tard, on s'est aperçu que le programme de l'ordinateur pouvait, dans certains cas, suppléer le gestionnaire : c'est ainsi qu'ont été conçus certains "paquets" de programmes prérédigés, dont le rôle est, en particulier, de procéder à l'édition de commandes de réapprovisionnement lorsque l'application de la règle de gestion l'exige.

Petit à petit, certains informaticiens en sont venus à la *gestion automatique des stocks*, qui, a priori, n'a pas de raison spéciale d'être une gestion scientifique (c'est-à-dire visant une certaine optimalité), sauf si la règle de réapprovisionnement est scientifiquement fondée et utilisée à bon escient.

Le malheur est que plus un "paquet" de programmes prérédigés est "universel", moins la règle a de chances d'être "scientifique". C'est ainsi que de grandes entreprises commerciales ont géré approximativement selon la loi de Gauss-Laplace des rayons où les ventes étaient plutôt poissonniennes !

En fait, une *bonne gestion* de stocks nécessite une *bonne prévision* des demandes de la clientèle. Les vieilles et solides méthodes d'analyse des séries statistiques ont été quelque peu bousculées par l'informatique ; de plus en plus, on a tendu à ne conserver du passé, pour alléger mémoires et calculs, qu'un seul résultat ; d'où l'apparition des méthodes de lissage exponentiel et, très souvent, de sérieux mécomptes. Toutefois, il faut reconnaître que la méthode de lissage exponentiel auto-adaptatif de d'Herbemont et Péguy a, dès 1965, apporté une solution convenable au problème.

Nous n'étudierons pas la prévision, qui appartient plutôt aux statistiques qu'à la recherche opérationnelle. Nous concentrerons donc nos efforts sur l'étude de quelques modèles qui peuvent aider à concevoir une *gestion scientifique*.

Historiquement, les études les plus anciennes sur les "séries économiques" semblent remonter à la première guerre mondiale et sont dues à un ingénieur de la Société Westinghouse, F. Harris (1915). Mais la méthode aurait peut-être été oubliée si la grande crise, qui éclata aux Etats-Unis en 1929, n'était venue rappeler l'intérêt qu'il y a à gérer les stocks au moindre coût. C'est dans la revue d'Harvard que Wilson publia un article qui eut un tel retentissement que le modèle des séries économiques porte désormais le nom de Wilson.

1. GENERALITES SUR LES PROBLEMES DE STOCKS.

Dans la plupart des problèmes de stock, on étudie l'évolution d'une quantité Q (la quantité en stock), qui diminue de quantités discrètes q_1, q_2, q_3,..., à des dates t_1, t_2, t_3, ... (figure 1.VII); c'est le cas de marchandises, même en vrac, qui sont commandées par des clients (le mot commande et le mot client sont entendus au sens large, car il peut très bien se faire qu'un stock évolue de façon interne dans une entreprise, un service de l'entreprise étant le client d'un autre). Il est rare, mais cela se présente aussi, que l'évolution du stock n'affecte pas la forme d'une courbe en escaliers : ce serait le cas de l'eau d'un barrage, dont des

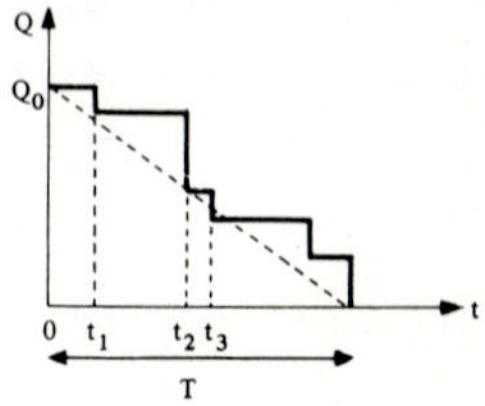

Figure 1.VII

quantités variables sont turbinées pour fournir de l'énergie électrique.

De toutes manières, une première idée simplificatrice consiste à définir une *consommation moyenne* $c = \frac{Q_0}{T}$, qui représente, en valeur absolue, la pente de la *droite de consommation*.

Gérer un stock, c'est évidemment définir des règles de réapprovisionnement (date de commande et quantité à commander), de manière que le coût de gestion soit minimal, compte tenu de la nécessité d'être le moins souvent possible en rupture de stock.

Nous avons déjà écrit plus haut (A1, ch. IV) que, dans cette optique, nous aurions à réaliser un compromis entre le coût d'entretien d'un stock important, assurant une faible pénurie, et le montant des pénalités (directes ou indirectes) engendrées par le choix d'un stock trop léger.

Une première manière d'aborder le problème a néanmoins consisté à négliger, dans un premier temps, l'influence de la pénurie, d'autant plus qu'il s'agissait, avant tout, de résoudre un problème de fonctionnement de la production, dont l'aspect "industriel" prévalait sur l'aspect "commercial".

2. LE "MODELE" DE WILSON.

Si l'on admet, en effet, que la consommation est constante et le réapprovisionnement instantané, il est facile, pour une période de gestion donnée, de définir la fréquence optimale des réapprovisionnements. Bien qu'il s'agisse d'un modèle *déterministe* et quelque peu dépassé, il n'est pas inutile de le décrire, ne serait-ce que pour apprécier comparativement les progrès réalisés depuis en matière de gestion scientifique des stocks.

Imaginons donc qu'on ait réussi à définir une consommation par unité de temps, constante, c, et à mesurer les coûts de gestion, qui seront partagés en deux catégories : a) coût d'entretien du stock (y compris le taux du capital immobilisé), γ_s, par quantité unitaire (par exemple, par article ou par tonne) et par unité de temps ; b) coût de réapprovisionnement (coût des travaux de bureau et d'atelier) attaché au lancement d'un réapprovisionnement, γ_ℓ, ce coût pouvant être considéré comme indépendant de la quantité commandée. Soit alors à surveiller la gestion d'un stock pendant une période Θ. Il est évident qu'on n'a probablement pas intérêt à approvisionner en une seule fois la quantité $\Theta.c$ qui sera consommée pendant la période de gestion, car, si cette méthode n'occasionne qu'une seule dépense γ_ℓ, elle entraîne, pour un stock moyen $\frac{\Theta.c}{2}$, une dépense d'entretien $\gamma_s \cdot \frac{\Theta.c}{2} \cdot \Theta$, qui risque d'être très élevée.

Soient donc n périodes de durée θ, telles que $n.\theta = \Theta$ et une gestion limitée à une quantité q pour chacune de ces périodes (figure 2.VII).

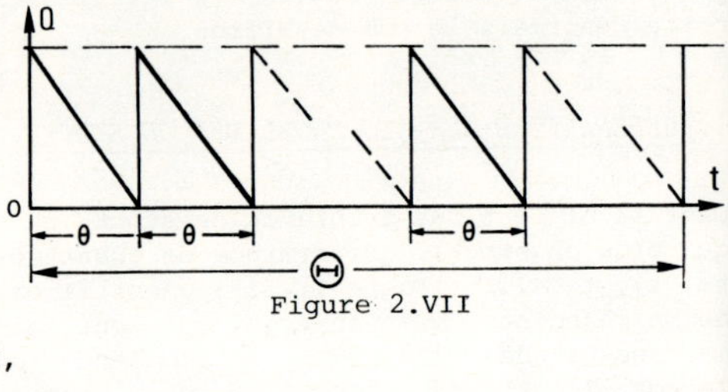

Figure 2.VII

Pendant chaque période θ, le stock moyen est de q/2 et son coût d'entretien s'élève donc à : $q/2.\gamma_s.\theta$. Comme il y a n périodes, le coût total d'entretien du stock, pour la durée Θ, sera :

$$n \cdot \frac{q}{2} \cdot \gamma_s . \theta.$$

D'autre part, le coût total de réapprovisionnement sera $n \cdot \gamma_\ell$, puiqu'il y aura n réapprovisionnements pendant Θ.

Le coût global s'élève donc à :

$$\Gamma = n \cdot \frac{q}{2} \cdot \gamma_s \cdot \theta + n \cdot \gamma_\ell .$$

Mais on a : $n = \frac{\Theta}{\theta} = \frac{\Theta . c}{q}$, puisque, d'une part, il y a n périodes θ pendant Θ et, d'autre part, la quantité $n \cdot q$ doit être égale à la consommation $\Theta \cdot c$ pour la période Θ.

Remplaçant $n \cdot \theta$ par Θ et n par $\frac{\Theta . c}{q}$ dans l'expression de Γ, on obtient :

$$\Gamma(q) = \Theta \cdot \frac{q}{2} \cdot \gamma_s + \frac{\Theta . c}{q} \cdot \gamma_\ell$$

et l'on voit que la fonction Γ ne contient plus qu'une variable : q.

On calcule alors :

$$\frac{d\Gamma}{dq} = \frac{\Theta}{2} \cdot \gamma_s - \frac{\Theta . c}{q^2} . \gamma_\ell ,$$

d'où :

$$\frac{d\Gamma}{dq} = 0 \text{ pour } q^2 = 2c \frac{\gamma_\ell}{\gamma_s}$$

et la valeur de q, correspondant à l'extremum (qui est un minimum) :

$$q^* = \sqrt{2c. \frac{\gamma_\ell}{\gamma_s}} .$$

En appelant Q la quantité $\Theta . c$, on écrit aussi :

$$q^* = \sqrt{2 \frac{Q}{\Theta} \cdot \frac{\gamma_\ell}{\gamma_s}}$$

et l'on peut aisément obtenir :

$$\Gamma^* = \Theta \sqrt{2c \cdot \gamma_\ell \cdot \gamma_s} = \sqrt{2Q \cdot \Theta \cdot \gamma_\ell \cdot \gamma_s} .$$

Il est facile de se rendre compte de la signification de ce calcul. En revenant à l'expression de Γ en fonction de q, on constate que Γ est la somme d'une fonction linéaire de q, dont le graphe représentatif passe par l'origine, et d'une fonction de la forme A/q, représentée par un arc d'hyperbole (figure 3.VII). La courbe représentative de Γ est donc asymptote à l'hyperbole pour les petites valeurs de q et asymptote à la droite pour les grandes valeurs de q.

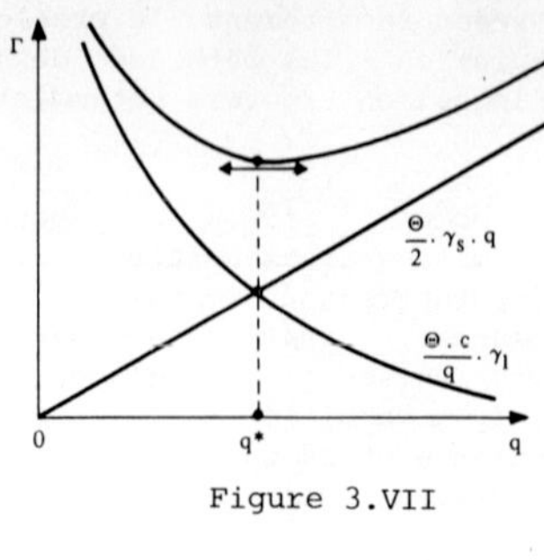

Figure 3.VII

Le minimum est atteint lorsque :

$$\frac{\Theta}{2} \cdot \gamma_s \cdot q = \frac{\Theta . c}{q} \cdot \gamma_\ell$$

c'est-à-dire, pour :

$$q^* = \sqrt{2c \cdot \frac{\gamma_\ell}{\gamma_s}}$$

Remarques :

1. On a :

$$n^* = \frac{\Theta . c}{q^*} = \frac{\Theta . c}{\sqrt{2c \cdot \frac{\gamma_\ell}{\gamma_s}}} = \Theta \cdot \sqrt{\frac{c \cdot \gamma_s}{2\gamma_\ell}}$$

et l'on voit que $n^* > 1$ si $\frac{\gamma_\ell}{\gamma_s} < \frac{\Theta^2 c}{2}$, c'est-à-dire encore si $\gamma_\ell < \gamma_s \cdot \frac{\Theta^2 . c}{2}$.

On a donc intérêt à appliquer la formule dès que le coût total de stockage de la quantité $\Theta.c$ pendant Θ dépasse le coût de lancement, ce qui est vérifié dans la pratique.

2. On a cherché à améliorer la méthode en tenant compte d'un délai de réapprovisionnement et de l'étalement du réapprovisionnement.

3. Il est évident que, si la durée Θ est longue, il est bon d'actualiser les dépenses.

3. *CRITIQUE DES MODELES CERTAINS.*

Mais le modèle décrit ci-dessus ne doit pas faire illusion. En effet, il est relatif à des conditions tout idéales, dont s'éloignent beaucoup celles de la pratique. On a admis, en effet, que le coût d'entretien γ_s , était simplement proportionnel au temps et à la quantité en stock ; on a imaginé que le coût du réapprovisionnement, γ_ℓ,était indépendant de la quantité réapprovisionnée ; ce sont déjà des suppositions très sujettes à caution. De plus, et surtout, on a considéré que la consommation était constante et le réapprovisionnement régulier, et, de ce fait, on n'a même pas eu à envisager le cas d'une rupture de stock.

Or, précisément, jamais la consommation n'est constante et ce sont les ruptures de stock qui inquiètent le gestionnaire.

Nous allons donc dépasser le point de vue étroit du modèle déterministe, pour tenir compte, autant que possible, des phénomènes aléatoires. Et alors, comme nous l'avons déjà indiqué au chapitre IV, nous serons amenés à établir un compromis entre des immobilisations et des frais de stockage d'autant plus élevés que le stock sera plus important, d'une part, et des pertes par rupture de stock d'autant plus grandes que le niveau du stock sera plus bas, d'autre part.

Les grandeurs aléatoires qu'on rencontre dans l'étude des problèmes de stock sont essentiellement la *demande* et le *délai de réapprovisionnement ;* c'est l'observation du passé qui permet de reconnaître les lois de probabilité auxquelles elles obéissent.Il arrive souvent que la demande, si elle est faible, suive une loi de Poisson et, si elle est forte, une loi normale. Mais elle peut être d'un autre type (eulérienne, binomiale négative, etc.). La loi du délai de livraison s'apparente quelquefois à une loi de Poisson, souvent à une loi B. Lorsque les lois auxquelles on aboutit ont une expression analytique, le problème peut être mis en équation, pourvu qu'on ait déterminé aussi les coûts qui interviennent : coût d'entretien du stock (coût de stockage, coût de l'immobilisation), coût de manipulation, coût de lancement (d'un réapprovisionnement, d'une fabrication), coût de rupture (appelé aussi coût de pénurie). Lorsqu'on ne trouve pas une expression analytique commode des lois de probabilité (ou lorsque la complexité des équations ne permet pas de résoudre aisément le problème), il reste la possibilité d'utiliser une méthode de simulation : les méthodes de simulation sont abordées dans le chapitre suivant (dans lequel on trouvera notamment un exemple adapté à une gestion de stock).

Tous les éléments du problème peuvent être tirés de la *comptabilité* ou des documents qui ont servi à la dresser : mouvements journaliers de marchandises sorties (dates et quantités vendues, compte tenu des rendus sur ventes, permettant *l'analyse de la demande,* à condition qu'on ait enregistré aussi les commandes non satisfaites par suite de pénurie momentanée), mouvements journaliers des marchandises entrées (dates et quantités, pour *l'étude du délai de réapprovisionnement,* à condition qu'on puisse comparer, numéro par numéro, la date d'émission de la commande et la date de rentrée en stock), comptes de frais (permettant l'évaluation des divers coûts), etc.

L'un des coûts les plus difficiles à déterminer est le *coût de rupture* (appelé aussi *coût de pénurie).* Parfois, notamment s'il s'agit de l'exécution d'un marché, le coût de pénurie résulte du contrat. Plus souvent, il provient de l'évaluation des "conséquences de la rupture de stock" : par exemple, l'absence d'un stock de pièces de rechange peut contraindre un fournisseur à prêter au client une machine en état de fonctionnement ou bien à lui verser une indemnité compensatrice de l'arrêt de son matériel

Plus souvent encore, la détermination du coût de rupture fait intervenir des éléments difficiles à chiffrer, comme l'infidélité, la désaffection de la clientèle. Observons qu'il n'est pas facile de traduire en nombres la contre-publicité qu'on se fait en tolérant une certaine proportion de demandes non satisfaites.

Quoi qu'il en soit, l'étude a pour but de fixer la règle de réapprovisionnement et cette règle est simplement constituée par les réponses aux deux questions : quand doit-on réapprovisionner ? quelle quantité réapprovisionner ?

Par exemple, la phrase : "il faut réapprovisionner lorsque le stock restant (compte tenu des commandes en cours) tombe au-dessous de la quantité 100 et la quantité à réapprovisionner doit être la différence entre le stock maximal et le stock restant" constitue une règle de réapprovisionnement.

Pour aborder le problème, il est bon d'examiner quelques modèles de réapprovisionnement, qu'on peut qualifier de méthodes "pas à pas".

4. *MODELES PAS A PAS.*

Il est intéressant de considérer tout d'abord les systèmes dans lesquels on reconstitue - ou l'on tente de reconstituer -, à chaque réapprovisionnement, un certain stock maximal (qui n'est pas nécessairement égal à la capacité maximale de stockage).

a. Système à période fixe.

La règle de réapprovisionnement est ici particulièrement simple, puisque les dates de réapprovisionnement sont fixées à l'avance. Il ne reste plus qu'à définir la quantité à réapprovisionner.

Si le réapprovisionnement est instantané, trois cas sont à considérer, puisqu'on part, à chaque début de période, du stock maximal (figure 4.VII) :

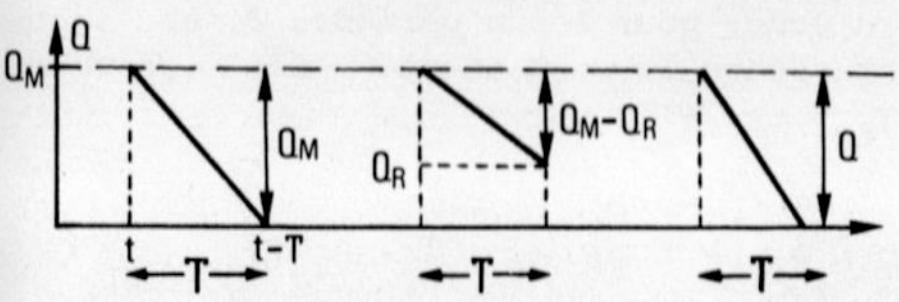

Figure 4.VII

1) si, pendant la période T, la consommation a été exactement égale au stock maximal (cas idéal), il n'y a pas eu de ventes perdues et la quantité à commander est exactement Q_M ;

2) si, pendant la période T, la consommation a été inférieure à Q_M, il n'y a pas eu de ventes perdues, il reste un certain stock final Q_R et la quantité à commander est égale à $Q_M - Q_R$;

3) si, pendant la période T, la demande a été supérieure à Q_M, il y a eu des ventes perdues et la quantité à commander est égale à Q_M.

N.B.- Le schéma pourrait se réduire à deux cas, le premier équivalant au second avec un stock résiduel $Q_R = 0$ ou au troisième avec une pénurie nulle.

Il est évident que, dans un tel système, la fixation de Q_M et T, seuls paramètres, dépend de la demande aléatoire et de la capacité maximale de stockage (qui est aussi une donnée du problème), ainsi que des coûts respectifs (coût d'entretien, coût de pénurie, coût de lancement).

Voyons ici comment pourrait se présenter une étude analytique. Appelons s le stock Q_M à déterminer, r la demande enregistrée pour une période T et $p_T(r)$ la probabilité d'une demande r pendant la période T, la demande étant supposée discrète (c'est-à-dire le stock ne pouvant varier que par quantités entières ; exemples : 1, 2, 3,..., objets ; 1, 2,..., n kilogrammes).

Durant une période telle que 1 (figure 5.VII), le stock moyen est $s - \frac{r}{2}$ et, si le coût d'entretien du stock est γ_s par unité de consommation et par unité de temps, le coût par période s'élèvera à :

$$\left(s - \frac{r}{2}\right) . \gamma_s . T .$$

Durant une période telle que 2, le stock moyen est $\frac{s}{2}$, mais seulement pendant un temps t_1 égal à $T - t_2$, et l'on a : $\frac{r-s}{t_2} = \frac{r}{T}$, d'où : $t_2 = \frac{r-s}{r} . T$ et

$$t_1 = T - \frac{r-s}{r} . T = T . \frac{s}{r} ;$$

d'où le coût d'entretien par période, égal à : $\frac{s}{2} . \frac{s}{r} . T . \gamma_s$. Mais il y a également un coût de pénurie γ_p par unité de consommation et par unité de temps et, avec une pénurie moyenne de $\frac{r-s}{2}$, pendant t_2, on atteint un coût de pénurie par période se montant à :

$$\frac{r-s}{2} . \frac{r-s}{r} . T \cdot \gamma_p .$$

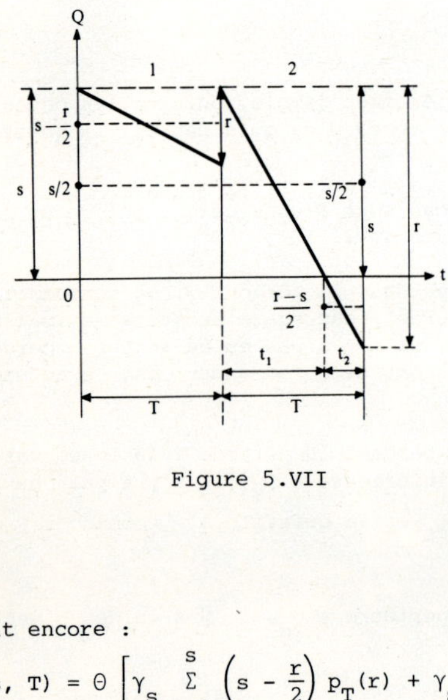

Figure 5.VII

Seulement, ces divers coûts sont affectés par la probabilité de la demande $p_T(r)$; le premier ne se présente que si $r \leq s$ (pour toutes les valeurs de r inférieures ou égales à s), les second et troisième que si $r > s$ (pour toutes les valeurs de r supérieures à s).

On a donc, pour les n périodes T, en ajoutant encore le coût total de lancement $n.\gamma_\ell$:

$$\Gamma = n \sum_{r=0}^{\infty} \left(s - \frac{r}{2}\right) . \gamma_s . T . p_T(r)$$
$$+ n \sum_{r=s+1}^{\infty} \frac{s^2}{2r} . \gamma_s . T . p_T(r)$$
$$+ n \sum_{r=s+1}^{\infty} \frac{(r-s)^2}{2r} . \gamma_p \cdot T \cdot p_T(r) + n \cdot \gamma_\ell$$

soit encore :

$$\Gamma(s, T) = \Theta \left[\gamma_s \sum_{r=0}^{s} \left(s - \frac{r}{2}\right) p_T(r) + \gamma_s \sum_{r=s+1}^{\infty} \frac{s^2}{2r} p_T(r) + \gamma_p \sum_{r=s+1}^{\infty} \frac{(r-s)^2}{2r} p_T(r) + \frac{\gamma_\ell}{T}\right]$$

Θ étant la durée totale de gestion.

Il est évidemment possible de déterminer une période T_0 de gestion, la plus petite à envisager, et de considérer ensuite les durées $2T_0$, $3T_0$, etc. pour calculer $p_{2T_0}(r)$, $p_{3T_0}(r)$,... en fonction de $p_{T_0}(r)$.

On obtient donc, pour une durée totale de gestion $\Theta = n_0 . T_0$, des coûts $\Gamma(s, T_0)$, $\Gamma(s, 2T_0)$, $\Gamma(s, 3T_0)$, etc., qui sont fonction de s. Rien n'empêche, au moins théoriquement de calculer les valeurs $\Gamma^*(s_1^*, T_0)$, $\Gamma^*(s_2^*, 2T_0)$, $\Gamma^*(s_3^*, 3T_0)$, etc., qui, pour un stock donné, constituent les minimums des coûts totaux.

Finalement, on pourra choisir s_k^* et kT_0, correspondant au minimum minimorum. On aura donc ainsi fixé le stock et la période de gestion optimaux.

Si maintenant le réapprovisionnement est différé d'un certain délai et si ce délai est fixe, on tombe notamment sur les cas ci-après :

a) A l'instant T - d, on extrapole la droite de consommation et elle vient couper la verticale de T en un certain point. Si ce point, tel A', est au-dessus de T, on commande à T - d la quantité Q_A, dont on imagine, si la consommation se poursuit, postérieurement à T - d, au même rythme, qu'elle recomplétera exactement le stock maximal à T, $T_{A'}$ étant le stock résiduel. Si le point d'intersection, tel B', est au-dessous de T, on commande, à T - d, la quantité Q_M ; on suppose, en effet, qu'on sera en pénurie, à partir d'une certaine date en T - d et T, donc que le stock résiduel sera 0 à T (figure 6a.VII).

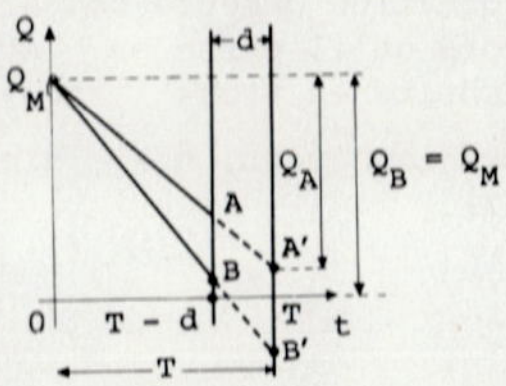

Figure 6a.VII

b) En réalité, quelle que soit la position du point d'intersection à T - d (sauf si la droite de consommation a déjà traversé l'axe des t, c'est-à-dire si l'on se trouve déjà en pénurie), si la consommation diminue suffisamment à partir de T - d, on risque, à T, d'obtenir un réapprovisionnement excédant, compte tenu du stock résiduel, le stock maximal (figure 6b.VII).

c) Si, au contraire, la consommation augmente suffisamment, on risque une pénurie inattendue ou une pénurie plus forte que celle qu'on avait prévue, et, si l'on avait attendu un stock résiduel à T, d'obtenir finalement un réapprovisionnement insuffisant (figure 6c.VII).

On voit que, si bien qu'on agisse, on n'élimine ni la possibilité d'une pénurie, ni l'éventualité d'un dépassement du stock maximal, lors de l'arrivée du réapprovisionnement.

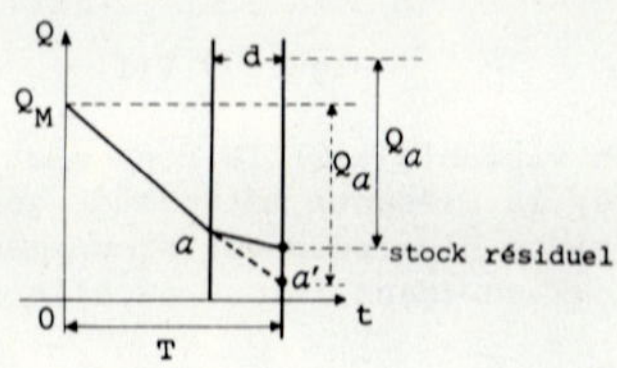

Figure 6b.VII

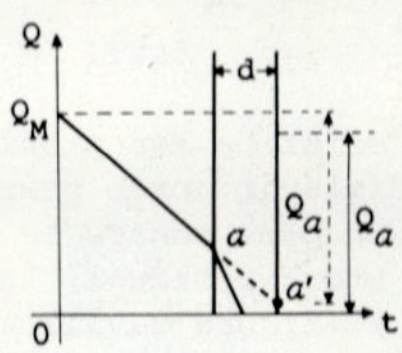

Figure 6c.VII

Mais le délai de réapprovisionnement d peut être aussi aléatoire.

Plutôt que d'énumérer toute la variété des situations qui pourraient se présenter, envisageons seulement le cas b précédent.

A T - d, extrapolant la droite de consommation, on a calculé la commande de recomplètement Q. En admettant que la consommation ait continué à suivre le même rythme, si le délai de réapprovisionnement s'est raccourci et s'est trouvé être d' < d, on dépasse le stock maximal à l'arrivée du réapprovisionnement; si au contraire, le délai s'est trouvé porté à d" > d, le stock Q_M n'est pas atteint lors du réapprovisionnement (figure 7.VII).

Toujours dans le même cas, si la droite de consommation s'est inclinée suffisamment, on a pu enregistrer une pénurie, même si le délai s'est raccourci ; si elle s'est relevée suffisamment, on a pu enregistrer un dépassement du stock maximal, même si le délai s'est allongé.

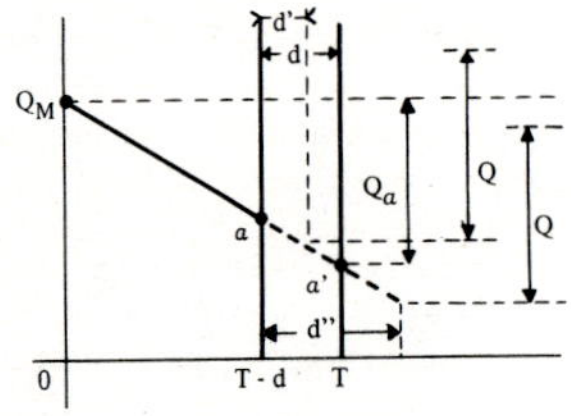

Figure 7.VII

De toutes manières, la détermination de la commande résulte ici de l'extrapolation de la droite de consommation, à l'époque T - d, d étant le délai moyen de réapprovisionnement.

Il est bien évident qu'un calcul analytique deviendrait extrêmement pénible, sinon inextricable.

b. Système à période variable.

Imaginons que, partant d'un certain stock initial Q_M, un gestionnaire surveille constamment la pente de la droite de consommation et calcule à chaque instant dans quel délai la quantité qui reste en stock sera épuisée, si la consommation demeure comparable à sa moyenne depuis le début de la période. Supposons alors qu'il passe sa commande de réapprovisionnement, égale à Q_M, au moment où la quantité en stock couvre exactement la consommation correspondant au délai de réapprovisionnement, d ; ainsi obtiendrons-nous une gestion à période variable (figure 8.VII).

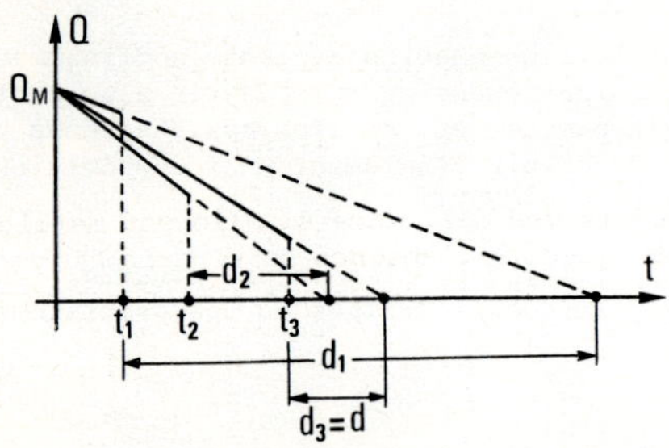

Figure 8.VII

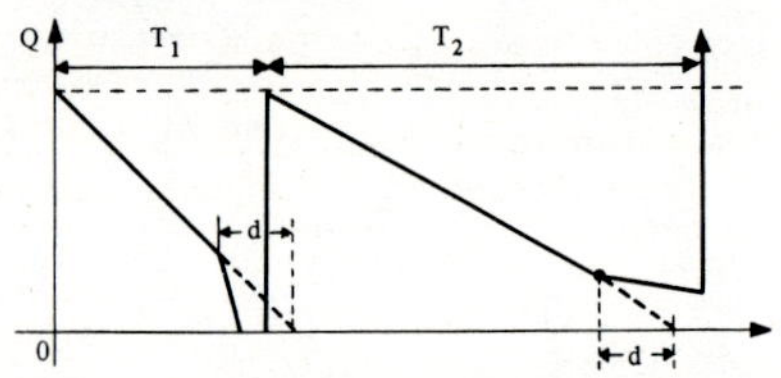

Figure 9.VII

Comme : 1) le délai de réapprovisionnement d est variable ; 2) la consommation peut augmenter ou diminuer après passation de l'ordre, la présente méthode de gestion ne garantit pas non plus contre la pénurie ou l'arrivée d'un réapprovisionnement, excédant, avec le stock résiduel, la capacité de stockage (dans le cas où elle serait égale au stock Q_M) (figure 9.VII).

5. STOCK D'ALERTE.

Comme l'importance du coût de pénurie conduit généralement à éviter une trop grande proportion de ventes perdues, la gestion à période variable s'accommode le plus souvent de l'introduction d'un niveau de stock, appelé *stock d'alerte*, destiné à permettre la détermination aisée du "point de commande" et, en même temps, à garantir le gestionnaire contre une pénurie trop grave.

Dans le modèle précédent, le stock d'alerte Q_0 est seulement égal à la consommation moyenne pendant le délai de réapprovisionnement de d jours.

Si l'on veut diminuer les risques de pénurie, il faut évidemment relever le stock d'alerte et le porter, par exemple, à Q_A, ce qui provoque une commande (figure 10.VII) à $\theta < T - d$, la droite de consommation franchissant effectivement l'horizontale Q_A à l'instant θ (c'est le point de commande).

Reste à savoir quelle quantité commander à cette date, étant donné que, si l'on commande Q_M, on risque fort, si la consommation continue au même rythme et si le délai d ne s'allonge pas, d'avoir un excédent à $\theta + d$.

Bien des solutions peuvent être proposées ; l'une d'elles consisterait à commander une quantité juste suffisante, selon les prévisions du moment, pour recompléter le stock à $\theta + d$, c'est-à-dire :

$$Q_M - (Q_A - Q_0) = Q_M + Q_0 - Q_A$$

Dans ces conditions, une méthode équivalente revient à surveiller constamment la droite de consommation et à prévoir à quelle date le stock tombera à Q_A (si la consommation se maintient au même rythme) ; soit θ_i l'échéance prévue : on commandera donc, à $\theta_i - d$, la quantité $Q_M - Q_A$, nécessaire au recomplètement du stock (figure 11.VII).

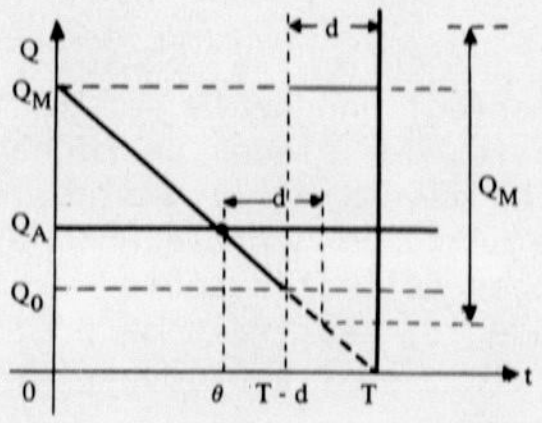

Figure 10.VII

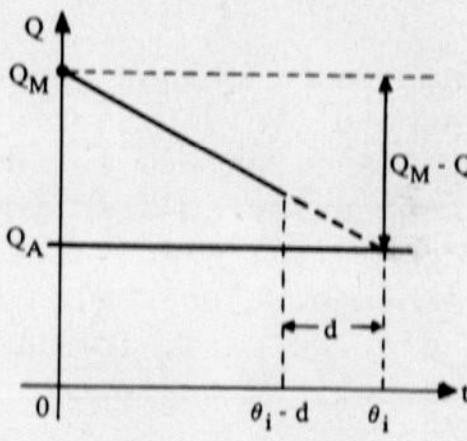

Figure 11.VII

Il serait facile de constater que la méthode envisagée ici, même si elle est meilleure que les précédentes, n'apporte aucune sûreté quant à l'absence de pénurie,ni quant à l'occurrence d'un excédent de stock, au moment de l'arrivée du réapprovisionnement.

En effet, il ne faut pas perdre de vue que la consommation et le délai de réapprovisionnement demeurent aléatoires.

Nous verrons plus loin que le stock d'alerte Q_A peut servir à la détermination directe du point de commande (comme dans la figure 10.VII) et, dans certains cas, être calculé pour assurer une certaine sécurité contre la pénurie.

Comme le problème serait vraiment très complexe à résoudre par voie analytique, on préfère, en général, avoir recours à une méthode de simulation pour fixer les paramètres du système, et notamment : 1) le stock d'alerte Q_A ; 2) la quantité fixe à réapprovisionner : $Q_M - Q_A$ (Q_M étant alors variable).

6. *STOCK DE SECURITE*.

Encore plus compliquée serait à étudier par voie analytique la méthode dite "des deux magasins" (two bins),qui paraît jouir d'une certaine faveur auprès de maints gestionnaires. On se rendra pourtant compte de son intérêt, au prix d'une simple description, et l'on se souviendra qu'il serait toujours possible d'en "tester" les paramètres au moyen d'un modèle de simulation.

Elle consiste essentiellement à définir deux niveaux de stock :

1) Q_c (niveau de commande), qui détermine le point de commande, par l'instant où la droite de consommation le franchit ;

2) Q_s (niveau de sécurité), qui entraîne des modifications de la politique de livraison , dès qu'il est atteint.

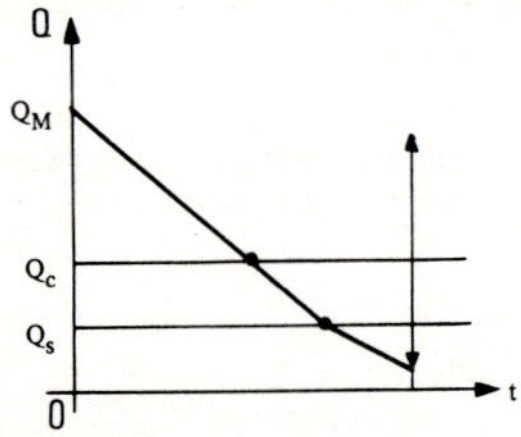

Figure 12.VII

On peut, par exemple, à partir de Q_s, ne livrer que des quantités inférieures aux commandes reçues ou ne livrer que les clients prioritaires, etc.

Cette méthode permet d'attendre plus commodément le réapprovisionnement en cours et limite les effets néfastes d'une longue pénurie.

7. *EXEMPLE DE CALCUL ANALYTIQUE.*

Un façonnier exécute chaque année, en petite série, des ensembles spéciaux, dont le modèle ne cesse d'évoluer, au fur et à mesure des perfectionnements de la technique. Il a noté que la clientèle lui demandait, par la suite, des pièces de rechange, absolument indispensables au fonctionnement des ensembles livrés et il désire, pour des raisons de commodité, exécuter en même temps que la série un certain nombre de ces pièces de rechange. L'entretien en stock de ces pièces délicates coûte relativement cher, mais, d'autre part, lorsqu'une pénurie se présente, les frais de prêt d'un ensemble de secours, de déplacement d'un mécanicien, etc., sont beaucoup plus élevés.

Intéressons-nous à l'une de ces pièces, dont la demande (évaluée pour la pièce correspondante des modèles antérieurs) s'établit comme suit :

Demande r (par ensemble construit)	0	1	2	3	4	5	6	>6
Probabilité p(r)	0,05	0,10	0,20	0,30	0,15	0,15	0,05	0

Imaginons que le coût de stockage d'une pièces confectionnée avec la série s'établisse à 50 F par pièce et par période (durée de vie d'un ensemble) et que le coût de pénurie soit estimé à 400 F par pièce et par période (1).

Sur la période T de la vie de l'ensemble, deux situations peuvent se présenter.

Ou bien le stock s a été supérieur à la demande r (figure 13.VII) et l'on aura entretenu un stock moyen $s - \frac{r}{2}$, soit une dépense égale à :

$$50 \sum_{r=0}^{s} \left(s - \frac{r}{2}\right) p(r),$$

p(r) étant la probabilité d'une demande r et toute demande inférieure ou égale à s devant être prise en considération.

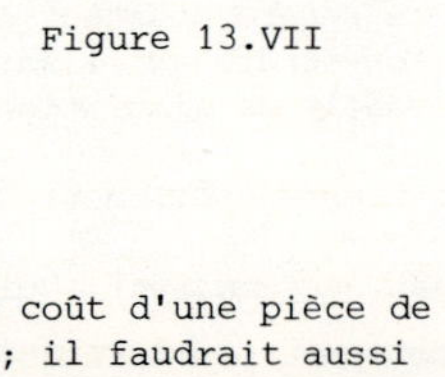

Figure 13.VII

(1) On pourrait tenir compte de la différence entre le coût d'une pièce de série et celui d'une pièce fabriquée spécialement, hors série ; il faudrait aussi envisager la perte qui advient lorsque le stock est excédentaire et que les pièces non utilisées, lorsque tous les ensembles qui les admettent sont réformés, doivent être jetées Nous ne le ferons pas, pour éviter de compliquer le problème.

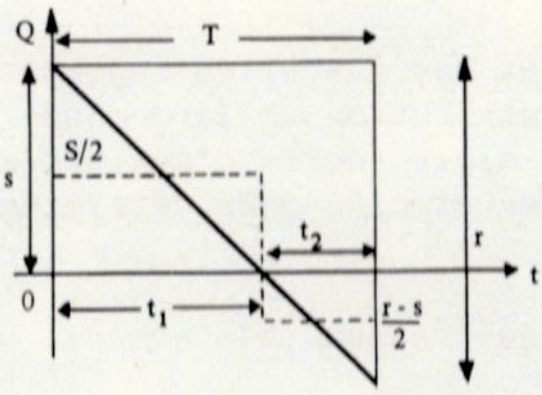

Figure 14.VII

Ou bien le stock s a été inférieur à la demande r (figure 24.VII) et l'on aura entretenu un stock $\frac{s}{2}$ pendant un temps t_1 égal à $\frac{s}{r}$ (triangles semblables) et subi une pénurie $\frac{r-s}{r}$ pendant un temps t_2 égal à $\frac{r-s}{r}$ (triangles semblables) et ceci avec la probabilité p(r) pour toute demande supérieure à s ou égale à la demande maximale, soit 6, d'où un coût total se montant à :

$$50 \sum_{r=s+1}^{6} \frac{s}{2} \cdot \frac{s}{r} \cdot p(r) + 400 \sum_{r=s+1}^{6} \frac{r-s}{2} \cdot \frac{r-s}{r} \cdot p(r) \cdot$$

Finalement, pour un stock s, le coût global s'élève à :

$$\Gamma(s) = 50 \sum_{r=0}^{s} \left(s - \frac{r}{2}\right) \cdot p(r) + 50 \sum_{r=s+1}^{6} \frac{s^2}{2r} \cdot p(r) + 400 \sum_{r=s+1}^{6} \frac{(r-s)^2}{2r} \cdot p(r)$$

On montre ([1]) que, si l'on appelle L(s) la fonction :

$$L(s) = \Pr\,(r \leq s) + \left(s + \frac{1}{2}\right) \sum_{r=s+1}^{6} \frac{p(r)}{r}$$

et si l'on désigne par ρ le rapport : $\rho = \frac{400}{400 + 50}$,

le stock optimal est s_0 , tel que :

$$L(s_0 - 1) < \rho < L(s_0).$$

Dressons le tableau de calculs convenable pour déterminer s_0 :

s	r	p(r)	p(r)/r	$\sum_{r=s+1}^{6} p(r)/r$	$\left(s+\frac{1}{2}\right)\sum_{r=s+1}^{6} p(r)/r$	Pr(r ≤ s)	L(s)
0	0	0,05	-	0,3758	0,18790	0,05	0,23790
1	1	0,10	0,10	0,2758	0,41370	0,15	0,66370
2	2	0,20	0,10	0,1758	0,43950	0,35	0,78950
3	3	0,30	0,10	0,0758	0,26530	0,65	0,91530
4	4	0,15	0,0375	0,0383	0,17235	0,80	0,97235
5	5	0,15	0,03	0,0083	0,04565	0,95	0,99565
6	6	0,05	0,0083	0	0	1	1
>6	>6	0	0	0	1	1	1

Dans le problème considéré, on a :

$$\rho = \frac{400}{400 + 50} = 0{,}888 .$$

Comme ρ se trouve compris entre 0,78950 et 0,91530, on en déduit que $s_0 = 3$.

([1]) Si la demande était continue, de densité f(r), on aurait :

$$\Gamma(s) = 50 \int_0^s \left(s - \frac{r}{2}\right) f(r)\,dr + 50 \int_s^6 \frac{s^2}{2r} f(r)\,dr + 400 \int_s^6 \frac{(r-s)^2}{2r} f(r)\,dr ,$$

d'où en annulant la dérivée par rapport à s, *borne d'intégration*, une valeur s_0, telle que: $s_0 \int_{s_0}^{6} \frac{f(r)}{r}\,dr + \int_0^{s_0} f(r)\,dr = \frac{400}{400 + 50}$ ou $\Pr(r \leq s_0) + s_0 \int_{s_0}^{6} \frac{f(r)}{r}\,dr = \frac{400}{400+50}$.
La règle ci-dessus s'en déduit sans difficulté.

8. REGLES CONCERNANT CERTAINES DEMANDES IMPORTANTES.

Lorsqu'il s'agit d'un article de vente courante, dont des quantités importantes sont écoulées pour satisfaire de nombreux clients, la distribution de la demande se rapproche très souvent de la distribution normale. Il est alors facile d'évaluer moyenne et écart-type et d'appliquer un certain nombre de règles simples pour déterminer le stock d'alerte.

Soit, par exemple, pour une période égale au délai de réapprovisionnement, une demande de moyenne 60 et d'écart-type 3.

Déclencher la commande de réapprovisionnement au moment où le stock atteint 60, c'est s'exposer, dans 50 % des cas, à tomber en pénurie avant l'arrivée du recomplètement du stock. La déclencher lorsque le stock dépasse la moyenne d'un écart-type, c'est-à-dire pour 60 + 3 = 63, c'est faire face à la demande dans 50 + 34,13 = 84,13 % des cas (figure 15.VII). Elever le stock d'alerte à 60 + 2 × 3 = 66, c'est se mettre en mesure de répondre à la demande dans

$$50 + 34,13 + 13,59 = 97,72\ \%$$

des cas.

Dans ces conditions, pour déterminer le point de commande, on se fixe le taux de pénurie toléré (sur l'ensemble d'une gestion) : 15,87 %; 2,28 % ; 0,13 %, et l'on ajoute à la consommation moyenne pendant le délai de réapprovisionnement une fois, deux fois ou trois fois l'écart-type. Pour les valeurs intermédiaires, il faut disposer de la table de la loi normale (fonction de répartition).

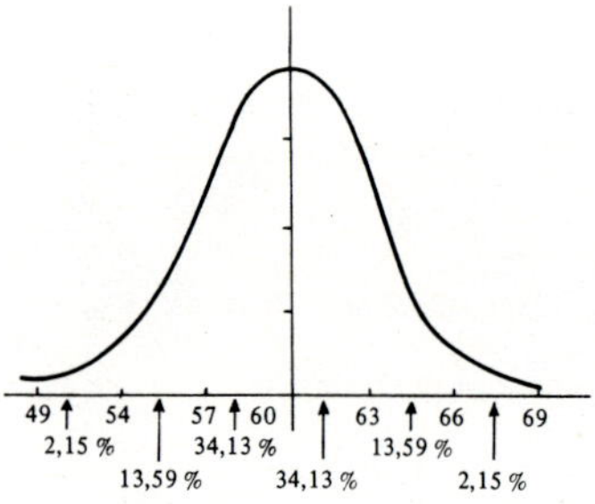

Figure 15.VII

Application. Calculons le niveau de réapprovisionnement pour que la probabilité de rupture de stock soit inférieure à 5 % dans le cas d'une loi normale de moyenne 700 par semaine et d'écart-type 50, si le délai de réapprovisionnement est d'une semaine.

On aura :

$$Q_A = \bar{r} + x_0\sigma,$$

$\bar{r}$ étant la demande moyenne durant le délai de réapprovisionnement, σ l'écart-type et x_0 la valeur de x telle que :

$$P(x) = \frac{1}{\sqrt{2\pi}} \int_{-\infty}^{x} e^{-\frac{u^2}{2}}\, du = 1 - 0,05 = 0,95 .$$

Il suffit de consulter une table de la loi normale réduite (fonction de répartition); on lit :

$$P(1,62) = 0,947;\ P(1,66) = 0,952 \text{ d'où } x_0 \approx 1,64 .$$

On obtient donc :

$$Q_A = 700 + 1,64 \times 50 = 782 .$$

On voit que cette méthode ne fait intervenir qu'un délai fixe de réapprovisionnement; or, on sait qu'en fait ce délai peut varier, lui aussi, d. des proportions parfois notables et qu'il suit rarement une loi normale.

Lorsqu'il varie peu, il n'y a pas d'inconvénient à adopter une valeur telle que les aléas paraissent suffisamment couverts ; s'il varie beaucoup, on tombe sur un nouveau problème.

Remarque. Les méthodes de programmation dynamique sont tout à fait adaptées à la résolution de certains problèmes de stock portant sur plusieurs périodes de gestion. Il n'y a pourtant pas lieu d'en faire une étude spéciale, les principes généraux trouvant tout naturellement leur application dans le domaine de la gestion dynamique des stocks.

chapitre VIII. MÉTHODES DE SIMULATION

Simulation. Le mot est à la mode. Et, pour peu que, dans une situation quelconque, le hasard entre en jeu, tout analyste peut être tenté par ce procédé dont le nom n'effarouchera pas, dont le programme pourra être exposé et compris sans difficulté.

A la vérité pourtant, non seulement une simulation ne concerne pas que les phénomènes stochastiques, mais encore il peut très bien se faire que, dans ce cas, elle ne soit pas l'instrument de choix de la recherche opérationnelle.

Est-ce la reine Didon, fondatrice de Carthage, en l'an 814 avant notre ère, qui, comme le veut la légende, pratiqua la première simulation pour résoudre le problème des isopérimétriques ? Plus sérieusement, l'histoire nous rapporte que G. Leclerc de Buffon, le célèbre naturaliste, simula en 1717 le calcul de π par le jet d'une aiguille et chacun sait que les statisticiens anglais du début du siècle ont commencé à faire usage de tables de nombres au hasard.

Quant à la simulation de gestion, ce serait le Suisse A. Galliker qui l'aurait inventée, avec sa *maison de commerce fictive,* dès 1926.

1. CARACTERES GENERAUX DES SIMULATIONS

"Simuler, verbe actif : Faire paraître comme réel ce qui ne l'est point", telle est la définition qu'on peut lire dans le Littré (1872). Substantivement, une *simulation* est l'action de simuler . Pendant longtemps, ce mot a été réservé à la langue juridique : on simulait une donation, pour échapper à certains droits de mutation. Il a été plus récemment pris en encore plus mauvaise part : un criminel simule la folie, pour se soustraire au châtiment.

Mais,après une excursion dans les pays de langue anglaise, le mot simulation nous est revenu chargé d'un autre sens et notamment (on n'oubliera pas la racine latine *simulare,* qui a donné aussi sembler et ressembler) celui d'une construction artificielle, destinée à imiter des phénomènes naturels ou dus à l'industrie de l'homme, avec une telle exactitude qu'on puisse se méprendre entre le réel et son modèle.

C'est dans ce sens que les études hydrauliques ou navales, exécutées dans les canaux ou bassins de carènes, sont des simulations : elles sont d'ailleurs appuyées sur des théorèmes de similitude (géométrique, mécanique, etc.). Plus récemment encore, on a utilisé : des *simulations de vol,* pour l'entraînement, à moindres frais, au pilotage; des simulateurs ou calculateurs *analogiques,* destinés à utiliser des réseaux électriques pour examiner le comportement d'autres objets physiques.

Le remplacement d'un calculateur analogique par un calculateur digital est justement l'une des dernières extensions des simulations et c'est cet aspect que nous retiendrons dans ce qui va suivre.

Il arrive bien souvent qu'on ne puisse pas construire le modèle analytique d'un phénomène économique, mais qu'on soit en revanche capable de le décomposer en événements élémentaires, dont les dates de réalisation sont dépendantes et qui peuvent être considérés comme connexes ou liés par des relations de cause à effet.

Par exemple, dans une gestion de stock, la demande d'un article est suivie soit de sa livraison, soit de l'aveu d'une pénurie. La livraison d'un article est suivie elle-même de la mise à jour du stock et, dans un système de réapprovisionnement à niveau de sécurité, du déclenchement d'une commande, s'il y a lieu. Etc.

On peut, par exemple, tracer un graphe ou organigramme (figure 1.VIII) des relations de succession entre ces divers événements élémentaires, qui se traduisent d'ailleurs par des inscriptions comptables ou para-comptables (figure 2.VIII).

En supposant connue une liste de demandes journalières, une liste des délais de réapprovisionnement, le stock initial, le stock d'alerte et la règle de réapprovisionnement, il est clair que la "comptabilité" proposée ci-dessus peut être parfaitement tenue à jour.

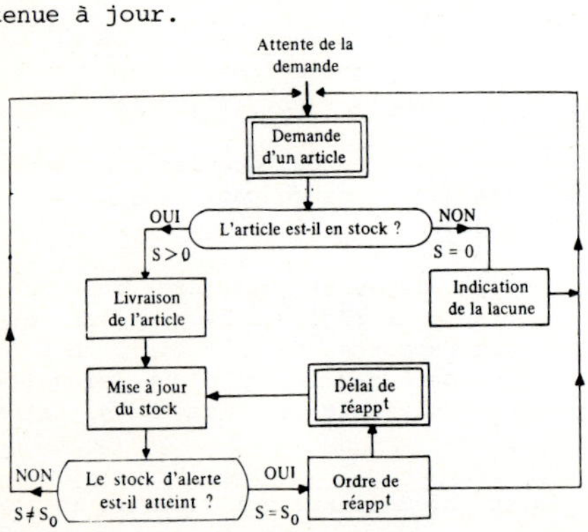

Figure 1.VIII

Dates	Demandes	Stock	Commandes	Délai de réapprovisionnement	Pénurie
0	....	St. initial : S_i	....	....	......
1	... a ...	S_i a	....	....	......
2	... b ...	$S_i - a - b$ ...	....	....	......
3	... c ...	$S_i - a - b - c$	....	....	......
.	.	.			
.	.	.			
.	.	.			
j	....	.... S_0	... C_1 ...	... d_1 ...	......
.					
.	... ...	.... 0	....	....	......
.					
n	ℓ ...	....	....	....	.. ℓ ..
n + 1	.. m ...	....	....	....	. m ..
.	.	.			.
.	.	.			.
.	.	.			.
$j + d_1$	.. . ...	... C_1 ...	....	....	......

Figure 2.VIII

Or, précisément, parmi ces données indispensables, l'une est bien déterminée : le stock initial, deux sont des variables aléatoires : la demande journalière et le délai de réapprovisionnement, et les dernières : stock d'alerte, règle de réapprovisionnement sont l'objet de décisions du gestionnaire.

De là l'idée d'effectuer, à l'aide du modèle, des *expériences artificielles* qui puissent fournir une valeur du taux de pénurie lorsque les demandes et les délais de réapprovisionnement utilisés dans le calcul sont *conformes aux lois de probabilité observées dans un cas réel.* On appelle alors les listes de demandes et de délais de réapprovisionnement des *échantillons artificiels.* Il est évident que le taux de pénurie variera en fonction du niveau adopté pour le stock d'alerte (S_0) et de la règle de réapprovisionnement instituée. Il est donc possible d'organiser un double paramétrage exprimant les variations du taux de pénurie en fonction de ces deux variables de décision.

On conçoit que l'expérience aura d'autant plus de valeur que le nombre de demandes et, partant, de réapprovisionnements successifs mis en oeuvre sera grand.

C'est pourquoi l'on caractérise volontiers les méthodes de simulation par le fait qu'elles impliquent un *grand nombre d'itérations*, c'est-à-dire de parcours des diverses branches de l'organigramme servant de modèle. Pour cette raison, ces expériences sont effectuées avec l'aide d'un ordinateur.

On remarquera également que les opérations de calcul qui seront confiées à la machine sont des opérations arithmétiques simples, mais que le déclenchement de ces opérations est conditionné par le résultat d'opérations logiques préalables (par exemple, dans la gestion de stock ci-dessus, des comparaisons : $S :: 0$; $S :: S_0$). C'est aussi un caractère particulier des modèles de simulation que de donner lieu, en général, à une forte proportion d'opérations logiques par rapport aux opérations arithmétiques.

Dans ces conditions, le nom de simulation n'est pas refusé aux processus itératifs qui présentent ces caractères, même en l'absence d'échantillons artificiels tirés aléatoirement.

B. *SIMULATIONS CERTAINES*

Un bon exemple de simulation déterministe est offert par la recherche, au moyen d'un ordinateur, du trafic maximal des trains de marchandises, compatible avec celui des trains prioritaires dont la circulation est imposée.

Pour simplifier, nous examinerons le problème pour une ligne à voie et sens uniques AB, découpée en cantons Aa, ab, bc, cd,..., chaque point de sectionnement étant pourvu de voies secondaires ou de garage, susceptibles d'accueillir les trains arrêtés.

Nous supposerons également que l'unique contrainte de sécurité, découlant des obligations du block-system, consiste à interdire à un train de pénétrer sur un canton qu'un autre parcourt déjà.

Enfin, nous prendrons, comme *base de temps* du trafic, la minute. Ce choix est important, parce que l'occupation de chacun des six cantons de la voie ferrée par les trains qui y circulent au cours d'une journée pourra être représentée par le contenu de 1440 mémoires binaires (24 × 60). Il suffira, par exemple, de garnir d'un 1 chacune des mémoires correspondant aux minutes de circulation des trains pour obtenir l'affichage des horaires.

Soit, par exemple, le train prioritaire P_1, partant de A à 00.30 heure. Il met, par exemple, 8 minutes à parcourir le canton Aa ; de ce fait, les mémoires 31 à 38, sur les 1440 réservées à ce canton, recevront la marque d'occupation. Le train prioritaire poursuivant son chemin, il met 6 minutes à parcourir ab, ce qui nous aménera à garnir les mémoires des numéros 39 à 44 relatives au canton ab. De la même manière, la circulation de P_1 correspondra à l'occupation des mémoires 45 à 50 de bc ; comme il s'arrête 10 minutes en c, sur une voie secondaire, aucun canton de la voie principale ne recevra d'occupation pour les minutes 51 à 60. Etc.

Affichons maintenant la circulation du train prioritaire P_2, marchant à la même vitesse que P_1, mais direct de A à B. Partant à 01.01 heure de A, il occupera les mémoires 62 à 69 de Aa, 70 à 75 de ab, 76 à 81 de bc, 82 à 86 de cd, etc. On obtient les marches indiquées par les deux premières colonnes ci-dessous.

	P_1	P_2	M_1	M'_1
A	31-38	62-69	1-16	11-26
a	39-44	70-75	17-28	27-38
b	45-50	76-81	29-40	55-66
c	61-65	82-86	41-50	67-76
d	66-70	87-91	51-60	77-86
e	71-78	92-99	100-115	100-115
B	79	100	116	116

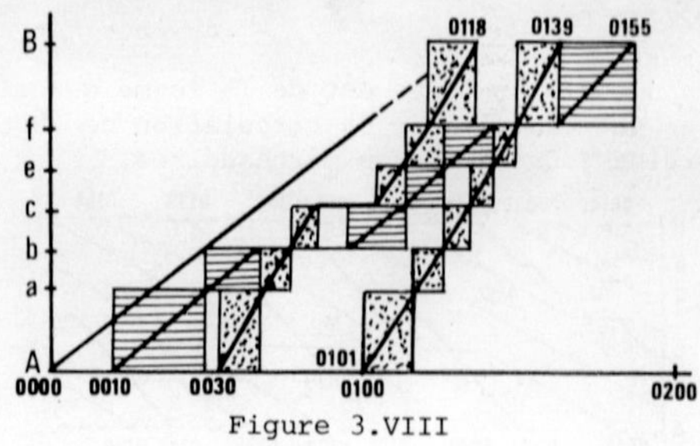

Figure 3.VIII

Sur le graphique espace-temps (figure 3.VIII), les circulations sont représentées par des segments de droite de même pente (car nous supposons que la vitesse est constante) ; les contraintes du block-system sont figurées par de petits rectangles marquant les interdictions de pénétrer sur un canton lorsqu'un train y est déjà engagé. Pour les trains prioritaires P_1 et P_2, ces rectangles sont ponctués.

Imaginons maintenant un train de marchandises M_1, de vitesse moitié de celle des trains prioritaires : essayons de le faire partir à la première minute disponible de la journée, c'est-à-dire à 00.00 heure. Sa marche a lieu sans encombre jusqu'à la station e, puisque la droite qui la représente ne coupe aucun des rectangles ponctués d'interdiction. En revanche, partant à 01.00 de e, il ne pourrait parvenir en B qu' à 01.16, ce qui fait que la droite indiquant cette circulation couperait le rectangle affecté au train P_1 entre e et B. Ce train doit donc s'arrêter sur voie secondaire en e et attendre que le train P_1 soit passé. Mais s'il se mettait en marche à 01.18 (heure d'arrivée de P_1 en B), il ne pourrait parvenir en B qu'à 01.34, interdisant ainsi le départ de e du train P_2 à 01.31. Le train de marchandises doit donc finalement attendre en e que le train prioritaire P_2 soit arrivé en B, c'est-à-dire ne partir de e qu'à 01.39, ce qui le mène en B à 01.55.

C'est cette marche qui est inscrite dans la troisième colonne du tableau. Elle indique que le train M_1 , partant de A à 00.00 heure, ne peut arriver avant 01.55 en B.

Il est facile de voir que les marches des trois trains P_1, P_2 et M_1 sont compatibles entre elles : en effet, sur une même ligne du tableau, les occupations des mémoires relatives à un même canton ne présentent aucun temps commun, d'une colonne à l'autre, pour les trois premières colonnes.

Toutefois, si 01.55 est la meilleure heure d'arrivée d'un train de marchandises en B pour un départ ayant lieu à partir de 00.00 heure, cette dernière heure pourrait peut-être être retardée, eu égard au long stationnement du train M_1 en e. On voit immédiatement que si le train M_1 partait seulement à 00.05 de A, il arriverait en e à 01.05, ce qui n'empêcherait pas P_1 de partir de d à 01.05.

La meilleure des réponses nous sera évidemment fournie par une rétrogradation systématique du train M_1 à partir de son heure d'arrivée la meilleure en B, soit 01.55. On obtient ainsi la marche d'un train M_1' , dont on constate que, partant à 00.10 de A, il parvient bien en B à 01.55, mais après s'être arrêté en b et en e, respectivement, 16 et 13 minutes, soit, au total, 10 minutes de moins que M_1 ne s'arrêtait en e. Cette opération s'appelle le *lissage* de la marche de M_1.

Bien entendu, la circulation du train M_1' , une fois son horaire amélioré adopté, crée des interdictions pour les autres trains de marchandises à expédier par la même voie. Sur le graphique, nous les avons indiquées par des rectangles hachurés horizontalement. Sur le tableau d'occupation des mémoires, par la quatrième colonne de nombres. La colonne M_1 étant supprimée, la propriété que, sur une même ligne du tableau, les temps d'occupation sont disjoints, pour les trains en circulation, est vérifiée.

Et l'on continue ainsi : par exemple, en essayant minute par minute les possibilités, un train M_2 peut partir à 00.38 de A pour arriver en B à 02.11 ; il sera remplacé , lors du lissage, par un train M_2' , partant de A à 00.40 et arrivant à destination à 02.11. Etc.

La solution obtenue est de la forme de celle présentée par la figure 4.VIII ; on voit sur cet exemple que la circulation de 29 trains prioritaires permet de lancer 57 trains journaliers de marchandises.

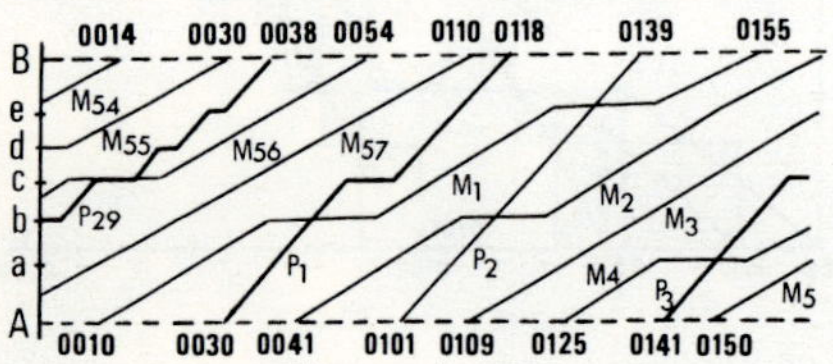

Figure 4.VIII

On pourrait se demander en quoi l'usage d'un ordinateur peut être utile pour résoudre un problème de ce type, alors qu'il est possible de le confier à un dessinateur. L'expérience prouve que la machine obtient en quelques minutes une meilleure solution qu'un dessinateur en plusieurs semaines: en effet, la machine ne se lasse pas d'appliquer les règles simples qu'on lui impose, elle le fait sans erreur, mais sans aucune fantaisie ni initiative, et aussi longuement qu'il est nécessaire ; l'opérateur humain, qu'aucune machine ne pourra jamais remplacer, lui demeure inférieur dans ce travail d'exécution. De plus, grâce au gain de temps réalisé par la machine, on peut lui confier l'étude quasi-instantanée des répercussions, sur le trafic marchandises, de toute modification intervenant dans la marche des prioritaires (trains supplémentaires, nouvelles relations, etc.).

Nous espérons que cet exemple met bien en relief le caractère itératif d'un programme de simulation ; on imagine aussi que la part du calcul logique dans le programme particulier qui a été présenté est importante : choix de la première minute disponible , comparaison d'un intervalle de temps calculé avec tous les intervalles affichés pour un canton déterminé, car de cette comparaison résultera que le train peut circuler (passage des essais au canton suivant) ou qu'il ne peut prendre son départ (arrêt au canton précédent), etc.

C. *SIMULATIONS STOCHASTIQUES*

Comme il s'agit maintenant de faire intervenir le hasard dans un ou plusieurs des processus inclus dans le problème, on doit appliquer, comme on l'a vu dans l'avant-dernier paragraphe, la technique des *échantillons artificiels*.

Pour engendrer ces échantillons artificiels, il faut :

1) avoir étudié le phénomène à échantillonner dans le milieu réel et le connaître statistiquement :

2) disposer de suites de chiffres au hasard.

Nous allons voir comment faire correspondre à une loi quelconque un échantillon artificiel. On pourrait être tenté de croire qu'il est nécessaire pour cela d'avoir établi le type de loi auquel obéit le phénomène naturel. Il n'en est rien : pourvu qu'on dispose du *tableau des fréquences*, dressé d'après l'observation du réel, il est possible de confectionner des échantillons artificiels.

Imaginons, par exemple, que la loi de stationnement des véhicules sur un parc, desservant un magasin et loué par lui, soit telle que :

2 %	des véhicules stationnent de	0 à 5	minutes
3 %	" "	5 à 10	"
5 %	" "	10 à 15	"
9 %	" "	15 à 20	"
30 %	" "	20 à 25	"
18 %	" "	25 à 30	"
15 %	" "	30 à 35	"
9 %	" "	35 à 40	"
5 %	" "	40 à 45	"
4 %	" "	45 à 50	"

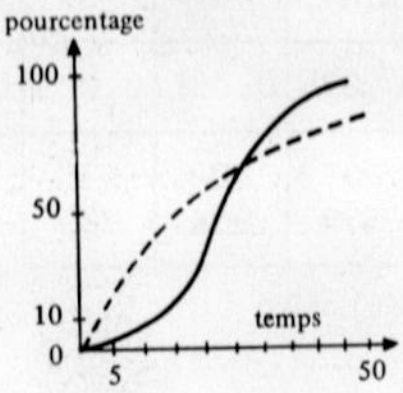

Figure 5.VIII

On n'aboutit pas à une loi exponentielle (figure 5.VIII) et on décide de la simuler telle quelle.

Le tableau des fréquences peut être transformé de la manière suivante (en divisant par 100, on les assimile à des probabilités) :

Durée de stationnement (mn)	2,5	7,5	12,5	17,5	22,5	27,5	32,5	37,5	42,5	47,5
Probabilité	0,02	0,03	0,05	0,09	0,30	0,18	0,15	0,09	0,05	0,04
Correspondance	00-01	02-04	05-09	10-18	19-48	49-66	67-81	82-90	91-95	96-99

Nous y avons ajouté la correspondance avec une loi uniforme sur 00-99.

Supposons que nous disposions de la suite aléatoire équiprobable :

10902714395229247990231317436202737058140618166315417844737025448136808078467405258303723255510381697612998330677947619129016017923780499433013907932292670171934195841335635803902849756430998837380091350583575547559996027174470442923128866674451580435171403258898708930109859023656856648700995736769307 ... ;

nous la découperons en tranches de deux chiffres :

10 - 90 - 27 - 14 - 39 - 52 - 29 - 24 - 79 - 90 - 23 - 13 - 17 - 43 - 62 - 02 - 73 -
70 - 58 - 14 - 06 - 18 - 16 - 63 - 15 - 41 - 78 - 44 - 73 - 70 - 25 - 44 - 81 - 36 -
80 - 80 - 78 - 46 - 74 - 05 - 25 - 83 - 03 - 72 - 32 - 55 - 51 - 03 - 81 - 69 - 76 -
12 - 99 - 83 - 30 - 67 - 79 - 47 - 61 - 91 - 29 - 01 - 60 - 17 - 92 - 37 - 80 - 49 -
94 - 33 - 01 - 39 - 07 - 93 - 22 - 92 - 67 - 01 - 71 - 93 - 41 - 95 - 84 - 13 - 35 -
63 - 58 - 03 - 90 - 28 - 49 - 75 - 64 - 30 - 99 - 88 - 37 - 38 - 00 - 91 - 35 - 05 -
83 - 57 - 55 - 47 - 55 - 59 - 96 - 02 - 71 - 74 - 47 - 04 - 42 - 92 - 31 - 28 - 86 -
66 - 74 - 45 - 15 - 80 - 43 - 51 - 71 - 40 - 32 - 58 - 89 - 87 - 08 - 93 - 01 - 09 -
85 - 90 - 23 - 65 - 68 - 56 - 64 - 87 - 00 - 99 - 57 - 36 - 76 - 93 - 07 - ...

et nous aurons l'échantillon artificiel :

17,5 ; 37,5 ; 22,5 ; 17,5 ; 22,5 ; 27,5 ; 22,5 ; 22,5 ; 32,5 ; 37,5 ; 22,5 ; 17,5 ;
17,5 ; 22,5 ; 27,5 ; 7,5 ; 32,5 ; 32,5 ; 27,5 ; 17,5 ; 12,5 ; 17,5 ; 17,5 ; 27,5 ;
17,5 ; 22,5 ; 32,5 ; 22,5 ; 32,5 ; 32,5 ; 22,5 ; 22,5 ; 32,5 ; 22,5 ; 32,5 ; 32,5 ;
32,5 ; 22,5 ; 32,5 ; 12,5 ; 22,5 ; 37,5 ; 7,5 ; 32,5 ; 22,5 ; 27,5 ; 27,5 ; 7,5 ;
32,5 ; 32,5 ; 32,5 ; 17,5 ; 47,5 ; 37,5 ; 22,5 ; 32,5 ; 32,5 ; 22,5 ; 27,5 ; 42,5 ;
22,5 ; 2,5 ; 27,5 ; 17,5 ; 42,5 ; 22,5 ; 32,5 ; 27,5 ; 42,5 ; 22,5 ; 2,5 ; 22,5 ;
12,5 ; 42,5 ; 22,5 ; 42,5 ; 32,5 ; 2,5 ; 32,5 ; 42,5 ; 42,5 ; 22,5 ; 42,5 ; 37,5 ;
17,5 ; 22,5 ; 27,5 ; 27,5 ; 7,5 ; 37,5 ; 22,5 ; 27,5 ; 32,5 ; 27,5 ; 22,5 ; 47,5 ;
37,5 ; 22,5 ; 22,5 ; 2,5 ; 42,5 ; 22,5 ; 12,5 ; 37,5 ; 27,5 ; 27,5 ; 22,5 ; 27,5 ;
27,5 ; 47,5 ; 7,5 ; 32,5 ; 32,5 ; 22,5 ; 7,5 ; 22,5 ; 42,5 ; 22,5 ; 22,5 ; 37,5 ;
27,5 ; 32,5 ; 22,5 ; 17,5 ; 32,5 ; 22,5 ; 27,5 ; 32,5 ; 22,5 ; 22,5 ; 27,5 ; 37,5 ;
37,5 ; 12,5 ; 42,5 ; 2,5 ; 12,5 ; 37,5 ; 37,5 ; 22,5 ; 27,5 ; 32,5 ; 27,5 ; 27,5 ;
37,5 ; 2,5 ; 47,5 ; 27,5 ; 22,5 ; 32,5 ; 42,5 ; 12,5 ; ...

Imaginons, d'autre part, que la loi des arrivées soit conforme au tableau ci-après, sur lequel on a indiqué aussi la correspondance avec une loi uniforme sur 000-999 :

Nombre d'arrivées en 5 mn	0	1	2	3	4	5	6	7	8	9	10
Probabilité	0,075	0,095	0,115	0,205	0,175	0,140	0,075	0,055	0,035	0,025	0,005
Correspondance	000 074	075 169	170 284	285 489	490 664	665 804	805 879	880 934	935 969	970 994	995 999

Avec la suite aléatoire équiprobable :

471722946703397271675343973098602717739781131003925457288160395419301098568702083310
8923831736708818742479800...

on obtient l'échantillon :

3 - 5 - 8 - 5 - 3 - 2 - 5 - 3 - 9 - 1 - 4 - 5 - 5 - 5 - 3 - 0 - 2 - 4 - 7 - 4 - 8 -
2 - 0 - 9 - 5 - 0 - 6 - 1 - 8 - 6 - 5 - 5 - 6 - 5 - 3 - 5 - ...

Le propriétaire du magasin veut faire aménager un parc privé dans un sous-sol et se demande combien prévoir de places, de manière que 95 % de la clientèle motorisée trouvent immédiatement une place disponible.

Etant donné qu'à la loi des arrivées correspond une moyenne de 0,746 arrivée par minute et que l'occupation moyenne est de 26,45 mn par voiture, un calcul facile indique que, dans ces conditions, et en moyenne, 20 places seront occupées. Mais, ainsi que nous l'avons remarqué à propos des phénomènes d'attente, il serait absurde de croire que 20 places suffiront.

Dans une simulation, on pourra étudier le nombre de clients ne trouvant pas immédiatement de place si le parc contient 25 emplacements, 30 emplacements, etc.

Ainsi, pour 30 places, avec les échantillons artificiels ci-dessus, en prenant un pas de simulation de 5 mn, on pourra organiser le travail comme suit :

Le premier échantillon d'arrivée étant 3, 3 clients arrivent à 2,5 mn de l'origine des temps ; ils occupent les places n°s 1, 2 et 3, et, conformément aux trois premières valeurs de l'échantillon des durées de stationnement, y demeurent, respectivement : 17,5 ; 37,5 et 22,5 mn ; les places n°s 1, 2 et 3 ne seront donc libres qu'au bout de 20, 40 et 25 mn, respectivement, à partir de l'origine des temps. Les cinq clients suivants arrivent à 7,5 mn de l'origine des temps ; ils occupent les places n°s 4, 5, 6, 7 et 8, pendant, respectivement : 17,5 ; 22,5 ; 27,5 ; 22,5 et 22,5 mn ; ces places ne seront donc libres, respectivement, qu'aux temps : 25, 30, 35, 30 et 30 mn, à partir de l'origine ; etc.

Les places libres sont occupées dans l'ordre de leur disponibilité et dans l'ordre de numérotation (figure 6.VIII).

On parvient ainsi à la première attente : à 2 heures 32 minutes de l'origine,un client est contraint d'attendre ; à 2 h 37, il trouve une place, mais trois nouveaux clients attendent ; ils trouvent eux-mêmes place à 2 h 42, avec ceux qui arrivent à ce moment ; etc.

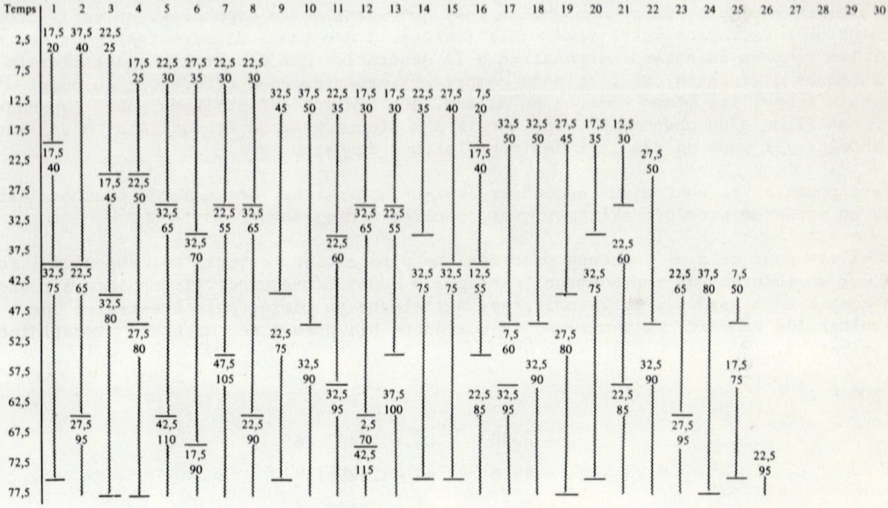

Figure 6. VIII

Il faudrait, bien entendu, continuer cette simulation sur une centaine de journées pour pouvoir en tirer des indications utiles.

Un des graves problèmes de la simulation est de connaître l'intervalle de confiance à accorder aux résultats [1]. Il faut bien se rendre compte que, pour multiplier la précision des résultats par 10, il faut effectuer 100 fois plus d'expériences, ce qui entraîne un accroissement non négligeable du coût de la méthode.

---

(1) Nous n'aborderons pas ici ce délicat problème.

D. NOMBRES AU HASARD

Il est bien connu que, dans le commerce, existent des tables de *nombres au hasard*. Elles ont été, en général, obtenues à partir d'un processus physique obéissant lui-même au hasard. Par exemple, celle de la RAND Corporation provient de l'étude des fluctuations du débit de tubes électroniques.

Soit, par exemple :

45578972056426289185795228107726390981026479794718011453191094075710429765146198 ...

un extrait d'une telle table.

Les chiffres 4, 5, 5, 7, 8, 9, 7, 2, 0, 5, ... sont dits *au hasard* ; les nombres 45 - 57 - 89 - 72 - 05 - ... constitués par les tranches de deux chiffres extraites de la table sont des nombres au hasard pris entre 00 et 99 ; etc.

Si les chiffres de la table sont équiprobables, les tranches de deux, trois chiffres sont réputées être des échantillons de nombres au hasard sur 00-99, 000-999, etc.

L'inconvénient de ne disposer que d'une seule table, si l'on a plusieurs phénomènes aléatoires à simuler dans un problème, est que, dans cette hypothèse, on est contraint de puiser dans cette même table (certes, à des pages différentes) pour en tirer les nombres au hasard nécessaires à la génération des échantillons artificiels de phénomènes différents. Si l'on a de nombreuses expériences à effectuer, au bout d'un certain temps, les mêmes nombres au hasard, qui avaient été utilisés pour engendrer l'échantillon d'un phénomène, vont servir à confectionner un échantillon d'un autre phénomène. Il peut en résulter des corrélations dangereuses.

C'est pourquoi il vaut mieux engendrer, sur un ordinateur, des nombres pseudo-aléatoires au moyen de procédés arithmétiques, faciles à programmer.

Il existe pour cela de nombreux procédés. Le plus ancien, aujourd'hui abandonné, fondé sur un théorème de Von Neumann, est appelé aussi *mid-square*. Il consiste à prendre un nombre au hasard u_0, de 2n chiffres, à l'élever au carré, puis à extraire de ce résultat les 2n chiffres centraux, ce qui donne u_1, puis à recommencer indéfiniment l'opération.

Exemple :

$u_0 = 8396$	$u_0^2 = 70492816$
$u_1 = 4928$	$u_1^2 = 24285184$
$u_2 = 2851$	$u_2^2 = 08128201$
$u_3 = 1282$	$u_3^2 = 01643424$
$u_4 = 6435$	$u_4^2 = 41409225$
$u_5 = 4092$	$u_5^2 = 16744464$
$u_6 = 7444$	$u_6^2 = 55413136$
$u_7 = 4131$	$u_7^2 = 17065161$
$u_8 = 0651$	$u_8^2 = 00423801$
$u_9 = 4238$	etc.

La suite : 8396492828511282643540927444413106514238... peut être (au moins à partir d'un certain rang) considérée comme une suite de chiffres équiprobables.

Une autre méthode, plus en faveur, est celle de Lehmer. Etant donné un nombre au hasard u_0, de m chiffres, on le multiplie par un nombre au hasard de n chiffres ; du nombre m + n chiffres obtenu, on sépare les n chiffres de gauche et on soustrait le nombre ainsi formé du résultat précédent : on obtient ainsi u_1 ; etc.

Exemple : Soient u_0 = 720564 et le multiplicateur 97, on a :

$$720564 \times 97 = 69894708$$

et $$894708 - 69 = 894649$$

Il vient donc successivement :

u_0 = 720564	u_2 = 779897	u_4 = 053448	u_6 = 829930	u_8 = 569969
u_1 = 894639	u_3 = 649933	u_5 = 184451	u_7 = 614124	u_9 = 286938

etc.

La suite des chiffres de u_0, u_1,...., u_n,... constitue une suite de chiffres équiprobables.

Citons encore les suites dites de Fibonacci. L'idée de ces suites est tirée des travaux de Léonard de Pise (autre nom de Fibonacci) sur le *nombre d'or*, au XIIe siècle. Supposons que nous nous donnions deux nombres : u_0 = 42509, u_1 = 57173 et un troisième a = 81853, supérieur à chacun des deux autres. Nous poserons :

$$u_2 = u_0 + u_1 + ka$$

et prendrons k = 0 si $u_0 + u_1 \leq a$ et k = - 1 si $u_0 + u_1 > a$.

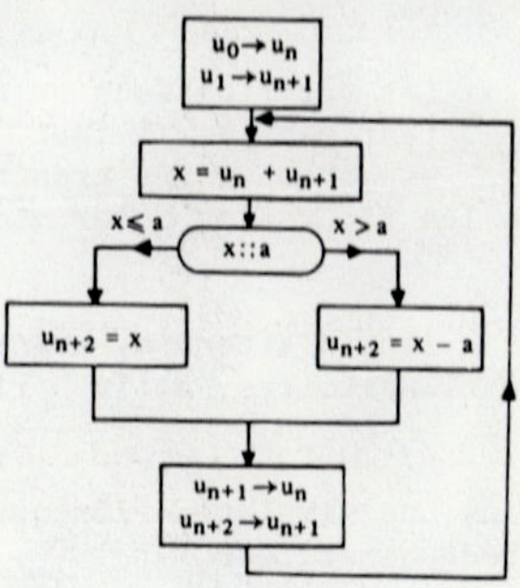

On a :

$$u_2 = 42509 + 57173 - 81853 = 17829$$

Appliquons désormais la formule générale :

$$u_{n+2} = u_n + u_{n+1} + ka$$

avec k = 0 si $u_n + u_{n+1} \leq a$

et k = - 1 si $u_n + u_{n+1} > a$.

On obtient :

$$u_2 = 42509 + 57173 - 81853 = 17829$$
$$u_3 = 57173 + 17829 = 75002$$
$$u_4 = 17829 + 75002 - 81853 = 10978$$
$$u_5 = 75002 + 10978 - 81853 = 04127$$
$$u_5 = 10978 + 04127 = 15105$$
$$u_7 = 04127 + 15105 = 19232$$
$$u_8 = 15105 + 19232 = 34337$$
$$u_9 = 19232 + 34337 = 53569$$
$$u_{10} = 34337 + 53569 - 81853 = 06053$$
$$u_{11} = 53469 + 06053 = 59622$$
$$u_{12} = 06053 + 59622 = 65765$$

Abandonnons le premier et le dernier chiffre de chaque u_i ; il vient une suite :

250717782500097412510923433356605962567..., (1)

qui, au moins à partir d'un certain rang, peut être considérée comme formée de chiffres équiprobables.

Pour éviter d'obtenir des suites périodiques de faible période, on prend u_0, u_1 et a premiers.

En pratique, il faut vérifier, avant emploi, que toute suite engendrée, par un procédé ou un autre, sur un ordinateur, remplit la condition d'équiprobabilité. On peut d'abord vérifier la loi des fréquences pour des chiffres pris un à un, puis pour les nombres formés par les chiffres pris 2 à 2, 3 à 3, etc.

Par exemple, un test du χ^2 appliqué aux cent premiers chiffres de la suite (1) a donné $\chi^2 = 7$; pour 9 degrés de liberté (ici, le nombre de degrés de liberté est égal au nombre de classes, soit 10, simplement diminué de 1, car la fréquence attendue n'est pas déduite de l'observation), on a $\chi^2_{0,50} = 8,34$ et $\chi^2_{0,70} = 6,39$ et l'on peut décider d'admettre la suite.

Chiffres	0	1	2	3	4	5	6	7	8	9	χ^2
Fréquences observées	14	11	11	10	7	9	12	11	11	4	
Fréquences attendues	10	10	10	10	10	10	10	10	10	10	
$\lvert\Delta\rvert$	4	1	1	0	3	1	2	1	1	6	
Δ^2	16	1	1	0	9	1	4	1	1	36	70/10 = 7

Pour que nous puissions étudier les tranches de deux chiffres, il nous faudrait attendre d'avoir une suite de 1000 chiffres au moins; car le test du χ^2 ne s'applique que lorsqu'on a au moins 5 individus attendus par classe.

Les vérifications ne s'arrêtent pas là. Il faut encore examiner si les tranches de cinq chiffres sont bien distribuées "au hasard", comme les figures au *poker dice*, d'où le nom de test du poker. Etc.

Il est à remarquer enfin que, pour tous procédés, il convient d'attendre, avant d'enregistrer les chiffres d'une suite, que les phénomènes transitoires, s'ils risquent de se produire, aient disparu.

A l'inverse, il faut cesser d'utiliser les chiffres dans une simulation lorsque la même suite apparaît, en raison de la périodicité du procédé générateur.

E. *SIMULATION D'UNE GESTION DE STOCKS*

Nous allons tenter de comparer deux politiques d'approvisionnement par une méthode de simulation.

On a étudié la demande aléatoire de la clientèle et constaté que la probabilité p(n) d'une demande journalière de n articles était conforme au tableau ci-après :

Demande journalière n	0	1	2	3	4	5	6	7	8	9	10
p(n)	0,03	0,05	0,10	0,20	0,30	0,10	0,08	0,05	0,04	0,03	0,02

et l'on peut calculer que la moyenne de cette distribution est 4,17.

Or, on a le choix entre deux méthodes de réapprovisionnement du stock.

a) Dans la première, on fixe un nombre déterminé d'articles appelé *niveau de commande* et, le jour où le stock atteint ce niveau, ou tombe au-dessous, on passe une commande. Le montant de cette commande est égal à la demande enregistrée durant la semaine précédente (si la commande est passée le dernier jour ouvrable de la semaine, on entend par "semaine précédente" celle qui se termine ce jour-là).

Le fournisseur ne garantit pas de délai de livraison, mais on a observé que la probabilité p(d) pour que le délai soit de d jours (jour de la commande et jours non ouvrables non compris) était donnée par le tableau ci-dessous, à gauche :

Délai de réapprovisionnement	2	3	4	5	6	7
p(d)	0,10	0,15	0,25	0,25	0,15	0,10

b) Dans la seconde, on commande, le dernier jour ouvrable de chaque semaine, un nombre d'articles fixe, égal à la consommation moyenne d'une semaine, soit 21 ($5 \times 4{,}17 \simeq 21$), et le fournisseur garantit alors la livraison le dernier jour ouvrable de la semaine suivante.

Dans les deux cas, les réapprovisionnements arrivent toujours en fin de journee et ne peuvent être utilisés pour satisfaire les demandes reçues ce jour-là.

Chaque semaine compte cinq jours ouvrables.

1) Confection des échantillons artificiels de la demande.

La probabilité p(n) s'exprimant par un nombre d'au plus deux chiffres, on pourra obtenir les échantillons en employant des nombres équiprobables de deux chiffres. Effectuons une répartition des nombres compris entre 00 et 99, de manière à respecter les fréquences (tableau ci-dessous, à gauche):

n	0	1	2	3	4	5	6	7	8	9	10
a	00	03	08	18	38	68	78	86	91	95	98
b	02	07	17	37	67	77	85	90	94	97	99
%	3	5	10	20	30	10	8	5	4	3	2

Soit alors la suite de chiffre équiprobables suivante (relevée dans une table) :

07723255510381697612998330677947619129016О
17923780499433013907932292670193419584133 5
635803902849756571559307288349965977374427
252653123999485976219952755001614379028817
9057747879725498110079174901521 5

Partageons-la en tranches de deux chiffres et, à l'aide du tableau de correspondance ci-dessus, établissons l'échantillon artificiel cherché.

Tranches de deux chiffres : 07 72 32 55 51 03 81 69...
1 5 3 4 4 1 6 5...

On obtient ainsi aisément une liste de 100 demandes aléatoires :

1 - 5 - 3 - 4 - 4 - 1 - 6 - 5 - 5 - 2 - 10 - 6 - 3 - 4 - 6 - 4 - 4 - 8 - 3 - 0 - 4 -
2 - 8 - 3 - 6 - 4 - 8 - 3 - 0 - 4 - 1 - 8 - 3 - 8 - 4 - 0 - 8 - 4 - 9 - 6 - 2 - 3 -
4 - 4 - 1 - 7 - 3 - 4 - 5 - 4 - 5 - 4 - 8 - 1 - 3 - 6 - 4 - 9 - 4 - 5 - 3 - 4 - 3 -
3 - 3 - 4 - 2 - 4 - 10 - 4 - 4 - 5 - 3 - 10 - 4 - 5 - 4 - 0 - 4 - 4 - 6 - 0 - 7 - 2 -
7 - 4 - 5 - 6 - 6 - 5 - 4 - 10 - 2 - 0 - 6 - 2 - 4 - 0 - 4 - 2

2) Confection des échantillons artificiels du délai de réapprovisionnement.

Ces échantillons nous seront seulement utiles pour simuler la première méthode de réapprovisionnement. Dans ce cas aussi, la probabilité p(d) s'exprime par un nombre de deux chiffres, d'où le tableau de correspondance ci-dessous, à gauche :

d	2	3	4	5	6	7
a	00	10	25	50	75	90
b	09	24	49	74	89	99
%	10	15	25	25	15	10

Considérant la suite de chiffres équiprobables (également extraite de la table, mais à une page différente) :

2345857782675373881300377938739781310039254572 ...

après l'avoir partagée en tranches de deux chiffres, on en tire l'échantillon artificiel demandé :

3 - 4 - 6 - 6 - 6 - 5 - 5 - 5 - 6 - 3 - 2 - 4 - 6 - 4 - 5 - 7 - 6 - 4 - 2 - 4 - 4 - 4 - 5 - ...

3) Eléments initiaux.

Pour commencer la simulation de l'une ou l'autre méthode, nous aurons besoin d'éléments initiaux, que nous fixerons arbitrairement, mais de telle manière qu'il se produise le moins possible d'oscillations transitoires qui pourraient être dues à une mauvaise estimation de ces données.

Nous imaginerons, par exemple, que le stock initial est de 21 et que, dans la première méthode, on a passé, le dernier jour ouvrable, une commande de 20 articles, dont le délai de livraison est 3 (premier nombre de l'échantillon des délais). Dans la seconde méthode, cette commande sera de 21, avec délai de fin de semaine suivante.

4) Première méthode.

Un niveau de commande de 20 serait certainement trop bas, en ce sens qu'il entraînerait des pénuries nombreuses. Mais nous pouvons essayer, par exemple, les niveaux de commande 25, 30, 35, ... nous réservant ensuite d'essayer des valeurs intermédiaires, si cela est nécessaire.

Première méthode ; niveau de commande : 25

Jour	Demande	Stock	Commande	Délai	Pénurie	Jour	Demande	Stock	Commande	Délai	Pénurie	Jour	Demande	Stock	Commande	Délai	Pénurie
St. init		21	20	3													
1	1	20				36	.0	3				71	4	7	24	5	
2	5	15				37	8	19			5	72	5	18			
3	3	32				38	4	15				73	3	15			
4	4	28				39	9	6				74	10	5			
5	4	24	17	4		40	6	24	27	6		75	4	1	26	7	
6	1	23				41	2	22				76	5	24			4
7	6	17				42	3	19				77	4	20			
8	5	12				43	4	15				78	0	20			
9	5	24	17	6		44	4	11				79	4	16			
10	2	22				45	1	10				80	4	12			
11	10	12				46	7	30				81	6	6			
12	6	6	19	6		47	3	27				82	0	32			
13	3	3				48	4	23	14	3		83	7	25	17	6	
14	4	0			1	49	5	18				84	2	23			
15	6	17			6	50	4	14				85	7	16			
16	4	13				51	5	23	23	2		86	4	12			
17	4	9				52	4	19				87	5	7	22	4	
18	8	20	29	6		53	8	34				88	6	1			
19	3	17				54	1	33				89	6	17			5
20	0	17				55	3	30				90	5	12			
21	4	13				56	6	24	21	4		91	4	30			
22	2	11				57	4	20				92	10	20	26	2	
23	8	3				58	9	11				93	2	18			
24	3	29				59	4	7				94	0	44			
25	6	23	23	5		60	5	23	28	6		95	6	38			
26	4	19				61	3	20				96	2	36			
27	8	11				62	4	16				97	4	32			
28	3	8				63	3	13				98	0	32			
29	0	8				64	3	10				99	4	28			
30	4	27				65	3	7				100	2	26			
31	1	26				66	4	31									
32	8	18	19	5		67	2	29									
33	3	15				68	4	25	16	4							
34	8	7				69	10	15									
35	4	3	24	5		70	4	11									

Demande totale: 428

Pénurie totale: 21

On voit qu'on obtient une pénurie de près de 5 % (21/428) et si l'on compte le nombre de journées de stockage (exemple : première semaine : 21 + 20 + 15 + 32 + 28 + 24 + 24; deuxième semaine : 24 + 23 + 17 + 12 + 24 + 22 + 22), on arrive à 2511.

Première méthode ; niveau de commande : 30

Jour	Demande	Stock	Commande	Délai	Pénurie	Jour	Demande	Stock	Commande	Délai	Pénurie	Jour	Demande	Stock	Commande	Délai	Pénurie
St. init.		21	20	3													
1	1	20				36	0	22				71	4	16			
2	5	15				37	8	14				72	5	11	24	7	
3	3	32				38	4	10	24	6		73	3	8			
4	4	28	20	4		39	9	20				74	10	16			2
5	4	24				40	6	14				75	4	12			
6	1	23				41	2	12				76	5	7			
7	6	17				42	3	9				77	4	3	26	6	
8	5	32				43	4	5	27	3		78	0	3			
9	5	27	17	6		44	4	25				79	4	24			1
10	2	25				45	1	24				80	4	20			
11	10	15				46	7	44				81	6	14			
12	6	9	19	6		47	3	41				82	0	14			
13	3	6				48	4	37				83	7	33			
14	4	2				49	5	32				84	2	31			
15	6	17			4	50	4	28	23	2		85	7	24	22	4	
16	4	13				51	5	23				86	4	20			
17	4	9	29	6		52	4	42				87	5	15			
18	8	20				53	8	34				88	6	9			
19	3	17				54	1	33				89	6	25	22	2	
20	0	17				55	3	30	21	4		90	5	20			
21	4	13				56	6	24				91	4	38			
22	2	11				57	4	20				92	10	28	26	4	
23	8	32				58	9	11				93	2	26			
24	3	29	19	5		59	4	28	21	6		94	0	26			
25	6	23				60	5	23				95	6	20			
26	4	19				61	3	20				96	2	44			
27	8	11	23	5		62	4	16				97	4	40			
28	3	8				63	3	13				98	0	40			
29	0	27				64	3	10				99	4	36			
30	4	23				65	3	28	16	4		100	2	34			
31	1	22				66	4	24									
32	8	37				67	2	22									
33	3	34				68	4	18									
34	8	26	19	5		69	10	24	16	5							
35	4	22				70	4	20									

Demande totale : 428

Pénurie totale : 7

Le taux de pénurie est inférieur à 2% (7/428 ≃ 1,6), le nombre de journées de stockage égal à 3124.

Première méthode ; niveau de commande : 35

Jour	Demande	Stock	Commande	Délai	Pénurie
St. init.		21	20	3	
1	1	20			
2	5	15	20	4	
3	3	32			
4	4	28			
5	4	24			
6	1	43			
7	6	37			
8	5	32	17	6	
9	5	27			
10	2	25			
11	10	15	19	6	
12	6	9			
13	3	6			
14	4	19			
15	6	13	29	6	
16	4	9			
17	4	24			
18	8	16			
19	3	13			
20	0	13			
21	4	38			
22	2	36			
23	8	28	19	5	
24	3	25			
25	6	19			
26	4	15	23	5	
27	8	7			
28	3	23			
29	0	23			
30	4	19			
31	1	41			
32	8	33	19	5	
33	3	30			
34	8	22			
35	4	18			

Jour	Demande	Stock	Commande	Délai	Pénurie
36	0	18			
37	8	29	24	6	
38	4	25			
39	9	16			
40	6	10	27	3	
41	2	8			
42	3	5			
43	4	52			
44	4	48			
45	1	47			
46	7	40			
47	3	37			
48	4	33	14	2	
49	5	28			
50	4	38			
51	5	33	23	4	
52	4	29			
53	8	21			
54	1	20			
55	3	40			
56	6	34	21	6	
57	4	30			
58	9	21			
59	4	17			
60	5	12	28	4	
61	3	9			
62	4	26			
63	3	23			
64	3	48			
65	3	45			
66	4	41			
67	2	39			
68	4	35	16	5	
69	10	25			
70	4	21			

Jour	Demande	Stock	Commande	Délai	Pénurie
71	4	17	24	7	
72	5	12			
73	3	25			
74	10	15			
75	4	11	26	6	
76	5	6			
77	4	2			
78	0	26			
79	4	22			
80	4	18			
81	6	38			
82	0	38			
83	7	31	17	4	
84	2	29			
85	7	22			
86	4	18	22	2	
87	5	30			
88	6	46			
89	6	40			
90	5	35	26	4	
91	4	31			
92	10	21			
93	2	19			
94	0	45			
95	6	39			
96	2	37			
97	4	33	22	4	
98	0	33			
99	4	29			
100	2	27			

Demande totale: 428

Pénurie total: 0

On trouve ici une pénurie nulle et un nombre de journées de stockage égal à 3591. On verrait facilement que pour un niveau de commande égal à 34 ou 33, la pénurie est de 1 et le coût de stockage tombe à 3417 dans le deuxième cas.

5) Deuxième méthode.

Dans ce cas, on n'a plus à employer l'échantillon artificiel des délais de réapprovisionnement, puisque ce délai est fixe (une semaine).

Deuxième méthode ; réapprovisionnement constant : 21

Jour	Demande	Stock	Pénurie	Jour	Demande	Stock	Pénurie	Jour	Demande	Stock	Pénurie
St. init.		21									
1	1	20		36	0	21		71	4	19	
2	5	15		37	8	13		72	5	14	
3	3	12		38	4	9		73	3	11	
4	4	8		39	9	0		74	10	1	
5	4	25		40	6	21	6	75	4	21	3
6	1	24		41	2	19		76	5	16	
7	6	18		42	3	16		77	4	12	
8	5	13		43	4	12		78	0	12	
9	5	8		44	4	8		79	4	8	
10	2	27		45	1	28		80	4	25	
11	10	17		46	7	21		81	6	19	
12	6	11		47	3	18		82	0	19	
13	3	8		48	4	14		83	7	12	
14	4	4		49	5	9		84	2	10	
15	6	21	2	50	4	26		85	7	24	
16	4	17		51	5	21		86	4	20	
17	4	13		52	4	17		87	5	15	
18	8	5		53	8	9		88	6	9	
19	3	2		54	1	8		89	6	3	
20	0	23		55	3	26		90	5	21	2
21	4	19		56	6	20		91	4	17	
22	2	17		56	4	16		92	10	7	
23	8	9		58	9	7		93	2	5	
24	3	6		59	4	3		94	0	5	
25	6	21		60	5	21	2	95	6	21	1
26	4	17		61	3	18		96	2	19	
27	8	9		62	4	14		97	4	15	
28	3	6		63	3	11		98	0	15	
29	0	6		64	3	8		99	4	11	
30	4	23		65	3	26		100	2	30	
31	1	22		66	4	22					
32	8	14		67	2	20					
33	3	11		68	4	16					
34	8	3		69	10	6					
35	4	21	1	70	4	23					

Demande totale: 428

Pénurie totale: 17

On constate que le taux de la pénurie est de l'ordre de 4 % (17/428) et que le nombre de journées de stockage atteint 2429.

6) Choix.

Supposons, par exemple, que le coût de stockage soit estimé à une unité monétaire par article et par jour et que le coût de la pénurie soit évalué à 70 unités monétaires par article. Imaginons encore qu'on suive actuellement la politique 2; son coût total, sur 100 jours, est de :

$$2429 + 17 \times 70 = 2429 + 1190 = 3619$$

On voit déjà que si l'on remplaçait cette politique par la méthode 1, avec un niveau de commande de 30, on obtiendrait un coût légèrement inférieur :

$$3124 + 7 \times 70 = 3124 + 490 = 3614$$

On peut donc se proposer d'adopter la politique 1, mais on remarque que :

- pour un niveau de commande égal à 35, le coût atteint 3591 ;

- pour un *niveau de commande égal à 33*, il n'est que de :

$$3417 + 1 \times 70 = 3487$$

Il faudrait, bien entendu, essayer les valeurs entre 30 et 35 pour conclure définitivement.

7) Discussion.

En réalité, *il faut faire les plus expresses réserves* sur le raisonnement ci-dessus. Comme on l'a déjà écrit, une méthode de simulation ne peut donner de résultats sûrs que si le nombre d'expériences artificielles est assez grand et ce n'est certainement pas le cas en se limitant (comme on l'a fait ici pour des raisons évidentes d'encombrement) à une centaine pour chaque méthode expérimentée.

Cela est d'autant plus vrai que les premières expériences sont viciées par le choix arbitraire des éléments initiaux ; il faudrait donc apprécier, au moins, le moment où l'on a obtenu un régime permanent.

Différents procédés ont été proposés pour mesurer la précision des résultats obtenus : évaluation permanente des moyennes et des écarts-types, utilisation de tests statistiques, etc. Ce serait vraiment tomber dans la technique que de les décrire ici en détail.

Il est bien évident, enfin, que la construction d'un modèle de simulation et sa programmation sur un ordinateur sont des travaux de longue haleine et coûteux. Le prix du passage du modèle sur ordinateur est relativement modeste par rapport par rapport aux coûts précédents, mais, si l'on recherche une bonne précision, il peut devenir important aussi, en raison du très grand nombre d'itérations nécessaires.

Finalement, il faut absolument éviter de recourir à une méthode de simulation si l'on peut résoudre le problème par voie analytique. Il est indispensable de bien comprendre que la simulation n'est qu'un pis-aller et qu'on doit strictement réserver son emploi aux études pour lesquelles d'autres moyens font défaut.

troisième partie

LA RECHERCHE OPÉRATIONNELLE DANS LES PROBLÈMES COMBINATOIRES CONTINUS

chapitre IX. LA PROGRAMMATION LINÉAIRE

Soit un phénomène économique y, résultat de plusieurs effets élémentaires :

$$e_1, e_2, \ldots, e_n.$$

Si l'on suppose que les effets élémentaires considérés sont additifs, on a :

$$y = e_1 + e_2 + \ldots + e_n \;;$$

si l'on suppose, en outre, que chacun des effets élémentaires e_i est proportionnel à sa cause x_i , on peut écrire :

$$y = a_1\, x_1 + a_2\, x_2 + \ldots + a_n\, x_n \qquad (1)$$

$a_1, a_2, \ldots, a_n$ étant les coefficients de proportionnalité.

L'égalité (1) est du premier degré par rapport aux variables : on dit encore qu'elle est une fonction *linéaire* de ces variables.

Il arrive que, dans beaucoup de problèmes, les m + 1 effets soient tous proportionnels aux causes (au moins de façon suffisamment approchée) ; le problème peut alors se décrire uniquement au moyen de formes linéaires :

$$\begin{aligned} y_1 &= a_{11}\, x_1 + a_{12}\, x_2 + \ldots + a_{1n}\, x_n \\ &\ldots\ldots\ldots\ldots\ldots\ldots\ldots \\ y_m &= a_{m1}\, x_1 + a_{m2}\, x_2 + \ldots + a_{mn}\, x_n \\ y_{m+1} &= a_{m+1,1}\, x_1 + a_{m+1,2}\, x_2 + \ldots + a_{m+1,n}\, x_n . \end{aligned}$$

Ainsi que nous l'avons déjà précisé dans le chapitre I, en limitant supérieurement ou inférieurement les m premiers effets :

$$y_1 \gtrless b_1 \;;\; y_2 \gtrless b_2 \;;\; \ldots \;;\; y_m \gtrless b_m ,$$

c'est-à-dire en écrivant *m contraintes*, on permet l'optimisation du $(m + 1)^e$ effet :

$$[\text{MAX}]\; y_{m+1}$$

est la fonction économique du problème.

Les m contraintes, si elles sont compatibles, délimitent dans un espace à n dimensions (autant que de variables) un hypervolume convexe à l'intérieur ou à la périphérie duquel se trouve(nt) le (ou les) point (s) dont les coordonnées $(x_1, x_2, \ldots, x_n)$ satisfont aux contraintes.

La programmation linéaire a pour objet de résoudre le problème d'optimisation qui consiste à maximiser une fonctionnelle linéaire (la fonction économique) dans le domaine ainsi défini.

Nous pensons qu'il sera plus convenable, au niveau que nous nous fixons, de l'exposer sur un exemple concret.(1)

---

(1) Pour des détails plus abondants, voir *La programmation linéaire appliquée*, "Que Sais-je ?" n° 1776, P.U.F., 1979.

A. EXEMPLE DE PROGRAMME LINEAIRE

1. PROBLEME DE MAXIMISATION.

Une entreprise à la faculté de fabriquer, sur une machine donnée, travaillant 45 heures par semaine, trois produits différents P_1, P_2 et P_3. L'article P_1 laisse un profit net de 4 F, l'article P_2, de 12 F, et, enfin, l'article P_3, de 3 F. Les rendements de la machine sont, respectivement pour les trois produits, et dans le même ordre : 50, 25 et 75 articles par heure. On sait, d'autre part, grâce à une étude de marché, que les possibilités de vente ne dépassent pas : 1000 objets P_1, 500 objets P_2 et 1500 objets P_3, par semaine. On se pose le problème de répartir la capacité de production entre les trois produits, de manière à maximiser le profit.

On remarque d'abord qu'un raisonnement purement économique suffit à résoudre la question. En effet, les rendements horaires peuvent aussi être exprimés en unités monétaires ; ils sont respectivement, pour les objets P_1, P_2 et P_3 : $4 \text{ F} \times 75 = 200 \text{ F}$; $12 \text{ F} \times 25 = 300 \text{ F}$; $3 \text{ F} \times 75 = 225 \text{ F}$. Il apparaît donc que, si l'on désire maximiser le profit, il faut fabriquer d'abord la plus grande quantité possible du produit P_2, puisqu'il fournit le profit horaire le plus élevé ; s'il reste du temps, on fabriquera ensuite les objets P_3, dont le rendement monétaire vient au second rang ; en dernier lieu, si l'on n'a pas épuisé le temps de production, il faudra produire des articles P_1.

En fait, ce raisonnement s'appuie sur le fait que, si l'on voulait fabriquer les quantités maximales de tous les objets, on devrait faire tourner la machine pendant 60 heures. Comme on dispose de 45 heures seulement, il est indispensable d'employer le temps au mieux.

Il n'est pas difficile de voir que la solution consiste à fabriquer tous les objets P_2, ce qui occupe la machine durant 20 heures, puis tous les objets P_3, ce qui occupe encore la machine pendant 20 heures ; finalement, il ne reste plus que 5 heures pour fabriquer des objets P_1, ce qui correspondant à une quantité de $5 \times 50 = 250$ articles P_1.

Le résultat s'établit donc ainsi :

$$\begin{cases} \text{articles } P_1 : 250 \text{ ; articles } P_2 : 500 \text{ ; articles } P_3 : 1500 \text{ ;} \\ \text{profit total} : 250 \times 4 + 500 \times 12 + 1500 \times 3 = 11500 \text{ F .} \end{cases}$$

2. PREMIERE FORME ALGEBRIQUE.

Mettons maintenant le problème sous forme algébrique. Appelons x_1, x_2 et x_3 les quantités respectives (inconnues) des objets P_1, P_2 et P_3 que nous avons à fabriquer pour obtenir le profit maximal. Les quantités des articles P_1, P_2 et P_3 ne doivent pas dépasser, respectivement : 1000, 500 et 1500 par semaine; on peut donc écrire :

$$1) \; x_1 \leqq 1000 \; ;$$

$$2) \; x_2 \leqq 500 \; ;$$

$$3 \; x_3 \leqq 1500 \; .$$

D'autre part, le temps employé pour produire x_1 objets P_1 est en heures : $x_1 \times \frac{1}{50}$; celui qui correspond à la fabrication de x_2 objets P_2 est : $x_2 \times \frac{1}{25}$; enfin, pour confectionner x_3 objets P_3, il faudra $x_3 \times \frac{1}{75}$ heures. Or, la somme des temps de fabrication ne doit pas dépasser 45 h, disponibilité totale de la machine. On aura donc :

$$\frac{1}{50} x_1 + \frac{1}{25} x_2 + \frac{1}{75} x_3 \leqq 45$$

ou encore, en multipliant les deux membres de cette inégalité par le dénominateur commun :

$$4)\ 3x_1 + 6x_2 + 2x_3 \leq 6750.$$

Les inégalités 1), 2), 3) et 4) sont les *contraintes* exprimées par l'énoncé ; les variables y figurent au premier degré : elles sont pour cela appelées linéaires.

En réalité, il y a encore, dans l'énoncé, trois contraintes cachées ; les quantités x_1, x_2 et x_3 ont un sens physique précis : ce sont des nombres d'objets dont la fabrication est envisagée ; elles ne peuvent donc qu'être positives ou nulles ou, comme on dit, *non-négatives*. On écrira :

$$5)\ x_1 \geq 0\ ;$$
$$6)\ x_2 \geq 0\ ;$$
$$7)\ x_3 \geq 0\ .$$

Il reste enfin à exprimer l'objet du problème, qui est de choisir x_1, x_2 et x_3 de manière que le profit soit maximal. Le profit n'étant autre que :

$$4x_1 + 12x_2 + 3x_3 \text{ (francs)},$$

cette exigence pourra être notée :

$$8)\ [\text{MAX}]\ z = 4x_1 + 12x_2 + 3x_3\ ;$$

on remarque que cette fonctionnelle, appelée *fonction économique*, est encore linéaire.

3. *SIGNIFICATION GEOMETRIQUE.*

Rien ne nous empêche ici de recourir à la méthode géométrique (géométrie analytique), puisque nous n'avons que trois variables et qu'il est facile de représenter un trièdre trirectangle dont les axes porteront les quantités x_1, x_2 et x_3.

A priori, une solution du problème est représentée par un point de l'espace, de coordonnées x_1, x_2 et x_3, déterminées.

Les contraintes 5), 6) et 7) signifient d'ailleurs que nous pourrons nous contenter de représenter le premier octant de ce système de coordonnées, puisque nous aurons ainsi : x_1, x_2 et $x_3 \geq 0$ (figure 1.IX).

Nous allons voir que les contraintes 1) à 4) s'interprètent également d'une manière très aisée. Par exemple, la contrainte 1) signifie que, dans l'octant positif, les points dont la coordonnée x_1 excède 1000 sont exclus de l'espace des solutions. Or, $x_1 = 1000$ représente un plan P_1 normal à l'axe Ox_1 au point $x_1 = 1000$, $x_2 = 0$, $x_3 = 0$; toutes les solutions éventuelles du problème seront donc comprises, dans l'octant positif, entre le plan $x_2\,0\,x_3$ et le plan $x_1 = 1000$.

On raisonnerait de même pour les contraintes 2) et 3). En fait, les plans

$$P_1 : x_1 = 1000,\ P_2 : x_2 = 500,\ P_3 : x_3 = 1500$$

délimitent le parallélépipède OABCDEFG, à l'intérieur ou à la surface duquel se trouvent les solutions éventuelles.

D'autre part : $3x_1 + 6x_2 + 2x_3 = 6750$ est aussi l'équation d'un plan P_4, dans l'espace à trois dimensions et la contrainte 4) signifie que les points solutions doivent nécessairement se trouver à l'intérieur ou à la surface du tétraèdre OA'B'C', formé par les plans de coordonnées et le plan P_4 ; le plan P_4 coupe Ox_1 en A' (2250, 0, 0), Ox_2 en B' (0,1125, 0) et Ox_3 en C' (0, 0, 3375).

Il est facile de voir que le plan P_4 coupe la droite FG au point P (1000, 125, 1500) ; en effet, FG est l'intersection des plans :

$$\begin{cases} x_1 = 1000 \\ x_3 = 1500 \end{cases}$$

et P_4 a comme équation :

$$3x_1 + 6x_2 + 2x_3 = 6750 ;$$

si l'on remplace, dans cette équation x_1 et x_3 par leurs valeurs, on obtient :

$$3000 + 6x_2 + 3000 = 6750 ,$$

d'où :

$$6x_2 = 750 \quad \text{et} \quad x_2 = 125 .$$

On établirait de même que P_4 coupe GD en Q (250, 500, 1500)et GB en R (1000, 500, 375).

C'est le solide commun au parallélépipède OABCDEFG et au tétraèdre OA'B'C' qui contiendra les solutions ; on constate qu'il faut enlever au parallélépipède le petit tétraèdre GPQR.

Finalement, pour satisfaire aux contraintes, un point solution doit nécessairement se trouver à l'intérieur ou à la surface du polyèdre OABCDEFPQR.

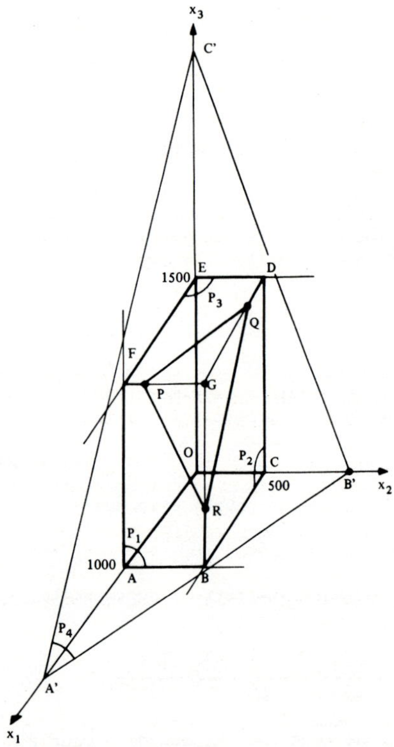

Figure 1.IX

Jusqu'à présent, nous ne nous sommes occupés que des contraintes ; pour choisir entre les solutions que nous venons de déterminer celle (ou celles) qui est (ou sont) optimale (s), nous devons chercher à maximiser la fonctionnelle :

$$z = 4x_1 + 12x_2 + 3x_3.$$

Pour chaque point M ($x_1 = \xi$, $x_2 = \eta$, $x_3 = \theta$) de l'espace des solutions, z a une valeur donnée :

$$z\ (\xi, \eta, \theta) = 4\xi + 12\eta + 3\theta .$$

Par exemple, pour le point C (0, 500, O), on a :

$$z = 4 \times 0 + 12 \times 500 + 3 \times 0 = 6000.$$

Mais, les points qui, tels C, donnent à z la valeur 6000 forment un plan $P_{(z=6000)}$, d'équation :

$$4x_1 + 12x_2 + 3x_3 = 6000.$$

Représentons ce plan, qui coupe les axes Ox_1, Ox_2 et Ox_3 aux points I (1500, 0, 0), C (0, 500, 0) et J (0, 0 ,2000) (figure 2.IX).

Tout plan P_z, quelle que soit la valeur :

$$z = 4x_1 + 12x_2 + 3x_3,$$

représente un plan parallèle au plan $P_{(z=6000)}$.

La distance de l'origine à un plan P_z est :

$$\overline{OH} = \frac{z}{\sqrt{4^2 + 12^2 + 3^2}} = \frac{z}{13}$$

On a donc :

$$z = 13 \cdot \overline{OH} \cdot$$

Dès lors, pour maximiser z, il suffira de tracer un plan parallèle au plan ICJ, dont la distance à l'origine soit la plus grande possible et qui ait encore au moins un point commun avec le polyèdre OABCDEFPQR.

Il est facile de voir (au besoin à l'aide d'une épure de géométrie descriptive) que ce plan est obtenu pour z = 11500.

Il coupe Ox_2 en α (2875 ; 0 ; 0), Ox_2 en β (0 ; 958,33 ; 0) et Ox_3 en γ (0;0;3833,33). Son unique point de contact avec le polyèdre des solutions est le point Q (250, 500, 1500), d'où la solution optimale :

$$x_1 = 250; \; x_2 = 500; \; x_3 = 1500; \; z = 11500.$$

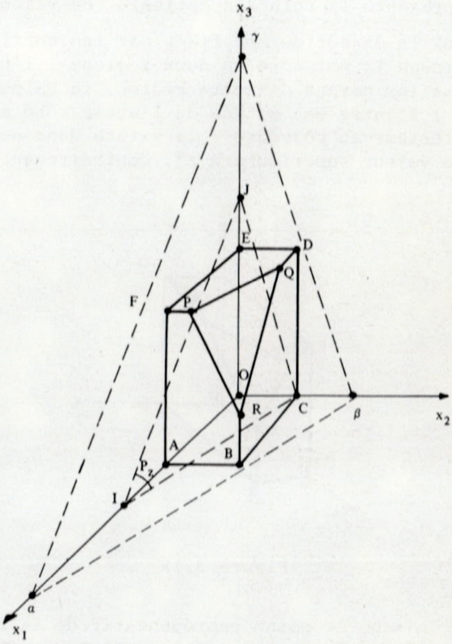

Figure 2.IX

4. *DIFFICULTES DE GENERALISATION*.

Or, la solution géométrique *ne peut* évidemment *s'étendre* au cas d'un *nombre de variables supérieur à trois*, puisqu'il n'est pas possible d'effectuer des représentations dans un espace à n dimensions (n > 3).

D'autre part, le raisonnement économique *échoue* lorsque le *nombre de contraintes augmente*. Supposons seulement que nous ajoutions ici la contrainte de capacité de stockage :

$$x_1 + 2x_2 + 2x_3 \geq 4000$$

dont il a été question plus haut, page 4 .

On peut encore espérer, par des raisonnements du type "fausse hypothèse" et des substitutions mutuelles d'objets (chers aux instituteurs de la 3e République), se tirer d'affaire et trouver le nouvel optimum :

$$x_1 = 375 \; ; \; x_2 = 500 \; ;$$

$$x_3 = 2625/2 \; ; \; z = 11437,5 \; ,$$

que confirme la construction géométrique.

En effet, la présence d'une nouvelle contrainte conduit à tronquer le polyèdre des solutions, qui est maintenant réduit au solide OABCDEFDUTR et c'est le point U dont les coordonnées forment la solution optimale (figure 3.IX).

Mais, avec m contraintes (m grand), il n'est plus possible de se retrouver dans des raisonnements de ce type, qui deviennent par trop combinatoires.

Il faut donc tenter d'utiliser les informations obtenues jusqu'ici pour tenter de généraliser le problème par une autre voie.

1) Le point représentant la solution ne peut pas se trouver à l'intérieur du polyèdre formé par les contraintes. En effet, supposons qu'un point M, intérieur au polyèdre, représente la solution optimale, de valeur z^*. Il passe évidemment par M un plan P_{z^*}, dont la direction est fixée par les coefficients de la fonction économique ; ce plan partage le polyèdre en deux régions ; l'une est située du côté de l'origine et, pour tous les points de cette région, la valeur de la fonction économique est inférieure à z^* ; l'autre est située de l'autre côté et elle n'est pas vide puisque M est supposé intérieur au polyèdre : il existe donc des points dont les coordonnées donnent à z une valeur supérieure à z^*, contrairement à l'hypothèse (figure 4.IX).

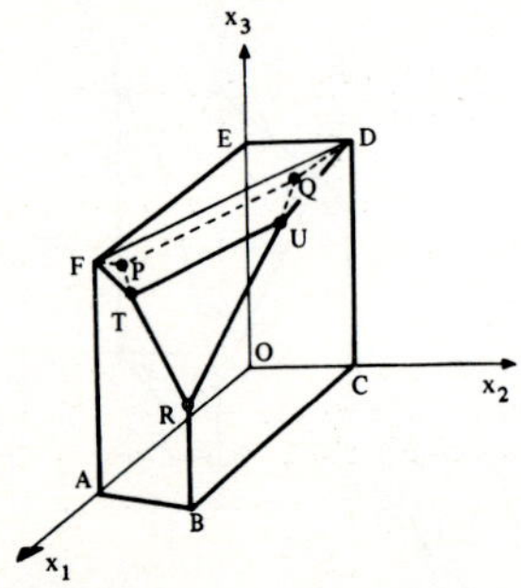

Figure 3.IX

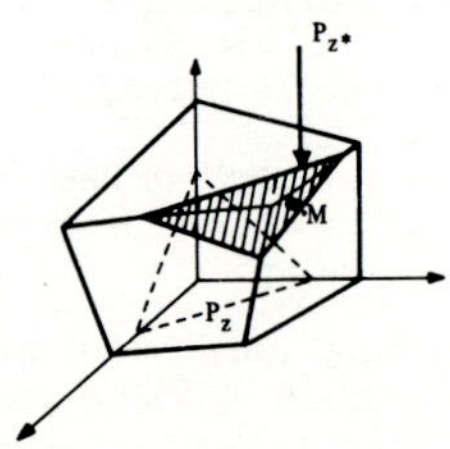

Figure 4.IX

2) Puisque le point représentatif de la solution optimale, on vient de le démontrer par l'absurde, ne peut être qu'à la surface du polyèdre, imaginons qu'il se trouve sur l'une des faces du polyèdre, à l'exclusion des arêtes qui délimitent cette face.

Par ce point M passe le plan P_{z^*} et tous les points de ce plan donnent la même valeur z^* (optimale) à la fonctionnelle z. Si le plan en question coupe la face considérée du polyèdre, on aura encore une partie de la face qui sera au-delà du plan P_{z^*} par rapport à l'origine, donc des points de la surface du polyèdre qui donnent à z une valeur supérieure à z^*, contrairement à l'hypothèse.

Par conséquent, le plan P_{z^*}, passant par M, ne peut que coïncider avec la face du polyèdre sur laquelle se trouve M et ainsi tous les points de cette face sont optimaux (figure 5.IX).

3) Mais il est exceptionnel que le plan P_{z^*}, dont la direction est fixé par les coefficients de la fonction économique, soit parallèle à une face ou même seulement à une arête de polyèdre des contraintes (on dit qu'on a une *dégénérescence* (1) lorsqu'une face ou une arête représentent la solution optimale).

Le raisonnement, qui a prouvé que le point optimal ne se trouve pas "au milieu" d'une face, se poursuit pour les arêtes et l'on voit aussi que ce point ne peut se situer (sauf dégénérescence) " au milieu " d'une arête.

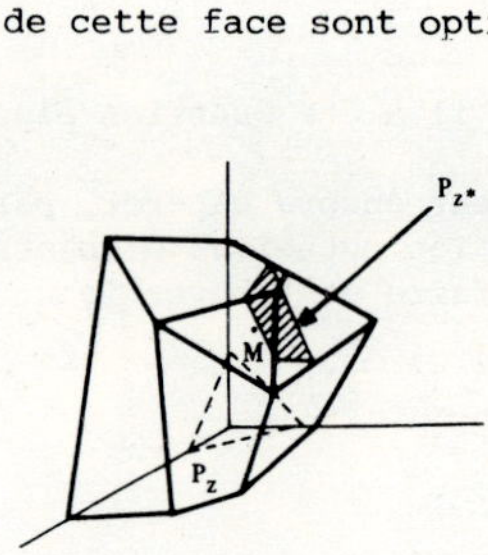

Figure 5.IX

Dans ces conditions, sauf dégénérescence, il n'y a qu'un point représentatif de la solution optimale et *il est nécessairement constitué par un sommet du polyèdre*.

(1) Nous verrons ultérieurement d'autres types de dégénérescence.

On pourrait en déduire qu'il suffit de déterminer les coordonnées de tous les sommets du polyèdre et de calculer la valeur de la fonction économique qui correspond à chacun d'eux : il resterait à choisir la plus grande de ces valeurs. Mais, s'il y a n variables et m contraintes, il y a n + m plans, dont les intersections n à n sont au nombre de :

$$C_{n+m}^{n} = \frac{(m + n)\,!}{m!\ \ n!} ,$$

pour n = 15 et m = 10, on a 3 268 760 points d'intersection et pourtant il ne s'agit encore que d'un petit programme. Même avec une puissante machine, il n'est donc pas question d'aborder de telles procédures (1) .

L'algorithme le plus connu, pour la résolution des programmes linéaires, consiste, au lieu de calculer la valeur de z pour tous les sommets, à la calculer seulement pour une suite de sommets telle que la valeur de z pour le n^e ne soit pas inférieure à la valeur de z pour le $(n - 1)^e$. Ainsi, on est sûr de parvenir à l'optimum au bout d'un nombre de pas fini, puisque le nombre de sommets est fini, à condition que la valeur de la fonction économique augmente strictement pour un certain nombre de ces pas.

Les sommets qui constituent la suite envisagée sont adjacents, c'est-à-dire que le k^e et le $(k + 1)^e$ sont les extrémités d'une même arête ; il est donc nécessaire que,quel que soit le point de départ, on puisse toujours trouver, étant donné un sommet auquel on est parvenu, un sommet adjacent dont les coordonnées donnent une valeur non inférieure à z, tant qu'on n'est pas arrivé à l'optimum.

Or, ceci est possible, en raison d'une propriété des polyèdres engendrés par des contraintes linéaires.

Considérons d'abord (figure 6.IX) une montagne en forme de pain de sucre.Partant d'un point quelconque C, on peut toujours atteindre le sommet S, pourvu qu'on monte toujours (les itinéraires comportant des paliers limités sont autorisés). Ce n'est pas vrai d'une montagne qui présenterait un sommet "parasite" S', auquel on risquerait de parvenir en appliquant la méthode précédente (figure 7.IX).

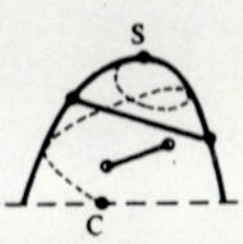

Figure 6.IX

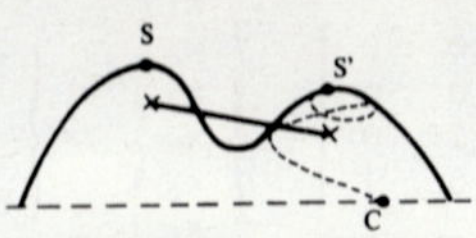

Figure 7.IX

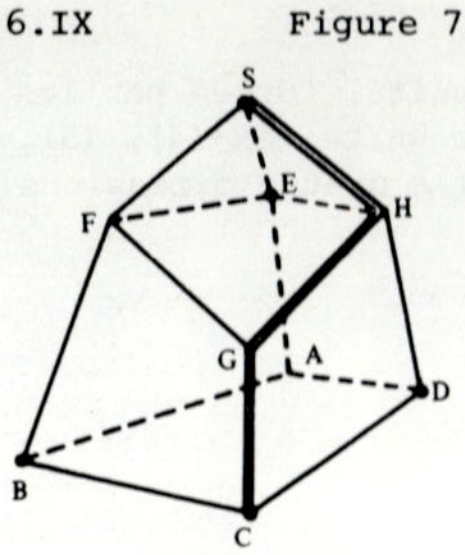

Figure 8.IX

Cela s'explique par le fait que la première montagne est *convexe* (si l'on joint deux points quelconques de l'intérieur ou de la surface, la droite qui les joint est tout entière contenue dans le volume), tandis que la seconde ne l'est pas. Or, tout polyèdre engendré par des contraintes linéaires est convexe et l'on peut trouver au moins un chemin (figure 8.IX) qui, à partir de n'importe quel sommet, conduise, de sommet en sommet adjacent, au sommet donnant la valeur maximale à la fonction économique (autrement dit : il existe toujours au moins un sommet adjacent, situé , par rapport à l'origine, au-delà du plan (ou sur le plan) de la fonction économique correspondant à un sommet quelconque, à moins que ce dernier ne soit l'optimum.

([1]) Les points d'intersection ne sont pas tous des sommets du polyèdre des solutions dans l'espace à n dimensions ; autrement dit, les coordonnées de certains de ces points ne vérifient pas une ou plusieurs contraintes. Ainsi, le polyèdre que nous avons considéré plus haut, comme exemple, ne compte que 10 sommets, alors qu'il existe C_7^3 = 35 points d'intersection des plans 3 à 3. Mais ce fait ne restreint pas le problème, puisqu'il faudrait examiner toutes les intersections pour déterminer les sommets à retenir.

B. INTRODUCTION A L'ALGORITHME DU SIMPLEXE

1. PROBLEME DE MAXIMISATION.

Les contraintes 1) à 4) peuvent être écrites sous forme d'équations en introduisant des *variables d'écart* x_4 à x_7 :

$$\text{I}\quad \begin{cases} x_1 + x_4 = 1000 \\ x_2 + x_5 = 500 \\ x_3 + x_6 = 1500 \\ 3x_1 + 6x_2 + 2x_3 + x_7 = 6750 \end{cases}$$

Ces variables d'écart ont ici un sens physique bien aisé à découvrir : ce sont, respectivement, les différences entre les quantités limites et les quantités fabriquées des produits P_1, P_2 et P_3, en ce qui concerne x_4, x_5 et x_6, le temps inutilisé (en $\frac{1}{150}$ de mn) à la fabrication, pour ce qui est de x_7. Dans ces conditions, les variables d'écart sont aussi *non négatives*.

Le système (I) admet une solution évidente : $x_4 = 1000$, $x_5 = 500$, $x_6 = 1500$, $x_7 = 6750$, qui consiste à ne rien fabriquer, c'est-à-dire à prendre $x_1 = x_2 = x_3 = 0$. Dans ce cas, le profit :

$$z = 4x_1 + 12\,x_2 + 3x_3$$

est évidemment nul. Le point représentatif de cette solution, dans l'espace à trois dimensions (autant que de variables principales), est l'origine O (0, 0, 0) des axes Ox_1, Ox_2, Ox_3.

On peut aussi mettre le système (I) sous forme matricielle :

$$\begin{bmatrix} 1 & 0 & 0 & 1 & 0 & 0 & 0 \\ 0 & 1 & 0 & 0 & 1 & 0 & 0 \\ 0 & 0 & 1 & 0 & 0 & 1 & 0 \\ 3 & 6 & 2 & 0 & 0 & 0 & 1 \end{bmatrix} \begin{pmatrix} x_1 \\ x_2 \\ x_3 \\ x_4 \\ x_5 \\ x_6 \\ x_7 \end{pmatrix} = \begin{pmatrix} 1000 \\ 500 \\ 1500 \\ 6750 \end{pmatrix}$$

$$\begin{matrix} (1) & (2) & (3) & (4) & (5) & (6) & (7) \end{matrix}$$

ce qui permet d'apercevoir immédiatement une matrice unité, formée par les colonnes 4, 5, 6 et 7, de telle sorte que les vecteurs-colonnes unitaires (4), (5), (6), (7) constituent une base orthonormée d'un espace vectoriel à quatre dimensions (autant que de contraintes).

Revenant au système (I), on peut écrire :

$$\begin{aligned} x_4 &= 1000 - x_1 \\ x_5 &= 500 - x_2 \\ x_6 &= 1500 - x_3 \\ x_7 &= 6750 - 3x_1 - 6x_2 - 2x_3 \end{aligned}$$

d'où, pour : $x_1 = x_2 = x_3 = 0$, la solution :

$$x_4 = 1000,\ x_5 = 500,\ x_6 = 1500,\ x_7 = 6750.$$

Supposons maintenant que, laissant à x_1 et x_3 la valeur 0, nous donnions à x_2 la valeur 500 ; nous venons au point C de l'espace à trois dimensions : C (0, 500, 0). C'est un point adjacent à O sur le polyèdre.

Le système (I) nous indique qu'alors $x_5 = 0$, puisque $x_2 + x_5 = 500$.

Dans l'espace à quatre dimensions, le vecteur (4) n'est plus dans la base ; il en est sorti au profit du vecteur (2) qui y est entré. On a :

$$x_2 = 500 - x_5,$$

d'où:

$$\begin{aligned} x_7 &= 6750 - 3x_1 - 6\ (500 - x_5) - 2x_3 \\ &= 3750 - 3x_1 - 2x_3 + 6x_5. \end{aligned}$$

On peut donc écrire :

$$\begin{aligned} x_4 &= 1000 - x_1 \\ x_2 &= 500 - x_5 \\ x_6 &= 1500 - x_3 \\ x_7 &= 3750 - 3x_1 - 2x_3 + 6x_5, \end{aligned}$$

ce qui revient à exprimer les variables de base en fonction des variables hors base.

Sous forme matricielle :

$$\begin{bmatrix} 1 & 0 & 0 & 1 & 0 & 0 & 0 \\ 0 & 1 & 0 & 0 & 1 & 0 & 0 \\ 0 & 0 & 1 & 0 & 0 & 1 & 0 \\ 3 & 0 & 2 & 0 & -6 & 0 & 1 \end{bmatrix} \begin{pmatrix} x_1 \\ x_2 \\ x_3 \\ x_4 \\ x_5 \\ x_6 \\ x_7 \end{pmatrix} = \begin{pmatrix} 1000 \\ 500 \\ 1500 \\ 3750 \end{pmatrix}$$

(1) (2) (3) (4) (5) (6) (7)

On voit bien que le vecteur colonne (2) est devenu unitaire et que le vecteur (5) a cessé de l'être : la base de l'espace à quatre dimensions est désormais (2), (4), (6), (7).

Il est alors aisé de comprendre que le passage d'un sommet d'un polyèdre à un sommet adjacent, dans l'espace à n dimensions (autant que de variables principales), se traduit par l'échange d'un vecteur de base et d'un vecteur hors base, dans l'espace à m dimensions (autant que de contraintes); nous saurons donc faire cette opération qui est classique.

Voyons ce qu'est devenue la fonction économique. Au départ, nous avions :

$$z = 4x_1 + 12x_2 + 3x_3 = 0 \qquad \text{(a)}$$

mais nous avons remplacé x_2 par $500 - x_5$, d'où :

$$z = 4x_1 + 12\ (500 - x_5) + 3x_3$$

ou

$$z = 4x_1 + 3x_3 - 12\ x_5 + 6000\ . \qquad \text{(b)}$$

On remarque que les coefficients de la fonction économique représentent, à chaque pas, ce que rapporterait (en unités monétaires) l'augmentation d'une unité de la valeur des variables figurant dans la fonction économique, au pas considéré. Au départ, l'expression (a) signifie que : l'augmentation de la variable x_2 (qui vaut alors 0) de 1 unité ferait gagner 4 unités monétaires ; l'augmentation de la variable x_2(qui vaut alors 0) de 1 unité ferait gagner 12 u.m ; l'augmentation de la variable x_3 (qui vaut alors 0) de 1 unité ferait gagner 3 u.m. L'expression (b) signifie qu'après avoir pris $x_2 = 500$, l'augmentation de x_1 de 1 unité continuerait à faire gagner 4 u.m. et celle de x_3 de 1 unité, 3 u.m., mais que l'augmentation de x_5 de 1 unité ferait *perdre* 12 u.m. (gagner - 12).

Autrement dit, les coefficients de la fonction économique, qui subissent les mêmes transformations que les vecteurs-colonnes de la matrice, auxquels ils appartiennent, sont, au sens économique, les *coûts marginaux* (ou *profits* marginaux) attachés aux variables figurant dans la fonction économique.

Par ces remarques, la procédure employée dans l'algorithme du simplexe va s'expliquer aussitôt.

Nous avons vu que l'algorithme consiste à progresser d'un sommet initial vers un sommet adjacent en ayant soin de ne pas diminuer la valeur de la fonction économique ; d'autre part, nous savons aussi que les variables principales et les variables d'écart doivent demeurer non-négatives.

i ↓ \ j →	A_1	A_2	A_3	A_4	A_5	A_6	A_7	A_0
4	1	0	0	1	0	0	0	1000
5	0	1	0	0	1	0	0	500
6	0	0	1	0	0	1	0	1500
7	3	6	2	0	0	0	1	6750
z	4	12	3					0

Reprenons, dans ces conditions, la représentation matricielle initiale et dotons les colonnes d'un indice $j = 1, 2, \dots, 7$, de manière que les vecteurs-colonnes puissent être dénommés $A_1, A_2, \dots, A_7$: notons aussi A_0 le vecteur second membre.

Inscrivons maintenant, face à la valeur qu'elle a dans la solution initiale, l'indice i de la variable x_i (ici, au départ : $x_4 = 1000$, $x_5 = 500$, $x_6 = 1500$, $x_7 = 6750$; les indices i sont donc: 4, 5, 6 et 7) ; ces indices i pourront servir à désigner les lignes de la matrice.

L'élément de la matrice situé à l'intersection d'une ligne i et d'une colonne j sera désigné par x_{ij} ; toutefois, par abréviation, l'élément de la colonne A_0 situé sur la ligne i sera simplement désigné par x_i.

Enfin, ajoutons la ligne de la fonction économique : $z = 4x_1 + 12x_2 + 3x_3$, dont les éléments seront traités comme les nombres inscrits dans les colonnes A_j correspondantes. Ces éléments seront appelés, dans la suite, Δ_j.

N.B. - On n'a rien écrit sur la ligne des Δ_j dans les colonnes A_4, A_5, A_6, A_7, mais on aurait pu mettre des 0, car la fonction économique peut s'écrire :

$$4x_1 + 12x_2 + 3x_3 + 0x_4 + 0x_5 + 0x_6 + 0x_7,$$

les variables d'écart étant de profit nul. De plus, initialement, $z = 0$.

Les formules du changement de coordonnées (1), réalisé par la sortie d'un vecteur A_i de la base et l'entrée d'un vecteur A_j, sont :

nouvelle valeur de la fonction économique : $z' = z + \frac{x_i}{x_{ij}} \cdot \Delta_j$, z étant l'ancienne valeur;

nouvelle valeur de l'élément de la ligne k *dans la colonne* A_0 :

$$x'_k = x_k - x_{kj} \frac{x_i}{x_{ij}},$$

x_k étant l'ancienne valeur ;

nouvelle valeur de l'élément de la ligne k *de la colonne* A_ℓ :

$$x'_{k\ell} = x_{k\ell} - x_{kj} \frac{x_{i\ell}}{x_{ij}}, \quad (k \neq i) ,$$

$x_{k\ell}$ étant l'ancienne valeur ;

---

(1) Voir, par exemple, ch.VIII,§2, *La recherche opérationnelle*, Q.S.J.? n° 941, P.U.F.

nouvelle valeur de l'élément de la ligne i *de la colonne* A_ℓ:

$$x'_{i\ell} = \frac{x_{i\ell}}{x_{ij}}, \quad (k = i),$$

$x_{i\ell}$ étant l'ancienne valeur.

Dans ces conditions, comme, à chaque pas, on désire que $z' \geqq z$, il faudra prendre Δ_j positif $\left(\frac{x_i}{x_{ij}}\right.$ sera positif, car $x_i > 0$ comme élément du second membre et x_{ij} sera pris $\left.\text{positif}\right)$. En principe, on gagnera à prendre $\Delta_j > 0$ aussi élevé que possible. C'est pourquoi le *premier critère de Dantzig* s'énonce ainsi :

"Pour déterminer la colonne A_j *qui doit entrer dans la base, on choisit celle qui comporte le* Δ_j *positif le plus grand".*

On veut encore que, pour tout k, x'_k soit non-négatif :

$$x'_k = x_k - x_{kj} \cdot \frac{x_i}{x_{ij}} \geqq 0.$$

Cela s'écrit aussi :

$$x_k \geqq x_{kj} \cdot \frac{x_i}{x_{ij}}$$

Si l'on prend $\frac{x_i}{x_{ij}}$ positif, x_k, qui est positif, est sûrement plus grand que $x_{kj} \cdot \frac{x_i}{x_{ij}}$ lorsque x_{kj} est négatif. Au contraire, lorsque x_{kj} est positif, on peut diviser les deux membres de l'inégalité par x_{kj} et l'on a :

$$\frac{x_i}{x_{ij}} \leqq \frac{x_k}{x_{kj}}$$

La condition sera donc réalisée si l'on a soin de prendre, parmi les quotients $\frac{x_i}{x_{ij}}$ obtenus pour toutes les valeurs i, le plus petit positif d'entre eux.

D'où le *deuxième critère de Dantzig :*

"Pour déterminer la colonne A_i *qui doit sortir de la base, on choisit celle d'indice* i, *tel que* $\frac{x_i}{x_{ij}}$ *soit le plus petit positif* (1) *(l'indice* j *ayant été déterminé par l'application du premier critère)".*

Tels sont les deux critères qui constituent l'*algorithme de Dantzig*.

L'optimum sera atteint, dès que le premier critère ne sera plus applicable, c'est-à-dire lorsque tous les Δ_j relatifs aux variables hors base seront non positifs, ceux relatifs aux variables de base étant nuls.

Remarque. Le premier critère est *heuristique* (on tente localement de s'approcher au maximum de l'optimum, par le déplacement d'une unité), le second est *obligatoire* pour aller de solution réalisable en solution réalisable.

---

(1) Si l'on a un x_i nul dans le second membre, on posera $x_i = \varepsilon$ pour appliquer le critère.

2. *REGLE PRATIQUE (maximisation)*

Pour rendre pratique l'application manuelle des critères de Dantzig,perfectionnons le tableau initial en lui ajoutant une colonne où seront indiqués les c_i (coefficients de la fonction économique sous sa forme initiable pour chaque valeur i des indices de ligne figurant dans le tableau), une ligne où seront notés les c_j (coefficients de la fonction économique sous sa forme initiale, correspondant cette fois aux indices j, immuables,des colonnes), enfin une ligne où nous inscrirons la solution (les valeurs des variables de base, dans l'état actuel du tableau).

Le repérage de la colonne j qui doit entrer dans la base est simple: il suffit de lire la ligne des Δ_j et de sélectionner celui des Δ_j qui est le plus grand et positif. Ici, c'est 12, dans la colonne 2 ; on a donc : j = 2 et c'est la deuxième colonne qui entrera dans la base.

c_i	i	j → 1	2	3	4	5	6	7	0
0	4	1	0	0	1	0	0	0	1000
0	5	0	1	0	0	1	0	0	500
0	6	0	0	1	0	0	1	0	1500
0	7	3	6	2	0	0	0	1	6750
	c_j	4	12	3	0	0	0	0	
	Solution				1000	500	1500	6750	
z	Δ_j		12	3	0	0	0	0	0
			e ⇧			s ⇩			
	$\frac{x_i}{x_{ie}}$				∞	500	∞	1125	

Faisons maintenant les quotients $\frac{x_i}{x_{ij}}$, c'est-à-dire $\frac{x_i}{x_{i2}}$, puisque j est désormais connu ; les i sont : 4, 5, 6 et 7 et l'on a donc (1) :

$$\frac{x_4}{x_{42}} = \frac{1000}{0_+} = \infty \; ; \; \frac{x_5}{x_{52}} = \frac{500}{1} = 500 \; ; \; \frac{x_6}{x_{62}} = \frac{1500}{0_+} = \infty \; ; \; \frac{x_7}{x_{72}} = \frac{6750}{6} = 1125 \; ;$$

on peut écrire ces résultats sur une nouvelle ligne $\frac{x_i}{x_{ie}}$ (e, indice de la colonne entrante), sous les valeurs de la solution, qui sont justement les x_i.

Prenons le rapport le plus petit positif ; c'est 500, qui correspond à l'indice i = 5; ce sera donc la 5e colonne qui sortira de la base.

Il faut maintenant appliquer les formules de changement de coordonnées:

(1) On ne s'inquiètera pas du fait qu'on pose, par exemple : $\frac{1000}{0_+} = \infty$; c'est une simple convention, qui se jusitifie si 0_+ représente aussi bien ε, très petit, positif.

$$z' = z + \frac{x_5}{x_{52}} \cdot \Delta_2 \qquad x'_k = x_k - x_{k2} \cdot \frac{x_5}{x_{52}}$$

$$x'_{k\ell} = x_{k\ell} - x_{k2} \cdot \frac{x_{5\ell}}{x_{52}} \qquad (k \neq 5)$$

$$x'_{5\ell} = \frac{x_5}{x_{52}} \quad \text{et} \quad x'_5 = \frac{x_5}{x_{52}} .$$

L'élément x_{ij} (ici x_{52}) qui joue un rôle fondamental est appelé *élément distingué* ou *pivot* de la transformation.

Les règles pratiques de transformation du tableau sont également très simples :

1) on repère l'élément distingué à l'intersection de la ligne i (indice de ligne correspondant à l'indice de la colonne qui sort de la base) et de la colonne j (indice de la colonne qui entre dans la base) ;

2) on divise les éléments de la ligne i par l'élément distingué (tableau central et colonne de droite, c'est-à-dire pour j = 1, 2,..., 7 et 0) ; on remplace l'indice i du tableau de gauche, 2e colonne, par l'indice j de la colonne qui entre dans la base ; on remplace le coefficient c_i du tableau de gauche, 1e colonne, par la valeur c_j du coefficient de la fonction économique, j étant l'indice de la colonne qui entre dans la base ;

3) parmi les autre lignes du tableau, celles qui comportent un 0 dans la colonne qui entre dans la base ne sont pas modifiées ;

4) les éléments des autres lignes du tableau qui comportent un élément différent de 0 dans la colonne qui entre dans la base sont modifiés comme suit :

- on multiplie les éléments de la nouvelle ligne j par l'élément différent de 0 et on soustrait les résultats des éléments correspondants de la ligne à modifier ;
- ce traitement est applicable aux éléments de la colonne 0 ;
- il s'applique également aux éléments de la ligne z ; toutefois, dans la colonne 0 de la ligne z, on inscrit $z + \frac{x_i}{x_{ij}} \cdot \Delta_j$ et non $- z - \frac{x_i}{x_{ij}} \cdot \Delta_j$.

Par exemple, revenant au tableau précédent, on aura :

1) l'élément distingué est le 1 de la ligne 5 et de la colonne 2 ;

2) la ligne 5, divisée par 1, reste la même ; on remplace, dans le tableau de gauche, 5 par 2 et 0 par 12 ;

3) les lignes 4 et 6 ne subissent pas de modification :

4) la ligne 7 est modifiée comme suit :

↓								
3	6	2	0	0	0	1	6750	anciens éléments de la ligne 7
0	6	0	0	6	0	0	3000	- éléments de la ligne 5 multipliés par 6
3	0	2	0	-6	0	1	3750	nouvelle ligne 7

La ligne z est modifiée de la façon suivante :

↓								
4	12	3	0	0	0	0	0	anciens éléments de la ligne z
0	12	0	0	12	0	0	6000	- éléments de la ligne 5 multipliés par 12
4	0	3	0	-12	0	0	6000	nouvelle ligne z

↑ on a ajouté 6000 (et non retranché)

Dans ces conditions le nouveau tableau se présente ainsi :

c_i	i	j	1	2	3	4	5	6	7	0
0	4		1	0	0	1	0	0	0	1000
12	2		0	1	0	0	1	0	0	500
0	6		0	0	1	0	0	1	0	1500
0	7		3	0	2	0	-6	0	1	3750
		cj	4	12	3	0	0	0	0	
Solution				500		1000		1500		
z		Δ_j	4	0	3	0	-12	0	0	6000

et l'on est prêt pour un nouveau pas.

Les calculs suivants sont donnés en annexe [1]. Ils ne sont nullement difficiles. Il est conseillé au lecteur de les mener lui-même en se contrôlant pas à pas.

N.B.- La règle pratique énoncée ci-dessus est conçue pour les problèmes de maximisation. En fait, elle peut s'appliquer aussi aux problèmes de *minimisation*, à condition de changer les signes des coefficients c_j de la fonction économique (car maximiser -z revient à minimiser z); il faut naturellement qu'il y ait au moins un coefficient positif après ce changement de signe. Sinon, il existe une règle pratique de minimisation, qu'on trouvera dans les ouvrages en référence.

Le dernier tableau fourni par la règle pratique est le suivant :

---

(1) Annexe 1, à la fin du chapitre, p. 236.

c_i	i	1	2	3	$(\bar{1})$ 4	$(\bar{2})$ 5	$(\bar{3})$ 6	$(\bar{4})$ 7	
4	1	1	0	0	0	-2	$-\frac{2}{3}$	$\frac{1}{3}$	250
12	2	0	1	0	0	1	0	0	500
0	4	0	0	0	1	2	$\frac{2}{3}$	$-\frac{1}{3}$	750
3	3	0	0	1	0	0	1	0	1500
	c_j	4	12	3	0	0	0	0	
	Solution	250	500	1500	750				
z	Δ_j	0	0	0	0	-4	$-\frac{1}{3}$	$-\frac{4}{3}$	11500

L'optimum est atteint, puisque tous les Δ_j, relatifs aux variables hors base, sont négatifs.

Nous sommes évidemment parvenus à la même solution que nous avions trouvée plus haut par d'autres voies : $x_1 = 250$, $x_2 = 500$, $x_3 = 1500$, $z = 11500$.

En se reportant à l'annexe, qui contient les calculs intermédiaires, le lecteur constatera que, partant de l'origine O des axes ($x_1 = x_2 = x_3 = 0$, $z = 0$), nous nous sommes successivement transportés, dans l'espace à trois dimensions, en C ($x_1 = x_3 = 0$, $x_2 = 500$, $z = 6000$), B ($x_1 = 1000$, $x_2 = 500$, $x_3 = 0$, $z = 10000$), R ($x_1 = 1000$, $x_2 = 500$, $x_3 = 375$, $z = 11125$), pour aboutir finalement en Q ($x_1 = 250$, $x_2 = 500$, $x_3 = 1500$, $z = 11500$).

Mais il va sans dire que nous n'avons pu mener ce problème à bien, par des calculs manuels, que parce que le nombre de variables est très petit. Lorsque le nombre de variables dépasse la dizaine, il ne peut être question de calculer à la main ; heureusement, l'algorithme a été programmé pour les ordinateurs capables de résoudre des programmes linéaires comportant des milliers de variables et des centaines de contraintes. Le cas échéant, on fait appel à des *méthodes de décomposition*, lorsque le problème dépasse la capacité de la machine dont on dispose.

Ces résultats témoignent de la puissance de l'outil d'exploration du combinatoire constitué par la programmation linéaire.

C. *DUALITE*

Une des remarques les plus fructueuses qu'on peut faire à propos des programmes linéaires est que chacun comporte un programme *dual*.

Reprenons les données de l'exercice précédent et écrivons-les de manière à faire apparaître clairement variables principales, coefficients des contraintes et coefficients de la fonction économique.

On montre que le programme (I) :

	x_1	x_2	x_3	Second membre
	1	0	0	$\leq$ 1000
	0	1	0	$\leq$ 500
	0	0	1	$\leq$ 1500
	3	6	2	$\leq$ 6750
MAX	4	12	3	

coeff. de la f^{on} écon.

$$
(\mathrm{I})\begin{cases}
x_1,\ x_2,\ x_3 \geq 0 \\
x_1 \leq 1000 \\
x_2 \leq 500 \\
x_3 \leq 1500 \\
3x_1 + 6x_2 + 2x_3 \leq 6750 \\
[\mathrm{MAX}]\ z = 4x_1 + 12x_2 + 3x_3
\end{cases}
$$

est équivalent au programme obtenu en prenant de nouvelles variables y_1, y_2, y_3, y_4, telles que :

$$
\text{(II)} \left\{
\begin{array}{l}
y_1,\ y_2,\ y_3,\ y_4 \geqq 0 \\
y_1 + 3y_4 \geqq 4 \\
y_2 + 6y_4 \geqq 12 \\
y_3 + 2y_4 \geqq 3 \\
[\text{MIN}]\ z' = 1000y_1 + 500y_2 \\
\qquad + 1500y_3 + 6750y_4
\end{array}
\right.
$$

				coeff.de la f^{on} écon.
y_1	1	0	0	1000
y_2	0	1	0	500
y_3	0	0	1	1500
y_4	3	6	2	6750
Second membre	$\geqq$ 4	$\geqq$ 12	$\geqq$ 3	↑ MIN

La règle de passage du programme primal (I) au programme dual (II) est rendue évidente par l'emploi du tableau ci-dessus ; les coefficients des nouvelles contraintes se lisent en colonne (au lieu de se lire en ligne) ; le signe des inégalités est inversé (1) ; les seconds membres des contraintes du dual sont les coefficients de la fonction économique du primal, et réciproquement ; la fonction économique du dual est à *minimiser*, si celle du primal était à *maximiser*, et inversement.

Le lecteur pourra essayer de résoudre à la main le programme dual, mais il devra observer :

1) que les variables d'écart doivent présenter un coefficient - 1, en raison du sens des inégalités, puisqu'on impose que ces variables d'écart soient non-négatives ;

2) que, dans ces conditions, il n'existe pas de solution de "départ" évidente, car, poser, par exemple, $-y_5 = 4$, signifie que $y_5 = -4$, ce qui ne saurait être admis puisqu'il s'agit d'une variable non négative ; pour obvier à cet inconvénient, on ajoutera à toutes les inégalités transformées en égalités, une variable *artificielle*, dont le coefficient dans l'égalité sera 1, et dont le coefficient correspondant dans la fonction économique sera pris très grand (positif ou négatif, selon qu'il s'agit de minimiser ou de maximiser) ; dès lors, une solution de départ existera, avec, par exemple $y_8 = 4$; les variables artificielles seront éliminées sans difficulté, par le simple jeu de l'algorithme, leur coefficient dans la fonction économique étant choisi très grand en valeur absolue pour cette raison ; à chaque fois que l'une d'entre elles aura été chassée, on pourra l'éliminer du tableau de calcul (2) ;

3) qu'au lieu de minimiser : $z' = 1000\ y_1 + 500\ y_2 + 1500\ y_3 + 6750\ y_4 + M\ y_8 + M\ y_9 + M\ y_{10}$, on peut aussi bien maximiser : $-z' = -1000\ y_1 - 500\ y_2 - 1500\ y_3 - 6750\ y_4 - M\ y_8 - M\ y_9 - M\ y_{10}$;

4) que, du moment que la solution de départ est formée par les variables artificielles, de coefficient - M dans la fonction économique, les Δ_j ne sont pas les coefficients initiaux, mais deviennent égaux à :

$$\Delta_j = c_j - \sum_i x_{ij} \cdot c_i$$

Le tableau de départ du calcul est, par conséquent, le suivant :

(1) Le cas échéant, il faudrait d'abord ramener toutes les inégalités du primal à s'écrire dans le même sens ; exemple : si l'on avait : $x_1 - 2x_2 + 4x_3 - x_4 \geqq 4$; $2x_1 + x_2 - x_3 + x_4 \geqq 5$ et $-x_1 + x_2 - 2x_3 + x_4 \leqq -3$, il conviendrait d'écrire la dernière sous la forme : $x_1 - x_2 + 2x_3 - x_4 \geqq 3$

(2) En fait, dans le présent cas, on pourrait se servir des variables y_1, y_2 et y_3 comcomme d'une base initiale, ce qui abrégerait les calculs. En refusant de bénéficier de cette circonstance occasionnelle, nous avons en vue le cas général où il est indispensable d'introduire des variables artificielles.

c_i		y_1	y_2	y_3	y_4	y_5	y_6	y_7	y_8	y_9	y_{10}	
$-M$	8	1	0	0	3	-1	0	0	1	0	0	4
$-M$	9	0	1	0	6	0	-1	0	0	1	0	12
$-M$	10	0	0	1	2	0	0	-1	0	0	1	3
	c_j	-1000	-500	-1500	-6750	0	0	0	$-M$	$-M$	$-M$	
Solution									4	12	3	
$-z'$	Δ_j	$-1000+M$	$-500+M$	$-1500+M$	$-6750+11M$	$-M$	$-M$	$-M$	0	0	0	$-19M$
$\frac{x_j}{x_{ie}}$					⇧ e				$\frac{4}{3}$ s ⇩	2	$\frac{3}{2}$	

Le tableau optimal, après élimination des variables artificielles et application de l'algorithme, se présente comme suit :

		1	2	3	4	5 $(\bar{1})$	6 $(\bar{2})$	7 $(\bar{3})$	
-500	2	-2	1	0	0	2	-1	0	4
-1500	3	$-\frac{2}{3}$	0	1	0	$\frac{2}{3}$	0	-1	$\frac{1}{3}$
-6750	4	$\frac{1}{3}$	0	0	1	$-\frac{1}{3}$	0	0	$\frac{4}{3}$
	c_j	-1000	-500	-1500	-6750	0	0	0	
Solution			4	$\frac{1}{3}$	$\frac{4}{3}$				
$-z'$	Δ_j	-750	0	0	0	-250	-500	-1500	-11500
		$-x_4$	$-x_5$	$-x_6$	$-x_7$	$-x_1$	$-x_2$	$-x_3$	

Nous avons ajouté une ligne : $-x_4$, $-x_5$, $-x_6$, $-x_7$, $-x_1$, $-x_2$, $-x_3$ au-dessous de la ligne des Δ_j ; on voit en effet :

1) que la valeur de $z' = 11500$ est égale à la valeur de z à l'optimum du primal ;

2) que les solutions y_2, y_3, y_4 du dual ne sont autres que les valeurs (au signe près) des Δ_j du primal (Δ_5, Δ_6, Δ_7) ;

3) que les Δ_j du dual (Δ_1, Δ_5, Δ_6, Δ_7) ne sont autres (au signe près) que les solutions (x_4, x_1, x_2, x_3) du primal.

Aux variables qui ont une valeur non nulle à l'optimum du primal (x_1, x_2, x_3, x_4) correspondent les variables qui ont une valeur nulle à l'optimum du dual (y_1, y_5, y_6, y_7).

Un examen un peu plus soigneux du tableau des coefficients lui-même montre qu'il est aisé de passer du tableau primal au tableau dual par simple changement de signe.

Remarque. On numérote quelquefois : x_1, x_2, x_3, $x_{\bar{1}}$, $x_{\bar{2}}$, $x_{\bar{3}}$, $x_{\bar{4}}$ les variables du primal, les indices des variables d'écart étant surlignés ; les variables du dual sont alors notées : y_1, y_2, y_3, y_4, $y_{\bar{1}}$, $y_{\bar{2}}$, $y_{\bar{3}}$; dans ces conditions, on a, à l'optimum : $y_1 = -\Delta_{\bar{1}}$, $y_2 = -\Delta_{\bar{2}}$, $y_3 = -\Delta_{\bar{3}}$, $y_4 = -\Delta_{\bar{4}}$ et $\Delta'_1 = -x_1$, $\Delta'_2 = -x_2$, $\Delta'_3 = -x_3$, ce qui facilite l'établissement des correspondances (on a noté Δ pour le primal, Δ' pour le dual).

L'interprétation économique des programmes duaux a fait couler beaucoup d'encre, il ne serait pas très difficile d'en trouver une pour le problème qui nous occupe ; il n'en est pas toujours ainsi : aussi voudrait-on savoir si une interprétation générale, saisissant l'essence même du phénomène économique, n'est pas possible. On constatera toutefois, au chapitre X, qu'un jeu à deux personnes peut se ramener à un programme linéaire, pour l'un des joueurs, à son dual, pour l'autre. La réciproque est également vraie.(Voir aussi l'annexe 2 à la fin du chapitre).

D. CRITIQUE DES RESULTATS . PARAMETRISATION

1. *CRITIQUE DE LA PROGRAMMATION LINEAIRE.*

1) De par la nature mathématique du problème, s'il comporte n variables principales et m contraintes, d'où l'introduction de m variables d'écart, la solution devra comporter :

$$(n + m) - m = n$$

variables nulles *au moins*. Ces variables nécessairement nulles sont, indistinctement, des variables principales ou des variables d'écart. Il en résulte que,*parmi les activités qu'on se proposait, un certain nombre peuvent être réduites à néant*,ce qui peut comporter, dans certains cas, des inconvénients économiques.

2) La solution optimale du programme linéaire est une solution "isolée",laissant tout ignorer des solutions voisines.

3) Toute modification de la valeur des coefficients de la fonction économique, du second membre ou de la matrice est susceptible de provoquer un changement de solution (passage à un autre sommet du polyèdre).

Or, d'où ces coefficients proviennent-ils ?

1) Des documents de la *comptabilité* pour tout ce qui concerne *prix de revient, profits, quantités de matières*, etc. ;

2) d'analyses spéciales (temps de fabrication, de réaction, etc.) ;

3) d'enquêtes, d'études de marché (goûts de la clientèle, limites supérieures de vente, etc.).

Il est bien clair, en conséquence, même en ce qui concerne les données extraites de la comptabilité, que les chiffres ainsi obtenus sont sujets à caution et ne peuvent être considérés comme suffisamment exacts pour garantir une solution "isolée","exceptionnelle" du problème.

Cet ensemble de critiques a heureusement conduit les mathématiciens à fournir un tableau plus complet des solutions optimales admissibles, en fonction des variations des paramètres qui peuvent être contestés, grâce aux *techniques de paramétrisation* ([1]).

Etant donné le caractère introductif de ces leçons nous n'envisagerons pas ici le paramétrage des coefficients de la matrice, mais nous allons montrer combien il est facile de paramétrer les coefficients de la fonction économique et ceux du second membre des contraintes.

2. *PARAMETRAGE DES COEFFICIENTS DE LA FONCTION ECONOMIQUE.*

Supposons, par exemple, que le coefficient c_1 de la fonction économique, soit 4 (nous rappelons que chaque article P_1 laissait un profit de 4 unités monétaires), ne paraisse pas suffisamment bien déterminé pour figurer comme tel dans le programme.

([1]) Ces aspects sont très bien examinés dans la thèse de Jacques Sordet : *Portée et limites de la programmation linéaire* (Fac. des Sc. Econ. de Rennes, 1964), publiée aux Editions Dunod sous le titre : La programmation linéaire appliquée à l'entreprise.

Nous poserons $c'_1 = 4(1 + \lambda)$; si nous faisons varier λ de -1 à $+\infty$, c_1 variera de 0 à $+\infty$; cette vue mathématique des choses recouvre largement l'indétermination économique du coefficient contesté.

Partons de nouveau du tableau optimal, mais remplaçons c_1 par $4(1 + \lambda)$. Seuls les Δ_j se trouvent modifiés :

$$\Delta'_j = c'_j - \sum_i x_{ij} \cdot c'_i$$

ainsi que la valeur de z.

c_i	i	1	2	3	$\overline{1}$	$\overline{2}$	$\overline{3}$	$\overline{4}$	0
$4(1+\lambda)$	1	1	0	0	0	-2	$-\frac{2}{3}$	$\frac{1}{3}$	250
12	2	0	1	0	0	1	0	0	500
0	$\overline{1}$	0	0	0	1	2	$\frac{2}{3}$	$-\frac{1}{3}$	750
3	3	0	0	1	0	0	1	0	1500
	c_j	$4(1+\lambda)$	12	3	0	0	0	0	
Solution		250	500	1500	750				
z	Δ_j	0	0	0	0	$-4+8\lambda$	$-\frac{1}{3}+\frac{8}{3}\lambda$	$-\frac{4}{3}-\frac{4}{3}\lambda$	$11500 + 1000\lambda$

Le nouveau tableau n'est plus nécessairement optimal, puisque les Δ_j dépendent désormais de λ ; il faut donc étudier comparativement ces nouveaux Δ_j, afin de reconnaître les valeurs de λ pour lesquelles certains sont positifs et déterminer, dans cette hypothèse, lequel d'entre eux est le plus grand, de manière à continuer le calcul selon les critères de Dantzig.

Un tableau peut résumer cette recherche :

λ	-1		$\frac{1}{8}$		$\frac{1}{2}$		$+\infty$
$-4+8\lambda$		$-$		$-$	0	$+$	
$-\frac{1}{3}+\frac{8}{3}\lambda$		$-$	0	$+$		$+$	
$-\frac{4}{3}-\frac{4}{3}\lambda$		$-$		$-$		$-$	
	Solution antérieure			Calcul à poursuivre			

On en déduit que si $\lambda < \frac{1}{8}$, tous les Δ_j sont négatifs, donc qu'on a bien atteint l'optimum. Cet optimum est constitué par la solution antérieure (point Q du polyèdre). On voit en outre que : $-4 + 8\lambda > -\frac{1}{3} + \frac{8}{3}\lambda$, si $\lambda > \frac{11}{16}$; par conséquent, pour $\frac{1}{8} < \lambda < \frac{11}{16}$, on doit faire entrer la colonne $\overline{3}$ dans la base ; et pour $\lambda > \frac{11}{16}$, c'est la colonne $\overline{2}$ qui doit y entrer.

Mais, si l'on fait le calcul, on constate (dans le cas présent) qu'on aboutit néanmoins à une seule nouvelle solution optimale pour $\lambda > \frac{1}{8}$: $x_1 = 1000$, $x_2 = 500$, $x_3 = 375$, $x_{\overline{3}} = 1125$, $z = 11125 + 4000\lambda$ (point R du polyèdre).

Si $\lambda = \frac{1}{8}$, tout point de l'arête QR du polyèdre est solution optimale et $z = 11625$; on a $x_2 = 500$ et toutes valeurs telles que $3x_1 + 2x_3 = 3750$, avec comme limites, pour x_1 : 250 et 1000, et, pour x_3 : 1500 et 275 conviennent et donnent le même résultat.

Ces conclusions gagent à être présentées graphiquement (figures 9 et 10.IX) et la discussion économique est ici facile : dans les deux cas, c'est le temps qui fait défaut; ne devrait-on pas faire des heures supplémentaires, sachant que, dans la solution I, chaque heure supplémentaire peut rapporter 200 + 200 λ, et, dans la solution II, 225 unités monétaires, moins la différence de prix entre l'heure supplémentaire et l'heure normale ?

Tout autre coefficient de la fonction économique pourrait être paramétré à son tour ; il serait également possible de les paramétrer deux à deux, ce qui donnerait encore une représentation acceptable dans le plan, en fonction de l'un et l'autre paramètre, etc.

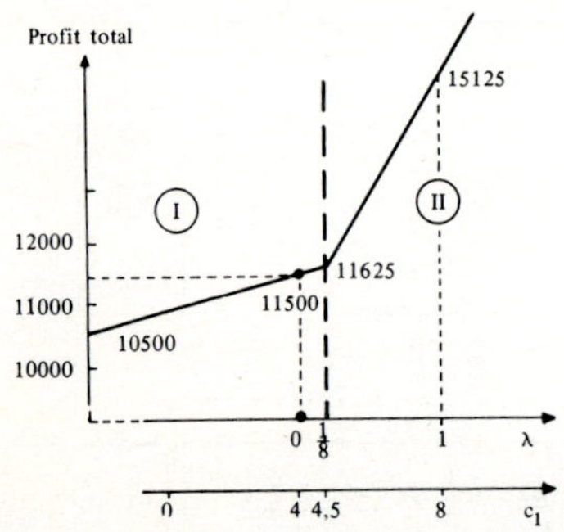

Figure 9.IX

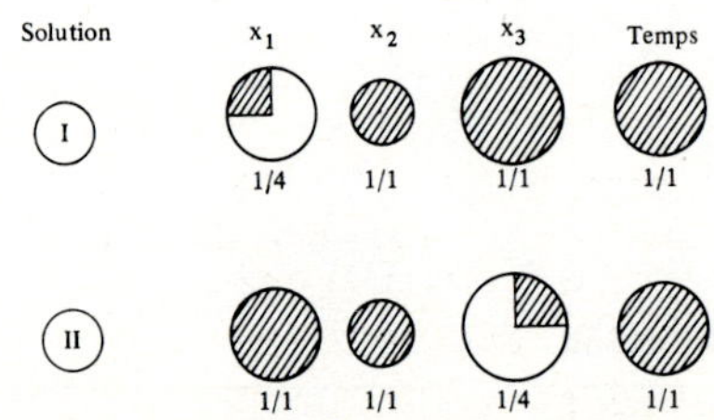

Figure 10.IX

Exemple. Posons $c_1 = 12\,\alpha (0 \leq \alpha \leq 1)$ et $c_3 = 12\,\beta (0 \leq \beta \leq 1)$, de manière à faire varier simultanément les coefficients c_1 et c_3, c_2 restant fixe et supérieur ou égal à c_1 et c_3.

Le tableau de départ (solution 1) fait apparaître trois indicateurs marginaux dépendant de α et/ou β:

$$\Delta_{\bar{2}} = -12 + 24\alpha \; ; \; \Delta_{\bar{3}} = 8\alpha - 12\beta \; ; \; \Delta_{\bar{4}} = -4\alpha \; ;$$

Quel que soit $\alpha (0 \leq \alpha \leq 1)$, $\Delta_4 \leq 0$. En conséquence, la solution 1 (point Q) ne sera stable que si $-12 + 24\alpha \leq 0$ et $8\alpha - 12\beta \leq 0$, c'est-à-dire : $0 \leq \alpha \leq \frac{1}{2}$ et $1 \geq \beta \geq \frac{2}{3}\alpha$.

		1	2	3	$\bar{1}$	$\bar{2}$	$\bar{3}$	$\bar{4}$		
12α	1	1	0	0	0	−2	$-\frac{2}{3}$	$\frac{1}{3}$	250	Point Q
12	2	0	1	0	0	1	0	0	500	
0	1	0	0	0	1	2	$\frac{2}{3}$	$-\frac{1}{3}$	750	
12β	3	0	0	1	0	0	1	0	1500	
		12α	12	12β	0	0				
		250	500	1500	750					

<u>SOLUTION 1</u>	0	0	0	0	$-12 + 24\alpha$	$8\alpha - 12\beta$	-4α	$6000 + 3000\alpha + 18000\beta$

1) Considérons de nouveau le cas où $0 \leq \alpha \leq \frac{1}{2}$, mais avec $\beta \leq \frac{2}{3}\alpha$; la colonne $\overline{3}$ du tableau de la solution 1 entre en effet dans la base si $0 \leq \beta \leq \frac{2}{3}\alpha$ et l'on aura (solution 2) $\Delta_{\overline{1}} = 18\beta - 12\alpha$, $\Delta_{\overline{2}} = 36\beta - 12$ et $\Delta_{\overline{4}} = -6\beta$. La nouvelle solution, qui correspond au point R de la figure 2.IX, sera stable si $18\beta - 12\alpha \leq 0$ ($\beta \leq \frac{2}{3}\alpha$, vérifié par hypothèse) et $36\beta - 12 \leq 0$, c'est-à-dire $\beta \leq \frac{1}{3}$ (également vérifié, puisque $\alpha \leq \frac{1}{2}$).

		1	2	3	$\overline{1}$	$\overline{2}$	$\overline{3}$	$\overline{4}$		
12α	1	1	0	0	1	0	0	0	1000	
12	2	0	1	0	0	1	0	0	500	Point R
0	3	0	0	0	$\frac{3}{2}$	3	1	$-\frac{1}{2}$	1125	
12β	3	0	0	1	$-\frac{3}{2}$	-3	0	$\frac{1}{2}$	375	
		12α	12β	12	0	0	0	0		
		1000	500	375	0	0	1125	0		
SOLUTION 2		0	0	0	$18\beta - 12\alpha$	$36\beta - 12$	0	-6β	$6000 + 12000\alpha + 4500\beta$	

2) A présent examinons le cas où $1 \geq \alpha \geq 1/2$.

Si l'on a aussi $-12 + 24\alpha \geq 8\alpha - 12\beta$, c'est-à-dire si : $4\alpha + 3\beta \geq 3$, la colonne $\overline{2}$ du tableau de la solution 1 entre dans la base et l'on obtient une nouvelle solution stable (solution 3) correspondant au point P, pourvu que $\Delta_{\overline{3}} = 4 - 12\beta \leq 0$, c'est-à-dire $\beta \geq \frac{1}{3}$.

Si $\beta \leq \frac{1}{3}$, la colonne $\overline{3}$ de la solution 3 entrant dans la base, on revient au tableau de la solution 2 et au point R.

Reste le cas où $8\alpha - 12\beta \geq -12 + 24\alpha$, c'est-à-dire $4\alpha + 3\beta \leq 3$, lorsque $\alpha \geq \frac{1}{2}$; la colonne $\overline{3}$ du tableau de la solution 1 entrant dans la base, on retrouve le point R, comme on pouvait s'y attendre.

		1	2	3	$\overline{1}$	$\overline{2}$	$\overline{3}$	$\overline{4}$		
12α	1	1	0	0	1	0	0	0	10000	
12	2	0	1	0	$-\frac{1}{2}$	0	$-\frac{1}{3}$	$\frac{1}{6}$	125	Point P
0	$\overline{2}$	0	0	0	$\frac{1}{2}$	1	$\frac{1}{3}$	$-\frac{1}{6}$	375	
12β	3	0	0	1	0	0	1	0	1500	
		12α	12	12β	0	0	0	0		
		1000	125	1500	0	375	0	0		
SOLUTION 3		0	0	0	$6 - 12\alpha$	0	$4 - 12\beta$	-2	$1500 + 12000\alpha + 18000\beta$	

Finalement, on peut représenter sur le carré construit avec α ($0 \leqq \alpha \leqq 1$) et β ($0 \leqq \beta \leqq 1$), l'espace des solutions (figure 11.IX).

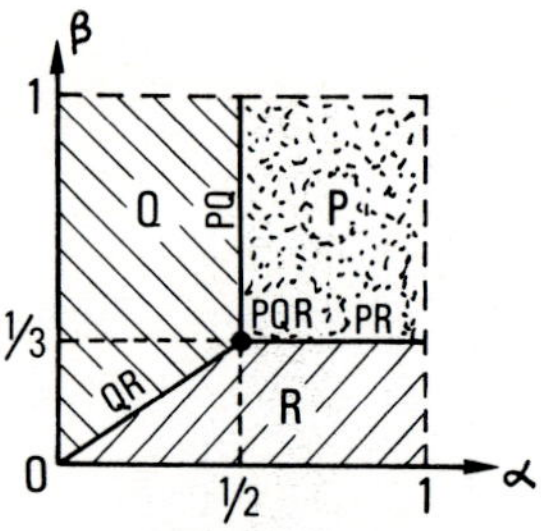

Figure 11.IX

3. *PARAMETRAGE DU SECOND MEMBRE*.

Le problème se ramène au précédent. En effet, nous avons vu plus haut que, dans le programme dual d'un programme linéaire, les coefficients du second membre des contraintes du primal deviennent les coefficients de la fonction économique du dual ; il suffit donc de paramétrer la fonction économique du dual pour obtenir, en revenant ensuite au primal, les résultats du paramétrage du second membre.

Exemple. Nous allons paramétrer la limite de vente des objets P_3, c'est-à-dire $b_3 = 1500$.

Nous poserons $- 1500 (1 + \mu)$, dans le tableau optimal du dual.

			1	2	3	4	$\bar{1}$	$\bar{2}$	$\bar{3}$	
- 500	2		- 2	1	0	0	2	- 1	0	4
-1500(1+μ)	3		$-\frac{2}{3}$	0	1	0	$\frac{2}{3}$	0	- 1	1/3
-6750	1		$\frac{1}{3}$	0	0	1	$-\frac{1}{3}$	0	0	4/3
			-1000	-500	-1500(1+μ)	↑ -6750	0	0	0	
			0	4	1/3	4/3	0	0	0	
		Δ_j	- 750 -1000μ	0	0	0	- 500 +1000μ	-500	-1500 -1500μ	- 11500 - 500μ

En fonction de $(-1 \leqq \mu < +\infty)$, le tableau suivant indique les signes des Δ_j du dual.

μ	- 1		$-\frac{3}{4}$		$\frac{1}{4}$		+ ∞
- 750 - 1000μ		+	0	-		-	
- 250 + 1000μ		-		-	0	+	
- 1500 - 1500μ	0	-		-		-	

La solution de notre problème (revenons au primal) : $x_1 = 250 - 1000\mu$; $x_2 = 500$; $x_3 = 1500 + 1500\mu$ n'est stable que si tous les Δ_j du dual sont négatifs, c'est-à-dire si $-\frac{3}{4} \leqq \mu \leqq \frac{1}{4}$.

1) Prenons maintenant le cas où $\mu \leqq -\frac{3}{4}$. La colonne 1 entre dans la base du dual et l'on obtient une nouvelle solution :

$x_1 = 1000$; $x_2 = 500$; $x_3 = 1500 + 1500\mu$, qui est stable, tous les Δ_j étant négatifs pour $\mu \leqq -\frac{3}{4}$.

		1	2	3	4	$\overline{1}$	$\overline{2}$	$\overline{3}$	
- 500	2	0	1	0	6	0	- 1	0	12
-1500(1+μ)	3	0	0	1	2	0	0	- 1	4
-1000	1	1	0	0	3	- 1	0	0	3
		-1000	-500	-1500(1+μ)	↑ -6750	0	0	0	
		4	12	3	0	0	0	0	
		0	0	0	2250 +3000μ	-1000	-500	-1500 -1500μ	- 14500 - 4500μ

2) Considérons alors le cas où $\mu \geq \frac{1}{4}$; c'est la colonne $\overline{1}$ du tableau initial du dual qui entre dans la base.

On arrive à un tableau qui ne comporte plus qu'un Δ_j dépendant de μ.

Ce Δ_3 est négatif pour $\mu \geq \frac{1}{4}$; la solution est donc stable : $x_2 = 500$; $x_3 = 1875$.

		1	2	3	4	$\overline{1}$	$\overline{2}$	$\overline{3}$	
- 500	2	0	1	- 3	0	0	- 1	3	3
0	$\overline{1}$	- 1	0	$\frac{3}{2}$	0	1	0	$-\frac{3}{2}$	$\frac{1}{2}$
-6750	4	0	0	$\frac{1}{2}$	1	0	0	$-\frac{1}{2}$	$\frac{3}{2}$
		-1000	-500	-1500(1+μ)	↑ -6750	0	0	0	
		0	3	0	3/2	1/2	0	0	
		-1000	0	375 -1500μ	0	0	-500	-1875	- 11625

Bien que, dans le cas de la paramétrisation du second membre, ce soit le polyèdre qui se déforme, la figure 12.IX permet d'interpréter les résultats ci-dessus.

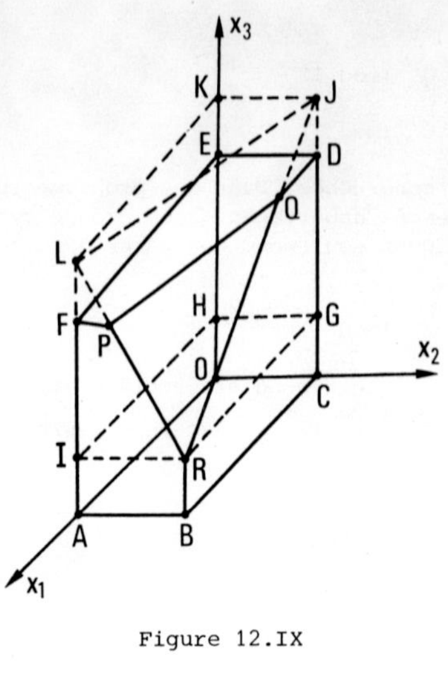

Figure 12.IX

Poser $b_3 = (1 + \mu)\ 1500$, avec $-1 \leq \mu < +\infty$, c'est faire varier la cote du plan EFPQD de 0 à l'infini.

En fait, lorsque $-\frac{3}{4} \leq \mu \leq \frac{1}{4}$, le plan varie de la position GHIR à la position JKL. Le point optimal, puisque $x_2 = 500$, quelles que soient les perturbations, va de R à J (en passant par Q, pour $\mu = 0$).

En deçà de $\mu = -\frac{3}{4}$, le point optimal se trouve sur le segment RB, avec le point B pour $\mu = -1$.

Au-delà de $\mu = \frac{1}{4}$, le point J reste optimal ; comme $x_2 = 500$ et qu'on doit rester au-dessous du plan RLJ, on ne peut avoir que $x_3 = 1875$, quel que soit μ (autrement dit, on ne peut fabriquer davantage, faute de temps).

E. *PROBLEMES EN ENTIERS. METHODE DES TRONCATURES*

Reprenons le problème de la page 48 et cherchons une solution en nombres entiers par une méthode algébrique, due à R. GOMORY (1958) et appelée *méthode des troncatures*.

A cet effet, calculons d'abord le tableau optimal du programme linéaire continu, qui donne

$$x_1 = 2,\ x_2 = \frac{9}{2} \text{ et } F = 42.$$

			1	2	$\bar{1}$	$\bar{2}$	$\bar{3}$	$\bar{4}$	
8	2		0	1	$\frac{1}{2}$	$-\frac{1}{2}$	0	0	9/2
3	1		1	0	-1	2	0	0	2
0	$\bar{3}$		0	0	2	-5	1	0	4
0	$\bar{4}$		0	0	$\frac{9}{2}$	$-\frac{17}{2}$	0	1	37/2
			3	8	0	0	0	0	
			2	9/2	0	0	0	0	
			0	0	-1	-2	0	0	42

Le point obtenu n'est pas entier.

On sait qu'on peut toujours exprimer les variables de base, ainsi que la fonction économique, en fonction des variables hors base et l'on peut notamment poser dans le cas présent :

$$\begin{aligned}
x_2 &= \frac{9}{2} + \frac{1}{2}(-x_{\bar{1}}) - \frac{1}{2}(-x_{\bar{2}})\\
x_1 &= 2 - 1\,(-x_{\bar{1}}) + 2\,(-x_{\bar{2}})\\
x_{\bar{3}} &= 4 + 2\,(-x_{\bar{1}}) - 5\,(-x_{\bar{2}})\\
x_{\bar{4}} &= \frac{37}{2} + \frac{9}{2}(-x_{\bar{1}}) - \frac{17}{2}(-x_{\bar{2}})\\
F &= 42 + 1\,(-x_{\bar{1}}) + 2\,(-x_{\bar{2}}) \quad \text{(prendre garde aux signes!)}
\end{aligned}$$

Si les variables de base étaient entières, on pourrait, en particulier, écrire que la différence entre le premier et le second membre est divisible par 1 ; c'est ainsi qu'on aurait :

$$\frac{9}{2} + \frac{1}{2}(-x_{\bar{1}}) - \frac{1}{2}(-x_{\bar{2}}) \equiv 0 \pmod 1$$

$$\text{et} \quad \frac{37}{2} + \frac{9}{2}(-x_{\bar{1}}) - \frac{17}{2}(-x_{\bar{2}}) \equiv 0 \pmod 1$$

ou, en revenant aux représentants canoniques :

$$\frac{1}{2} + \frac{1}{2}(-x_{\bar{1}}) + \frac{1}{2}(-x_{\bar{2}}) \equiv 0 \pmod 1$$

$$\frac{1}{2} + \frac{1}{2}(-x_{\bar{1}}) + \frac{1}{2}(-x_{\bar{2}}) \equiv 0 \pmod 1).$$

Dans le présent problème, on tombe sur une unique congruence. Dans des problèmes plus complexes, on obtient un certain nombre de congruences appartenant à un groupe cyclique, qu'on peut engendrer tout entier, ou dont on peut seulement engendrer des sous-groupes.

$$\text{Or,} \quad \frac{1}{2} \equiv \frac{1}{2}x_{\bar{1}} + \frac{1}{2}x_{\bar{2}} \pmod 1$$

signifie que la différence entre le premier membre et le second est entière et, $x_{\bar{1}}$ et $x_{\bar{2}}$ étant non-négatifs, que la valeur numérique de $\frac{1}{2}x_{\bar{1}} + \frac{1}{2}x_{\bar{2}}$ est supérieure ou égale à $\frac{1}{2}$ (ce peut être $\frac{3}{2}, \frac{5}{2}, \ldots\ldots$). On a donc :

$$\frac{1}{2}x_{\bar{1}} + \frac{1}{2}x_{\bar{2}} \geq \frac{1}{2} \quad ,$$

ce qu'on pourra écrire :

$$\frac{1}{2}\, x_{\bar 1} + \frac{1}{2}\, x_{\bar 2} - s_{\bar{\bar 1}} = \frac{1}{2}\ .$$

L'idée de Gomory est d'utiliser une telle égalité ou l'une des égalités de ce type qui se présentent dans un problème en comportant plusieurs, comme contrainte additionnelle d'intégrité ; il montre qu'elle ne supprime aucun point entier du domaine admissible, aussi choisit-on, en principe, la contrainte du groupe cyclique, dont le second membre est le plus grand, car elle "tronque" davantage le domaine admissible défini par les contraintes initiales.

Mais une telle contrainte ne peut être ajoutée au primal ; en effet, si l'on pose $s_{\bar{\bar 1}} = -\frac{1}{2} - \frac{1}{2}(-s_{\bar 1}) - \frac{1}{2}(-x_{\bar 2})$, le second membre a la valeur $-\frac{1}{2}$ pour $x_{\bar 1} = x_{\bar 2} = 0$.
En revanche, on peut l'adjoindre au tableau dual (changement de signes) :

		1	2	3	4	$\bar 1$	$\bar 2$	$\bar{\bar 1}$	
- 20	1	1	0	- 2	$-\frac{9}{2}$	1	$\frac{1}{2}$	$\frac{1}{2}$	1
- 11	2	0	1	5	$\frac{17}{2}$	- 2	$\frac{1}{2}$	$\frac{1}{2}$	2
		-20	-11	-19	-22	0	0	- 15	
		1	2	0	0	0	0	0	
		0	0	- 4	$-\frac{37}{2}$	- 2	$-\frac{9}{2}$	$\frac{1}{2}$	- 42

On notera qu'on a calculé $c_{\bar{\bar 1}}$ du fait qu'en introduisant $\Delta_{\bar{\bar 1}} = \frac{1}{2}$, on doit avoir (voir formule page 214) :

$$\Delta_{\bar{\bar 1}} = c_{\bar{\bar 1}} - c_1\, x_{1\bar{\bar 1}} - c_2\, x_{2\bar{\bar 1}},$$

c'est-à-dire :

$$c_{\bar{\bar 1}} = +\frac{1}{2} + (-20)\,\frac{1}{2} + (-11)\,\frac{1}{2} = -15.$$

Bien entendu, la colonne ajoutée va entrer dans la base, puisque $\Delta_{\bar{\bar 1}} > 0$.

		1	2	3	4	$\bar 1$	$\bar 2$	$\bar{\bar 1}$	
- 15	1	2	0	- 4	- 9	2	- 1	1	1
- 11	2	- 1	1	7	13	- 3	1	0	2
		-20	-11	-19	-22	0	0	-15	
		0	1	0	0	0	0	2	
		- 1	0	- 2	-14	- 3	- 4	0	- 41

On lit sur le tableau final (tout en entiers !) qu'au *primal* $x_1 = 3$ et $x_2 = 4$ [correspondant à $-\Delta_{\bar 1} = 3$ et $-\Delta_{\bar 2} = 4$, du dual]. On relève d'autre part que $x_{\bar 1} = 1$, $x_{\bar 2} = 0$ et $s_{\bar{\bar 1}} = 0$ (point P) ; on peut donc tracer la troncature (fig. 13.IX) en cherchant un autre point pour lequel $s_{\bar{\bar 1}} = 0$, par exemple : $x_{\bar 2} = 1$, $x_{\bar 1} = 0$ (point Q); la droite PQ de la figure 13.IX correspond à la contrainte qu'on vient d'intégrer au tableau et cette contrainte fait disparaître la partie hachurée du domaine admissible.

Si l'on n'avait pas obtenu la solution entière,au moins une ligne du primal (donc une colonne du dual) aurait contenu des valeurs non entières ; ont aurait donc pu tirer du tableau la congruence potentiellement la plus efficace, l'ajouter au dual, etc.

R. Gomory et ses commentateurs ont montré que, moyennant certaines précautions, la procédure converge en un nombre fini de pas.

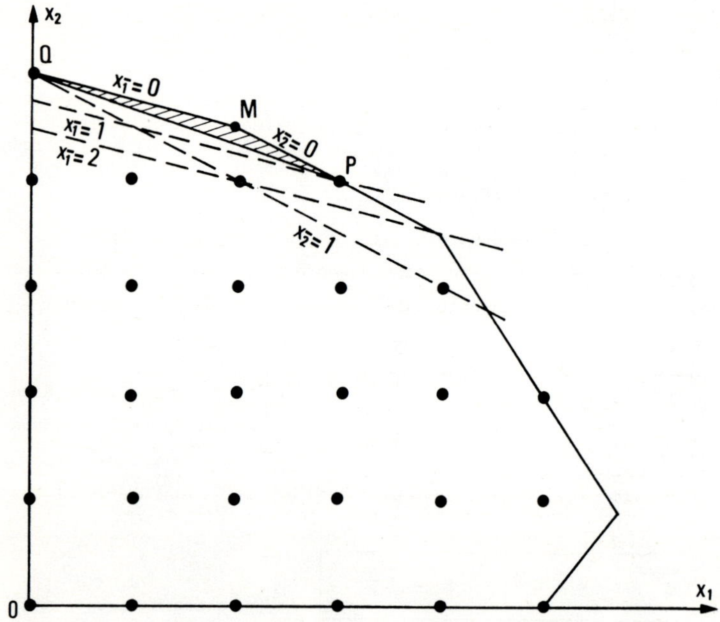

Figure 13.IX

F. *COMPLEMENTS THEORIQUES*

Après avoir pris connaissance, d'une manière pratique, de la programmation linéaire, nous reviendrons rapidement sur certains fondements théoriques.

En effet, pour des raisons de commodité, nous avons plus haut fait un usage exclusif de la méthode du simplexe. Or, historiquement, cette méthode est l'une des dernières à être apparue (1948-1950). A propos des programmes de transport, qui ne constituent qu'une forme particulière de programmes linéaires, nous avons déjà vu que G. Monge avaot traité le problème continu en 1776 ([1]) et que A. Tolstoï l'avait repris sous une forme discrète en 1939.

Mais l'idée des modèles linéaires est sûrement plus ancienne et remonte sans doute à F. Quesnay, chef de file des physiocrates et auteur du *Tableau général de la France* (1758), préfigurant les travaux de L. Walras (1874), V.K. Dmitriev (1904) et surtout V. Léontiev (1925), prix Nobel d'économie pour ses "matrices intersectorielles".

Il est à noter que J.B. Fourier, dès 1824, exposait une méthode de résolution des systèmes d'inéquations linéaires et que L.V. Kantorovitch, en 1938-39, avait mis au point une méthode pour déterminer les variables duales d'un programme linéaire.

Quant à la géométrie des cônes polyédriques convexes, tronçons et polyèdres convexes, elle doit beaucoup à des mathématiciens comme Minkowski (1864-1909), Farkas (1902), Caratheodory (1911), König (1922), Helly (1923), Motzkin (1936), John (1948), en dehors des mathématiciens contemporains.

([1]) Un peu plus tard, (1822) François Pierre Charles Dupin, professeur au CNAM, revenait avec bonheur sur les déblais et remblais, puis Paul Appel (1885 et 1928), A. de St Germain (1885). Notons également la contribution fort intéressante de F. Pottier (1950).

1. *HYPERPLANS - DEMI-ESPACES - CÔNES CONVEXES - CÔNES POLYEDRIQUES CONVEXES.*

Dans un espace vectoriel affine à n dimensions, on appelle *hyperplan* une variété affine à n - 1 dimensions :

$$a_1 x_1 + a_2 x_2 + ... + a_n x_n = b \qquad (b \neq 0)$$

parallèle au sous-espace vectoriel :

$$a_1 x_1 + a_2 x_2 + ... + a_n x_n = 0,$$

ce dernier contenant nécessairement l'origine. Dans ces expressions, $a_1, a_2, ..., a_n$ sont des scalaires (du corps sur lequel est défini l'espace vectoriel), $x_1, x_2, ..., x_n$ des "points" de l'espace (donc aussi des "vecteurs" à n composantes). Ainsi, dans l'espace à trois dimensions, un plan quelconque est parallèle au plan de même direction passant par l'origine.

Un hyperplan de l'espace à n dimensions, tout comme un plan de l'espace à trois dimensions, partage l'espace en deux *demi-espaces*, qui sont dits fermés ou ouverts selon qu'ils comprennent ou non l'hyperplan séparateur. Etant donné un vecteur v de l'espace euclidien, l'ensemble des vecteurs x, tels que leur produit scalaire par v soit nul : $vx = 0$, constitue un hyperplan H associé à v. L'ensemble des vecteurs x, tels que $vx \geqq 0$ n'est autre que le demi-espace fermé situé du côté de v ; l'ensemble des vecteurs x tels que $vx \leqq 0$ forme le demi-espace fermé situé de l'autre côté.

On sait qu'un ensemble est *convexe* si, étant donnés deux points quelconques de cet ensemble, il contient le segment qui les joint. Tout demi-espace est convexe. L'intersection de plusieurs ensembles convexes est convexe (évident).

On appelle *cône convexe* un ensemble qui, pour tout couple de ses points (x_1, x_2) contient l'"angle" $x_1 0 x_2$ tout entier. Un cône C, qui a pour sommet l'origine O, est dit *pointé*. Un cône convexe C, qui ne remplit pas tout l'espace, peut contenir une variété linéaire qui constitue son *faîte* (intersection du cône C et de son opposé : $C \cap (-C)$) ; si le faîte se réduit à l'origine, le cône est *saillant*.

Soient p points (vecteurs) $A_1, A_2, ..., A_p$ et des scalaires non-négatifs

$$\lambda_1, \lambda_2, ..., \lambda_p \quad , \quad 0 \leqq \lambda_1 < +\infty .$$

Le cône convexe $C = \{x \mid x = \lambda_1 A_1 + \lambda_2 A_2 + ... + \lambda_p A_p\}$, engendré par les combinaisons linéaires non négatives des points est un *cône polyédrique convexe fermé*.

Pour tout cône convexe et, en particulier, pour un cône polyédrique convexe, on appelle hyperplan *latéral*, H, un hyperplan tel que C soit contenu tout entier dans un demi-espace fermé déterminé par H. Un hyperplan est *strictement latéral* s'il ne contient que le faîte du cône C.

Exemple. Soit un cône polyédrique convexe fermé, déterminé, dans l'espace à trois dimensions, par l'intersection des demi-espaces fermés $x \geqq 0$, $z \geqq 0$, (O, x, y, z) étant le trièdre orthonormé de référence ; le faîte de ce cône convexe est la droite y' O y, qui constitue un sous-espace vectoriel. Un hyperplan strictement latéral est un plan passant par la droite y' O y et ne contenant aucun autre point du cône. Soit maintenant le cône polyédrique convexe fermé constitué par le premier octant $(x, y, z \geqq 0)$; son faîte est O : c'est un cône pointé ; un hyperplan strictement latéral est un plan qui passe par O et n'a aucun autre point commun avec le cône.

Parmi les p vecteurs qui engendrent un cône polyédrique convexe C, il peut en exister p - k qui s'expriment comme combinaisons linéaires non-négatives des k autres : ces derniers forment un système générateur propre de C.

Considérons un système propre de k générateurs d'un cône polyédrique convexe C dans un espace à n dimensions. Si m vecteurs $(m \leqq n)$ sont linéairement indépendants et s'il existe une combinaison linéaire nulle à coefficients positifs des k vecteurs ($m \leqq k$) le cône C emplit tout l'espace ($m = n$) ou tout un sous-espace vectoriel de dimension m ($m < n$); sinon, il existe un hyperplan H, de dimension $m - 1$, strictement latéral pour C et le vecteur x, associé à H, forme un angle non obtus avec chacun des k vecteurs constituant le système propre de générateurs de C.

a. C'est pourquoi l'on a l'alternative :

- ou bien $\exists\ \lambda > 0$, tel que : $A\ \lambda = 0$;

- ou bien $\exists\ x$, tel que $x\ A \geqq 0$ avec $x\ A \neq 0$,

A étant la matrice de dimensions ($m \times k$), dont les k générateurs sont les colonnes.

Exemple. Soient les vecteurs : $A_1 = \begin{pmatrix}1\\2\\2\end{pmatrix}$; $A_2 = \begin{pmatrix}2\\3/2\\1\end{pmatrix}$; $A_3 = \begin{pmatrix}1\\0\\1\end{pmatrix}$; $A_4 = \begin{pmatrix}-1\\-1\\-1\end{pmatrix}$; $A_5 = - A_4$;

1) On a : $\begin{pmatrix}1 & 2 & 1 & -1\\2 & 3/2 & 0 & -1\\2 & 1 & 1 & -1\end{pmatrix}\begin{pmatrix}2\\2\\1\\7\end{pmatrix} = \begin{pmatrix}0\\0\\0\end{pmatrix}$, ce qui veut dire que le cône engendré par le système propre de générateurs A_1, A_2, A_3 et A_4:

$$C = \{x \mid x = A\ \lambda,\quad \lambda \geqq 0\}$$

emplit l'espace à 3 dimensions; comme

$$2A_1 + 2A_2 + A_3 + 7A_1 = 0,$$

$$A_4 = -\frac{2}{7}A_1 - \frac{2}{7}A_2 - \frac{1}{7}A_3$$

et ainsi A_4 est dans le cône opposé au cône (A_1, A_2, A_3), ce qui explique que le cône (A_1, A_2, A_3, A_4) remplisse l'espace.

2) On a, par exemple : $(1\ 2\ 1)\begin{pmatrix}1 & 2 & 1 & 1\\2 & 3/2 & 0 & 1\\1 & 1 & 1 & 1\end{pmatrix} = (7\ 6\ 2\ 4)$, ce qui montre que le plan $x_1 + 2x_2 + x_3 = 0$, associé au vecteur $\begin{pmatrix}1\\2\\1\end{pmatrix}$ est l'un des plans strictement latéraux pour le cône engendré par le système propre A_1, A_2, A_3; on a : $A_4 = \frac{2}{7}A_1 + \frac{2}{7}A_2 + \frac{1}{7}A_3$ et ainsi A_4 appartient au cône (A_1, A_2, A_3).

Si x est un vecteur tel que $x\ A_1, x\ A_2, \ldots, x\ A_k \geqq 0$, soit $x\ A \geqq 0$, l'hyperplan H, associé à x, est latéral pour $C = A\ \lambda$, $\forall\ \lambda \geqq 0$.

Une *génératrice extrêmale* d'un cône polyèdrique convexe saillant est une demi-droite, issue du sommet, par laquelle on peut faire passer un hyperplan latéral pour le cône, qui ne contienne que cette génératrice.

Les génératrices extrêmales sont donc les demi-droites engendrées par le système propre de générateurs du cône.

b. On aurait une situation analogue si l'on envisageait le cône engendré par les *lignes* d'une matrice B:

- ou bien $\exists\ x'$, tel que $x'\ B = 0$;

- ou bien $\exists\ \lambda'$, tel que $B\ \lambda' \geqq 0$ et $B\ \lambda' \neq 0$.

2. *LEMME DE MINKOWSKI-FARKAŠ.*

Ce lemme établit que si une inéquation linéaire est la conséquence d'autres inéquations, elle est une combinaison linéaire (nécessairement positive) de ces inéquations.

Soient $A_1, A_2, \ldots, A_\ell$ des vecteurs d'un espace à n dimensions ; soit un vecteur x, faisant avec chacun des vecteurs $A_1, A_2, \ldots A_\ell$ un angle non obtus et, en outre, avec un vecteur a ; alors a est une combinaison linéaire non négative des $A_1, A_2, \ldots, A_\ell$:

$$a = \lambda_1 A_1 + \lambda_2 A_2 + \ldots + \lambda_\ell A_\ell = A \lambda,$$

avec $\lambda_i \geqq 0$. Autrement dit si $x A \geqq 0$ et $x a \geqq 0$, il existe $\lambda \geqq 0$, tel que : $a = A \lambda$.

Ce lemme peut s'exprimer autrement; on a l'alternative :

- ou bien $\exists \lambda \geqq 0$, tel que $a = A \lambda$;

- ou bien $\exists x$,tel que $x A \geqq 0$ et $x a < 0$,

ce qui est évident, puisque, si la première proposition est vraie, la seconde est fausse et, si elle est fausse, alors la seconde est vraie de par le lemme.

Bien entendu, on peut écrire aussi, pour les vecteurs lignes d'une matrice B :

- ou bien $\exists x$, tel que $x B = b$;

- ou bien $\exists \lambda$, tel que $B \lambda \geqq 0$ et $b \lambda < 0$.

Remarques. a. Soit une famille de vecteurs $A_1, A_2, \ldots, A_\ell$; les vecteurs x tels que $x A_1, x A_2, \ldots, x A_\ell \geqq 0$ appartiennent à l'intersection des demi-espaces déterminés par les hyperplans $H_1, H_2, \ldots, H_\ell$, associés, respectivement, aux vecteurs

$$A_1, A_2, \ldots, A_\ell.$$

b. Soit une famille de vecteurs $B_1, B_2, \ldots, B_p$; les vecteurs y, tels que $B_1 y, B_2 y, \ldots, B_p y \geqq 0$ appartiennent à l'intersection des p demi-espaces déterminés par les hyperplans $G_1, G_2, \ldots, G_p$, associés aux vecteurs $B_1, B_2, \ldots, B_p$.

Exemple. Considérons le cône polyédrique convexe engendré par les points :

$$A_1 = \begin{pmatrix} 4 \\ 3 \end{pmatrix} ; A_2 = \begin{pmatrix} -1 \\ 3 \end{pmatrix}; A_3 = \begin{pmatrix} 2 \\ 6 \end{pmatrix},$$

dont les génératrices extrêmales sont $0 A_1$ et $0 A_2$.

L'ensemble des vecteurs x satisfaisant aux inéquations $x A_1, x A_2, x A_3 \geqq 0$ est représenté (fig. 14.IX) par la zone hachurée ; tous ces vecteurs font un angle non obtus avec $a = \begin{pmatrix} 2 \\ 5 \end{pmatrix}$ et il existe alors des scalaires

$$\lambda_1, \lambda_2, \lambda_3 \geqq 0,$$

tels que : $a = A \lambda$.

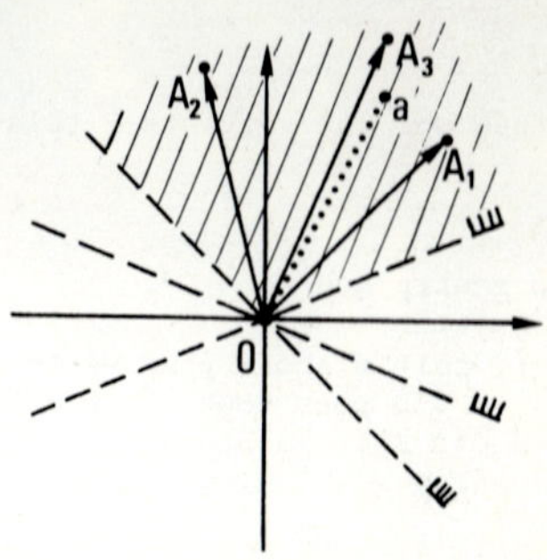

Figure 14.IX

Ici, par exemple : $\begin{pmatrix} 4 & -1 & 2 \\ 3 & 5 & 6 \end{pmatrix} \begin{pmatrix} 1/2 \\ 7/16 \\ 7/32 \end{pmatrix} = \begin{pmatrix} 2 \\ 5 \end{pmatrix}$.

Autrement dit, par exemple, les inéquations :

$$4x_1 + 3x_2 \geqq 0; \; - x_1 + 5x_2 \geqq 0; \quad 2x_1 + 6x_2 \geqq 0,$$

multipliées respectivement par les scalaires positifs 1/2, 7/16 et 7/32 donnent pour somme $2x_1 + 5x_2 \geqq 0$.

3. CÔNE DUAL. THEOREME DE FARKAŠ.

On appelle *dual* du cône C, le cône C* constitué par l'ensemble des vecteurs qui font un angle non aigu avec les vecteurs de C. C'est un cône convexe :

$$C^* = \{y \mid y\,x \leqq 0 \ , \ \forall\, x \in C\} \ .$$

Le théorème de Farkaš (1902) indique que le dual du dual d'un cône est le cône initial :

$$C^{**} = C.$$

Exemple. Considérons le cône polyédrique convexe engendré par les vecteurs $A_1 = \begin{pmatrix}1\\2\\2\end{pmatrix}$; $A_2 = \begin{pmatrix}2\\\frac{3}{2}\\1\end{pmatrix}$; $A_3 = \begin{pmatrix}1\\0\\1\end{pmatrix}$. Le cône dual aura une génératrice extrêmale orthogonale aux vecteurs A_1 et A_2, soit $A'_3 = \begin{pmatrix}1\\-3\\5/2\end{pmatrix}$, une seconde génératrice extrêmale orthogonale aux vecteurs A_1 et A_3, soit $A'_2 = \begin{pmatrix}1\\1/2\\-1\end{pmatrix}$ et une troisième génératrice extrêmale, soit $A'_1 = \begin{pmatrix}1\\-2/3\\-1\end{pmatrix}$, orthogonale aux vecteurs A_2 et A_3.

4. DEFINITIONS EQUIVALENTES D'UN CÔNE POLYEDRIQUE CONVEXE (1).

1) Nous avons défini plus haut une cône convexe comme l'enveloppe linéaire non négative d'un nombre fini de vecteurs-colonnes A , A , ..., A_p :

$$C = \{x \mid x = A\,\lambda \ , \ \forall\, \lambda \geqq 0\} \ .$$

Si l'on considère l'intersection des demi-espaces associés aux mêmes vecteurs

$$A_1,\ A_2,\ \ldots.,\ A_p\ ,$$

constituée par les vecteurs y tels que $y\,A_1$, $y\,A_2$, ..., $y\,A_p \leqq 0$, on a :

$$C' = \{y \mid y\,A \leqq 0\}$$

et l'on montre que $C' = C^*$.

En effet, soit d'abord y un vecteur de C* ; on a : $y\,x \leqq 0$ pour tout vecteur du cône C et $y\,A\,\lambda \leqq 0$ pour tout $\lambda \geqq 0$; on constate que $y\,A \leqq 0$ et si x appartient à C*, alors $x \in C'$. Soit maintenant $y \in C'$, on a : $y\,A \leqq 0$, pour tout $\lambda \geqq 0$, $y\,A\,\lambda \leqq 0$ et l'on a donc $y\,x \leqq 0$ si $x = A\,\lambda$, $\lambda \geqq 0$, d'où $x \in C'$ entraîne $x \in C^*$. Finalement, $C' = C^*$.
On montrerait d'une manière analogue, en utilisant le lemme de Minkowski-Farkaš, que :

$$C = C'^* .$$

2) Il est également possible de définir un cône comme l'enveloppe linéaire non négative d'un nombre fini de vecteurs-lignes B_1, B_2, ..., B_q :

---

(1) Voir Maurice DESPLAS, *Mathématique de la décision économique*. Compléments et exercices, Dunod.

$$\Gamma = \{y \mid y = \mu B \ , \ \forall \mu \geqq 0\}.$$

Si l'on considère l'intersection des demi-espaces associés aux vecteurs :

$$B_1, B_2, \ldots B_q,$$

constituée par les vecteurs x, tels que $B_1 x \leqq 0$, $B_2 x \leqq 0, \ldots\ldots$, $B_q x \leqq 0$, on a :

$$\Gamma' = \{x \mid B x \leqq 0\}.$$

On démontre, comme ci-dessus, que :

$$\Gamma' = \Gamma^* \quad \text{et} \quad \Gamma = \Gamma'^* .$$

Ainsi, le théorème de Farkaš est évident pour les cônes polyédriques convexes :

$$C = C^{**} .$$

5. *THEOREME DE WEYL*.

Le théorème de H. Weyl ([1]) affirme que si $C = \{x \mid x = A\lambda, \quad \lambda \geqq 0\}$ est un cône polyédrique convexe, la matrice A étant de rang m, il existe une matrice B, telle que : $C = \{x \mid B x \leqq 0\}$, chaque ligne de B étant orthogonale à (m - 1) colonnes indépendantes de A.

Exemple. A partir des résultats du calcul du cône dual de $A\lambda = \begin{pmatrix} 1 & 2 & 1 \\ 2 & 3/2 & 0 \\ 2 & 1 & 1 \end{pmatrix} \begin{pmatrix} \lambda_1 \\ \lambda_2 \\ \lambda_3 \end{pmatrix}$, nous pouvons constituer une matrice formée par des vecteurs-lignes $\overline{B}_1$, $\overline{B}_2$ et $\overline{B}_3$, égaux aux transposés de A'_1, A'_2 et A'_3 .

On obtient : $$\overline{B} = \begin{pmatrix} 1 & -2/3 & -1 \\ 1 & 1/2 & -1 \\ 1 & -3 & 5/2 \end{pmatrix}$$

et si l'on fait le produit $\overline{B}A$, on obtient la matrice $\begin{pmatrix} -\frac{7}{3} & 0 & 0 \\ 0 & 7/4 & 0 \\ 0 & 0 & 7/2 \end{pmatrix}$.

Considérons alors la matrice B, telle que $B A = -I = \begin{pmatrix} -1 & 0 & 0 \\ 0 & -1 & 0 \\ 0 & 0 & -1 \end{pmatrix}$; on l'obtient avec $B_1 = \frac{3}{7}\overline{B}_1$; $B_2 = -\frac{4}{7}\overline{B}_2$; $B_3 = -\frac{2}{7}\overline{B}_3$.

Si $B x \leqq 0$ équivaut à $x = A\lambda$, on a : $B A \lambda \leqq 0$.

Or les vecteurs x du cône $A\lambda$ sont toutes les combinaisons linéaires non négatives des colonnes de A. Les vecteurs x du cône $B x \leqq 0$ seront identiques si $B A \leqq 0$, ce qui est réalisé, notamment, en prenant $BA = -I$.

On constate que le cône $A\lambda$ défini par un système propre de générateurs $A_1, A_2, \ldots, A_k$ coïncide avec le cône $B x \leqq 0$, tel que les vecteurs-lignes $B_1, B_2, \ldots, B_k$ sont orthogonaux à (k - 1) des vecteurs-colonnes de la matrice A; il réalise l'intersection

---

([1]) Voir J. ABADIE. *Problèmes d'optimisation*, T. II., (Institut de programmation Paris VI), page 91. Théorème 3, 1) : Si un cône polyédrique convexe fermé $Ax \geqq 0$ est saillant et non réduit à {0}, il est identique à la somme de ses génératrices extrêmales.

des demi-espaces associés aux vecteurs B_1, B_2, ... B_k, dont les vecteurs font un angle non aigu avec ces vecteurs.

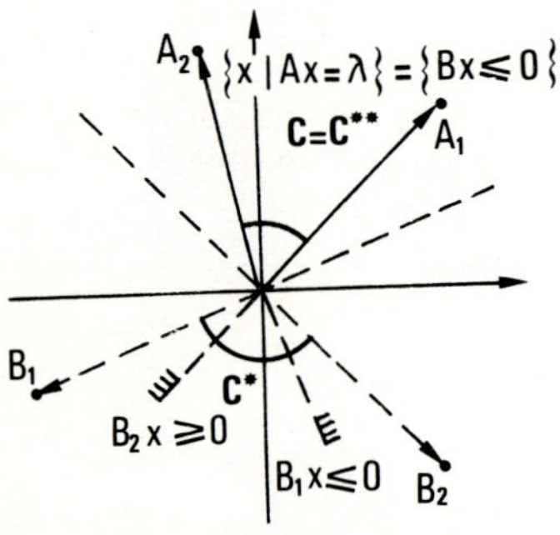

Figure 15.IX

Exemple. $A = \begin{pmatrix} 4 & -1 \\ 3 & 5 \end{pmatrix}$ $\quad B = \begin{pmatrix} -\frac{5}{23} & -\frac{1}{23} \\ \frac{3}{23} & -\frac{4}{23} \end{pmatrix}$

$$B_1\, x \leqq 0 \equiv -\frac{5}{23}x_1 - \frac{1}{23}x_2 \leqq 0$$

$$B_2\, x \leqq 0 \equiv \frac{3}{23}x_1 - \frac{4}{23}x_2 \leqq 0$$

6. TRONCONS. ENVELOPPES CONVEXES. POLYEDRES CONVEXES.

Dans l'espace à n dimensions, on définit un *tronçon* comme l'intersection d'un nombre fini de demi-espaces déterminés par des hyperplans ne passant pas tous par l'origine.

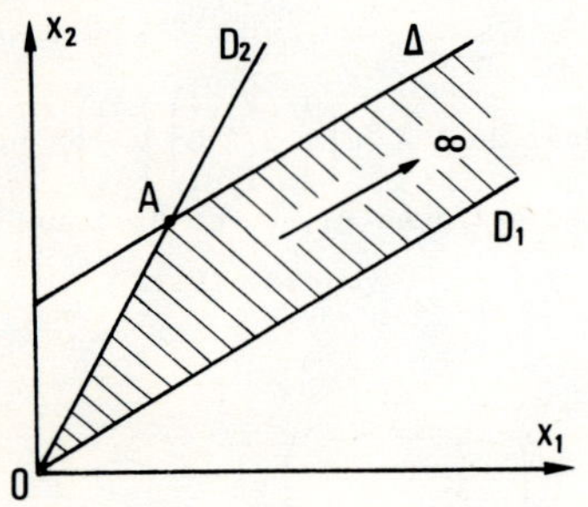

Figure 16.IX

Par exemple (figure 16.IX), le domaine haché, obtenu en coupant l'angle D_1 0 D_2 par une droite Δ, parallèle à D_1, est un tronçon.

Le tronçon a des points à l'infini dans la direction Δ.

On appelle *cône asymptote* du tronçon fermé $A\,x \geqq b$, le cône polyédrique convexe fermé :

$$A\,x \geqq 0.$$

Dans le cas de la figure, le tronçon n'est autre que :

$$\begin{pmatrix} -3 & 5 \\ 3 & -1 \\ 3 & -5 \end{pmatrix} \begin{pmatrix} x_1 \\ x_2 \end{pmatrix} \geqq \begin{pmatrix} 0 \\ 0 \\ 12 \end{pmatrix}$$

et le cône asymptote :

$$\begin{pmatrix} -3 & 5 \\ 3 & -1 \\ 3 & -5 \end{pmatrix} \begin{pmatrix} x_1 \\ x_2 \end{pmatrix} \geqq \begin{pmatrix} 0 \\ 0 \\ 0 \end{pmatrix}$$

se réduit à $-3x_1 + 5x_2 = 0$ (D_1).

Soit un nombre fini de points A_1, A_2, ..., A_q dans l'espace à n dimensions.

On appelle enveloppe convexe de ces points l'ensemble de la forme :

$$E = \{x \mid x = \Sigma\, x^p \lambda_p\},$$

avec $\lambda_p \geqq 0$ et $\sum_p \lambda_p = 1$.

Exemple. Soient les points $A_1 = \begin{pmatrix} 3 \\ 5 \end{pmatrix}$; $A_2 = \begin{pmatrix} 7 \\ 4 \end{pmatrix}$; $A_3 = \begin{pmatrix} 6 \\ 2 \end{pmatrix}$.

On a : $E = \{x \mid x = \lambda_1 \begin{pmatrix} 3 \\ 5 \end{pmatrix} + \lambda_2 \begin{pmatrix} 7 \\ 4 \end{pmatrix} + \lambda_3 \begin{pmatrix} 6 \\ 2 \end{pmatrix},\ \lambda_1, \lambda_2, \lambda_3 \geqq 0,\ \lambda_1 + \lambda_2 + \lambda_3 = 1\}$

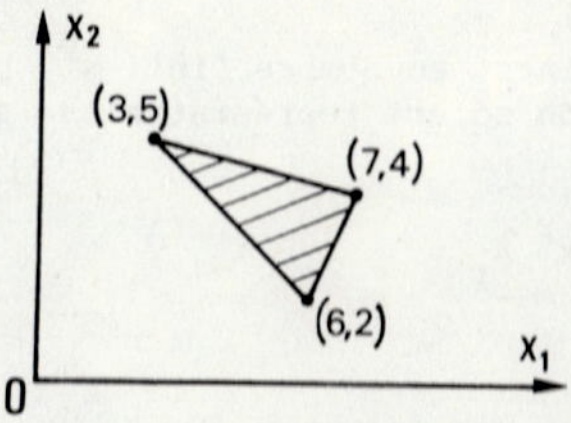

Figure 17.IX

La zone hachurée de la figure 17.IX est l'enveloppe convexe des trois points.

Théorème. Si le tronçon convexe fermé $A \; x \geq b$ n'est pas vide et si son cône asymptote est saillant,alors le tronçon est la somme de son cône asymptote et de l'enveloppe convexe de ses sommets (1).

Autrement dit, l'ensemble des solutions de

$$A \; x \geq b$$

n'est autre que :

$$x = \sum_{p \in P} x^p \lambda_p + \sum_{q \in Q} y^q ,$$

avec $\lambda_p \geq 0$, $p \in P$, $\sum_p \lambda_p = 1$; $y^q \in D^q$, si P est l'ensemble des sommets du tronçon et D^q, $q \in Q$ les génératrices extrêmales du cône asymptote.

Exemple. Pour le tronçon de la figure 16.IX, le cône asymptote est D_1, l'enveloppe convexe des sommets 0A (fig. 18.IX); on engendre ainsi toute la zone hachurée de la fig. 16.IX.

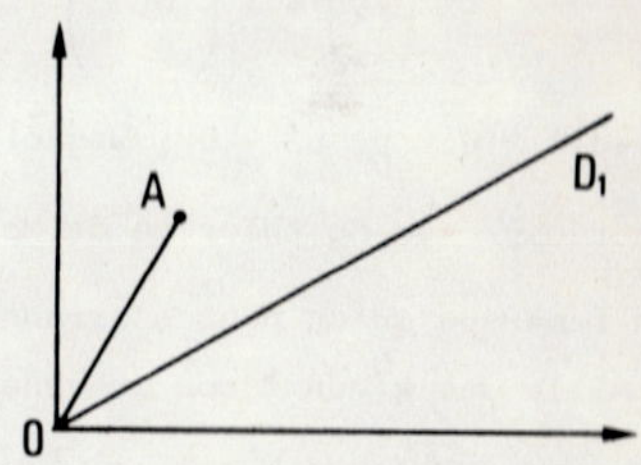

Figure 18.IX

Soit un tronçon convexe non vide $Ax \geq b$ de l'espace à n dimensions; son cône asymptote peut contenir un sous-espace L. C'est le cas du tronçon convexe, fermé, dans l'espace à 3 dimensions, par les plans $x_1 = 0$, $x_2 = 0$ et, par exemple, le plan $x_1 + 2x_2 \geq 4$. Son cône asymptote contient l'axe x_3 tout entier (le faîte); il n'est donc pas saillant.

Dans l'espace quotient $\mathbb{R}^n/L$, L étant le plus grand sous-espace continu dans le cône asymptote, c'est-à-dire Ker A, l'image du tronçon admet un cône asymptote saillant.

Soit x un point du tronçon $Ax \geq b$ et $y \neq 0$ appartenant à L = Ker A; donc un sous-espace $\{y \mid Ay = 0\}$. On peut écrire : $A\,(x + \lambda y) \geq b, \forall \lambda$ et l'on voit que le tronçon, étant formé des classes modulo L, aura pour quotient $\mathbb{R}^n/L = \mathbb{R}^n/\text{Ker } A$, une image constituée par le représentant canonique de chacune des classes. En particulier, tous les points de L = Ker A seront représentés par 0 et le cône asymptote de l'image sera donc saillant.

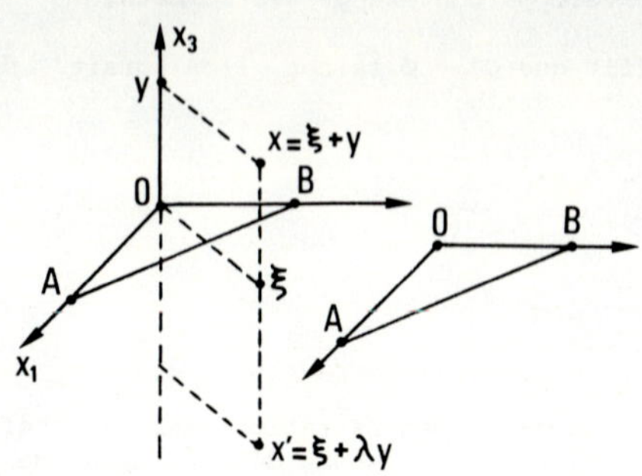

Figure 19.IX

Dans notre exemple, où le tronçon a pour cône asymptote l'angle dièdre $x_1 \, 0 \, x_2$, contenant la droite x_3 tout entière, l'image canonique du point $x' = \xi + \lambda \, y$ est sa projection ξ sur le plan $x_1 \, 0 \, x_2$ et le cône asymptote AOB est saillant.

---
(1) Voir J. ABADIE, Ibid. p.91 Th 3,2). Comme beaucoup, d'ailleurs, J. ABADIE appelle polyèdre convexe un tronçon. Il existe une tendance à réserver l'appellation de polyèdre convexe à un tronçon borné.

7. *THEOREME DE MOTZKIN (1936)*

Soit un tronçon fermé $Ax \geqq b$ non vide. Il existe des points, en nombre fini: x^p, $p \in P$; x^q, $q \in Q$ et x^r, $r \in R$, tels que tous les points x du tronçon soient représentables sous la forme :

$$x = \sum_{p \in P} x^p \lambda_p + \sum_{q \in Q} x^q \lambda_q + \sum_{r \in R} x^r \lambda_r ,$$

avec $\lambda_p \geqq 0$, $\sum_{p \in P} \lambda_p = 1$, $\lambda_q \geqq 0$ et λ_r quelconque.

Il suffit, en effet, de prendre pour x^r une base de Ker A = L. Dans le quotient $\mathbb{R}^n/L$, on obtient un tronçon image, auquel on applique le théorème précédent : les x^p sont donc les sommets de l'image et chaque x^q un point distinct du sommet du cône pris sur une des R génératrices du cône asymptote de l'image.

Tout vecteur du tronçon de l'exemple ci-dessus s'écrit :

$$\begin{pmatrix} x_1 \\ x_2 \\ x_3 \end{pmatrix} = \lambda \begin{pmatrix} x_1(A) \\ 0 \\ 0 \end{pmatrix} + (1-\lambda) \begin{pmatrix} 0 \\ x_2(B) \\ 0 \end{pmatrix} + \mu \begin{pmatrix} 1 \\ 0 \\ 0 \end{pmatrix} + \mu' \begin{pmatrix} 0 \\ 1 \\ 0 \end{pmatrix} + \nu \begin{pmatrix} 0 \\ 0 \\ 1 \end{pmatrix}$$

avec $\lambda \geqq 0$; $\mu, \mu' \geqq 0$; ν quelconque.

La réciproque du théorème de Motzkin est vraie.

On remarque qu'on peut s'arranger pour prendre les $\lambda_r \geqq 0$, à condition de choisir la famille des x^q de façon convenable. Par exemple, ci-dessus, on pouvait prendre $\nu \geqq 0$, à condition d'adjoindre, à $x_1^r = \begin{pmatrix} 0 \\ 0 \\ 1 \end{pmatrix}$, le vecteur $x_2^r = \begin{pmatrix} 0 \\ 0 \\ -1 \end{pmatrix}$. On est alors ramené à la forme :

$$x = \sum_{p \in P} x^p \lambda_p + \sum_{q \in Q'} x^q \lambda_q$$

avec $\lambda_p \geqq 0$, $\sum_{p \in P} \lambda_p = 1$, $\lambda_q \geqq 0$.

On appelle *polyèdre convexe fermé* un tronçon fermé borné, c'est-à-dire n'ayant pas de points à l'infini. Dans ces conditions, on a encore :

Théorème. Tout polyèdre convexe fermé est l'enveloppe convexe de ses sommets.

Pour qu'un tronçon soit borné, il faut et suffit que $Q' = \emptyset$ (sinon, l'on aurait des points à l'infini). On est donc ramené à :

$$x = \sum_{p \in P} x^p \lambda_p ,$$

avec $\lambda_p \geqq 0$ et $\sum_{p \in P} \lambda_p = 1$.

La réciproque de ce théorème est vraie.

L'ensemble des théorèmes ci-dessus (dont on trouvera la démonstration dans la référence indiquée) permet de caractériser les solutions d'un système d'inéquations de la forme $Ax \geqq b$. Il nous a semblé, en outre, avantageux d'employer ici le langage géométrique, de manière à donner quelque consistance aux considérations intuitives qui nous ont permis d'exposer la méthode du simplexe (pages 201 et suivantes).

En effet, le domaine admissible ou domaine des solutions réalisables d'un programme linéaire :

$$\text{MIN } Cx$$

sous les contraintes $Ax \geqq b$ (A de dimension (mxn)),

étant, lorsqu'il est borné, un polyèdre convexe de $\mathbb{R}^m$ (si m < n) ou, respectivement, de $\mathbb{R}^n$ (si n < m), à tout sommet, intersection de m hyperplans si m < n (respectivement, n hyperplanssi n < m), correspond une solution de base. Ces solutions de base ne contiennent pas de variable nulle si toutes les matrices m x m (respectivement, n x n), constituées par m - 1 (respectivement n - 1) vecteurs de A et la colonne des éléments correspondants du second membre, sont régulières. Elles sont solutions du programme linéaire si toutes leurs composantes sont, en outre, positives (et, en cas de dégénérescence, non négatives).

On peut montrer (1) que le domaine des solutions réalisables étant borné, toute solution réalisable peut s'exprimer comme combinaison linéaire convexe des solutions de base.

Il s'ensuit que la fonction économique est optimale en, au moins, un des sommets du polyèdre convexe fermé et que, si elle est optimale en plusieurs de ses sommets, elle l'est pour leur enveloppe convexe.

Il est alors facile de justifier l'algorithme du simplexe et de démontrer sa finitude, en excluant le cas du cyclage (retour périodique au même sommet).

Une autre méthode, purement algébrique, consisterait à considérer le système d'équations obtenues après addition des variables d'écart (2) et à traiter la question en se servant du théorème de E. Rouché (professeur au CNAM, C.R. à l'Académie des Sciences du 29 novembre 1875) et G. Fontené (Nouvelles annales de mathématique, 6 décembre 1875).

G. *DÉGÉNÉRESCENCES*

1. *DEGENERESCENCE DE PREMIERE ESPECE.*

Soit le programme :

$$[\text{MAX}]\ z = 6x_1 + 4x_2$$

sous les contraintes :

$$-3x_1 + 2x_2 \leqq 4$$
$$3x_1 + 2x_2 \leqq 16$$
$$x_1 \leqq 3$$

Les tableaux successifs conduisant à la solution se présentent de la manière suivante :

		1	2	$\bar{1}$	$\bar{2}$	$\bar{3}$	
0	$\bar{1}$	- 3	2	1			4
0	$\bar{2}$	3	2		1		16
0	$\bar{3}$	(1)	0			1	3
		6	4	0	0	1	
		0	0	4	16	3	
		6	4	0	0	0	0
		⇧					

		1	2	$\bar{1}$	$\bar{2}$	$\bar{3}$	
0	$\bar{1}$	0	2	1	0	3	13
0	$\bar{2}$	0	(2)	0	1	- 3	7
6	1	1	0	0	0	1	3
		6	4	0	0	0	
		3	0	13	7	0	
		0	4	0	0	- 6	18
			⇧				

(1) Voir, p. ex., Joachim PIEHLER, *Einführung in die lineare Optimierung*, Théorème 3, page 15, Teubner, Leipzig, 1964.
(2) Voir, p. ex., Michel SAKAROVITCH, *Notes on linear programming*, Van Nostrand Reinhold, 1971.

		1	2	$\bar{1}$	$\bar{2}$	$\bar{3}$	
0	$\bar{1}$	0	0	1	-1	(6)	6
4	2	0	1	0	$\frac{1}{2}$	$-\frac{3}{2}$	7/2
6	1	1	0	0	0	1	3
		6	4	0	0	0	
		3	7/2	6	0	0	
		0	0	0	-2	0	32
						⇑	

		1	2	$\bar{1}$	$\bar{2}$	$\bar{3}$	
0	$\bar{3}$	0	0	1/6	- 1/6	1	1
4	2	0	1	1/4	3/4	0	5
6	1	1	0	- 1/6	1/6	0	2
		6	4	0	0	0	
		2	5	0	0	1	
		0	0	0	- 4	0	32
				⇑			

Sur le troisième tableau, on constate que $\Delta_{\bar{3}} = 0$, alors que la colonne $\bar{3}$ est hors base.

Bien qu'on ait atteint la valeur optimale de la fonction économique, si l'on considère que $\Delta_{\bar{3}}$ est le plus grand des Δ_j non-négatifs correspondant aux variables hors base (troisième tableau), on peut faire entrer la colonne $\bar{3}$ dans la base, d'où sort la colonne $\bar{1}$, et l'on a alors $\Delta_{\bar{1}} = 0$ (quatrième tableau).

Ce fait traduit que la fonction économique $z = 6x_1 + 4x_2$ est parallèle à l'hyperplan limitant le demi-espace déterminé par la contrainte $3x_1 + 2x_2 \leqq 16$; les sommets B et C sont tous deux optimaux (fig.20.IX). L'enveloppe convexe de ces sommets (voir la division F du même chapitre), c'est-à-dire le segment BC, est telle que chacun de ses points donne à z la valeur optimale. C'est le cas de *dégénérescence de première espèce*.

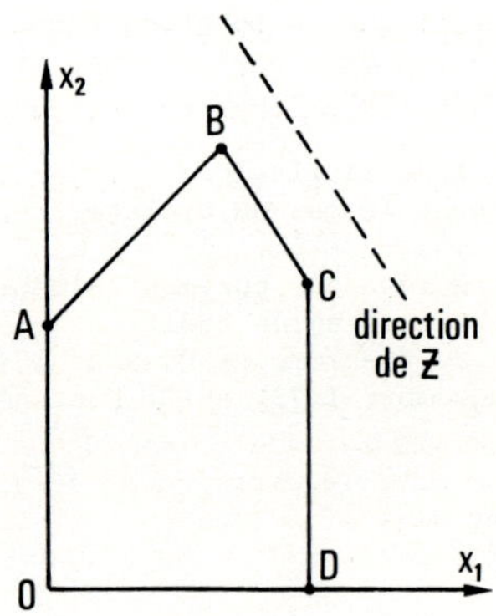

Figure 20.IX

2. *DEGENERESCENCE DE DEUXIEME ESPECE*.

Ajoutons au programme précédent la contrainte :

$$x_1 + 4x_2 \leqq 22.$$

et prenons comme fonction économique :

$$[\text{MAX}]\ z = x_1 + x_2.$$

Il en résulte la figure 21.IX. Traitons néanmoins le programme par la méthode des tableaux. On obtient les résultats suivants, ayant choisi arbitrairement, au deuxième tableau, de faire sortir la colonne $\bar{4}$ de la base.

		1	2	$\bar{1}$	$\bar{2}$	$\bar{3}$	$\bar{4}$	
0	$\bar{1}$	- 3	(2)	1				4
0	$\bar{2}$	3	2		1			16
0	$\bar{3}$	1	0			1		3
0	$\bar{4}$	1	4				1	22
		1	1	0	0	0	0	
		0	0	1	1	1	1	
		1	1	0	0	0	0	0
		⇑						

		1	2	$\bar{1}$	$\bar{2}$	$\bar{3}$	$\bar{4}$	
1	2	$-\frac{3}{2}$	1	$\frac{1}{2}$	0	0	0	2
0	$\bar{2}$	6	0	- 1	1	0	0	12
0	$\bar{3}$	1	0	0	0	1	0	3
0	$\bar{4}$	(7)	0	- 2	0	0	1	14
		1	1	0	0	0	0	
		0	2	0	1	1	1	
		$\frac{5}{2}$	0	$-\frac{1}{2}$	0	0	0	2
		⇑						

		1	2	$\overline{1}$	$\overline{2}$	$\overline{3}$	$\overline{4}$	
1	2	0	1	1/14	0	0	3/14	5
0	$\overline{2}$	0	0	(5/7)	1	0	- 6/7	0
0	$\overline{3}$	0	0	2/7	0	1	- 1/7	1
1	1	1	0	- 2/7	0	0	1/7	2
		1	1	0	0	0	0	
		2	5	0	0	1	0	
		0	0	3/14	0	0	- 5/14	7
				⇧				

		1	2	$\overline{1}$	$\overline{2}$	$\overline{3}$	$\overline{4}$	
1	2	0	1	0	$-\frac{1}{10}$	0	$\frac{3}{10}$	5
0	$\overline{1}$	0	0	1	7/5	0	- 6/5	0
0	$\overline{3}$	0	0	0	-2/5	1	1/5	1
1	1	1	0	0	2/5	0	- 1/5	2
		1	1	0	0	0	0	
		2	5	0	0	1	0	
		0	0	0	-3/10	0	-1/10	7

Alors, au troisième tableau apparaît une valeur nulle pour l'une des variables de base, $x_{\overline{2}}$. Le plus petit des rapports positifs $\frac{x_i}{x_{i\overline{1}}}$ est évidemment $0 = \frac{0}{5}$. Après pivotage, on retrouve une autre variable de base nulle, c'est $x_{\overline{1}}$.

Chaque fois qu'on obtient une ou plusieurs variables de base nulles, on est dans le cas de dégénérescence de seconde espèce. La raison en est qu'il passe, par un des sommets au moins, un ou plusieurs hyperplans supplémentaires (ici, par B, au lieu de passer n = 2 hyperplans, il en passe 3).

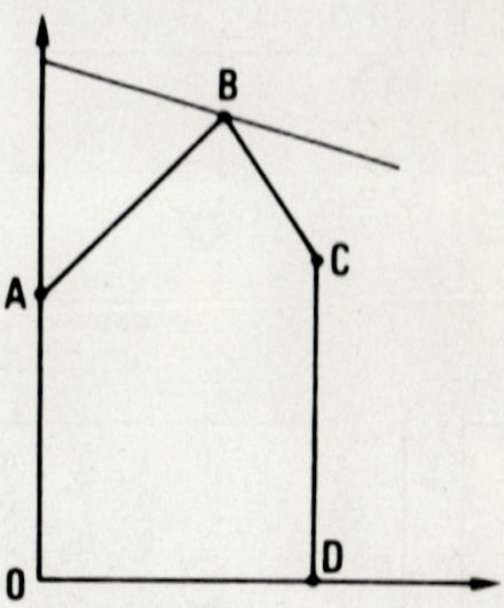

Figure 21.IX

Remarques. 1. Au cas où l'on aurait, au deuxième pas, fait sortir la colonne $\overline{2}$, au lieu de la colonne $\overline{4}$,on ne se serait pas aperçu de la dégénérescence, autrement que par l'apparition de la valeur $x_4 = 0$, $\Delta_{\overline{1}}$ et $\Delta_{\overline{2}}$ étant négatifs. Cela montre que la ligne et la colonne $\overline{4}$ pouvaient être supprimées.

2. Multiplions la première inéquation du programme par $\frac{5}{6}$, la seconde par $\frac{7}{6}$ et ajoutons; nous trouvons la quatrième, qui est donc une conséquence des deux autres (voir lemme de Minkovski-Farkaš).

Evidemment, cette dernière inéquation ne joue aucun rôle dans le problème et peut être supprimée(voir aussi la notion de dominance en théorie des jeux, page 247).

		1	2	$\overline{1}$	$\overline{2}$	$\overline{3}$	$\overline{4}$	
1	2	0	1	1/4	1/4	0	0	5
1	1	1	0	- 1/6	1/6	0	0	2
0	$\overline{3}$	0	0	1/6	- 1/6	1	0	1
0	$\overline{4}$	0	0	- 5/6	- 7/6	0	1	0
		1	1	0	0	0	0	
		2	5	0	0	1	0	
		0	0	$-\frac{1}{12}$	$-\frac{5}{12}$	0	0	7

Cas où, au deuxième pas, on fait sortir $\overline{2}$ au lieu de $\overline{4}$: $\Delta_{\overline{1}}$ et $\Delta_{\overline{2}}$ sont négatifs, mais $x_{\overline{4}} = 0$.

ANNEXES

1. *Tableaux successifs utilisés dans la méthode pratique pour la résolution de l'exemple proposé pages* 200 et 212.

2e pas

c_i	i	1	2	3	4	5	6	7	0
0	4	(1)	0	0	1	0	0	0	1000
12	2	0	1	0	0	1	0	0	500
0	6	0	0	1	0	0	1	0	1500
0	7	3	0	2	0	-6	0	1	3750
c_j		4	12	3	0	0	0	0	
Solution			500		1000		1500	3750	
z	Δ_j	4		3		-12			6000
		⇑e							
$\frac{x_i}{x_{ie}}$			∞		1000		∞	1250	
					⇓s				

3e pas

c_i	i	1	2	3	4	5	6	7	0
4	1	1	0	0	1	0	0	0	1000
12	2	0	1	0	0	1	0	0	500
0	6	0	0	1	0	0	1	0	1500
0	7	0	0	(2)	-3	-6	0	1	750
c_j		4	12	3	0	0	0	0	
Solution		1000	500				1500	750	
z	Δ_j			3	-4	-12			10000
				⇑e					
$\frac{x_i}{x_{ie}}$		∞	∞				1500	375	
								⇓s	

4^e pas

c_i	i	1	2	3	4	5	6	7	0
4	1	1	0	0	1	0	0	0	1000
12	2	0	1	0	0	1	0	0	500
0	6	0	0	0	($\frac{3}{2}$)	3	1	$-\frac{1}{2}$	1125
3	3	0	0	1	$-\frac{3}{2}$	-3	0	$\frac{1}{2}$	375
c_j		4	12	3	0	0	0	0	
Solution		1000	500	375			1125		
z	Δ_j				$\frac{1}{2}$	-3		$-\frac{3}{2}$	11125
					⇑e				
$\frac{x_i}{x_{ie}}$		1000	∞	-250			750		
							⇓s		

5e pas

c_i	i	1	2	3	4	5	6	7	0
4	1	1	0	0	0	-2	$-\frac{2}{3}$	$\frac{1}{3}$	250
12	2	0	1	0	0	1	0	0	500
0	4	0	0	0	1	2	$\frac{2}{3}$	$-\frac{1}{3}$	750
3	3	0	0	1	0	0	1	0	1500
c_j		4	12	3	0	0	0	0	
Solution		250	500	1500	750				
z	Δ_j					-4	$-\frac{1}{3}$	$-\frac{4}{3}$	11500

arrêt de l'algorithme

2. *Interprétation des valeurs des variables duales* (ou des Δ_j , au signe près).

a) $y_2 = 4 = -\Delta_5$. Gain par unité de temps supplémentaire (à l'optimum), soit 1/150 heure ; c'est le gain correspondant à la quantité d'objets usinables pendant ce temps, soit 1/3 d'objet P_1, d'où : $1/3 \times 4$ F = 4/3 F ;

b) $y_3 = \frac{1}{3} = -\Delta_6$. Gain de substitution à temps constant ; 1 objet P_2 pour 2 objets P_1, d'où : (-2) (4 F) + (1) (12 F) = 4 F ;

c) $y_4 = \frac{4}{3} = -\Delta_7$. Gain de substitution à temps constant ; 1 objet P_3 pour $\frac{2}{3}$ objet P_1, d'où : (-2/3) (4 F) + (1) (3 F) = 1/3 F.

quatrième partie

LA RECHERCHE OPÉRATIONNELLE ET LES PROBLÈMES DE CONCURRENCE

chapitre X. INTRODUCTION A LA THÉORIE DES JEUX NOTIONS SUR LES JEUX D'ENTREPRISES

Nous arrivons maintenant à la quatrième et dernière partie de ce manuel. La recherche opérationnelle, avons-nous constaté dans les trois parties précédentes, est susceptible de rendre maints servicesdans les situations *combinatoires* ou *aléatoires*.

Nous examinerons à présent le rôle qu'elle peut jouer dans le domaine concurrentiel, mais nous nous bornerons à l'essentiel, car le sujet, dont on verra qu'il présente à la fois les caractéristiques du combinatoire et de l'aléatoire, est un peu plus difficile.

A. *ELEMENTS DE LA THEORIE DES JEUX A DEUX PERSONNES*

A1. *JEU A DEUX PERSONNES A POINT-SELLE.*

Considérons deux personnes, Anatole (A) et Bernard (B), préoccupées par un jeu dont la règle s'exprime par le tableau (matrice) ci-après (Matrice 1).

		B: I	II	III
	1	1	0	- 2
A	2	2	1	2
	3	- 1	- 1	0

Matrice 1

A chaque coup, chacun des joueurs doit choisir, indépendamment de l'autre, une des *stratégies pures* à sa disposition.

Anatole peut choisir de jouer les stratégies 1, 2 ou 3; Bernard, I, II ou III.

Si Anatole joue la ligne 1, cela signifie : qu'il gagnera un jeton si Bernard joue la colonne I, qu'il n'aura ni gain ni perte si Bernard joue la colonne II, enfin qu'il perdra deux jetons si Bernard joue la colonne III.

Si Anatole joue la ligne 2, il gagnera deux jetons si Bernard joue la colonne I, un jeton si Bernard joue la colonne II et, enfin, deux jetons si Bernard joue la colonne III. Etc.

La situation est évidemment tout l'inverse pour Bernard. S'il joue la colonne I, il perdra un jeton si Anatole joue la ligne 1, deux jetons si Anatole joue la ligne II et, enfin, gagnera un jeton si Anatole joue la ligne 3.

Le tableau n'est autre que la matrice des gains d'Anatole (ou encore la matrice des pertes de Bernard). Il est à remarquer qu'un gain négatif est une perte pour Anatole et qu'une perte négative est un gain pour Bernard.

Nous avons ici affaire à un jeu à deux personnes à *somme nulle*, puisque chaque adversaire gagne ce que l'autre perd.

Ce jeu est fort simple à étudier. En effet, Anatole n'a pas d'intérêt à jouer les lignes 1 ou 3 ; s'il joue la ligne 1, il ne peut espérer gagner qu'un jeton, mais risque d'en perdre deux : s'il joue la ligne 3, il ne peut espérer aucun gain. Au contraire, s'il joue la ligne 2, il est assuré de gagner au moins un jeton, quelle que soit la décision de Bernard.

Dans ces conditions, Bernard, se rendant compte que son adversaire doit nécessairement jouer la statégie 2, emploiera, de son côté, la stratégie II, c'est-à-dire limitera sa perte à un jeton par coup.

La *valeur du jeu* (ici le gain d'Anatole - ou la perte de Bernard - à chaque coup) est 1.

L'élément situé à l'intersection de la ligne 2 et de la colonne II, égal à la valeur du jeu, jouit dans la matrice 1 d'une propriété bien particulière. En effet, c'est le minimum des valeurs inscrites sur la ligne 2 et le maximum des valeurs portées dans la colonne II. Pour cette raison, on l'appelle *point-selle*.

Examinons d'un peu plus près cette notion de point-selle. Supposons, à cet effet, que, dans la matrice 2, l'élément a_{32} est un point-selle (nous le supposerons unique). Imaginons à présent que les joueurs A et B ne se soient pas rendu compte que cet élément est le plus petit sur sa ligne et le plus grand dans sa colonne.

			B			
			q_1	q_2	q_3	q_4
			I	II	III	IV
	p_1		a_{11}	a_{12}	a_{13}	a_{14}
A	p_2	2	a_{21}	a_{22}	a_{23}	a_{24}
	p_3		a_{31}	a_{32}	a_{33}	a_{34}

Matrice 2

Ils auront alors tendance à jouer, le premier, A, les lignes 1, 2 et 3 avec des fréquences p_1, p_2 et p_3, le second, B, les colonnes I, II, III et IV avec des fréquences q_1, q_2, q_3 et q_4, de manière à obtenir, le premier, le plus grand gain possible, et, le second, la plus petite perte.

Supposons que A cherche à déterminer les fréquences p_1, p_2, et p_3 de ses choix ; s'il exprime ces fréquences en fractions de l'unité, il aura d'abord :

$$p_1 + p_2 + p_3 = 1,$$

avec, bien entendu :

$$p_1, p_2, p_3 \geqq 0.$$

Or, si B joue I, la recette de A s'écrira :

$$a_{11} p_1 + a_{21} p_2 + a_{31} p_3;$$

si B joue II, elle deviendra :

$$a_{12} p_1 + a_{22} p_2 + a_{32} p_3;$$

si B joue III, A obtiendra :

$$a_{13} p_1 + a_{23} p_2 + a_{33} p_3;$$

enfin, si B joue IV, A recevra :

$$a_{14} p_1 + a_{24} p_2 + a_{34} p_3.$$

Comme il est probable que B jouera lui-même les colonnes avec les fréquences q_1, q_2, q_3 et q_4, telles que : $q_1 + q_2 + q_3 + q_4 = 1$, la recette de A se montera finalement à:

$$R_A = (a_{11}\, p_1 + a_{21}\, p_2 + a_{31}\, p_3)\, q_1 + (a_{12}\, p_1 + a_{22}\, p_2 + a_{32}\, p_3)\, q_2$$

$$+ (a_{13}\, p_1 + a_{23}\, p_2 + a_{33}\, p_3)\, q_3 + (a_{14}\, p_1 + a_{24}\, p_2 + a_{34}\, p_3)\, q_4.$$

Un raisonnement parallèle nous enseignerait que la perte de B peut s'écrire :

$$P_B = (a_{11}\, q_1 + a_{12}\, q_2 + a_{13}\, q_3 + a_{14}\, q_4)\, p_1$$

$$+ (a_{21}\, q_1 + a_{22}\, q_2 + a_{23}\, q_3 + a_{24}\, q_4)\, p_2$$

$$+ (a_{31}\, q_1 + a_{32}\, q_2 + a_{33}\, q_3 + a_{34}\, q_4)\, p_3 .$$

En développant ces deux expressions, on peut vérifier qu'on aura toujours $R_A = P_B$.

A, qui est le joueur maximisant, désire évidemment dépasser, si c'est possible, ou, au moins, atteindre, la valeur g du jeu (nous supposerons qu'elle existe, y compris dans le cas général que nous rencontrerons plus loin) ; son gain doit être le plus élevé possible, même dans le cas où le joueur B se bornerait à une stratégie pure; d'où quatre cas, selon que :

$$[q_1 = 1,\ q_2 = q_3 = q_4 = 0]$$

$$[q_1 = 0,\ q_2 = 1,\ q_3 = q_4 = 0]$$

$$[q_1 = q_2 = 0,\ q_3 = 1,\ q_4 = 0]$$

ou

$$[q_1 = q_2 = q_3 = 0,\ q_4 = 1] .$$

On obtient alors :

$$\text{I} \left\{ \begin{array}{ll} a_{11}\, p_1 + a_{21}\, p_2 + a_{31}\, p_3 \geqq g \ ; & \text{(dans le cas } q_1 = 1) \\ a_{12}\, p_1 + a_{22}\, p_2 + a_{32}\, p_3 \geqq g \ ; & (q_2 = 1) \\ a_{13}\, p_1 + a_{23}\, p_2 + a_{33}\, p_3 \geqq g \ ; & (q_3 = 1) \\ a_{14}\, p_1 + a_{24}\, p_2 \quad a_{34}\, p_3 \geqq g \ ; & (q_4 = 1) \\ \quad p_1 + p_2 + p_3 = 1 & \end{array} \right.$$

Mais, si nous posons :

$$a_{31} = a_{32} + \alpha_{31} \ ; \ a_{33} = a_{32} + \alpha_{33} \ ; \ a_{34} = a_{32} + \alpha_{34}$$

et

$$a_{12} = a_{32} - \alpha_{12} \ ; \ a_{22} = a_{32} - \alpha_{22}$$

avec

$$\alpha_{31},\ \alpha_{33},\ \alpha_{34},\ \alpha_{12},\ \alpha_{22} > 0,$$

comme l'hypothèse de l'existence d'un point-selle nous y autorise, nous pourrons écrire :

$$\text{I'} \left\{ \begin{array}{l} a_{11}\, p_1 + a_{21}\, p_2 + (a_{32} + \alpha_{31})\, p_3 \geqq g \\ (a_{32} - \alpha_{12})\, p_1 + (a_{32} - \alpha_{22})\, p_2 + a_{32}\, p_3 \geqq g \\ a_{13}\, p_1 + a_{23}\, p_2 + (a_{33} + \alpha_{33})\, p_3 \geqq g \\ a_{14}\, p_1 + a_{24}\, p_2 + (a_{32} + \alpha_{34})\, p_3 \geqq g \\ \quad p_1 + p_2 + p_3 = 1 \end{array} \right.$$

La troisième inégalité peut être mise aussi sous la forme :

$$a_{32} - (\alpha_{12}\, p_1 + \alpha_{22}\, p_2) \geqq g,$$

dont le premier membre atteint son maximum pour $p_1 = p_2 = 0$ (car : $\alpha_{12}, \alpha_{22} > 0$ et $p_1, p_2 \geqq 0$).

Au contraire, pour le joueur B, joueur minimisant, sa perte doit être la plus faible possible :

$$\text{II} \begin{cases} a_{11}\, q_1 + a_{12}\, q_2 + a_{13}\, q_3 + a_{14}\, q_4 \leqq g \\ a_{21}\, q_1 + a_{22}\, q_2 + a_{23}\, q_3 + a_{24}\, q_4 \leqq g \\ a_{31}\, q_1 + a_{32}\, q_2 + a_{33}\, q_3 + a_{34}\, q_4 \leqq g \\ q_1 + q_2 + q_3 + q_4 = 1. \end{cases}$$

Avec les mêmes notations que ci-dessus, on obtient :

$$\text{II'} \begin{cases} a_{11}\, q_1 + (a_{32} - \alpha_{12})\, q_2 + a_{13}\, q_3 + a_{14}\, q_4 \leqq g \\ a_{21}\, q_1 + (a_{32} - \alpha_{22})\, q_2 + a_{23}\, q_3 + a_{24}\, q_4 \leqq g \\ (a_{32} + \alpha_{31})\, q_1 + a_{32}\, q_2 + (a_{32} + \alpha_{33})\, q_3 + (a_{32} + \alpha_{34})\, q_4 \leqq g \\ q_1 + q_2 + q_3 + q_4 = 1 \end{cases}$$

et la dernière inégalité s'écrit :

$$a_{32} + \alpha_{31}\, q_1 + \alpha_{33}\, q_3 + \alpha_{34}\, q_4 \leqq g.$$

Le minimum du premier membre est obtenu pour :

$$q_1 = q_3 = q_4 = 0.$$

D'où la solution optimale du jeu :

$$p_3 = 1 \;;\; q_2 = 1,$$

toutes les autres fréquences étant égales à 0.

On voit que, dans un jeu à point-selle (la propriété se généraliserait évidemment), il faut prendre $p_k = 1$ et $q_\ell = 1$ si le point-selle est à l'intersection de la k^e ligne et de la ℓ^e colonne.

Le comportement des deux personnes jouant le jeu dont la règle est résumée par la matrice 1 peut être aussi examiné d'un point de vue plus rudimentaire, en supposant seulement que ces joueurs sont, tous deux, *intelligents* et *prudents*.

Evidemment, le joueur A cherche à gagner le plus possible ; mais, comme il est intelligent, il sait que, de son côté, son adversaire cherchera à perdre le moins possible. Sa prudence le conduit alors à déterminer, pour chacune des stratégies à sa disposition, le gain minimal qui figure dans la ligne correspondante : pour la première ligne, c'est - 2, pour la seconde, c'est 1, pour la troisième, c'est - 1, et à choisir la stratégie qui correspond au maximum de ces gains minimaux, soit la ligne ou stratégie 2.

L'élément 1, qui se trouve sur la ligne 2, est appelé le *maximin* (ou maximum des minimums en ligne).

Le joueur B, quant à lui, est amené, par un raisonnement symétrique, à déterminer la perte maximale, colonne par colonne, c'est-à-dire stratégie pure par stratégie pure à sa disposition : pour la colonne I, c'est 2 ; pour la colonne II, c'est 1 et, enfin, pour la colonne III, c'est 2 ; il choisira la perte minimale parmi celles-ci, soit 1, qui correspond à la colonne ou à la stratégie II.

L'élément 1, situé dans la seconde colonne, est appelé *minimax* (ou minimum des maximums en colonne).

On a déjà vu qu'il y a coïncidence entre le gain de A et la perte de B ; dans un jeu à point-selle, cela résulte simplement de l'égalité entre le maximin et le minimax. On appelle aussi le point-selle : *point d'équilibre*, car on peut montrer que chaque joueur, quel que soit le nombre de coups du jeu, n'a pas d'intérêt à s'écarter de la stratégie pure qui correspond, selon sa position, au maximin ou au minimax.

A2. NOTION DE STRATEGIES MIXTES ([1])

Considérons le jeu défini par la matrice 3 et calculons le maximin et le minimax.

		B I	B II	B III
A	1	- 1	2	1
A	2	1	- 2	2
A	3	3	4	- 3

Matrice 3

Les minimums pour les lignes 1, 2 et 3 étant respectivement : - 1, - 2 et - 3, le maximin est - 1 et correspond à la stratégie pure 1.

Les maximums pour les colonnes I, II et III étant respectivement : 3, 4 et 2, le minimax est 2, correspondant à la stratégie pure III.

Ici, les lignes 1 et colonne III se coupent sur un élément qui n'est ni le maximin ni le minimax.

Dans ces conditions, pour un jeu à plusieurs coups, l'utilisation de la "ruse" peut être envisagée. Ainsi, A peut se dire : "Si je joue la ligne 2, au lieu de 1, et si B joue la colonne du minimax, soit III, je gagnerai 2, au lieu de 1. Mais il est probable que B imaginera ma ruse et, pour la contrecarrer, il pourra jouer la colonne II, pour me faire perdre 2; il serait donc avantageux que je joue la ligne 3 pour gagner 4 ; mais, dans cette hypothèse, peut-être B aura-t-il suivi mon raisonnement jusque-là et, comme il jouera alors III, je perdrai 3 ; peut-être, au contraire, se sera-t-il arrêté au stade précédent du raisonnement et me fera obtenir le gain convoité en jouant II ; etc."

Ce genre de spéculations montre qu'il y a probablement intérêt, pour chacun des adversaires, à jouer un certain nombre des différentes stratégies à sa disposition, selon des fréquences déterminées, à condition d'être capable, à chaque coup, de laisser ignorer à l'adversaire le choix qui va suivre.

La détermination de la stratégie mixte optimale, c'est-à-dire des fréquences les plus favorables pour chacun des joueurs, peut être conduite selon la méthode qui nous a servi, au paragraphe précédent, à obtenir les systèmes I et II.

Par un raisonnement identique, on aboutit dans le cas présent aux systèmes suivants:

[MAX] g sous les contraintes :

$$\text{I}\quad\left\{\begin{array}{l} -p_1 + p_2 + 3p_3 \geqq g \\ 2p_1 - 2p_2 + 4p_3 \geqq g \\ p_1 + 2p_2 - 3p_3 \geqq g \\ p_1 + p_2 + p_3 = 1 \\ p_1,\ p_2,\ p_3 \geqq 0 \end{array}\right.$$

([1]) Mauvaise traduction de l'expression : *mixed strategies* ; il aurait sans doute beaucoup mieux valu garder, en français, l'appellation de *stratégie combinée* autrefois employée par E. Borel.

[MIN] g sous les contraintes :

$$\text{II}\quad\left\{\begin{array}{l} -q_1 + 2\,q_2 + q_3 \leqq g \\ -q_1 - 2\,q_2 + 2\,q_3 \leqq g \\ 3\,q_1 + 4\,q_2 - 3\,q_3 \leqq g \\ q_1 + q_2 + q_3 = 1 \\ q_1,\ q_2,\ q_3 \geqq 0 \end{array}\right.$$

Ce sont deux programmes linéaires paramétrés, en dualité.

Nous pouvons éliminer des inéquations l'une des variables,par exemple $q_3 \geqq 0$, en combinant chaque inéquation avec l'équation multipliée par un scalaire convenable ; il vient :

$$\text{II}'\quad\left\{\begin{array}{l} -2\,q_1 + q_2 \leqq g - 1 \\ -\ q_1 - 4\,q_2 \leqq g - 2 \\ -6\,q_1 + 7\,q_2 \leqq g + 3 \\ q_1 + q_2 + q_3 = 1 \\ q_1,\ q_2,\ q_3 \geqq 0 \end{array}\right.$$

Introduisons des variables d'écart pour ramener les inéquations à des équations :

$$\begin{array}{rcl} -2\,q_1 + q_2 + q_4 &=& g - 1 \\ -\ q_1 - 4\,q_2 + q_5 &=& g - 2 \\ 6\,q_1 + 7\,q_2 + q_6 &=& g + 3 \\ q_1 + q_2 + q_3 &=& 1 \end{array}$$

Nous allons maintenant simplifier le système, en soustrayant la deuxième équation de la première et de la troisième, de manière à faire disparaître la valeur inconnue g ; nous avons choisi de soustraire la deuxième équation car $g - 2 < g - 1 < g + 3$: ainsi obtiendrons-nous des seconds membres positifs. On a :

$$\begin{array}{rcl} -\ q_1 + 5\,q_2 + q_4 - q_5 &=& 1 \\ -7\,q_1 + 11\,q_2 - q_5 + q_6 &=& 5 \\ q_1 + q_2 + q_3 &=& 1 \ (1) \end{array}$$

Si, compte tenu de ces trois égalités, on *minimise* la fonction $- q_1 - 4\,q_2 + q_5 + 2$, égale à g, on obtiendra la solution.

D'une manière pratique, nous *maximiserons* $q_1 + 4\,q_2 - q_5 - 2$, en utilisant la méthode des tableaux :

> N.B. On remarque que l'équation initiale $\Sigma\, q_k = 1$ est finalement conservée,l'une de ses variables jouant le rôle d'une variable d'écart. Il serait dangereux de l'éliminer, car on n'obtiendrait pas nécessairement un programme équivalent. Mais, même en la maintenant, étant donné qu'on a éliminé arbitrairement l'une des variables principales des autres équations, il peut se présenter des difficultés en cas de dégénérescence.

---

(1) Cette équation signifie que le point représentatif de toute solution dans le système d'axes q_1, q_2, q_3 se trouve dans le plan $q_1 + q_2 + q_3 = 1$.

		1	2	3	4	5	6	
0	4	-1	(5)	0	1	-1	0	1
0	6	7	11	0	0	-1	1	5
0	3	1	1	1	0	0	0	1
		1	4			-1		
				1	1		5	
		1	4	0	0	-1	0	0 = z

⇑ ⇓

		1	2	3	4	5	6	
4	2	-1/5	1	0	1/5	-1/5	0	1/5
0	6	(46/5)	0	0	-11/5	6/5	1	14/5
0	3	6/5	0	1	-1/5	1/5	0	4/5
		1	4			-1		
			1/5	4/5			14/5	
		9/5	0	0	-4/5	-1/5	0	4/5 = z

⇑ ⇓

			1	2	3	4	5	6	
	4	2	0	1	0	7/46	-4/23	1/46	6/23
	1	1	1	0	0	-11/46	3/23	5/46	7/23
	0	3	0	0	1	2/23	1/23	-3/23	10/23
			1	4			-1		
			7/23	6/23	10/23				
Δ_j			0	0	0	-17/46	-10/23	-9/46	31/23 = z

Les résultats sont donc :

$$q_1 = \frac{7}{23} \; ; \; q_2 = \frac{6}{23} \; ; \; q_3 = \frac{10}{23} \; ; \; q_4 = q_5 = q_6 = 0$$

et = $$g = \min [- q_1 - 4\, q_2 + q_5 + 2] = - \frac{31}{23} + 2 = \frac{15}{23}$$

Connaissant la valeur de g, la résolution du système I peut fournir :

$$p_1 = \frac{17}{46} \; ; \; p_2 = \frac{10}{23} \; ; \; p_3 = \frac{9}{46} \; ,$$

qu'on peut aussi lire, au signe près, sur la ligne des Δ_j du tableau optimal du système II.

Il faut remarquer que : $g = \frac{15}{23} < 1$; on constate bien qu'à l'intersection des stratégies maximin et minimax, on trouve une valeur qui, dans le cas général, diffère de la valeur du jeu, contrairement à ce qui se produit quand le jeu est à point-selle unique.

On notera :

1) que ce problème conduit à poser une espèce particulière de programme linéaire et son dual (ce qui en démontre le caractère combinatoire, voir p. 3) ;

2) que la connaissance des fréquences p_1, p_2, ..., et q_1, q_2, ..., à adopter pour les stratégies 1, 2, ..., et I, II, ...,par les adversaires respectifs,se double de la mise en évidence d'une *valeur du jeu*, g, qui représente le gain (ou la perte) moyen(ne) de chacun des joueurs, ce qui restitue la notion d'*équilibre* rencontrée précédemment ; cela veut dire qu'aucun des joueurs n'a intérêt à s'écarter des fréquences calculées, de même que, dans un jeu à point-selle, il n'a pas d'intérêt à s'écarter de la stratégie pure lui correspondant.

3) qu'il est très important de tirer au *hasard*, tout en observant les fréquences, la succession des stratégies pures employées, de manière à laisser toujours l'adversaire dans l'ignorance du coup suivant (le tirage aura lieu comme dans les méthodes de simulation).

Autre méthode de calcul.

La méthode précédente peut se révéler délicate d'emploi, dans certains problèmes présentant des dégénérescences. C'est pourquoi nous donnons, en outre, une méthode plus systématique, dans laquelle toutes les variables subsistent jusqu'à la fin des calculs.

Reprenons la matrice 3 de l'exemple précédent. Le maximin est - 1, le minimax, 2 : la valeur g du jeu est comprise entre ces deux limites, mais on ne peut, a priori, affirmer qu'elle est positive. En revanche, si l'on ajoutait 2 à tous les éléments de la matrice (ce qui ne change rien quant aux situations relatives des deux joueurs), on aurait : $g' = g + 2$, d'où : maximin = 1, minimax = 4 et l'assurance que g' est strictement positif.

On ne se donne généralement pas la peine de faire ce calcul; on ajoute aux éléments de la matrice du jeu un nombre tel que tous deviennent strictement positifs. Par exemple, dans le cas qui nous occupe, si l'on ajoute 4, on aura la matrice 3 bis et l'on se souviendra, lorsqu'on aura trouvé la valeur g' du jeu correspondant à cette matrice, que $g = g' - 4$.

3	6	5
5	2	6
7	8	1

Matrice 3 bis

Ecrivons alors le programme linéaire relatif au nouveau jeu :

$$\begin{aligned} 3\,q_1 + 6\,q_2 + 5\,q_3 &\leqq g' \\ 5\,q_1 + 2\,q_2 + 6\,q_3 &\leqq g' \\ 7\,q_1 + 8\,q_2 + q_3 &\leqq g' \\ q_1 + q_2 + q_3 &= 1 \\ q_1, q_2, q_3 &\geqq 0\,. \end{aligned}$$

C'est le programme du joueur minimisant, qui recherche [MIN] g'.

Nous pouvons diviser chacune des inéquations ci-dessus par g', puisque $g' > 0$.

On obtient :

$$\begin{aligned} 3\,q'_1 + 6\,q'_2 + 5\,q'_3 &\leqq 1 \\ 5\,q'_1 + 2\,q'_2 + 6\,q'_3 &\leqq 1 \\ 7\,q'_1 + 8\,q'_2 + q'_3 &\leqq 1 \\ q'_1 + q'_2 + q'_3 &= \frac{1}{g'} \\ q'_1, q'_2, q'_3 &\geqq 0, \end{aligned}$$

et, bien entendu, désirant minimiser g', nous maximiserons $\frac{1}{g'} = q'_1 + q'_2 + q'_3$.

Par suite, le programme linéaire est parfaitement défini et se résout en trois itérations.

			1	2	3	$\bar{1}$	$\bar{2}$	$\bar{3}$	
0	$\bar{1}$		3	6	5	1	0	0	1
0	$\bar{2}$		5	2	6	0	1	0	1
0	$\bar{3}$		7	(8)	1	0	0	1	1
			1	1	1	0	0	0	
			0	0	0	1	1	1	
			1	1	1	0	0	0	0
				⇑					

Nous donnons sans commentaire les tableaux successifs, en faisant remarquer simplement qu'au départ il est indiqué de pivoter sur l'élément maximal de la matrice.

		1	2	3	$\overline{1}$	$\overline{2}$	$\overline{3}$	
0	$\overline{1}$	-9/4	0	17/4	1	0	-3/4	1/4
0	$\overline{2}$	13/4	0	23/4	0	1	-1/4	3/4
1	2	7/8	1	1/8	0	0	1/8	1/8
		1	1	1	0	0	0	
		0	1/8	0	1/4	3/4	0	
		1/8	0	7/8	0	0	-1/8	1/8
				⇧				

		1	2	3	$\overline{1}$	$\overline{2}$	$\overline{3}$	
1	3	-9/17	0	1	4/17	0	-3/17	1/17
0	$\overline{2}$	107/17	0	0	-23/17	1	13/17	7/17
1	2	16/17	1	0	- 1/34	0	5/34	2/17
		1	1	1	0	0	0	
		0	$\frac{2}{17}$	$\frac{1}{17}$	0	$\frac{7}{17}$	0	
		$\frac{10}{17}$	0	0	$-\frac{7}{34}$	0	$-\frac{1}{34}$	3/17
		⇧						

		1	2	3	$\overline{1}$	$\overline{2}$	$\overline{3}$	
1	3	0	0	1	$\frac{13}{107}$	$\frac{9}{107}$	$-\frac{12}{107}$	$\frac{10}{107}$
1	1	1	0	0	$-\frac{23}{107}$	$\frac{17}{107}$	$\frac{13}{107}$	$\frac{7}{107}$
1	2	0	1	0	$\frac{37}{214}$	$-\frac{16}{107}$	$\frac{7}{214}$	$\frac{6}{107}$
		1	1	1	0	0	0	
		$\frac{7}{107}$	$\frac{6}{107}$	$\frac{10}{107}$	0	0	0	
		0	0	0	$\frac{-17}{214}$	$\frac{-10}{107}$	$\frac{-9}{214}$	$\frac{23}{107}$

On a donc : $\frac{1}{g'} = \frac{23}{107}$ d'où $g' = \frac{107}{23}$ et $g = \frac{107}{23} - 4 = \frac{15}{23}$.

D'autre part : $q_1 = \frac{g'_1}{g'} = \frac{10}{107} \times \frac{107}{23} = \frac{10}{23}$; de même : $q_2 = \frac{7}{23}$; $q_3 = \frac{6}{23}$. Enfin :

$p_1 = - \Delta'_1 \cdot \frac{1}{g'} = \frac{17}{214} \times \frac{107}{23} = \frac{17}{46}$; et de même : $p_2 = \frac{10}{23}$; $p_3 = \frac{9}{46}$.

Les résultats sont, naturellement, les mêmes que précédemment.

A3. *EXEMPLE D'APPLICATION ECONOMIQUE. DOMINANCE D'UNE STRATEGIE, REDUCTION D'UN JEU.*

Une firme F est établie depuis peu sur le marché ; ses dirigeants ont remarqué que, s'ils faisaient varier leur prix de vente par rapport à ceux de la concurrence C, les variations des résultats s'établissaient comme l'indique le tableau ci-après :

		C −5 %	C 0 %	C +5 %	
F	− 5 %	− 2	− 4	− 4	p_1
F	0 %	− 1	0	− 3	p_2
F	+ 5 %	− 3	2	0	p_3
		q_1	q_2	q_3	

Quelle stratégie mixte la firme **F** doit-elle adopter face à la concurrence ?

On a, pour les stratégies de la concurrence C :

$$-2q_1 - 4q_2 - 4q_3 \leqq g$$
$$-q_1 \qquad - 3q_3 \leqq g$$
$$-3q_1 + 2q_2 \qquad \leqq g$$

avec :

$$q_1 + q_2 + q_3 = 1$$

et :

$$q_1, q_2, q_3 \geqq 0.$$

On voit immédiatement que :

$$-q_1 - 3q_3 \leqq g \text{ entraîne : } -2q_1 - 4q_2 - 4q_3 \leqq g \text{ ;}$$

en effet :

$$-2q_1 - 4q_2 - 4q_3 = -q_1 - 3q_3 - (q_1 + 4q_2 + q_3) \text{ ,}$$

d'où, puisque $q_1 + 4q_2 + q_3$ est positif :

$$-2q_1 - 4q_2 - 4q_3 < -q_1 - 3q_3 \leqq g$$

et :

$$-2q_1 - 4q_2 - 4q_3 < g.$$

On dit, dans ces conditions, que la première stratégie de F est *dominée* par sa deuxième stratégie : une ligne est dominée par une autre ligne si les coefficients de l'inégalité qu'exprime cette dernière sont supérieurs aux coefficients de l'inégalité qu'exprime la première. Lorsque la *dominance* est *stricte*, c'est-à-dire lorsque les coefficients de la dominante sont strictement supérieurs à ceux, correspondants, de la ligne dominée, on peut, sans modifier ni la valeur du jeu ni les fréquences à calculer, supprimer la ligne dominée. On dira encore que la première stratégie de F est *récessive* et, l'ayant supprimée, on posera $p_1 = 0$ et le tableau se réduira (v. à gauche) :

− 1	0	− 3	p_2
− 3	2	0	p_3
q_1	q_2	q_3	

ce qui correspond, pour la firme F, à :

$$\left\{\begin{array}{l} -p_2 - 3p_3 \geqq g \\ \qquad 2p_3 \geqq g \\ -3p_2 \qquad \geqq g \end{array}\right. \text{ avec : } \left\{\begin{array}{l} p_2 + p_3 = 1 \\ \text{et} \\ p_2, p_3 \geqq 0. \end{array}\right.$$

On voit également que :

$$-p_2 - 3p_3 \geqq g \text{ entraîne : } 2p_3 \geqq g \text{ ;}$$

en effet :

$$2p_3 = -p_2 - 3p_3 + (p_2 + 5p_3)$$

d'où, puisque $p_2 + 5p_5$ est positif :

$$2p_3 > -p_2 - 3p_3 \geqq g \text{ ,}$$

soit :

$$2p_3 > g.$$

On peut donc éliminer la deuxième stratégie de C, c'est-à-dire poser : $q_2 = 0$. Il s'agit, cette fois, d'une dominance stricte de colonnes. On reconnaît qu'une colonne en domine une autre si les coefficients de la première sont inférieurs à ceux, correspondants, de la seconde.

Il ne nous reste finalement que le tableau réduit :

et les programmes suivants en résultent :

- 1	- 3	p_2
- 3	0	p_3
q_1	q_3	

$$(I) \quad \begin{cases} -p_2 - 3\,p_3 \geq g \\ -3\,p_2 \geq g \end{cases} \quad \text{avec :} \quad \begin{array}{l} p_2 + p_3 = 1 \\ p_2,\ p_3 \geq 0 \end{array}$$

$$(II) \quad \begin{cases} -q_1 - 3\,q_3 \leq g \\ -3\,q_1 \leq g \end{cases} \quad \text{avec :} \quad \begin{array}{l} q_1 + q_3 = 1 \\ q_1,\ q_3 \geq 0 \end{array}$$

Une méthode de choix,pour résoudre l'un de ces programmes,est la méthode graphique. Prenons, par exemple, le premier et remplaçons p_3 par $1 - p_2$. Il vient :

$$-p_2 - 3\,p_3 = -p_2 - 3\,(1 - p_2) = 2\,p_2 - 3$$

d'où :

$$2\,p_2 - 3 \geq g$$
$$-3\,p_2 \geq g$$
$$p_2 \geq 0 \quad (p_2 \leq 1)$$

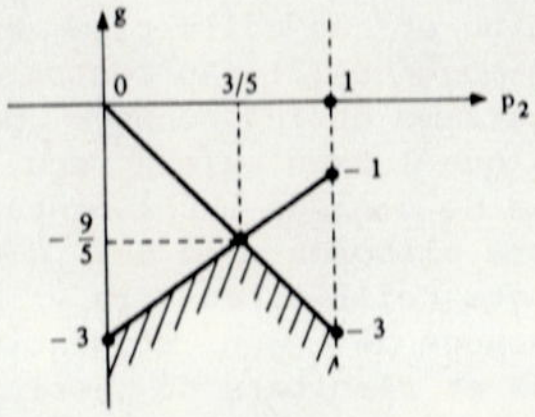

Figure 1.X

La valeur de g, sur la figure 1.X où sont représentées les droites $g = -3\,p_2$ et $g = 2\,p_2 - 3$, en fonction de $p_2 (0 \leq p_2 \leq 1)$ est le maximum des valeurs compatibles avec les deux inéquations :

$$g \leq -3\,p_2 \quad \text{et} \quad g \leq 2\,p_2 - 3.$$

Ce maximum a lieu pour : $2\,p_2 - 3 = 3\,p_2$,

d'où : $5\,p_2 = 3$ et $p_2 = \frac{3}{5}$; on a donc : $g = -3\,p_2 = 2\,p_2 - 3 = \frac{9}{5}$ et $p_3 = 1 - p_2 = 1 - \frac{3}{5} = \frac{2}{5}$.

Dès lors, la résolution du second programme est immédiate. Elle donne :

$$q_1 = \frac{3}{5} \quad \text{et} \quad q_2 = \frac{2}{5} .$$

Par conséquent, la stratégie mixte à adopter par la firme F consistera à laisser ses prix inchangés trois périodes sur cinq et à les augmenter deux périodes sur cinq ; la concurrence aurait comme stratégie mixte celle consistant à diminuer ses prix trois fois sur cinq et à les augmenter deux fois sur cinq. Bien entendu, les fréquences étant respectées, la décision doit provenir de tirages au hasard.

Remarques. La méthode graphique est évidemment applicable chaque fois qu'*un des systèmes* peut être réduit à deux variables seulement.

Il sera utile au lecteur qui désirerait bien comprendre la portée de la théorie des jeux en matière économique de lire, dans des ouvrages plus développés, comment la *forme normale* d'un jeu permet de représenter les situation concurrentielles.

Il est également nécessaire d'attirer l'attention sur l'importance de l' *information* dans les jeux ; dans un jeu séquentiel, où les situations du passé influencent l'avenir, la quantité d'information dont disposent les différents joueurs joue un très grand rôle et conditionne la valeur du jeu.

B. *NOTIONS SUR LES JEUX D'ENTREPRISES*

B1. *GENERALITES*.

Il ne peut être question, dans le cadre restreint de cet ouvrage, de décrire, même sommairement, un jeu d'entreprises. Aussi renverrons-nous le lecteur au n° 892 de la collection "Que sais-je ?" : *Les jeux d'entreprises*, en le priant de porter son attention sur les chapitres I, III et IV de ce petit livre.

Nous rappellerons seulement ici qu'un jeu d'entreprises est un *modèle de simulation* (voir le chapitre IV du présent livre), s'appliquant à une situation concurrentielle (généralement, duopole ou oligopole), dans laquelle les décisions peuvent *théoriquement* (1) être prises comme dans un jeu mathématique.

En ce qui concerne les caractères de la simulation envisagée ici, nous pourrons dire qu'elle peut être *certaine* ou *stochastique*, selon que le résultat des décisions n'est pas soumis ou, au contraire, est soumis à l'intervention du hasard (sous la forme habituelle en simulation, c'est-à-dire consultation de tables de nombres au hasard ou autogénération de nombres pseudo-aléatoires).

Il y a toutefois une grosse différence entre les simulations que nous avons décrites dans le chapitre VIII et celles que nous envisageons ici : les modèles que nous avons étudiés sont autonomes, si bien qu'ils sont capables de fournir leurs résultats après que programmes et données ont été enregistrés dans la machine et que celle-ci a exécuté les opérations du programme ; ce sont des *simulations-machine* (2). Au contraire, dans les jeux d'entreprises, la machine reçoit bien le programme et les données permanentes, mais elle ne peut exécuter *une phase* des calculs que lorsqu'elle a reçu, de l'extérieur, en fait des joueurs et de l'arbitre, une série de données supplémentaires appelées *décisions* ; ainsi, période par période, les joueurs élaborent-ils des décisions, qui doivent être introduites dans la machine, afin que celle-ci en tire les résultats de la période considérée. Il s'agit donc d'une espèce de jeu séquentiel, dans lequel les résultats suivants dépendent des situations et résultats du passé. On appelle de telles simulations, qui impliquent une participation humaine, des *simulations hommes-machine*.

Il faut bien se rendre compte que le fonctionnement est tout différent selon qu'il s'agit de simulations-machine ou de simulations hommes-machine.

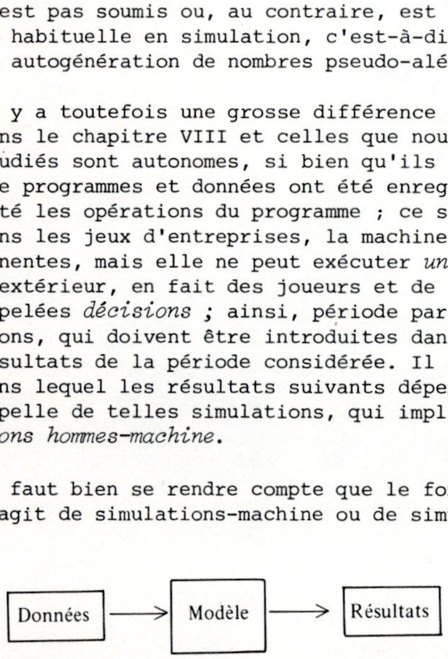

Figure 2.X

Dans le premier cas (figure 2.X), le système évolue en *chaîne directe*, les résultats sont la conséquence directe des données enregistrées à l'entrée de la machine. L'opérateur peut évidemment modifier certains paramètres, après avoir pris connaissance des résultats ; c'est une autre simulation qui se déroulera après que les paramètres auront été modifiés.

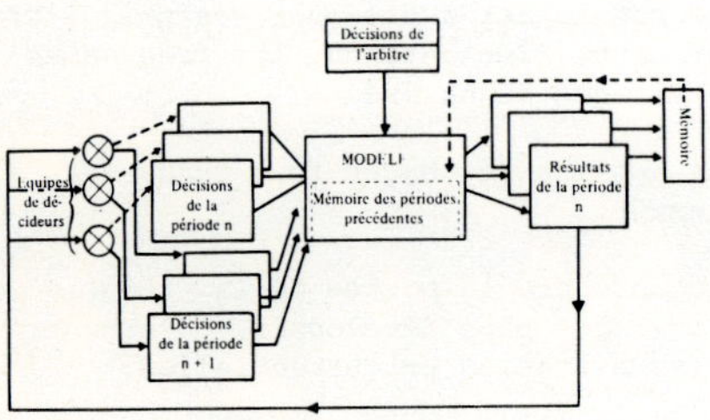

Figure 3.X

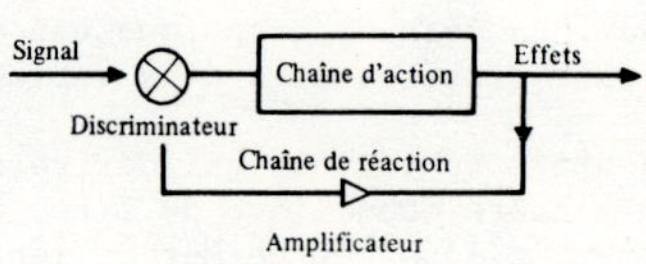

Figure 4.X

(1) Il est évident que, pratiquement, les millions de stratégies qui existent ne sauraient être représentées. Mais, en fait, les décideurs agissent comme devant un jeu simplifié, où apparaîtraient seulement les effets des "grandes" hypothèses, d'où la différence entre stratégies et pseudo-stratégies.
(2) On ne peut que regretter cette juxtaposition de mots qui est si peu conforme au génie de la langue, mais nous reproduisons ici des termes hélas consacrés par l'usage. Le lecteur soucieux de ses expressions pourra opposer, à la simulation purement automatique (par ordinateur), la simulation par ordinateur avec participation humaine.

Dans le second cas (figure 3.X), au contraire, il existe une *boucle*. Les résultats de la (n + 1)^{e} période dépendent des résultats obtenus à la n^{e} période, et pas seulement par programme. En effet, les joueurs reçoivent, à chaque phase, les résultats qu'ils ont obtenus et, bien entendu, rajustent leurs décisions, de manière à se rapprocher davantage de leur objectif. Le fonctionnement s'apparente à celui d'un servo-mécanisme (figure 4.X), les équipes jouant le rôle d'amplificateur (étude des résultats de la période n) et de discriminateur (comparaison des résultats obtenus avec les résultats espérés); envoi de signaux correcteurs, inclus dans les décisions de la (n + 1)^{e} période.

*

* *

Deux questions seulement retiendront ici plus particulièrement notre attention.

1) le mécanisme comptable d'un jeu d'entreprises, car c'est la partie qui intéresse le plus le praticien de la recherche opérationnelle ;

2) le but et l'emploi des jeux et modèles, ce qui permettra au lecteur d'évaluer les possibilités qu'offrent les simulations de gestion.

B2. *MECANISME COMPTABLE DANS UN JEU D'ENTREPRISES.*

Il sera question ici du jeu OMNILOG, sommairement décrit par le livre recommandé plus haut. On sait que, pour lui permettre de suivre l'évolution de sa propre gestion, chaque société dispose à la fin d'un exercice (ou période ou phase de jeu) d'un compte d'exploitation et d'un bilan. Ces documents font partie de la "feuille de résultats", dont un fac-simile est reproduit dans le "Que sais-je ?" n° 892.

Le *compte d'exploitation* comporte :

à son *débit*	à son *crédit*
Stocks de matière première (début)	Stocks de matière première (fin)
Stocks de produits finis (début)	Stocks de produits finis (fin)
Achats de matière première	Ventes sur stocks
Frais de fabrication	Ventes à délai
Frais commerciaux	Perte nette
Frais de transport	
Frais de stockage	
Frais financiers	
Impôts sur bénéfices	
Bénéfice net	

Le *bilan* présente, à son actif : Immobilisation, Stocks, Clients, Disponibilités (Caisse, Banque et CCP), Pertes antérieures, Perte nette;

A son passif : Capital et réserves ; Dettes : Emprunts à long terme, Découverts en banque; Amortissements ; Avances sur commandes ; Bénéfice net.

On sait que, dans le modèle OMNILOG, un banquier, commun aux diverses sociétés, peut leur accorder, sur demande et au vu de leur bilan, des emprunts dont il fixe le taux et les modalités de remboursement. Si les découverts en banque dépassent un certain plafond, déterminé à l'avance, ils doivent être résorbés ou convertis en emprunts. Dans certaines conditions, une augmentation de capital peut être envisagée.

B3. *JEU DES COMPTES.*

I. Disponibilités

Ce compte regroupe les liquidités qui constituent des disponibilités immédiates. Au débit de ce compte apparaissent, au début du premier exercice, les disponibilités accordées au commencement du jeu.

En cours d'exercice, ce compte est :

- *débité* par le crédit de *Ventes sur stock*, ainsi qu'au début de l'exercice du montant des effets à recevoir (ici, compte *Clients*) de l'exercice précédent, supposés encaissés ; et de même des avances sur commandes reçues (crédit du compte *Avances sur commandes*). Il est aussi débité du montant des *Emprunts à long terme*, lors de la réception des fonds ;

- *crédité* par les débits : d'*Investissements* (construction ou renouvellement) : d'*Achats de matière première*, de *Frais de fabrication*, de *Frais commerciaux*, de *Frais de transport*, de *Frais de stockage*, d'*Emprunts à long terme*, lors des remboursements. En fin d'exercice, il est crédité, par le débit de : *Frais financiers*, *Impôts sur les bénéfices*, *Avances sur commandes* (en cas de remboursement).

Ce compte ne pouvant devenir créditeur, en cours d'exercice, à cet effet, un compte *Découverts en banque* est éventuellement crédité par le débit du compte *Disponibilités*.

II. Effets des décisions.

1. En cours d'exercice :

a. Le compte *Investissements* est débité des montants correspondants aux sommes investies dans la construction et consacrés au renouvellement, par le crédit de *Disponibilités* ;

b. Le compte *Achats de matière première* est débité du montant des entrées en stock, au prix international, par le crédit de *Disponibilités* ;

c. Le compte *Frais de fabrication* (c'est un compte très général qui enregistre aussi les frais généraux de fabrication) est débité du montant du coût global de production, des frais fixes des usines inactives, des sommes réservées aux *Etudes et recherches* et au *Progrès technique*, par le crédit de *Disponibilités* ;

d. Le compte *Frais commerciaux* est débité des sommes enregistrées sous les rubriques *Publicité* et *Service commercial*, ainsi que du montant des informations non gratuites éventuellement demandées par la société, le tout par le crédit de *Disponibilités* ;

e. Le compte *Frais de transport* est débité du montant des frais de transport des produits finis, de secteur à secteur, par le crédit de *Disponibilités* ;

f. Le compte *Frais de stockage* est débité du montant des frais de stockage des matières premières et produits finis, par le crédit de *Disponibilités* ;

g. Le compte *Ventes sur stocks* est crédité du montant des ventes immédiates, au prix actuel fixé, par le débit de *Disponibilités* ;

h. Le compte *Ventes avec délai* est crédité du montant des livraisons effectuées en cours d'exercice, sur des commandes antérieures, par le débit des *Avances sur commande* ;

i. Le compte *Emprunts à long terme* est crédité du montant des emprunts accordés par le débit des *Disponibilités* ;

j. Le compte *Découverts en banque* est, s'il y a lieu, crédité par le débit des *Disponibilités*. Il sera débité du montant des remboursements par le crédit des *Disponibilités* ;

k. Le compte *Clients*, qui enregistre en quelque sorte les effets à recevoir, est crédité des effets honorés (exercice précédent) par le débit des *Disponibilités*. Il est débité des effets à recevoir relatifs à l'exercice considéré par le crédit des *Ventes à délai*.

2. En fin d'exercice :

a. Le compte *Frais financiers* est débité du montant des frais occasionnés par les découverts et les emprunts, par le crédit de *Disponibilités* ;

b. Les comptes *Stocks matière première (fin)* et *Stocks produits finis (fin)* sont débités de la valeur des stocks par le crédit d'*Exploitation* ;

c. Le compte *Amortissement* est débité par le crédit du compte *Immobilisations* pour les montants relatifs à l'exercice antérieur. Puis il est crédité, par le débit du compte *Frais de fabrication*, pour les montants relatifs à l'exercice qui se termine ;

d. Les comptes *Stocks de matière première (début)*, *Stocks de produits finis (début)*, *Achats de matière première*, *Frais de fabrication*, *Frais commerciaux*, *Frais de transport*, *Frais de stockage*, *Frais financiers*, sont virés au débit du compte *Exploitation* ;

Les comptes *Ventes sur stocks*, *Ventes à délai* sont virés au crédit du compte *Exploitation* ;

Le solde du compte *Exploitation* représente le bénéfice brut ou la perte.

S'il y a un bénéfice, le compte *Exploitation* est soldé par l'ouverture des comptes *Bénéfice net* et *Impôts sur bénéfices*, ces comptes étant crédités par le débit d'*Exploitation*.

S'il y a une perte, le compte *Exploitation* se trouve soldé par l'ouverture du compte *Perte nette*, celui-ci étant débité par le crédit d'*Exploitation* ;

e. Pour régularisation, le compte *Avances sur commandes* se trouve débité des remboursements effectués aux clients, pour non livraison de commandes à délai, par le crédit des *Disponibilités*.

3. Le bilan fait apparaître :

A *l'actif* :

- les *Immobilisations*, solde du compte *Investissements* ;
- les *Stocks*, soldes cumulés des comptes *Stocks de matière première (fin)* et *Stocks de produits finis (fin)* ;
- le solde du compte *Clients*, représentant les effets à recevoir ;
- le solde du compte *Disponibilités* ;
- les *Pertes antérieures*, cumul des pertes des exercices précédents, s'il y a lieu ;
- la *Perte nette*, éventuelle, de l'exercice ;

Au *passif* :

- le Capital et les réserves, comprenant : le capital initial et les bénéfices non distribués ou non utilisés des exercices antérieurs ;
- les *Emprunts à long terme* demeurant à rembourser ;
- les *Découverts* en banque restant à couvrir ;
- les *Amortissements* effectués pendant l'exercice considéré ;
- les *Avances sur commandes* ;
- le *Bénéfice net*, éventuel, de l'exercice.

On voit qu'il y a lieu de virer la *Perte nette* de l'exercice aux *Pertes antérieures*, au début de l'exercice suivant. De plus, ici, dès qu'un bénéfice apparaît, il est par priorité affecté à l'amortissement des pertes antérieures, si elles existent.

Les bénéfices non distribués ou non utilisés comme il est dit ci-dessus sont cumulés avec le Capital et les réserves à l'exercice suivant.

Au début de chaque période, les comptes *Stocks de matière première (fin)* et *Stocks de produits finis (fin)* sont respectivement virés à *Stocks de matière première (début)* et *Stocks de produits finis (début)*.

Il est évident, d'ailleurs, que ce modèle comptable serait très critiquable, s'il ne s'agissait, dans un jeu d'entreprises, d'expériences fictives, si bien que la comptabilité n'est organisée que pour *fournir les renseignements dont on a besoin*, à chaque phase du jeu.

On voudra bien considérer aussi que, toutes les quatre périodes, chacune des sociétés obtient les feuilles de résultats de *toutes les autres*.

B4. *CLASSIFICATION, BUT ET RESULTATS DES JEUX D'ENTREPRISES.*

Il faut faire une importante distinction entre les *jeux* et les *modèles* d'entreprises.

Les jeux d'entreprises sont conçus seulement pour *l'enseignement* des étudiants ou l'*entraînement* des cadres. Ils ont toujours un caractère plus ou moins factice.

Au contraire, les modèles d'entreprises sont censés représenter des situations réelles et peuvent donc être utilisés pour *l'expérimentation économique*.

Ainsi, pour l'enseignement, les jeux d'entreprises peuvent et doivent jouer le rôle d'excellents travaux pratiques. Les étudiants décortiquent d'abord les différents aspects de la gestion : construction, entretien et développement des unités de fabrication, approvisionnement des matières premières, évolution des prix de revient de production, stockage et transport des produits finis, conquête et développement des marchés, recherche de nouveaux produits, amélioration des produits existants, collecte des informations externes et internes, administration financière et comptabilité de l'entreprise, etc. Ils prennent ensuite connaissance du schéma global de l'entreprise, etc. établissent des chroniques montrant l'enchaînement et la succession des décisions à prendre. Lorsque les étudiants abordent le jeu, qu'ils peuvent entreprendre par équipe, ils ne sont pas pressés par le temps et, dans l'intervalle des périodes , peuvent discuter avec le professeur et ses assistants de leurs succès ou de leurs échecs.

Au contraire, pour l'entraînement des cadres, les sessions sont continues et les joueurs sont soumis, comme dans le réel, à la nécessité de prendre leurs décisions dans un temps limité. Les jeux d'entraînement s'adressant à des praticiens déjà rompus à la gestion des affaires, il n'est pas utile de leur décrire longuement le modèle, à condition que ce modèle soit suffisamment réaliste, c'est-à-dire se rapproche assez des conditions rencontrées dans la réalité. M. de Sauville estime que les bénéfices qu'on peut tirer d'un jeu d'entreprises sont les suivants :

- la démonstration des bienfaits d'une gestion prévisionnelle ;
- l'occasion d'éprouver des outils de gestion ;
- une échappée sur les problèmes de recherche opérationnelle ;
- l'illustration de l'interaction des décisions de direction ;
- la mise en évidence des répercussions des décisions de la concurrence ;
- la mesure des résultats des efforts consentis et l'arbitrage entre tous les efforts possibles en fonction d'une rentabilité définie au préalable ;
- l'art et la manière de conduire un comité de direction; etc.

Disons, pour résumer à grands traits, que de telles expériences sont susceptibles aussi de *démontrer le choix impératif d'une politique générale de l'entreprise* (Jacques

Houssiaux) et d'offrir la possibilité d'apprendre à confectionner le "tableau de bord" d'une firme.

De ce dernier point de vue, il faut souligner qu'il est essentiel, pour un chef d'entreprise, de savoir reconnaître les informations nécessaires à l'élaboration de ses décisions, d'être à même de les classer par ordre d'importance et de déterminer la forme sous laquelle et la date à laquelle elles doivent lui parvenir. Chercher et trouver les facteurs endogènes et exogènes qui sont vraiment déterminants pour la vie de l'entreprise, n'est-ce pas obtenir le moyen de dominer une situation ?

B5. *MODELES D'ENTREPRISES* ([1]).

Il n'est sûrement pas raisonnable, sauf peut-être pour une très petite entreprise (mais alors la réalisation risque d'être sans portée), d'envisager de construire un modèle *global* de l'entreprise et, encore plus, d'imaginer qu'on pourrait le faire fonctionner.

En revanche, il est aujourd'hui courant d'utiliser des modèles *partiels*, surtout dans le but de définir des "politiques", par exemple une politique d'investissements. De grandes sociétés nationales ou internationales disposent désormais de tels modèles - plus ou moins perfectionnés, plus ou moins détaillés - permettant d'effectuer des essais rapides par simulation (le plus souvent certaine) de différentes "variantes" possibles. On ne cherche donc pas à optimiser, mais plutôt à comparer les résultats.

L'établissement de tels modèles se pratique par l'*analyse des flux* qui "traversent" l'entreprise : flux de main d'oeuvre, de matières premières, de produits semi-ouvrés ou finis, de capital, d'argent, d'informations, etc. L'analyse des flux porte le nom de *rhochrématique*.

Comme l'exposent Berthillier et Frely ([2]), l'analyse des phénomènes élémentaires d'une nature donnée dans l'entreprise doit conduire à la construction du graphe synthétique d'un flux déterminé. Les sommets de ce graphe représentent les ateliers, magasins ou services de l'entreprise, où se produisent les modifications du flux, pourvu qu'on puisse en faire le bilan *quantitatif*. Les arcs symbolisent les transferts d'un sommet à un autre (sans modification). En principe, lorsque le graphe d'un flux est terminé, il suffit d'alimenter les entrées et d'effectuer les calculs pour obtenir les résultats attendus.

En réalité, les choses ne sont pas aussi simples qu'il paraît tout d'abord, à cause des circuits qui se manifestent dans le graphe, ce qui se traduit par une réaction de certaines sorties sur certaines entrées antérieures : d'où des itérations et des rajustements successifs.

Il existe également des difficultés à "superposer" les flux de nature différente qui réagissent les uns sur les autres et "voisinent" en certains sommets du graphe.

L'aspect dynamique peut être plus facilement saisi par des moyens dérivés de la *dynamique industrielle* de Forrester, grâce à l'emploi de *graphes de fluence*, dans lesquels on value les arcs par de véritables fonctions de transfert et l'on peut calculer l'action d'une "boucle" sur une "chaîne" (il ne s'agit pas du vocabulaire de la théorie des graphes, mais de mots empruntés à celle des servo-mécanismes, v. p. 250).

On a notamment réalisé, en France, des modèles de stockage et de régulation de la production utilisant cette méthode (modèle "Dynamine").

Nous donnons, pour terminer, un exemple de modèle d'entreprise (fig. 5.X), appliqué à l'étude du financement des investissements.

([1]) C'est par commodité que nous présentons ici ces modèles qui auraient pu être rattachés aux simulations.
([2]) BERTHILLIER et FRELY, *La simulation électronique des entreprises*, Collection Science-Poche, Dunod.

Le modèle que nous décrivons succinctement a été conçu à la RATP, en 1973, comme outil d'aide à la planification : il a permis de tester rapidement diverses solutions, de déterminer la sensibilité des résultats aux variations des données d'entrée, de quantifier les actions qu'il faut entreprendre pour atteindre un objectif donné. Il facilitait ainsi les décisions du planificateur et l'aidait dans le choix des politiques à mettre en oeuvre.

Ce modèle de simulation, entièrement paramétré, a été conçu de manière modulaire. Chaque module est représenté par un rectangle de l'organigramme général (fig. 5.X) ; il constitue à lui seul un modèle partiel et est aussi indépendant que possible des autres modules .

L'enchaînement des modèles partiels n'est pas considéré comme définitif ; il constitue un outil de réflexion et d'organisation du travail ; il peut être modifié à volonté.

Des transferts d'informations : variables d'entrée ou de sortie, relient les modules entre eux.

Les variables d'entrées sont :

- des informations provenant d'autres modules ;

- des variables de commande introduites par l'utilisateur et considérées comme des paramètres.

Les variables de sortie sont :

- des variables d'entrée pour d'autres modules ;

- des résultats imprimés ou mémorisés (fig. 6.X).

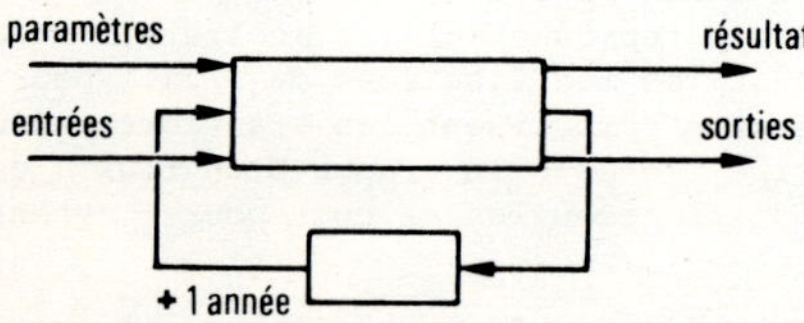

Figure 6.X

Le but final du modèle était de déterminer les résultats prévisionnels d'exploitation sur la durée du plan (cinq ans).

L'organigramme comporte quatre niveaux :

- les entrées;

- le calcul du *volume* des moyens nécessaires à la mise en oeuvre d'un programme d'investissement et d'un programme d'exploitation ;

- le calcul des *valeurs* d'après plusieurs conceptions différentes d'évolution des prix, des salaires, etc. ;

- les sorties ou résultats, présentés sous la forme des différents postes d'un compte d'exploitation (au sens large).

Pour les postes peu importants (ceux inférieurs à 1 % du total du compte), une extrapolation des tendances passées avait paru suffisante, dans la mesure où elle était significative.

Cette structure d'ensemble a permis d'utiliser le modèle avant sa construction définitive. En outre, elle a rendu possible l'amélioration ou l'adjonction de modèles locaux (par exemple, modèle de trafic).

Le modèle décrit avait donc pour rôle de simuler le fonctionnement de l'entreprise pour diverses hypothèses relatives aux décisions stratégiques et aux conditions économiques. Il ne définissait pas une *stratégie* (au sens où il aurait fourni des informations sur les aléas du futur au fur et à mesure du déroulement du temps) ; toutes les incertitudes étaient spécifiées au départ et le modèle donnait le résultat de chaque variante considérée.

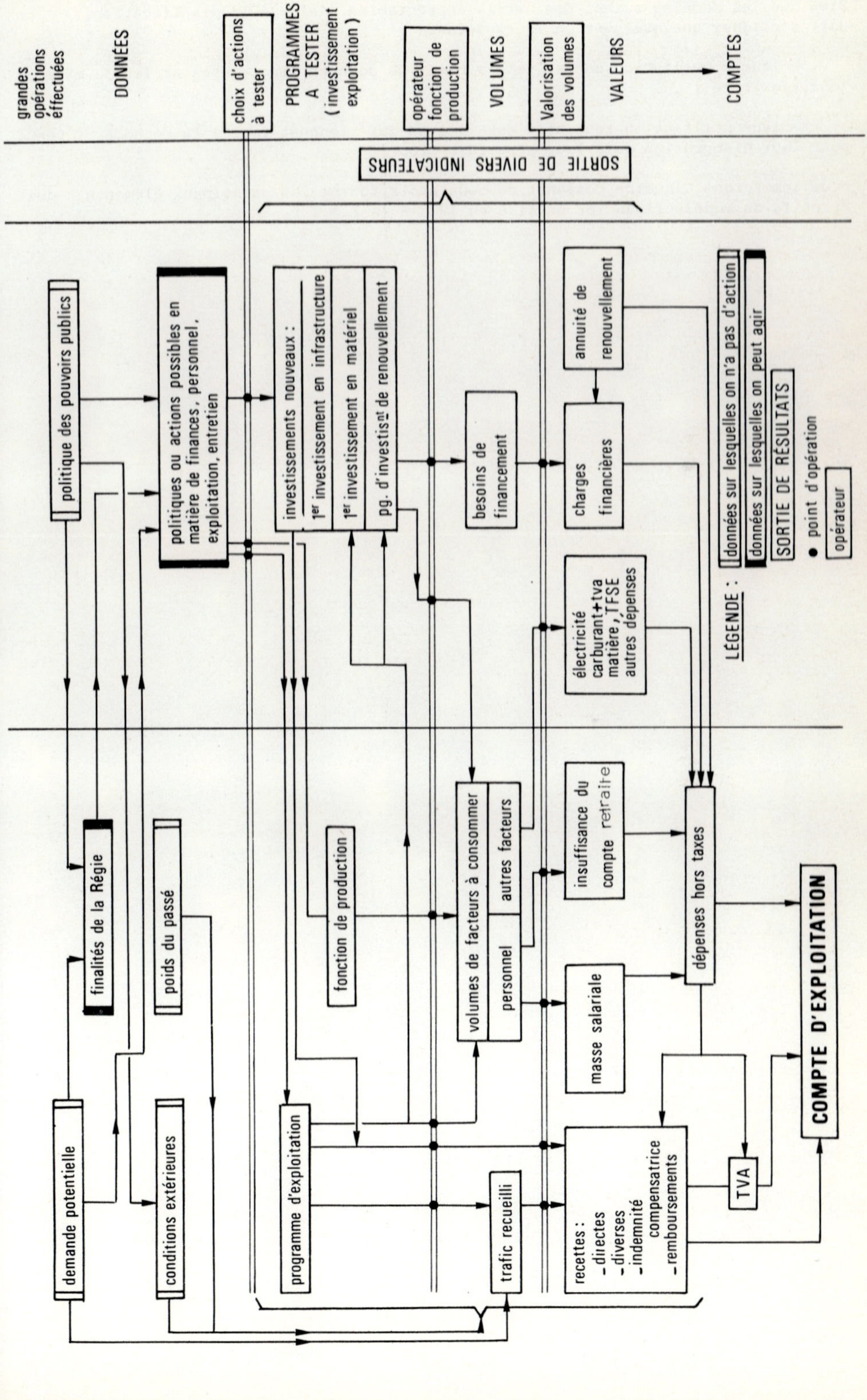
grandes opérations éffectuées
DONNÉES
choix d'actions à tester
PROGRAMMES A TESTER (investissement exploitation)
opérateur fonction de production
VOLUMES
Valorisation des volumes
VALEURS
COMPTES
SORTIE DE DIVERS INDICATEURS
politique des pouvoirs publics
politiques ou actions possibles en matière de finances, personnel, exploitation, entretien
investissements nouveaux :
1er investissement en infrastructure
1er investissement en matériel
pg. d'investisst de renouvellement
annuité de renouvellement
besoins de financement
charges financières
électricité carburant+tva matière, TFSE autres dépenses
finalités de la Régie
poids du passé
fonction de production
volumes de facteurs à consommer
autres facteurs
personnel
insuffisance du compte retraite
masse salariale
dépenses hors taxes
COMPTE D'EXPLOITATION
demande potentielle
conditions extérieures
programme d'exploitation
trafic recueilli
recettes :
-directes
-diverses
-indemnité compensatrice
-remboursements
TVA
LÉGENDE :
données sur lesquelles on n'a pas d'action
données sur lesquelles on peut agir
SORTIE DE RÉSULTATS
● point d'opération
opérateur

Bien que les modèles soient des outils appréciables d'aide à la planification, on doit souligner quelques-uns de leurs défauts :

- leur constitution nécessite des bases de données importantes et leur mise à jour régulière ;

- leur utilisation rencontre des limites qui tiennent tant à la méthode retenue pour leur élaboration qu'à leur structure propre.

Nous remercions Claudine Cozannet de nous avoir fourni les principaux éléments descriptifs du modèle financier utilisé en 1973 à la R.A.T.P.

cinquième partie

EXERCICES ET PROBLÈMES

APPLICATIONS DES TREILLIS ET DE L'ALGÈBRE DE BOOLE

N° 1 L'état d'un système, symbolisé par l'un des cinq signaux mentionnés sur le tableau ci-contre, est transmis périodiquement et automatiquement par un appareil muni d'un arbre à cames, établissant les contacts de durée voulue.

Au lieu d'employer un arbre à cinq cames (l'arbre revient d'autant plus cher qu'il est plus long) on préfère réaliser un montage électrique permettant d'obtenir la *réunion* ou l'*intersection* de signaux de base.

Combien faut-il au minimum de cames pour engendrer tous les signaux du tableau ?

Tableau des signaux

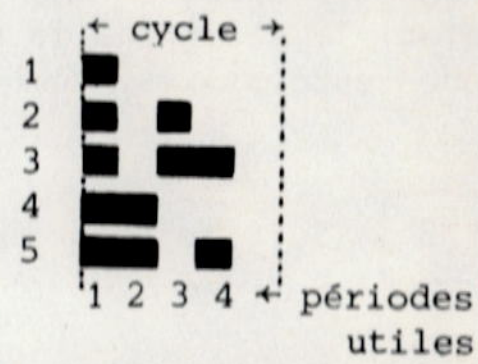

Le trait représente un signal de durée 2, le point un signal de durée 1, l'intervalle entre deux points ou un trait et un point, une durée 1

Indications. A première vue, le diagramme de Hasse représentant l'ensemble des signaux, partiellement ordonné par la relation "x est contenu dans y" si le signal y comporte une période d'émission pour toute période d'émission de x, peut être plongé dans un treillis de Boole à quatre atomes (fig. 6.II) qui seraient, en l'espèce, quatre signaux élémentaires de durée 1 décalés, l'un par rapport à l'autre et successivement, d'une durée 1.

Mais on cherchera si, dans cet hypercube, un cube ne suffit pas pour représenter tous les signaux demandés.

N° 2 On dispose de trois machines sur lesquelles on a à fabriquer quatre séries de pièces. L'occupation d'une machine par une série de pièces est codée au moyen d'une variable ou d'un produit booléiens, comme l'indique le tableau ci-contre; ils signifient, par exemple : la série 1 peut être exécutée sur la machine 1 ou la machine 3 ; si l'on choisit la machine 1, alors $L_1 = 1$; si l'on choisit la machine 3, alors $\overline{L}_1 = 1$; etc. ; la série 4 peut être exécutée sur l'une quelconque des machines ; si l'on choisit la machine 1, alors $L_4 M_4 = 1$; etc.

Machine / Série	1	2	3
1	L_1		$\overline{L}_1$
2	L_2	$\overline{L}_2$	
3		L_3	$\overline{L}_3$
4	$L_4 M_4$	$L_4 \overline{M}_4$	$\overline{L}_4 M_4$

D'autre part, les séries doivent être exécutées dans les temps prescrits par le tableau ci-dessous à gauche :

Série	Codage	1	2	3	4	5
1	A_1	–	–			
	$\overline{A}_1$		–	–		
2	A_2		–	–		
	$\overline{A}_2$			–	–	
3	$A_3 B_3$			–		
	$A_3 \overline{B}_3$				–	
	$\overline{A}_3 B_3$					–
4	A_4				–	
	$\overline{A}_4$					–

qui signifie, par exemple : la série 1 peut être exécutée pendant les temps 1 et 2 et alors $A_1 = 1$, ou pendant les temps 2 et 3, ce qui entraîne $\overline{A}_1 = 1$; etc.

On appelle T^k_{ij} la variable booléienne qui vaut 1 si la série i est prise sur la machine j pendant le temps k et 0 au contraire.

Exemple

$T^1_{11} = A_1 L_1$, $A_1 L_1 = 1 \Leftrightarrow$ la série 1 est usinée sur la machine 1 pendant le temps 1.

Mais une machine ne peut être employée à usiner deux séries différentes en même temps. Par exemple : $T^2_{11} = A_1 L_1 \cup \overline{A}_1 L_1 = L_1$ et $T^2_{21} = A_2 L_2$; donc, nécessairement, la somme *arithmétique* $T^2_{11} + T^2_{21}$ est inférieure ou égale à 1 :

$$T^2_{11} + T^2_{21} = L_1 + A_2 L_2 \leq 1 .$$

a) Exprimer les neuf inéquations relatives aux machines 1, 2 et 3;

b) Montrer que le système se réduit à $A_4 L_4 M_4 = 0$ si $A_1 = A_3 = B_3 = L_2 = L_1 = 1$ et $A_2 = 0$. Combien y a-t-il alors de solutions?

c) Combien de solutions, parmi celles énumérées en b), permettent d'employer toutes les machines à la production ?

d) On se propose enfin, parmi les solutions du § c, de choisir parmi celles qui affectent la série 3 à la machine 3 et réduisent le temps total de production à 4 périodes successives. Combien en reste-t-il? Lesquelles ?

N° 3 Soit le programme linéaire consistant à maximiser la fonctionnelle linéaire:

$$f = 7x_1 + 4x_2 + 21x_3,$$

sous les contraintes :

$$- 6x_1 - x_2 + x_3 \leq 3 \quad (1)$$

$$15x_1 + 5x_2 + x_3 \leq 30 \quad (2)$$

$$5x_1 + 15x_2 + x_3 \leq 45 \quad (3)$$

$$(4, 5 \text{ et } 6) \qquad x_1, x_2, x_3 \geq 0.$$

La solution optimale (qu'on ne demande pas de calculer) de ce programme linéaire est :

$$x^*_1 = \frac{9}{7} , x^*_2 = 0 , x^*_3 = \frac{75}{7} , f^* = 216.$$

On va s'intéresser maintenant au programme en nombre entiers correspondant, qui est obtenu par simple adjonction des contraintes.

$$x_j \in \mathbb{N} , \forall j \ (j = 1,2,3).$$

$$\mathbb{N} = \{0,1,2,3,...\}.$$

1) Montrer que le point de coordonnées $E(x^*_1)$, $E(x^*_2)$, $E(x^*_3)$ n'appartient pas au polyèdre déterminé par les contraintes (1) à (6).

$E(x)$ signifie : partie entière de x.

2) En utilisant les informations ci-dessus, montrer que les valeurs entières satisfaisant aux inéquations (1) à (6) sont telles que :

$$0 \leq x_1 \leq 2 \ ; \ 0 \leq x_2 \leq 3 \ ; \ 0 \leq x_3 \leq 10.$$

3) Pour résoudre le programme linéaire en entiers proposé, on utilisera une méthode introduisant des variables booléiennes binaires. On choisit d'abord $x_3 = 10$, en vue d'obtenir une valeur très grande de f, puis on fait $x_3 = 10$ dans les inéquations (1) à (3), qui deviennent (1') à (3').

On transforme ensuite le système (1') à (3') en posant :

$$x_1 = X_0 + 2X_1 , \overline{x}_1 = \overline{X}_0 + 2\overline{X}_1 \ ; \ X_0 + \overline{X}_0 = X_1 + \overline{X}_1 = 1$$

$$x_2 = Y_0 + 2Y_1 , \overline{x}_2 = \overline{Y}_0 + 2\overline{Y}_1 \ ; \ Y_0 + \overline{Y}_0 = Y_1 + \overline{Y}_1 = 1$$

et en faisant apparaître les variables binaires sous l'aspect convenable (Z ou $\overline{Z}$) de manière que tous les coefficients en soient positifs.

Montrer que le choix de

$$x_3 = 10 \Rightarrow X_1 = 0 \Rightarrow \overline{X}_0 = 0 \Rightarrow Y_1 = 0 \Rightarrow Y_0 = 1.$$

On en déduit une solution du programme linéaire en entiers.

4) Cette solution est-elle optimale ?

Solution

1) $E(x_1^*) = 1$, $E(x_2^*) = 0$, $E(x_3^*) = 10$.

(1) devient : $-6 + 10 \leq 3$

(2) devient : $15 + 10 \leq 30$

(3) devient : $5 + 10 \leq 45$

et l'on constate que la première inéquation n'est pas vérifiée.

2) L'inéquation (2) donne : $x_1 \leq \frac{30}{15} = 2$, et l'inéquation (3) : $x_2 \leq \frac{45}{15} = 3$. On a, d'autre part, $f \leq 216$, soit :

$$-7x_1 + 4x_2 + 21x_3 \leq 216$$

ou

$$4x_2 + 21x_3 \leq 216 + 7x_1$$

Si l'on donne à x_1 sa valeur maximale, il vient :

$$4x_2 + 21x_3 \leq 230,$$

d'où : $x_3 \leq \frac{230}{21}$, soit 10 en valeur entière.

Il n'est pas difficile de constater, d'autre part, que les bornes inférieures des variables non-négatives x_1, x_2 et x_3 sont 0.

On a donc bien :

$$0 \leq x_1 \leq 2 \ ; \ 0 \leq x_2 \leq 3 \ ; \ 0 \leq x_3 \leq 10.$$

3) En faisant $x_3 = 10$, le système se réduit à :

$$-6x_1 - x_3 \leq -7 \qquad (1')$$

$$15x_1 + 5x_2 \leq 20 \qquad (2')$$

$$5x_1 + 15x_2 \leq 25 \qquad (3')$$

$$[\text{MAX}]\ \varphi = -7x_1 + 4x_2 \ ;$$

avec

$$\varphi \leq 216 - 210 = 6 \ .$$

Remarquons alors que :

$$x_1 + \overline{x}_1 = X_0 + \overline{X}_0 + 2(X_1 + \overline{X}_1) = 3$$

$$x_2 + \overline{x}_2 = Y_0 + \overline{Y}_0 + 2(Y_1 + \overline{Y}_1) = 3 \ ,$$

d'où :

$$x_1 = 3 - \overline{x}_1 \ ; \ x_2 = 3 - \overline{x}_2,$$

soit, en portant dans (1') et la fonction économique :

$$-6(3 - \overline{x}_1) - (3 - \overline{x}_2) \leq -7 \Rightarrow 6\overline{x}_1 + \overline{x}_2 \leq 14$$

$$-7(3 - \overline{x}_1) + 4x_2 \leq 6 \Rightarrow 7\overline{x}_1 + 4x_2 \leq 27 \ .$$

Ecrivons maintenant le système au moyen des variables proposées ; on a :

$$\left\{\begin{array}{l} 6\overline{X}_0 + 12\overline{X}_1 + \overline{Y}_0 + 2\overline{Y}_1 \leqq 14 \\ 15X_0 + 30X_1 + 5Y_0 + 10Y_1 \leqq 20 \\ 5X_0 + 10X_1 + 15Y_0 + 30Y_1 \leqq 35 \\ 7\overline{X}_0 + 14\overline{X}_1 + 4Y_0 + 8Y_1 \leqq 27 , \end{array}\right.$$

d'où, d'après la deuxième inéquation, $X_1 = 0$ et, par conséquent : $\overline{X}_1 = 1$.

Faisons $X_1 = 0$ et $\overline{X}_1 = 1$; nous obtenons :

$$\left\{\begin{array}{l} 6\overline{X}_0 + \overline{Y}_0 + 2\overline{Y}_1 \leqq 2 \\ 15X_0 + 5Y_0 + 10Y_1 \leqq 20 \\ 5X_0 + 15Y_0 + 30Y_1 \leqq 35 \\ 7\overline{X}_0 + 4Y_0 + 8Y_1 \leqq 13 , \end{array}\right.$$

d'où $\overline{X}_0 = 0$ (1e inéquation) et $X_0 = 1$.

En portant ces valeurs dans les inéquations précédentes, il vient :

$$\left\{\begin{array}{l} \overline{Y}_0 + 2\overline{Y}_1 \leqq 2 \\ 5Y_0 + 10Y_1 \leqq 5 \\ 15Y_0 + 30Y_1 \leqq 30 \\ 4Y_0 + 8Y_1 \leqq 13 , \end{array}\right.$$

ce qui exige, d'après la seconde inéquation, que :

$$\left\{\begin{array}{l} \overline{Y}_0 \leqq 0 \\ 5Y_0 \leqq 5 \\ 15Y_0 \leqq 30 \\ 4Y_0 \leqq 13 , \end{array}\right.$$

d'où : $Y_0 = 1$ et $\overline{Y}_0 = 0$.

Il en résulte que ($x_1 = 1$; $x_2 = 1$; $x_3 = 10$) est une solution du programme linéaire en entiers. On a, pour ces valeurs : $f = 207$.

4) La solution ainsi obtenue est optimale.

En effet : 1) pour $x_3 = 10$, on a une chaine d'implications, si bien qu'aucune autre valeur ne convient ;

2) pour $x_3 = 9$, on devrait avoir, pour obtenir $f > 207$:

$$7\overline{X}_0 + 14\overline{X}_1 + 4Y_0 + 8Y_1 + 189 \geqq 208 + 21 = 229,$$

soit : $$7\overline{X}_0 + 14\overline{X}_1 + 4Y_0 + 8Y_1 \geqq 40,$$

ce qui est impossible puisque la somme des coefficients est seulement 33.

N° 4 Soit la fonction :

$$F = abc \dotplus b\overline{c}d \dotplus c\overline{d} \dotplus \overline{a}b.$$

1) La mettre sous la forme minimale.

2) On remplace F par G :

$$G = abc \dotplus b\bar{c}d \dotplus c\bar{d} \dotplus \bar{a}bc\ .$$

En utilisant les résultats précédents et en réduisant les calculs au minimum, donner la forme minimale de G.

Solution

1) Utilisons, par exemple, la méthode de Quine (tableau ci-dessous, à gauche) :

	abc	$b\bar{c}d$	$c\bar{d}$	$\bar{a}b$	abd	bc	bd
abc		abd		bc			
$b\bar{c}d$						bd	
$c\bar{d}$					abc		bc
$\bar{a}b$					bd		
abd							
bc							
bd							

Nous obtenons facilement la liste de tous les constituants premiers :

$$F = \bar{a}b \dotplus bc \dotplus bd \dotplus c\bar{d}\ .$$

Développons maintenant F sous forme canonique disjonctive :

$$F = abcd \dotplus abc\bar{d} \dotplus ab\bar{c}d \dotplus \bar{a}b\bar{c}d \dotplus a\bar{b}c\bar{d} \dotplus \bar{a}bc\bar{d}$$
$$\dotplus \bar{a}\bar{b}c\bar{d} \dotplus \bar{a}b\bar{c}\bar{d} \dotplus \bar{a}bcd$$

et formons un tableau pour reconnaître quels sont les mintermes couverts par les constituants premiers

	$abcd$	$abc\bar{d}$	$ab\bar{c}d$	$\bar{a}b\bar{c}d$	$a\bar{b}c\bar{d}$	$\bar{a}bc\bar{d}$	$\bar{a}\bar{b}c\bar{d}$	$\bar{a}bcd$	$\bar{a}b\bar{c}\bar{d}$
$\bar{a}b$				•		•		•	⊙
bc	•	•				•		•	
bd	•		⊙	•				•	
$c\bar{d}$		•			⊙	•	⊙		

Nous reconnaissons tout de suite que seuls : $\bar{a}b$, bd et $c\bar{d}$ sont essentiels (car chacun d'eux couvre au moins un minterme qui n'est couvert par aucun autre constituant premier). En revanche, le constituant bc est redondant, car il est couvert par deux des constituants essentiels : bd et $c\bar{d}$.

La forme minimale de F est :

$$F = a\bar{b} \dotplus bd \dotplus c\bar{d}.$$

2) Il est absolument inutile de recommencer les calculs pour G. En effet, dans la forme canonique de G, le minterm $\bar{a}b\bar{c}\bar{d}$ (le dernier du tableau précédent) aura disparu. En conséquence, $a\bar{b}$ ne sera plus un constituant premier. Or bc, qui reste constituant premier, continuera à être couvert par bd et $c\bar{d}$, d'où la forme minimale :

$$G = bd \dotplus c\bar{d}.$$

N° 5 1) Résoudre, par énumération implicite, le programme suivant :

$$[\text{MAX}]\ F = 2x_1 - 4x_2 + x_3 + 3x_4$$

sous les contraintes :

$$2x_1 + 3x_2 + x_3 - x_4 \leq 4$$
$$3x_1 - 2x_2 + 2x_3 + x_4 \leq 5$$
$$x_1 + x_2 + x_3 + x_4 \leq 3,$$

les variables x_1, x_2, x_3 et x_4 ne pouvant prendre que les valeurs 0 ou 1.

2) Constater que la solution aurait pu être atteinte directement, car :

$$x_4 = 0 \Rightarrow F \leqq 3 \; ;$$
$$x_1 = 0 \Rightarrow F \leqq 2 \; ;$$
$$x_2 = 1 \Rightarrow F \leqq 2$$

et $$(x_4 = 1,\ x_1 = 1,\ x_2 = 0) \Rightarrow x_3 = 0 \; .$$

N° 6 (La résolution de ce problème nécessite la connaissance de l'algorithme du simplexe, voir ch. IX) La méthode d'énumération implicite exposée dans le cours peut être perfectionnée comme suit :

1) Faire figurer *explicitement*, dans le tableau en variables binaires, les contraintes exprimant les bornes des variables et celles de la fonction à optimiser ;

2) Itérativement, après avoir défini la liste des variables à essayer au niveau de choix k, utiliser des programmes linéaires continus pour classer ces variables : $X_{k_1}, X_{k_2}, \ldots, X_{k_n}$, par valeurs décroissantes de la fonction économique ;

3) Choisir X_{k_1} et revenir à 2) pour dresser la liste des variables correspondant au choix k + 1, puis passer à 3) jusqu'à ce que la liste ne puisse plus être restreinte. Soit : $X_{k+p,1}, X_{k+p,2}, \ldots, X_{k+P,m}$ cette dernière liste.

Explorer, en employant le tableau en variables binaires, les branches correspondantes, en commençant par celle qui paraît offrir les possibilités les plus prometteuses;

4) Dès qu'on atteint une nouvelle solution entière donnant à la fonction économique une valeur supérieure à celles rencontrées jusque-là, éliminer de la liste des variables à essayer, à tous les niveaux, en commençant par le plus bas des niveaux de choix encore disponibles, les variables qui ne permettent pas d'espérer une aussi bonne solution.

Puis reprendre la recherche arborescente sur la branche offrant les meilleures perspectives, et ainsi de suite, jusqu'à ce qu'on obtienne l'optimum.

Si l'on n'est parvenu à n'explorer complètement qu'une branche, l'optimum est unique. Sinon, il a été nécessaire d'explorer plusieurs branches.

Appliquer cette procédure à l'exemple du § II.D. 3.b.

1) Constater que, pour $x_1 = 0$, $x_2 = 5$, on a $F = 40$.
Montrer qu'il faut ajouter les contraintes : $x_1 \leqq 5$; $x_2 \leqq 5$; $40 \leqq F \leqq 42$, cette dernière s'écrivant : $F \leqq 42$ et $\bar{F} \leqq 37$.

2) Montrer que, pour assurer $F \geqq 40$, la zone du premier choix doit être à gauche de X_1^1, pour lequel $F \leqq 29$. Résoudre les programmes linéaires auxiliaires continus :

1) pour $X_2^1 = 1$, c'est-à-dire $x_2 \geqq 4$; $x'_2 \leqq 1$: MAX $F = 3x_1 + 8x'_2$, avec :
$x_1 \leqq 5$; $x'_2 \leqq 1$, $x_1 + 4x'_2 \leqq 4$; $x_1 + 2x'_2 \leqq 3$; $3x_1 + 2x'_2 \leqq 11$;
$4x_1 - x'_2 \leqq 26$; $3x_1 + 8x'_2 \leqq 10$; $3x_1 + 8x'_2 \geqq 8$;

2) pour $X_2^1 = 0$, $X_2^2 = 1$, c'est-à-dire $x_2 \geqq 2$; $x'_2 \leqq 1$, MAX $F = 3x_1 + 8x'_2$, avec :
$x_1 \leqq 5$; $x'_2 \leqq 1$; $x_1 + 4x'_2 \leqq 12$; $x_1 + 2x'_2 \leqq 7$; $3x_1 + 2x'_2 \leqq 15$;
$4x_1 - x'_2 \leqq 24$, $3x_1 + 8x'_2 \leqq 26$; $3x_1 + 8x'_2 \geqq 24$;

et montrer que le seul choix possible et *nécessaire* se réduit à $X^1_2 = 1$.

2) Montrer que : a) les variables candidates à être portées à 1 au deuxième choix sont: X^3_2 et X^2_1;

b) un programme linéaire auxiliaire avec $X^1_2 = X^3_2 = 1$, $X^2_2 = X^1_1 = 0$, conduit à la solution connue, donc inintéressante : $x_1 = 0$; $x_2 = 5$, $F = 40$; un p. l. auxiliaire avec $X^1_2 = X^2_1 = 1$, $X^2_2 = X^1_1 = X^3_2 = 0$, permet d'espérer $F = 42$.

4) L'unique branche à explorer étant ainsi définie, trouver la solution optimale et montrer, sans calcul, qu'elle est unique.

exercices sur le chapitre III

APPLICATIONS DES GRAPHES ET DE LA PROGRAMMATION DYNAMIQUE CERTAINE

N° 1 Trouver dans le graphe ci-contre : les chemins, les circuits hamiltoniens.

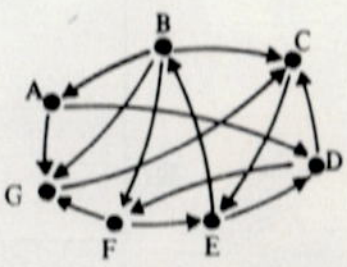

Solution

La recherche des chemins et circuits hamiltoniens peut être menée, par exemple, au moyen de l'algorithme de la composition latine.

	A	B	C	D	E	F	G
A				AD			AG
B	BA		BC			BF	BG
C					CE		
D			DC			DF	
E		EB		ED			
F					FE		FG
G			GC				

	A	B	C	D	E	F	G
A			ADC AGC			ADF	
B			BGC	BAD	BCE BFE		BAG BFG
C		CEB		CED			
D					DCE DFE		DFG
E	EBA		EBC EDC			EBF EDF	EBG
F		FEB	FGC	FED			
G					GCE		

	A	B	C	D	E	F	G
A					ADCE AGCE ADFE		ADFG
B			BADC BAGC BFGC	BCED BFED	BGCE	BADF	
C	CEBA					CEBF CEDF	CEBG
D		DCEB DFEB	DFGC				
E			EBGC	EBAD			EBAG EBFG EDFG
F	FEBA		FEBC FEDC		FGCE		FEBG
G		GCEB		GCED			

	A	B	C	D	E	F	G
A		ADCEB AGCEB ADFEB	ADFGC	AGCED			
B			BFEDC	BGCED	BADCE BAGCE BFGCE BADFE	BCEDF	BADFG
C				CEBAD			CEBFG CEDFG CEBAG
D	DCEBA DFEBA		DFEBC		DFGCE	DCEBF	DCEBG DFEBG
E			EBADC EBAGC EBFGC EDFGC			EBADF	
F		FGCEB	FEBGC	FEBAD FGCED			FEBAG
G	GCEBA					GCEBF GCEDF	

	A	B	C	D	E	F	G
A			ADFEBC		ADFGCE	ADCEBF AGCEBF AGCEDF	ADCEBG ADFEBG
B			BADFGC	BAGCED BFGCED		BGCEDF	BCEDFG
C						CEBADF	
D		DFGCEB	DFEBGC				DCEBAG DFEBAG DCEBFG
E							EBADFG
F	FGCEBA		FEBADC FEBAGC				
G				GCEBAD			

	A	B	C	C	E	F	G
A		ADFGCEB	ADFEBGC				ADCEBFG
B					BADFGCE	BAGCEDF	
C							CEBADFG
D	DFGCEBA		DFEBAGC				
E			EBADFGC				
F				FGCEBAD			
G						GCEBADF	

On trouve un unique circuit hamiltonien : (ADFGCEBA) ; il y a des chemins hamiltoniens, tels que : (ADFEBGC); (ADCEBFG) ; (BAGCEDF) ; (DFEBAGC).

N° 2 Trouver les chemins hamiltoniens du graphe ci-contre, en utilisant :

a) le calcul de la fermeture transitive par les matrices binaires ;

b) la composition latine ;

existe-t-il des circuits hamiltoniens ?

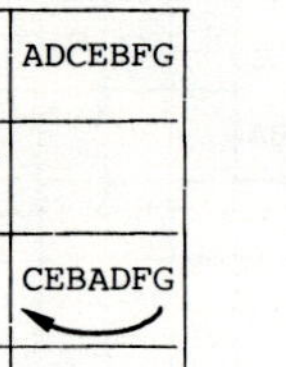

Solution

A partir de la matrice M du graphe, il est facile d'obtenir

$$M^{[2]} = M \otimes M, \quad M^{[n]} = M^{[n-1]} \otimes M,$$

où l'opération $\otimes$ est le produit matriciel booléien.

$M =$

	A	B	C	D	E	F
A	0	1	0	0	1	1
B	0	0	1	0	0	0
C	0	0	0	0	0	1
D	0	0	1	0	1	0
E	0	0	0	1	0	0
F	1	0	0	0	1	0

$M^{[2]} =$

1	0	1	1	1	0
0	0	0	0	0	1
1	0	0	0	1	0
0	0	0	1	0	1
0	0	1	0	1	0
0	1	0	1	1	1

$M^{[3]} =$

0	1	1	1	1	1
1	0	0	0	1	0
0	1	0	1	1	1
1	0	1	0	1	0
0	0	0	1	0	1
1	0	1	1	1	0

$M^{[4]} =$

1	0	1	1	1	1
0	1	0	1	1	1
1	0	1	1	1	0
0	1	0	1	1	1
1	0	1	0	1	0
0	1	1	1	1	1

$M^{[5]} =$

1	1	1	1	1	1
1	0	1	1	1	0
0	1	1	1	1	1
1	0	1	1	1	0
0	1	0	1	1	1
1	0	1	1	1	1

$M^{[6]} =$

1	1	1	1	1	1
0	1	1	1	1	1
1	0	1	1	1	1
1	1	1	1	1	1
1	0	1	1	1	0
1	1	1	1	1	1

La matrice $M^{[s]}$ indique (le graphe n'a que 6 points) la fermeture transitive : par exemple, l'existence d'un 1 dans une case de $M^{[s]}$ signifie qu'il y a, entre les points coordonnées, un chemin de longueur au plus 5 (v.ci-dessous, à gauche) :

$$M^{[s]} = I \dot{+} M^{[1]} \dot{+} M^{[2]} \dot{+} \ldots \dot{+} M^{[5]}$$

$M^{[s]}$

1	1	1	1	1	1
1	1	1	1	1	1
1	1	1	1	1	1
1	1	1	1	1	1
1	1	1	1	1	1
1	1	1	1	1	1

L'étude des chemins n'est pas très aisée par cette méthode ; il serait bon, pour faciliter, de calculer, d'autre part, un produit non booléien, de manière à obtenir le nombre de chemins.

$M_*^{[2]}$

A	B	C	D	E	F
1	0	1	1	1	0
(AFA)		(ABC)	(AED)	(AFE)	

$M_*^{[3]}$

A	B	C	D	E	F
0	1	1	1	2	2
	(AFAB)	(AEDC)	(AFED)	(AEDE), (AFAE)	(ABCF), (AFAF)

$M_*^{[4]}$

A	B	C	D	E	F
2	0	2	2	3	1
(AFAFA), (ABCFA)		(AFEDC), (AFABC)	(AFAED), (AEDED)	(AFEDE), (AFAFE), (ABCFE)	(AEDCF)

$M_*^{[5]}$

A	B	C	D	E	F
1	2	2	3	5	4
(AEDCFA)	(AFAFAB), (ABCFAB)	(AFAEDC), (AEDEDC)	(AFEDED), (AFAFED), (ABCFED)	(AEDCFE), (AFAEDE), (ABCFAE), (AEDEDE), (AFAFAE)	(AFABCF), (AFEDCF), (ABCFAF), (AFAFAF)

$M_*^{[6]}$

A	B	C	D	E	F
4	1	5	5	8	3
(AFABCFA), (AFEDCFA), (ABCFAFA), (AFAFAFA)	(AEDCFAB)	(AFAFABC), (AFAFEDC), (ABCFABC), (ABCFEDC), (AFEDEDC)	(AEDCFED), (AFAEDED), (ABCFAED), (AEDEDED), (AFAFAED)	(AFABCFE), (AFEDCFE), (AFEDEDE), (ABCFAFE), (AFAFAFE), (AEDCFAD), (ABCFEDE), (AFAFEDE)	(AFAEDCF), (AEDEDCF), (AEDCFAF)

Sur $M_*^{[5]}$, on pourrait relever les chemins hamiltoniens ; par exemple, partant de A : (ABCFED).

Grâce à $M_*^{[6]}$, on voit qu'il n'y a pas de circuit hamiltonien de A à A.

La composition latine vise à éliminer, des séquences de lettres précédentes, celles qui comportent des répétitions de lettres.

$M_L^1 =$

	A	B	C	D	E	F
A		AB			AE	AF
B			BC			
C						CF
D			DC		DE	
E				ED		
F	FA				FE	

$M_L^2 =$

	A	B	C	D	E	F
A			ABC	AED	AFE	
B						BCF
C	CFA				CFE	
D						DCF
E			EDC			
F		FAB		FED	FAE	

$M_L^3 =$

	A	B	C	D	E	F
A			AEDC	AFED		ABCF
B	BCFA				BCFE	
C		CFAB		CFED	CFAE	
D	DCFA				DCFE	
E						EDCF
F			FEDC FABC	FAED		

$M_L^4 =$

	A	B	C	D	E	F
A			AFEDC		ABCFE	AEDCF
B				BCFED	BCFAE	
C				CFAED		
D		DCFAB			DCFAE	
E	EDCFA					
F			FAEDC			

M_L^6 ne saurait être que vide; il n'y a que trois chemins hamiltoniens dans le graphe ; il n'éxiste aucun circuit hamiltonien, car il n'y a pas d'arc (D,A), ni d'arc (D,B), ni d'arc (B,E).

$M_L^5 =$

	A	B	C	D	E	F
A				ABCFED		
B				BCFAED		
C						
D						
E		EDCFAB				
F						

N° 3 On donne la matrice suivante, représentative d'un graphe :

	A	B	C	D	E	F	G	H	I	J
A		1	1				1			
B	1								1	
C		1				1				
D										1
E						1				
					1		1			
					1					
					1					1
				1						
								1	1	

Quelles sont les classes C_k modulo R de ce graphe pour une relation :

$$C_k \subset \Leftrightarrow \exists\ (X_i..X_j) \text{ et } (X_j..X_i)?$$

Existe-t-il un circuit hamiltonien dans le graphe proposé ?

Solution

Prenons un point arbitraire, A par exemple. Calculons $\hat{\Gamma}(A)$ et $\hat{\Gamma}^-(A)$, puis $\hat{\Gamma}(A) \cap \hat{\Gamma}^-(A)$. On obtient ainsi la classe de A, soit $\{A,B,C\}$. Choisissons un autre point du graphe, n'appartenant pas à la classe précédente, par exemple D.

$\hat{\Gamma}(D) \cap \hat{\Gamma}^{-}(D) = \{D,H,I,J\}$. Parmi les points restants, sélectionnons E ; on obtient : $\hat{\Gamma}(E) \cap \hat{\Gamma}^{-}(E) = \{E,F,G\}$.

Ces opérations peuvent être disposées pratiquement de la manière suivante :

	A	B	C	D	E	F	G	H	I	J	$\hat{\Gamma}^{-}(A)$	$\hat{\Gamma}^{-}(D)$	$\hat{\Gamma}^{-}(E)$
A		1	1				1				0	×	×
B	1								1		1	×	×
C		1				1					2	×	×
D										1		0	✗
E						1							0
F					1		1						1
G					1								1
H					1					1		3	✗
I				1								1	✗
J								1	1			2	✗

	A	B	C	D	E	F	G	H	I	J
$\hat{\Gamma}(A)$	0	1	1	3	2	2	1		2	
$\hat{\Gamma}(D)$	×	×	×	0	3			2	2	1
$\hat{\Gamma}(E)$	×	×	×	✗	0	1	2	✗	✗	✗

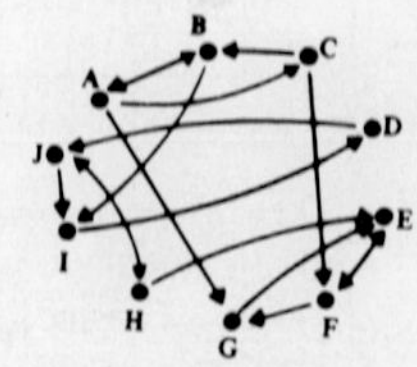

Lorsqu'on a obtenu les classes, il est aisé de constater que : a) il n'y a que des arcs incidents vers l'extérieur de la classe I = {A,B,C} ; b) il n'y a que des arcs incidents vers l'intérieur de la classe III : {E,F,G}. Cela signifie que, s'il existe un chemin hamiltonien dans le graphe, ce chemin a nécessairement pour origine un point de I et pour extrémité un point de III. Il est donc nécessaire de trouver un arc de I à II et un arc de II à III : or, il n'en existe précisément qu'un de I à II, (BI), et un de II à III, (HE).

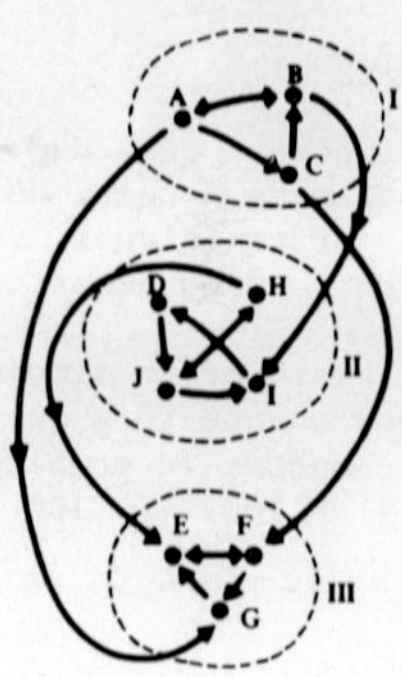

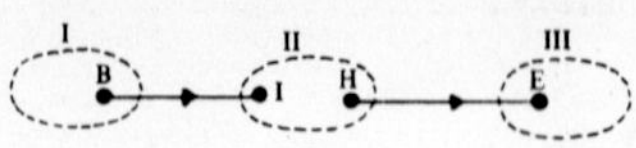

Dans ces conditions, l'unique chemin hamiltonien est : (ACBIDJHEFG). Il n'existe pas de circuit hamiltonien.

N° 4 La programmation dynamique permet de trouver le chemin maximal dans un graphe par un algorithme plus rapide que celui de Ford.

Partant de la sortie du graphe pour remonter vers l'entrée, et divisant le problème en phases successives, établir un algorithme convenable pour cet usage.

Application

L'appliquer au graphe ci-contre .

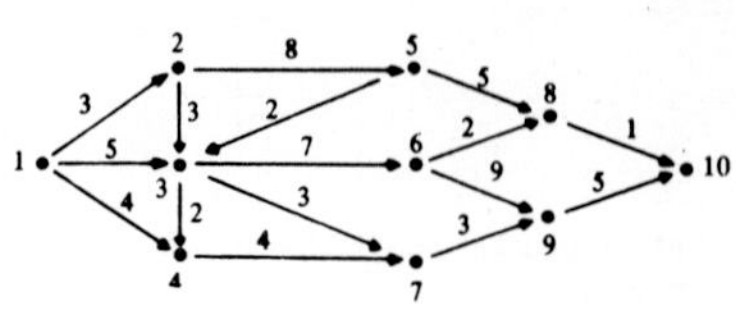

Solution

L'algorithme demandé est connu sous le nom d'algorithme de Bellman-Kalaba [1]. Il consiste, en partant de la sortie du graphe, à considérer les points de ce graphe qui sont situés (en remontant les arcs) à une distance p arcs de l'extrémité et à ne retenir, à chaque fois, pour chacun de ces points, que le chemin de valeur maximale. Il y a donc, au maximum, n - 1 phases de calcul si le graphe comporte n sommets.

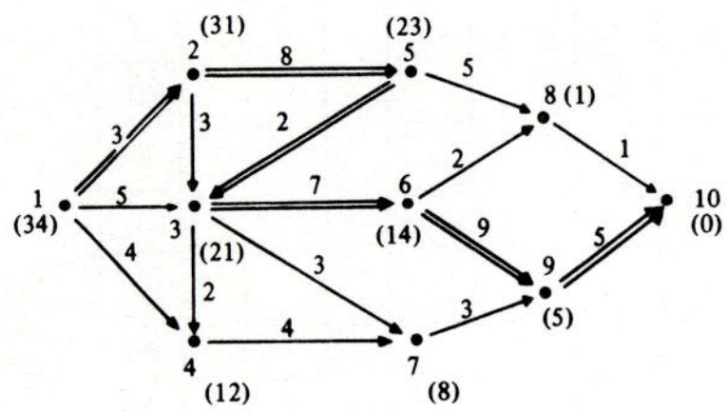

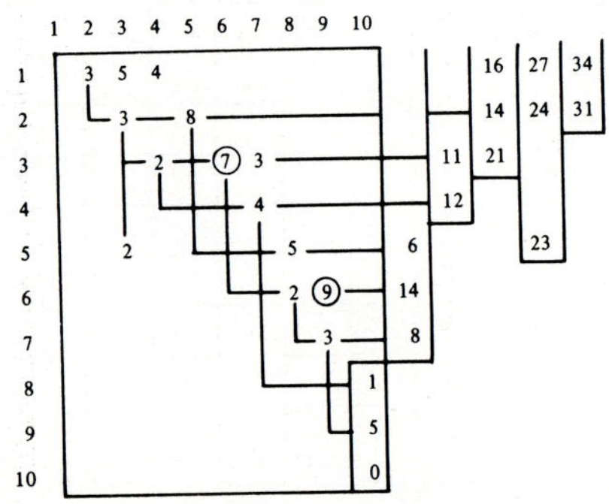

N° 5 Une bête de somme, consommant 0,5 kg de nourriture par kilomètre parcouru et pouvant transporter un charge de 100 kg au maximum, se trouve en un dépôt qui contient 500 kg de nourriture.

a) Quelle distance maximale cette bête peut-elle parcourir en utilisant complètement la réserve ? (1e hypothèse).

b) Quelle quantité maximale de nourriture pourrait-elle apporter à une distance de 100 km de son point initial ? (2e hypothèse).

Solution

Ce problème, connu depuis l'Antiquité, jouit d'un certain regain d'actualité, car il est analogue à celui de l'étagement des fusées. Les anciens le traitaient par des méthodes arithmétiques, voire géométriques. Mais il peut constituer aussi une application de la programmation dynamique.

Nous remarquerons simplement que le nombre de voyages effectués par l'animal décroît de deux chaque fois que la charge disponible diminue de 100 kg. Cela nous permettra de décomposer le problème en "phases", selon qu'après 2n + 1 voyages il reste n × 100, (n - 1) × 100,..., 100 kg de nourriture disponible.

Partant du point Q, on a :

{ QN = 200 km
QP = 0

{ QNK = 266,66 km
QPL = 200 km
QPM = 0

{ QNKG = 306,66
QPLH = 266,66 km
QPMI = 200 km
QPMJ = 0

{ QNKGB 335,23
QPLHC 306,66
QPMID 266,66
QPMJE 200
QPMJF 0

{ QNKGBA 357,45

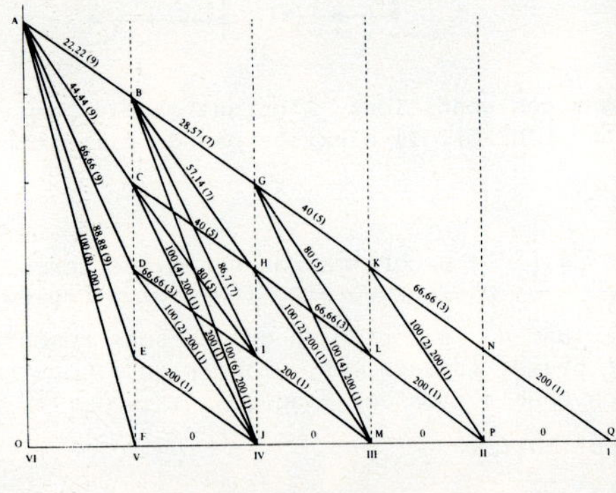

(1) Cet algorithme est complètement décrit dans la solution de l'exercice 14 sur le chapitre III.

Etant donnée la structure particulière du problème, la solution optimale : 22,22 + 28,57 + 40 + 66,66 + 200 = 357,45 km, est d'ailleurs évidente.

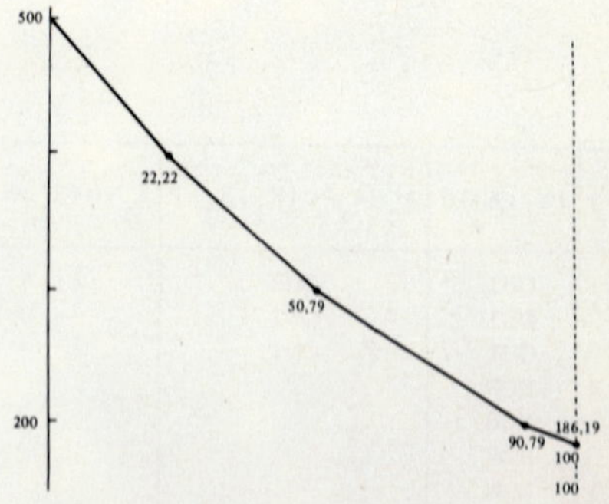

Une fois cette solution trouvée, celle de la deuxième question en découle; en effet, la route ABGKNQ est optimale, qu'elle soit ou non tronquée avant son extrémité ; comme c'est la route "économique", elle continuera d'être empruntée par l'animal.

A une distance de 90,79 km, il peut rester au maximum 200 kg de nourriture, d'où 3 voyages de 9,21 km et une consommation de 13,81 kg.

A une distance de 100 km, il restera donc une réserve de 186,19 kg au plus.

N° 6 On donne le graphe ci-contre et l'on demande d'appliquer l'organigramme correspondant à la recherche du chemin minimal, par l'algorithme de Ford, entre A et F.

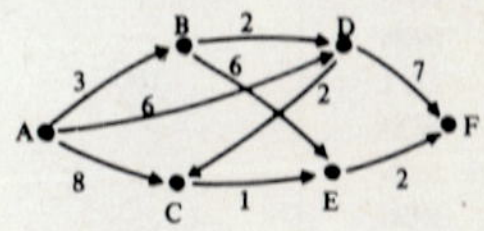

Détailler, sous forme d'un tableau, les opérations logiques et numériques impliquées par l'organigramme.

Solution

Ayant numéroté les points de 0 à 5 ($A = X_0$, $F = X_5$), nous appliquons l'algorithme de Ford.

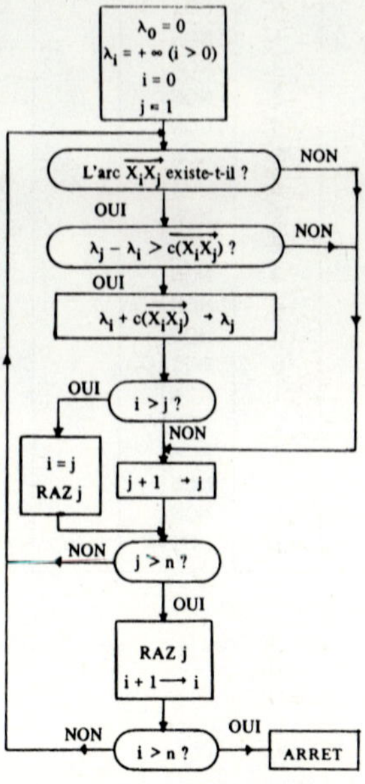

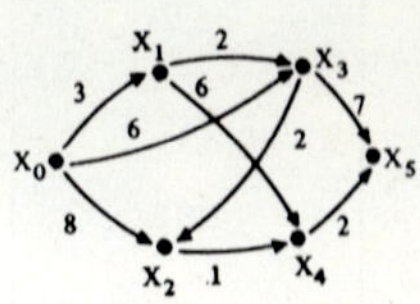

Le détail des opérations accomplies est le suivant:

i	j	(X_i,X_j)?	$\lambda_j-\lambda_i>c(X_i,X_j)$?	$\lambda_i+c(X_i,X_j)\to\lambda_j$	i>j?	i=j j=0	j+1→j	j>n?	RAZj	i+1→i	i>n?	ARRET
0	1	OUI	OUI	$\lambda_1 = 3$	NON		2	NON				
0	2	OUI	OUI	$\lambda_2 = 8$	NON		3	NON				
0	3	OUI	OUI	$\lambda_3 = 6$	NON		4	NON				
0	4	NON					5	NON				
0	5	NON					6	OUI	0	1	NON	
1	0	NON					1	NON				
1	1	NON					2	NON				
1	2	NON					3	NON				
1	3	OUI	OUI	$\lambda_3 = 5$	NON		4	NON				
1	4	OUI	OUI	$\lambda_4 = 9$	NON		5	NON				
1	5	NON					6	OUI	0	2	NON	
2	0	NON					1	NON				
2	1	NON					2	NON				
2	2	NON					3	NON				
2	3	NON					4	NON				
2	4	OUI	NON				5	NON				
2	5	NON					6	OUI	0	3	NON	
3	0	NON					1	NON				
3	1	NON					2	NON				
3	2	OUI	OUI	$\lambda_2 = 7$	OUI	i=2 j=0		NON				
2	0	NON					1	NON				
2	1	NON					2	NON				
2	2	NON					3	NON				
2	3	NON					4	NON				
2	4	OUI	OUI	$\lambda_4 = 8$	NON		5	NON				
2	5	NON					6	OUI	0	3	NON	
3	0	NON					1	NON				
3	1	NON					2	NON				
3	2	OUI	NON				3	NON				
3	3	NON					4	NON				
3	4	NON					5	NON				
3	5	OUI	OUI	$\lambda_5 = 12$	NON		6	OUI	0	4	NON	
4	0	NON					1	NON				
4	1	NON					2	NON				
4	2	NON					3	NON				
4	3	NON					4	NON				
4	4	NON					5	NON				
4	5	OUI	OUI	$\lambda_5 = 10$	NON		6	OUI	0	5	NON	
5	0	NON					1	NON				
5	1	NON					2	NON				
5	2	NON					3	NON				
5	3	NON					4	NON				
5	4	NON					5	NON				
5	5	NON					6	OUI	0	6	OUI	ARRET

La valeur du chemin minimal est 10 ; il passe, dans cet ordre, par les points :

X_0, X_1, X_3, X_2, X_4 et X_5.

N° 7

1) Appliquer l'organigramme de la recherche du chemin maximal, selon l'algorithme de Ford, au graphe ci-dessous (à gauche). Lister toutes les opérations logiques et arithmétiques.

2) Ajouter un arc du point 5 au point 3, de valeur 2 ; comment les opérations sont-elles modifiées ?

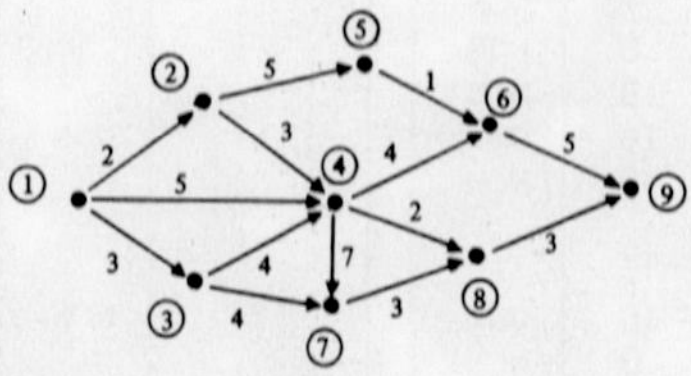

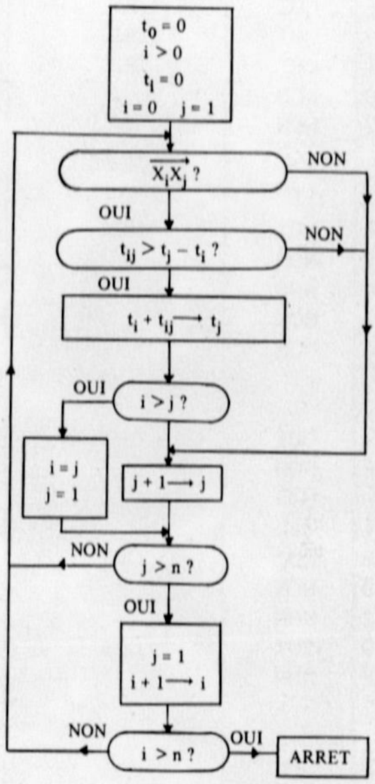

Solution

1) Les points étant numérotés de 1 à 9, il s'agit de l'application de l'organigramme ci-dessus (à droite) pour la recherche du chemin maximal entre ces points extrêmes.

Voici le détail des opérations :

i	j	(X_i, X_j)?	$t_{ij} > t_i - t_j$?	$t_i + t_{ij}$	i > j?	i=j j=1	j+1→j	j > n?	j	i + 1 → i	i > n?	ARRET
1	2	OUI	OUI	2	NON		3	NON				
1	3	OUI	OUI	3	NON		4	NON				
1	4	OUI	OUI	5	NON		5	NON				
1	5	NON					6	NON				
1	6	NON					7	NON				
1	7	NON					8	NON				
1	8	NON					9	NON				
1	9	NON					10	OUI	2	2	NON	
2	2	NON					3	NON				
2	3	NON					4	NON				
2	4	OUI	NON				5	NON				
2	5	OUI	OUI	7	NON		6	NON				
2	6	NON					7	NON				
2	7	NON					8	NON				
2	9	NON					10	OUI	2	3	NON	
3	2	NON					3	NON				
3	3	NON					4	NON				
3	4	OUI	OUI	7	NON		5	NON				
3	5	NON					6	NON				
3	6	NON					7	NON				
3	7	OUI	OUI	7	NON		8	NON				
3	8	NON					9	NON				
3	9	NON					10	OUI	2	4	NON	
4	2	NON					3	NON				
⋮	⋮	⋮					⋮	⋮				

(à suivre)

i	j	(X_i,X_j)?	$t_{ij} > t_i - t_j$?	t_i+t_{ij}	i > j?	i=j j=1	j+1→j	j > n?	j	i + 1 → i	i > n?	ARRÊT
4	6	OUI	OUI	11	NON		7	NON				
4	7	OUI	OUI	14	NON		8	NON				
4	8	OUI	OUI	9	NON		9	NON				
4	9	NON					10	OUI	2	5	NON	
5	2	NON					3	NON				
→ ⋮	⋮	⋮					⋮	⋮				
5	6	OUI	NON				7	NON				
5	7	NON					8	NON				
5	8	NON					9	NON				
5	9	NON					10	OUI	2	6	NON	
6	2	NON					3	NON				
⋮	⋮	⋮					⋮	⋮				
6	9	OUI	OUI	16			10	OUI	2	7	NON	
7	2	NON					3	NON				
⋮	⋮						⋮	⋮				
7	8	OUI	OUI	17			9	NON				
7	9	NON					10	OUI	2	8	NON	
8	2	NON					3	NON				
8	9	OUI	OUI	20			10	NON	2	9	NON	
9	2	NON					3	NON				
⋮												
9	9	NON					10	OUI	2	10	OUI	ARRÊT

On remarque qu'on a utilisé 71 lignes, dont 12 seulement ont provoqué la modification d'une marque.

Voici le chemin maximal obtenu (ci-contre) :

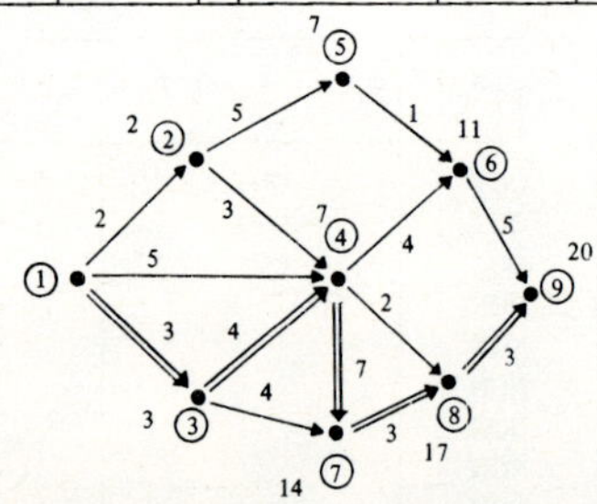

2) Sur l'exemple précédent, on pourrait douter que la boucle [i > j ? OUI] de l'organigramme soit utile à la recherche du chemin maximal.

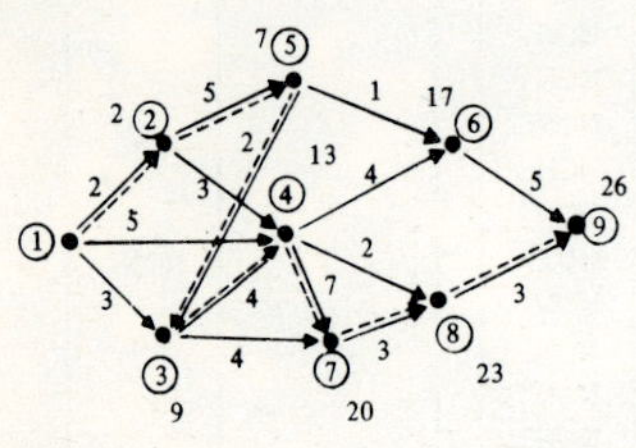

On peut se rendre compte de son importance en introduisant dans le graphe l'arc supplémentaire (5,3) de valeur 2. [Reprendre la lecture du tableau précédent à l'endroit marqué d'une flèche et poursuivre par la liste ci-dessous].

Reprenant à (5,3) il faut, comme on voit, revenir en arrière ; le calcul occupe 89 lignes, dont 14 provoquent des modifications.

i	j	(X_i,X_j)?	$t_{ij} > t_i - t_j$?	t_i+t_{ij}	i > j?	i = j j = 1	j+1→j	j > n?	j=1	i+1→i	i > n?	ARRÊT
5	3	OUI	OUI	9	OUI	i = 3 j = 2		NON				
3	2	NON					3	NON				
⋮	⋮	⋮					⋮	⋮				

(à suivre)

i	j	(X_i,X_j)?	$t_{ij} > t_i - t_j$?	t_i+t_{ij}	i > j?	i = j j = 1	j+1→j	j > n?	j=1	i+1→i	i > n?	ARRET
3	4	OUI	OUI	13	NON		5	NON				
:	:	:					:	:				
3	7	OUI	NON				8	NON				
:	:						:	:				
3	9	NON					10	OUI	2	4	NON	
4	2	NON					3	NON				
:	:						:	:				
4	6	OUI	OUI	17	NON		7	NON				
4	7	OUI	OUI	20	NON		8	NON				
4	8	OUI	OUI	15	NON		9	NON				
4	9	NON					10	OUI	2	5	NON	
5	2	NON					3	NON				
5	3	OUI	NON				4	NON				
:	:	:	:				:	:				
5	6	OUI	NON				6	NON				
:	:	:	:				:	:				
5	9	NON	.				10	OUI	2	6	NON	
:	:	:	:				:	:				
6	9	OUI	OUI	22	NON		10	OUI	2	7	NON	
:	:	:	:				:	:				
7	8	OUI	OUI	23	NON		9	NON				
7	9	NON	.				10	OUI	2	8	NON	
:	:	:	:				:	:				
8	9	OUI	OUI	26	NON		10	OUI	2	9	NON	
:	:	:					:					
8	9	NON					10	OUI	2	10	OUI	ARRÊT

N° 8 On donne le graphe valué représenté ci-contre et l'on demande de déterminer le chemin de valeur minimale entre A et P par la méthode de Dantzig.

Indications. Ayant numéroté les sommets de 0 à 15 et posé $\lambda_0 = 0$, $E_1 = \{X_0\}$, on effectue les opérations prévues :

a) $X^*_0=X_3$; $\lambda_3=4$; $E_2=\{X_0,X_3\}$;

b) $X^*_0=X_1$, $X^*_3=X_6$; $\lambda_1=5$; $E_3=\{X_0,X_1,X_3\}$;

c) $X^*_0=X_2$, $X^*_1=X_5$, $X^*_3=X_6$; $\lambda_5=7$, $E_4=\{X_0,X_1,X_3,X_5\}$;

etc.

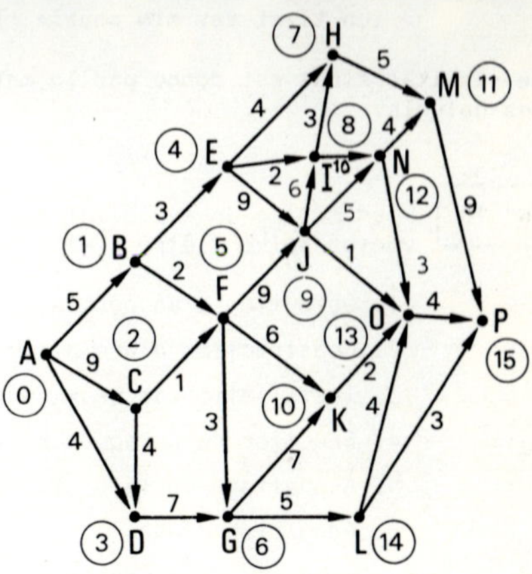

jusqu'à :

n) $X^*_8 = X_{12}$, $X^*_9 = X_{12}$, $X^*_{11} = X_{15}$, $X^*_{13} = X_{15}$, $X^*_{14} = X_{15}$;

$\lambda_{15} = 18$; E_{15} = {tous les sommets, sauf X_{12}};

et enfin :

o) $X^*_8 = X_{12}$, $X^*_9 = X_{12}$; $\lambda_{12} = 20$, E_{16} = {tous les sommets}.

On obtient ainsi :

$\lambda_0 = 0$; $\lambda_1 = 5$; $\lambda_2 = 9$; $\lambda_3 = 4$; $\lambda_4 = 8$; $\lambda_5 = 7$; $\lambda_6 = 10$; $\lambda_7 = 12$;

$\lambda_8 = 10$; $\lambda_9 = 16$; $\lambda_{10} = 13$; $\lambda_{11} = 17$; $\lambda_{12} = 20$; $\lambda_{13} = 15$; $\lambda_{14} = 15$; $\lambda_{15} = 18$.

Le chemin de valeur minimale entre A et P, de valeur 18, est facile à trouver en remontant les arcs du graphe, par différences exactes. C'est (A,B,F,G,L,P).

N° 9 Voici la matrice (matrice 1) des valeurs des arcs d'un graphe. Appliquer la méthode matricielle pour obtenir les valeurs des chemins de valeur minimale entre toute paire de sommets.

	1	2	3	4	5	6	7	8	9	10	11	12	13	14	15	16
1		5	9	4	-	-	-	-	-	-	-	-	-	-	-	-
2	-	-	-	-	3	2	-	-	-	-	-	-	-	-	-	-
3	-	-	-	4	-	1	-	-	-	-	-	-	-	-	-	-
4	-	-	-	-	-	-	7	-	-	-	-	-	-	-	-	-
5	-	-	-	-	-	-	-	4	2	9	-	-	-	-	-	-
6	-	-	-	-	-	-	3	-	-	9	6	-	-	-	-	-
7	-	-	-	-	-	-	-	-	-	-	7	-	-	-	5	-
8	-	-	-	-	-	-	-	-	-	-	-	5	-	-	-	-
9	-	-	-	-	-	-	-	3	-	-	-	-	10	-	-	-
10	-	-	-	-	-	-	-	-	6	-	-	-	5	1	-	-
11	-	-	-	-	-	-	-	-	-	-	-	-	-	2	-	-
12	-	-	-	-	-	-	-	-	-	-	-	-	-	-	-	9
13	-	-	-	-	-	-	-	-	-	-	-	4	-	3	-	-
14	-	-	-	-	-	-	-	-	-	-	-	-	-	-	-	4
15	-	-	-	-	-	-	-	-	-	-	-	-	-	4	-	3
16	-	-	-	-	-	-	-	-	-	-	-	-	-	-	-	-

Matrice 1. Matrice des valeurs des arcs (un tiret est mis pour + ∞)

	1	2	3	4	5	6	7	8	9	10	11	12	13	14	15	16
1		5	9	4	8	7	10	12	10	16	13	17	20	15	15	18
2					3	2	5	7	5	11	8	12	15	10	10	13
3				4		1	4	19	16	10	7	19	15	9	9	12
4							7				14			16	12	15
5								4	2	9		9	12	10		14
6							3	18	15	9	6	18	14	8	8	11
7											7			9	5	8
8												5				14
9								3				8	10	13		17
10								9	6			9	5	1		5
11														2		6
12																9
13												4		3		7
14																4
15														4		3
16																

Matrice 2. Résultat final

Le résultat final est donné par la matrice 2, pour permettre au lecteur de contrôler ses calculs.

N° 10 Pour mettre en exploitation un nouveau gisement minier, les opérations suivantes doivent être réalisées :

	durée
1. Obtention d'un permis d'exploitation	6 mois
2. Construction d'une piste entre route et site	4 mois
3. Installation de deux sondeuses	1 semaine
4. Erection de baraques provisoires..................	3 semaines
5. Asphaltage de la piste	1 mois
6. Adduction d'eau	2 mois
7. Campagne de sondage	7 mois

	Durée
8. Fonçage	7 mois
9. Installation au fond du matériel d'exploitation...	6 semaines
10. Construction de logements pour le personnel	5 mois
11. Traçage et aménagement du fond	11 mois
12. Construction d'une laverie	7 mois

En étudiant les possibilités de réalisation de ces opérations, on a constaté que l'opération 1 précède nécessairement l'opération 2, laquelle précède 3, 4, 5 et 6. Les opérations 3 et 4 précèdent 7 ; les opérations 5, 6 et 7, les opérations 8 et 10; les opérations 8 et 10, les opérations 9, 11 et 12.

1) Tracer le diagramme *événements-opérations*, relatif à l'ensemble des opérations ;

2) Rechercher le chemin critique ;

3) Calculer les dates attendues, dates limites, intervalles de flottement, marges libres.

Solution

On obtient sans difficulté le diagramme

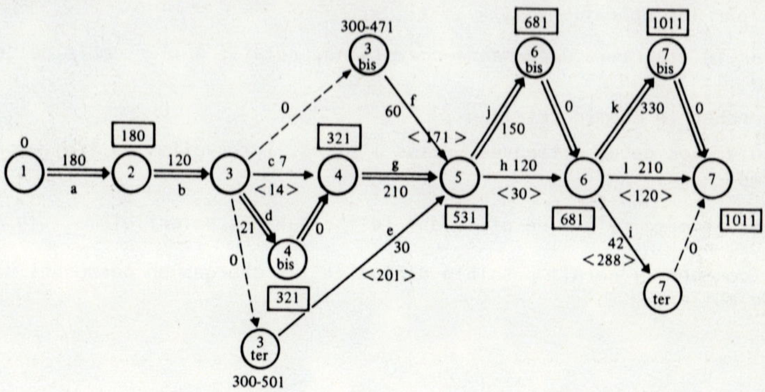

Le chemin critique passe par les opérations a, b, d, g, j, k.

Sur les débuts des opérations c, e, f, h, i, ℓ on a les intervalles de flottement respectifs : 300-314, 300-501, 300-471, 531-561, 681-969, 681-801.

Les marges libres sont :

opération	c	e	f	h	i	ℓ
marge libre	14	201	171	30	288	120

On peut finalement tracer un diagramme de Gantt résumant l'ensemble des résultats.

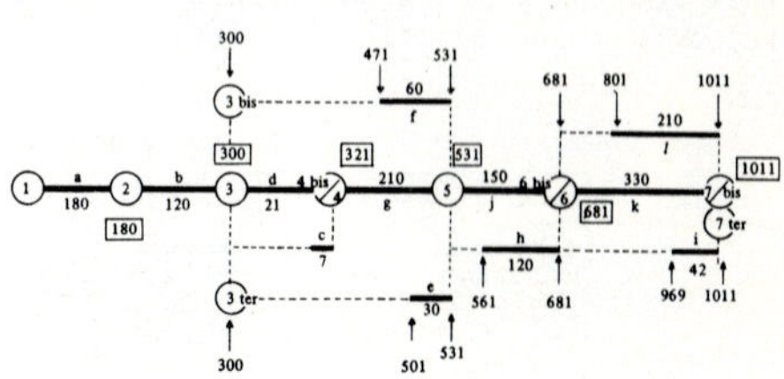

N° 11 La mise en exploitation d'un nouveau gisement minier nécessite la réalisation des opérations ci-dessous :

	Durée
a) Obtention d'un permis d'exploitation	8 mois*
b) Construction d'une piste entre route et site	3 mois
c) Installation de trois sondeuses	3 semaines
d) Edification de baraques provisoires	1 mois
e) Asphaltage de la piste	3 semaines
f) Adduction d'eau	6 semaines
g) Campagne de sondage	8 mois
h) Fonçage et équipement des puits	5 mois
i) Installation au fond du matériel d'exploitation ..	2 mois
j) Construction de logements pour le personnel	13 semaines
k) Traçage et aménagement du fond	38 semaines
ℓ) Construction d'une laverie	42 semaines

* Les mois peuvent être comptés chacun pour 4 semaines.

On a constaté que l'opération b devait être précédée de l'opération a et suivie des opérations c, d, e et f; que les opérations c et d devaient précéder l'opération g; que les opérations h et j, enfin, devaient être précédées par les opérations e, f, g et suivies par les opérations i, k et ℓ .

A. 1) Tracer le diagramme *événements-opérations*, relatif à l'ensemble de ces opérations ;

2) Rechercher le chemin critique ;

3) Calculer les dates attendues, dates limites, intervalles de flottement, marges libres.

B. Effectuer le même calcul en utilisant le tableau des potentiels.

C. Montrer comment il serait possible d'étudier les charges en personnel des divers corps de métier.

Solution

Pour tracer le diagramme du chemin critique, définissons d'abord les événements du programme.

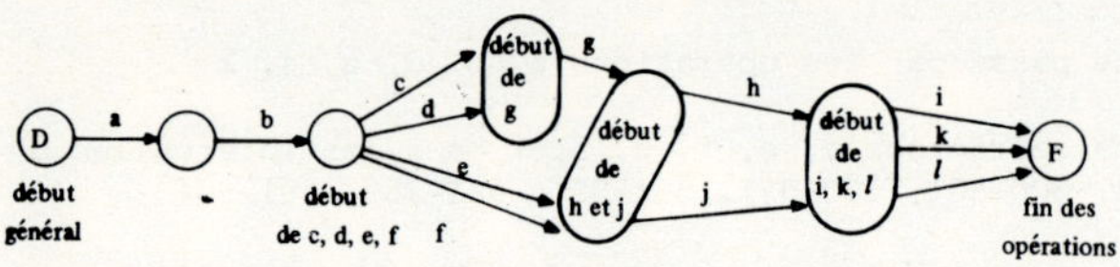

Mais nous ne pouvons admettre des arcs différents de même origine et de même extrémité, d'où l'introduction des opérations fictives.

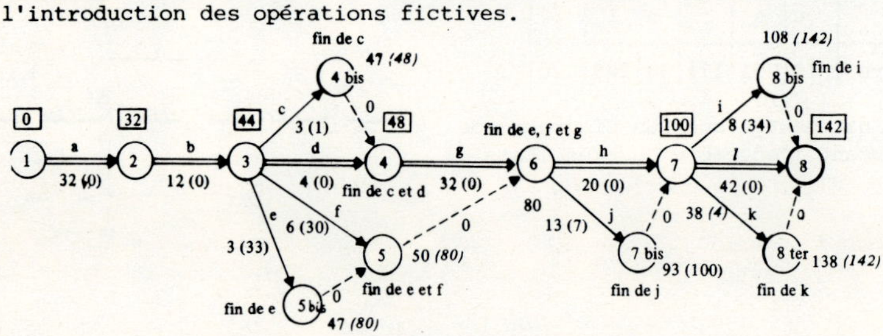

Les opérations critiques sont : a, b, d, g, h, ℓ.

Les intervalles de flottement et marges sont portés sur la figure, ainsi que les dates demandées.

Le tableau utilisé dans la méthode des potentiels se présente de la façon suivante:

0	a	32	b	44	c	44	d	44	e	44	f	48	g	80	h	100	i	80	j	100	k	100	ℓ	142	Fin
0	D:0	0	a:32	32	b:12	32	b:12	32	b:12	32	b:12	44	c:3	44	e: 3	80	h:20	44	e: 3	80	h:20	80	h:20	100	i: 8
												44	d:4	44	f: 6	80	j:13	44	f: 6	80	j:13	80	j:13	100	k:38
														48	g:32			48	g:32					100	ℓ:42

Le diagramme ci-dessous permettrait de réaliser l'étalement du personnel.

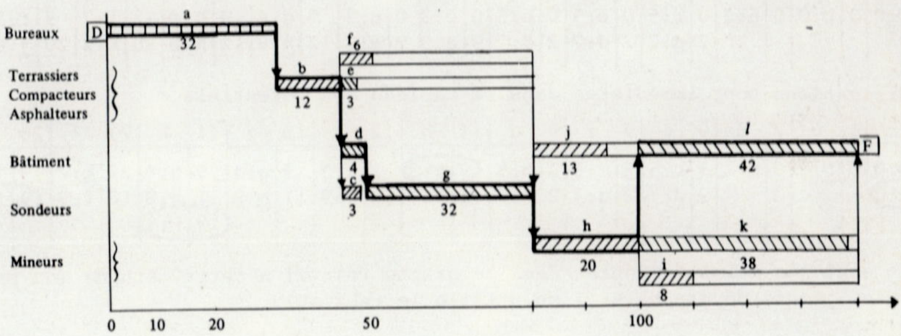

N° 12 On donne le graphe ci-contre et l'on demande de rechercher le chemin critique :

1) par l'algorithme de Ford; 2) par le tableau des potentiels.

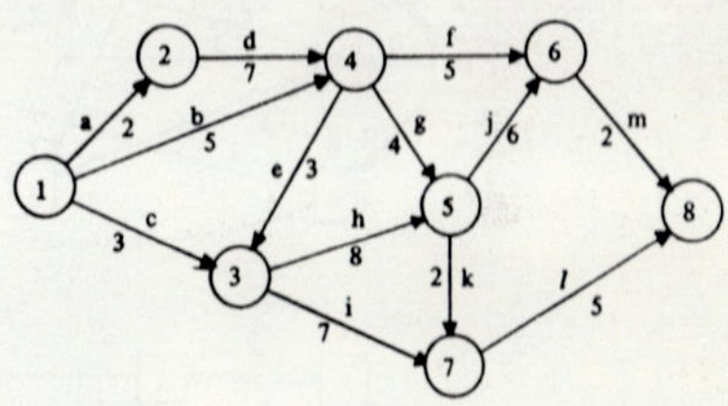

N.B. Sur ce diagramme les sommets sont des *événements*, les arcs des *opérations*.

On introduit alors les modifications suivantes :

1) l'opération b ne peut débuter que lorsque les 2/3 de l'opération c ont été achevés ;

2) l'opération c ne peut débuter qu'une période après le début général des opérations ;

3) l'opération k ne peut commencer que lorsque le premiers tiers de l'opération j a été exécuté ;

4) l'opération h ne peut débuter qu'après l'exécution aux 2/3 de l'opération e ;

5) le début de l'opération m ne peut avoir lieu que deux périodes après l'achèvement de l'opération f.

Calculer le nouveau chemin critique en modifiant le tableau des potentiels.

Montrer comment se modifie le graphe *opérations - contraintes*.

Etudier aussi la modification du graphe *événements-opérations*.

Comparer les deux méthodes.

Solution

Voici le graphe *événements-opérations* (ci-contre) :

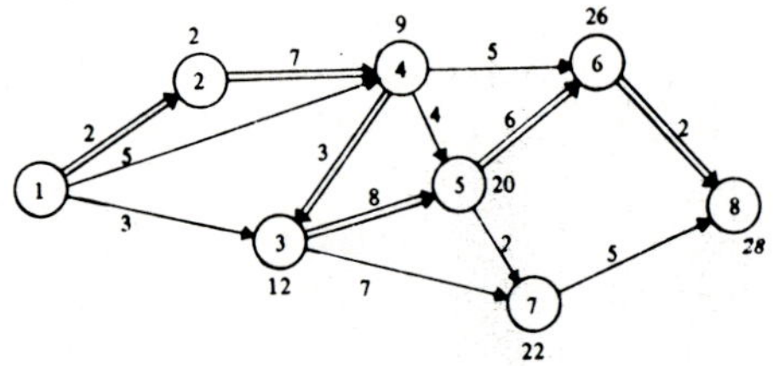

puis, moyennant la liste des tâches antérieures :

a < d ; b,d < e,f,g ; f,j < m; c,e < h,i ;

g,h < j,k ; i,k < ℓ ,

le tableau des potentiels :

0	a	0	b	0	c	2	d	9	e	9	f	9	g	12	h	12	i	20	j	20	k	22	ℓ	26	m	28	F
0	D:0	0	D:C	0	D:0	0	a:2	0	b:5	0	b:5	0	b:5	0	c:3	0	c:3	9	g:4	9	g:4	12	i:7	9	f:5	22	ℓ:5
								2	d:7	2	d:7	2	d:7	9	e:3	9	e:3	12	h:8	12	h:8	20	k:2	20	j:6	26	m:2

Les modifications sont immédiates dans le tableau des potentiels :

0	a	3	b	1	c	2	d	9	e	9	f	9	g	11	h	12	i	19	j	21	k	23	ℓ	25	m	28	F
0	D:0	0	D:0	0	D:1	0	a:2	3	b:5	3	b:5	3	b:5	9	e':2	1	c:3	9	g:4	9	g:4	21	k:2	19	j:6	25	m:
		1	c':2					2	d:7	2	d:7	2	d:7	1	c:3	9	e:3	11	h:8	11	h:8	12	i:7	9	f':7	23	ℓ:
																				19	j':2						

Elles ne sont pas moins évidentes dans le graphe relatif à cette méthode (en pratique, on ne trace jamais de graphe si l'on utilise le tableau).

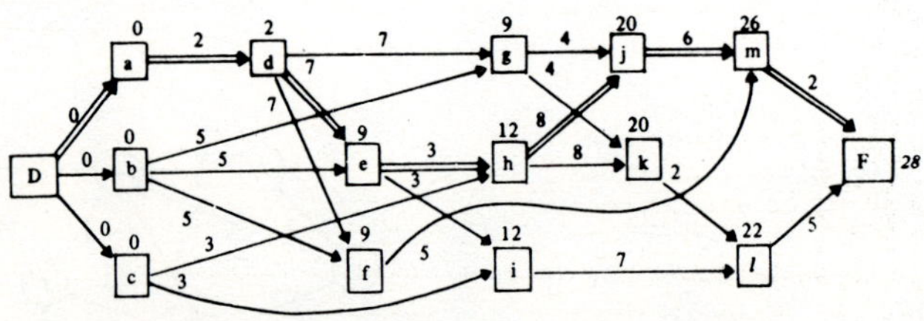

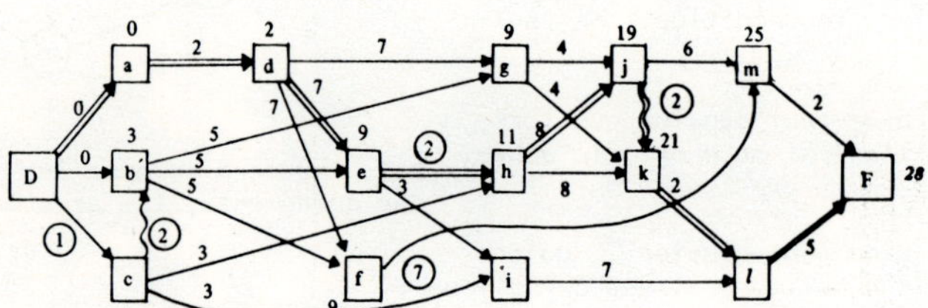

On voit qu'il a suffi de modifier trois chiffres et d'ajouter deux arcs.

La modification du graphe *événements-opérations* n'est pas aussi aisée : elle nécessite l'adjonction de six nouveaux événements et porte le nombre d'arcs à vingt (au lieu de treize) ; plusieurs des anciens arcs ont dû être effacés.

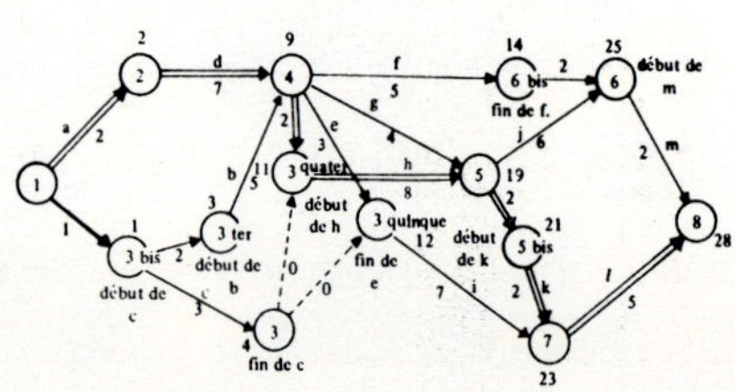

N° 13 On revient au diagramme initial du problème **12**, sauf en ce qui concerne les durées des tâches. En effet, les chefs de chantiers, d'ateliers, etc., ont répondu à un questionnaire, dans lequel il leur a été demandé de préciser, pour chacune des opérations P_{ij} : a) sa durée minimale a_{ij} ; b) sa durée maximale b_{ij} ; c) sa durée la plus probable m_{ij}.

Calculer les valeurs moyennes $\overline{t}_{ij}$ qu'on substituera aux t_{ij} sur les arcs du diagramme.

Quelles sont les valeurs du chemin critique et de sa variance ?

Quels avantages la méthode employée pourrait-elle présenter quant à la détermination de certaines dates-limites dans un graphe comportant de nombreux sommets ?

Critique éventuelle de la méthode ?

P_{ij}	a_{ij}	b_{ij}	m_{ij}
P_{12}	1	6	3
P_{13}	2	7	3
P_{14}	3	6	4
P_{24}	5	12	8
P_{35}	4	12	7
P_{37}	5	10	8
P_{43}	1	5	4
P_{45}	3	6	5
P_{46}	3	7	6
P_{56}	4	10	5
P_{57}	1	4	3
P_{68}	2	5	3
P_{78}	3	8	7

Solution

On va calculer : $\overline{t}_{ij} = \frac{1}{6}\,(a_{ij} + b_{ij} + 4\,m_{ij})$ et

$\sigma^2_{ij} = \left(\frac{b_{ij} - a_{ij}}{6}\right)^2$ comme si les intervalles de temps suivaient une loi B. S'il y avait un grand nombre de points, l'application du théorème de la limite centrale justifierait partiellement cette manière de voir. Le ch. critique vaut 31,66 (σ^2 = 5,21); le ch. presque crit. 31,16 (σ^2 = 5,52).

P	a_{ij}	b_{ij}	m_{ij}	$\overline{t}_{ij}$	σ^2_{ij}
P_{12}	1	6	3	3,16	0,69
P_{13}	2	7	3	3,50	0,69
P_{14}	3	6	4	4,16	0,25
P_{24}	5	12	8	8,16	1,36
P_{35}	4	12	7	7,33	1,78
P_{37}	5	10	8	7,84	0,69
P_{43}	1	5	4	3,67	0,44
P_{45}	3	6	5	4,83	0,25
P_{46}	3	7	6	5,66	0,44
P_{56}	4	10	5	5,66	1
P_{57}	1	4	3	2,83	0,25
P_{68}	2	5	3	3,16	0,25
P_{78}	3	8	7	6,50	0,69

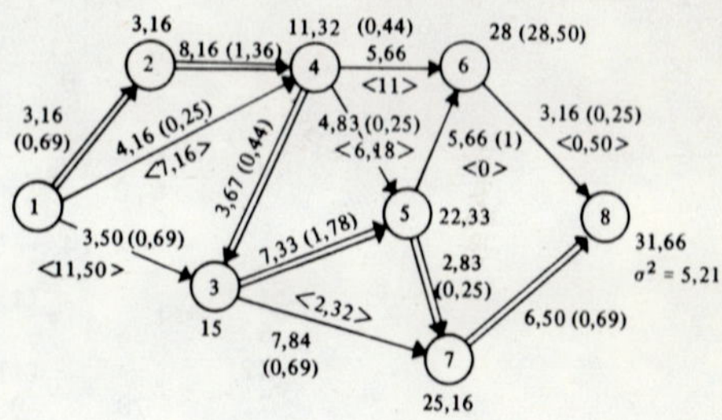

N° 14 (Exercices sur la méthode PERT).

On considère le diagramme *événements-opérations*, ci-dessous (à gauche) :

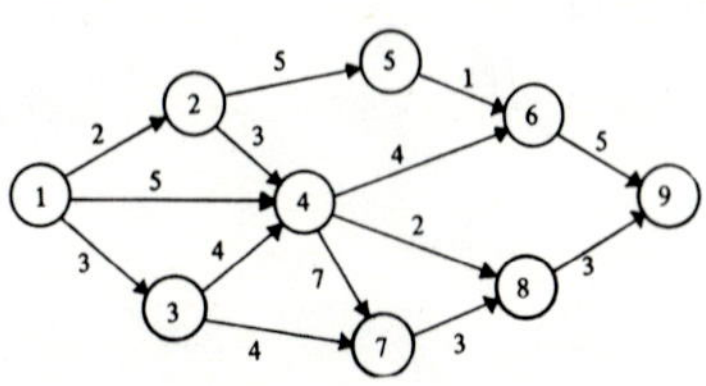

	a_{ij}	b_{ij}	m_{ij}
P_{12}	1	3	2
P_{13}	2	5	3
P_{14}	4	7	5
P_{24}	2	5	3
P_{25}	3	6	5
P_{34}	3	6	4
P_{37}	3	5	4
P_{46}	3	5	4
P_{47}	5	8	7
P_{48}	1	4	2
P_{56}	0,5	2	1
P_{69}	3	6	5
P_{78}	2	4	3
P_{89}	2	5	3

1) Trouver le chemin critique par la méthode de Bellman-Kalaba ([1]) ;

2) Calculer les dates limites, marges libres, marges totales ;

3) A la suite d'une enquête auprès des réalisateurs, on obtient les valeurs a_{ij}, b_{ij} et m_{ij} des durées de chaque opération P_{ij} : a_{ij} est la valeur minimale, b_{ij}, la valeur maximale et m_{ij}, la valeur la plus probable.

Calculer les valeurs moyennes $\overline{t}_{ij}$ qu'on substituera aux t_{ij} sur les arcs du diagramme.

Quelles sont les valeurs du chemin critique et de sa variance ?

4) Calculer la nouvelle date limite pour l'événement 2 ; que peut-on dire de la variance de la valeur moyenne du chemin de 2 à 9 ?

Solution

1) Appliquons l'algorithme de Bellman-Kalaba, c'est-à-dire, posant :

$$v_i^{(1)} = t_{in} \quad i = 1,2,\dots, n-1$$

$$v_n^{(1)} = 0,$$

calculons :

$$v_i^{(k)} = \underset{j}{\text{MAX}} \, [t_{ij} + v_j^{(k-1)}] \quad i = 1,2,\dots, n-1, \; j = 1,2,\dots,n$$

$$\text{si } v_j^{(k-1)} \neq 0 \text{ pour } j \neq n$$

et posons :

$$v_n^{(k)} = 0.$$

a) $v_6^{(1)} = 5 \; ; v_8^{(1)} = \underset{*}{3} \; ; v_9^{(1)} = 0$

b) $v_4^{(2)} = \underset{6,8}{\text{MAX}} \, [t_{46} + v_6^{(1)}, \; t_{48} + v_8^{(1)}]$

$= \max \, (4 + 5, 2 + 3) = 9$

$v_5^{(2)} = t_{56} + v_6^{(1)} = 6$

$v_7^{(2)} = t_{78} + v_{\underset{*}{8}}^{(1)} = \underset{*}{6}$

$v_6^{(2)}, \; v_8^{(2)}, \; v_9^{(2)}$ inchangés

c) $v_1^{(3)} = t_{14} + v_4^{(2)} = 14$

$v_2^{(3)} = \underset{4,5}{\text{MAX}} \, [t_{25} + v_5^{(2)}, \; t_{24} + v_4^{(2)}]$

$= \max \, (5 + 6, 3 + 9) = 12$

$v_3^{(3)} = \underset{4,7}{\text{MAX}} \, [t_{34} + v_4^{(2)}, \; t_{37} + v_7^{(2)}]$

$= \max \, (4 + 9, 4 + 6) = 13$

[1] Voir à ce sujet l'exercice n° 4 du chapitre III.

$$v_4^{(3)} = \underset{6,7,8}{\mathrm{MAX}} \; [t_{46} + v_6^{(2)}, t_{48} + v_8^{(2)}, t_{47} + v_7^{(2)}]$$

$$= \max (4 + 5, 2 + 3, \underset{*}{7 + 6}) = \underset{*}{13}$$

$v_5^{(3)}, v_6^{(3)}, v_7^{(3)}, v_8^{(3)}, v_9^{(3)}$ inchangés.

d) $$v_1^{(4)} = \underset{2,4,3}{\mathrm{MAX}} \; [t_{12} + v_2^{(3)}, t_{14} + v_4^{(3)}, t_{13} + v_3^{(3)}]$$

$$= \max (2 + 12, 5 + 13, 3 + 13) = 18$$

$$v_2^{(4)} = \underset{4,5}{\mathrm{MAX}} \; [t_{25} + v_5^{(3)}, t_{24} + v_4^{(3)}]$$

$$= \max (5 + 6, 3 + 13) = 16$$

$$v_3^{(4)} = \mathrm{MAX} \; [t_{34} + v_4^{(3)}, t_{37} + v_7^{(3)}]$$

$$= \max (\underset{*}{4 + 13}, 4 + 6) = \underset{*}{17},$$

le reste inchangé.

e) $$v_1^{(5)} = \underset{2,3,4}{\mathrm{MAX}} \; [t_{12} + v_2^{(4)}, t_{14} + v_4^{(4)}, t_{13} + v_3^{(4)}]$$

$$= \max (2 + 16, 5 + 13, \underset{*}{3 + 17}) = \underset{*}{20},$$

le reste inchangé.

2) On a obtenu le chemin critique, car il facile de remonter de e) à a) (voir figure ci-contre):

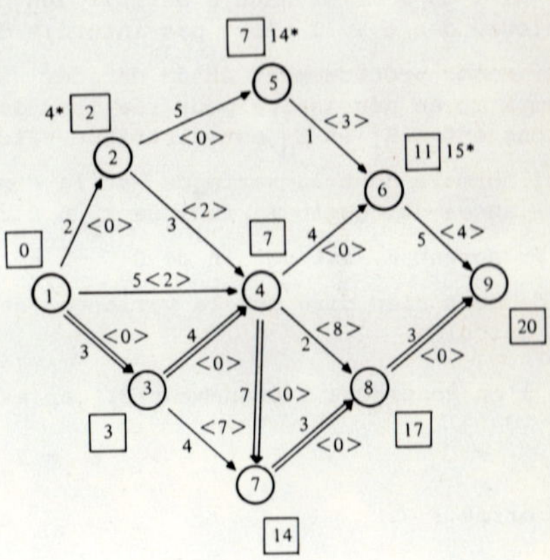

Les dates attendues sont encadrées. Les dates limites sont :

$t_6^* = 20 - 5 = 15$

$t_5^* = 15 - 1 = 14$

$t_2^* = \min (7 - 3, 14 - 5) = 4$

Les marges libres sont portées par les arcs, entre les signes <>.

Calculons les marges totales :

P_{69}	$t_9^* = 20$	$t_6 = 11$	$t_{69} = 5$	$20 - 11 - 5 = 4$
P_{56}	$t_6^* = 15$	$t_5 = 7$	$t_{56} = 1$	$15 - 7 - 1 = 7$
P_{25}	$t_5^* = 14$	$t_2 = 2$	$t_{25} = 5$	$14 - 2 - 5 = 7$
P_{12}	$t_2^* = 4$	$t_1 = 0$	$t_{12} = 2$	$4 - 2 = 2$
P_{14}	$t_4^* = t_4 = 7$	$t_1 = 0$	$t_{14} = 5$	$7 - 5 = 2$ = marge libre
P_{24} = marge libre				
P_{46}	$t_6^* = 15$	$t_4 = 7$	$t_{46} = 4$	$15 - 7 - 4 = 4$
P_{48}	$t_8^* = t_8 = 17$	$t_4 = 7$	$t_{48} = 2$	$17 - 7 - 2 = 8$ = marge libre
P_{37}	$t_7^* = t_7 = 14$	$t_3 = 3$	$t_{37} = 4$	$14 - 3 - 4 = 7$ = marge libre

Evidemment, sur tous les arcs du chemin critique, la marge totale est nulle.

3) On dresse le tableau ci-contre , qui permet de calculer $\overline{t}_{ij}$ et, en admettant la validité du théorème de la limite centrale, en dépit du peu de points, les σ^2_{ij} :

$$\overline{t}_{ij} = \frac{1}{6}\,(a_{ij} + 4m_{ij} + b_{ij})$$

$$\sigma^2_{ij} = \left(\frac{b_{ij} - a_{ij}}{2}\right)^2$$

	a_{ij}	b_{ij}	m_{ij}	$\overline{t}_{ij}$	σ^2_{ij}
P_{12}	1	3	2	2	0,11
P_{13}	2	5	3	3,16	0,25
P_{14}	4	7	5	5,16	0,25
P_{24}	2	5	3	3,16	0,25
P_{25}	3	6	5	4,83	0,25
P_{34}	3	6	4	4,16	0,25
P_{37}	3	5	4	4	0,11
P_{46}	3	5	4	4	0,11
P_{47}	5	8	7	6,84	0,25
P_{48}	1	4	2	2,16	0,25
P_{56}	0,5	2	1	1,08	0,06
P_{69}	3	6	5	4,83	0,25
P_{78}	2	4	3	3	0,11
P_{79}	2	5	3	3,16	0,25

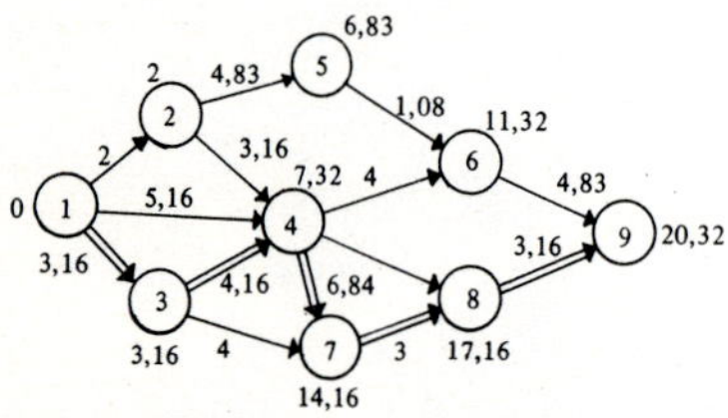

Le chemin critique n'a pas été modifié ; sa valeur est de 20,32 et sa variance de :

$$\sigma^2 = 0{,}25 + 0{,}25 + 0{,}25 + 0{,}11 + 0{,}25 = 1{,}11.$$

4) Si l'on a maintenant à définir les nouvelles valeurs des t_i, il n'est pas interdit de raisonner comme précédemment et de décider que le temps moyen nécessaire pour réaliser les opérations entre E_i et E_n est distribué selon une loi normale dont la variance est la somme des variances du chemin maximal de t_i à E_n. Mais si l'événement E_i est voisin de E_n, on ne peut évidemment rien dire sur la variance des t_i ainsi calculés.

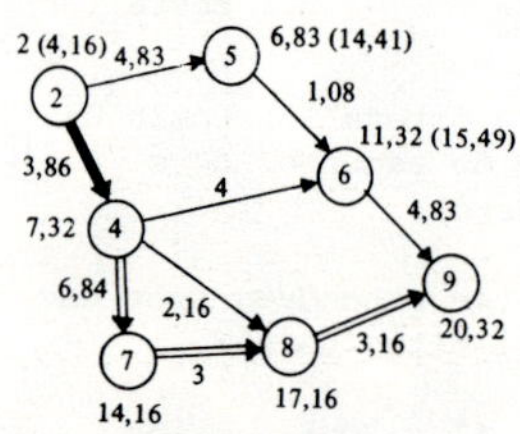

Si l'on considère l'événement 2, par exemple :

$$t_i = 2 \quad \text{et} \quad t_i^* = 4{,}16.$$

En effet :

$$t_n = 20{,}32$$

et

$$t_{89} = 3{,}16,\ t_{78} = 3,\ t_{47} = 6{,}84,\ t_{24} = 3{,}16 :$$

$$3{,}16 + 3 + 6{,}84 + 3{,}16 = 16{,}16\ ,$$

d'où :

$$t_2^* = 20{,}32 - 16{,}16 = 4{,}16$$

Malheureusement, la variance :

$$\sigma^2 = 0{,}25 + 0{,}25 + 0{,}11 + 0{,}25 = 0{,}86$$

n'est que peu significative à cause du trop petit nombre d'arcs.

N° 15 Pour un certain nombre d'opérations P_{ij} du problème déterministe précédent questions 1 et 2), on connaît les durées minimale et normale, d_{ij} et D_{ij}, de chaque opération. D'autre part, on imagine que la variation de coût entre $\Gamma(d_{ij})$ et $\Gamma(D_{ij})$ est proportionnelle au temps et qu'elle est égale à $- c_{ij}$ quand on passe de $t_{ij} = t$ à $t_{ij} = t + 1$. ($[t, t+1] \subset [d_{ij} \cdot D_{ij}]$).

Que peut-on faire pour travailler au coût minimal, sans modifier le délai de réalisation de l'ensemble, calculé antérieurement (questions 1 et 2 du pb. 14) ?

Calculer les nouvelles marges libres des opérations.

P_{ij}	P_{14}	P_{24}	P_{37}	P_{48}	P_{56}	P_{69}
d_{ij}	2	2	3	1	0,5	3
D_{ij}	8	6	5	2,8	1,5	6,5
c_{ij}	50	75	100	30	100	80

Solution

On a une représentation linéaire des P_{ij} en fonction des t_{ij} (on pose $P_{ij} = \Gamma(P_{ij})$).

Il faut chercher à allonger les opérations comportant des marges libres, de manière à travailler aussi près que possible des D_{ij}, correspondant à des coûts minimaux.

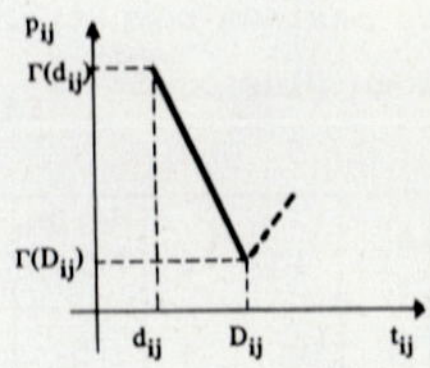

On aura :

$$t'_{ij} = t_{ij} + \min(\text{marge}(ij), D_{ij} - t_{ij})$$
$$= \min(D_{ij}, t_{ij} + \text{marge}(ij))$$

Les nouvelles marges libres figurent sur le schéma ci-dessous (à gauche).

D'où le tableau :

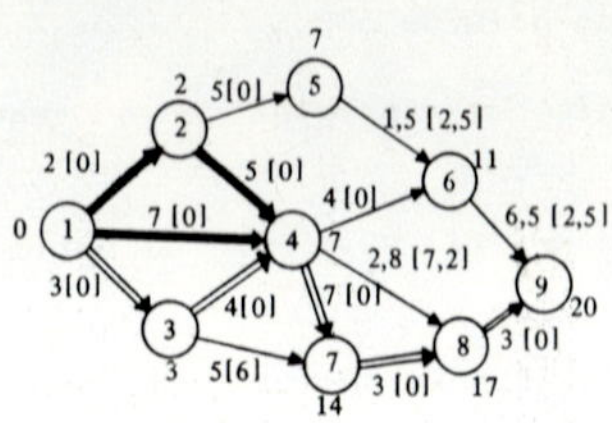

P_{ij}	d_{ij}	D_{ij}	t_{ij}	Marge libre	c_{ij}	t'_{ij}	Gain
P_{14}	2	8	5	2*	50	7	100
P_{24}	2	6	3	2*	75	5	150
P_{37}	3	5*	4	7	100	5	100
P_{48}	1	2,8*	2	8	30	2,8	24
P_{56}	0,5	1,5*	1	3	100	1,5	50
P_{69}	3	6,5*	5	4	80	6,5	120
							544

N° 16 Le graphe ci-contre représentant un ordonnancement dans la figuration *événements-opérations*, on désire diminuer le coût total de réalisation en allongeant, quand c'est possible, la durée des opérations non-critiques.

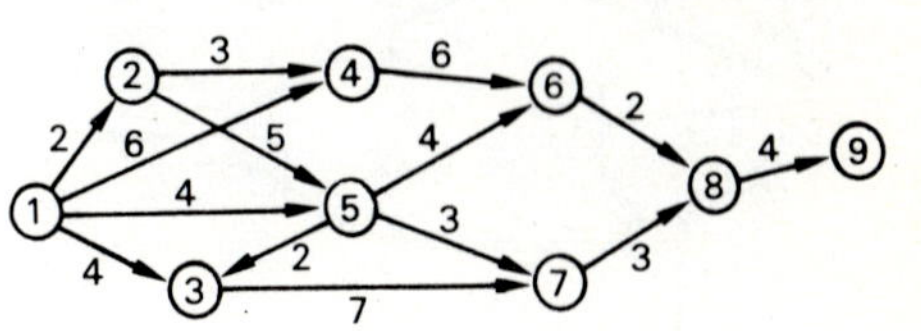

On dispose, à cet effet, d'un tableau où figurent, pour chaque opération non-critique P_{ij}, sa durée minimale d_{ij} et sa durée normale D_{ij}, ainsi que le gain c_{ij} réalisé en prolongeant cette opération d'une unité de temps (la variation de coût est supposée linéaire entre d_{ij} et D_{ij}).

1) On entreprend une première révision des durées des opérations non-critiques, de manière à obtenir le coût minimal, sans changer aucune des dates attendues du programme ;

2) On s'attache ensuite à modifier le programme, sans excéder les dates-limites.

Effectuer ces paramétrages.

P_{ij}	d_{ij}	D_{ij}	c_{ij}
13	2	6	100
14	4	8	60
15	2	5	40
24	1	5	50
46	4	8	35
56	3	7	28
57	2	5	45
68	1	4	50

Solution

On détermine d'abord le chemin critique dans le graphe et les marges libres.

On calcule ensuite les t'_{ij} en prenant pour t'_{ij} le temps maximum compatible avec la *marge libre* et au plus égal à D_{ij}.

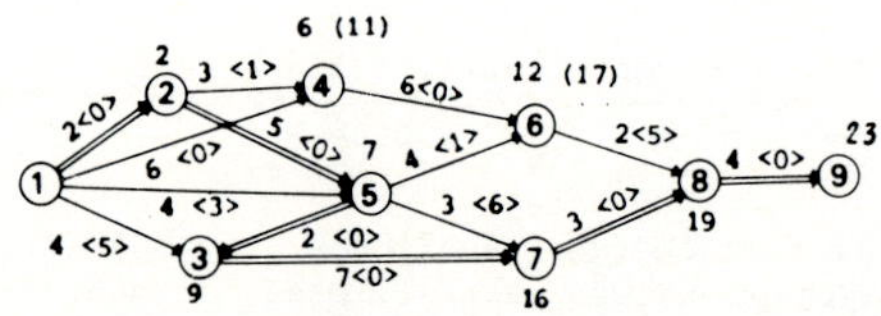

P	d_{ij}	D_{ij}	c_{ij}	t_{ij}	Marge libre	t'_{ij}	Gain
13	2	6	100	4	5	6	200
14	4	8	60	6	0	6	0
15	2	5	40	4	3	5	40
24	1	5	50	3	1	4	50
46	4	8	35	6	0	6	0
56	3	7	28	4	1	5	28
57	2	5	45	3	6	5	90
68	1	4	50	2	5	4	100
							508

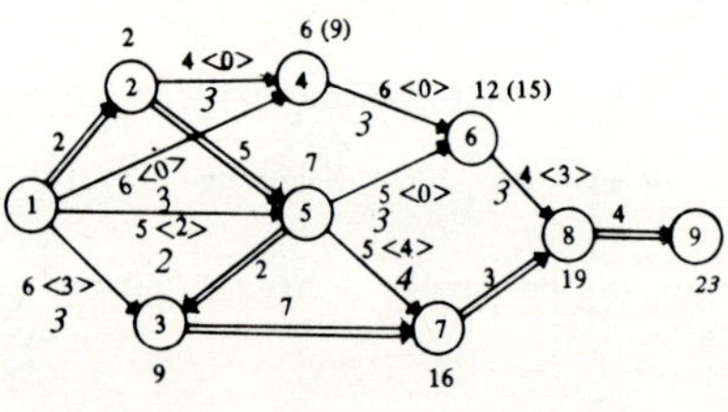

Il en résulte le schéma modifié comme ci-dessus et un gain de 508.

Il peut alors être utile de calculer les *marges totales* se rapportant au nouveau diagramme.

On voit qu'il n'est pas utile de modifier les durées de P_{15}, P_{13}, P_{56}, l'optimum ayant été atteint ; il en est de même de P_{68}.

Dans ces conditions, les dates-limites permettent d'atteindre les valeurs optimales pour : P_{14}, P_{24} et P_{56}, soient : 8, 5 et 7. De ce fait, le schéma se trouve modifié de telle manière qu'on peut seulement porter P_{46} à 7 (et non 8). On vérifie aisément qu'il vaut mieux agir ainsi, plutôt que de porter P_{46} à 8 et revenir à 7 pour P_{14}. Le gain supplémentaire est de 261.

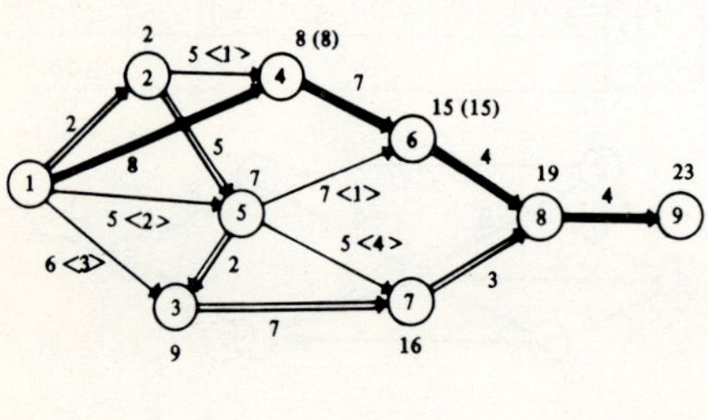

On remarque l'apparition d'une autre branche du chemin critique.

Remarque

Après l'étude de la programmation linéaire,

des algorithmes systématiques de paramétrage pourront être étudiés.

N° 17 (*) Trois dépôts : A, B, C disposent respectivement de 30, 20 et 45 tonnes de marchandises ; cinq destinations : D, E, F, G et H en demandent des quantités respectives de 10, 25, 20, 25 et 15 tonnes. Des camions, faisant route entre les points désignés, offrent les disponibilités ci-contre.

	D	E	F	G	H
A	5	5		20	10
B		20	10		5
C	10	5	10	10	10

Etablir le meilleur plan de transport.

Indication

Considérer, par exemple, un flot complet saturant toutes les destinations sauf F, à laquelle n'aboutiront, provisoirement que dix tonnes.

Solution

Etablissons d'abord un flot complet, c'est-à-dire dont tout chemin allant de l'entrée à la sortie comporte au moins un arc saturé.

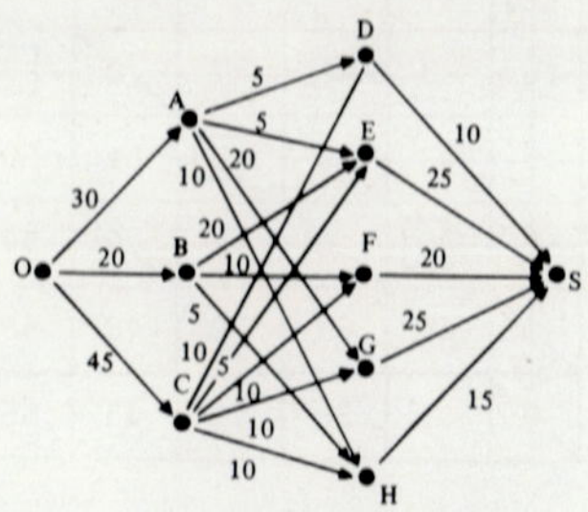

Graphe initial

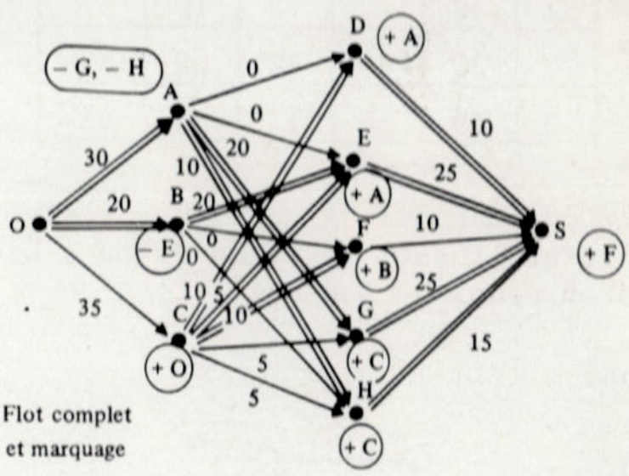

Flot complet et marquage

Procédons ensuite au marquage qui, dans le cas de la figure ci-dessus, aboutit à marquer la sortie S du réseau. On sait que, dans ces conditions, on n'a pas obtenu le flot maximal.

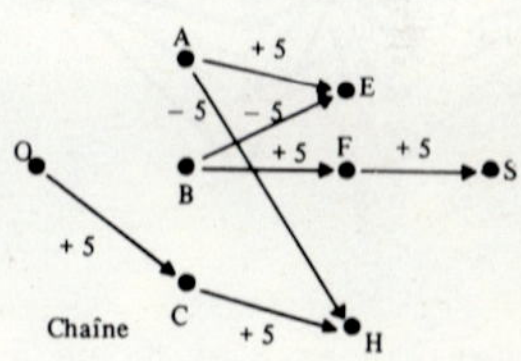

On voit que la chaîne OCHAEBFS, extraite du graphe, se prête à des modifications. En respectant la loi de Kirchhoff, on pourra augmenter le flot total de 5 unités (le transport de certains arcs est augmenté de 5, celui des arcs dirigés dans le sens inverse du parcours OS de la chaîne est diminué de 5).

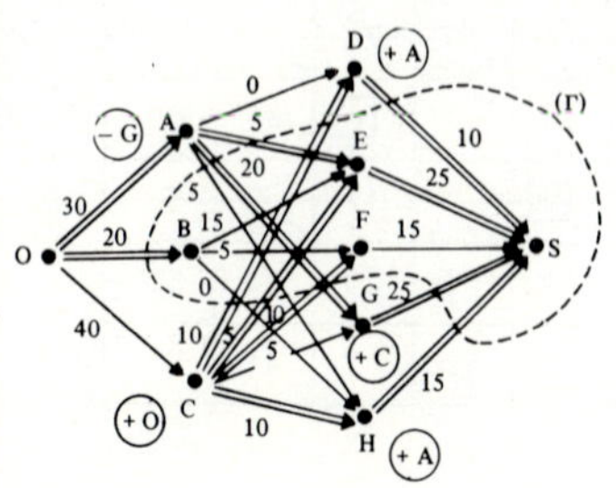

La figure ci-contre tient compte des modifications effectuées sur la chaîne ; la procédure de marquage n'aboutit plus à S. On a donc une solution optimale (une autre solution optimale évidente sature toutes les destinations sauf E).

On remarquera que la coupe (Γ), dont font partie tous les points non marqués, reçoit bien un flot optimal : tous les arcs allant de points marqués vers des points non marqués sont saturés ; le seul arc allant d'un point non marqué à un point marqué transporte un flot nul.

(*) Voir aussi l'exercice 26 sur l'obtention d'un flot complet.

N° 18 On a tiré au hasard les éléments de la matrice ci-contre à six lignes et six colonnes.

Affecter un élément et un seul par ligne et par colonne, de manière à obtenir la somme minimale.

	1	2	3	4	5	6
A	10	90	27	14	39	52
B	29	24	79	90	23	13
C	17	43	62	02	73	70
D	58	14	06	18	16	63
E	15	41	78	44	73	70
F	25	44	81	36	80	80

Solution

Soustrayons des éléments de chaque ligne le plus petit élément de celle-ci, puis opérons de même pour les colonnes ne contenant pas encore de zéro.

	A	B	C	D	E	F
A	0	80	17	4	29	42
B	16	11	66	77	10	0
C	15	41	60	0	71	68
D	52	8	0	12	10	57
E	0	26	63	29	58	55
F	0	19	56	11	58	55

Essayons alors d'affecter le maximum de zéros. On obtient le résultat ci-dessous :

	A	B	C	D	E	F	
A	0	72	17	4	19	42	X
B	16	3	66	77	0	0	
C	15	43	60	0	61	68	
D	52	0	0	12	0	57	
E	0	18	63	29	48	55	X
F	0	11	56	11	45	55	X
	X						

Avant de continuer à appliquer l'algorithme hongrois, il faut vérifier qu'on a bien obtenu un couplage maximal.

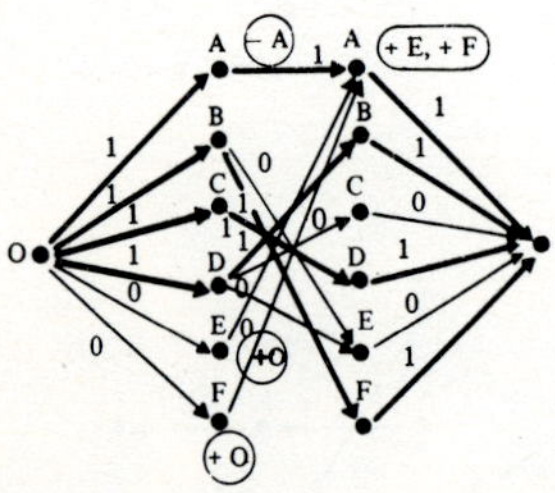

A cet effet, on peut établir un réseau de transport, dont la capacité de transport de tous les arcs est 1.

On constate que la procédure de marquage échoue ; on a donc un flot maximal et, partant, un couplage maximal.

Dans ces conditions, on applique à la matrice précédente l'algorithme hongrois.

On marque les lignes E et F, ce qui aboutit à marquer la colonne A, puis la ligne A.

On raye alors les lignes B, C, D et la lonne A.

Le plus petit élément du tableau restant est 4 ; on l'enlève à tous les éléments du tableau restant et on l'ajoute aux éléments rayés deux fois.

On fait ainsi apparaître un nouveau zéro (ligne A, colonne D) mais l'affectation reste la même ; il est facile de vérifier que le couplage est encore maximal ; le sommet D de la deuxième colonne du réseau de transport peut être marqué + A, le sommet C de la première colonne, - D, mais le marquage s'arrête là.

	A	B	C	D	E	F	
A	0	68	13	0	15	38	X
B	20	3	66	77	0	0	
C	19	43	60	0	61	68	X
D	56	0	0	12	0	57	
E	0	14	59	25	44	51	X
F	0	7	52	7	41	51	X
	X			X			

L'algorithme hongrois permet de marquer les lignes E et F, la colonne A, la ligne A, la colonne D et, enfin, la ligne C.

Après avoir rayé les lignes B et D, ainsi que les colonnes A et D, le plus petit élément du tableau restant est 7 ; on le soustrait des éléments libres et on l'ajoute aux éléments rayés deux fois.

	A	B	C	D	E	F	
A	[0]	61	6	0	8	31	X
B	27	3	66	94	0	[0]	
C	19	36	53	[0]	54	61	X
D	63	0	[0]	19	0	57	
E	0	7	52	25	37	44	X
F	0	[0]	45	7	34	44	
	X			X			

L'affectation des zéros, telle qu'elle est réalisée sur la matrice ci-contre constitue un couplage maximal (selon schéma ci-dessous, à droite).

On applique donc, une nouvelle fois, l'algorithme hongrois.

L'élément libre le plus petit est maintenant 6.

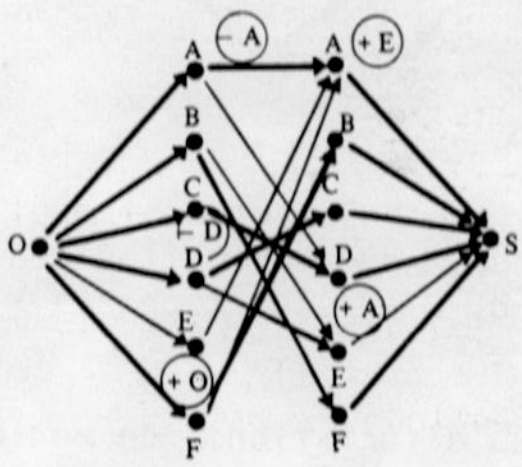

On obtient sans difficulté la matrice ci-dessous :

	A	B	C	D	E	F
A	0	55	[0]	0	2	25
B	33	3	66	100	0	[0]
C	19	30	47	[0]	48	55
D	69	0	0	25	[0]	57
E	[0]	1	46	25	31	38
F	6	[0]	45	13	34	44

Cette matrice permet d'obtenir une affectation d'un zéro par ligne et par colonne.

Elle donne donc la solution optimale, qui, ici, est unique.

En revenant à la matrice initiale, on voit qu'elle a pour valeur :

$$V = 27 + 13 + 02 + 16 + 15 + 44 = 117.$$

Remarque 1

En affectant par ordre croissant des coûts, on obtiendrait :

$$V = 172.$$

En employant une *méthode de regret :*

$$V = 154 ;$$

on constate la supériorité de l'algorithme hongrois.

Remarque 2

Montrons sur un exemple la nécessité de vérifier, avant application de l'algorithme hongrois, qu'on a un couplage maximal.

La matrice de la page suivante contient deux zéros par ligne, sauf sur la ligne C où elle en possède 3.

On peut donc affecter le zéro (A,A) marqué 1, ce qui entraîne la suppression de quatre zéros. Il reste alors un seul zéro dans les lignes B et D. On peut alors affecter le zéro (B,C) marqué 2, ce qui entraîne la suppression d'un autre zéro. Il ne reste plus alors qu'un zéro sur chacune des lignes C et D. On peut donc affecter le zéro (C,D) marqué 3, ce qui entraîne la suppression du dernier zéro figurant encore dans la matrice.

	A	B	C	D	
A	[0] 1	0̸ 1			X 2
B	0̸ 1		[0] 2		X 2 1
C	0̸ 1		0̸ 2	[0] 3	X 3 2 1
D	0̸ 1			0̸ 3	X 2 1 1
	X	X	X	X	

Si l'on appliquait alors le marquage hongrois, on verrait qu'on peut marquer toutes les lignes et toutes les colonnes .... alors que le problème n'est pas résolu.

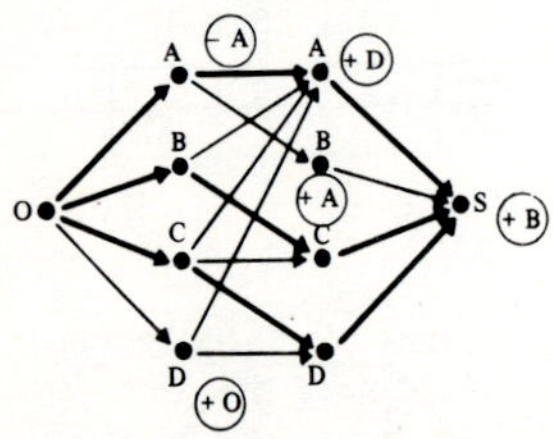

C'est qu'on a affaire à un couplage non maximal, ainsi que le prouve le fait que, sur le réseau de transport, on peut marquer S.

L'amélioration du couplage, par la chaîne ODAABS donne l'une des trois solutions optimales équivalentes.

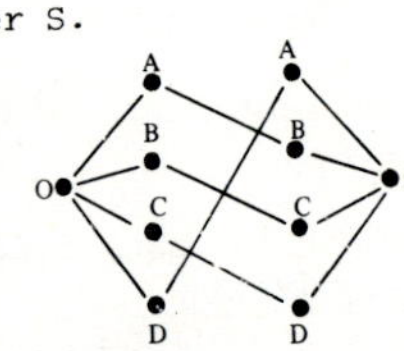

N° 19 La matrice ci-contre établit les coûts de fabrication des ouvriers A, B, C, D, E sur les machines 1, 2, 3, 4 et 5.

Opérer les affectations, de manière à rendre minimal le coût total.

	1	2	3	4	5
A	12	8	11	15	4
B	7	9	17	14	10
C	9	6	12	7	7
D	7	8	14	8	10
E	9	9	13	10	6

Solution

Faisons apparaître, par les soustractions convenables, un zéro par ligne, puis un zéro par ligne et par colonne.

	1	2	3	4	5
A	12	8	11	15	4
B	7	9	17	14	10
C	9	6	12	7	7
D	7	8	14	8	10
E	9	9	13	10	6

Un zéro par ligne
↓

8	4	7	11	0
0	2	10	7	3
3	0	6	1	1
0	1	7	1	3
3	3	7	4	0

Un zéro par ligne et par colonne
↓

	1	2	3	4	5
A	8	4	1	10	0
B	0	2	4	6	3
C	3	0	0	0	1
D	0	1	1	0	3
E	3	3	1	3	0

Procédure de marquage
↓

8	4	1	10	[0]	X_3
~~[0]~~	~~2~~	~~4~~	~~6~~	~~3~~	
~~3~~	~~[0]~~	~~0̸~~	~~0̸~~	~~1~~	
~~0̸~~	~~1~~	~~1~~	~~[0]~~	~~3~~	
3	3	1	3	0̸	X_1
				X_2	

Comme dans l'exercice précédent, avant d'appliquer la procédure de marquage, il faut s'assurer que les affectations ci-dessus constituent un couplage maximal (ici, c'est évident).

On trouve deux solutions équivalentes :

coût 38

7	3	Ø	9	[0]
[0]	2	4	6	4
3	[0]	Ø	Ø	2
Ø	1	1	[0]	4
2	2	[0]	2	Ø

7	3	[0]	9	Ø
[0]	2	4	6	4
3	[0]	Ø	Ø	2
Ø	1	1	[0]	4
2	2	Ø	2	[0]

N° 20 (*) 1) En des points I, II, III IV existent des quantités respectives de 500, 600, 200 et 900 tonnes de minerai à transporter. Les distances mutuelles des points de chargement, au nombre de 6, aux points I, II, III et IV sont donnés par la matrice ci-dessous (à gauche) :

	1	2	3	4	5	6
I	9	12	9	6	9	10
II	7	3	7	7	5	5
III	6	5	9	11	3	11
IV	6	8	11	2	2	10

Etablir le plan de transport le plus économique de manière à faire parvenir, aux points de chargement 1, 2, 3, 4, 5 et 6, les quantités respectives : 400, 300, 700, 200, 400 et 200 tonnes.

2) On a maintenant un excès de 100 tonnes au point I. La solution est-elle modifiée? Obtient-on des solutions équivalentes ?

3) On dispose ensuite d'un excès de 100 tonnes en *chacun* des points I et III. La solution obtenue en laissant 100 tonnes en I et 100 tonnes en III et en conservant le plan de transport établi en I) est-elle une solution de base ?

Quelle précaution faut-il prendre si l'on veut calculer de nouveaux coûts marginaux à partir de cette solution ?

Solution

1) Il s'agit d'un problème de transports classique. On rappelle que, si x_{11}, x_{12},..., x_{16}, x_{21}, x_{22},..., x_{26},..., x_{41}, x_{42},..., x_{46} sont les quantités à transporter des origines 1, 2,..., 4 aux destinations 1, 2, 1,...., 6 on a :

4 équations en ligne :

$$x_{11} + x_{12} + \dots + x_{16} = 5$$
$$x_{21} + x_{22} + \dots + x_{26} = 6$$
$$\dots\dots\dots\dots\dots\dots$$
$$x_{41} + x_{42} + \dots + x_{46} = 9$$

6 équations en colonne :

$$x_{11} + x_{21} + x_{31} + x_{41} = 4$$
$$x_{12} + x_{22} + x_{32} + x_{42} = 3$$
$$\dots\dots\dots\dots\dots\dots$$
$$x_{16} + x_{26} + x_{36} + x_{46} = 2$$

et l'on doit minimiser :

$$F = 9x_{11} + 12x_{12} + 9x_{13} + \dots + 7x_{21} + \dots + 6x_{31} + \dots + 6x_{41} + \dots + 10x_{46}.$$

La théorie des équations linéaires nous apprend que le système de solutions comportera au moins 24 - (4 + 6 - 1) = 15 valeurs nulles .

Si nous employons la méthode de Balas-Hammer, nous tombons sur la solution de base indiquée par le tableau 1.

(*) Voir aussi les exercices 23 et 24 sur les arbres optimaux.

	1	2	3	4	5	6	Δ					
	9	12	9	6	9	10	3	3	0	0	0	0
	7	3	7	7	5	5	2	2	2	④$_{IV}$	0	0
	6	5	9	11	3	11	2	2	2	1	3	3_{VI}
	6	8	11	2	2	10	0	0	④$_{III}$	2	⑤$_{V}$	
Δ	0	2	2	4	1	⑤$_{I}$						
	0	2	2	④$_{II}$	1							
	0	2	2		1							

1	2	3	4	5	6
		5_{VIII}			
	3_{IV}	1_{VII}			2_{I}
1_{VI}		1_{IX}			
3_{V}			2_{II}	4_{III}	

Coût total : 116
Tableau 1

On a :

$\delta_{11} = 3$; $\delta_{12} = 7$; $\delta_{14} = 4$; $\delta_{15} = 7$;

$\delta_{16} = 3$, $\delta_{21} = 3$; $\delta_{24} = 7$, $\delta_{25} = 5$;

$\boxed{\delta_{32} = 0}$; $\delta_{34} = 9$; $\delta_{35} = 1$; $\delta_{36} = 4$; $\delta_{42} = 3$; $\delta_{43} = 2$; $\delta_{46} = 3$

La solution obtenue est donc optimale, mais elle n'est pas unique, car $\delta_{32} = 0$ permet d'en obtenir une seconde (tableau 2).

	1	2	3	4	5	6	
I			5				5
II		2	2			2	6
III	1	1					2
IV	3			2	4		9
	4	3	7	2	4	2	

Tableau 2

2) Si l'on a un excès de 100 tonnes au point I, la solution ne se trouve pas modifiée. Il existe, dans une solution de base, au moins:

$$28 - (7 + 4 - 1) = 18$$

variables nulles. Or, c'est ce qui se produit si l'on affecte la différence à la case (1,7). Les δ_{ij} calculés précédemment restent valables ; parmi les trois nouveaux δ_{ij}, δ_{27} est positif, les deux derniers sont nuls et correspondent à des solutions équivalentes. Par suite, on obtient quatre solutions équivalentes (deux de base et deux dégénérées) :

	1	2	3	4	5	6	7
1			5				1
2		3	1			2	
3	1		1				
4	3			2	4		

Sol. de base
(18 zéros)

1	2	3	4	5	6	7
		5				1
	2	2			2	
1	1					
3			2	4		

Sol. de base

1	2	3	4	5	6	7
		6				
	3	1			2	
1						1
3			2	4		

Sol. dégénérée
(19 zéros)

1	2	3	4	5	6	7
		6				
	3	1			2	
2						
2			2	4		1

Sol. dégénérée

3) Si l'on se contentait de la méthode préconisée, on aurait 17 zéros, donc nullement une solution de base. D'ailleurs, le graphe qui correspond aux tableaux n'est pas un arbre ; il comporte un cycle. Il est vrai que cette solution est *économiquement valable*. Si l'on crée une seconde colonne fictive, on aura immédiatement deux solutions de base (solutions a et b).

	1	2	3	4	5	6	7	8
1			5				1	
2		3	1			2		
3	1		1					1
4	3			2	4			

Sol. a

1	2	3	4	5	6	7	8
		5				1	
	2	2			2		
1	1						1
3			2	4			

Sol. b

Dans chacun des cas :

$$\delta_{37} = \delta_{47} = \delta_{18} = \delta_{48} = 0,$$

les autres étant positifs (toutefois $\delta_{32} = 0$).

En utilisant les δ_{37} et $\delta_{47} = 0$, on obtient deux solutions équivalentes dégénérées (c et d).

	1	2	3	4	5	6	7	8
1			6					
2		3	1			2		
3	1						1	1
4	3			2	4			

Sol. dégénérée
(22 zéros)
Sol. c

1	2	3	4	5	6	7	8
		6					
	3	1			2		
2							1
2			2	4		1	

Sol. dégénérée
Sol. d

En utilisant les δ_{18} et $\delta_{48} = 0$, on obtient quatre solutions équivalentes non dégénérées :

1	2	3	4	5	6	7	8
		4				1	1
	1	3			2		
1	2						
3			2	4			

Sol. e

1	2	3	4	5	6	7	8
		5				1	
	2	2			2		
2	1						
2			2	4			1

Sol. f

1	2	3	4	5	6	7	8
		5				1	
	3	1			2		
2		1					
2			2	4			1

Sol. g

1	2	3	4	5	6	7	8
		4				1	1
	3	1			2		
1		2					
3			2	4			

Sol. h

Il faudra encore considérer, soit la sol. e, soit la sol. h, sous la forme à 18 zéros, ci-contre :

1	2	3	4	5	6	7	8
		4				2	
	1	3			2		
1	2						
3			2	4			

δ_{27} est > 0 ; on a $\delta_{37} = \delta_{47} = 0$; le déplacement de 1 ou 2 unités dans la case (37) donne des solutions déja connues ; le déplacement d'une unité dans la case (47) également ; en revanche, le déplacement de 2 unités dans cette dernière case fournit la solution dégénérée i.

1	2	3	4	5	6	7
		6				
	3	1			2	
3						
1			2	4		2

Sol. i

N° 21 1. On donne la matrice de transport ci-contre , comportant quatre origines et cinq destinations.

On demande de chercher la ou les solutions optimales(s) en utilisant, pour obtenir la première solution de base :

a) la règle du coin nord-ouest ;

b) la règle de la différence maximale.

	1	2	3	4	5	Disponibilités
1	21	11	84	49	13	896
2	27	52	43	29	42	782
3	11	47	14	80	93	943
4	52	94	76	74	54	928
Demandes	800	439	50	790	1470	

Comparer ces deux méthodes du point de vue de la longueur des calculs. Pourquoi la méthode de la différence maximale n'est-elle pas couramment employée en calcul automatique ?

2. Rechercher ensuite une solution de base en affectant les relations dans l'ordre des coûts croissants. Montrer qu'il est inutile, à l'itération suivante, de considérer toute relation de coût supérieur inutilisée lors de l'affectation précédente.

3. On imagine enfin la méthode suivante pour obtenir la solution de base initiale :

a) Calculer, rangée par rangée, la répartition optimale et la répartition *sous-optimale* obtenue en n'utilisant pas la meilleure relation de la rangée ;

b) Calculer, rangée par rangée, les regrets correspondant à la différence entre la répartition optimale et la répartition sous-optimale ;

c) Classer ces regrets par valeurs décroissantes ;

d) Considérer le regret le plus élevé (pour les rangées n'ayant pas encore fait l'objet d'une affectation) et examiner si la répartition optimale qui lui correspond est *compatible* avec les affectations optimales dans les rangées perpendiculaires ; on dit qu'elle est *incompatible* si elle entraîne un regret, de sens opposé, tel que la différence des regrets est inférieure à la valeur du regret suivant dans la liste établie en c ;

e) Dans le cas où la répartition optimale est compatible, l'adopter ; construire un nouveau tableau de regrets et reprendre à c) ;

f) Dans le cas où la répartition optimale est incompatible, reprendre à d), en prenant en considération le regret le plus élevé des rangées non affectées ; il se peut évidemment que la suite des calculs montre que l'affectation qui avait été précédemment jugée incompatible doit être néanmoins retenue.

Solution

1. a) La règle du coin nord-ouest donne la solution de base ci-contre :

il s'agit bien d'une solution de base, puisqu'elle comporte exactement:

$mn - (n + m - 1) = 5 \times 4 - (5 + 4 - 1) = 12$

cases non affectées.

Cette solution sera désignée par la dénomination : tableau 1.

	1	2	3	4	5	
1	800	96				896
2		343	50	389		782
3				401	542	943
4					928	928
	800	439	50	790	1470	

Coût total : 181721

Tableau 1

Le calcul des coût marginaux des substitutions unitaires possibles, à partir de cette solution de base fournit (voir l'arbre 1) les résultats suivants (nous nous bornons à indiquer les coûts négatifs) :

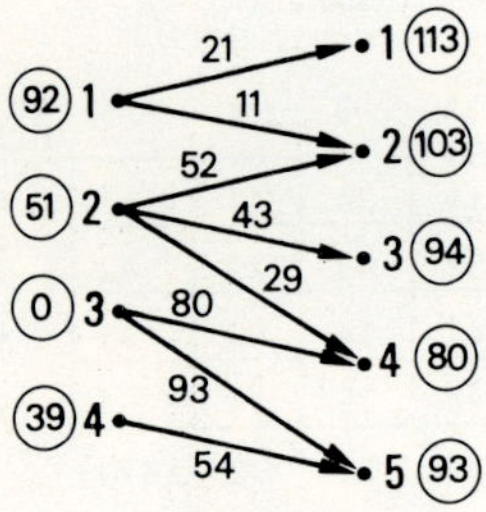

Arbre 1

$\delta_{21} = 51 + 27 - 113 = - 35$

$\delta_{31} = 0 + 11 - 113 = - 102$

$\delta_{32} = 0 + 47 - 103 = - 56$

$\delta_{33} = 0 + 14 - 94 = - 80$

$\delta_{41} = 39 + 52 - 113 = - 22$

	Nombre d'unités déplaçables (ν)	Influence sur le coût total (ρ)
(2,1)	343	- 12005
(3,1)	343	- 34986
(3,2)	343	- 19208
(3,3)	50	- 4000
(4,1)	343	- 7546

On peut supposer qu'il est indiqué d'effectuer d'abord la substitution dont l'influence sur le coût total est la plus forte (3,1) - tableau 2 - et l'on peut constater immédiatement que la substitution (3,3) peut être exécutée aussitôt après - tableau 3.

	1	2	3	4	5
1	457	439			
2			50	732	
3	343			58	542
4					928

Tableau 2

Le tableau 3 (arbre 2) présente deux chaînes de substitution utiles :

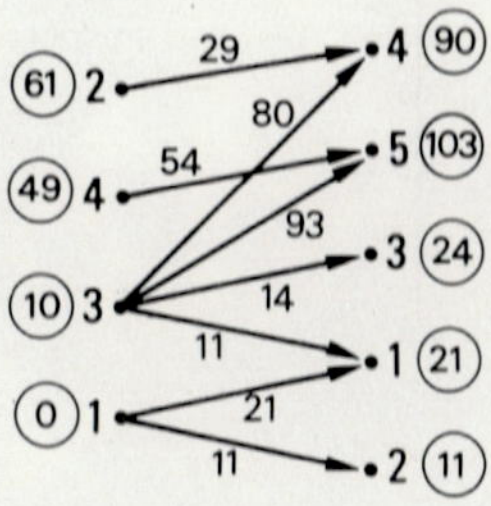

Arbre 2

$\delta_{14} = 0 + 49 - 90 = -41$

$\delta_{15} = 0 + 13 - 103 = -90$

	ν	ρ
(1,4)	8	- 328
(1,5)	457	- 41130

	1	2	3	4	5
1	457	439			
2				782	
3	343		50	8	542
4					928

Tableau 3

On tombe sur le tableau 4 après avoir effectué la seconde de ces substitutions. Il ne comporte (arbre 3) qu'une substitution intéressante.

	1	2	3	4	5
1		439			457
2				782	
3	800		50	8	85
4					928

Tableau 4

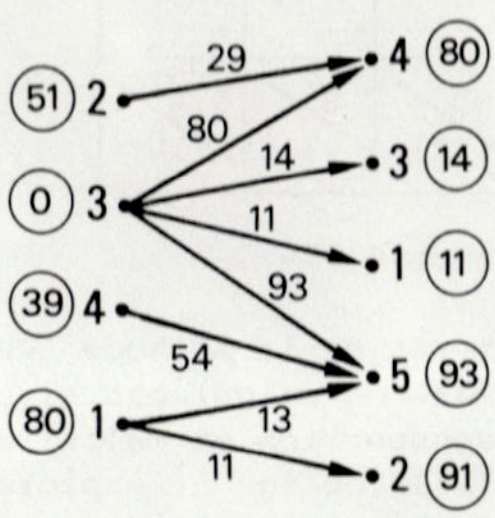

Arbre 3

$\delta_{32} = 0 + 47 - 91 = -44$

$\nu = 85 \quad \rho = -3740$

Après avoir effectué cette substitution, on obtient le tableau 5, dans lequel apparaît (arbre 4) une seule relation de coût marginal négatif :

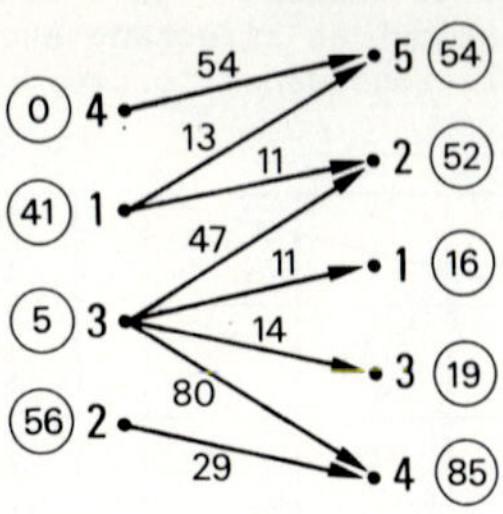

Arbre 4

$\delta_{44} = 0 + 74 - 85 = -11$

$\nu = 8 \quad \rho = -88$

	1	2	3	4	5
1		354			542
2				782	
3	800	85	50	8	
4					928

Tableau 5

On obtient finalement le tableau 6, pour lequel les coût marginaux sont tous *strictement positifs* ; il s'agit donc de l'unique solution optimale.

	1	2	3	4	5
1		346			550
2				782	
3	800	93	50		
4				8	920

Tableau 6 (coût : 97777)

b) La règle de la différence maximale donne évidemment une solution de base initiale bien meilleure que la règle du coin nord-ouest.

On obtient tout de suite le tableau 4, dont le coût total est seulement 101605, c'est-à-dire à moins de 4 % de l'optimum.

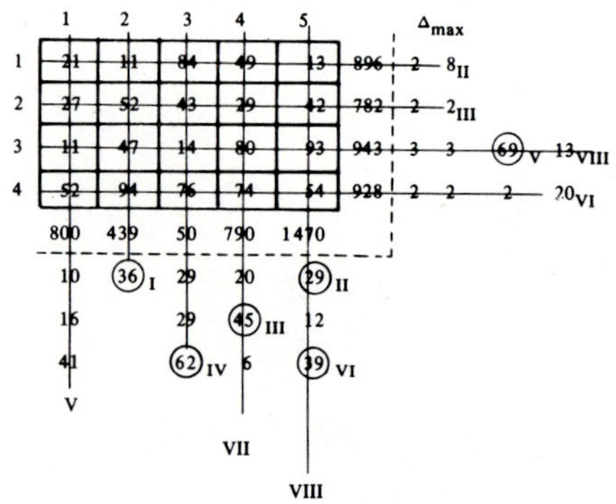

	439 I			457 II	
800 V			782 III		5
		50 IV	8 VII	85 VIII	
				928 VI	

Tableau 4

On conseille parfois la règle de la *différence maximale pondérée* (par le nombre d'unités effectivement affectées par le regret).

Elle ne fournit pas ici un meilleur résultat; pour aller de la matrice 5' (ci-contre) à l'optimum, deux itérations sont également nécessaires

				896 I	
			782 II		5'
800 III	143 V				
	296 VIII	50 VII	8 VI	574 IV	

Matrice 5'

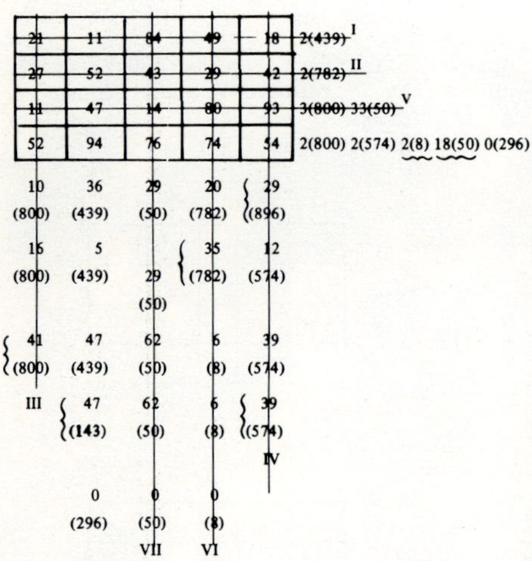

Quel que soit l'intérêt de la méthode de la différence maximale en calcul manuel, on l'emploie avec circonspection en calcul automatique parce qu'elle oblige à explorer la matière des coûts ligne par ligne et colonne par colonne à chaque itération.

2. On obtient aussi le tableau 4 (à deux itérations de l'optimum) en affectant successivement les relations dans l'ordre des coûts croissants.

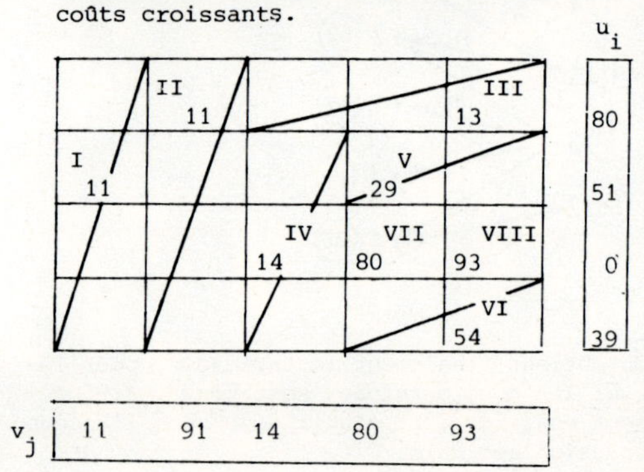

On peut calculer un système de coûts duaux u_i et v_j, tel que $u_i = 0$ pour la relation de coût maximal qui a été affectée. Cela revient à définir un système de potentiels avec u_i fixé à 0 (voir, par exemple, arbre 3).

On vérifie que :

$$\delta_{ij} = u_i + c_{ij} - v_j.$$

Appelons c_{mn} le coût le plus élevé retenu dans la solution ; soit c_{pq} un coût quelconque tel que $c_{pq} \geqq c_{mn}$. Or, dans le système de coûts duaux, on a, en raison du mode de construction adopté : $u_p \geqq u_m$ et $v_q \leqq v_n$, ainsi :

$$u_p - v_q \geqq u_m - v_n, \quad \text{d'où :}$$

$$\delta_{pq} = u_p + c_{pq} - v_q \geqq u_m + c_{mn} - v_n = \delta_{mn} = 0 \text{ et finalement :}$$

$$\delta_{pq} \geqq 0.$$

3. La nouvelle méthode proposée conduit à des calculs bien plus importants.

	1	2	3	4	5
1	21	11	84	49	13
2	27	52	43	29	42
3	11	47	14	80	93
4	52	94	76	74	54

$439 \times 11 + 457 \times 13 - 896 \times 13 = -878$

$782 \times 27 - 782 \times 29 = -1564$

$800 \times 11 + 50 \times 14 + 93 \times 47 - (50 \times 14 + 439 \times 47 + 454 \times 80) = -43782$

$800 \times 52 + 128 \times 54 - 928 \times 54 = -1600$

1	2	3	4	5
800×11	439×11	50×14	782×29	896×13
-800×21	-439×47	-50×43	+8×49	+574×42
= -8000	=-15804	=-1450	-790×49	-782×42
			=-15640	-688×54
				=-34240

Au regret le plus élevé, 43782, correspond l'affectation optimale :

800 en case (3,1) ; 93 en case (3,2) ; 50 en case (3,3) ; le premier et le dernier choix n'entraînent aucune modification des regrets précédemment calculés pour les colonnes 1 et 3.

En revanche, le deuxième choix, se traduisant par l'affectation de 93 unités en case (3,2), entraîne un regret se montant à :

$$93 \times (47 - 11) = 3348.$$

Finalement, le regret attaché au rejet de l'affectation précédente n'est donc que :

$$43782 - 3348 = 40434.$$

Cette valeur étant la plus élevée dans la liste des regrets, l'affectation sera dite *compatible* et adoptée.

Le tableau restant (v. p. 302) étant traité de la même façon, on constate que le regret maximal correspond à la colonne 5 : 34240.

Mais si l'on adoptait l'affectation correspondante, on ne pourrait réaliser celle de la ligne 4; on peut donc dire que le regret attaché à l'affectation indiquée dans la colonne 5 n'est que de :

$$34230 - 21320 = 12910.$$

	1	2	3	4	5	
1		11		49	13	346 × 11 + 550 × 13 - 896 × 13 = - 692
2		52		29	42	782 × 29 - 782 × 42 = - 10166
3						
4		94		74	54	928 × 54 - (790 × 74 + 138 × 94) = - 21320
		346×11 -346×52 = - 14186		782×29 +8×49 -790×49 = - 15640	896×13 +574×42 -782×42 -688×54 = - 34240	

Cette valeur étant inférieure à 21320, l'affectation envisagée sera dite *incompatible*.

Le regret maximal du tableau est alors 21320, sur la ligne 4. On constate immédiatement que l'affectation de 928 unités en (4,5) permet d'adopter les répartitions optimales des colonnes 2 et 4.

Il ne reste finalement dans le tableau que la case (1,5), dans laquelle on affecte le déficit de la colonne 5.

On constate que la solution obtenue ainsi est très proche de l'optimum (coût total : 97905, au lieu de 97777), auquel on peut parvenir en une seule itération.

Mais la lourdeur des calculs, l'obligation de considérer successivement des lignes et des colonnes rend improbable l'adoption de la méthode en calcul automatique.

	1	2	3	4	5
1		346		8	542 III
2				782 II	
3	**800**	93	50 I		
4					928 II

N° 22 On considère la matrice de transport ci-après (à gauche) et l'on établit le plan de transport optimal.

	1	2	3	4	5	Disponibilités
1	33	41	36	45	28	224
2	47	15	31	41	41	563
3	06	21	57	83	17	441
4	27	01	78	23	11	947
Demandes	861	277	50	762	225	

1) A ce moment, on s'aperçoit qu'on disposait, en réalité, d'une quantité égale à 324 à l'origine 1. Est-il utile de recommencer le calcul ou peut-on se borner à ne pas acheminer les cent unités excédentaires à partir de l'origine 1 ?

2) On a, de plus, cent unités excédentaires à l'origine 2.

Montrer qu'on risque de commettre des erreurs en ajoutant seulement une sixième colonne à la matrice initiale et en portant les quantités supplémentaires : 100 dans la case (1,6) et 100 dans la case (2,6).

3) Reprendre le problème à partir de l'arbre représentant la solution optimale initiale.

Solution

Utilisons, par exemple, la méthode de la différence maximale. Nous sommes conduits aux trois tableaux de la page suivante, dont le dernier constitue l'optimum.

	1	2	3	4	5
1	224				
2	196	277	50		40
3	441				
4				762	185

	1	2	3	4	5
1	224				
2	196	277	50	40	
3	441				
4				722	225

	1	2	3	4	5
1	224				
2		277	50	236	
3	441				
4	196			526	225

1) Il faut évidemment ajouter une colonne à la matrice, constituant une destination fictive vers laquelle sera écoulée la quantité excédentaire ; les coûts portés dans cette colonne doivent être pris égaux et supérieurs au plus haut coût de la matrice initiale (on pourra prendre : 100).

Lorsqu'on écrit la quantité excédentaire dans la case (1,6), on obtient une solution de base du nouveau problème. En effet, on a bien :

$$nm - (n + m - 1) = 4 \times 6 - (6 + 4 - 1) = 15$$

cases non affectées (trois de plus que dans la solution précédente), mais il ne s'agit nullement de l'optimum, puisqu'on a :

$$\delta_{26} = -12$$

		2	3	4	5	6	
1	224					100	324
2		277	50	236			
3	441						
4	196			256	225		
						100	

(il est ici inutile de calculer d'autres δ_{ij} que ceux de la colonne 6). La solution optimale est obtenue après l'itération correspondante.

	1	2	3	4	5	6	
1	324						324
2		277	50	136		100	563
3	441						441
4	96			626	225		947
	861	277	50	762	225		

Sol. optimale

2) Si l'on se contente d'ajouter les quantités excédentaires dans une sixième colonne, comme l'indique le tableau ci-dessous (à droite) on n'a évidemment pas une solution de base, puisqu'elle ne contient que 14 zéros au lieu de 15 :

	1	2	3	4	5	6
1	⊖ 224				⊕ +	100 −
2		277	50	236 −		100 +
3	441					
4	196 ⊕			+ 526	− 225 ⊖	

On s'aperçoit alors qu'on peut calculer plusieurs δ_{ij} pour la même case ; on a ainsi, outre :

$$\delta_{15} = 28 + 27 - 33 + 11 = 11,$$

$$\delta'_{15} = 28 + 23 + (100) - [41 + 11 + (100)] = -1.$$

qui conduit à une fausse solution.

Pour éviter toute difficulté, il faut donc considérer deux colonnes fictives 6 et 7, chacune recevant l'excédent correspondant à l'une des deux lignes en comportant. On a en effet :

$$nm - (m + n - 1) = 7 \times 4 - (7 + 4 - 1) = 18$$

et ce sont bien 18 cases non affectées qui existent dans la matrice, laquelle constitue une solution de base.

224					100	
	277	50	236			100
441						
196			526	225		

Sol. de base

	1	2	3	4	5	6	7
1	324						
2		277	50	136		100	100
3	441						
4	96			626	225		

Sol. optimale

On pouvait d'ailleur obtenir directement la solution optimale, en partant de la solution optimale du problème avec un excédent unique et en constatant que les δ_{17} seraient égaux aux δ_{16}.

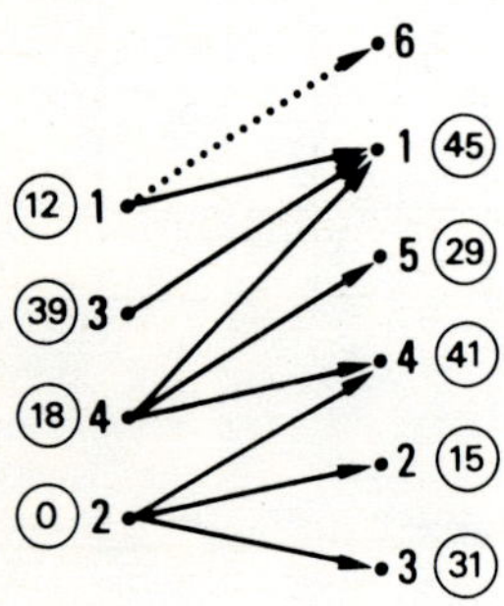

3) Si l'on trace l'arbre représentant la solution optimale du problème initial, il évident qu'en attribuant la quantité excédentaire à une destination fictive, 6, on a toujours un arbre si l'on utilise l'une quelconque des relations (1,6), (2,6), (3,6) ou (4,6).

Soit M le coût fictif élevé du transport d'une unité de toute origine X vers cette destination.

On a :

$$\delta_{X6} = V_X + M - (M + V_{X'})$$
$$= V_X - V_{X'} ,$$

si l'on relie 6 à X' .

Pour avoir $\delta_{X6} \geqq 0$, il suffit de choisir

$$V_X - V_{X'} \geqq 0,$$

c'est-à-dire relier 6 à X' tel que : $V_{X'} \leqq V_X$, d'où $X' \equiv 2$.

Si maintenant on essaie de transporter une seconde quantité excédentaire d'une autre origine vers la même destination, 6, on crée un cycle dans l'arbre représentatif du plan de transport. On n'a plus une solution de base.

Cet inconvénient disparaît si, au contraire, on crée une septième destination.

N° 23 On considère le graphe valué donné par la figure ci-contre et l'on demande de chercher l'arbre de valeur minimale :

1) par l'algorithme de Sollin ;

2) par l'algorithme de Kruskal.

Existe-t-il plusieurs solutions ?

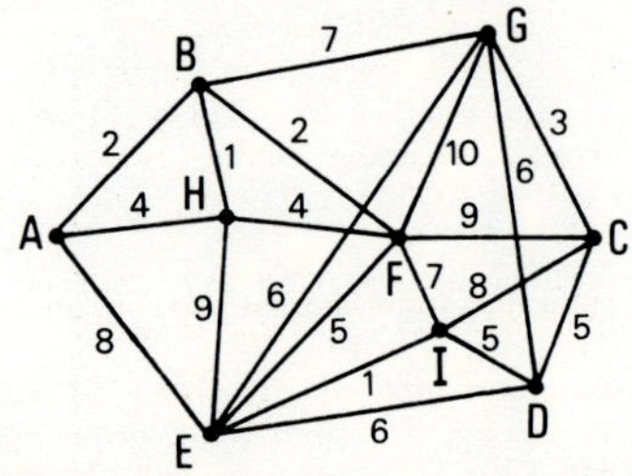

Solution

1) Prenons d'abord le sommet A : l'arête de valeur la plus petite issue de ce sommet est AB. Choisissons un sommet en dehors de l'ensemble {A,B}, soit C, par exemple. L'arête de valeur la plus faible issue de C est CG.

En dehors de l'ensemble {A,B,C,G}, prenons un sommet ; par exemple, D. Ici, nous pouvons hésiter entre l'arête DI et l'arête DC, qui sont toutes deux de valeur 5. Choisissons, arbitrairement, DI. Puis, prenons un sommet n'appartenant pas à l'ensemble {A,B,C,D,G,I} ; par exemple, E, ce qui nous conduit à retenir l'arête EI. Prenons ensuite le sommet F, qui n'appartient pas à {A,B,C,D,E,G,I}, d'où le choix de FB. A ce moment, il ne nous reste que le sommet H, relié à B par l'arête HB, de plus faible valeur parmi celles issues de H.

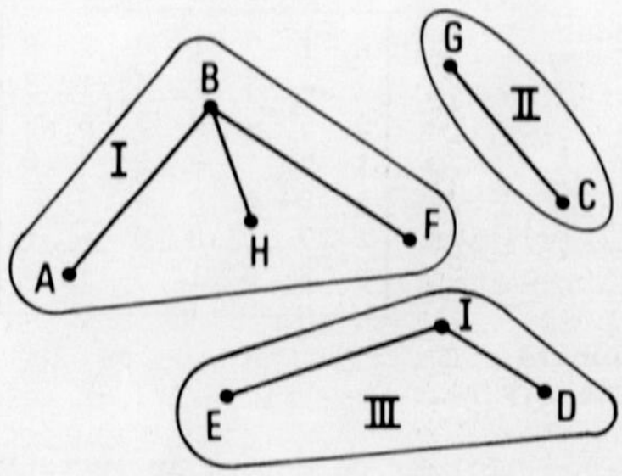

Nous obtenons trois sous-arbres : I, II et III. Parmi les arêtes issues de I (c'est-à-dire des sommets de I) et n'ayant pas comme extrémité terminale un sommet de I, soit :

{AE, BG, FG, FC, FI, FE}

celle de valeur la plus petite est FE, qui rend connexe les sous-arbres I et III.

Considérons maintenant les arêtes issues de II et n'ayant pas pour extrémité terminale un sommet de II :

{CF, CI, CD, GB, GE, GF, GD}.

Celle de valeur minimale est GE. Elle rend connexe les deux sous-arbres qui subsistaient. Nous avons donc atteint un arbre de valeur minimale.

Mais ce n'est pas la seule solution, puisque, à l'une des étapes, nous avons choisi DI, contre DC qui était équivalente. Il existe une seconde solution qui comporte DC, au lieu de DI.

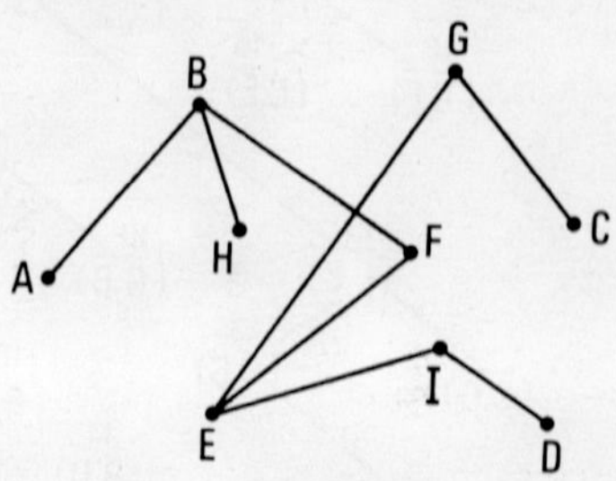

2) Passons à l'algorithme de Kruskal. A cet effet, établissons la liste des arêtes par ordre de valeurs croissantes :

BH : 1; EI : 1 + ε; BF : 2; AB : 2 + ε;
CG : 3; EG : 3 + ε; AH : 4; FH : 4 + ε;
DI : 5; EF : 5 + ε; CD : 5 + 2ε; DG : 6;
DE : 6 + ε; FI : 7; BG : 7 + ε; CI : 8;
AE : 8 + ε; EH : 9; CF : 9 + ε; FG : 10.

On remarque que les arêtes de même valeur ont été distinguées par l'addition de ε, 2ε, etc.

On prend successivement, dans l'ordre ci-dessus, les arêtes qui ne forment pas de cycle avec les précédentes : BH, EI, BF, AB, CG, EG, puis on élimine AH et FH, qui forment des cycles avec les précédentes; enfin, on retient DI et EF.

On retrouve, bien entendu, les mêmes solutions que ci-dessus, car on peut aussi remplacer DI par CD.

Comme toutes les arêtes précédentes, qui ne formaient pas de cycle, ont été prises, il n'y a pas d'autre alternative.

N° 24 Résoudre le même problème, mais, cette fois, afin de trouver l'arbre de valeur maximale.

Indications

Pour l'algorithme de Sollin, il suffira de choisir, à chaque pas, l'arête de valeur la plus grande issue du sommet retenu.

Pour l'algorithme de Kruskal, on lira la liste précédente (n° 23) des arêtes dans l'ordre inverse.

On montrera que la solution est unique.

N° 25 On demande de chercher un circuit hamiltonien de valeur optimale (minimale) dans le graphe valué donné par la matrice des valeurs des arêtes ci-contre :

	A	B	C	D	E	F	G
A	-	1	7	1	8	2	8
B	2	-	3	1	4	1	5
C	9	5	-	9	2	6	5
D	1	4	1	-	3	5	8
E	3	8	2	8	-	9	7
F	1	7	1	8	9	-	9
G	0	3	8	1	3	1	-

Indications

Il s'agit du problème du voyageur de commerce.

On montrera qu'il existe trois solutions de valeur 14 :
(A,B,D,C,E,G,F,A); (A,B,F,C,E,G,D,A) et (A,B,D,E,C,G,F,A).

On donne l'arborescence correspondant à cette recherche pour permettre au lecteur de contrôler ses calculs.

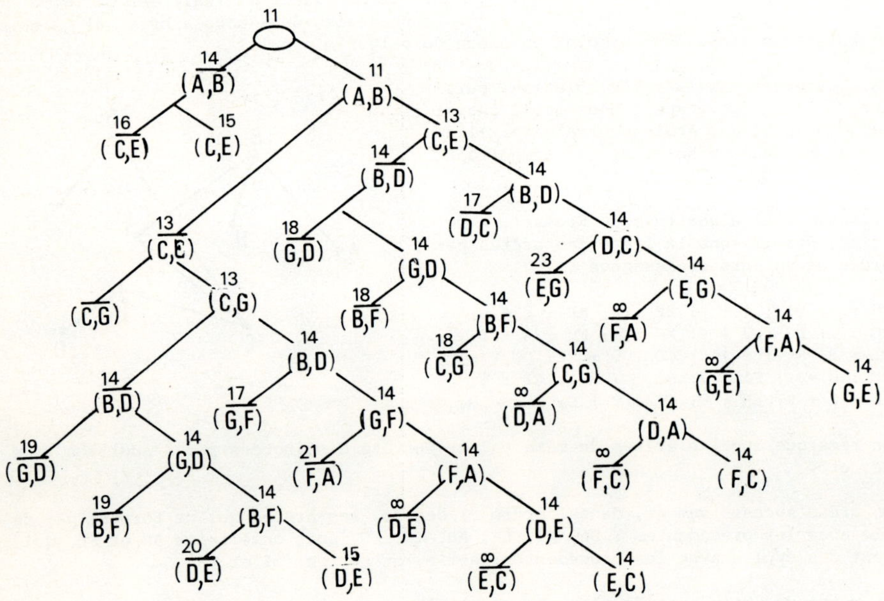

N.B. Chaque fois qu'on a eu le choix entre plusieurs zéros de même regret, on a pris le premier (le plus haut et le plus à gauche dans la matrice).

N° 26 1) On appliquera l'algorithme de Manuel Bloch pour obtenir un flot complet dans le réseau représenté à la page suivante (les valuations sont les capacités des arcs), croquis a.

Indications . A la première itération, on repère le circuit (C,F,H,B,C) et l'on bloque (F,H) et (H,B).

Montrer qu'on obtient directement l'optimum comme l'indique le croquis b.

Les croix indiquent les arcs bloqués.

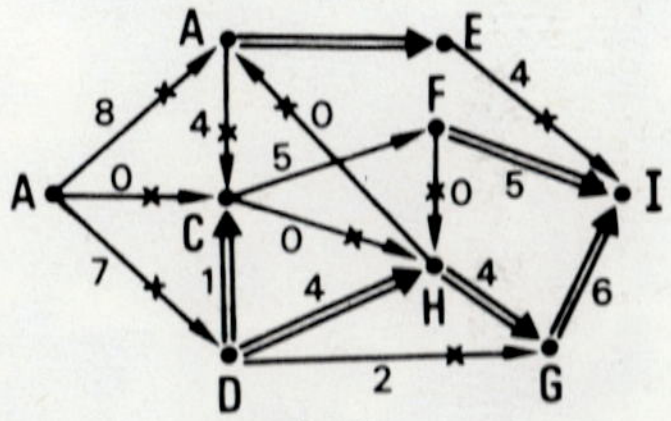

croquis b

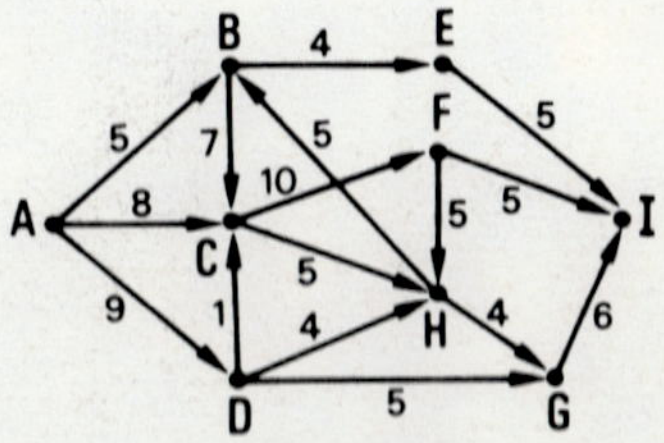

croquis a

2) On appliquera le même algorithme aux données de l'exercice n° 17.

On obtiendra un flot complet pour lequel tous les arcs sont saturés, sauf (O,C),(B,E), (C,H), (E,S) et (G,S), qui sont bloqués.

L'optimum sera atteint par les chaînes (O,C,H,B,E,S) et (O,C,D,A,G,S).

<u>N.B.</u> Prendre les arcs dans l'ordre OA, OB, OC, AD, AE, ..., CH, DS, ..., HS.

exercices sur le chapitre IV

PROCESSUS ALÉATOIRES ET PROGRAMMATION DYNAMIQUE STOCHASTIQUE

N° 1 Montrer que la matrice stochastique :

$$M = \begin{bmatrix} 0,2 & 0,2 & 0,3 & 0,3 \\ 0 & 0,1 & 0,8 & 0,1 \\ 0,1 & 0 & 0,2 & 0,7 \\ 0,6 & 0,2 & 0,1 & 0,1 \end{bmatrix}$$

élevée à la puissance n, tend vers :

$$M^* = \frac{1}{1668} \begin{bmatrix} 457 & 220 & 458 & 533 \\ 457 & 220 & 458 & 533 \\ 457 & 220 & 458 & 533 \\ 457 & 220 & 458 & 533 \end{bmatrix}$$

lorsque $n \to \infty$.

Solution

On a donc :

$$[p^*] = [p(0)]\,[M^*]$$

et :

$$[p^*]\,[M] = [p^*]$$

On peut écrire :

$$[p^*]\,[M] = [p^*] = [p^*]\,[I],$$

[I] étant la matrice unité du même ordre que [M], d'où :

$$[p^*]\,[M - I] = [0].$$

La matrice [M - I] est parfois appelé matrice dynamique.

Pour obtenir les valeur de [p*], il suffit de résoudre le système :

$$\begin{cases} [p^*]\,[M - I] = [0] \\ p_0^* + p_1^* + \ldots + p_n^* = 1 \end{cases}$$

Dans l'exemple précédent, il s'écrit :

$$\begin{aligned} -0,8\,p_0 + 0,1\,p_2 + 0,6\,p_3 &= 0 \\ 0,2\,p_0 - 0,9\,p_1 + 0,2\,p_3 &= 0 \\ 0,3\,p_0 + 0,8\,p_1 - 0,8\,p_2 + 0,1\,p_3 &= 0 \\ 0,3\,p_0 + 0,1\,p_1 + 0,7\,p_2 - 0,9\,p_3 &= 0 \\ p_0 + p_1 + p_2 + p_3 &= 1 \end{aligned}$$

Il donne bien :

$$p_0 = \frac{457}{1668}\ ;\ p_1 = \frac{220}{1668}\ ;\ p_2 = \frac{458}{1668}\ ;\ p_3 = \frac{533}{1668}\ .$$

N° 2 Etant donnée la matrice stochastique :

$$\begin{array}{c} \\ 0 \\ 1 \\ 2 \\ 3 \\ 4 \end{array} \begin{array}{c} \begin{array}{ccccc} 0 & 1 & 2 & 3 & 4 \end{array} \\ \begin{bmatrix} 0,2 & 0 & 0,4 & 0 & 0,4 \\ 0 & 0,3 & 0 & 0,7 & 0 \\ 0,6 & 0 & 0,2 & 0 & 0,2 \\ 0 & 0,5 & 0 & 0,5 & 0 \\ 0,4 & 0 & 0,2 & 0 & 0,4 \end{bmatrix} \end{array}$$

étudier la limite de la puissance n^e lorsque n tend vers l'infini.

Solution

Construisons d'abord le graphe représentatif. Nous constatons aisément qu'il n'est pas connexe. Il existe, en réalité, une décomposition des états en deux classes disjointes ; la première comprend les états 1 et 3 ; la seconde, les états 0, 2 et 4. Il n'y a pas de passage possible entre états qui appartiennent à deux classes différentes.

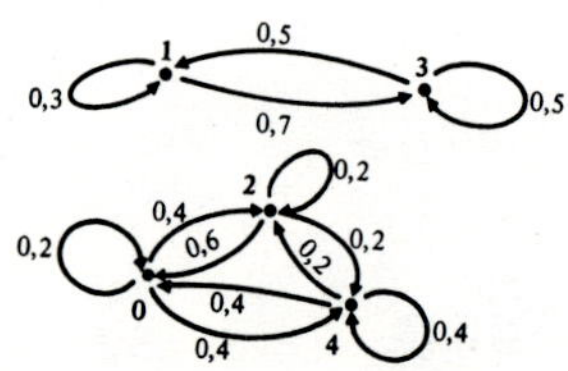

Si l'on regroupe lignes et colonnes, comme le montre la matrice suivante, apparaissent deux matrices carrées non nulles, s'appuyant sur la diagonale principale : les autres éléments sont nuls.

$$[M] = \begin{array}{c} \\ 1 \\ 3 \\ 0 \\ 2 \\ 4 \end{array} \begin{array}{c} \begin{array}{ccccc} 1 & 3 & 0 & 2 & 4 \end{array} \\ \begin{bmatrix} 0,3 & 0,7 & 0 & 0 & 0 \\ 0,5 & 0,5 & 0 & 0 & 0 \\ 0 & 0 & 0,2 & 0,4 & 0,4 \\ 0 & 0 & 0,6 & 0,2 & 0,2 \\ 0 & 0 & 0,4 & 0,2 & 0,4 \end{bmatrix} \end{array}$$

On verrait, en calculant :

$$\lim_{n \to \infty} [M]^n$$

que les sous-matrices carrées sont séparément ergodiques.

$$\lim_{n \to \infty} [M] = \begin{bmatrix} \frac{5}{12} & \frac{7}{12} & 0 & 0 & 0 \\ \frac{5}{12} & \frac{7}{12} & 0 & 0 & 0 \\ 0 & 0 & \frac{11}{29} & \frac{8}{29} & \frac{10}{29} \\ 0 & 0 & \frac{11}{29} & \frac{8}{29} & \frac{10}{29} \\ 0 & 0 & \frac{11}{29} & \frac{8}{29} & \frac{10}{29} \end{bmatrix}$$

Remarque

Plus généralement, les matrices stochastiques de la forme :

$$\begin{bmatrix} A & O \\ O & B \end{bmatrix}$$

où A et B sont des matrices carrées se décomposent d'une manière analogue ; c'est pourquoi on les dit réductibles. On à évidemment :

$$\begin{bmatrix} A & O \\ O & B \end{bmatrix}^n = \begin{bmatrix} A^n & 0 \\ 0 & B^n \end{bmatrix}$$

car A et B sont des matrices stochastiques.

N° 3 Soit la matrice stochastique :

$$M = \begin{array}{c} \\ 0 \\ 1 \\ 2 \\ 3 \\ 4 \end{array} \begin{array}{c} \begin{array}{ccccc} 0 & 1 & 2 & 3 & 4 \end{array} \\ \begin{bmatrix} 0,2 & 0 & 0 & 0,8 & 0 \\ 0,1 & 0,2 & 0,3 & 0,3 & 0,1 \\ 0,2 & 0,1 & 0,5 & 0,1 & 0,1 \\ 0,4 & 0 & 0 & 0,6 & 0 \\ 0,2 & 0,1 & 0,2 & 0,1 & 0,4 \end{bmatrix} \end{array}$$

On demande d'étudier le comportement de M^n lorsque n augmente indéfiniment.

Solution

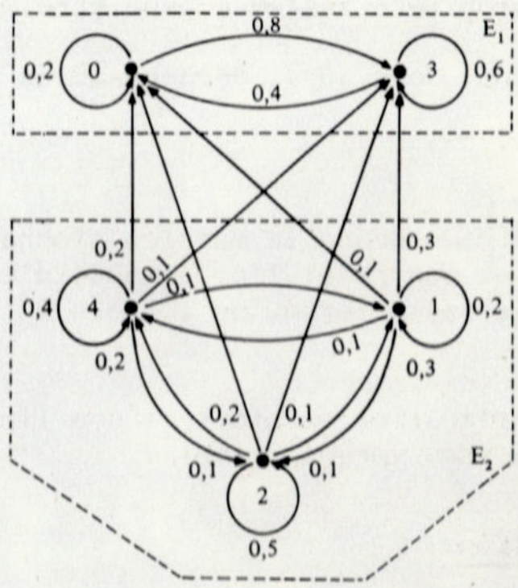

Dès qu'on a tracé le graphe représentatif, on s'aperçoit que le passage, de tout état de l'ensemble d'états transitoire E_2, à un état de l'ensemble des états récurrents E_1 est possible, l'inverse ne l'étant pas.

Bien entendu, un rangement convenable des lignes et colonnes de $[M]$ fait apparaître aussi la propriété :

$$M = \begin{array}{c} \\ 0 \\ 3 \\ 1 \\ 2 \\ 4 \end{array} \begin{array}{c} \begin{array}{ccccc} 0 & 3 & 1 & 2 & 4 \end{array} \\ \left[\begin{array}{ccccc} 0,2 & 0,8 & 0 & 0 & 0 \\ 0,4 & 0,6 & 0 & 0 & 0 \\ 0,1 & 0,3 & 0,2 & 0,3 & 0,1 \\ 0,2 & 0,1 & 0,1 & 0,5 & 0,1 \\ 0,2 & 0,1 & 0,1 & 0,2 & 0,4 \end{array}\right] \end{array}$$

Plus généralement, toute matrice stochastique de la forme : $\begin{bmatrix} A & O \\ C & D \end{bmatrix}$

est décomposable d'une manière analogue. On a :

$$\begin{bmatrix} A & O \\ C & D \end{bmatrix}^n = \begin{bmatrix} A^n & O \\ M_n & D^n \end{bmatrix} \quad \text{avec } M_n = M_{n-1}A + D^{n-1}C \text{ et } M_1 = C.$$

La matrice stochastique A a une limite A^* lorsque n augmente indéfiniment ; on a aussi : $\lim_{n\to\infty} D^n = [0]$; comme la puissance n^e d'une matrice stochastique est encore une matrice stochastique, si $D^n \to [0]$ lorsque n augmente indéfiniment, M_n est une matrice stochastique.

Dans l'exemple précédent : $$\lim_{n\to\infty} [A]^n = \lim_{n\to\infty} \begin{bmatrix} 0,2 & 0,8 \\ 0,4 & 0,6 \end{bmatrix}^n = \begin{bmatrix} \frac{1}{2} & \frac{1}{2} \\ \frac{1}{2} & \frac{1}{2} \end{bmatrix}$$

$$\lim_{n\to\infty} [D]^n = [0] \ ;$$

$$\lim_{n\to\infty} M_n = \lim_{n\to\infty} M_n \quad A^n = \begin{bmatrix} a^*_{10} & 1 - a^*_{10} \\ a^*_{20} & 1 - a^*_{20} \\ a^*_{40} & 1 - a^*_{40} \end{bmatrix} \begin{bmatrix} a^* & 1 - a^* \\ a^* & 1 - a^* \end{bmatrix},$$

d'où :

$$a^*_{10} = a^*_{20} = a^*_{40} = a^* \ ; \ a^*_{13} = a^*_{23} = a^*_{43} = 1 - a^*.$$

Ainsi :

$$\lim_{n\to\infty} [M]^n = \begin{array}{c} \\ 0 \\ 3 \\ 1 \\ 2 \\ 4 \end{array} \begin{array}{c} \begin{array}{ccccc} 0 & 3 & 1 & 2 & 4 \end{array} \\ \left[\begin{array}{ccccc} \frac{1}{2} & \frac{1}{2} & 0 & 0 & 0 \\ \frac{1}{2} & \frac{1}{2} & 0 & 0 & 0 \\ \frac{1}{2} & \frac{1}{2} & 0 & 0 & 0 \\ \frac{1}{2} & \frac{1}{2} & 0 & 0 & 0 \\ \frac{1}{2} & \frac{1}{2} & 0 & 0 & 0 \end{array}\right] \end{array}$$

Une propriété analogue peut être montrée pour les matrice de la forme : $\begin{bmatrix} A & B \\ 0 & D \end{bmatrix}$

qui sont donc aussi décomposables (ou réductibles).

N° 4 On donne la matrice stochastique ci-contre et l'on demande d'examiner ce qui se passe lorsqu'on l'élève à la puissance n.

En particulier existe-t-il une limite lorsque n tend vers l'infini ?

$$[M] = \begin{array}{c|ccccc} & 0 & 1 & 2 & 3 & 4 \\ \hline 0 & 0 & 0,4 & 0,6 & 0 & 0 \\ 1 & 0,8 & 0 & 0 & 0,2 & 0 \\ 2 & 0,9 & 0 & 0 & 0,1 & 0 \\ 3 & 0 & 0,2 & 0,5 & 0 & 0,3 \\ 4 & 0,3 & 0 & 0 & 0,7 & 0 \end{array}$$

Solution

Sur le graphe représentatif, on voit clairement que tout état E_1 (0 ou 3) est suivi d'un état E_2 (1, 2 ou 4) ; cela veut dire que le système oscille perpétuellement entre E_1 et E_2.

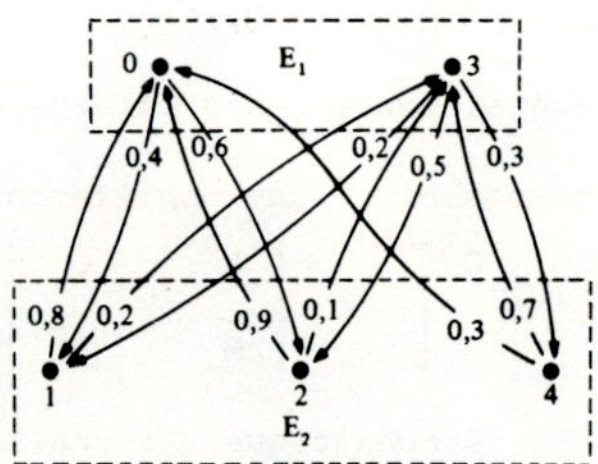

Mise sous la forme :

$$[M] = \begin{array}{c|ccccc} & 3 & 0 & 1 & 2 & 4 \\ \hline 3 & 0 & 0 & 0,2 & 0,5 & 0,3 \\ 0 & 0 & 0 & 0,4 & 0,6 & 0 \\ 1 & 0,2 & 0,8 & 0 & 0 & 0 \\ 2 & 0,1 & 0,9 & 0 & 0 & 0 \\ 4 & 0,7 & 0,3 & 0 & 0 & 0 \end{array}$$

par rangement convenable des lignes et colonnes, la matrice est du type : $\begin{bmatrix} O & A \\ B & O \end{bmatrix}$

où les matrices nulles s'appuyant sur la diagonale sont carrées ; les matrices de ce type sont dites périodiques.

On calculerait facilement :

$$\begin{bmatrix} O & A \\ B & O \end{bmatrix}^{2n} = \begin{bmatrix} (AB)^n & O \\ O & (BA)^n \end{bmatrix}$$

et :

$$\begin{bmatrix} O & A \\ B & O \end{bmatrix}^{2n+1} = \begin{bmatrix} O & (AB)^n A \\ (BA)^n B & O \end{bmatrix}$$

Numériquement, dans l'exemple précédent :

$$\lim_{n\to\infty} [M]^{2n} = \begin{array}{c|ccccc} & 3 & 0 & 1 & 2 & 4 \\ \hline 3 & \frac{1}{6} & \frac{5}{6} & 0 & 0 & 0 \\ 0 & \frac{1}{6} & \frac{5}{6} & 0 & 0 & 0 \\ 1 & 0 & 0 & \frac{22}{60} & \frac{35}{60} & \frac{3}{60} \\ 2 & 0 & 0 & \frac{22}{60} & \frac{35}{60} & \frac{3}{60} \\ 4 & 0 & 0 & \frac{22}{60} & \frac{35}{60} & \frac{3}{60} \end{array} \quad \text{et : } \lim_{n\to\infty} [M]^{2n+1} = \begin{array}{c|ccccc} & 3 & 0 & 1 & 2 & 4 \\ \hline 3 & 0 & 0 & \frac{22}{60} & \frac{35}{60} & \frac{3}{60} \\ 0 & 0 & 0 & \frac{22}{60} & \frac{35}{60} & \frac{3}{60} \\ 1 & \frac{1}{6} & \frac{5}{6} & 0 & 0 & 0 \\ 2 & \frac{1}{6} & \frac{5}{6} & 0 & 0 & 0 \\ 4 & \frac{1}{6} & \frac{5}{6} & 0 & 0 & 0 \end{array}$$

Il n'y a donc pas, à proprement parler, de limite de M lorsque n tend vers l'infini.

N° 5 On considère les états E_1, E_2, E_3 d'un système, le graphe ci-dessous indiquant comment ils se succèdent, ainsi que la matrice de transition $[U]$ correspondante.

a) Montrer que :

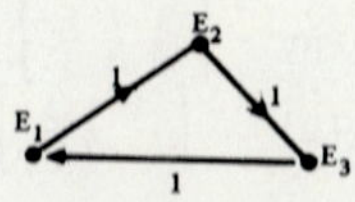

$$[U]^n = \begin{bmatrix} u_n & u_{n-1} & u_{n+1} \\ u_{n+1} & u_n & u_{n-1} \\ u_{n-1} & u_{n+1} & u_n \end{bmatrix}$$

avec :

$$u_n = \frac{1}{3}\left[\cos 2\pi + 2\cos\frac{2\pi n}{3}\right]$$

b) Soit $p(0) = [1\ 0\ 0]$; calculer p_n.

Que peut-on dire de $p(\infty)$ lorsque

$$p(0) = \left[\frac{1}{3}\ \ \frac{1}{3}\ \ \frac{1}{3}\right] ?$$

c) Calculer

$$[U^{3k}]^{-1}\ ,\ [U^{3k+1}]^{-1}\ ,\ [U^{3k+2}]^{-1}\ ,\ k \in \mathbb{N}$$

Solution

1) La matrice de transition s'écrit

$$[U] = \begin{array}{c} \begin{array}{ccc} 1 & 2 & 3 \end{array} \\ \begin{bmatrix} 0 & 1 & 0 \\ 0 & 0 & 1 \\ 1 & 0 & 0 \end{bmatrix} \end{array} \begin{array}{c} 1 \\ 2 \\ 3 \end{array}$$

2) Pour n = 1 :

$$\frac{1}{3}\begin{bmatrix} 1+2\cos\frac{2\pi}{3} & 1+2\cos 0 & 1+2\cos\frac{4\pi}{3} \\ 1+2\cos\frac{4\pi}{3} & 1+2\cos\frac{2\pi}{3} & 1+2\cos 0 \\ 1+2\cos 0 & 1+2\cos\frac{4\pi}{3} & 1+2\cos\frac{2\pi}{3} \end{bmatrix} = \begin{bmatrix} 0 & 1 & 0 \\ 0 & 0 & 1 \\ 1 & 0 & 0 \end{bmatrix} = [U]^1$$

si l'on a $[U]^n = \begin{bmatrix} a_n & a_{n-1} & a_{n+1} \\ a_{n+1} & a_n & a_{n-1} \\ a_{n-1} & a_{n+1} & a_n \end{bmatrix}$, alors $[U]^{n+1} = \begin{bmatrix} a_{n+1} & a_n & a_{n+2} \\ a_{n+2} & a_{n+1} & a_n \\ a_n & a_{n+2} & a_{n+1} \end{bmatrix}$;

en effet :

$$\begin{bmatrix} a_n & a_{n-1} & a_{n+1} \\ a_{n+1} & a_n & a_{n-1} \\ a_{n-1} & a_{n+1} & an \end{bmatrix} \begin{bmatrix} 0 & 1 & 0 \\ 0 & 0 & 1 \\ 1 & 0 & 0 \end{bmatrix} = \begin{bmatrix} a_{n+1} & a_n & a_{n-1} \\ a_{n-1} & a_{n+1} & a_n \\ a_n & a_{n-1} & a_{n+1} \end{bmatrix}.$$

Or :

$$a_{n+2} = a_{n-1},\ \text{car}\ \cos\left[\frac{2\pi n}{3} - \frac{2\pi}{3}\right] = \cos\left[\frac{2\pi n}{3} + \frac{4\pi}{3}\right]$$

3) Calculons : $[1\ \ 0\ \ 0]\ \ [\ \ ]^n = [a_n\ \ a_{n-1}\ \ a_{n+1}]$

$$=\left[\frac{1}{3}\left(\cos 2\pi+\cos\frac{2\pi n}{3}\right),\ \frac{1}{3}\left(\cos 2\pi+2\cos\frac{2\pi(n-1)}{3}\right),\ \frac{1}{3}\left(\cos 2\pi+2\cos\frac{2\pi(n+1)}{3}\right)\right]$$

$$=\left[\frac{1}{3}\left(1+2\cos\frac{2\pi n}{3}\right),\ \frac{1}{3}\left(1+2\left(\cos\frac{2\pi n}{3}\cos\frac{2\pi}{3}-\sin\frac{2\pi n}{3}\sin\frac{2\pi}{3}\right)\right),\ \frac{1}{3}\left(1+2\left(\cos\frac{2\pi n}{3}\cos\frac{2\pi}{3}+\sin\frac{2\pi n}{3}\sin\frac{2\pi}{3}\right)\right)\right]$$

$$=\left[\frac{1}{3}\left(1+2\cos\frac{2\pi n}{3}\right),\ \frac{1}{3}\left(1+2\left(-\frac{1}{2}\cos\frac{2\pi n}{3} - \frac{\sqrt{3}}{2}\sin\frac{2\pi n}{3}\right)\right),\frac{1}{3}\left(1+2\left(-\frac{1}{2}\cos\frac{2\pi n}{3} + \frac{\sqrt{3}}{2}\sin\frac{2\pi n}{3}\right)\right)\right]$$

Si $n = 3k$

$$[1\ 0\ 0]\quad [U]^n = [1\ 0\ 0]\ ;$$

si $n = 3k + 1$, le produit est : $[0\ 0\ 1]$; enfin, si $n = 3k + 2$: $[0\ 1\ 0]$.

Quand l'état initial est $\left[\frac{1}{3}\ \frac{1}{3}\ \frac{1}{3}\right]$, on obtient : $\left[\frac{1}{3}\ \frac{1}{3}\ \frac{1}{3}\right][U]^n = \left[\frac{1}{3}\ \frac{1}{3}\ \frac{1}{3}\right]$, car $a_{n+1} + a_n + a_{n-1} = 1$; d'où $p(\infty) = \lim p(0)[U]^n = \left[\frac{1}{3}\ \frac{1}{3}\ \frac{1}{3}\right]$.

4) On a : $M^{-1} = U' = U^2$, d'où : $[U^{3k}]^{-1} = U^3 = [1]$; $[U^{3k+1}]^{-1} = U^2 = U'$; $[U^{3k+2}]^{-1} = U = [U']^{-1}$.

N° 6 Montrer que :

1) la matrice de l'exercice 1 admet une valeur propre unique égale à 1 ;
2) la matrice de l'exercice 2, deux valeurs propres égales à 1 ;
3) la matrice de l'exercice 4, une valeur propre égale à 1 et une valeur propre égale à - 1.

Indications

On a, en effet, les équations caractéristiques respectives suivantes :

1) $(\lambda - 1)\ (\lambda^3 - 0{,}4\ \lambda^2 + 0{,}23\ \lambda + 0{,}038) = 0$;

2) $(\lambda - 1)^2(\lambda^3 + 0{,}4\ \lambda^2 - 0{,}008) = 0$;

3) $\lambda(\lambda - 1)\ (\lambda + 1)\ (\lambda^2 - 0{,}16) = 0$.

Dans le premier cas, outre les racines réelles 1 et - 0,13.. , on a deux racines imaginaires : $0{,}265 + 0{,}54\ i$ et $0{,}265 - 0{,}54\ i$.

Dans le second, toutes les racines sont réelles : 1, 1, - 0,2, $-0{,}1\ (1 + \sqrt{5})$, $-0{,}1\ (1 - \sqrt{5})$.

Dans le dernier, les racines sont également réelles : 1, -1, 0,4, - 0,4 et 0.

N° 7 Au cours d'une transformation chimique, qui dure plusieurs heures, on procède à un règlage manuel qui a lieu toutes les dix minutes. Dans l'intervalle des réglgages, qui sont supposés sans durée appréciable, la réaction évolue d'elle-même.

La masse traitée peut se trouver dans les états E_1, E_2 ou E_3. Si elle est dans l'état E_1, le réglage peut l'y maintenir ou la faire passer à E_1 ou E_3 ; si, enfin, elle est dans l'état E_3, le réglage peut la faire passer à E_1 ou E_2.

Or, lorsque la réaction évolue ensuite à partir de l'état E_1, elle conduit 3 fois sur 10 à l'état E_2 (avec une économie de 5) et 7 fois sur 10 à l'état E_3 (avec une perte de 2) ; lorsqu'elle évolue à partir de E_2, la moitié du temps on vient à E_1(gain de 1) et l'autre moitié à E_2 (perte de 1) ; lorsqu'enfin elle évolue à partir de E_3, six fois sur dix on enregistre le passage à E_2 (gain de 3) et quatre fois sur dix, on reste en E_3 (perte de 2).

Quel réglage opérer, dans chaque hypothèse, de manière à obtenir la transformation la plus économique ?

N.B. Il est indifférent que la matière traitée soit finalement sous l'un quelconque des trois états, pourvu que la durée de la transformation, prévue à l'avance, ait été observée.

Quel gain réalise-t-on sur 100 réglages , en appliquant la politique optimale ?

Solution

Sur le graphique ci-contre, les déplacements dûs aux réglages sont indiqués en traits gras, ceux qui correspondent à des transitions intéressant l'évolution du système sans intervention extérieure sont figurés en traits ponctués ; les probabilités de transfert et les gains sont indiqués sur les arcs.

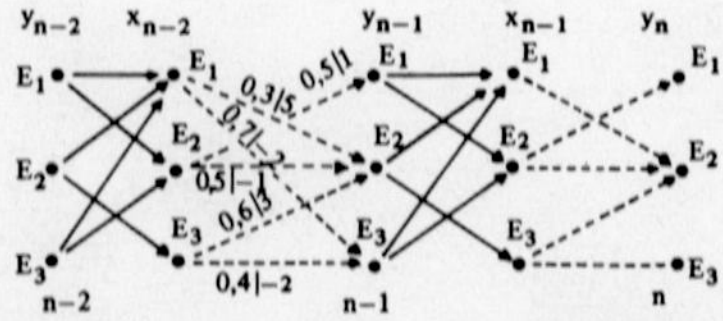

Les variables de décision sont les x_i, les variables de position les y_i ; les espérances mathématiques seront désignées pas $\overline{Z}$. On a :

$\overline{Z_{n-1}}(E_1,E_1)=0,3\times 5+0,7\times(-2)=\boxed{0,1}$ $\overline{Z_{n-1}}(E_1,E_2)=0,5\times 1+0,5\times(-1)=0$	$\overline{Z_{n-2}}(E_1,E_1)=0,3\times(5+1)+0,7\times(-2+0,1)=0,47$ $\overline{Z_{n-2}}(E_1,E_2)=0,5\times(1+0,1)+0,5\times(-1+1)=\boxed{0,55}$
$\overline{Z_{n-1}}(E_2,E_1)=0,1$ $\overline{Z_{n-1}}(E_2,E_3)=0,6\times 3+0,4\,(-2)=\boxed{1}$	$\overline{Z_{n-2}}(E_2,E_1)=0,47$ $\overline{Z_{n-2}}(E_2,E_3)=0,6\times(3+1)+0,4\times(-2+0,1)=\boxed{1,64}$
$\overline{Z_{n-1}}(E_3,E_1)=\boxed{0,1}$ $\overline{Z_{n-1}}(E_3,E_2)=0$	$\overline{Z_{n-2}}(E_3,E_1)=0,47$ $\overline{Z_{n-2}}(E_3,E_2=\boxed{0,55}$

etc. Notamment :

$\max \overline{Z_{n-3}}(E_1) = 1,095$ $E_1 \longrightarrow E_2$ $\max \overline{Z_{n-3}}(E_2) = 2,204$ $E_2 \longrightarrow E_3$ $\max \overline{Z_{n-3}}(C) = 1,095$ $E_3 \longrightarrow E_2$

$\max \overline{Z_{n-4}}(E_1) = 1,6495$ $E_1 \longrightarrow E_2$ $\max \overline{Z_{n-4}}(E_2) = 2,7604$ $E_2 \longrightarrow E_3$ $\max \overline{Z_{n-4}}(C) = 1,6495$ $E_3 \longrightarrow E_2$

$\max \overline{Z_{n-10}}(E_1)=4,9827160495$ $E_1 \longrightarrow E_2$ $\max \overline{Z_{n-10}}(E_2)=6,0938271604$ $E_2 \longrightarrow E_3$ $\max \overline{Z_{n-10}}(E_3)=4,9827160495$ $E_3 \longrightarrow E_2$

d'où l'on dégage la politique optimale :

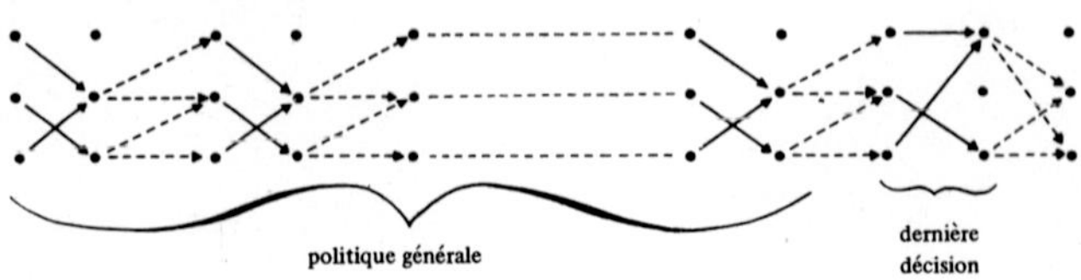

Remarquons maintenant que :

$$V_{E_1}^{n-k} = [0,5 \quad 0,5 \quad 0] \begin{pmatrix} 1 + V_{E_2}^{n-k+1} \\ -1 + V_{E_3}^{n-k+1} \\ 0 + V_{E_2}^{n-k+1} \end{pmatrix} = 0,5(V_{E_2}^{n-k+1} + V_{E_3}^{n-k+1})$$

$$v_{E_1}^{n-k} = [0 \quad 0,6 \quad 0,4] \begin{Bmatrix} 0 + v_{E_2}^{n-k+1} \\ 3 + v_{E_3}^{n-k+1} \\ -2 + v_{E_2}^{n-k+1} \end{Bmatrix} = 1 + 0,6\ v_{E_3}^{n-k+1} + v_{E_2}^{n-k+1}$$

$$v_{E_3}^{n-k} = v_{E_1}^{n-k}$$

d'où l'on a :

$$v_{E_2}^{n-k} - v_{E_1}^{n-k} = 1 + 0,1(v_{E_2}^{n-k+1} - v_{E_1}^{n-k+1})$$

ou

$$\delta^{n-k} = 1 + 0,1\ \delta^{n-k+1}$$

Si n est assez grand :

$$\delta^{n-k} = 1 + 0,1 + 0,01 + 0,001 + \ldots \approx \frac{10}{9}$$

De plus,

$$v_{E_2}^{n-k} = 0,5(v_{E_2}^{n-k+1} + v_{E_3}^{n-k+1}) = 0,5(2v_{E_2}^{n-k+1} + \delta^{n-k+1}) = v_{E_2}^{n-k+1} + \frac{1}{2}\ \delta^{n-k+1} .$$

Par suite :

$$v_{E_2}^{n-k} \approx 0,55 + (k - 2)\ \frac{5}{9}$$

$$v_{E_3}^{n-k} \approx 0,55 + k \cdot \frac{5}{9}$$

On vérifie que :

pour k = 10 :

$$v_{E_3}^{n-k} = 0,55 + \frac{50}{9} \approx 6,10$$

$$v_{E_2}^{n-k} = 0,55 + \frac{40}{9} \approx 5,00$$

et l'on a, pour k = 100 :

$$v_{E_3}^{n-k} \approx 56,10\ ;\ v_{E_2}^{n-k} \approx 55,00$$

N.B. On remarquera toutefois que l'évolution la moins bonne donne une perte de 1,5 par période.

exercices sur le chapitre V

USURE ET RENOUVELLEMENT DES ÉQUIPEMENTS

N° 1 Un matériel est payé 25000 F à l'achat et, durant ses trois premières années de service, nécessite un débours annuel de 3000 F pour l'entretien. Ensuite, le coût de l'entretien s'accroît de 1000 F par an.

Un matériel concurrent serait payé 17000 F à l'achat, mais son entretien reviendrait à 5000 F par an durant les quatre premières années et, ensuite, à 5000 plus 1000 F de plus par année.

L'un et l'autre sont prévus pour durer 15 ans et sont supposés sans valeur résiduelle appréciable au bout de quelques années.

Quel est le matériel le plus avantageux ; au bout de combien d'années devient-il plus avantageux que le concurrent ?

Le taux d'actualisation sera pris (pour faciliter les calculs) égal à 10 %. Les frais d'entretien sont supposés payés à la fin de chaque année.

Solution

Calculons les coûts actualisés des deux matériels, afin de pouvoir les comparer. Comme ils sont d'égale durée de service, il suffira de considérer une même période :

$$C_A = 25000 + \frac{3000}{1+\alpha} + \frac{3000}{(1+\alpha)^2} + \frac{3000}{(1+\alpha)^3} + \frac{4000}{(1+\alpha)^4} + \frac{5000}{(1+\alpha)^5} + \frac{6000}{(1+\alpha)^6} + \dots$$

$$C_B = 17000 + \frac{5000}{1+\alpha} + \frac{5000}{(1+\alpha)^2} + \frac{5000}{(1+\alpha)^3} + \frac{5000}{(1+\alpha)^4} + \frac{6000}{(1+\alpha)^5} + \frac{7000}{(1+\alpha)^6} + \dots$$

$$C_A - C_B = 8000 - \frac{2000}{1+\alpha} - \frac{2000}{(1+\alpha)^2} - \frac{2000}{(1+\alpha)^3} - \frac{1000}{(1+\alpha)^4} - \frac{1000}{(1+\alpha)^5} - \frac{1000}{(1+\alpha)^6} - \dots$$

$$= 8000 - \frac{2000}{1+\alpha}\left[1 + \frac{1}{1+\alpha} + \frac{1}{(1+\alpha)^2}\right] - \frac{1000}{(1+\alpha)^4}\left[1 + \frac{1}{1+\alpha} + \frac{1}{(1+\alpha)^2} + \dots\right]$$

$$C_A - C_B = 1000\left[8 - \frac{2}{1+\alpha}\left(\frac{\frac{1}{(1+\alpha)^3} - 1}{\frac{1}{1+\alpha} - 1}\right) - \frac{1}{(1+\alpha)^4}\left(\frac{\frac{1}{(1+\alpha)^{n-3}} - 1}{\frac{1}{1+\alpha} - 1}\right)\right]$$

$$= 1000\left[1 + 8\alpha(1+\alpha)^3 - 2(1+\alpha)^3 + \frac{1}{(1+\alpha)^{n-3}}\right] \cdot \frac{1}{\alpha(1+\alpha)^3}.$$

On aura donc $C_A - C_B < 0$ (c'est-à-dire $C_A < C_B$) pour n tel que :

$$(1+\alpha)^{n-3} > \frac{1}{(1+\alpha)^3 (2 - 8\alpha) - 1}$$

soit, en remplaçant α par sa valeur numérique :

$$(1,1)^N > \frac{1}{(1,1)^3\ (2 - 0,8) - 1} = \frac{1}{1,331 \times 1,2 - 1} = \frac{1}{0,5972} \approx 1,67$$

$(1,1)^N$ est supérieur à 1,67 pour N = 6, d'où 9 < n < 10.

N° 2 Une société de louage de taxis, comptant 200 véhicules, tous de même modèle, dotés chacun de cinq pneus, entreprend d'étudier la survie de ces derniers. D'après le cahier du magasinier, sur un échantillon initial de 1000 pneus, on a pu établir les fréquences indiquées par le tableau ci-après.

1) Dresser la courbe de survie des pneumatiques. Calculer la vie moyenne et l'écart-type de l'âge de la réforme. Compléter le tableau par l'indication des mortalités relatives et des probabilités d'avarie.

Nombre de pneus ayant duré	
moins d'un mois	5
de 1 à 2 mois	10
de 2 à 3 mois	40
de 3 à 4 mois	80
de 4 à 5 mois	130
de 5 à 6 mois	250
de 6 à 7 mois	200

Nombre de pneus ayant duré	
de 7 à 8 mois	120
de 8 à 9 mois	70
de 9 à 10 mois	50
de 10 à 11 mois	25
de 11 à 12 mois	15
de 12 à 13 mois	3
de 13 à 14 mois	2

2) A supposer que les 1000 pneus soient renouvelés ensemble à une date t = 0, étudier les conditions du réapprovisionnement à instituer pour maintenir ensuite le nombre de pneus en service à cette valeur.

Solution

1) Il est facile de compléter le tableau initial par le calcul de n(t), et ceux de la mortalité relative $p(t) = \frac{n(t-1) - n(t)}{n(0)}$ ainsi que de la probabilité d'avarie

$$p_c(t) = 1 - \frac{n(t)}{n(t-1)} .$$

t	Nombre de pneus ayant duré		n(t)	p(t)	$p_c(t)$
0			1000		
1	moins d'un mois	5	995	0,005	0,005
2	de 1 à 2 mois	10	985	0,010	0,010
3	de 2 à 3 mois	40	945	0,040	0,041
4	de 3 à 4 mois	80	865	0,080	0,085
5	de 4 à 5 mois	130	735	0,130	0,151
6	de 5 à 6 mois	250	485	0,250	0,341
7	de 6 à 7 mois	200	285	0,200	0,413

t	Nombre de pneus ayant duré		n(t)	p(t)	$p_c(t)$
8	de 7 à 8 mois	120	165	0,120	0,422
9	de 8 à 9 mois	70	95	0,070	0,435
10	de 9 à 10 mois	50	45	0,050	0,527
11	de 10 à 11 mois	25	20	0,025	0,556
12	de 11 à 12 mois	15	5	0,015	0,750
13	de 12 à 13 mois	3	2	0,003	0,600
14	de 13 à 14 mois	2	0	0,002	1

La moyenne :

$$\bar{t} = \sum_{t=1} t\ p_t$$

s'établit à 6,62.

On pourrait en déduire la consommation moyenne :

$$\frac{1000}{6,62} = 151.$$

2) On peut définir une chaîne de Markov stationnaire, de matrice[M], telle que si [Π(0)] représente la distribution des âges à la date 0 :

$$[\Pi(1)] = [\Pi(0)] \cdot [M]$$

$$\text{-------------------}$$

$$[\Pi(n)] = [\Pi(0)] \cdot [M]^n$$

Voici cette matrice :

$$M=\begin{bmatrix}
0{,}005 & 0{,}995 & & & & & & & & & & & & \\
0{,}010 & 0 & 0{,}990 & & & & & & & & & & & \\
0{,}041 & 0 & 0 & 0{,}959 & & & & & & & & & & \\
0{,}085 & 0 & 0 & 0 & 0{,}915 & & & & & & & & & \\
0{,}151 & 0 & 0 & 0 & 0 & 0{,}849 & & & & & & & & \\
0{,}341 & 0 & 0 & 0 & 0 & 0 & 0{,}659 & & & & & & & \\
0{,}413 & 0 & 0 & 0 & 0 & 0 & 0 & 0{,}587 & & & & & & \\
0{,}422 & 0 & 0 & 0 & 0 & 0 & 0 & 0 & 0{,}578 & & & & & \\
0{,}435 & 0 & 0 & 0 & 0 & 0 & 0 & 0 & 0 & 0{,}565 & & & & \\
0{,}527 & 0 & 0 & 0 & 0 & 0 & 0 & 0 & 0 & 0 & 0{,}473 & & & \\
0{,}556 & 0 & 0 & 0 & 0 & 0 & 0 & 0 & 0 & 0 & 0 & 0{,}444 & & \\
0{,}750 & 0 & 0 & 0 & 0 & 0 & 0 & 0 & 0 & 0 & 0 & 0 & 0{,}250 & \\
0{,}600 & 0 & 0 & 0 & 0 & 0 & 0 & 0 & 0 & 0 & 0 & 0 & 0 & 0{,}400 \\
1 & 0 & 0 & 0 & 0 & 0 & 0 & 0 & 0 & 0 & 0 & 0 & 0 & 0
\end{bmatrix}$$

La matrice M étant ergodique, on aura, en régime permanent :

$$[\Pi^*] \cdot [A] = [0] \qquad (1)$$

avec [A] = [M] - [1] (A, matrice dynamique).

On peut se servir des relations (1), auxquelles on ajoute :

$$\Pi^*_0 + \Pi^*_1 + \ldots + \Pi^*_n = 1 \qquad (2)$$

pour calculer Π^*_0, et, de là, tous les Π^*_i .

On a :

$$\Pi^*_0 \times 0{,}995 = \Pi^*_1 \;;\; \Pi^*_1 \times 0{,}990 = \Pi^*_2, \;\ldots;\; \Pi^*_{12} \times 0{,}400 = \Pi^*_{13} ,$$

d'où :

$$\Pi^*_0 + 0{,}995\,\Pi^*_0 + 0{,}995 \times 0{,}990\,\Pi^*_0 + \ldots + 0{,}995 \times 0{,}990 \times \ldots \times 0{,}400\,\Pi^*_0 = 1$$

et :

$$\Pi^*_0 = \frac{1}{1 + 0{,}995 + 0{,}995 \times 0{,}990 + \ldots + 0{,}995 \times 0{,}990 \times \ldots \times 0{,}400} \approx \frac{1}{6{,}62} \approx 0{,}151$$

On peut en déduire

$$[\Pi^*] = [0{,}151\ 0{,}150\ 0{,}149\ 0{,}143\ 0{,}130\ \ 0{,}111\ \ 0{,}073\ \ 0{,}043\ 0{,}025\ 0{,}014\ 0{,}007\ 0{,}003\ \ 0{,}0007\ 0{,}0003]$$

Il ne suffit pas de définir le taux d'approvisionnement en régime permanent, égal,soit à :

$$1000\,\Pi^*_0 = 151 ,$$

soit à $\frac{N(0)}{\overline{t}}$, $\overline{t}$ étant la durée moyenne d'un équipement.

On va voir que le taux oscille d'abord fortement avant de se stabiliser.

N(2) = [9,975 4,975 985,05 0....]

N(3) = [40,487 9,925 4,925 944,663 0....]

N(4) = [80,8 40,285 9,826 4,723 864,366 0....]

N(5) = [132,13 80,396 39,882 9,423 4,322 733,847 0....]

N(6) = [254,795 131,469 79,592 38,247 8,622 3,670 483,605 0....]

N(7) = [211,385 253,521 130,154 76,329 34,996 7,320 2,419 283,876 0....]

N(8) = [143,991 210,328 250,986 124,818 69,841 29,712 4,824 1,420 146,080 0....]

N(9) = [118,367 143,271 208,225 240,696 114,208 59,295 19,580 2,832 0,821 92,705 0....]

N(10) = [137,231 126,346 116,597 136,023 182,705 186,896 63,899 22,937 6,643 0,925 0,219 14,469 0....]

N(11) = [168,802 136,545 125,711 111,817 124,461 155,117 123,164 37,509 13,238 3,753 0,438 0,097 4,863 0]

N(12) = [166,199 162,983 135,180 120,557 102,313 105,667 92,222 72,297 21,680 7,479 1,775 0,194 0,014 1,945]

N(19) = [151,799 151,924 150,273 137,845 123,558 104,205 74,770 47,180 26,877 17,712 5,596 2,304 0,701 0,392]

N(20) = [149,178 151,040 150,405 144,113 126,128 104,901 68,671 43,890 27,270 15,186 6,013 2,485 0,576 0,280]

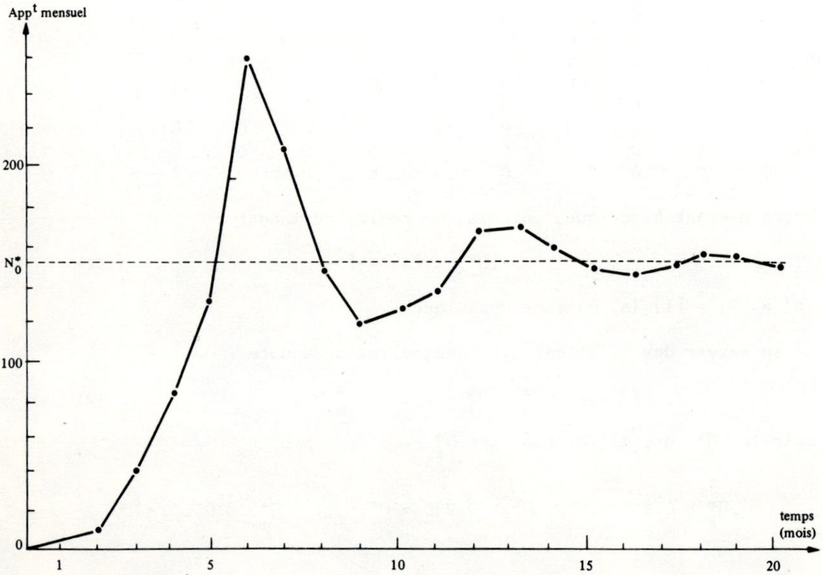

Les quantités à approvisionner sont, en effet, les $N_0(t)$ des vecteurs précédents, obtenus par récurrence :

$$[N_0(t) \;\; N_1(t) \ldots] = [N_0(t-1) \;\; N_1(t-1) \ldots] \; [M]$$

Ainsi :

$$[N_0(1) \;\; N_1(1) \ldots] = [1000 \;\; 0 \;\; 0 \ldots] \; [M] = [5 \;\; 995 \;\; 0 \ldots] \text{ , etc.}$$

qu'on pourra comparer, pour t = 20, avec :

$$N^* \approx [151 \;\; 150 \;\; 149 \;\; 143 \;\; 130 \;\; 111 \;\; 73 \;\; 43 \;\; 25 \;\; 14 \;\; 7 \;\; 3 \;\; 0{,}7 \;\; 0{,}3]$$

Il n'est pas inutile de faire une représentation graphique des taux mensuels d'approvisionnement, on verra ainsi que c'est seulement au bout de quelque dix-huit mois qu' on peut déjà prendre N^*_0 en considération (voir code page 255).

N° 3 Une compagnie de navigation aérienne emploie un personnel d'hôtesses reparti actuellement, par âges et grades, selon le tableau ci-dessous :

Assistantes

Age	Nombre
21	90
22	50
23	30
24	20
25	10
	200

Hôtesses

Age	Nombre	Age	Nombre
26	40	34	16
27	35	35	12
28	35	36	10
29	30	37	8
30	28	38	0
31	26	39	8
32	20	40	8
33	18	41	6
			300

Hôtesses en chef

Age	Nombre	Age	Nombre
42	5	52	4
43	4	53	3
44	5	54	5
45	3	56	3
46	3	57	2
47	3	59	2
48	6		
49	2		50

On sait, d'autre part, que, sur 1000 hôtesses entrant en service à l'âge de 21 ans, il n'en subsiste aux âges postérieurs que le nombre indiqué pour chacun des tableaux ci-après :

Age	Nombre	Age	Nombre	Age	Nombre	Age	Nombre
21	1000 (embauche)	31	173	41	119	51	53
22	600	32	167	42	113	52	46
23	480	33	161	43	106	53	39
24	384	34	155	44	99	54	33
25	307	35	150	45	93	55	27
26	261	36	146	46	87	56	22
27	228	37	141	47	80	57	18
28	206	38	136	48	73	58	14
29	190	39	131	49	66	59	11
30	181	40	125	50	59	60	retraite

On estime qu'il faudra, chaque année au cours de trois années à venir, accroître de 10 % les effectifs. Quels recrutements et promotions par classes d'âge effectuer au cours de ces trois années, si l'on veut conserver la même proportion dans l'encadrement ?

Solution

Ce problème est encore un problème *d'usure et de remplacement*.

D'après le tableau, indiquant comment se sont comportées mille hôtesses au cours de leur carrière, on va calculer les probabilités de transition de chaque âge au suivant : $\frac{n(t)}{n(t-1)}$.

	p	0	1	2	3
21	0,6	90	139	163	184
22	0,8	50	54	83,4*	97,8*
23	0,8	30	40*	43,2	66,72
24	0,8	20	24	32	34,56
25	0,85	10	16	19,2	25,60
26	0,87	40	8,5	13,6	16,32
27	0,9	35	34,8	7,4	11,83
28	0,92	35	31,5	31,32	6,66
29	0,95	30	32,2	28,98	28,81
30	0,96	28	28,5	30,59	27,53
			269,5	289,69	317,83

	p	0	1	2	3
31	0,97	26	26,88	27,36	29,37
32	0,96	20	25,22	26,07	26,54
33	0,96	18	19,2	24,21	25,03
34	0,97	16	17,28	18,43	23,24
35	0,97	12	15,52	16,76	17,88
36	0,97	10	11,64	15,05	16,26
37	0,96	8	9,70	11,29	14,60
38	0,96	0	7,68	9,31	*10,84
39	0,95	8	0	*7,37	8,94
40	0,95	8	7,60	0	7
			140,72	155,85	179,70

	p		1	2	3
41	0,95	6	*7,60	7,22	0
42	0,94	5	5,70	7,22	6,86
43	0,93	4	4,70	5,36	6,79
44	0,94	5	3,82	4,37	4,98
45	0,93	3	4,70	3,50	4,11
46	0,92	3	2,79	4,37	3,25
47	0,91	3	2,76	2,57	4,02
48	0,90	6	2,71	2,51	2,34
49	0,89	2	5,40	2,46	2,26
50	0,90	0	1,68	4,81	2,19
			41,86	44,39	36,80

	P	0	1	2	3
51	0,87	0	0	1,60	4,33
52	0,85	4	0	0	1,39
53	0,84	3	3,40	0	0
54	0,82	5	2,52	2,86	0
55	0,81	0	4,10	2,07	2,35
56	0,82	3	0	3,32	1,68
57	0,78	2	2,46	0	2,72
58	0,79	0	1,56	1,92	0
59	0	2	0	1,23	1,52
60		0	0	0	0
			14,04	13,00	13,99

Il est aisé alors de calculer l'évolution du personnel actuel et de prévoir l'embauche nécessaire. Ainsi, au bout de la première année, on manquera de 139 personnes pour arriver au total de 605 (550 + 55) ; de la même façon, il faudra embaucher 163 personnes la seconde année et 184, la troisième.

On en déduit les promotions à effectuer :

1e année

A → H : on devra promouvoir 13 hôtesses de 23 ans (sur 40) et toutes les autres assistantes plus âgées ;

H → HC : il faudra nommer 6,82 (7) hôtesses de 41 ans (sur 7,60) ;

2e année

A → H : 79 hôtesses de 22 ans et les autres assistantes plus âgées.

H → HC : 3,54 (3 ou 4) hôtesses de 39 ans (sur 7,37) et les hôtesses plus âgées ;

3e année

A → H : 82,2 (82) hôtesses de 22 ans et les autres assistantes plus âgées.

H → HC : toutes les hôtesses à partir de 39 ans.

N° 4 Un laboratoire effectuant des mesures possède 24 appareils en service simultané. On a remarqué que ces appareils tombent en panne selon un loi poissonnienne de taux égal à 2/3 par semaine. Les appareils tombés en panne au cours d'une semaine sont envoyés en réparation à la fin de la semaine et ne sont réintégrés qu'après un délai d'une semaine.

1) Quel est le volant nécessaire si l'on veut avoir 24 appareils en état de marche à la fin de chaque semaine avec une probabilité de 0,95 ?

2) On décide de fractionner chacun des appareils en n éléments d'égale fragilité, de manière à pouvoir n'en changer, en cas de panne, que l'élément défectueux. Calculer le volant pour n = 2, 4, 8, 16.

Solution

Le nombre d'appareils qui se trouvent en panne à la fin d'une semaine déterminée est égal au nombre d'appareils tombés en panne pendant les deux semaines précédentes (y compris celle qui se termine). Ce nombre d'appareils en panne suit une loi de Poisson de paramètre :

$$k = 24 \times 2 \times \frac{2}{3} = 32 .$$

On veut que $\sum\limits_{s \geqq r} e^{-k} \frac{k^s}{s!} < 1 - 0,95 = 0,05$; si l'on prend s, tel que : $\sum\limits_{s}^{\infty} e^{-} \frac{k^s}{s!} < 0,05$, on aura, a fortiori :

$$p(s + 1) + p(s + 2) + \dots + p(s + 24) < 0,05.$$

Ne disposant pas d'une table de Poisson pour k = 32, on remarquera que :

$$\frac{e^{-32}\, 32^s}{s\,!} + \frac{e^{-32}\, 32^{s+1}}{(s+1)!} + \dots + \frac{e^{-32}\, 32^{s+24}}{(s+24)!} < 25\, \frac{e^{-32}\, 32^s}{s!} \text{ si } s + 1 > 32 .$$

On a, d'autre part :

$$\left(\frac{e^{-k}\ k^{s}}{s!}\right)^2 = \frac{e^{-2k}\ k^{2s}}{s!\ s!}$$

et

$$\frac{e^{-2k}\ 2k^{2s}}{(2s)!} = \frac{e^{-2k}\ k^{2s}}{s!\ s!}\ \frac{s!\ s!}{(2s)!}\ e^{2s}.$$

D'après la formule de Stirling (ce qui suppose encore s assez grand) :

$$\frac{s!\ s!}{(2s)!} \approx \frac{s^{2s}\ e^{-2s}\ 2\ s}{(2s)^{2s}\ e^{-2s}\ \sqrt{4\pi s}} = \frac{\sqrt{\pi}\ \sqrt{s}}{2^{2s}}$$

Alors :

$$\frac{e^{-2k}\ 2k^{2s}}{(2s)!} = \left(\frac{e^{-k}\ k^{s}}{s!}\right)^2 \sqrt{\pi}\ \ \sqrt{s}$$

Il faut maintenant calculer s tel que :

$$25\ \frac{e^{-32}\ 32^{s}}{s!} < 0{,}05$$

ou encore, que:

$$\frac{e^{-32}\ 32^{s}}{s!} < 0{,}002\ .$$

Prenons s = 48 ; on lit dans la table :

$$\frac{e^{-16}\ 16^{24}}{24!} = 0{,}014$$

et l'on obtient $\frac{e^{-32}\ 32^{s}}{s!} = 0{,}014^2\ \sqrt{\pi}\ \ \sqrt{24}\ \approx 0{,}00171$.

Evidemment, il s'agit là d'une valeur un peu forte ; par des calculs plus développés, on verrait qu'il suffit de prendre 43 ou 44, comme total du volant.

Si l'on fractionne chacun des appareils en n éléments, appelons p_i la probabilité pour que le nombre de pannes survenues au cours de deux semaines sur un élément de la catégorie i soit inférieur ou égal au stock s à calculer pour chacune des catégories.

$$(p_i)^n = 0{,}95 \approx 1 - \frac{1}{20}\ ,\ \text{d'où}\ p_i \approx 1 - \frac{1}{20\ n}\ .$$

Pour 16 éléments par appareil :

$$p_i \approx 1 - \frac{1}{320} \approx 0{,}9969,$$

le paramètre de la loi de Poisson n'étant autre que $\frac{32}{16} = 2$.

On doit chercher s tel que

$$\sum_{s}^{\infty} \frac{e^{-2}\ 2^{s}}{s!} < 0{,}0031,$$

d'où s = 7 (lecture sur une table).

En recommençant le même raisonnement pour 8, 4, 2 éléments, on obtient :

Nombre d'éléments	Paramètre	$1 - p_i$	Stock (éléments de chaque catégorie)
1	32		44
2	16	0,025	25
4	8	0,0125	15
8	4	0,0063	11
16	2	0,0031	7

N° 5 [1] Un composant critique d'une installation électronique coûte C francs l'unité. Le coût de l'installation initiale pour ce composant est R_0 mais, à chaque remplacement, il faut dépenser R_1. Ainsi, le coût initial de montage est $C + R_0$ et celui des montages ultérieurs est $C + R_1$.

La durée de vie T d'un tel composant est une variable aléatoire. La courbe de survie v(t) est donnée :

$$\text{pr}\{T > t\} = v(t)$$

soit une densité de probabilité :

$$a(t) = \frac{dv}{dt}.$$

1) Si $G(\theta)$ est le coût total de l'achat des composants et de leur montage dans l'intervalle $[0, \theta[$ et $E[G(\theta)] = \overline{G}(\theta)$ son espérance mathématique, trouver une expression pour le coût moyen g lorsque $\theta \to \infty$:

$$g = \lim \frac{E[G(\theta)]}{\theta} ;$$

g devra être exprimé comme une fonction de G, R_0, R_1 et des moments de la loi de probabilité exprimée par a(t). Exprimez clairement les hypothèses qui doivent être faites pour que la limite g existe.

2) Supposons que, par des modifications négligeables dans les circuits, N composants identiques peuvent être placés en parallèle. Selon cette disposition, on suppose que le coût de montage de N composants en parallèle est $NC + R_0$ mais quand un ou plusieurs composants tombent en panne il suffit qu'il en reste un seul en service pour que l'installation électronique fonctionne. Quand les N sont en panne, on remplace alors les N composants par des composants neufs. La figure ci-dessous (à gauche) indique, comme un exemple, le cycle pour N = 3. Cette stratégie coûte davantage, en ce qui concerne l'achat des composants, mais on espère que le cycle de remplacement sera plus long, ce qui fera diminuer le prix de la pose.

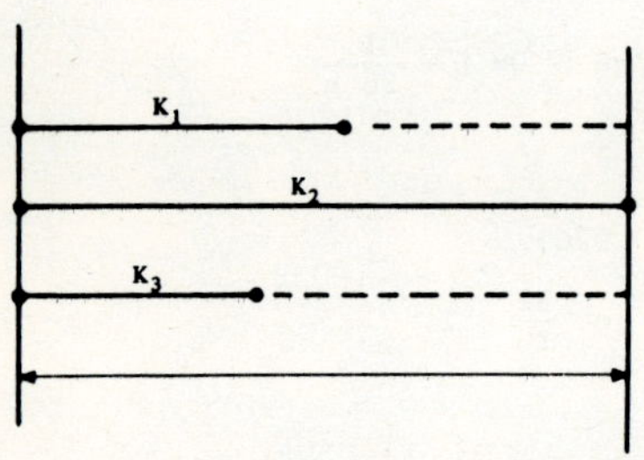

Temps aléatoire d'un cycle de remplacement cas de 3 composants en parallèle

Quelle est la loi de survie de N équipements identiques en parallèle, dans ces conditions, sachant que la loi de survie d'un équipement est v(t) ?

3) Si $G_N(\theta)$ est le coût total de l'achat des composants et de leur montage - lorsqu'ils sont assemblés en parallèle (comme indiqué en 2) - dans l'intervalle $[0, \theta[$, si $E[G_N(\theta)] = \overline{G}_N(\theta)$ en est l'espérance mathématique, trouver une expression pour le coût moyen g lorsque $\theta \to \infty$:

[1] L'énoncé de ce problème, dont une partie est reprise d'une épreuve proposée à l'examen de Master of science à l'Université de Berkeley, nous a été aimablement communiqué par A. Kaufmann.

$$g_N = \lim_{\theta \to \infty} \frac{E\,[G_N(\theta)]}{\theta}$$

On opérera comme dans 1).

4) Supposons que :

$$R_0 = kR_1$$

et que :

$$v(t) = 1 - \frac{t}{T_0} \quad 0 \leq t \leq T$$
$$= 0 \quad T \leq t \text{ (figure ci-dessous, à gauche)}$$

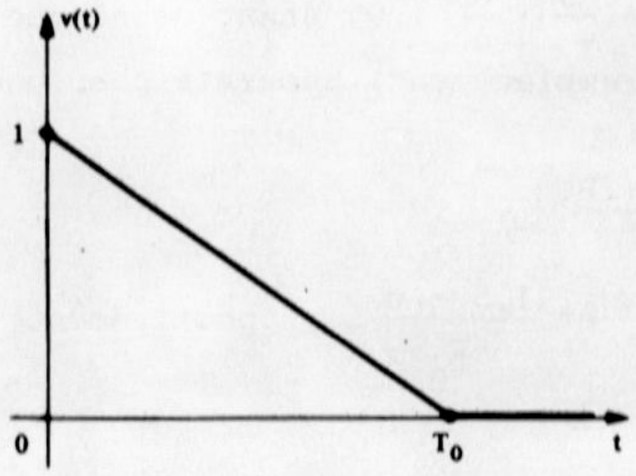

Trouver une expression explicite de g_N en fonction de G, R_1, k et T_0. Donner la courbe g_N en fonction de R_1 lorsque R_1 varie dans l'intervalle de 0 à 20 G et indiquer, pour chaque valeur de R_1 :

N^* le nombre optimal à placer en parallèle

$g^* = g_{N^*}$ le coût correspondant.

Discutez brièvement le système d'hypothèses qui vous a permis d'obtenir votre résultat.

5) En vous reportant à 4), que deviennent N^* et g^* lorsque l'on admet que R_1 est beaucoup plus grand que G ?

6) On admet qu'il convient d'actualiser les dépenses en introduisant un affaiblissement exponentiel $e^{-\alpha t}$ ($\alpha > 0$) pour toute dépense à une date t future. Reprendre l'étude des précédents paragraphes 1, 2, 3, 4 et 5) et répondre aux questions suivantes.

a) Que pensez-vous alors du choix de g (ou g_N) comme critère de performance ?

b) Que devient l'influence de C, R_0, R_1 sur le choix de N^* ?

c) Que devient l'influence de la loi v(t) sur le choix de N^* ?

d) Que devient N^* lorsque R_1 devient de plus en plus grand ?

7) On considère à nouveau un montage de N composants en parallèle mais cette fois, de la manière suivante. Au début le composant 1 est en service, les autres sont au repos. Dès que 1 est en panne, un dispositif met le composant 2 en service, 3, 4,..., N restent au repos. Lorsque 2 tombe en panne, 3 est mis en service, 4, 5,..., N restent au repos ; et ainsi de suite jusqu'à ce que N tombe en panne. On change alors toute l'installation.

Quelle est la loi de survie de N composants ainsi montés en parallèle sachant que la loi d'un composant est v(t) ?

8) En introduisant des coûts convenables dans le système d'hypothèses correspondant à 7), reprendre et discuter les questions posées de 3) à 6).

N° 6 Une pièce, appartenant à un matériel, est caractérisée par la fonction de survie suivante :

t	1	2	3	4	5	6	7	8	9	10
	0,95	0,85	0,70	0,50	0,30	0,15	0,10	0,05	0,025	0

Lorsque cette pièce se rompt, elle met en panne le matériel sur lequel elle est montée.

On examinera s'il y a intérêt à pratiquer l'entretien préventif dans les deux cas suivants :

1) le prix p de la pièce est cinq fois inférieur au coût P de la panne ;

2) le prix de la pièce est la moitié du coût de la panne.

Solution

Calculons les quantités $\frac{\Delta v}{\Delta\theta}$, $\bar{t}_\theta$, $\bar{t}_\theta/v$, $\bar{\tau}_\theta$, $v/\bar{\tau}_\theta$ et $-\frac{\bar{t}_\theta}{v}\cdot\frac{\Delta v}{\Delta\theta}+v$, étant donné que le minimum de c_2 (coût par unité de temps, en cas de remplacement) apparaît pour une valeur de θ telle que :

$$-\frac{\bar{t}_\theta}{v}\cdot\frac{\Delta v}{\Delta\theta}+v=\frac{p+P}{P}.$$

De plus, calculons les valeur de c_2, soient $\frac{1{,}2-v}{\bar{t}_\theta}$ et $\frac{1{,}5-v}{\bar{t}_\theta}$, respectivement, en posant P = 1.

On obtient le tableau suivant :

θ	v	1 - v	$\frac{\Delta v}{\Delta\theta}$	$\bar{t}_\theta$	$\frac{\bar{t}_\theta}{v}$	$\bar{\tau}_\theta$	$\frac{v}{\bar{\tau}\theta}$	$-\frac{\bar{t}_\theta}{v}\cdot\frac{\Delta v}{\Delta\theta}+v$	$c_2^1=\frac{1{,}2-v}{\tau\theta}$	$c_2^2=\frac{1{,}5-v}{\bar{t}\theta}$	$c_2^3=\frac{2-v}{\bar{\tau}\theta}$
1	0,95	0,05	-0,05	0,975	1,026	3,150	0,302	1,0013	0,256	0,564	1,076
2	0,85	0,15	-0,10	1,875	2,206	2,250	0,378	1,0706	0,187	0,346	0,613
3	0,70	0,30	-0,15	2,650	3,786	1,475	0,475	1,269	0,188*	0,302*	0,491
4	0,50	0,50	-0,20	3,250	7,500	0,875	0,571	2,000	0,185	0,308	0,462*
5	0,30	0,70	-0,20	3,650	12,167	0,475	0,633	2,733	0,246	0,328	0,465
6	0,15	0,85	-0,15	3,875	25,833	0,250	0,600	4,025	0,271	0,348	0,477
7	0,10	0,90	-0,05	4,000	40,000	0,125	0,800	2,100	0,275	0,350	0,475
8	0,05	0,95	-0,05	4,075	81,500	0,050	1	4,125	0,282	0,355	0,477
9	0,025	0,975	-0,025	4,113	164,520	0,012	2	4,138	0,285	0,358	0,480
10	0	1	-0,025	4,125	-	0	-	-	$0{,}291=c_1^1$	$0{,}361=c_1^2$	0,485=c

Dans le premier cas, on a : $-\frac{t\theta}{v}\frac{\Delta v}{\Delta\theta}+v\approx\frac{p+P}{P}=1{,}2$ pour θ = 3 et la valeur de c_2^1 est de l'ordre de 0,188 (aux irrégularités près); en effectuant l'entretien préventif, on peut espérer un gain de l'ordre de 30 %.

Comme on a $c_1^1<\frac{v}{\tau\theta}$ pour tout θ, aucune erreur grossière n'est à craindre.

Dans le second cas, on a : $-\frac{\bar{t}\theta}{v}\ \frac{\Delta v}{\Delta\theta}+v\simeq\frac{p+P}{P}=1{,}5$ pour $3<\theta<4$; si l'on choisit d'effectuer le remplacement pour θ = 4, le gain n'est plus que de l'ordre de 15 %.

Comme $c_1^2<\frac{v}{\bar{\tau}_\theta}$ dès que θ = 2, on n'a pas, non plus, à craindre une erreur grossière.

Si l'on prenait $\frac{p+P}{P}\simeq 2$, il faudrait remplacer pour θ = 4, mais le gain ne serait plus que de l'ordre de 4 %. Dans ces conditions, étant donnée l'imprécision des mesures et la dispersion des caractéristiques, on tomberait sur un cas sûrement non rentable d'entretien préventif.

N° 7 Dans une entreprise, on a des systèmes S_1 et des systèmes S_2, qui tombent en panne avec une probabilité de 1/2 par journée pour le premier système et une probabilité de 1/3 par journée pour le système S_2.

La réparation d'un système du type S_1 demande une journée, celle d'un système S_2, trois journées.

L'atelier de l'entreprise se charge de la réparation dans les conditions suivantes : si, tel jour, une seule tâche se présente, on l'entreprend sans tergiverser, mais si deux tâches de type différent sont proposées, on hésite à entreprendre l'une par priorité sur l'autre.

Sachant que les travaux non entrepris par l'atelier local sont immédiatement confiés à l'extérieur, déterminer la politique la plus rentable.

Solution

Etablissons les matrices de transition dans les deux hypothèses :

a) Etats (lignes et colonnes : pas de travail, R_1, $R_2^{(1)}$, $R_2^{(2)}$, $R_2^{(3)}$)

$$\begin{array}{l} \text{pas de travail} \\ R_1 \\ R_2^{(1)} \\ R_2^{(2)} \\ R_2^{(3)} \end{array} \begin{bmatrix} \left(1-\frac{1}{2}\right)\left(1-\frac{1}{3}\right) & \frac{1}{2}\left(1-\frac{1}{3}\right) & \frac{1}{3} & 0 & 0 \\ \left(1-\frac{1}{2}\right)\left(1-\frac{1}{3}\right) & \frac{1}{2}\left(1-\frac{1}{3}\right) & \frac{1}{3} & 0 & 0 \\ 0 & 0 & 0 & 1 & 0 \\ 0 & 0 & 0 & 0 & 1 \\ \left(1-\frac{1}{2}\right)\left(1-\frac{1}{3}\right) & \frac{1}{2}\left(1-\frac{1}{3}\right) & 0 & 0 & 0 \end{bmatrix} = \begin{bmatrix} \frac{1}{3} & \frac{1}{3} & \frac{1}{3} & 0 & 0 \\ \frac{1}{3} & \frac{1}{3} & \frac{1}{3} & 0 & 0 \\ 0 & 1 & 0 & 1 & 0 \\ 0 & 0 & 0 & 0 & 1 \\ \frac{1}{3} & \frac{1}{3} & \frac{1}{3} & 0 & 0 \end{bmatrix} = M_1$$

b) Etats (colonnes : pas de travail, R_1, $R_2^{(1)}$, $R_2^{(2)}$, $R_2^{(3)}$)

$$\begin{array}{l} \text{pas de travail} \\ R_1 \\ R_2^{(1)} \\ R_2^{(2)} \\ R_2^{(3)} \end{array} \begin{bmatrix} \left(1-\frac{1}{2}\right) & \left(1-\frac{1}{3}\right) & \frac{1}{2} & \frac{1}{3}\left(1-\frac{1}{2}\right) & 0 & 0 \\ \left(1-\frac{1}{2}\right) & \left(1-\frac{1}{3}\right) & \frac{1}{2} & \frac{1}{3}\left(1-\frac{1}{2}\right) & 0 & 0 \\ 0 & 0 & 0 & 0 & 1 & 0 \\ 0 & 0 & 0 & 0 & 0 & 1 \\ \left(1-\frac{1}{2}\right) & \left(1-\frac{1}{3}\right) & \frac{1}{2} & \frac{1}{3}\left(1-\frac{1}{2}\right) & 0 & 0 \end{bmatrix} = \begin{bmatrix} \frac{1}{3} & \frac{1}{2} & \frac{1}{6} & 0 & 0 \\ \frac{1}{3} & \frac{1}{2} & \frac{1}{6} & 0 & 0 \\ 0 & 0 & 0 & 1 & 0 \\ 0 & 0 & 0 & 0 & 1 \\ \frac{1}{3} & \frac{1}{2} & \frac{1}{6} & 0 & 0 \end{bmatrix} = M_2$$

Calculons les $p(\infty)$. Si la matrice M_1 est ergodique :

$$[\Pi_0\ \Pi_1\ \Pi_2\ \Pi_3\ \Pi_4]\ [M_1] = [\Pi_0\ \Pi_1\ \Pi_2\ \Pi_3\ \Pi_4]$$

$$\Pi_0 = \frac{1}{3}\Pi_0 + \frac{1}{3}\Pi_1 + \frac{1}{3}\Pi_4$$

$$\Pi_1 = \frac{1}{3}\Pi_0 + \frac{1}{3}\Pi_1 + \frac{1}{3}\Pi_4$$

$$\Pi_2 = \frac{1}{3}\Pi_0 + \frac{1}{3}\Pi_1 + \frac{1}{3}\Pi_4$$

$$\Pi_2 = \Pi_3$$

$$\Pi_3 = \Pi_4 .$$

On voit immédiatement que :

$$\Pi_0 = \Pi_1 = \Pi_2 = \Pi_3 = \Pi_4$$

comme $\Pi_0 + \Pi_1 + \Pi_2 + \Pi_3 + \Pi_4 = 1$, il vient :

$$[\Pi_0\ \Pi_1\ \Pi_2\ \Pi_3\ \Pi_4] = \begin{bmatrix}\frac{1}{5} & \frac{1}{5} & \frac{1}{5} & \frac{1}{5} & \frac{1}{5}\end{bmatrix}$$

Passons à la matrice M et employons une autre méthode :

Posons $[A] = [M_2] - [1]$; puis, dans la matrice $[A]'$, remplaçons la première ligne par des 1 ; on obtient la matrice $[B]$:

$$[B] = \begin{bmatrix} 1 & 1 & 1 & 1 & 1 \\ \frac{1}{2} & -\frac{1}{2} & 0 & 0 & \frac{1}{2} \\ \frac{1}{6} & \frac{1}{6} & -1 & 0 & \frac{1}{6} \\ 0 & 0 & 1 & -1 & 0 \\ 0 & 0 & 0 & 1 & -1 \end{bmatrix}$$

Calculons alors les cofacteurs de la première ligne de $[B]$:

$$\Gamma_{11} = \begin{vmatrix} -\frac{1}{2} & 0 & 0 & \frac{1}{2} \\ \frac{1}{6} & -1 & 0 & \frac{1}{6} \\ 0 & 1 & -1 & 0 \\ 0 & 0 & 1 & -1 \end{vmatrix} = \frac{1}{3}; \quad \Gamma_{12} = - \begin{vmatrix} \frac{1}{2} & 0 & 0 & \frac{1}{2} \\ \frac{1}{6} & -1 & 0 & \frac{1}{6} \\ 0 & 1 & -1 & 0 \\ 0 & 0 & 1 & -1 \end{vmatrix} = \frac{1}{2}; \quad \Gamma_{13} = \begin{vmatrix} \frac{1}{2} & -\frac{1}{2} & 0 & \frac{1}{2} \\ \frac{1}{6} & \frac{1}{6} & 0 & \frac{1}{6} \\ 0 & 0 & -1 & 0 \\ 0 & 0 & 1 & -1 \end{vmatrix} = \frac{1}{6};$$

$$\Gamma_{14} = \frac{1}{6} \ ; \quad \Gamma_{15} = \frac{1}{6} .$$

On a :

$$[p(\infty)] = \frac{1}{\frac{4}{3}} \begin{bmatrix}\frac{1}{3} & \frac{1}{2} & \frac{1}{6} & \frac{1}{6} & \frac{1}{6}\end{bmatrix} = \begin{bmatrix}\frac{1}{4} & \frac{3}{8} & \frac{1}{8} & \frac{1}{8} & \frac{1}{8}\end{bmatrix}$$

Comparant les probabilités de chômer dans l'un et l'autre cas, on constate qu'elle est plus élevée si l'on suit la deuxième politique et, en conséquence, on choisit la première : entreprendre la réparation R_2 plutôt que la réparation R_1 si toutes deux se présentent en même temps.

N° 8 Soit un appareil fonctionnant de façon intermittente (par exemple, un appareil de signalisation). Il peut être en état de fonctionnement (état E_F), inactif (état E_I), en attente de réparation (état E_A), ou, enfin, en réparation (état E_R). On appelle :

- $\nu . \Delta t$ la probabilité pour que le système, fonctionnant pour t, tombe en panne entre t et $t + \Delta t$;
- $\mu . \Delta t$ la probabilité pour que le système, en réparation à t, soit réparé entre t et $t + \Delta t$ et soit inactif à $t + \Delta t$;
- $\lambda . \Delta t$ la probabilité pour que le système, fonctionnant pour t, devienne inactif entre t et $t + \Delta t$;
- $\omega . \Delta t$ la probabilité pour que le système, inactif pour t, reprenne son fonctionnement entre t et $t + \Delta t$.

Nommons :

- $p_A(x,t)$ la probabilité pour que le système, en panne depuis $t - x$, attende encore sa réparation au bout du temps x;
- $\eta(x)\, dx$, la probabilité pour que l'attente de réparation durant x cesse entre x et $x + dx$;

$p_R(t)$, la probabilité pour que le système soit en réparation à t ;

$p_F(t)$, la probabilité pour que le système soit en fonctionnement à t ;

$p_I(t)$, la probabilité pour que le système soit inactif à t ;

$p_A(t)$, la probabilité pour que le système soit en panne à t et attende sa réparation.

Evaluer, en régime permanent, la valeur de $p_F(t)$.

Solution

On notera d'abord que :

$$p_R(t) + p_F(t) + p_I(t) + p_A(t) = 1$$

et que : $p_A(t) = \int_0^\infty p_A(x,t)\, dx$; en effet, le système, tombé en panne pour toute époque antérieure de x à t, continue d'attendre sa réparation en t.

On peut alors écrire :

$$p_F(t + dt) = p_F(t)\,[1 - (\lambda + \nu)\, dt] + \omega p_I(t)\, dt$$

car le système fonctionne à t + dt si, étant en fonctionnement à t, il n'est tombé ni en panne, ni devenu inactif entre t et t + dt, ou encore, si, étant inactif à t, il est entré en fonctionnement entre t et t + dt.

De même :

$$p_I(t + dt) = p_I(t)\,[1 - \omega dt] + \lambda p_F(t)\, dt + \mu p_R(t)\, dt$$

$$p_A(x + dx, t + dt) = p_A(x,t)\,[1 - \eta(x)\, dt]$$

$$p_R(t + dt) = p_R(t)\,[1 - \mu dt] + p_A(t)\,\eta(x)\, dt$$

$$= p_R(t)\,[1 - \mu dt] + \int_{x=0}^{x=\infty} p_A(x,t)\,\eta(x)\, dx\cdot dt ;$$

lorsque $dt \to 0$:

$$p'_F(t) = -\,(\lambda + \nu)\, p_F(t) + \omega p_I(t)$$

$$p'_I(t) = -\,\omega p_I(t) + \lambda p_F(t) + \mu p_R(t)$$

$$\frac{\partial p_A(x,t)}{\partial x} + \frac{\partial p_A(x,t)}{\partial t} = -\,\eta(x)\, p_A(x,t)$$

$$p'_R(t) = -\,\mu p_R + \int_0^\infty p_A(x,t)\,\eta(x)\, dx\, .$$

En régime permanent :

$$(\lambda + \nu)\, p_F = \omega p_I = \lambda p_F + \mu p_R$$

$$\frac{\partial p_A(x,t)}{\partial x} + \eta(x)\, p_A(x,t) = 0$$

$$\mu p_R = \int_0^\infty p_A(x,t)\,\eta(x)\, dx\, .$$

On a donc :

$$\nu \cdot p_F = \mu \cdot p_R \quad \text{soit :} \quad p_R = \frac{\nu}{\mu}\, p_F$$

$$p_I = \frac{\lambda + \nu}{\omega}\, p_F$$

et, en remplaçant $p_A(x,t)$ par sa valeur $-\frac{1}{\eta(x)}\frac{\partial p_A(x,t)}{\partial x}$ dans la dernière relation, on vérifie (1) que :

$$\nu \cdot p_F(t) = p_A(0,t),$$

puisque $p_A(\infty,t)$ est égal à 0.

Finalement :

$$p_F(t) = \frac{1}{\frac{\nu}{\mu} + \frac{\lambda}{\omega} + \frac{\mu}{\omega} + \frac{\nu}{S}}$$

si 1/S est la moyenne du temps d'attente de réparation.

---

(1) Ce qui est évident.

exercices sur le chapitre VI

LES PHÉNOMÈNES D'ATTENTE

N° 1 Dans un phénomènes d'attente, les arrivées sont poissoniennes et le service exponentiel. Un seul employé dessert un guichet ouvert de 07.00 heures à 13.00 heures, sans interruption. Le nombre moyen des clients est 54 par jour ; la durée moyenne du service, 5 minutes.

1) On demande de déterminer : le nombre moyen, $\overline{n}$, des clients dans le système d'attente ; le nombre moyen, $\overline{\nu}$, des clients dans la file ; le temps moyen d'attente, $\overline{t}_f$.

2) Quelle est la probabilité d'attendre plus d'une demi-heure ?

Solution

1) Choisissons, par exemple, l'heure comme unité de temps.

Le nombre moyen des clients, pour six heures, étant de 54, le taux horaire des arrivées est :

$$\lambda = 54 : 6 = 9$$

Le taux du service est égal à : $\mu = \frac{60}{5} = 12$ (il y a, en effet, en moyenne, douze services possibles en 60 minutes).

Il s'ensuit que $\frac{\lambda}{\mu} = \frac{9}{12} = \frac{3}{4}$, qui est bien strictement inférieur à 1.

On sait que :

$$\overline{n} = \frac{\lambda/\mu}{1 - \lambda/\mu} = \frac{\lambda}{\mu - \lambda} = \frac{9}{12 - 9} = 3 ,$$

$$\overline{t}_f = \frac{1}{\mu}\,\frac{\lambda/\mu}{1 - \lambda/\mu} = \frac{\overline{n}}{\mu} = \frac{3}{12} = \frac{1}{4} \text{ d'heure} ,$$

soit 15 mn.

D'autre part, en régime permanent, on a évidemment :

$$\overline{t}_f = \frac{\overline{n}}{\mu} = \frac{\overline{\nu}}{\lambda} ,$$

puisqu'il y a autant de personnes qui entrent que de personnes qui sortent du système d'attente ; ainsi :

$$\overline{\nu} = \lambda \cdot \overline{t}_f = 9 \cdot \frac{1}{4} = \frac{9}{4} .$$

2) Le phénomène étant permanent, les probabilités sont stables ; la probabilité pour qu'il y ait n personnes dans le système est donc égale à :

$$p_n = \left(\frac{\lambda}{\mu}\right)^n \left(1 - \frac{\lambda}{\mu}\right).$$

Admettons maintenant qu'il y ait n personnes dans le système à un instant origine t_0. La probabilité pour que (n - 1) personnes soient servies pendant le temps τ, postérieur, est :

$$Pr(n - 1) = \frac{(\mu\tau)^{n-1}\, e^{-\mu\tau}}{(n - 1)!} ,$$

car, si le service est exponentiel, la probabilité pour que la station devienne disponible pour un nouveau client pendant le temps dt est μdt et la distribution du nombre de sorties pendant le temps τ suit une loi de Poisson de taux $\mu\tau$.

La probabilité pour que la n^e personne sorte entre τ et $\tau + d\tau$ est $\mu d\tau$.

Par conséquent, la probabilité pour que la n^e personne attende de t_0 à $t_0 + \tau$ est le produit des trois probabilités précédentes :

$$\left(\frac{\lambda}{\mu}\right)^n \left(1 - \frac{\lambda}{\mu}\right) \cdot \frac{(\mu\tau)^{n-1} e^{-\mu\tau}}{(n-1)!} \cdot \mu d\tau .$$

Comme cette situation peut se présenter pour toute valeur de n, la probabilité pour qu'une personne attende pendant le temps τ sera :

$$f(\tau)\, d\tau = \sum_{n=1}^{\infty} \left(\frac{\lambda}{\mu}\right)^n \left(1 - \frac{\lambda}{\mu}\right) \frac{(\mu\tau)^{n-1} e^{-\mu\tau}}{(n-1)!} \cdot \mu d\tau$$

$$= \lambda \left(1 - \frac{\lambda}{\mu}\right) e^{-\mu\tau}\, d\tau \sum_{n=1}^{\infty} \frac{(\lambda\tau)^{n-1}}{(n-1)!} ;$$

mais cette dernière somme n'est autre que $e^{\lambda\tau}$; d'où :

$$f(\tau)\, d\tau = \lambda \left(1 - \frac{\lambda}{\mu}\right) e^{-(\mu-\lambda)\tau} d\tau.$$

Finalement, la probabilité pour qu'une personne attende plus de τ sera :

$$\Pr(> \tau) = \int_\tau^\infty f(\tau)\, d\tau = \int_\tau^\infty \lambda \left(1 - \frac{\lambda}{\mu}\right) e^{-(\mu-\lambda)\tau}\, d\tau = \frac{\lambda}{\mu}\, e^{-(\mu-\lambda)\tau}.$$

Dans le problème, on a = $\lambda = 9$, $\mu = 12$, $\tau = \frac{1}{2}$ (une demi-heure).

Ainsi :

$$\Pr(> 30 \text{ mn}) = \frac{3}{4}\, e^{-\frac{3}{2}} = \frac{3}{4e^{\frac{3}{2}}} \approx \frac{1}{6} = 0{,}166$$

N° 2 Le tableau ci-contre résume les observations qu'on a faites sur un système d'attente, dans lequel la durée moyenne du service est de 8 mn 3/4.

1) On envisage un service proportionnel au nombre de clients ; quel est le nombre maximal de stations à prévoir, dans cette hypothèse, de manière à couvrir sans attente le service de la clientèle (on admettra qu'il n'y a pas d'attente appréciable si plus de 99% des clients sont servis immédiatement) ;

2) On trouve que la solution, dans l'hypothèse précédente, est coûteuse. On envisage alors de réduire le nombre des stations ; quel est le nombre optimal de stations à mettre en oeuvre si le coût d'attente d'un client est de 30 F/heure, tandis que le salaire d'un guichetier peut être estimé à 16 F/heure ?

Nombre d'arrivées	Fréquence observée
0	0
1	4
2	7
3	13
4	18
5	18
6	15
7	9
8	8
9	4
10	2
11	1
12	1
13	0

Commentaires

a) Le nombre des entrées dans le système, objet du tableau ci-dessus, a été observé pendant des périodes d'un quart d'heure.

b) On pourra établir le bilan des opérations pour une journée de travail de 8 heures.

Solution

On commence par examiner le tableau des arrivées et l'on vérifie qu'on ne commet pas une grave erreur en assimimant la loi des entrées à une loi poissonienne de taux $\lambda = 5{,}15$ (par 1/4 d'heure) :

$$\lambda = \frac{1}{100}\,(1.4 + 2.7 + 3.13 + 4.18 + 5.18 + 6.15 + 7.9 + 8.8 + 9.4 + 10.2 + 11.1 + 12.1) = 5{,}15$$

en pratiquant, par exemple, un test en χ^2 :

N	F_{obs}	$F_{th}^{(1)}$	Δ	Δ^2	Δ^2/F_{th}
0-2	11	11,2	0,2	0,04	0,004
3	13	13,2	0,2	0,04	-
4	18	16,9	1,1	1,21	0,07
5	18	17,4	0,6	0,36	0,02
6	15	14,9	0,1	0,01	-
7	9	11,0	2	4	0,36
8	8	7,1	0,9	0,81	0,11
9-12	8	8	0	0	-

(1) par interpolation $\chi^2 = \Sigma\, \Delta^2/F_{th} = 0{,}57$

N.B. En regroupant les trois premières classes (nombre d'individus attendus supérieur à 5), on a : $F_{obs} = 11$, $F_{th} = 11{,}2$; en regroupant les dernières, à partir de 9, il vient : $F_{obs} = 8$, $F_{th} = 8$.

Comme pour 8 - 2 = 6 degrés de liberté, on a : $\chi^2_{0,99} = 0{,}87$, on accepte l'hypothèse d'une loi poissonienne de taux $5{,}15 \times 4 = 20{,}6$/heure.

1) Les équations générales :

$$\frac{d}{dt}\,p_n(t) = -(\lambda_n + \mu_n)\,p_n(t) - \lambda_{n-1}\,p_{n-1}(t) + \mu_{n+1}\,p_{n+1}(t)$$

$$\frac{d}{dt}\,p_0(t) = -\lambda_0 p_0(t) + \mu_1\,p_1(t)$$

s'écrivent, avec $\lambda_n = \lambda$ et $\mu_n = n\mu$:

$$\frac{d}{dt}\,p_n(t) = -(\lambda + n\mu)\,p_n(t) + \lambda p_{n-1}(t) + (n+1)\,\mu p_{n+1}(t)$$

$$\frac{d}{dt}\,p_0(t) = \lambda p_0(t) + \mu p_1(t)$$

d'où l'on tire, en régime permanent :

$$p_1 = \frac{\lambda}{\mu}\,p_0$$

$$2\mu p_2 = (\lambda + \mu)\,p_1 - \lambda p_0$$

$$3\mu p_3 = (\lambda + 2\mu)\,p_2 - \lambda p_1$$

$$\cdots\cdots\cdots\cdots$$

et

$$p_2 = \frac{1}{2!}\left(\frac{\lambda}{\mu}\right)^2 p_0$$

$$p_3 = \frac{1}{3!}\left(\frac{\lambda}{\mu}\right)^3 p_0$$

$$\cdots\cdots\cdots\cdots$$

$$p_n = \frac{1}{n!}\left(\frac{\lambda}{\mu}\right)^n p_0.$$

Or : $\sum_0^\infty p_n = 1$, d'où : $p_0 + p_0 \sum_1^\infty \frac{(\lambda/\mu)^n}{n!} = 1$ et, d'après le développement exponentiel :

$$- p_0 + p_0 (e^{\frac{\lambda}{\mu}} - 1) = 1 \ ;$$

ainsi :
$$p_0 = e^{-\frac{\lambda}{\mu}} \quad \text{et} \quad p_n = \left(\frac{\lambda}{\mu}\right)^n \frac{e^{-\frac{\lambda}{\mu}}}{n!}.$$

On constate qu'à l'équilibre on obtient un processus de Poisson de moyenne $\psi = \frac{\lambda}{\mu}$. Ici:

$$\psi = \frac{20,6}{6,86} \simeq 3 \left(\text{car } \mu = \frac{60}{8,75} \simeq 6,86\right).$$

On obtient :

n	0	1	2	3	4	5	6	7	8	9
p_n	0,05	0,15	0,22	0,23	0,17	0,10	0,05	0,02	0,01	0

Un service de sept personnes permet d'obtenir environ 99 % de services immédiats ; on est certain de réaliser un tel service pour n = 8 (il va de soi que p_9 n'est nul que parce que nous n'avons retenu que deux décimales dans nos calculs).

2) Si l'on trouve la solution précédente coûteuse, il faut revenir à un bilan de l'opération lorsque S est compris entre 4 et 8 $\left(S \geqq 4 \text{ car } \frac{\lambda}{\mu} = 3\right)$.

On calculera :

$$p_o = \frac{1}{\frac{\psi^s}{S!(1-\psi/S)} + \sum_0^{s-1} \frac{\psi^n}{n!}} \quad \text{et} \quad \bar{t}_f = \frac{\psi^s}{SS!(1-\psi/S)^2} p_o$$

S	4	5	6	7	8
p_o	0,0377	0,0466	0,0489	0,0496	0,05
(mn) $\bar{t}_f$	4,452	1,032	0,289	0,0888	ordre 10^{-3}
Temps perdu par les clients (heures)	12,36	2,82	0,79	0,24	0
Temps perdu par les stations	8	16	24	32	40
Coût total	498,8	448,9	415,6	519,2	540

Il est évident qu'un service de six personnes doit suffire.

N° 3 (1) On considère un phénomène d'attente constitué par un système ouvert à deux stations. Le taux moyen d'arrivée des clients est λ et la loi de ces arrivées est la loi de Poisson. Les deux stations ont un taux moyen de service différent. La première station S_1 a un taux μ_1, la seconde station S_2 à un taux μ_2 ; toutefois, dans ces deux stations la loi des durées de service est la loi exponentielle. On admet que, si un client se présente et que les deux stations sont inoccupées, il choisit l'une des stations par tirage dans une urne donnant la même probabilité à S_1 et S_2 d'être choisies. En ce qui concerne ces clients la règle est : premier arrivé, premier servi.

(1) Obligeamment communiqué par A. Kaufmann.

1) On demande d'établir les équations différentielles des probabilités d'état en appelant :

$p_n(t)$ n = 0, 2, 3, 4, ... (i ≠ 1) la probabilité pour qu'il y ait n clients dans le système ;

$p_{0,1}(t)$ la probabilité pour qu'il y ait 1 client dans le système et que S_1 soit inoccupée ;

$p_{1,0}(t)$ la probabilité pour qu'il y ait 1 client dans le système et que S_2 soit inoccupée ;

2) On fait l'hypothèse que $\psi = \frac{\lambda}{\mu_1 + \mu_2} < 1$, cette condition entraînant l'existence d'un régime permanent. Donner les équations d'état en régime permanent.

3) Exprimer $p_0, p_{0,1}, p_{1,0}, p_2, p_3, \ldots, p_n, \ldots$ en fonction de :

$$\psi = \frac{\lambda}{\mu_1 + \mu_2} \quad \text{et} \quad k = \frac{\mu_2}{\mu_1}$$

(on supposera $\mu_1 > \mu_2$).

4) On calculera $\overline{n}$ qui représente le nombre moyen d'unités dans le système en régime permanent.

5) Répondre aux questions 1) et 2) en supposant qu'il y a cette fois trois stations S_1, S_2 et S_3 avec $\mu_1 > \mu_2 > \mu_3$ et une équiprobabilité de choix pour le client. On posera :

$$\psi = \frac{\lambda}{\mu_1 + \mu_2 + \mu_3}, \; ; \; k_{21} = \frac{\mu_2}{\mu_1}, \; ; \; k_{31} = \frac{\mu_3}{\mu_1}$$

Ces trois paramètres sont-ils suffisants pour pouvoir calculer les probabilités d'état en régime permanent ?

N° 4 Un atelier compte six machines, chacune ayant un taux de panne poissonnien de 1/6 (par unité de temps). Deux mécaniciens sont chargés de l'entretien : la durée des réparations, qui s'établit en moyenne à 4 heures, suit une loi exponentielle.

La production rapporte 800 F par jour et par machine. Le salaire et les charges des ouvriers et mécaniciens se montent, respectivement, à 240 et 320 F par jour et par personne.

1) Quel est le nombre optimal d'ouvriers qu'il faut affecter à cette batterie de machines ?

2) Même question si l'on augmente le nombre de mécaniciens.

Solution

1) La matrice de transition entre les états (0, 1, ... : nombre de machines en panne) s'établit facilement :

Etats à t + Δt

Etats à t

$$
\begin{array}{c|ccccccc|}
 & 0 & 1 & 2 & 3 & 4 & 5 & 6 \\
0 & 1-\Delta t & t & 0 & 0 & 0 & 0 & 0 \\
1 & \frac{1}{4}\Delta t & 1-\left(\frac{5}{6}+\frac{1}{4}\right)\Delta t & \frac{5}{6}\Delta t & 0 & 0 & 0 & 0 \\
2 & 0 & \frac{1}{2}\Delta t & 1-\left(\frac{2}{3}+\frac{1}{2}\right)\Delta t & \frac{2}{3}\Delta t & 0 & 0 & 0 \\
3 & 0 & 0 & \frac{1}{2}\Delta t & 1-\left(\frac{1}{2}+\frac{1}{2}\right)\Delta t & \frac{1}{2}\Delta t & 0 & 0 \\
4 & 0 & 0 & 0 & \frac{1}{2}\Delta t & 1-\left(\frac{1}{3}+\frac{1}{2}\right)\Delta t & \frac{1}{3}\Delta t & 0 \\
5 & 0 & 0 & 0 & 0 & \frac{1}{2}\Delta t & 1-\left(\frac{1}{6}+\frac{1}{2}\right)\Delta t & \frac{1}{6}\Delta t \\
6 & 0 & 0 & 0 & 0 & 0 & \frac{1}{2}\Delta t & 1-\frac{1}{2}\Delta t
\end{array}
$$

et l'on en tire immédiatement les équations de récurrence en régime permanent :

$$0 = -\, p_0 + \frac{1}{4}\, p_1$$

$$0 = p_0 - \left(\frac{5}{6} + \frac{1}{4}\right) p_1 + \frac{1}{2}\, p_2$$

$$0 = \frac{5}{6}\, p_1 - \left(\frac{2}{3} + \frac{1}{2}\right) p_2 + \frac{1}{2}\, p_3$$

$$0 = \frac{2}{3}\, p_2 - \left(\frac{1}{2} + \frac{1}{2}\right) p_3 + \frac{1}{2}\, p_4$$

$$0 = \frac{1}{2}\, p_3 - \left(\frac{1}{3} + \frac{1}{2}\right) p_4 \quad \frac{1}{2}\, p_5$$

$$0 = \frac{1}{3}\, p_4 - \left(\frac{1}{6} + \frac{1}{2}\right) p_5 \quad \frac{1}{2}\, p_6$$

$$0 = \frac{1}{6}\, p_5 - \frac{1}{2}\, p_6$$

On en déduit aussitôt :

$$p_0 = \frac{81}{3025}\ ;\ p_1 = \frac{324}{3025}\ ;\ p_2 = \frac{540}{3025}\ ;\ p_3 = \frac{720}{3025}\ ;\ p_4 = \frac{720}{3025}\ ;\ p_5 = \frac{480}{3025}\ ;\ p_6 = \frac{160}{3025}\ .$$

On peut calculer que la disponibilité moyenne des machines ne dépasse pas

$$6\, p_0 + 5\, p_1 + 4\, p_2 + 3\, p_3 + 2\, p_4 + p_5 = 2{,}759$$

mais cela ne doit pas dire qu'on doive se limiter à affecter 2 ou 3 ouvriers.

Pour deux ouvriers, l'inoccupation est :

$$2\, p_6 + p_5 = 0{,}264 \text{ ouvrier}$$

et la production est celle de 2-0,264 = 1,736 machine.

Pour trois ouvriers, l'inoccupation monte à 0,714, la production est celle de 2,285 machines.

Pour quatre ouvriers, l'inoccupation atteint 1,406, mais la production est celle de 2,594 machines.

Dans tous les cas, l'inoccupation des mécaniciens n'est que 0,161, car :

$$2\, p_0 + p_1 = 0{,}161\ .$$

Les bilans s'établissent comme suit :

2 ouvriers : 1,736 × 800 - (0,264 × 240 + 0,161 × 320) = 1274 F ;
3 ouvriers : 2,285 × 800 - (0,714 × 240 + 0,161 × 320) = 1606 F ;
4 ouvriers : 2,594 × 800 - (1,406 × 240 + 0,161 × 320) = 1687 F .

On vérifierait que le résultat, pour 5 ouvriers, ne dépasse pas 1595 F. Le résultat est donc qu'il convient d'affecter 4 ouvriers à la batterie de machines considérée.

2) On refait les mêmes calculs pour 3, 4, 5 et 6 mécaniciens (limite évidente, chaque machine ayant son mécanicien). Voici les résultats :

	3 mécaniciens	4 mécaniciens	5 mécaniciens	6 mécaniciens
2 ouvriers	1256	-	-	-
3 ouvriers	1776	1620	-	-
4 ouvriers	2056*	1940*	1633	1341
5 ouvriers	2025	1939	1635*	1343*
disp. machines	3,381	3,563	3,597	3,600

Un graphique donne les positions relatives des résultats. On voit que l'optimum optimorum est atteint pour 4 ouvriers et 3 mécaniciens.

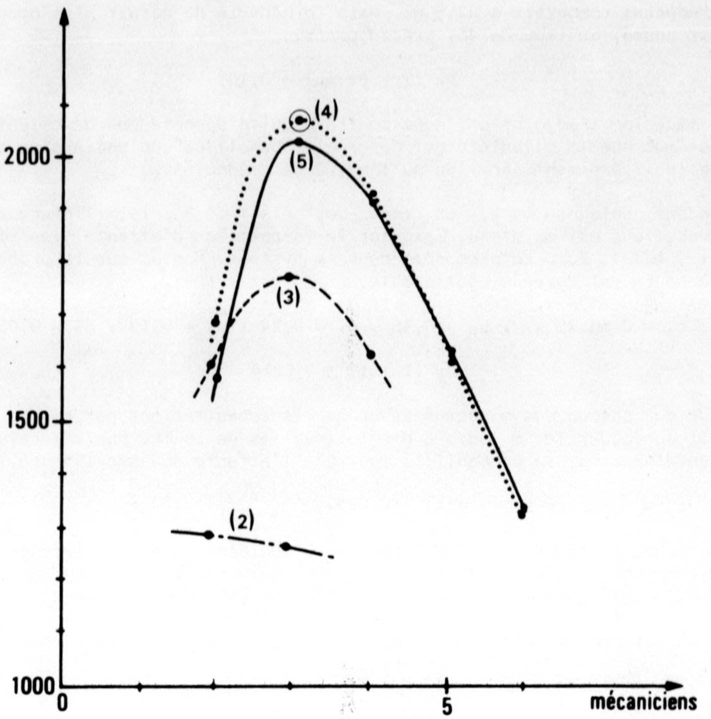

N° 5 Un médecin a observé que la durée moyenne d'une consultation est de 15 minutes. Il se dit qu'en convoquant ses malades à des heures fixées, séparées par un intervalle de 20 mn., il verra décroître l'excessive occupation de son salon.

En fait, la durée des consultations suit une loi exponentielle et l'arrivée des clients, qui ont toujours une bonne excuse (encombrements, difficultés à trouver un stationnement, etc.) pour se présenter aléatoirement, peut être assimilée à une loi de Poisson.

1) Calculer le temps moyen d'attente dans le salon et les probabilités supérieures à 5 % pour qu'il y ait 1, 2, ... , n personnes chez le médecin.

<u>*Réponses*</u> : $\overline{t}_f = \frac{3}{4}$ d'heure ; $p_0 = 0{,}25$; $p_1 \simeq 0{,}19$; $p_2 \simeq 0{,}14$; $p_3 \simeq 0{,}11$; $p_4 \simeq 0{,}08$; $p_5 \simeq 0{,}06$.

2) Quelle est la probabilité pour qu'un malade attende plus d'une heure, plus de deux heures ?

<u>*Réponses*</u> : $\Pr\{T > 1\} = 0{,}2759$; $\Pr\{T > 2\} = 0{,}1015$ (ce qui est énorme).

3) Tracer la courbe de l'attente en fonction de l'intervalle entre les convocations.

Qu'arriverait-il si le médecin décidait de ne convoquer ses malades que toutes les 25 minutes ? Quel serait le temps moyen au-delà duquel moins de 10 % des clients attendent ?

<u>*Réponses*</u> : La courbe est un arc d'hyperbole ayant une asymptote verticale pour un intervalle de 15 mn.

L'attente moyenne tomberait à 22,5 mn, mais le médecin ne serait plus occupé que 36 minutes par heure, au lieu de 45, précédemment.

On aurait : $\Pr\{T > 68 \text{ mn}\} = 0{,}10$.

4) Le médecin s'adjoint un jeune confrère qui n'apporte pas de clientèle; aussi admettrons-nous que la clientèle est désormais "banalisée", c'est-à-dire acceptera d'être reçue indifféremment par l'un ou l'autre des médecins.

a) Pendant quelques jours, des rendez-vous étant déjà pris, l'intervalle de 20 mn entre convocations est maintenu. Calculer le temps moyen d'attente, les probabilités pour qu'il y ait 1, 2,...,n personnes dans le système. Monter que la probabilité d'attendre une heure est devenue négligeable.

<u>*Réponses*</u> : $\overline{t}_f \simeq 2$ mn.28 s. ; $p_0 = 0{,}45$, $p_1 = 0{,}34$; $p_2 = 0{,}13$; $p_3 = 0{,}05$. On a :

$$\Pr\{T > 1\} < 0{,}0014$$

b) Pour que chacun des médecins assure trois consultations par heure, en moyenne, il faudrait convoquer les malades à des intervalles de 10 mn. Quels seraient alors le temps moyen d'attente, la probabilité pour que l'attente dépasse 1 heure ?

<u>*Réponses*</u> : $\overline{t}_f \simeq 19$ mn et $\Pr\{T > 1\} = 0{,}087$.

c) D'un commun accord, les deux praticiens décident de ne pas imposer aux malades une attente moyenne supérieure à 10 mn. Combien doivent-ils convoquer de clients par heure ? Quelle est alors la probabilité d'attendre plus d'une heure ?

<u>*Réponses*</u> : 5 clients, $\overline{t}_f$ étant alors environ égal à 9 mn 30 s. La probabilité d'attendre plus d'une heure ne dépasse pas 0,024.

. exercices sur le chapitre VII

PROBLÈMES DE STOCKS

N° 1 Dans un problème de stockage, la demande est de h pièces par unité de temps. Sur chaque période T, correspondant à l'épuisement d'une série *économique*, le réapprovisionnement de n pièces est ordonné à un instant $T - \tau$, tel que le stock normal de début de période soit obtenu en un temps τ.

Le coût de stockage par pièce et par unité de temps sera désigné par C, le coût fixe de lancement d'une série (quel que soit le nombre de pièces), par K ; enfin, la fabrication, lancée à $T - \tau$, sera supposée fournir un nombre de pièces égal à $k\tau^2$.

Déterminer le nombre n_0, la période T_0 et la durée τ_0 correspondant à la gestion optimale du stock, s'il est admis qu'on ne peut puiser dans le réapprovisionnement tant que la période T n'est pas écoulée.

Application numérique :

$K = 1100$ F ; $C = 0{,}1$ F *par pièce et unité de temps;* $h = 256$ *pièces ;* $k = 900$.

Solution

On doit avoir :

$$n = h\,T = k\tau^2$$

et le stock moyen, qui, sur la période T, est de $\frac{n}{2}$ pour les articles en vente, s'établit à :

$$\frac{1}{\tau}\int_0^\tau \frac{n}{\tau^2}\, t^2\, dt = \frac{n}{3}$$

pour les articles en réapprovisionnement.

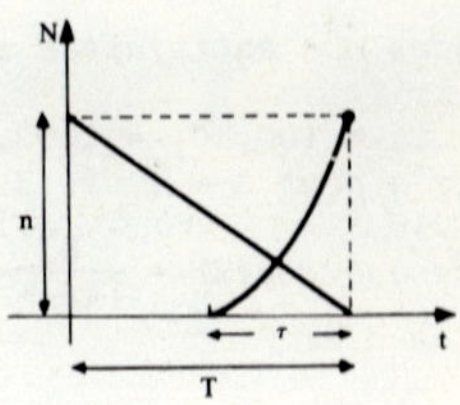

Le coût de stockage pour T s'élève à :

$$\frac{1}{2}\, nTC + \frac{1}{3}\, n\tau C = \frac{1}{2}\, hT^2C + \frac{1}{3}\, hT \left(\frac{hT}{k}\right)^{1/2} C,$$

d'où le coût total d'une série :

$$\Gamma = K + \frac{1}{2}\, hT^2C + \frac{1}{3}\, h^{3/2}\, k^{-1/2}\, T^{3/2}C$$

et celui par unité de temps :

$$\gamma = \frac{K}{T} + \frac{1}{2}\, hTC + \frac{1}{3}\, h^{3/2}\, k^{-1/2}\, T^{1/2}\, C$$

Il faut trouver T tel que γ soit minimal ou :

$$\frac{d\gamma}{dt} = 0 = -\frac{K}{T^2} + \frac{1}{2}\, hC + \frac{1}{6}\, h^{3/2}\, k^{-1/2}\, T^{-1/2}\, C$$

ou encore, en posant : $T^{1/2} = \theta$:

$$\frac{1}{2}\, hC\theta^4 + \frac{1}{6}\, h^{3/2}\, k^{-1/2}\, \theta^3 C - K = 0.$$

Application numérique :

$$1100 = 12{,}8\ \theta^4 + 2{,}2755\ \theta^3$$

$$\left[1100 = \frac{1}{2} \times 256 \times 0{,}1\ \theta^4 + \frac{1}{6}\ (256)^{3/2}\ \frac{1}{\sqrt{900}}\ 0{,}1\ \theta^3\right]$$

La fonction $y = 12{,}8\ \theta^4 + 2{,}2755\ \theta^3$ est toujours positive pour $\theta > 0$; sa dérivée

$$y' = 51{,}2\ \theta^3 + 6{,}826\ \theta^2$$

est également toujours positive ; elle est donc croissante et possède une seule valeur $y = 1100$ pour $\theta > 0$.

Calculons grossièrement :

$$\theta^4 \approx \frac{1100}{12{,}8} = 85{,}94, \text{ d'où } \theta = 3{,}04\ .$$

On obtient, avec cette valeur de θ, $y = 1163{,}5$, d'où nécessité de diminuer θ de $\Delta\theta$, etc. Finalement, pour $\theta = 3$, $y = 1098{,}2$, ce qui est considéré comme une approximation convenable.

On a donc :

$$T_0 = 9,\ n_0 = h \cdot T_0 = 2304 \text{ et } \tau_0 = \sqrt{\frac{n_0}{k}} \simeq 1{,}6\ .$$

N° 2 Un revendeur d'huiles industrielles se réapprovisionne chaque mois et reçoit son réapprovisionnement dans le délai d'un mois après la commande. Il dispose d'une capacité de stockage, S, et connaît les coûts suivants : C_1, coût de stockage par tonne et par mois ; C_2, coût de pénurie par tonne et par mois ; C_3, coût supplémentaire de stockage, par tonne, lorsque la capacité S est dépassée.

1) On appelle q la quantité égale au montant de la commande, augmenté de l'existant en stock, au moment où l'on passe commande.

Si $p(x)$ est la densité de probabilité de la demande mensuelle, calculer le coût total, $\Gamma(q)$, et en déduire la formule permettant de calculer la valeur q correspondant au coût minimal.

N.B. - On suppose que les demandes y *et* x *de deux mois consécutifs peuvent être considérées comme indépendantes.*

Les demandes non satisfaites sur-le-champ constituent des ventes perdues.

2) On a : $C_1 = 100$, $C_2 = 1000$, $C_3 = 500$ *(unités monétaires). Calculer les valeurs optimales de* q *pour* S = 1, 2, 3, 4 *et* 5.

On suppose que : $p(x) = \dfrac{b^{a+1}}{\Gamma(a+1)}\ x^a\ e^{-bx}$ *et l'on sait que la moyenne et la variance sont égales à* 2.

Solution

Soient y et x les demandes de la clientèle pour deux mois consécutifs. Trois cas peuvent se présenter :

1) $q - y > S$; la quantité excédentaire $q - y - S$ subit le coût C_3 par tonne (indép. du temps) ; au début du second mois, on a un stock S ;

2) $0 \leq q - y \leq S$; au début du second mois, la quantité $q - y$ est en stock ;

3) $q - y < 0$; au début du deuxième mois, on est déjà en pénurie.

Calculons les stocks et pénurie moyens, dans les divers cas ci-dessus :

Premier cas $(q - y > S)$

a) $x \leq S$

Coût : $\Gamma = C_1 \left(S - \frac{x}{2}\right) + C_3(q - y - S)$

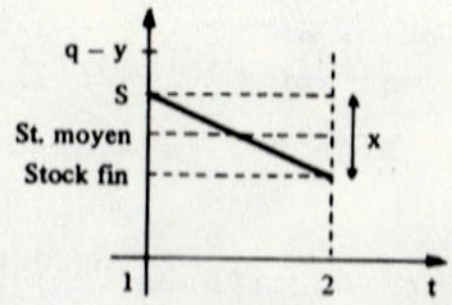

Stock moyen pdt la période : $S - \frac{x}{2}$

b) $x > S$

On a : $\frac{S}{t_1} = x,\ t_1 = \frac{S}{x},\ t_2 = 1 - \frac{S}{x}$.

Stock moyen pdt t_1 : $\frac{S}{2}$

Pénurie moyenne pdt t_2 : $\frac{x - S}{2}$

Coût $\Gamma = C_1 \frac{S}{2} \frac{S}{x} + C_2 \frac{x - S}{2} \frac{x - S}{x} + C_3(q - y - S)$

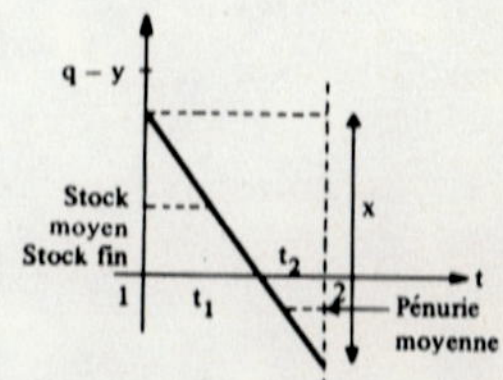

Deuxième cas

a) $x \leq q - y$

Coût : $\Gamma = C_1 \left(q - y - \frac{x}{2}\right)$

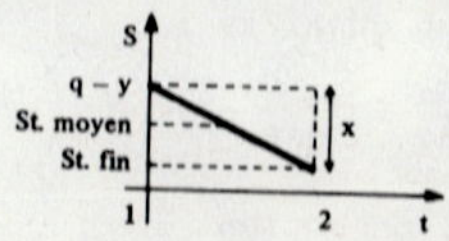

Stock moyen pdt la période $q - y - \frac{x}{2}$

b) $x > q - y$

On a : $\frac{q - y}{t_1} = x,\ t_1 = \frac{q - y}{x}$

$t_2 = 1 - \frac{q - y}{x}$

Stock moyen pdt t_1 : $\frac{q - y}{2}$

Pénurie moyenne pdt t_2 : $\frac{x - q + y}{2}$

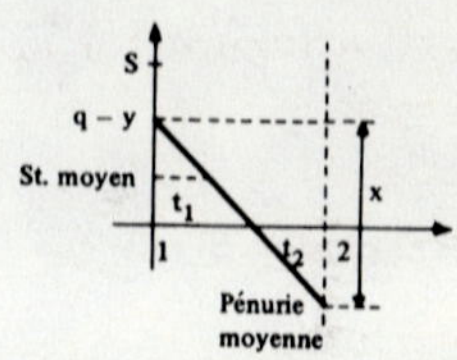

Coût :

$$= C_1 \frac{q - y}{2} \frac{q - y}{x} + C_2 \left(\frac{x - q + y}{2}\right) \left(\frac{x - q + y}{x}\right)$$

Troisième cas $(q - y < 0)$

La pénurie moyenne pendant la période est :

$$\frac{x}{2} - q + y\ ;$$

$$\Gamma = C_2 \left(\frac{x}{2} + y - q\right)$$

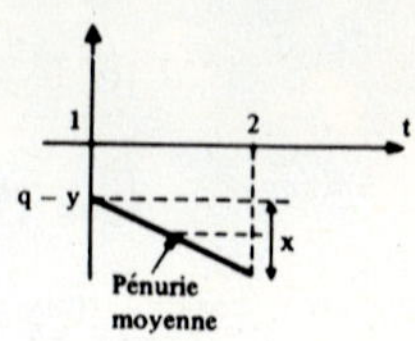

représente le coût total, dans cette hypothèse.

Sur une période quelconque, on a évidemment :

$$\Gamma(q) = \int_{y=0}^{q-S} \int_{x=0}^{S} p(x)\ p(y) \left(C_1 \left(S - \frac{x}{2}\right) + C_3\ (q - y - S)\right) dx\ dy$$

$$+ \int_{y=0}^{q-S} \int_{x=S}^{\infty} p(x)\ p(y) \left(C_1 \frac{S^2}{2x} + C_3 \frac{(x - S)^2}{2x} + C_2\ (q - y - S)\right)\ dx\ dy$$

$$\Gamma(q) = \int_{y=q-S}^{q} \int_{x=0}^{q-y} p(x)\ p(y)\ C_1\left(q - Y - \frac{x}{2}\right) dx\ dy$$

$$+ \int_{q=q-S}^{q} \int_{x=q-y}^{\infty} p(x)p(y)\quad C_1\left(\frac{(q - y)^2}{2x} + C_2 \frac{(x - q + y)^2}{2x}\right) dx\ dy$$

$$+ \int_{y=q}^{\infty} \int_{x=0}^{\infty} p(x)\ p(y)\ C_2 \left(\frac{x}{2} + y - q\right) dx\ dy.$$

On sait aussi que, si $I(q) = \int_a^b \varphi(s,q)\ ds$:

$$\frac{dI}{dq} = \int_a^b \frac{\partial\varphi}{\partial q}\ ds + \varphi(b,q)\ \frac{db}{dq} - \varphi(a,q)\ \frac{da}{dq}$$

ce qui, s'agissant d'intégrales doubles, peut s'écrire, lorsque :

$$I = \int_a^b p(x) \left(\int_c^d p(y)\ f(x\ ,\ y\ ,\ q)\ dy\right)\ dx$$

$$= \int_a^b p(x)\ [F(x,\ d,\ q) - F(x\ ,\ c,\ q)]\ dx$$

$$= \int_a^b \Phi(x,q)\ dx$$

$$\frac{dI}{dq} = \int_a^b \frac{\partial\Phi}{\partial q}\ dx + \Phi(b,q)\ \frac{db}{dq} - \Phi(a,q)\ \frac{da}{dq}\ .$$

Pour restreindre les calculs, on constate que, si l'on intervertit l'ordre des intégrations, seules les troisième et quatrième intégrales de $\Gamma(q)$ ont des limites en x qui dépendent de q et qu'alors :

$$\Phi(b,q)\ \frac{db}{dq} - \Phi(a,q)\ \frac{da}{dq} = \int_{q-S}^{q} p(y)\ C_1 \left(q - y - \frac{q - y}{2}\right) dy - \int_{q-S}^{q} p(y)\ C_1\ \frac{(q - y)^2}{2(q - y)}\ dy = 0.$$

Dans ces conditions, on obtient :

$$\frac{d\Gamma}{dq} = (C_2 + C_3) \int_0^{q-S} p(x)\ dx - C_2$$

$$+ (C_1 + C_2) \int_{q-S}^{\infty} p(y)\left(\int_0^{q-y} p(x)\ dx + (q - y \int_{q-y}^{q} \frac{p(x)}{x} dx\right) dy\ .$$

Application

On doit déterminer q tel que $\frac{d\Gamma}{dq} = 0$. Or $f(x) = x \cdot e^{-x}$, dont, effectivement : $\bar{x} = 2$ et Var = 2.

Par suite, on doit obtenir q, tel que :

$$(C_2 + C_3) \int_0^{q-S} xe^{-x}\ dx - C_2$$

$$+ (C_1 + C_2)\left(\int_{q-S}^{q} ye^{-y} \int_0^{q-y} xe^{-x}\ dx\ dy\right.$$

$$\left. + \int_{q-S}^{q} ye^{-y}\ (q - y) \int_{q-y}^{\infty} e^{-x}\ dx\ dy\right) = 0\ ,$$

soit, en tenant compte que :

$$\int xe^{-x}\ dx = - e^{-x}\ (1 + x) + \lambda,\ \int e^{-x}\ dx = - e^{-x} + \mu$$

$$C_3\ e^q = q\{e^S\ (C_3 - C_1) + (C_1 + C_2)\ (1 + S)\} + e^S\ (1 - S)\ (C_3 - C_1) + (C_1 + C_2)\left(1 - \frac{S^2}{2}\right)$$

Application numérique

$C_3 = C_1 = 400$; $C_1 + C_2 = 1100$; $C_3 = 500$ (on divisera partout par 100) ; $e = 2,72$; $e^2 = 7,39$; $e^3 = 20,09$; $e^4 = 54,60$: $e^5 = 148,41$.

$$S = 1 \quad 5\ e^q = 32,88\ q + 5,50$$
$$S = 2 \quad\quad = 62,56\ q - 40,56$$

$$S = 3 \qquad = 124{,}36\ q - 199{,}22$$
$$S = 4 \qquad = 273{,}4\ \ q - 732{,}2$$
$$S = 5 \qquad = 659{,}64\ q - 2501{,}56$$

Une méthode de résolution graphique est utilisée. Comme chaque droite a deux intersections avec l'exponentielle, il importe de noter que Γ n'a pas de minimum pour $q < S$, entre q et S. Pour le voir, reprendre la valeur de $\Gamma(q)$ lorsque $q < S$, c'est-à dire :

$$\int_0^q \int_0^{q-y} p(x)\,p(y)\,C_1\left(q - y - \frac{x}{2}\right) dx\,dy$$
$$+ \int_0^q \int_{q-y}^{\infty} p(x)\,p(y)\left(C_1\,\frac{(q-y)^2}{2x} + C_2\,\frac{(x-q+y)^2}{2x}\right) dx\,dy$$
$$+ \int_q^{\infty} \int_0^{\infty} p(x)\,p(y)\,C_2\left(\frac{x}{2} + y - q\right) dx\,dy.$$

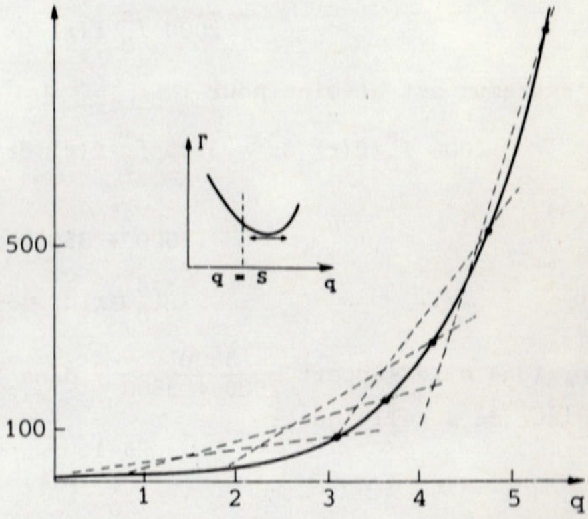

Le minimum est donc atteint pour la deuxième valeur de q ($q > S$) :

$q_1 = 3{,}10$; $q_2 = 3{,}60$; $q_3 = 4{,}20$; $q_4 = 4{,}70$; $q_5 = 5{,}30$

N° 3 Un article de grande valeur est créé chaque année et réalisé en petite série par un fabricant, sous un modèle différent de celui de l'année précédente.

Calculer le nombre optimal d'articles composant la série annuelle sachant que :

1) les articles invendus (excédents de stock) subissent une perte unitaire de 2000 F ;

2) les articles fabriqués hors série, en cas d'épuisement prématuré du stock, coûtent 2500 F de plus par article ;

3) la statistique des ventes, au cours des dix dernières années s'est établie comme suit :

Nombre d'articles vendus par année	0	1	2	3	4	5	6	7	8	9
Fréquence	0	0	1	0	2	3	2	1	1	0

Solution

Dans le cas où le stock s dépasse la demande r, la perte subie par le fabricant s'élève à :

$$2000 \cdot (s - r)\,.$$

Dans le cas où le stock est, au contraire, insuffisant, le coût supplémentaire se monte à :

$$3500 \cdot (r - s)\,.$$

L'espérance mathématique du coût global, si l'on désigne par $p(r)$ la probabilité de vendre r articles, est donc égale à :

$$\Gamma(s) = \sum_{r=0}^{s} 2000\ (s - r)\quad p(r) + \sum_{r=s+1}^{\infty} 3500\ (r - s)\ .\ p(r).$$

Si les fonctions étaient continues, on écrirait :

$$2000 \int_0^s (s - r)\ f(r)\ dr + 3500 \int_s^\infty (r - s)\ f(r)\ dr$$

dont la dérivée par rapport à s n'est autre que :

$$2000 \int_0^s f(r)\ dr - 3500 \int_0^\infty f(r)\ dr.$$

L'extremum est atteint pour :

$$2000 \int_0^s f(r)\ dr = 3500 \int_s^\infty f(r)\ dr = 3500 \int_0^\infty f(r)\ dr - 3500 \int_0^s f(r)\ dr$$

d'où :

$$(2000 + 3500) \int_0^s f(r)\ dr = 3500$$

et

$$\int_0^s f(r)\,dr = \frac{3500}{2000 + 3500}.$$

Appelons ρ le rapport $\frac{3500}{2000 + 3500}$; dans le cas discret, nous aurons à chercher la valeur de s telle que :

$$\sum_0^{s-1} p(r) < \rho < \sum_0^{s} p(r).$$

Nous admettrons que la distribution p(r) est obtenue en divisant les fréquences relevées par 10 :

r	0	1	2	3	4	5	6	7	8	9
p(r)	0	0	0,10	0	0,20	0,30	0,20	0,10	0,10	0
Σp(r)	0	0	0,10	0,10	0,30	0,60	0,80	0,90	1	1

Dans ces conditions, comme : $\rho = \frac{3500}{5500} \approx 0{,}64$, on constate que $s^* - 1 = 5$ et $s^* = 6$: on en déduit que le fabricant a intérêt à créer chaque année une série de 6 pièces.

N° 4 [1] Un article est l'objet d'une demande x dont la loi de probabilité est donnée par la fonction densité de probabilité :

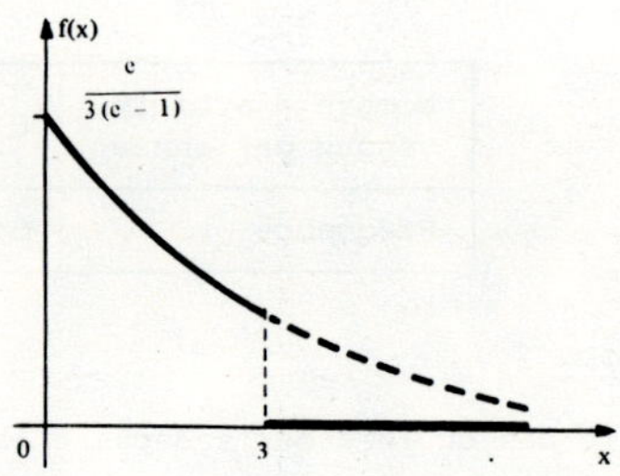

$$f(x) = 0 \qquad x < 0$$

$$= \frac{e}{3(e-1)}\, e^{-\frac{x}{3}}, \quad 0 \leq x < 3$$

$$= 0, \qquad x \geq 3$$

(e = base des logarithmes népériens).

Soit s le stock de cet article - si s > x le coût unitaire à considérer est a (a > 0), si s < x le coût unitaire à considérer est b (b > 0).

1) Calculer l'espérance mathématique du coût total en fonction de s, soit $\overline{F}(s)$.

---

(1) Ce problème nous a été aimablement communiqué par A. Kaufmann.

2) Calculer la valeur de s qui minimise $\overline{F}(s)$.

3) Appelons $F(s,x)$ le coût total ; puisque X est une variable aléatoire et s est une variable aléatoire dont on a le contrôle, $F(s,x)$ est aussi une variable aléatoire. On calculera la loi de probabilité de $F(s,x)$. (Cette question est beaucoup plus difficile. On pourra consulter, par exemple, la méthode donnée dans l'ouvrage *Cours moderne de calcul des Probabilité*, **éd. Albin Michel, page 265)**. L'intérêt de cette question apparaît si l'on peut faire une table des lois de probabilités de $\Gamma(s,x)$ pour différentes valeurs de s et si l'on s'interroge sur la probabilité que $F(s,x)$ dépasse $\overline{F}(s)$ (ou un autre seuil qu'on se donne) d'une valeur fixée à l'avance. Il s'agit donc, par ce moyen, de mesurer un risque.

N° 5 Soit s le niveau auquel est stocké un produit A pour faire face à une demande aléatoire X. Le prix unitaire d'un produit A est G_A.

Si $X > s$, pour faire face à la pénurie on peut utiliser un produit B de remplacement mais le prix unitaire de B est G_B avec $G_B > G_A$. Cet article de remplacement n'est disponible qu'en quantité Y et Y est une variable aléatoire.

Si $X > s + Y$, il y a pénurie réelle et l'on admet que cette pénurie provoque un coût G_G par unité avec $G_G > G_B$.

Il se trouve que les variables X et Y ne sont pas indépendantes ; on suppose connue la densité de probabilité $f(x,y)$ du couple aléatoire (X,Y).

1) Donner l'expression du coût $F(s, X, Y)$ du stock en fonction de s, X, Y.

2) Donner l'expression de l'espérance mathématique du coût du stock $\overline{F}(s)$.

3) On suppose maintenant que $Y = y_0 = c^{te}$. Donner l'expression de $\overline{F}(s)$ dans le cas où la densité de probabilité de X serait $f(x)$.

4) Montrer comment déterminer le minimum de $\overline{F}(s)$ (s'il existe et est unique) dans l'hypothèse donnée en 3). Donner une expression du stock optimal s_0 et du coût $\overline{F}(s_0)$ qui lui correspond.

exercices sur le chapitre VIII

SIMULATIONS

N° 1 On prend trois points au hasard sur la circonférence d'un cercle. Déterminer, par une méthode de simulation, une valeur approchée de la probabilité pour que ces trois points fassent partie de la même demi-circonférence.

Commentaire

On peut obtenir trois points A, B, C *au hasard en prenant un rayon arbitraire* OA *et deux angles* AOB = α *et* AOC = β, *compris entre* 0 *et* 2π, *dont les valeurs seront prises au hasard.*

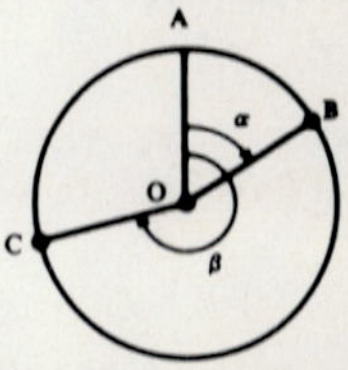

Si l'on fait correspondre à une suite de nombres équiprobables de trois chiffres (de 000 à 999) une liste d'angles α *et à une autre suite de nombres équiprobables de trois chiffres, une liste d'angles* β, *on pourra comparer deux à deux les angles de même rang dans les deux listes.*

Si les deux nombres tirés pour α_i *et* β_i *sont tous deux inférieurs ou égaux ou tous deux supérieurs à* 499, *ou encore si leur différence, en valeur absolue, est supérieure ou égale à* 499, A, B *et* C *seront sur une même demi-circonférence.*

N° 2 On désire étudier une gestion de stocks par simulation. On envisage notamment une politique qui consiste à déterminer un stock de sécurité déclenchant (même par égalité) la commande de réapprovisionnement, le montant de cette dernière étant égal à la quantité demandée par la clientèle au cours de la semaine précédente (le vendredi soir, on entend, par semaine précédente, celle qui vient de s'écouler car il n'y a que cinq jours ouvrables).

On connait la loi de la demande :

r	0	1	2	3	4	5	6	7	8	9	10	11	12
p(r)	0,018	0,073	0,146	0,195	0,195	0,156	0,104	0,060	0,030	0,014	0,006	0,002	0,001

et celle du délai de réapprovisionnement :

délai d	3	4	5	6	7	8
p(d)	0,05	0,25	0,40	0,20	0,08	0,02

On note que ce délai doit être compté en jours ouvrables et francs, c'est-à-dire qu'un réapprovisionnement qui parvient à une date déterminée ne peut servir à honorer les commandes reçues ce jour-là.

Les ventes sont supposées perdues, en cas de pénurie.

On suppose le stock initial de 40, la première commande de 20.

1) Vérifier par une simulation portant sur 100 jours avec les tables de nombres aléatoires ci-dessous que le stock d'alerte doit être de 30 pour que la pénurie soit tout juste inférieure à 2,5 %.

Table A **(à employer pour les échantillons de la demande).**

4309988373800913505835755475569930271744704429231288666744515804351714032588987089301
0985902365685664870099573676930710902714395229247990231317436202737058140618166315417
8447370254481368080784674052583037232555103816976129983306779476191290160179237804994
33013907932292670193419584133563580390284975 6...

Table B **(à employer pour les échantillons du délai de réapprovisionnement).**

17405089663265989680175697849122161246190522 04...

2) Critiquer les conditions de cette ébauche de simulation.

N° 3 Calculer la valeur de

$$I = \int_0^1 (x \ln x + x + 1)\, dx$$

par une méthode analytique.

Utiliser ce résultat pour prévoir la taille de la simulation donnant, au seuil de sécurité α, un intervalle de confiance relatif ε.

Solution

1) **Calcul par une méthode directe :**

$$I = \frac{3}{2} + \int_0^1 x \ln x\, dx = \frac{3}{2} + \left[\frac{x^2}{2} \ln x\right]_0^1 - \frac{1}{2} \int_0^1 x\, dx$$

Soit :

$$\boxed{I = \frac{5}{4}}$$

Etudions alors la fonction y = x ln x + x + 1 pour x variant dans l'intervalle [0, 1]

$$y = x \ln x + x + 1$$

$$y' = \ln x + 2$$

d'où le tableau de variations :

	0		$1/e^2$		1
y'	$-\infty$	$-$	0	+	2
y	1		$1 - \frac{1}{e^2}$		2

$\frac{1}{e^2} \cong 0{,}135\ 334$

La courbe y(x) est donc représentée par la figure 1.

2) Etude par une simulation.

2.1) Principe.

Soit S la surface du trapèze OACD (fig. 1)

On peut écrire $I = \overline{\omega}S$ où $\overline{\omega}$ représente le rapport de l'aire A, délimitée par les axes Oy, Oy, la droite x = 1 et la courbe

$$y = x \ln x + n + 1,$$

à l'aire S. Or $S = \frac{3}{2}$ et $I = \frac{5}{4}$.

Donc : $\overline{\omega} = \frac{5}{6}$

La simulation consiste alors à tirer, de façon aléatoire, une valeur de x comprise entre 0 et x + 1.

Si y est supérieur à x ln x + x + 1, on augmente de 1 le nombre r de points répondant à ce critère.

Sinon, on augmente de 1 le nombre b de points qui ne répondent pas à ce critère.

Au bout de n tirages, (n = r + b) on obtient une estimation de ω sous la forme

$$\hat{\overline{\omega}} = \frac{b}{n}$$

L'intervalle de confiance de cette estimation s'énonce : au seuil de sécurité α, la valeur exacte ω de la population de référence est comprise entre :

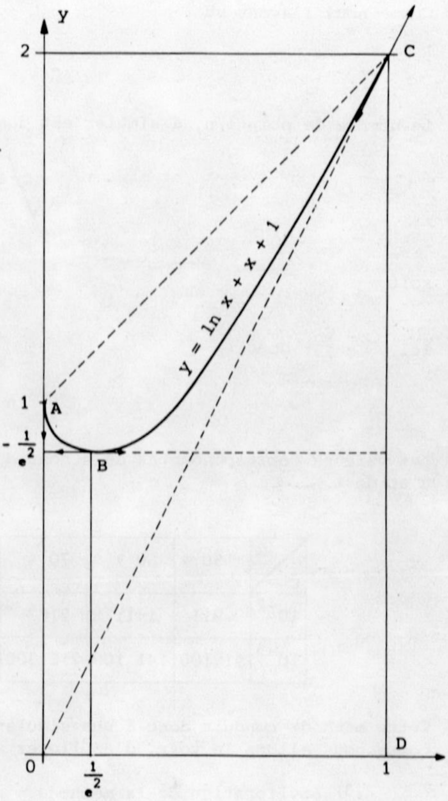

Figure 1

$$\hat{\overline{\omega}} - t_\alpha \sqrt{\frac{\hat{\overline{\omega}}(1 - \hat{\overline{\omega}})}{n}}$$

et

$$\hat{\overline{\omega}} + t_\alpha \sqrt{\frac{\hat{\overline{\omega}}(1 - \hat{\overline{\omega}})}{n}}$$

où t_α découle de la loi normale.

α	50 %	60 %	70 %	80 %	90 %	95 %	99,5 %
t_α	0,675	0,840	1,04	1,28	1,64	1,96	2,80

2.2) Mise en oeuvre

Le problème est de prévoir le nombre de points à simuler pour avoir, à un seuil de sécurité α donné, une erreur relative $\frac{\Delta I}{I}$ inférieure ou égale à un nombre ε fixé.

Or :

$$\frac{\Delta I}{I} = \frac{\Delta\overline{\omega}}{\overline{\omega}} \quad \text{car} \quad I = \overline{\omega}S$$

Comme nous l'avons vu :

$$\Delta\bar{\omega} = t_\alpha \sqrt{\frac{\bar{\omega}(1 - \bar{\omega})}{n}} .$$

Le nombre de points, n, à simuler est donc tel que :

$$t_\alpha \sqrt{\frac{1 - \bar{\omega}}{\bar{\omega} n}} \leqq \varepsilon ,$$

soit

$$n \geqq \frac{t_\alpha^2 (1 - \bar{\omega})}{\bar{\omega}\, \varepsilon^2} .$$

Ici, $\bar{\omega} = \frac{5}{6}$; donc :

$$n \geqq \frac{t_\alpha}{5\varepsilon^2} .$$

Les valeurs correspondantes de n sont données dans le tableau suivant, en fonction de α et de ε.

ε \ α	50 %	60 %	70 %	80 %	90 %	95 %	99,5 %
10^{-2}	911	1411	2163	3277	5379	7683	15680
10^{-3}	91 100	141 100	216 300	327 700	537 900	768 300	1 568 000

Cette méthode conduit donc à une simulation très lourde. Cependant, il est possible , comme nous allons le voir, d'améliorer sensiblement la solution.

2.3) Amélioration de la méthode

Il est simple d'évaluer l'aire OEDCF, soit S_1, (fig. 2) :

$$S_1 = 1 + \frac{1}{4}\left(1 - \frac{1}{e^2}\right)^2 \simeq 1{,}1869 .$$

On va alors simuler les points dans le domaine ABCDBEA. Sa surface est :

$$S_2 = \frac{1}{2}\left(\frac{1}{e^2}\right)^2 + \frac{1}{4}\left(1 + \frac{1}{e^2}\right)\left(1 - \frac{3}{e^2}\right)$$

$$= \frac{1}{4} - \frac{1}{2e^2} - \frac{1}{4e^4}$$

$$\simeq 0{,}25 - 0{,}067667 - 0{,}004579 \simeq 0{,}1778 .$$

Ici, la valeur de I est donnée par la formule suivante :

$$I = S_1 + \bar{\omega}' S_2$$

et

$$\frac{\Delta I}{I} = \frac{\Delta\bar{\omega}' S_2}{I} .$$

Calculons $\bar{\omega}'$:

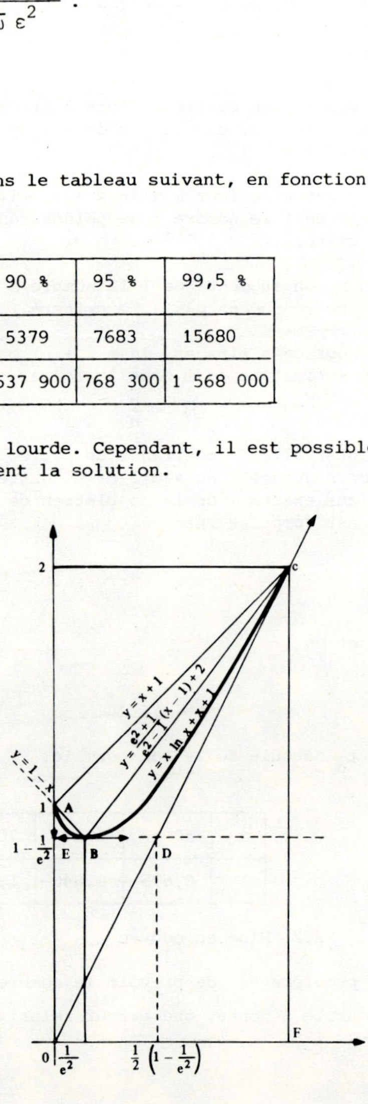

Figure 2

$$\overline{\omega}' = \frac{I - S_1}{S_2} \simeq 0,3550 .$$

Voulant une erreur relative inférieure à ε,il faudra choisir n tel que :

$$t_\alpha \sqrt{\frac{\overline{\omega}'(1-\overline{\omega}')}{n}} \cdot \frac{S_2}{I} \leqq \varepsilon$$

Soit :

$$n \geqq t_\alpha^2 \frac{\overline{\omega}'(1 - \overline{\omega}')}{\varepsilon^2 I^2} \cdot S_2^2$$

où :

$$\overline{\omega}' = 0,3550$$
$$1 - \overline{\omega}' = 0,6450$$
$$I = 1,2500$$
$$S_2 = 0,1778$$

ce qui donne :

$$n \geq t_\alpha^2 \quad \frac{4,648 \cdot 10^{-3}}{\varepsilon^2}$$

ε \ α	50 %	60 %	70 %	80 %	90 %	95 %	99,5 %
10^{-2}	22	33	50	76	125	178	364
10^{-3}	2180	3280	5020	7690	12460	17800	36350

Cette méthode, bien que plus avantageuse que la précédente, conduit néanmoins à des calculs très longs si l'on exige de la précision. Si l'on se contente d'une erreur relative inférieure à 1 % avec un seuil de sécurité de 95 %, le nombre de points à simuler reste tout à fait raisonnable.

L'ordinogramme de la méthode est donné par la figure 3 (v. p. 352).

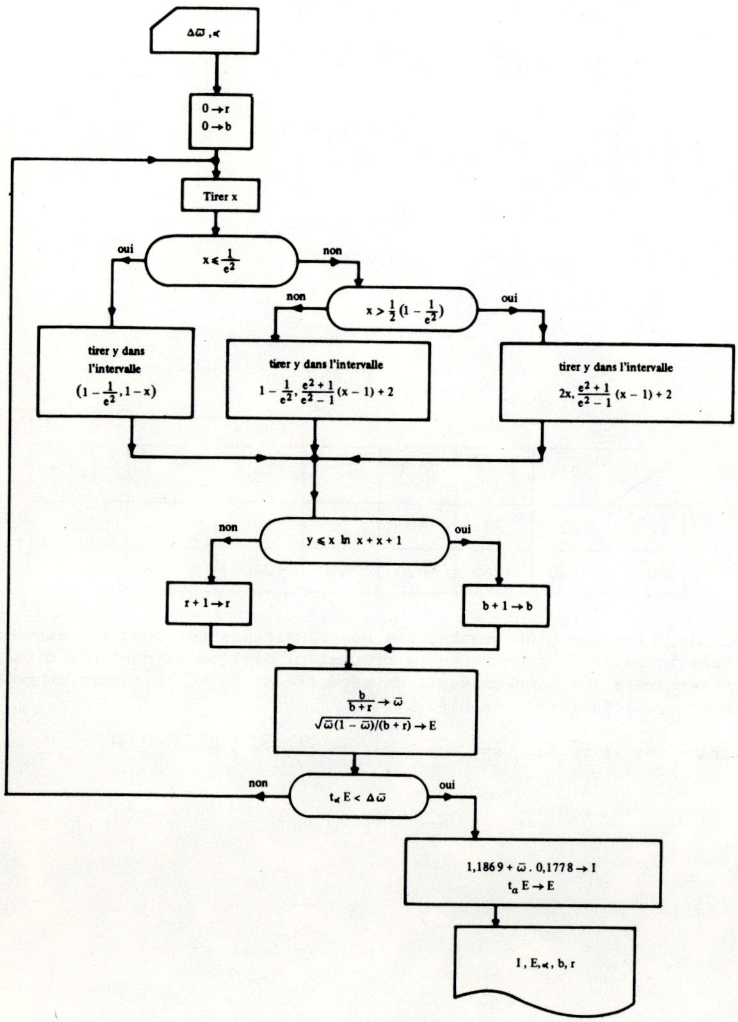

$\Delta\bar{\omega}$, α
$0 \to r$
$0 \to b$
Tirer x
oui
$x \leqslant \frac{1}{e^2}$
non
non
$x > \frac{1}{2}(1 - \frac{1}{e^2})$
oui
tirer y dans l'intervalle $(1 - \frac{1}{e^2}, 1 - x)$
tirer y dans l'intervalle $1 - \frac{1}{e^2}, \frac{e^2+1}{e^2-1}(x-1) + 2$
tirer y dans l'intervalle $2x, \frac{e^2+1}{e^2-1}(x-1) + 2$
non
$y \leqslant x \ln x + x + 1$
oui
$r + 1 \to r$
$b + 1 \to b$
$\frac{b}{b+r} \to \bar{\omega}$
$\sqrt{\bar{\omega}(1-\bar{\omega})/(b+r)} \to E$
non
$t_\alpha E < \Delta\bar{\omega}$
oui
$1{,}1869 + \bar{\omega} \,.\, 0{,}1778 \to I$
$t_\alpha E \to E$
I, E, α, b, r

Figure 3

exercices sur le chapitre IX

PROGRAMMES LINÉAIRES

N° 1 Par la méthode des tableaux, résoudre le programme :

$$2x_1 + 2x_2 - x_3 \geq 2 \qquad (1)$$

$$3x_1 - 4x_2 \leq 3 \qquad (2)$$

$$x_2 + 3x_3 \leq 5 \qquad (3)$$

$$x_1,\ x_2,\ x_3 \geq 0 \qquad (4,\ 5 \text{ et } 6)$$

$$[MAX]z = 5x_1 - 2x_2 + 3x_3$$

Solution

On écrira :

$2x_1 + 2x_2 - x_3$	$-x_4$	$+\ x_7$	$= 2$
$3x_1 - 4x_2$	$+\ x_5$		$= 3$
$x_2 + 3x_3$	$+\ x_6$		$= 5$
variables principales	variables d'écart	variable artificielle	

$x_i \geq 0$

$$[MAX]z = 5x_1 - 2x_2 + 3x_3 + 0x_4 + 0x_5 + 0x_6 - Mx_7.$$

D'où le tableau initial :

			1	2	3	4	5	6	7	0
$-M$	7		②	2	-1	-1	0	0	1	2
0	5		3	-4	0	0	1	0	0	3
0	6		0	1	3	0	0	1	0	5
		c_j	5	-2	3	0	0	0	$-M$	
		Sol.					3	5	2	
		Δ_j	$2M+5$	$2M-2$	$-M+3$	$-M$	0	0	0	$z = -2M$
			⇧ e							
		$\frac{x_i}{x_{ie}}$					1	∞	1 ⇩ s	

Partant de ce tableau, on fera entrer la colonne 1 dans la base et sortir la colonne 7, puisqu'il importe de se débarasser de la variable artificielle. Cette opération fournit un nouveau tableau dans lequel $x_5 = 0$.

On est conduit à remplacer le 0 de la colonne 0 par ε, afin de pouvoir poursuivre le calcul.

		1	2	3	4	5	6	7	0
5	1	1	1	$-\frac{1}{2}$	$-\frac{1}{2}$	0	0	$\frac{1}{2}$	1
0	5	0	-7	$\textcircled{\frac{3}{2}}$	$\frac{3}{2}$	1	0	$-\frac{3}{2}$	0 ← ε
0	6	0	1	3	0	0	1	0	5
	c_j	5	-2	3	0	0	0	-M	
	Sol.	1					5		
		0	-7	$\frac{11}{12}$	$\frac{5}{2}$	0	0	$-M-\frac{5}{2}$	z = 5
				⇑ e					

$\frac{x_i}{x_{ie}}$ - 2 $\frac{2\varepsilon}{3}$ ⇓ s $\frac{5}{3}$

On peut alors éliminer définitivement la colonne 7, qui ne joue plus aucun rôle dans le calcul ; faisant entrer dans la base la colonne 3, on obtient :

		1	2	3	4	5	6	0
5	1	1	$-\frac{4}{3}$	0	0	$\frac{1}{3}$	0	1
3	3	0	$-\frac{14}{3}$	1	1	$\frac{2}{3}$	0	$\frac{2}{3}\varepsilon$
0	6	0	$\textcircled{15}$	0	-3	-2	1	5
	Sol.	1		$\frac{2\varepsilon}{3}$			5	
	Δ_j	0	$\frac{56}{3}$	0	-3	$-\frac{11}{3}$	0	$z = 5 + 2\varepsilon$
			⇑ e					

$\frac{x_i}{x_{ie}}$ 1 $-\frac{1}{7}\varepsilon$ $\frac{1}{3}$ ⇓ s

Le calcul demande alors deux itérations; dès la première on peut éliminer la valeur ε introduite plus haut.

c_i	1	1	2	3	4	5	6	0
5	1	1	0	0	$-\frac{4}{15}$	$\frac{7}{45}$	$\frac{4}{45}$	$\frac{13}{9}$
3	3	0	0	1	$\textcircled{\frac{1}{15}}$	$\frac{2}{45}$	$\frac{14}{45}$	$\frac{14}{9}$
-2	2	0	1	0	$-\frac{1}{5}$	$-\frac{2}{15}$	$\frac{1}{15}$	$\frac{1}{3}$
	c_j	5	-2	3				
	Sol.	$\frac{13}{9}$	$\frac{1}{3}$	$\frac{14}{9}$				
		0	0	0	$\frac{11}{15}$	$-\frac{53}{45}$	$-\frac{56}{45}$	$z = \frac{101}{9}$
					⇑ e			

$\frac{x_i}{x_{ie}}$ $-\frac{65}{12}$ $-\frac{5}{3}$ $\frac{70}{3}$ ⇓ s

c_i	i	1	2	3	4	5	6	0
5	1	1	0	4	0	$\frac{1}{3}$	$\frac{4}{3}$	$\frac{23}{3}$
0	4	0	0	15	1	$\frac{2}{3}$	$\frac{14}{3}$	$\frac{70}{3}$
-2	2	0	1	3	0	0	1	5
	c_j	5	-2	3				
	Sol.	$\frac{23}{3}$	5		$\frac{70}{3}$			
	Δ_j	0	0	-11	0	$-\frac{5}{3}$	$-\frac{14}{3}$	$z = \frac{85}{3}$

N° 2 Trois tailles t_1, t_2 et t_3 sont respectivement susceptibles de fournir une extraction maximale journalière de $e_1 = 200$, $e_2 = 500$ et $e_3 = 300$ tonnes.

La production journalière est d'abord stockée dans un local abrité d'une contenance maximale de 1800 m^3 et l'on indique les volumes spécifiques respectifs des trois catégories de produits : 1,8; 2 et 2,2 m^3/t (1).

Le lendemain, les minerais sont lavés : la laverie débite respectivement 80, 90 et 100 tonnes à l'heure pour les produits extraits des tailles t_1, t_2 et t_3; en outre, son horaire journalier est limité à 10 heures de travail.

Enfin, les profits unitaires réalisés sont, respectivement : $p_1 = 4$, $p_2 = 5$, $p_3 = 6$ unités monétaires.

1) Quelle est la meilleure répartition des quantités à extraire ?

2) On conteste le profit réalisé sur le minerai extrait de la taille 1. Comment la répartition optimale est-elle modifiée si ce profit varie autour de 4 unités monétaires ? Poser : $p_1 = 4(1 + \lambda)$.

3) La quantité maximale extraite de t_3 a été mal évaluée. Comment la répartition optimale évolue-t-elle si l'on pose : $e_3 = 300(1 + \mu)$?

4) On n'est pas certain du débit de la laverie en ce qui concerne le produit de t_1. On pose :

$$\frac{3600}{80(1 + \eta)} = 45(1 + \nu)$$

Qu'en résulte-t-il ?

Remarque

Cet exercice doit fournir l'occasion de revoir une grande partie du cours. La méthode de résolution proposée est celle des tableaux. Le cheminement devra être suivi sur le polyèdre des contraintes tant pour la première question que pour le paramétrage.

Solution

1) Le programme linéaire consiste à maximiser la fonctionnelle :

$$4x_1 + 5x_2 + 6x_3$$

---

(1) On nous excusera d'avoir, par inadvertance, choisi des valeurs trop élevées par rapport à celles qui se rencontrent dans la nature.

sous le contraintes :

$$x_1 \leqq 200$$
$$x_2 \leqq 500$$
$$x_3 \leqq 300$$

$$\frac{1}{80} x_1 + \frac{1}{90} x_2 + \frac{1}{100} x_3 \leqq 10$$

$$1{,}8x_1 + 2x_2 + 2{,}2x_3 \leqq 1800$$

si x_1, x_2 et x_3 sont les quantités à extraire des tailles t_1, t_2 et t_3.

Avec les variables d'écart convenable, on a :

$$\begin{array}{lllllllll}
x_1 & & & + x_4 & & & & & = 200 \\
& x_2 & & & + x_5 & & & & = 500 \\
& & x_3 & & & + x_6 & & & = 300 \\
45x_1 & + 40x_2 & 36x_3 & & & & + x_7 & & = 36000 \\
9x_1 & + 10x_2 & + 11x_3 & & & & & + x_8 & = 9000
\end{array}$$

d'où la solution obtenue en trois itérations.

			1	2	3	4	5	6	7	8	0
	0	4	1	0	0	1	0	0	0	0	200
	0	5	0	1	0	0	1	0	0	0	500
1	0	6	0	0	(1)	0	0	1	0	0	300
	0	7	45	40	36	0	0	0	1	0	36000
	0	8	9	10	11	0	0	0	0	1	9000
			4	5	6						
			4	5	6						z = 0
					⇑			⇓			

			1	2	3	4	5	6	7	8	
		4	1	0	0	1	0	0	0	0	200
		5	0	(1)	0	0	1	0	0	0	500
2	6	3	0	0	1	0	0	1	0	0	300
		7	45	40	0	0	0	-36	1	0	25200
		8	9	10	0	0	0	-11	0	1	5700
			4	5	0	0	0	- 6	0	0	z = 1800
				⇑			⇓				

		4	1	0	0	1	0	0	0	0	200
	5	2	0	1	0	0	1	0	0	0	500
3	6	3	0	0	1	0	0	1	0	0	300
		7	45	0	0	0	-40	-36	1	0	5200
		8	(9)	0	0	0	-10	-11	0	1	700
			4	0	0	0	- 5	- 6	0	0	z = 4300
			⇑							⇓	

		4	0	0	0	1	$\frac{10}{9}$	$\frac{11}{9}$	0	$-\frac{1}{9}$	$\frac{1100}{9}$
	5	2	0	1	0	0	1	0	0	0	500
4	6	3	0	0	1	0	0	1	0	0	300
		7	0	0	0	0	10	19	1	−5	1700
	4	1	1	0	0	0	$-\frac{10}{9}$	$-\frac{11}{9}$	0	$\frac{1}{9}$	$\frac{700}{9}$
			0	0	0	0	$-\frac{5}{9}$	$-\frac{10}{9}$	0	$-\frac{4}{9}$	$z = \frac{41500}{9}$

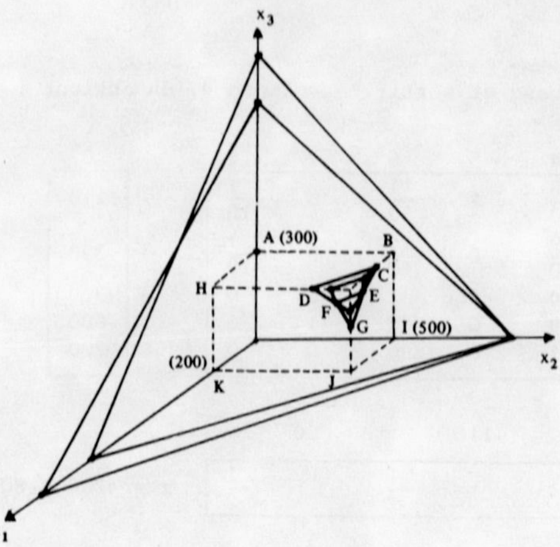

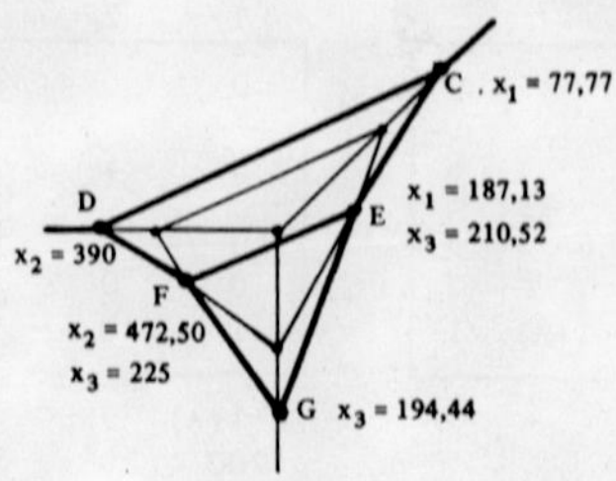

On suit avec facilité la progression de sommet en sommet du polyèdre des contraintes. Les tableaux 1, 2, 3 et 4 correspondent respectivement aux sommets O, A, B et C.

2) Dans le tableau optimal (4), on remplace p = 4 par $4(1 + \lambda)$.

		1	2	3	4	5	6	7	8	0
	4	0	0	0	1	$\frac{10}{9}$	$\frac{11}{9}$	0	$-\frac{1}{9}$	$\frac{1100}{9}$
5	2	0	1	0	0	1	0	0	0	500
6	3	0	0	1	0	0	1	0	0	300
	7	0	0	0	0	10	19	1	−5	1700
$4(1+\lambda)$	1	1	0	0	0	$-\frac{10}{9}$	$-\frac{11}{9}$	0	$\frac{1}{9}$	$\frac{700}{9}$
c_j		$4(1+\lambda)$	5	6						
Sol.		$\frac{700}{9}$	500	300	$\frac{1100}{9}$			1700		
Δ_j		0	0	0		$-\frac{5}{9}+\frac{40}{9}\lambda$	$-\frac{10}{9}+\frac{44}{9}\lambda$	0	$-\frac{4}{9}-\frac{4}{9}\lambda$	$z = \frac{41500}{9} + \frac{2800}{9}\lambda$

La ligne des Δ_j se trouve modifiée et, comme ils dépendent désormais de λ, il faut examiner leurs signes respectifs.

λ	-1		0		$\frac{1}{8}$		$\frac{5}{22}$		$\frac{5}{4}$		$+\infty$
$-\frac{5}{9}+\frac{40}{9}\lambda$		$-$		$-$	0	$+$		$+$		$+$	
$-\frac{10}{9}+\frac{44}{9}\lambda$		$-$		$-$		$-$	0	$+$		$+$	
$-\frac{4}{9}-\frac{4}{9}\lambda$	0	$-$		$-$		$-$		$-$		$-$	
Conclusions	Solution antérieure				La colonne 5 entre dans la base				La colonne 6 entre dans la base (1)		

1e Cas . $\frac{1}{8} \leq \lambda \leq \frac{5}{4}$.

En faisant entrer la colonne 5 dans la base et sortir la colonne 4, on obtient :

		1	2	3	4	5	6	7	8	0
	5	0	0	0	$\frac{9}{10}$	1	$\frac{11}{10}$	0	$-\frac{1}{10}$	110
5	2	0	1	0	$-\frac{9}{10}$	0	$-\frac{11}{10}$	0	$\frac{1}{10}$	390
6	3	0	0	1	0	0	1	0	0	300
	7	0	0	0	-9	0	8	1	0	600
$4(1+\lambda)$	1	1	0	0	1	0	0	0	0	200
		$4(1+\lambda)$	5	6						
		200	390	300		110		600		
	Δ_j				$\frac{5}{10}-4\lambda$		$-\frac{1}{2}$		$-\frac{1}{2}$	$z = 4250 + 800\lambda$

L'optimum est atteint, puisque tous les Δ_j sont négatifs $\left(\frac{5}{10} - 4\lambda \leq 0 \text{ pour } \lambda \geq \frac{1}{8}\right)$. On est alors au point D du polyèdre des contraintes.

2e Cas . $\lambda \geq \frac{5}{4}$.

L'entrée de la colonne 6 dans la base donne les résultats suivants :

	4	0	0	0	1	$\frac{80}{171}$ (encerclé)	0	$-\frac{11}{171}$	$\frac{4}{49}$	$\frac{2200}{171}$	
5	2	0	1	0	0	1	0	0	0	500	
6	3	0	0	1	0	$-\frac{10}{19}$	0	$-\frac{1}{19}$	$\frac{5}{19}$	$\frac{4000}{19}$	point E du polyèdre
	6	0	0	0	0	$\frac{10}{19}$	1	$\frac{1}{19}$	$-\frac{5}{19}$	$\frac{1700}{19}$	
$4(1+\lambda)$	1	1	0	0	0	$-\frac{80}{171}$	0	$\frac{11}{171}$	$-\frac{4}{19}$	$\frac{32000}{171}$	
		$4(1+\lambda)$	5	6							
	Δ_j	0	0	0	0	$\frac{5}{171} + \frac{320}{171}\lambda$ ⇧	0	$\frac{10}{171} - \frac{44}{171}\lambda$	$-\frac{14}{19} + \frac{16}{19}\lambda$	$z = 4511{,}64 + 748{,}52\,\lambda$	

(1) car $-\frac{10}{9} + \frac{44}{9}\lambda > -\frac{5}{9} + \frac{40}{9}\lambda$ pour $\lambda > \frac{5}{4}$

et une étude des Δ_j permet de constater que la colonne 5 doit maintenant entrer dans la base à la place de la colonne 4.

Ayant réalisé cet échange, on a :

	5	0	0	0	$\frac{17}{80}$	1	0	$-\frac{11}{80}$	$\frac{9}{20}$	$\frac{55}{2}$	
5	2	0	1	0	$-\frac{171}{80}$	0	0	$\frac{11}{80}$	$-\frac{9}{20}$	$\frac{945}{2}$	
6	3	0	0	1	$\frac{9}{8}$	0	0	$-\frac{1}{8}$	$\frac{1}{2}$	$\frac{4275}{19}$	point F du polyèdre
	6	0	0	0	$-\frac{9}{8}$	0	1	$\textcircled{\frac{1}{8}}$	$-\frac{1}{2}$	$\frac{1425}{19}$	
$4(1+\lambda)$	1	1	0	0	1	0	0	0	0	200	
	Δ_j	0	0	0	$-\frac{1}{16}-4\lambda$	0	0	$\frac{1}{16}$	$-\frac{3}{4}$	$z= 4512,5 + 800\lambda$	
								⇧			

Ce qui signifie que, la colonne 7 devant entrer dans la base et la colonne 6 en sortir, on est ramené à la base [5, 2, 3, 7, 1], c'est-à-dire au 1e cas.

De cette discussion, il résulte que si $\lambda \geq \frac{1}{8}$, le point D du polyèdre est solution avec les valeurs suivantes :

$$x_1 = 200,\ x_2 = 390,\ x_3 = 300,\ x_5 = 110,\ x_7 = 600,$$

tandis que :

$$z = 4250 + 800\lambda.$$

3) Pour poursuivre le problème, il faut d'abord donner le tableau optimal du dual; on sait qu'on peut l'obtenir directement à partir de celui du primal, mais, à titre d'exercice, on pourra le reconstituer.

Etant donné le tableau ci-après :

	x_1	x_2	x_3		
y_1	1	0	0		200
y_2	0	1	0		500
y_3	0	0	1	$\leq$	300
y_4	45	40	36		36000
y_5	9	10	11		9000
		$\geq$			
	4	5	6		

on lit immédiatement le programme dual initial qui s'écrit :

$$y_1 + 45y_4 + 9y_5 \geq 4$$
$$y_2 + 40y_4 + 10y_5 \geq 5$$
$$y_3 + 36y_4 + 11y_5 \geq 0$$
$$[\text{MIN}]\ z' = 200y_1 + 500y_2 + 300y_3 + 36000y_4 + 9000y_5.$$

Pour éviter de changer d'algorithme, nous maximiserons :

$$-200y_1 - 500y_2 - 300y_3 - 36000y_4 - 9000y_5.$$

Les tableaux sont classiques mais, afin d'éviter des itérations inutiles, on n'oubliera pas qu'on a intérêt, dès qu'on le peut, à chasser les variables artificielles :

		1	2	3	4	5	$\bar{1}$	$\bar{2}$	$\bar{3}$	$\bar{\bar{1}}$	$\bar{\bar{2}}$	$\bar{\bar{3}}$	0
- M	$\bar{\bar{1}}$	1	0	0	(45)	9	-1	0	0	1	0	0	4
- M	$\bar{\bar{2}}$	0	1	0	40	10	0	-1	0	0	1	0	5
- M	$\bar{\bar{3}}$	0	0	1	36	11	0	0	-1	0	0	1	6
		-200	-500	-300	-36000	-9000				-M	-M	-M	
										4	5	6	
Δ_j		-200 +M	-500 +M	-300 +M	-36000 + 121M	-9000 +20M	M	M	M	0	0	0	
					⇧					⇩			
-36000	4	$\frac{1}{45}$	0	0	1	($\frac{1}{5}$)	$-\frac{1}{45}$	0	0	$\frac{1}{45}$	0	0	$\frac{4}{45}$
- M	$\bar{\bar{2}}$	$-\frac{8}{9}$	1	0	0	2	$\frac{8}{9}$	-1	0	$-\frac{8}{9}$	1	0	$\frac{13}{9}$
- M	$\bar{\bar{3}}$	$-\frac{4}{5}$	0	1	0	$\frac{19}{5}$	$\frac{4}{5}$	0	-1	$-\frac{4}{5}$	0	1	$\frac{14}{5}$
		-200	-500	-300	-36000	-9000				-M	-M	-M	
					$\frac{4}{15}$						$\frac{13}{5}$	$\frac{14}{5}$	
Δ_j		600 $-\frac{76}{45}M$	-500 +M	-300 +M	0	-1800 $+\frac{29}{5}M$	-800	-M	-M	800 $-\frac{76}{45}M$	0	0	
					⇩	⇧ (exception à la règle)							
- 9000	5	$\frac{1}{9}$	0	0	5	1	$-\frac{1}{9}$	0	0	$\frac{1}{9}$	0	0	$\frac{4}{9}$
- M	$\bar{\bar{2}}$	$-\frac{10}{9}$	1	0	-10	0	$\frac{10}{9}$	-1	0	$-\frac{10}{9}$	1	0	$\frac{5}{9}$
- M	$\bar{\bar{3}}$	$-\frac{11}{9}$	0	1	-19	0	$\frac{11}{9}$	0	-1	$-\frac{11}{9}$	0	1	$\frac{10}{9}$
		-200	-500	-300	-36000	-9000				-M	-M	-M	
						$\frac{4}{9}$					$\frac{5}{9}$	$\frac{10}{9}$	
		800 $-\frac{21}{9}$	-500 +M	-300 +M	9000 -29M	0	-1000 $+\frac{21}{9}M$	-M	-M	1000 $-\frac{21}{9}M$	0	0	

Ici, selon la règle (qu'emploierait une machine) il faudrait faire entrer la colonne $\bar{1}$; on a, au contraire, tout intérêt à faire entrer les colonnes 2 et 3, en remplacement de $\bar{\bar{2}}$ et $\bar{\bar{3}}$, ce qui permet de chasser les variables artificielles et d'obtenir le tableau dual optimal.

		1	2	3	4	5	$\bar{1}$	$\bar{2}$	$\bar{3}$	$\bar{\bar{1}}$	$\bar{\bar{2}}$	$\bar{\bar{3}}$	0
-9000	3	$\frac{1}{9}$	0	0	5	1	$-\frac{1}{9}$	0	0	$\frac{1}{9}$	0	0	$\frac{4}{9}$
-500	2	$-\frac{10}{9}$	1	0	-10	0	$\frac{10}{9}$	-1	0	$-\frac{10}{9}$	1	0	$\frac{5}{9}$
-300	3	$-\frac{11}{9}$	0	1	-19	0	$\frac{11}{9}$	0	-1	$-\frac{11}{9}$	0	1	$\frac{10}{9}$
		-200	-500 $\frac{5}{9}$	-300 $\frac{10}{9}$	-36000	-9000 $\frac{4}{9}$							
		$-\frac{1100}{9}$	0	0	-1700	0	$-\frac{700}{9}$	-500	-300	$-M + \frac{700}{9}$	$-M + 500$	$-M + 300$	$z' = -\frac{41500}{9}$

On sait alors paramétrer l'un des coefficients de la fonction économique. Faisons-le pour le troisième.

		1	2	3	4	5	$\bar{1}$	$\bar{2}$	$\bar{3}$	0
-9000	5	$\frac{1}{9}$	0	0	5	1	$-\frac{1}{9}$	0	0	$\frac{4}{9}$
-500	2	$-\frac{10}{9}$	1	0	-10	0	$\frac{10}{9}$	-1	0	$\frac{5}{9}$
$300(1+\mu)$	3	$-\frac{11}{9}$	0	1	-19	0	$\frac{11}{9}$	0	-1	$\frac{10}{9}$
		-200	-500 $\frac{5}{9}$	$-300(1+\mu)$ $\frac{10}{9}$	-36000	-9000 $\frac{4}{9}$				
		$-\frac{1100}{9} - \frac{3300}{9}\mu$	0	0	-1700 -5700μ	0	$-\frac{700}{9} + \frac{3300}{9}\mu$	-500	-300 -300μ	$z' = -\frac{41500}{9} - \frac{3000}{9}\mu$

Le tableau ci-dessous conduit à une discussion en fonction de la valeur de μ:

	-1		$-\frac{1}{3}$		$-\frac{17}{57}$	0	$\frac{7}{33}$	$+\infty$
$-\frac{1100}{9} - \frac{3300}{9}\mu$		+	0	−		−		−
$-1700 - 5700\mu$		+		+	0	−		−
$-\frac{700}{9} + \frac{3300}{9}\mu$		−		−		−	0	+
$-300 - 300\mu$		−		−		−		−
		entrée colonne 4 car $-1700 - 5700\mu > -\frac{1100}{9} - \frac{3300}{9}\mu$ pour $\mu < -\frac{71}{240}$				solution antérieure		entrée colonne $\bar{1}$

La solution appelée *antérieure* est donc :

$$x_1 = \frac{700}{9} - \frac{3300}{9}\mu$$

$$x_2 = 500$$

$$x_3 = 300 + 300\mu$$

$$z = \frac{41500}{9} + \frac{3000}{9}\mu$$

Examinons le premier cas :

		1	2	3	4	5	$\bar{1}$	$\bar{2}$	$\bar{3}$	0
-36000	4	$\frac{1}{45}$	0	0	1	$\frac{1}{5}$	$-\frac{1}{45}$	0	0	$\frac{4}{45}$
-500	2	$-\frac{8}{9}$	1	0	0	2	$\frac{8}{9}$	-1	0	$\frac{13}{9}$
-300 -300μ	3	$-\frac{4}{5}$	0	1	0	$\frac{19}{5}$	$\frac{4}{5}$	0	-1	$\frac{14}{5}$
		-200	-500	$-300-300\mu$	-36000	-9000				
			$\frac{13}{5}$	$\frac{14}{5}$	$\frac{4}{45}$					
		$-\frac{760}{9} - 240\mu$	0	0	0	$340 + 1140\mu$	$-\frac{1040}{9} + 240\mu$	-500	$-300 - 300\mu$	

Deux cas se présentent alors : a) ou bien $-\frac{19}{54} \leqq \mu \leqq -\frac{17}{57}$ et alors la solution est atteinte, soit :

$$x_1 = +\frac{1040}{9} - 240\mu;\ x_2 = 500;\ x_3 = 300 + 300\mu;\ z = +\frac{42860}{9} + 840\mu$$

b) ou bien $\mu \leqq -\frac{19}{54}$ et il faut alors faire entrer la colonne 1 dans la base.

Cette dernière opération conduit au tableau :

		1	2	3	4	5	$\bar{1}$	$\bar{2}$	$\bar{3}$	0
-200	1	1	0	0	45	9	-1	0	0	4
-500	2	0	1	0	40	10	0	-1	0	5
-300 -300μ	3	0	0	1	36	11	0	0	-1	6
Δ_j		0	0	0	$3800 + 10800\mu$	$1100 + 3300\mu$	-200	-500	$-300 - 300\mu$	

qui devient définitif, puisque $\mu \leqq -\frac{19}{54}$.

On a donc :

$$x_1 = 200,\ x_2 = 500,\ x_3 = 300 + 300\mu,\ z = 5100 + 1800\mu.$$

Soit alors le cas ou $\mu \geqq \frac{7}{33}$, ce qui se traduit par l'entrée de la colonne $\bar{1}$ dans la base :

-9000	5	0	$\frac{1}{10}$	0	4	1	0	$-\frac{1}{10}$	0		$\frac{1}{2}$
0	$\bar{1}$	-1	$\frac{9}{10}$	0	-9	0	1	$-\frac{9}{10}$	0		$\frac{1}{2}$
-300 -300μ	3	0	$-\frac{11}{10}$	1	-8	0	0	$\frac{11}{10}$	-1		$\frac{1}{2}$
		-200	-500	-300 -300μ	-36000	-9000					
	Δ_j	-200	70 -330μ	0	-2400 -2400μ	0	0	-570 $+330\mu$	-300 -300μ		

On constate, d'après les valeurs des Δ_j, que la colonne $\bar{2}$ doit entrer dans la base si $\mu \geqq \frac{57}{33}$. En effet :

μ	$\frac{7}{33}$		$\frac{57}{33}$		$+\infty$
$-570 + 330\mu$		$-$	0	$+$	
		Solution précédente		entrée colonne $\bar{2}$	

La solution appelée solution *précédente* est donc :

$$x_1 = 0,\ x_2 = 570 - 330\mu,\ x_2 = 300 + 300\mu,\ z = 4650 + 150\mu$$

Si $\mu \geqq \frac{57}{33}$:

-9000	5	0	0	$\frac{1}{11}$	$\frac{36}{11}$	1	0	0	$-\frac{1}{11}$		$\frac{6}{11}$
	$\bar{1}$	-1	0	$\frac{9}{11}$	$-\frac{17}{11}$	0	0	0	$-\frac{9}{11}$		$\frac{10}{11}$
	$\bar{2}$	0	-1	$\frac{10}{11}$	$-\frac{1600}{99}$	0	0	0	$-\frac{10}{11}$		$\frac{5}{11}$
	Δ_j	-200	-500	$\frac{5700}{11}$ -300μ	$-\frac{72000}{11}$	0	0	0	$-\frac{9000}{11}$		

Tous les Δ_j sont aussi négatifs et, par conséquent :

$$x_1 = 0,\ x_2 = 0,\ x_3 = \frac{9000}{11},\ z = \frac{54000}{11}.$$

On peut regrouper les résultats de la discussion en fonction des valeurs de μ :

μ	-1	$-\frac{19}{54}$	$-\frac{17}{57}$	(0)	$\frac{7}{33}$	$\frac{57}{33}$	$+\infty$
e_3	0	≈194,4	≈210,5	300	≈363,7	≈818,2	
z		≈4467	≈4512	4611	≈4681	≈4909	

Sol.	$-1 \le \mu \le -\frac{19}{54}$	$-\frac{19}{54} \le \mu \le -\frac{17}{57}$	$-\frac{17}{57} \le \mu \le \frac{7}{33}$	$\frac{7}{33} \le \mu \le \frac{57}{33}$	$\mu \ge \frac{57}{33}$
	$x_1=200$	$x_1=\frac{1040}{9}-240\mu$	$x_1=\frac{700}{9}-\frac{3300}{9}\mu$	$x_1=0$	$x_1=0$
	$x_2=500$	$x_2=500$	$x_2=500$	$x_2=570-330\mu$	$x_2=0$
	$x_3=300+300\mu$	$x_3=300+300\mu$	$x_3=300+300\mu$	$x_3=300+300\mu$	$x_3=\frac{9000}{11}$
	$z=5100+1800\mu$	$z=\frac{42860}{8}+840\mu$	$z=\frac{41500}{9}+\frac{3000}{9}\mu$	$z=4650+150\mu$	$z=\frac{54000}{11}$

4) On doit maintenant exécuter un paramétrage d'un coefficient de la matrice et cette démarche n'est pas toujours aisée, en raison de la nécessité de maintenir la non-négativité des coefficients du second membre.

Aucun changement dans le calcul du tableau optimal ne se produit avant la troisième itération. De ce fait, le tableau 4 peut s'écrire (primal) si $\nu \leqq \frac{17}{35}$:

		1	2	3	$\bar{1}$	$\bar{2}$	$\bar{3}$	$\bar{4}$	$\bar{5}$	
	$\bar{1}$	0	0	0	1	$\frac{10}{9}$	$\frac{11}{9}$	0	$-\frac{1}{9}$	$\frac{1100}{9}$
5	2	0	1	0	0	1	0	0	0	500
6	3	0	0	1	0	0	1	0	0	300
	$\bar{4}$	0	0	0	0	$10+50\nu$	$19+55\nu$	1	$-5-5\nu$	$1700-3500\nu$
4	1	1	0	0	0	$-\frac{10}{9}$	$-\frac{11}{9}$	0	$\frac{1}{9}$	$\frac{700}{9}$
		0	0	0	0	$-\frac{5}{9}$	$-\frac{10}{9}$	0	$-\frac{4}{9}$	

et c'est seulement la variable d'écart $\bar{4}$ qui change de valeur en fonction de celle de ν.

Au contraire, comme dans le tableau 3, p. 356, lorsqu'on fait entrer la colonne 1, il faut faire les quotients $\frac{x_i}{x_{ie}}$:

$$\frac{x_{\bar{1}}}{x_{\bar{1}1}} = \frac{200}{1} = 200, \quad \frac{x_{\bar{4}}}{x_{\bar{4}1}} = \frac{5200}{45(1+\nu)}, \quad \frac{x_{\bar{5}}}{x_{\bar{5}1}} = \frac{700}{9},$$

lorsque $\nu \geqq \frac{17}{35}$, on a :

$$\frac{5200}{45(1+\nu)} \leqq \frac{700}{9} < 200$$

et c'est donc la colonne $\overline{4}$ qui sort de la base. De ce fait, on obtient :

	$\overline{1}$	0	0	0	1	$\frac{8}{9(1+\nu)}$	$\frac{4}{5(1+\nu)}$	$\frac{-1}{45(1+\nu)}$	0	$\frac{760+1800\nu}{9(1+\nu)}$
5	2	0	1	0	0	1	0	0	0	500
6	3	0	0	1	0	0	1	0	0	300
4	1	1	0	0	0	$\frac{-8}{9(1+\nu)}$	$\frac{-4}{5(1+\nu)}$	$\frac{1}{45(1+\nu)}$	0	$\frac{1040}{9(1+\nu)}$
	$\overline{5}$	0	0	0	0	$\frac{-210\nu}{1+\nu}$	$\frac{-19-55\nu}{5(1+\nu)}$	$\frac{-1}{5(1+\nu)}$	1	$\frac{700\nu-340}{1+\nu}$
		0	0	0	0	$-\frac{13+45\nu}{9(1+\nu)}$	$-\frac{14+30\nu}{5(1+\nu)}$	$-\frac{4}{45(1+\nu)}$	0	

ce qui modifie la valeur de x_1.

On peut suivre graphiquement l'évolution des solutions, lorsque λ, μ et ν varient.

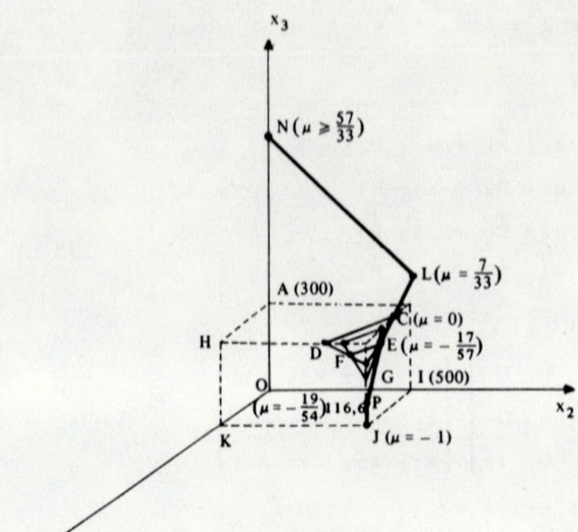

Les points J, P, E, C, L, N jalonnent les variations de μ.

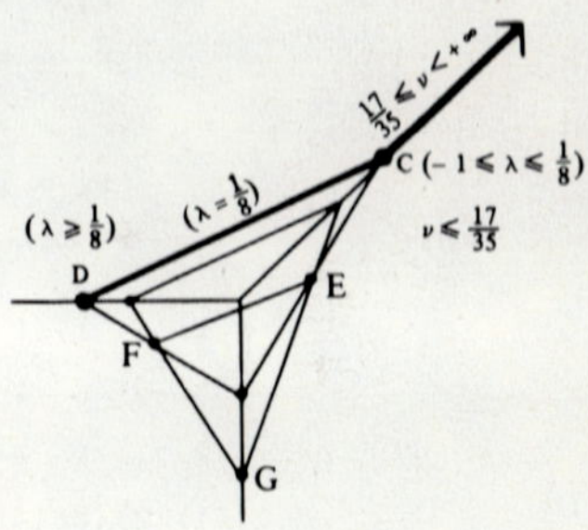

N° 3 Soit à maximiser la fonctionnelle linéaire :

$$5x_1 + 4x_2 + 3x_3 + x_4$$

sous les contraintes :

$$x_1 + x_2 + x_3 + x_4 \leq 12 \qquad (1)$$

$$3x_1 + 2x_2 + 3x_3 + x_4 \leq 5 \qquad (2)$$

$$2x_1 + x_2 + x_3 + 4x_4 \leq 7 \qquad (3)$$

$$x_1,\ x_2,\ x_3,\ x_4 \geq 0 \quad (4,\ 5 \text{ et } 6)$$

1) Résoudre ce programme (qu'on laissera *tel quel*) par la méthode matricielle du simplexe (1).

2) Donner, sans calcul, les résultats du programme dual correspondant ;

3) Montrer qu'une des inéquations du programme primal est redondante.

Tenant compte de ce fait, simplifier le programme dual.

Solution

a) Sous la forme matricielle, les contraintes s'écrivent, compte tenu de l'addition des variables d'écart x_5, x_6 et x_7 :

$$\begin{matrix} (1) & (2) & (3) & (4) & (5) & (6) & (7) \end{matrix}$$
$$\begin{bmatrix} 1 & 1 & 1 & 1 & 1 & 0 & 0 \\ 3 & 2 & 3 & 1 & 0 & 1 & 0 \\ 2 & 1 & 1 & 4 & 0 & 0 & 1 \end{bmatrix} \begin{Bmatrix} x_1 \\ x_2 \\ x_3 \\ x_4 \\ x_5 \\ x_6 \\ x_7 \end{Bmatrix} = \begin{Bmatrix} 12 \\ 5 \\ 7 \end{Bmatrix}.$$

Les colonnes 5, 6 et 7 de la matrice constituent une matrice unité du troisième ordre. En prenant comme base les vecteurs unitaires 5, 6 et 7, on peut écrire :

$$\vec{P}_j = \sum_{i=5,6,7} x_{ij} \vec{P}_i ,$$

c'est-à-dire :

$$\vec{P}_1 = x_{51} \vec{P}_5 + x_{61} \vec{P}_6 + x_{71} \vec{P}_7$$
$$\vec{P}_2 = x_{52} \vec{P}_5 + x_{62} \vec{P}_6 + x_{72} \vec{P}_7$$
$$\vec{P}_3 = x_{53} \vec{P}_5 + x_{63} \vec{P}_6 + x_{73} \vec{P}_7$$
$$\vec{P}_4 = x_{54} \vec{P}_5 + x_{64} \vec{P}_6 + x_{74} \vec{P}_7$$

ou

$$\underset{(1)\,(2)\,(3)\,(4)}{\begin{bmatrix} 1 & 1 & 1 & 1 \\ 3 & 2 & 3 & 1 \\ 2 & 1 & 1 & 4 \end{bmatrix}} = \underset{(5)\,(6)\,(7)}{\begin{bmatrix} 1 & 0 & 0 \\ 0 & 1 & 0 \\ 0 & 0 & 1 \end{bmatrix}} \begin{bmatrix} x_{51} & x_{52} & x_{53} & x_{54} \\ x_{61} & x_{62} & x_{63} & x_{64} \\ x_{71} & x_{72} & x_{73} & x_{74} \end{bmatrix}$$

La matrice unité étant sa propre inverse, on a, sans calcul :

$$\begin{bmatrix} x_{51} & x_{52} & x_{53} & x_{54} \\ x_{61} & x_{62} & x_{63} & x_{64} \\ x_{71} & x_{72} & x_{73} & x_{74} \end{bmatrix} = \begin{bmatrix} 1 & 1 & 1 & 1 \\ 3 & 2 & 3 & 1 \\ 2 & 1 & 1 & 4 \end{bmatrix} = [a]$$

et l'on peut s'assurer que :

$$[z_1 \ z_2 \ z_3 \ z_4] = [z_5 \ z_6 \ z_7]\,[a] = [0 \ 0 \ 0 \ 0] ,$$

du fait que :

$$[z_5 \ z_6 \ z_7] = [0 \ 0 \ 0] .$$

Il en résulte que : $c_1 - z_1 = 5$, $c_2 - z_2 = 4$, $c_3 - z_3 = 3$, $c_4 - z_4 = 1$,

(1) On trouvera un exposé de cette méthode dans tous les livres classiques sur la programmation linéaire.

d'où l'on déduit, d'après le premier critère de Dantzig, que la colonne $\vec{P}_1$ doit entrer dans la base.

Calculons alors les rapports $\frac{x_i}{x_{i1}}$; on a :

$$\frac{x_5}{x_{51}} = \frac{12}{1} = 12 \; ; \; \frac{x_6}{x_{61}} = \frac{5}{3} \; ; \; \frac{x_7}{x_{71}} = \frac{7}{2} \; ;$$

le plus petit positif d'entre eux est le second, ce qui, d'après le deuxième critère de Dantzig, indique que la colonne $\vec{P}_6$ doit sortir de la base.

Calculons les nouvelles coordonnées du vecteur $\vec{X}$; on a :

$$x'_1 = \theta_0 = \frac{5}{3} \; ; \; x'_5 = x_5 - \theta_0 \cdot x_{51} = 12 - \frac{5}{3} \cdot 1 = \frac{31}{3}$$

$$x'_7 = x_7 - \theta_0 \cdot x_{71} = 7 - \frac{5}{3} \cdot 2 = \frac{11}{3} .$$

On vérifie bien que :

$$\underset{(1)\,(2)\,(3)\,(4)\,(5)\,(6)\,(7)}{\begin{bmatrix} 1 & 1 & 1 & 1 & 1 & 0 & 0 \\ 3 & 2 & 3 & 1 & 0 & 1 & 0 \\ 2 & 1 & 1 & 4 & 0 & 0 & 1 \end{bmatrix}} \begin{Bmatrix} \frac{5}{3} \\ 0 \\ 0 \\ 0 \\ \frac{31}{3} \\ 0 \\ \frac{11}{3} \end{Bmatrix} = \begin{Bmatrix} 12 \\ 5 \\ 7 \end{Bmatrix}$$

En fonction de la nouvelle base, constituée par $\vec{P}_5$, $\vec{P}_1$, $\vec{P}_7$, on écrit :

$$\underset{(2)\;(3)\;(4)\;(6)}{\begin{bmatrix} 1 & 1 & 1 & 0 \\ 2 & 3 & 1 & 1 \\ 1 & 1 & 4 & 0 \end{bmatrix}} = \underset{(5)\;(1)\;(7)}{\begin{bmatrix} 1 & 1 & 0 \\ 0 & 3 & 0 \\ 0 & 2 & 1 \end{bmatrix}} \begin{bmatrix} x_{52} & x_{53} & x_{54} & x_{56} \\ x_{12} & x_{13} & x_{14} & x_{16} \\ x_{72} & x_{73} & x_{74} & x_{76} \end{bmatrix}$$

Prémultipliant par la matrice inverse de $\begin{bmatrix} 1 & 1 & 0 \\ 0 & 3 & 0 \\ 0 & 2 & 1 \end{bmatrix}$

qui n'est autre(1) que : $\begin{bmatrix} 1 & -\frac{1}{3} & 0 \\ 0 & \frac{1}{3} & 0 \\ 0 & -\frac{2}{3} & 1 \end{bmatrix}$, on obtient :

---

(1) La transposée est $\begin{bmatrix} 1 & 0 & 0 \\ 1 & 3 & 2 \\ 0 & 0 & 1 \end{bmatrix}$; la matrice des cofacteurs : $\begin{bmatrix} 3 & -1 & 0 \\ 0 & 1 & 0 \\ 0 & -2 & 3 \end{bmatrix}$; le déterminant ayant la valeur 3, on a :

$$\begin{bmatrix} 1 & 1 & 0 \\ 0 & 3 & 0 \\ 0 & 2 & 1 \end{bmatrix}^{-1} = \frac{1}{3} \begin{bmatrix} 3 & -1 & 0 \\ 0 & 1 & 0 \\ 0 & -2 & 3 \end{bmatrix} = \begin{bmatrix} 1 & -\frac{1}{3} & 0 \\ 0 & \frac{1}{3} & 0 \\ 0 & -\frac{2}{3} & 1 \end{bmatrix}$$

$$\begin{bmatrix} x_{52} & x_{53} & x_{54} & x_{56} \\ x_{12} & x_{13} & x_{14} & x_{16} \\ x_{72} & x_{73} & x_{74} & x_{76} \end{bmatrix} = \begin{bmatrix} 1 & -\frac{1}{3} & 0 \\ 0 & \frac{1}{3} & 0 \\ 0 & \frac{2}{3} & 1 \end{bmatrix} \begin{bmatrix} 1 & 1 & 1 & 0 \\ 2 & 3 & 1 & 1 \\ 1 & 1 & 4 & 0 \end{bmatrix} = \begin{bmatrix} \frac{1}{3} & 0 & \frac{2}{3} & -\frac{1}{3} \\ \frac{2}{3} & 1 & \frac{1}{3} & \frac{1}{3} \\ -\frac{1}{3} & 1 & \frac{10}{3} & -\frac{2}{3} \end{bmatrix} = [a] ,$$

puis :

$$[z_2 \ z_3 \ z_4 \ z_6] = [z_5 \ z_1 \ z_7] \ [a] = [0 \ 5 \ 0] \ [a] = \begin{bmatrix} \frac{10}{3} & 5 & \frac{5}{3} & \frac{5}{3} \end{bmatrix} ;$$

d'où l'on tire ;

$$c_2 - z_2 = \frac{2}{3} \ ; \ c_3 - z_3 = -2 \ ; \ c_4 - z_4 = -\frac{2}{3} \ ; \ c_6 - z_6 = -\frac{5}{3} \ ;$$

la seule valeur positive étant $c_2 - z_2$, on fera entrer $\vec{P}_2$ dans la base.

On calcule alors :

$$\frac{x_5}{x_{52}} = \frac{31/3}{1/3} = 31 \ ; \ \frac{x_1}{x_{12}} = \frac{5/3}{2/3} = \frac{5}{2} \ ; \ \frac{x_7}{x_{72}} = \frac{11/3}{-1/3} = -11,$$

d'où le choix de $\vec{P}_1$ comme colonne sortante.

Les nouvelles coordonnées de $\vec{X}$ sont :

$$x'_2 = \frac{5}{2} \ ; \ x'_5 = \frac{19}{2} \ ; \ x'_7 = \frac{9}{2} .$$

En fonction de la nouvelle base, on peut poser :

$$\begin{bmatrix} 1 & 1 & 1 & 0 \\ 3 & 3 & 1 & 1 \\ 2 & 1 & 4 & 0 \end{bmatrix} = \begin{bmatrix} 1 & 1 & 0 \\ 2 & 0 & 0 \\ 1 & 0 & 1 \end{bmatrix} \begin{bmatrix} x_{21} & x_{23} & x_{24} & x_{26} \\ x_{51} & x_{53} & x_{54} & x_{56} \\ x_{71} & x_{73} & x_{74} & x_{76} \end{bmatrix} ,$$

(1) (3) (4) (6) (2) (5) (7)

puis, après calcul de la matrice inverse :

$$\begin{bmatrix} x_{21} & x_{23} & x_{24} & x_{26} \\ x_{51} & x_{53} & x_{54} & x_{56} \\ x_{71} & x_{73} & x_{74} & x_{76} \end{bmatrix} = \begin{bmatrix} 0 & \frac{1}{2} & 0 \\ 1 & -\frac{1}{2} & 0 \\ 0 & -\frac{1}{2} & 1 \end{bmatrix} \begin{bmatrix} 1 & 1 & 1 & 0 \\ 3 & 3 & 1 & 1 \\ 2 & 1 & 4 & 0 \end{bmatrix} = \begin{bmatrix} \frac{3}{2} & \frac{3}{2} & \frac{1}{2} & \frac{1}{2} \\ -\frac{1}{2} & -\frac{1}{2} & \frac{1}{2} & -\frac{1}{2} \\ \frac{1}{2} & -\frac{1}{2} & \frac{7}{2} & -\frac{1}{2} \end{bmatrix} = [a].$$

Dans ces conditions :

$$[z_1 \ z_2 \ z_4 \ z_6] = [z_2 \ z_5 \ z_7] \ [a] = [4 \ 0 \ 0] \ [a] = [6 \ 6 \ 2 \ 2]$$

et :

$$c_1 - z_1 = -1 \ ; \ c_2 - z_2 = -3 \ ; \ c_4 - z_4 = -1 \ ; \ c_2 - z_2 = -2.$$

On voit qu'on ne peut plus faire entrer aucun vecteur dans la base sans diminuer la valeur de la fonction économique.

On a donc la solution :

$$x'_1 = 0 \ ; \ x'_2 = \frac{5}{2} \ ; \ x'_3 = 0 \ ; \ x'_4 = 0 \ ; \ x'_5 = \frac{19}{2} \ ; \ x'_6 = 0 \ ; \ x'_7 = \frac{9}{2} .$$

b) En considérant le tableau initial des contraintes, on obtient immédiatement le programme dual :

	x_1	x_2	x_3	x_4	
y_1	1	1	1	1	12
y_2	3	2	3	1	5
y_3	2	1	1	4	7
	5	4	3	1	

$$\text{II}\quad \begin{cases} y_1 + 3y_2 + 2y_3 \geqq 5 & (1) \\ y_1 + 2y_2 + y_3 \geqq 4 & (2) \\ y_1 + 3y_2 + y_3 \geqq 3 & (3) \\ y_1 + y_2 + 4y_3 \geqq 1 & (4) \end{cases}$$

$$[\text{MIN}]\quad z' = 12y_1 + 5y_2 + 7y_3$$

et l'on sait qu'on peut passer des solutions du primal à celles du dual :

Variables duales	$-y_4$	$-y_5$	$-y_6$	$-y_7$	y_1	y_2	y_3
Variables primales	x_1	x_2	x_3	x_4	x_5	x_6	x_7
Solutions du dual (coûts marginaux du primal au signe près)	1	0	3	1	0	2	0
Solutions du primal coûts marginaux du dual au signe près)	0	$\frac{5}{2}$	0	0	$\frac{19}{2}$	0	$\frac{9}{2}$

c) Il est évident que l'équation (1) est redondante dans le système I (primal) ; dans ces conditions, on pourrait résoudre le primal en ne tenant compte que des inéquations (2) et (3).

Le dual se présenterait alors sous la forme :

$$3y_2 + 2y_3 \geqq 5 \ (1) \ ; \ 2y_2 + y_3 \geqq 4 \ (2) \ ; \ 3y_2 + y_3 \geqq 3 \ (3) \ ; \ y_2 + 4y_3 \geqq 1 \ (4).$$

Or, l'inéquation la plus contraignante de toutes n'est autre que (2); on a, en effet :

$$10y_2 + 5y_3 \geqq 20 \ (2') \Rightarrow 12y_2 + 8y_3 \geqq 20 \ (1'),$$

$$\text{soit } (2) \Rightarrow (1)$$

$$3y_2 + y_3 \geqq 3 \ (3) \Rightarrow 3y_2 + 12y_3 \geqq 3 \ (4'),$$

$$\text{soit } (3) \Rightarrow (4)$$

$$6y_2 + 3y_3 \geqq 13 \ (2') \Rightarrow 12y_2 + 4y_3 \geqq 12 \ (3'),$$

$$\text{soit } (2) \Rightarrow (3).$$

On a donc : (2) $\Rightarrow$ (1) et, par transitivité, (2) $\Rightarrow$ (3) et (2) $\Rightarrow$ (4).

La solution ($y_1 = 0$; $y_2 = 2$; $y_3 = 0$), pour minimiser : $z' = 12y_1 + 5y_2 + 7y_3$ est alors évidente.

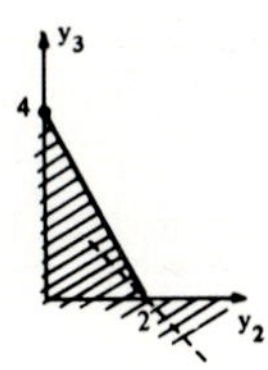

N° 4 On désire faire un mélange de trois gaz combustibles dans les conditions suivantes :

- le volume total doit atteindre 250 000 m^3 ;
- le volume calorifique doit être compris entre 2200 mth/m^3 et 2600 mth/m^3;
- la teneur en soufre ne doit pas dépasser 3 grammes/m^3 ;
- la proportion du troisième gaz ne doit pas excéder 28 % du volume total.

Les teneurs respectives en soufre sont de 7, 1/2 et 2 grammes par m^3 . Les pouvoirs calorifiques respectifs se montent à 1000, 2000 et 6000 mth/m^3 .

1) Déterminer le mélange le moins coûteux, en admettant que les prix respectifs sont de 12, 36 et 10 unités monétaires par millier de m^3.

2) On pose le volume total égal à v, la quantité du troisième gaz à ne pas dépasser, à λ. Etudier la variation de l'optimum.

Les équations et inéquations exprimant ce problème s'écrivent :

$$\begin{aligned}
x_1 + x_2 + x_3 &= 250\\
14x_1 + x_2 + 4x_3 &\leq 1500\\
x_1 + 2x_2 + 6x_3 &\leq 650\\
x_1 + 2x_2 + 6x_3 &\geq 550\\
x_3 &\leq 70\\
\text{MIN } f = 12x_1 + 36x_2 + 10x_3 &
\end{aligned}$$

les x_1, x_2 et x_3 représentant les volumes des trois gaz en milliers de m^3.

Pour résoudre la première équation, on peut simplifier, en utilisant la première équation, pour ne plus laisser subsister que les variables x_2 et x_3, par exemple.

On obtient facilement (et l'on peut contrôler graphiquement) :

$$x_2 = 1200/11$$

et $$x_3 = 640/11.$$

Par suite, $$x_1 = 250 - (x_2 + x_3) = 910/11.$$

Mais on peut aussi aborder directement le problème, en transformant la première équation en deux inéquations :

$$\begin{aligned}
x_1 + x_2 + x_3 - \bar{x}_1 \qquad\qquad &\geq 250\\
x_1 + x_2 + x_3 \qquad\qquad + \bar{x}_2 &\leq 250
\end{aligned}$$

On obtient alors la matrice optimale complète :

		1	2	3	$\bar{1}$	$\bar{2}$	$\bar{3}$	$\bar{4}$	$\bar{5}$	$\bar{6}$	
-12	1	1	0	0	$-\frac{2}{55}$	0	$\frac{4}{55}$	$-\frac{3}{55}$	0	0	$\frac{910}{11}$
-36	2	0	1	0	$-\frac{16}{11}$	0	$-\frac{1}{11}$	$-\frac{2}{11}$	0	0	$\frac{1200}{11}$
-10	3	0	0	1	$\frac{27}{55}$	0	$\frac{1}{55}$	$\frac{13}{55}$	0	0	$\frac{640}{11}$
	$\bar{2}$	0	0	0	1	1	0	0	0	0	0
	$\bar{5}$	0	0	0	0	0	0	1	1	0	100
	$\bar{6}$	0	0	0	$-\frac{27}{55}$	0	$-\frac{1}{55}$	$-\frac{13}{55}$	0	1	$\frac{130}{11}$
		-12	-36	-10	0	0	0	0	0	0	
Δ_j		0	0	0	$-\frac{2634}{55}$	0	$-\frac{122}{55}$	$-\frac{266}{55}$	0	0	$\frac{60520}{11}$

La deuxième question est relative au système :

$$\begin{cases} x_1 + x_2 + x_3 = v & (1) \\ 14x_1 + x_2 + 4x_3 \leqq 6\ v & (2) \\ x_1 + 2x_2 + 6x_3 \leqq 2{,}6\ v & (3) \\ x_1 + 2x_2 + 6x_3 \geqq 2{,}2\ v & (4) \\ x_3 \leqq \lambda & (5) \end{cases}$$

Si l'on fait une figure, on constate aisément que tout se passe comme si l'on n'avait à choisir qu'entre quatre points (C, D, E, F), compte non tenu de la cinquième inégalité.

Dès lors, étant donnée la fonction économique, le point solution se trouve :

1) en C lorsque λ excède la cote de C ;

2) entre C et D lorsque λ est compris entre la cote de C et la cote de D ;

3) n'existe pas si λ est inférieur à la cote de D.

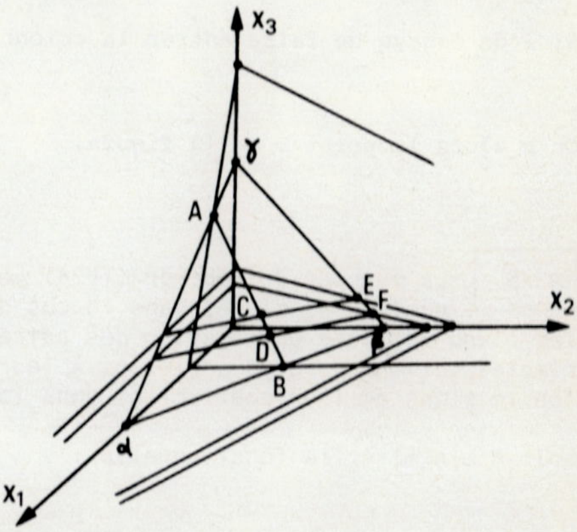

C'est ce qu'on retrouve par la considération du problème dual, dont la matrice optimale tirée du calcul de la question 1, s'écrit :

	1	2	3	4	5	6	$\bar{1}$	$\bar{2}$	$\bar{3}$	
v	1	-1	0	0	0	$\frac{27}{55}$	$\frac{2}{55}$	$\frac{16}{11}$	$-\frac{27}{55}$	2634/55
$-6v$	0	0	1	0	0	$\frac{1}{55}$	$-\frac{4}{55}$	$\frac{1}{11}$	$-\frac{1}{55}$	122/55
$-\frac{13}{5}v$	0	0	0	1	-1	$\frac{13}{55}$	$-\frac{3}{55}$	$\frac{2}{11}$	$-\frac{13}{55}$	266/55
	v	$-v$	$-6v$	$-\frac{13}{5}v$	$\frac{11}{5}v$	$-\lambda$	0	0	0	
	0	0	0	0	$-\frac{2}{5}$	$-\lambda + \frac{64}{275}v$	$-\frac{91}{275}v$	$\frac{-120}{275}v$	$\frac{-64}{275}v$	

En effet, cette matrice n'est optimale que si $\lambda - \frac{64}{275}v > 0$, c'est-à-dire : $\lambda > \frac{64}{275}v$; elle donne :

$$x_1 = \frac{91}{275}v\ ;\ x_2 = \frac{120}{275}v\ ;\ x_3 = \frac{64}{275}v\ ;$$

$$f = \frac{1210{,}4}{44}v \simeq 22{,}007\ v\ .$$ C'est le point C de la figure.

Bien entendu si $\lambda < \frac{64}{275}v$, la colonne 6 entre dans la base.

On obtient :

	1	2	3	4	5	6	$\bar{1}$	$\bar{2}$	$\bar{3}$	
v	1	-1	0	$-\frac{27}{13}$	$\frac{27}{13}$	0	$-\frac{1}{13}$	$-\frac{14}{13}$	0	$\frac{492}{13}$
$-6v$	0	0	1	$-\frac{1}{13}$	$\frac{1}{13}$	0	$-\frac{1}{13}$	$\frac{1}{13}$	0	$\frac{24}{13}$
$-\lambda$	0	0	0	$\frac{55}{13}$	$-\frac{55}{13}$	1	$\frac{3}{13}$	$\frac{10}{13}$	-1	$\frac{266}{13}$
	v	$-v$	$-6v$	$-\frac{13}{5}v$	$-\frac{11}{5}v$	$-\lambda$	0	0	0	
	0	0	0	$-\frac{64}{65}v + \frac{55}{13}\lambda$	$\frac{38}{65}v - \frac{55}{13}\lambda$	0	$-\frac{5}{13}v + \frac{2}{13}\lambda$	$-\frac{8}{13}v + \frac{10}{13}\lambda$	$-\lambda$	

d'où : $x_1 = \frac{5}{13}v - \frac{2}{13}\lambda$; $x_2 = \frac{8}{13}v - \frac{10}{13}\lambda$; $x_3 = \lambda$

et $f = \frac{348}{13}v - \frac{266}{13}\lambda$.

Cette solution n'est optimale, d'après les colonnes 4 et 5, que si :

$$\frac{38}{275}v < \lambda < \frac{64}{275}v.$$

Si l'on essaye de faire entrer la colonne 5, le résultat n'est valable que si

$$\lambda \leqq \frac{38}{475}v.$$

On a alors le point D de la figure.

N° 5 La méthode de Fourier (1824) pour le traitement direct des inéquations linéaires consiste, dans le cas d'un programme linéaire, à chercher les limites d'une variable en fonction des autres variables et à éliminer peu à peu les variables qui ont pu être arbitrées à leur borne numérique inférieure ou supérieure selon le signe de leur coefficient dans la fonction économique.

Soit à minimiser la fonctionnelle :

$$F = x_1 + x_2 + x_3 ,$$

sous les contraintes :

$$\begin{cases} -20x_1 + 12x_2 - 15x_3 \leqq 10 & (1) \\ x_1 + 2x_2 - 3x_3 \leqq 6 & (2) \\ 3x_1 + 6x_2 + 4x_3 \leqq 12 & (3) \\ -20x_1 - 15x_2 + 3x_3 \leqq 60 & (4) \\ 10x_1 + 5x_2 - 2x_3 \geqq 10 & (5) \\ 6x_1 + 7x_2 + 42x_3 \geqq 42 & (6) \\ x_1,\ x_2,\ x_3 \geqq 0 \end{cases}$$

1) Ecrire les six inéquations donnant x_1 en fonction des autres variables et montrer que l'une d'entre elles est redondante ;

2) Utilisant le fait qu'il reste une inéquation seulement du type $x_1 \leqq f(x_2, x_3)$ et plusieurs du type $x_1 \geqq \varphi_i(x_2, x_3)$, montrer que, quel que soit i :

$$\varphi_i(x_2, x_3) \leqq f(x_2, x_3) ;$$

3) Mettre les deux inéquations qui subsistent sous la forme :

$$x_3 \leqq g(x_2)$$
$$x_3 \geqq \psi(x_2)$$

et en déduire les bornes numériques de x_2 ;

4) Montrer qu'il faut prendre $x_2 = 0$ pour minimiser F et en tirer les bornes numériques de x_3 ;

5) Revenant aux inéquations initiales qui ne contiennent plus x_2, déterminer les bornes numériques de x_1, puis choisir x_1 et x_3 de manière à minimiser F, tout en respectant l'ensemble des contraintes.

Solution

1) On a :

$$x_1 \geqq -3 + \frac{3}{5}x_2 - \frac{3}{4}x_3 \quad (1')$$
$$x_1 \leqq 6 - 2x_2 + 3x_3 \quad (2')$$

$$x_1 \leqq 4 - 2x_2 - \frac{4}{3}x_3 \quad (3')$$
$$x_1 \geqq -3 - \frac{3}{4}x_2 + \frac{3}{20}x_3 \quad (4')$$
$$x_1 \geqq 1 - \frac{1}{2}x_2 + \frac{1}{5}x_3 \quad (5')$$
$$x_1 \geqq 7 - \frac{7}{6}x_2 - 7x_3 \quad (6')$$

et l'on voit que (3') entraîne (2'), car,

$$x_1 \leqq 4 - 2x_2 - \frac{4}{3}x_3 < 4 - 2x_2 - \frac{4}{3}x_3 + (2 + \frac{13}{3}x_3).$$

2) Lorsqu'on a supprimé (2'), on peut écrire que le second membre de (3'), borne supérieure de x , est inférieur ou égal au second membre des inégalités (1'), (4'), (5') et 6' :

$$\begin{cases} -3 + \frac{3}{5}x_2 - \frac{3}{4}x_3 \leqq 4 - 2x_2 - \frac{4}{3}x_3 \\ -3 - \frac{3}{4}x_2 + \frac{3}{20}x_3 \leqq 4 - 2x_2 - \frac{4}{3}x_3 \\ 1 - \frac{1}{2}x_2 + \frac{1}{5}x_3 \leqq 4 - 2x_2 - \frac{4}{3}x_3 \\ 7 - \frac{7}{6}x_2 - 7x_3 \leqq 4 - 2x_2 - \frac{4}{3}x_3 , \end{cases}$$

ce qui fournit :

$$\begin{cases} \frac{13}{5}x_2 + \frac{7}{12}x_3 \leqq 7 & (1") \\ \frac{5}{4}x_2 + \frac{89}{60}x_3 \leqq 7 & (2") \\ \frac{3}{2}x_2 + \frac{23}{15}x_3 \leqq 3 & (3") \\ \frac{5}{6}x_2 - \frac{17}{3}x_3 \leqq -3 & (4"). \end{cases}$$

On constate sans peine que (3") entraîne (2"); en multipliant (1") par 3 et (3") par 7, on voit que (3") entraîne aussi (1").

3) Il reste donc :

$$\begin{cases} \frac{3}{2}x_2 + \frac{23}{15}x_3 \leqq 3 \\ \frac{5}{6}x_2 - \frac{17}{3}x_3 \leqq -3 \end{cases}$$

d'où :

$$\begin{cases} x_3 \leqq \frac{45}{23} - \frac{45}{46}x_2 \\ x_3 \geqq \frac{9}{17} + \frac{5}{34}x_2. \end{cases}$$

Il est donc nécessaire que :

$$\frac{9}{17} + \frac{5}{34}x_2 \leqq \frac{45}{23} - \frac{45}{23}x_2,$$

d'où :

$$0 \leqq x_2 \leqq \frac{279}{220}.$$

4) Comme on veut minimiser F, il faudra faire $x_2 = 0$, ce qui entraîne :

$$\frac{9}{17} \leqq x_3 \leqq \frac{45}{23}.$$

5) Mais l'on a un certain nombre de relations qui ne contiennent plus x_2:

$$\begin{cases} x_1 \geqq -3 - \frac{3}{4}x_3 \\ x_1 \leqq \ \ 4 - \frac{4}{3}x_3 \\ x_1 \geqq -3 + \frac{3}{20}x_3 \\ x_1 \geqq \ \ 1 + \frac{1}{5}x_3 \\ x_1 \geqq \ \ 7 - 7x_3 \ . \end{cases}$$

La première est toujours vérifiée, ainsi que la troisième (puisqu'on connaît des limites de x_3).

De la seconde et de l'avant-dernière, on tire :

$$\frac{94}{85} \leqq x_1 \leqq \frac{56}{17} \ .$$

Mais, de plus, on a :

$$x_3 \geqq 1 - \frac{1}{7}x_1 \quad \text{et} \quad x_1 \geqq 1 + \frac{1}{5}\left(1 - \frac{1}{7}x_1\right),$$

d'où : $x_1 \geqq \frac{7}{6}$.

Comme on doit minimiser x_1 , on prendra la plus petite borne possible dans l'intervalle $\left[\frac{7}{6}, \frac{56}{17}\right]$, soit $\frac{7}{6}$, puis $x_3 = \frac{5}{6}$, qui est également la plus petite valeur possible, compte tenu de la valeur imposée à x_1 :

$$x_3 \geqq 1 - \frac{1}{7}x_1 = \frac{5}{6} \ .$$

Finalement : $x_1 = \frac{7}{6}$; $x_2 = 0$; $x_3 = \frac{5}{6}$

et $\min F = x_1 + x_2 + x_3 = 2.$

exercices sur le chapitre X

THÉORIE DES JEUX

N° 1 Soit un jeu à deux personnes à somme nulle, défini par la matrice des gains du joueur **A**.

		B 1	B 2	B 3
A	1	2	-1	3
A	2	-2	3	-1
A	3	-1	0	2

On peut trouver, par un espèce de simulation, la valeur du jeu et les fréquences que chacun des joueurs doit adopter pour les différentes stratégies pures.

				B 1 bis	B 2 bis	B 3 bis	B 4 bis	B 5 bis
	2	-1	3	-1	①	0	②	④
	-2	3	-1	③	1	④	2	0
	-1	0	2	0	-1	-1	-2	-3
A 1)	2	(-1)	3					
A 2)	⓪	2	2					
A 3)	2	①	5					
A 4)	⓪	4	4					
A 5)	②	3	7					
A 6)	4	②	10					

A cet effet, on suppose que **A** choisit, au premier coup, une ligne quelconque, dont il inscrit les éléments au-dessous de la matrice.

B cherche l'élément minimal de cette liste et écrit, à droite de la matrice, les éléments de la colonne située au-dessus de cet élément.

A recherche, au deuxième coup, l'élément maximal de la liste écrite par **B** et ajoute, aux éléments de la ligne qu'il avait précédemment écrite, les éléments de la ligne correspondant à ce maximum.

Il obtient ainsi une liste d'éléments, dans laquelle **B** recherche l'élément minimal; **B** ajoute ensuite, aux éléments de la liste précédemment écrite, les éléments de la colonne correspondant à ce minimum. Et ainsi de suite, comme le montrent les premiers calculs effectués ci-dessus.

N.B. Lorsque une même liste présente deux minimums ou deux maximums égaux, il est préférable en général d'adopter celui qui conduit à *varier* les choix. Dans l'exemple ci-dessus, c'est ce que fait le joueur **B** pour son coup **4 bis**..

Lorsqu'un assez grand nombre de coups, soit **n**, ont été joués, si **L** est le maximum minimorum des listes écrites par **A** et **C** le maximum maximorum des listes écrites par **B**, la valeur du jeu est comprise entre $\frac{L}{n}$ et $\frac{C}{n}$.

Comptant ensuite les fréquences relatives $\frac{n_1}{n}$, $\frac{n_2}{n}$, ... pour les lignes choisies par **A**, les fréquences $\frac{m_1}{n}$, $\frac{m_2}{n}$, ... pour les colonnes choisies par **B**, on obtient des évaluations des stratégies mixtes $(p_1, p_2, \ldots)$ et $(q_1, q_2, \ldots)$.

Travail à faire.

Continuer la simulation jusqu'au 100e coup et donner les résultats.

Résultats.

1) On a :

$$\frac{L}{n} = \frac{50}{100} ; \frac{C}{n} = \frac{52}{100} ;$$

2) On obtient :

$$p_1 \approx \frac{61}{100} ; p_2 \approx \frac{39}{100}$$
$$q_1 \approx \frac{49}{100} ; q_2 \approx \frac{50}{100} ; q_3 \approx \frac{1}{100}$$

N° 2 On reprend la matrice du jeu précédent. Calculer, par voie analytique, les stratégies mixtes et la valeur du jeu.

Comparer les résultats de l'exercice 1.

Solution

		B		
		q_1	q_2	q_3
	p_1	2	-1	3
A	p_2	-2	3	-1
	p_3	-1	0	2

On s'aperçoit tout de suite que la troisième colonne correspond à une stratégie récessive ; en effet :

$$3 > 2 ; -1 > -2 ; 2 > -1.$$

Par suite $q_3 = 0$.

Il suffira donc de résoudre le jeu réduit :

		B	
		q_1	q_2
	p_1	2	-1
A	p_2	-2	3
	p_3	-1	0

qui correspond, pour B, à :

$$\begin{cases} 2q_1 - q_2 \leqq g \\ -2q_1 + 3q_2 \leqq g \\ -q_1 \leqq g \\ q_1 + q_2 = 1 \\ q_1, q_2 \geqq 0 \end{cases}$$

Comme : $q_1 + q_2 = 1$, on remplacera q_2 par $1 - q_1$, dans les inéquations précédentes, d'où :

$$\begin{cases} 2q_1 - (1 - q_1) \leqq g \\ -2q_1 + 3(1 - q_1) \leqq g \\ -q_1 \leqq g \\ 0 \leqq q_1 \leqq 1 ; \end{cases} \Rightarrow \begin{cases} 3q_1 - 1 \leqq g \\ -5q_1 + 3 \leqq g \\ -q_1 \leqq g \\ 0 \leqq q_1 \leqq 1. \end{cases}$$

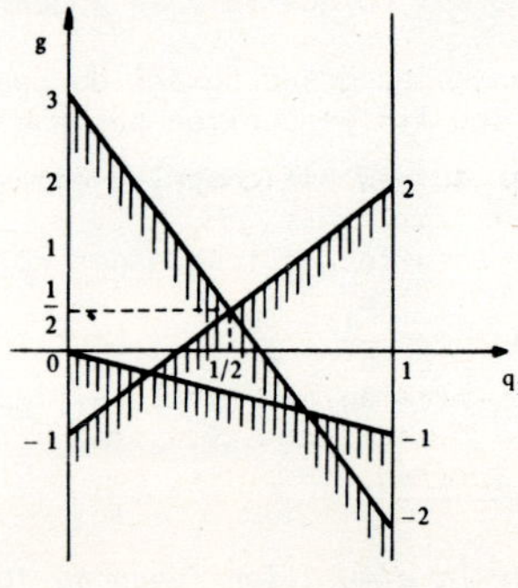

Une méthode graphique peut être utilisée avec avantage (voir figure ci-contre).

On trace les droites :

$$3q_1 - 1 = g$$
$$-5q_1 + 3 = g$$
$$-q_1 = g$$

dans le plan (q_1, g) et pour $0 \leq q_1 \leq 1$.

On en déduit immédiatement :

$$q_1 = \frac{1}{2}, \; g = \frac{1}{2} \text{ et } q_2 = \frac{1}{2}.$$

On peut alors revenir au programme qui, pour A, s'écrit :

$$\begin{cases} 2p_1 - 2p_2 - p_3 \geq \frac{1}{2} \\ -p_1 + 3p_2 \geq \frac{1}{2} \\ p_1 + p_2 + p_3 = 1 \\ p_1, p_2, p_3 \geq 0. \end{cases}$$

Remplaçant p_3 par $1 - p_1 - p_2$, on obtient :

$$\begin{cases} 3p_1 - p_2 \geq \frac{3}{2} \\ -p_1 + 3p_2 \geq \frac{1}{2}, \end{cases}$$

d'où, par addition de ces deux inégalités de même sens :

$$2p_1 + 2p_2 \geq 2$$

ou : $$p_1 + p_2 \geq 1 \qquad \text{(a)}.$$

Mais : $p_1 + p_2 + p_3 = 1$ et $p_1, p_2, p_3 \geq 0$ montrent que :

$$p_1 + p_2 \leq 1 \qquad \text{(b)}.$$

En comparant les inégalités (a) et (b), il vient :

$$p_1 + p_2 = 1.$$

Il s'ensuit que $p_3 = 0$.

On a alors, en remplaçant p_2 par $1 - p_1$:

$$\begin{cases} 3p_1 - (1 - p_1) \geq \frac{3}{2} \\ -p_1 + 3(1 - p_1) \geq \frac{1}{2} \end{cases} \Rightarrow \begin{cases} 4p_1 \geq \frac{5}{2} \\ -4p_1 \geq -\frac{5}{2} \end{cases}$$

d'où : $$p_1 \geq \frac{5}{8} \text{ et } p_1 \leq \frac{5}{8},$$

soit : $$p_1 = \frac{5}{8}.$$

On a alors : $$p_2 = \frac{3}{8}.$$

Ainsi : $$p_1 = \frac{5}{8}\,;\; p_2 = \frac{3}{8}\,;\; p_3 = 0.$$

Il sera utile de revenir à l'exercice précédent pour comparer les résultats exacts avec ceux, approximatifs, de la simulation.

N° 3 Chercher les stratégies mixtes pour le jeu rectangulaire dont la matrice est donnée ci-contre.

	B			
A	2	3	-2	-1
	-1	5	4	-2
	2	-5	0	3

Solution

Ecrivons le programme relatif au joueur B :

$$\text{Syst. I}\quad \begin{cases} 2q_1 + 3q_2 - 2q_3 - q_4 \leqq g \\ -q_1 + 5q_2 + 4q_3 - 2q_4 \leqq g \\ 2q_1 - 5q_2 + 3q_4 \leqq g \\ q_1 + q_2 + q_3 + q_4 = 1 \\ q_1,\ q_2,\ q_3,\ q_4 \geqq 0 \end{cases}$$

		B			
		q_1	q_2	q_3	q_4
	p_1	2	3	-2	-1
A	p_2	-1	5	4	-2
	p_3	2	-5	0	3

et éliminons q_4 des inéquations, par des combinaisons linéaires appropriées de chaque inéquation avec l'équation $q_1 + q_2 + q_3 + q_4 = 1$. On obtient :

$$\begin{aligned} 3q_1 + 4q_2 - q_3 &\leqq g + 1 \\ q_1 + 7q_2 + 6q_3 &\leqq g + 2 \\ -q_1 - 8q_2 - 3q_3 &\leqq g - 3 \\ q_1 + q_2 + q_3 + q_4 &= 1 \end{aligned}$$

Ajoutons les variables d'écart non négatives q_5, q_6 et q_7; il vient :

$$\begin{aligned} 3q_1 + 4q_2 - q_3 + q_5 &= g + 1 \\ q_1 + 7q_2 + 6q_3 + q_6 &= g + 2 \\ -q_1 - 9q_2 - 3q_3 + q_7 &= g - 3 \\ q_1 + q_2 + q_3 + q_4 &= 1 \end{aligned}$$

d'où, en soustrayant la troisième des deux premières équations :

$$\begin{aligned} 4q_1 + 12q_2 + 2q_3 + q_5 - q_7 &= 4 \\ 2q_1 + 15q_2 + 9q_3 + q_6 - q_7 &= 5 \\ q_1 + q_2 + q_3 + q_4 &= 1 \end{aligned}$$

Au lieu de minimiser $g = - q_1 - 8q_2 - 3q_3 + q_7 + 3$, on maximisera : $q_1 + 8q_2 + 3q_3 - q_7$. Le tableau initial :

c_i		1	2	3	4	5	6	7	
0	5	4	12	2	0	1	0	-1	4
0	6	2	(15)	9	0	0	1	-1	5
0	4	1	1	1	1	0	0	0	1
	c_j	1	8	3	0	0	0	-1	
		0	0	0	1	4	5	0	
		1	8	3	0	0	0	-1	
			⇧						

4/12 5/15 ⇩

devient, lorsqu'on fait entrer la colonne 2 et sortir la colonne 6 :

		1	2	3	4	5	6	7	
0	5	12/5	0	-26/5	0	1	-4/5	-1/5	0
8	2	2/15	1	3/5	0	0	1/15	-1/15	1/3
0	4	3/15	0	2/5	1	0	-1/15	1/15	2/3
		1	8	3	0	0	0	-1	
		0	1/3	0	2/3	0	0	0	
Δ_j		-1/15	0	-9/5	0	0	-8/15	-7/15	8/3 = z

d'où : $q_2 = 1/3$; $q_4 = 2/3$; $q_1 = q_2 = q_5 = q_6 = q_7 = 0$, ainsi que $g = 3 - 8/3 = 1/3$.

Pour obtenir les valeurs de p_1, p_2 et p_3, on pourrait résoudre le programme :

$$[\text{MAX}]\ g$$

$$\text{Syst. II} \begin{cases} 2p_1 - p_2 + 2p_3 \geqq \frac{1}{3} \\ 3p_1 + 5p_2 - 5p_3 \geqq \frac{1}{3} \\ -2p_1 + 4p_2 \geqq \frac{1}{3} \\ -p_1 - 2p_2 + 3p_3 \geqq \frac{1}{3} \\ p_1 + p_2 + p_3 = 1 \\ p_1, p_2, p_3 \geqq 0 \end{cases}$$

On pourrait aussi se servir du fait que q_1 et q_3 sont nuls, d'où la simplification :

$$3p_1 + 5p_2 - 5p_3 \geqq \frac{1}{3}$$
$$-p_1 - 2p_2 + 3p_3 \geqq \frac{1}{3}$$
$$p_1 + p_2 + p_3 = 1$$
$$p_1, p_2, p_3 \geqq 0$$

Plus simplement, en utilisant la propriété de la dualité, on lit, sur la ligne des Δ_j du tableau optimal : $p_1 = 0$, $p_2 = 8/15$; $p_3 = 7/15$ et $p_4 = 1/15$; $p_5 = 0$; $p_6 = 9/5$; $p_7 = 0$.

Mais ce n'est que l'*une des solution de base*. L'autre ($p_1 = 9/26$; $p_2 = 10/39$; $p_3 = 31/78$) peut êtreobtenue en faisant sortir la colonne 5 au lieu de la colonne 6 du tableau initial. Tous les points de l'arête qui joint les solutions de base optimales sont aussi des solutions optimales.

Voici le résultat des deux itérations correspondantes :

		1	2	3	4	5	6	7	
8	2	1/3	1	1/6	0	1/12	0	-1/12	1/3
0	6	-3	0	13/2	0	-5/4	1	1/4	0
0	4	2/3	0	5/6	1	-1/12	0	1/12	2/3
		1	8	3	0	0	0	-1	
		- 5/3	0	5/3	0	-2/3	0	-1/3	8/3
				⇧					

		1	2	3	4	5	6	7	
8	2	16/39	1	0	0	3/26	-1/39	-7/78	1/3
3	3	-6/13	0	1	0	-5/26	2/13	1/26	0
0	4	41/39	0	0	1	1/13	-5/39	2/39	2/3
		1	8	3	0	0	0	-1	
		-35/39	0	0	0	-9/26	-10/39	-31/78	8/3

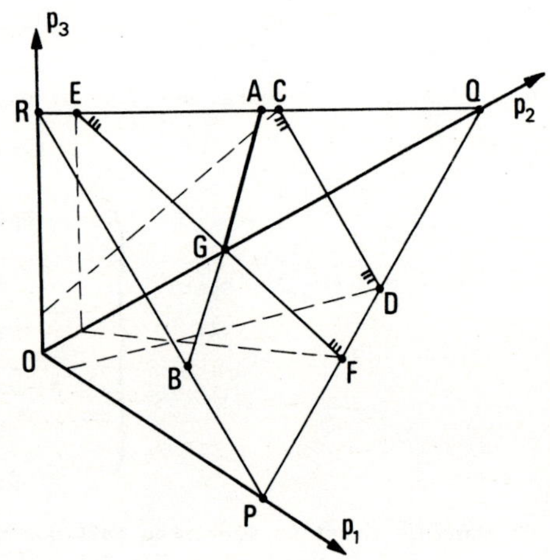

Pour bien comprendre ce qui se passe, considérons le triangle PQR représentant la partie utile du plan $p_1 + p_2 + p_3 = 1$, car c'est dans cette partie que se trouvent toutes les solutions.

La trace du plan $2p_1 - p_2 + 2p_3 = \frac{1}{3}$ sur le plan PQR est CD. Comme il limite le demi-espace fermé situé du côté opposé à l'origine par rapport à ce plan, la partie convenable de PQR est désormais située à gauche de CD.

La trace du plan *vertical* $-2p_1 + 4p_2 = \frac{1}{3}$ sur le plan PQR est EF et la partie utile du triangle est à droite de EF.

Les traces des plans $3p_1 + 5p_2 - 5p_3 = \frac{1}{3}$ et $-p_1 - 2p_2 + 3p_3 = \frac{1}{3}$ sont confondues et constituées par le segment AB.

Du fait que l'un des demi-espaces fermés permis serait *vers le haut* et l'autre, *vers le bas*, les solutions sont sur AB, dont la partie à retenir, compte tenu des limitations apportées ci-dessus, est le segment AG.

Il n'y a donc que deux solutions de base : l'une au point A ($p_1 = 0$; $p_2 = \frac{8}{15}$; $p_3 = \frac{7}{15}$), l'autre au point G ($p_1 = \frac{9}{26}$; $p_2 = \frac{10}{39}$; $p_3 = \frac{31}{78}$).

Les coordonnées de tous les points de l'arête AG (fermeture convexe des sommets A et G) satisfont aux relations du système II.

Remarque. Des difficultés analogues se font jour si l'on transforme le problème en ajoutant 5 à tous les éléments de la matrice du jeu, afin d'être certain d'avoir

$$g' = g + 5 > 0$$

(g' : nouvelle valeur du jeu).

On cherche alors MAX $\frac{1}{g'} = q'_1 + q'_2 + q'_3 + q'_4$, après avoir divisé tous les éléments des lignes par g', de sorte que, quel que soit i :

$$q'i = \frac{q_i}{g'}.$$

		1'	2'	3'	4'	5'	6'	7'	
0	5'	7	8	3	4	1	0	0	1
0	6'	4	10	9	3	0	1	0	1
0	7'	7	0	5	8	0	0	1	1

On obtient d'abord :

		1'	2'	3'	4'	5'	6'	7'	
0	5'	19/5	0	-21/5	8/5	1	- 4/5	0	1/5
1	2'	2/5	1	9/10	3/10	0	1/10	0	1/10
0	7'	7	0	5	(8)	0	0	1	1
		3/5	0	1/10	7/10	0	-1/10	0	

puis:

		1'	2'	3'	4'	5'	6'	7'	
0	5'	12/5	0	-26/5	0	1	-4/5	-1/5	0
1	2'	11/80	1	57/80	0	0	1/10	-3/80	1/16
1	4'	7/8	0	5/8	1	0	0	1/8	1/8
		-1/80	0	-27/80	0	0	-1/10	-7/80	$g' = \frac{3}{16}$

Comme pour la méthode utilisée plus haut, on tombe sur une dégénérescence de deuxième espèce.

En faisant entrer la colonne 4 au lieu de la colonne 5, on obtient :

		1'	2'	3'	4'	5'	6'	7'	
1	4'	19/8	0	-21/8	1	5/8	-1/2	0	1/8
1	2'	5/16	1	27/16	0	-3/16	1/4	0	1/16
0	7'	-12	0	(26)	0	-5	4	1	0
		-27/16	0	31/16	0	-13/16	1/4	0	

et après une itération :

		1'	2'	3'	4'	5'	6'	7'	
1	4'	$\frac{121}{104}$	0	0	1	$\frac{25}{208}$	$-\frac{5}{52}$	$\frac{21}{208}$	1/8
1	2'	$\frac{121}{104}$	1	0	0	$\frac{57}{416}$	$-\frac{1}{104}$	$-\frac{27}{416}$	1/16
1	3'	$-\frac{6}{13}$	0	1	0	$-\frac{5}{26}$	$\frac{2}{13}$	$\frac{1}{26}$	0
		$-\frac{45}{42}$	0	0	0	$-\frac{27}{416}$	$-\frac{5}{104}$	$-\frac{31}{416}$	

On retombe évidemment sur les deux solutions de base :

1) $q_2 = \frac{16}{3} \cdot \frac{1}{16} = \frac{1}{3}$; $q_4 = \frac{16}{3} \cdot \frac{1}{8} = \frac{2}{3}$

$p_1 = 0$; $p_2 = \frac{16}{3} \cdot \frac{1}{10} = \frac{8}{15}$; $p_3 = \frac{167}{380} = \frac{7}{15}$;

$g = \frac{1}{g'} - 5 = \frac{16}{3} - \frac{15}{3} = \frac{1}{3}$;

2) $q_2 = \frac{1}{3}$; $q_4 = \frac{2}{3}$;

$p_1 = \frac{16}{32} \cdot \frac{27}{416} = \frac{9}{26}$; $p_2 = \frac{16}{3} \cdot \frac{5}{105} = \frac{10}{39}$;

$p_3 = \frac{16}{3} \cdot \frac{31}{416} = \frac{31}{78}$; $g = \frac{1}{3}$.

N° 4 Résoudre le jeu dont la matrice est la suivante :

B

A

2	-5	3
4	3	2

Résultats

1) On peut résoudre graphiquement le programme :

$$\begin{aligned} 2p_1 + 4p_2 &\geqq g \\ -5p_1 + 3p_2 &\geqq g \\ 3p_1 + 2p_2 &\geqq g \end{aligned}$$

puisque $p_1 + p_2 = 1$ et p_1 , p_2 , $p_3 \geqq 0$.

On obtient :

$$p_1 = \frac{1}{9}, \quad p_2 = \frac{8}{9}, \quad g = \frac{19}{9}.$$

2) On a alors :

$$\left\{ \begin{aligned} 2q_1 - 5q_2 + 3q_3 &\leqq \frac{19}{9} \\ 4q_1 + 3q_2 + 2q_3 &\leqq \frac{19}{9} \\ q_1 + q_2 + q_3 &= 1 \\ q_1 , q_2 , q_3 &\geqq 0 \end{aligned} \right.$$

mais la stratégie correspondant à la première colonne est récessive et ainsi $q_1 = 0$.

Il reste :

$$\begin{aligned} -5q_2 + 3q_3 &\leqq \frac{19}{9} \\ 3q_2 + 2q_3 &\leqq \frac{19}{9} \\ q_2 + q_3 &= 1 \\ q_2, q_3 &\geqq 0, \end{aligned}$$

d'où l'on tire : $q_2 = \frac{1}{9}$; $q_3 = \frac{8}{9}$.

sixième partie

EXEMPLES DE PROGRAMMES

AVERTISSEMENT

Les programmes qui sont présentés dans cette partie ont été rédigés en FORTRAN minimal, de façon a être transposables aisément d'une machine à une autre. Cependant, ils sont liés au système d'exploitation d'une machine par les instructions d'entrées-sorties. En particulier, pour tous les programmes, les ordres READ et WRITE mettent en jeu, respectivement, une unité d'entrée (lecteur de cartes) et de sortie (imprimante) dont les numéros logiques sont, pour la machine sur laquelle ils ont été mis au point, 1 et 3. Ces numéros sont à modifier en fonction des paramètres de l'installation dont dispose le lecteur de l'ouvrage. Pour simplifier cette modification, on a utilisé dans certains programmes des variables IN (pour l'entrée) et OUT (pour la sortie),dont les valeurs sont initialisées par des instructions d'affectation en tête de programme :

```
IN  = 1
OUT = 3.
```

Il suffit, dans ces cas, de modifier les instructions.

AVERTISSEMENT

1. PHENOMENES D'ATTENTE

Reprenons l'exemple des guichets dans l'usine. Il s'agit de trouver le nombre de guichets qui minimise le coût global du phénomène. On connaît une méthode analytique lorsque, en particulier, les arrivées suivent une loi de POISSON et les durées de service une loi EXPONENTIELLE.

On supposera ici que tel en est le cas. On vérifiera que les lois de probabilités (données en général par des distributions statistiques obtenues par des sondages) des arrivées et des durées de service satisfont bien à l'hypothèse Poisson-Exponentielle, avant d'appliquer l'algorithme correspondant.

Les opérations à effectuer sont donc les suivantes :

1) essai de raccordement de la loi des arrivées à une loi de Poisson par un test en χ^2;

2) dans le cas où la loi des arrivées peut être raccordée à une loi de POISSON, essai de reccordement de la loi des durées de service à une loi EXPONENTIELLE;

3) si le test de raccordement est satisfait, on calcule, pour les valeurs de λ et μ déterminées en (1) et (2), et pour les valeurs successives 1, 2,...s_o du nombre de stations, la fonction Γ_s, pour en trouver l'optimum.

$$\Gamma_s = C_1 \,\overline{t}_{f(s)} \cdot n_{(s)} + \overline{\omega}\,\overline{\rho}_{(s)} \cdot C_2$$

$\overline{t}_{f(s)}$, $\overline{n}_{(s)}$ et $\overline{\rho}_s$ étant calculés grâce aux formules :

$$\left\{\begin{aligned}
P_{o(s)} &= \frac{1}{\dfrac{\psi^s}{S!(1-\psi/S)} + \displaystyle\sum_{n=0}^{s-1} \frac{\psi^n}{n!}} \\
\overline{t}_{f(s)} &= \frac{\psi^s}{\mu S.S!\left(1-\dfrac{\psi}{S}\right)^2} \cdot P_{o(s)} \\
\overline{n}_{(s)} &= \psi[\mu\,\overline{t}_{f(s)} + 1] \\
\rho_{(s)} &= S - \psi
\end{aligned}\right.$$

Nous allons expliciter chacune des procédures élémentaires.

A) Test χ^2.

Soit une loi de probabilité observée, répartie en C classes N_i, la fréquence observée dans une classe i étant F_i $\left(\sum_{i=1}^{C} F_i = SOM\right)$.

On veut essayer un raccordement de cette loi (N_i, F_i) à une loi de référence$(N_i, F_{th\,i})$, par un test en χ^2.

Soit p le nombre de paramètres caractéristiques de la loi de référence. On commence par regrouper les C classes en C' classes de façon que, pour tout i variant de 1 à C', $F_{th\,i}$ soit au moins égal à 5. On calcule ensuite $\chi^2 = \sum_{i=1}^{C'} \frac{(F_i - F_{th\,i})^2}{F_{th\,i}}$.

Le nombre de degrés de liberté du χ^2_{th} théorique ayant la probabilité $1 - \alpha$ d'être dépassé est

$$\nu = C' - 1 - p.$$

Le test sera alors satisfait si $\chi^2 < \chi^2_{th}$ (α,ν).

L'organigramme du test est alors le suivant :

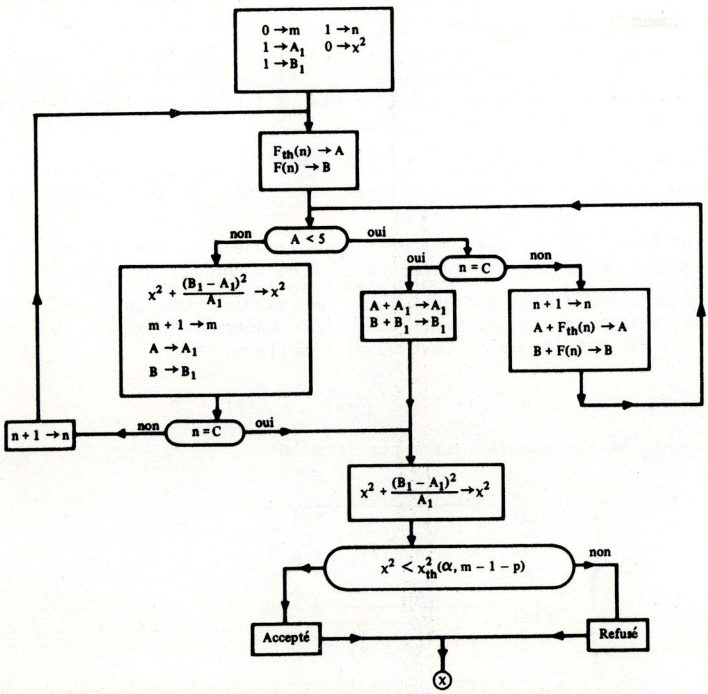

La procédure ALGOL s'écrit donc par exemple :

```
BOOLEEN PROCEDURE test khi 2 (f) loi donnée par : (n) classes  à raccorder au
  seuil de sécurité : (alpha) à la loi à : (p) paramètres caractéristiques dé-
  terminée par les fréquences : (fth) ;

ENTIER n,p,alpha ;
TABLEAU f,fth;
  DEBUT ENTIER m,n1 ;
        REEL a,a1,b,b1,khi 2;
        TABLEAU khi 2 th[50:100,1:30];
              khi 2:=m:=0;a1:=b1:=n1:=1;
           e:a:=fth[n1];b:=f[n1];
           e1:SI a<5 ALORS ALLER A s1;
             khi2:=khi2 + (b1 - a1)*(b1 - a1)/a1; m:=m + 1;
             a1:=a;b1:=b;n1:=n1 + 1;
             ALLER A SI n1 ≤ n ALORS e SINON s;
           s1/SI n1=n ALORS ALLER A s2;
             n1:=n1 + 1;a:=a + fth[n1]; b:=b + f[n1];
             ALLER A e1 ;
           s2:a1:=a1 + a; b1:=b1 + b;
```

```
s:khi 2:=khi 2 + (b1 - a1)*(b1 - a1)/a1
  test ki 2:= SI khi 2<khi 2 th[alpha,m - p - 1]
                 ALORS VRAI
                 SINON FAUX;
FIN;
```

Il s'agit maintenant de calculer les fréquences théoriques correspondant d'une part à la loi de Poisson, d'autre part à la loi exponentielle.

La loi de Poisson s'écrit :

$$P_n(t) = \frac{(\lambda t)^n \, e^{-\lambda t}}{n!} .$$

La loi exponentielle s'écrit :

$$p(\theta) = \mu \, e^{-\mu\theta} .$$

Ces deux lois sont déterminées quand on connait λ (ou μ).Par conséquent pour ces deux lois, $p = 1$.

Détermination de λ.

Supposons que l'on ait fait des observations d'arrivées des clients sur des périodes élémentaires de π minutes. Alors :

$$\lambda = \frac{\sum_{i=1}^{c} N_i F_i}{\pi \sum_{1}^{c} F_i}$$

Détermination de μ.

Les durées de services sont repérées par la loi θ_i, F_i.

$$\frac{1}{\mu} = \frac{\sum_{1}^{c} \theta_i F_i}{\sum_{1}^{c} F_i}$$

Il convient donc, avant toute autre chose, d'écrire une procédure calculant la moyenne d'une loi de probabilité donnée sous la forme de C classes (N_i, F_i). Cette procédure n'appelle aucun commentaire particulier, sinon qu'il est intéressant de conserver la valeur $SOM = \sum_{i=1}^{c} F_i$, ce qui permettra de calculer directement les valeur de FTH correspondantes. (On doit avoir évidemment $\sum_{i=1}^{c} FTH_i = SOM$).

La procédure MOYENNE pourra s'écrire ainsi :

```
REEL PROCEDURE moyenne (som, n, f, c);
  ENTIER c;TABLEAU n,f;REEL som;
     DEBUT ENTIER i;REEL m;
          m:=  som:=  0;
     POUR i:= 1 PAS 1 JUSQUA c FAIRE
       DEBUT
          som:=som + f [i];
          m:=m + n[i]*f[i]
       FIN;
     moyenne:=m/som;

  FIN;
```

Le calcul des fréquences théoriques de la loi de Poisson va être fait par récurrence: soit n le centre de la classe i et n + p le centre de la classe i + 1. Alors:

$$FTH[p] = FTH[p - 1] * \frac{\lambda t}{p} .$$

Avec :

$$\text{Si } N_1 = 0 \text{ alors } Fth[1] = e^{-\lambda t} \cdot SOM$$

$$\text{Si } N_1 = K > 0 \text{ alors } Fth[1] = e^{-\lambda t}\left(\prod_{j=1}^{K} \frac{\lambda t}{j}\right) \cdot SOM .$$

Remarquons que $\lambda t = \left(\sum_{i=1}^{c} N_i F_i\right) \Big/ \sum_{i=1}^{c} F_i$, c'est-à-dire la valeur calculée lors de la procédure MOYENNE. La valeur FTH(c) est calculée par différence :

$$FTH(c) = SOM - \sum_{i=1}^{c-1} FTH(i).$$

La procédure du calcul des fréquences théoriques de la loi de Poisson a alors comme paramètres :

P, le nombre de paramètres caractéristiques de la loi de Poisson (ici P = 1);

FTH le tableau des fréquences théoriques, réparties sur C classes de centres N;

SOM, le total $\sum_{i=1}^{c} F_i = \sum_{i=1}^{c} FTH_i$. Elle pourra donc s'écrire de la façon suivante en utilisant des procédures EXP(n) qui calcule e^X et factorielle (n) qui calcule n!

```
PROCEDURE Poisson (p, fth,c,moy,n,som);
ENTIER c,p; REEL som,moy;TABLEAU fth,n;
DEBUT ENTIER i, REEL s, produit;
  fth[1]:=SI n[1]=0 ALORS som*EXP(-moy)
                    SINON som*EXP(-moy)*moy n[1]/factorielle(n-1);
  POUR i:=2 PAS 1 JUSQUA c-1 FAIRE
  DEBUT produit:=1;
    POUR K:=N[i - 1]JUSQUA N[i]FAIRE
    produit:=produit*K;
  fth[i]:=fth[i - 1] moy*(n[i]-n[i-1])/produit; s:=s + fth[i];
  FIN;
  fth[c]:=som-s; p:=1;
FIN;
```

La procédure du calcul des fréquences théoriques de la loi exponentielle n'offre pas de difficulté :

```
PROCEDURE EXPONENTIELLE (fth, mu, som, c, n,p) ;
  ENTIER c,p; REEL mu; TABLEAU fth, n ;
  DEBUT ENTIER i; REEL s;
  s:=fth[1]:=som * (1.0-EXP(-mu*n[1]));
  POUR i:= 2 PAS 1 JUSQUA c - 1 FAIRE
  DEBUT
    fth [i]:=som * mu * EXP(- mu * n[i]);
    s:=s + fth[i],
  FIN;
    fth[c]:=som - s;
FIN ;
```

L'organigramme général du programme est alors celui de la page suivante.

La première partie de l'organigramme est la mise en oeuvre des procédure définies plus haut. Il est bon de s'attarder un peu sur la partie bloc "calculs" de cet organigramme.

En effet, chacun de ces calculs est long à exécuter, et il est donc important de ne pas recalculer pour S des quantités qui ont déjà été calculées pour S - 1. On procédera donc par recurrence.

Posons : $\beta_S = 1 - \frac{\psi}{S}$; $A_S = \frac{\psi^S}{S!\beta_S}$; $C_S = \frac{\psi^{S-1}}{S - 1}$; $B_S = \sum_{n=1}^{S} C_n$;

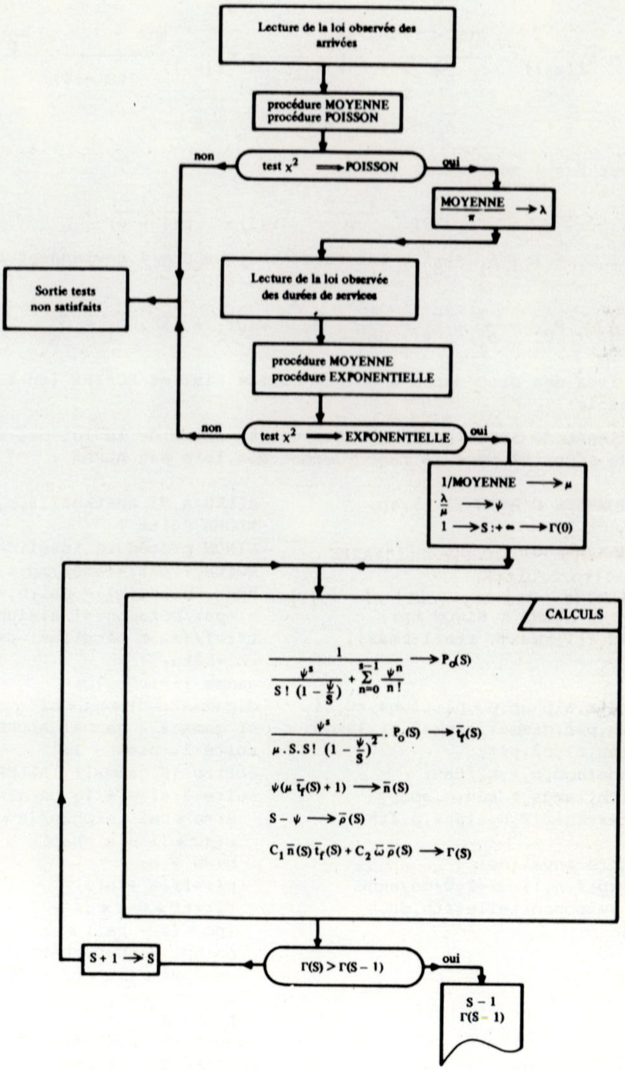
Lecture de la loi observée des arrivées
procédure MOYENNE
procédure POISSON
test χ^2 ⟹ POISSON
non
oui
MOYENNE / π → λ
Sortie tests non satisfaits
Lecture de la loi observée des durées de services
procédure MOYENNE
procédure EXPONENTIELLE
test χ^2 ⟹ EXPONENTIELLE
non
oui
1/MOYENNE → μ
λ/μ → ψ
1 → S :+ ∞ → Γ(0)
CALCULS
$\frac{1}{\frac{\psi^s}{S!(1-\frac{\psi}{S})} + \sum_{n=0}^{s-1} \frac{\psi^n}{n!}} \rightarrow P_o(S)$
$\frac{\psi^s}{\mu . S . S!\ (1-\frac{\psi}{S})^2} . P_o(S) \rightarrow \bar{t}_f(S)$
$\psi(\mu\ \bar{t}_f(S) + 1) \rightarrow \bar{n}(S)$
$S - \psi \rightarrow \bar{\rho}(S)$
$C_1\ \bar{n}(S)\ \bar{t}_f(S) + C_2\ \bar{\omega}\ \bar{\rho}(S) \rightarrow \Gamma(S)$
S + 1 → S
Γ(S) > Γ(S − 1)
oui
S − 1
Γ(S − 1)

Il vient alors: $P_0(S) = \dfrac{1}{A_S + B_S}$.

Alors : $A_S = A_{S-1} \cdot \dfrac{\psi}{S} \cdot \dfrac{\alpha_p}{\beta_S}$ en posant $\alpha_p = \beta_{s-1}$

$$C_S = C_{S-1} \cdot (1 - \alpha_p) \; ; \; B_S = B_{S-1} + C_S \; ; \; P_{0S} = \frac{1}{A_S + B_S} \; ;$$

$$\overline{t}_{f(s)} = \overline{t}_{f(s-1)} \cdot \frac{\psi(S-1)\alpha_p^2}{S^2\,\beta_S^2} \cdot \frac{P_{0(s)}}{P_{o(s-1)}} = \overline{t}_{f(s-1)} \frac{\psi(S-1-\psi)\,\alpha_p}{(S-\psi)^2} \frac{P_{0S}}{P_{0(s-1)}}$$

$$\overline{n}_S = \psi(\mu\overline{t}_f + 1) \; ; \; \overline{\rho}_S = S - \psi.$$

Les valeurs pour S = 1 sont alors :

$$P_{01} = \frac{1-\psi}{\psi} \; ; \; t_{f(1)} = \frac{1}{\mu(1-\psi)} \; ;$$

Posant $B_1 = 0$; $C_1 = 1$; $A_1 = \dfrac{\psi}{\beta_1}$, les formules pour S = 1 deviennent :

$$P_{01} = \frac{1}{A_1} \; ; \; \overline{t}_f = \frac{1}{\mu\beta_1} \; ; \; \overline{n}_1 = \psi(\mu\overline{t}_f + 1) \; ; \; \overline{\rho}_1 = \beta_1$$

On suppose écrites des procédures d'entrée-sortie LIRE et ECRIRE (en fonction bibliothèque par exemple).

Le nombre de classes de la loi des arrivées est k; celui de la loi des services est kp; le seuil de sécurité pour le raccordement des lois est ALPHA ;

```
PROCEDURE PHENOMENES D'ATTENTE (k,kp,
kmax, alpha);
ENTIER k,kp,kmax,alpha;
DEBUT
  LIRE (k,kp,alpha);
  kmax:=SI k > kp ALORS k SINON kp;
  DEBUT TABLEAU f[1:kmax], fth[1:kmax],
  n[1:kmax];
  ENTIER p,s;
  REEL a,b,c,bêta,alphap,p0,p1,tf,ns,r0,c1,
  c2,som,tau,mu,psi,gamma1,gamma2,pi,lamda;
  lire(k,f,n,tau,c1,c2,pi);
  lamda:=moyenne(som,n,f,k)/tau;
  poisson (p,fth,lamda * tau,n,som);
  ALLER A SI testkhi2(f,n,alpha,p,fth)
  ALORS suite
  SINON procédure invalide;
  suite:lire (kp,f,n,);mu:=1.0/moyenne
  (som,n,f,kp);exponentielle(fth,mu,
  n,kp,som,p);
  ALLER A SI testkhi2(f,n,alpha,p,fth)
  ALORS suite 1
  SINON procédure invalide;
  suite 1:psi:=lamda/mu;s:=1;
  bêta:=alpha:=1 - psi;b:=0;c:=1;
  a:=psi/bêta;po:=1/a;alphap:=1;
  tf:=1/(mu * bêta);ns:=psi * (mu *tf+1);
  ro:=bêta;
  gamma 1:=1.0_{10}10;
  d:gamma2:=c1 * ns * tf + c2 * ro * pi
  si gamma2 > gamma1 ALORS ALLER A
  suite 2; s:=s - 1;
  écrire (s,gamma1); ALLER A sortie;
  suite 2:s:=s + 1; bêta:=1 - psi/s;
    a:=a * psi * alphap/(s * bêta);
    c:=c * (1 - alphap);
    b:=b + c;
    p1:=1/(a + b);
    tf:=tf * psi * (s - 1 - psi) * p1*alpha/
    (po * (s - psi) * (s - psi);
    po:=p1;alphap:=bêta;gamma1:=gamma2;
    ns:=psi * (mu * tf + 1):
    ro:=s - psi;
    ALLER A d;
  procédure invalide:écrire ('TEST NON
  SATISFAIT'); sortie;
  FIN;
FIN;
```

```
      INTEGER K,KP,KMAX,ALPHA,P,S
      DIMENSION F(90),N(90),FTH(90)
      REAL NS,MU,LAMDA,N,MO
      COMMON KHI2TH (16,30)
      READ (1,105)((KHI2TH(I,J),I=1,16),J=1,30)
  105 FORMAT(10F6.4)
      READ (1,100) K,KP,ALPHA,TAU,C1,C2,PI   ,TAU1,POURC,AJOUT
      READ (1,101) (F(I),I=1,K)
      READ (1,101) (N(I),I=1,K)
  101 FORMAT(10F7.2)
  100 FORMAT (3I5,7F7.2)
      LAMDA = ZMOYE(SOM,N,F,K,0.0)
      CALL   POISSO(P,FTH,K,LAMDA,N,SOM)
      DO 2 I=2,K
      FTH(I)= FTH(I) + FTH(I-1)
    2 F(I)=F(I)+F(I-1)
       RAP = F(K)/FTH(K)
      DO 1 I=1,K
    1 FTH(I)= FTH(I)*RAP
      ITAU = TAU
      WRITE(3,202) ITAU,(I,N(I),I,F(I),I,FTH(I),I=1,K)
  202 FORMAT(1H1,45X,'RACCORDEMENT A LA LOI DE POISSON'/1H ,45X,32
     2(1H*)/1H0,'NOMBRE D ARRIVEES PAR ',I2,'MN',10X,'FREQUENCE ' ,
     2'CUMULEE OBSERVEE',10X,'FREQUENCE CUMULEE THEORIQUE'//(1H ,'N(',
     2I2,')=',F14.3,16X,'F(',I2,')=',F14.3,16X,'FTH(',I2,')=',F14.3))
      WRITE (3,200) SOM , LAMDA
  200 FORMAT (1H ,' SOM=',F14.3,'  LAMDA=',F14.3)
      FULL=TESKI2(F,K,ALPHA,P,FTH)
      IF(FULL-1) 4,5,4
    4 WRITE (3,102)
      GO TO 99
    5 READ (1,101) (F(I),I=1,KP)
      READ (1,101) (N(I),I=1,KP)
      MU = 1. /(ZMOYE(SOM,N,F,KP,AJOUT)   / TAU1 )
      DO 13 I=1,KP
   13 N(I) = N(I) / TAU1
      CALL EXPON(FTH,MU,N,KP,SOM,P)
      I=KP
    3 F(I-1) = F(I-1) + F(I)
      I=I-1
      IF (I-2) 12,3,3
   12 WRITE(3,206)(I,N(I),I,F(I),I,FTH(I),I=1,KP)
  206 FORMAT(1H1,45X,'RACCORDEMENT A UNE LOI EXPONENTIELLE'/46X,36
     6(1H*)/1H0,'INTERVALLE DE TEMPS EN MN ',10X,'FREQUENCE ',
     6'CUMULEE OBSERVEE',10X,'FREQUENCE CUMULEE THEORIQUE'//(1H ,'N(',
     6I2,')=',F14.3,16X,'F(',I2,')=',F14.3,16X,'FTH(',I2,')=',F14.3))
```

```
      WRITE (3,201) SOM,MU
  201 FORMAT (1H ,' SOM=',F14.3,' MU=',F14.3)
      FULL=TESKI2(F,KP,ALPHA,P,FTH)
      IF(FULL-1) 6,7,6
    6 WRITE (3,103)
      GO TO 99
  102 FORMAT(1H ,10X,'RACCORD POISSON IMPOSSIBLE')
  103 FORMAT(1H ,10X,'RACCORD EXPONENTIELLE IMPOSSIBLE')
    7 PSI = LAMDA /(MU * TAU)
      WRITE (3,203) PSI
  203 FORMAT(1H1,40X,'TABLEAU  RECAPITULATIF'/41X,22(1H*)/1H0,10X,
     3 'PSI=',F10.4)
      IFIN = 0
      GAMMA1 = 1.*10.**10
      S = 2.
      BETA = 1. - PSI/2.
      A = PSI * PSI / (2*BETA)
      C = PSI
      B = PSI + 1.
    8 P1 = 1. / (A+B)
      TF = A * P1 / (MU * S * BETA )
      NS = PSI * ( MU * TF + 1.)
      RO = S - PSI
      GAMMA2 = (C1 * NS + C2 * RO ) * PI / TAU1
      WRITE (3,204) S,P1,TF,NS,RO,GAMMA2
  204 FORMAT(1H0,'S=',I5,'  P1=', F14.3,'  TF=',F14.3,'  NS=',F14.3,
     4'  RO=',F14.3,'  GAMMA2=',F14.3)
      IF (IFIN) 15,16,15
   15 IF ( GAMMA2 - GAMMA0) 10,10,14
   16 IF ( GAMMA2 - GAMMA1) 10,10,17
   17 IFIN = 1
      GAMMA0 = GAMMA1 + GAMMA1 * POURC
      GO TO 10
   14 WRITE (3,205)
  205 FORMAT (1H0//1H1,10X,'*****    TRAVAIL      TERMINE        *****'     )
      STOP
   10 ALPHAP = BETA
      S = S + 1.
      BETA = 1. - PSI/S
      A = A * PSI * ALPHAP /(S * BETA)
      C = C * PSI / (S-1.)
      B = B + C
      GAMMA1 = GAMMA2
      GO TO 8
   99 READ(1,98) X
   98 FORMAT (A1)
      GO TO 99
      END
```

```
      FUNCTION ZMOYE(SOM,N,F,C,DELTA)
      INTEGER C
      REAL SOM,M,N
      DIMENSION N(90),F(90)
      SOM = 0.0
      M= 0.0
      DO 1 I=1,C
      SOM = SOM + F(I)
    1 M = M + (N(I) + DELTA) * F(I)
      ZMOYE=M/SOM
      RETURN
      END
```

```
      SUBROUTINE EXPON(FTH,MU,N,C,SOM,P)
      INTEGER    C,P,I
      REAL   MU,FTH,N,S
      DIMENSION  FTH(90),N(90)
      FTH(1) = SOM
      DO 1 I=2,C
      TRUC = MU * N(I)
    1 FTH(I) = SOM * EXP(-TRUC)
      RETURN
      END
```

```
      FUNCTION TESKI2(F,N,ALPHA,P,FTH)
      INTEGER P,ALPHA
      REAL KHI2,KHI2TH
      DIMENSION F(90),FTH(90)
      COMMON KHI2TH (16,30)
C  **** CORRESPONDANCE DE ALPHA ****
C        0,995 = 1  0,990=2  0,975=3  0;950=4  0,900=5  0,80=6  0,70=7
C        0,50=8  0,30=9  0,20=10  0,10=11  0,05=12  0,025=13
C        0,010=14  0,005=15 0,001=16
      TESKI2 = 0.
      KHI2 = 0.
      M = 0
      A1 = 1.
      B1 = 1.
      N1 = 1
    1 A=FTH(N1)
      B=F(N1)
    2 IF (A-5.) 4,3,3
    3 KHI2 = KHI2 + (B1-A1)*(B1-A1)/A1
      M = M + 1
      A1 = A
      B1 = B
      N1 = N1 + 1
      IF (N1 - N) 1,1,7
    4 IF(N1-N) 5,6,5
    5 N1 = N1 + 1
      A = A + FTH(N1)
      B = B + F(N1)
      GO TO 2
    6 A1 = A1 + A
      B1 = B1 + B
    7 KHI2 = KHI2 + (B1-A1)*(B1-A1)/A1
      NU = M-P-1
      WRITE (3,102)  ALPHA,NU,KHI2TH(ALPHA,NU),KHI2
  102 FORMAT(' ALPHA=',I6,'   NU=',I6,'   KHI2TH=',F10.3,'KHI2=',F10.3)

      IF (KHI2 - KHI2TH(ALPHA,NU)) 8,9,9
    8 TESKI2 = 1.
    9 RETURN
      END
```

```
      FUNCTION SIGMAP(P,N,M)
      REAL M,PROD,N,P,V
      K = P + 1
      NP=N
      PROD=1.
      DO 2 I=K,NP
    2 PROD = PROD * M / I
      SIGMAP = PROD
      RETURN
      END
```

```
      SUBROUTINE  POISSO(P,FTH,C,MOY,N,SOM)
      INTEGER C,P
      REAL SOM,MOY,N,NO
      DIMENSION FTH(90),N(90)
      O=1.
      E=EXP(-MOY)
      IF ( N(1)) 2,1,2
    1 FTH(1)=E
      GO TO 3
    2 FTH(1)=E*SIGMAP(O,N(1),MOY)
    3 DO 5 I=2,C
      NO=N(I-1)
    5 FTH(I) = FTH(I-1) * SIGMAP(NO,N(I),MOY)
      P = 1
      RETURN
      END
```

```
                    RACCORDEMENT  A  LA  LOI  DE  POISSON
                    *************************************

NOMBRE D ARRIVEE PAR 1OMN        FREQUENCE CUMULEE OBSERVEE        FREQUENCE CUMULEE THEORIQUE

N( 1)=        5.000              F( 1)=        1.000               FTH( 1)=         0.130
N( 2)=        6.000              F( 2)=        1.000               FTH( 2)=         0.467
N( 3)=        7.000              F( 3)=        2.000               FTH( 3)=         1.220
N( 4)=        8.000              F( 4)=        4.000               FTH( 4)=         2.689
N( 5)=        9.000              F( 5)=        5.000               FTH( 5)=         5.236
N( 6)=       10.000              F( 6)=        8.000               FTH( 6)=         9.212
N( 7)=       11.000              F( 7)=       13.000               FTH( 7)=        14.855
N( 8)=       12.000              F( 8)=       19.000               FTH( 8)=        22.196
N( 9)=       13.000              F( 9)=       28.000               FTH( 9)=        31.010
N(10)=       14.000              F(10)=       38.000               FTH(10)=        40.838
N(11)=       15.000              F(11)=       49.000               FTH(11)=        51.065
N(12)=       16.000              F(12)=       61.000               FTH(12)=        61.043
N(13)=       17.000              F(13)=       69.000               FTH(13)=        70.206
N(14)=       18.000              F(14)=       78.000               FTH(14)=        78.151
N(15)=       19.000              F(15)=       85.000               FTH(15)=        84.679
N(16)=       20.000              F(16)=       90.000               FTH(16)=        89.775
N(17)=       21.000              F(17)=       94.000               FTH(17)=        93.562
N(18)=       22.000              F(18)=       97.000               FTH(18)=        96.249
N(19)=       23.000              F(19)=       98.000               FTH(19)=        98.073
N(20)=       24.000              F(20)=       99.000               FTH(20)=        99.259
N(21)=       25.000              F(21)=      100.000               FTH(21)=       100.000
 SOM=       100.000  LAMDA=      15.610
ALPHA=     12   NU=     15  KHI2TH=     25.000KHI2=      2.546
```

```
                    RACCORDEMENT  A  UNE  LOI  EXPONENTIELLE
                    ****************************************

INTERVALLE DE TEMPS EN MN         FREQUENCE CUMULEE OBSERVEE        FREQUENCE CUMULEE THEORIQUE

N( 1)=        0.0                 F( 1)=      1000.000              FTH( 1)=      1000.000
N( 2)=        0.250               F( 2)=       813.000              FTH( 2)=       797.808
N( 3)=        0.500               F( 3)=       652.000              FTH( 3)=       636.498
N( 4)=        0.750               F( 4)=       512.000              FTH( 4)=       507.804
N( 5)=        1.000               F( 5)=       408.000              FTH( 5)=       405.130
N( 6)=        1.250               F( 6)=       330.000              FTH( 6)=       323.217
N( 7)=        1.500               F( 7)=       261.000              FTH( 7)=       257.865
N( 8)=        1.750               F( 8)=       210.000              FTH( 8)=       205.727
N( 9)=        2.000               F( 9)=       163.000              FTH( 9)=       164.131
N(10)=        2.250               F(10)=       125.000              FTH(10)=       130.945
N(11)=        2.500               F(11)=        95.000              FTH(11)=       104.469
N(12)=        2.750               F(12)=        79.000              FTH(12)=        83.346
N(13)=        3.000               F(13)=        62.000              FTH(13)=        66.494
N(14)=        3.250               F(14)=        51.000              FTH(14)=        53.050
N(15)=        3.500               F(15)=        44.000              FTH(15)=        42.323
N(16)=        3.750               F(16)=        35.000              FTH(16)=        33.766
N(17)=        4.000               F(17)=        26.000              FTH(17)=        26.939
N(18)=        4.250               F(18)=        21.000              FTH(18)=        21.492
N(19)=        4.500               F(19)=        17.000              FTH(19)=        17.147
N(20)=        4.750               F(20)=        13.000              FTH(20)=        13.680
N(21)=        5.000               F(21)=        10.000              FTH(21)=        10.914
 SOM=      1000.000 MU=         0.904
ALPHA=     12    NU=    19  KHI2TH=    30.100KHI2=      3.004
```

```
                    TABLEAU  RECAPITULATIF
                    **********************

,       PSI=   1.7276

S=   2  P1=     0.073  TF=     3.254  NS=     6.807  RO=    0.272  GAMMA2=    5.554

S=   3  P1=     0.160  TF=     0.282  NS=     2.168  RO=    1.272  GAMMA2=    2.243

S=   4  P1=     0.174  TF=     0.056  NS=     1.814  RO=    2.272  GAMMA2=    2.360

S=   5  P1=     0.177  TF=     0.012  NS=     1.746  RO=    3.272  GAMMA2=    2.706
```

II. PROGRAMME LINEAIRE. P.F.I.

L'organigramme décrit ci-après représente l'algorithme PFI pour le calcul d'un programme linéaire. Les données du programme - fonction économique, coefficients des contraintes et seconds membres - sont organisés en mémoire dans deux tableaux :

- un premier tableau, A, contient :

en première ligne, les coefficients de la fonction économique, bordés à droite par des zéros

sur les lignes suivantes, la matrice des contraintes, bordée à droite par les variables d'écart qui ne font pas partie de la base initiale, et par la matrice unité des variables d'écart et des variables artificielles de la base initiale.

- un deuxième tableau, β, est un vecteur colonne,dont le premier élément est nul, et contiendra au cours des itérations l'opposé de la valeur de la fonction économique, et dont les éléments suivants contiennent les seconds membres. Les contraintes sont éventuellement réorganisées de façon que tous les seconds membres soient positifs.

Une première partie de l'organigramme consiste à construire la matrice A, en y incorporant les variables d'écart et les variables artificielles, et le vecteur β.

Les rangs des variables de base sont repérés par un vecteur INBAS.

Le produit des inverses des matrices de changement de base est enregistré dans une matrice MPROD.

Les matrices de changement de base sont, à une colonne près, des matrices unité. Elles sont représentées uniquement par un vecteur colonne P, et un nombre entier IENTRE représentant le rang de la variable qui entre dans la nouvelle base.

Les coût marginaux sont calculés par le produit

$$[D] = [F]\ [MPROD]\ [A]$$

où [F] est un vecteur ligne dont le premier élément vaut - 1, et dont les éléments suivants sont soit nuls, pour les variables réelles ou les variables d'écart, soit infinis, pour les variables artificielles.

Notations : NV : nombre de variables intervenant physiquement dans la fonction économique.

NQ : nombre de contraintes.

SENS : sens des contraintes.

$$\begin{cases} -1 & \Sigma\, a_{ij}\, n_i < b_j \\ 0 & \Sigma\, a_{ij}\, n_i = b_j \\ +1 & \Sigma\, a_{ij}\, n_i > b_j \end{cases}$$

NBREP : nombre de variables d'écart introduites dans les contraintes où SENS = + 1 (non dans la base initiale).

NBREN : nombre de variables d'écart introduites dans les contraintes où SENS = - 1 (dans la base initiale).

NVPRO : nombre de variables physiques et d'écart.

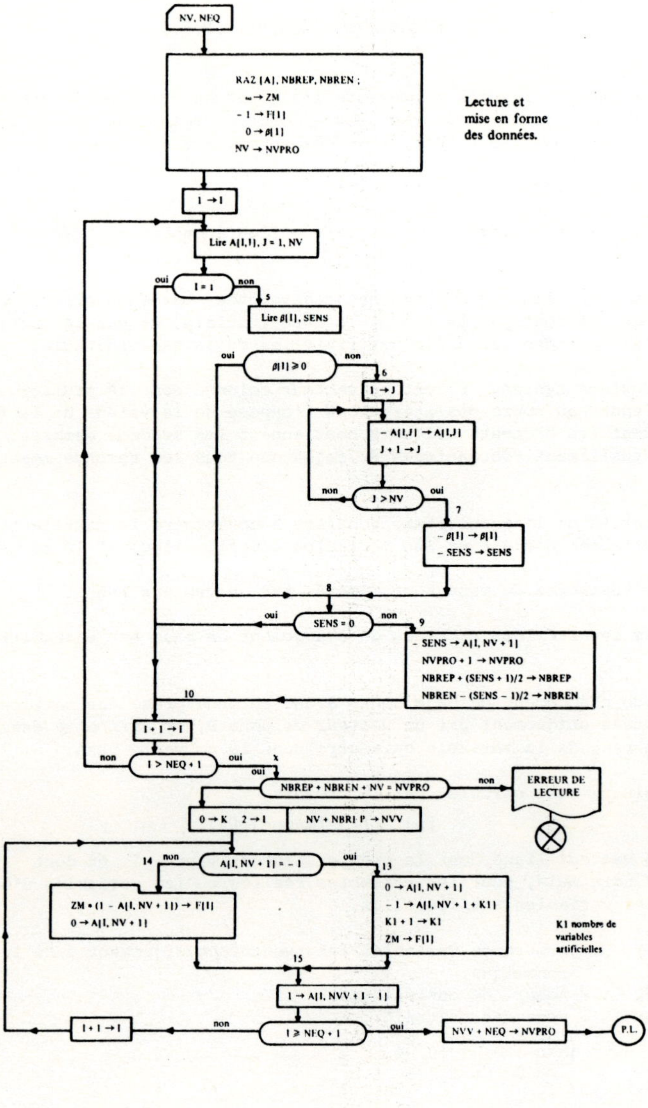
NV, NEQ
RAZ [A], NBREP, NBREN ;
∞ → ZM
- 1 → F[1]
0 → β[1]
NV → NVPRO
Lecture et mise en forme des données.
1 → I
Lire A[I,J], J = 1, NV
oui
I = 1
non
5
Lire β[I], SENS
oui
β[I] ≥ 0
non
6
1 → J
- A[I,J] → A[I,J]
J + 1 → J
non
J > NV
oui
7
- β[I] → β[I]
- SENS → SENS
8
oui
SENS = 0
non
9
- SENS → A[I, NV + 1]
NVPRO + 1 → NVPRO
NBREP + (SENS + 1)/2 → NBREP
NBREN - (SENS - 1)/2 → NBREN
10
I + 1 → I
non
I > NEQ + 1
oui
x
oui
NBREP + NBREN + NV = NVPRO
non
ERREUR DE LECTURE
0 → K 2 → I
NV + NBREP → NVV
14
non
A[I, NV + 1] = - 1
oui
13
ZM * (1 - A[I, NV + 1]) → F[I]
0 → A[I, NV + 1]
0 → A[I, NV + 1]
- 1 → A[I, NV + 1 + K1]
K1 + 1 → K1
ZM → F[I]
K1 nombre de variables artificielles
15
1 → A[I, NVV + I - 1]
I + 1 → I
non
I ≥ NEQ + 1
oui
NVV + NEQ → NVPRO
P.L.

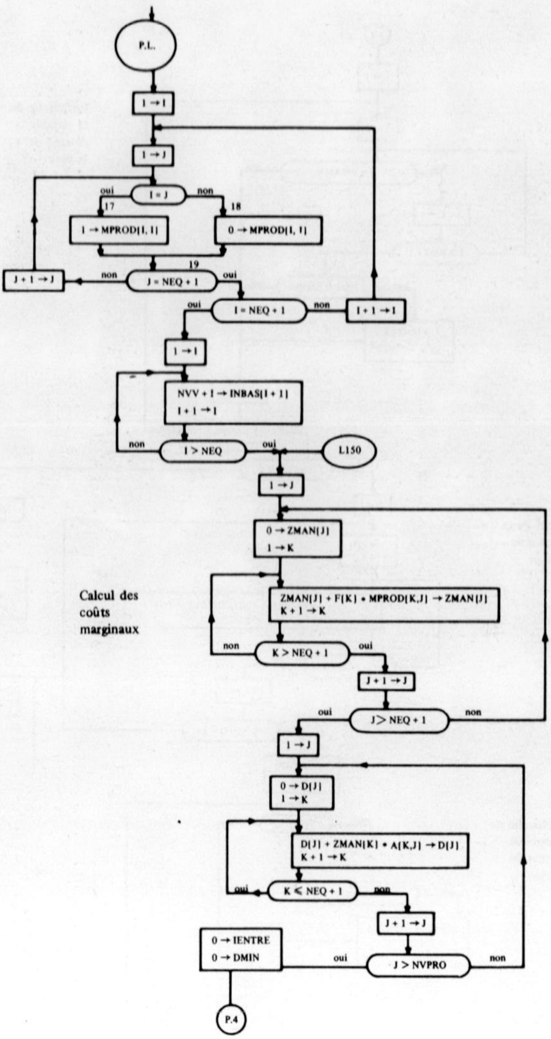
P.L.
1 → I
1 → J
I = J
oui
non
17
18
1 → MPROD[I, I]
0 → MPROD[I, I]
19
J = NEQ + 1
non
oui
J + 1 → J
I = NEQ + 1
oui
non
I + 1 → I
1 → I
NVV + I → INBAS[I + 1]
I + 1 → I
I > NEQ
non
oui
L150
1 → J
0 → ZMAN[J]
1 → K
Calcul des coûts marginaux
ZMAN[J] + F[K] * MPROD[K,J] → ZMAN[J]
K + 1 → K
K > NEQ + 1
non
oui
J + 1 → J
J > NEQ + 1
oui
non
1 → J
0 → D[J]
1 → K
D[J] + ZMAN[K] * A[K,J] → D[J]
K + 1 → K
K ≤ NEQ + 1
oui
non
J + 1 → J
0 → IENTRE
0 → DMIN
J > NVPRO
oui
non
P.4

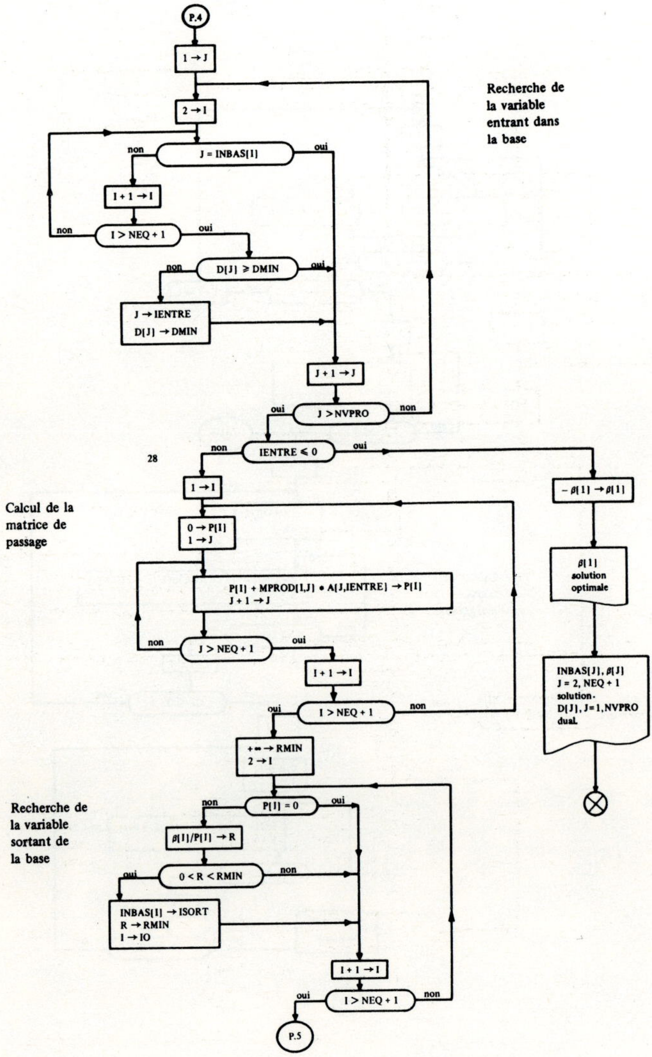
P.4
1 → J
2 → I
Recherche de la variable entrant dans la base
J = INBAS[I]
non
oui
I + 1 → I
I > NEQ + 1
non
oui
D[J] ≥ DMIN
non
oui
J → IENTRE
D[J] → DMIN
J + 1 → J
J > NVPRO
oui
non
IENTRE ≤ 0
non
oui
28
1 → I
Calcul de la matrice de passage
0 → P[I]
1 → J
P[I] + MPROD[I,J] • A[J,IENTRE] → P[I]
J + 1 → J
J > NEQ + 1
non
oui
I + 1 → I
I > NEQ + 1
oui
non
+∞ → RMIN
2 → I
Recherche de la variable sortant de la base
P[I] = 0
non
oui
β[I]/P[I] → R
0 < R < RMIN
oui
non
INBAS[I] → ISORT
R → RMIN
I → IO
I + 1 → I
I > NEQ + 1
oui
non
P.5
– β[1] → β[1]
β[1]
solution
optimale
INBAS[J], β[J]
J = 2, NEQ + 1
solution.
D[J], J = 1, NVPRO
dual.

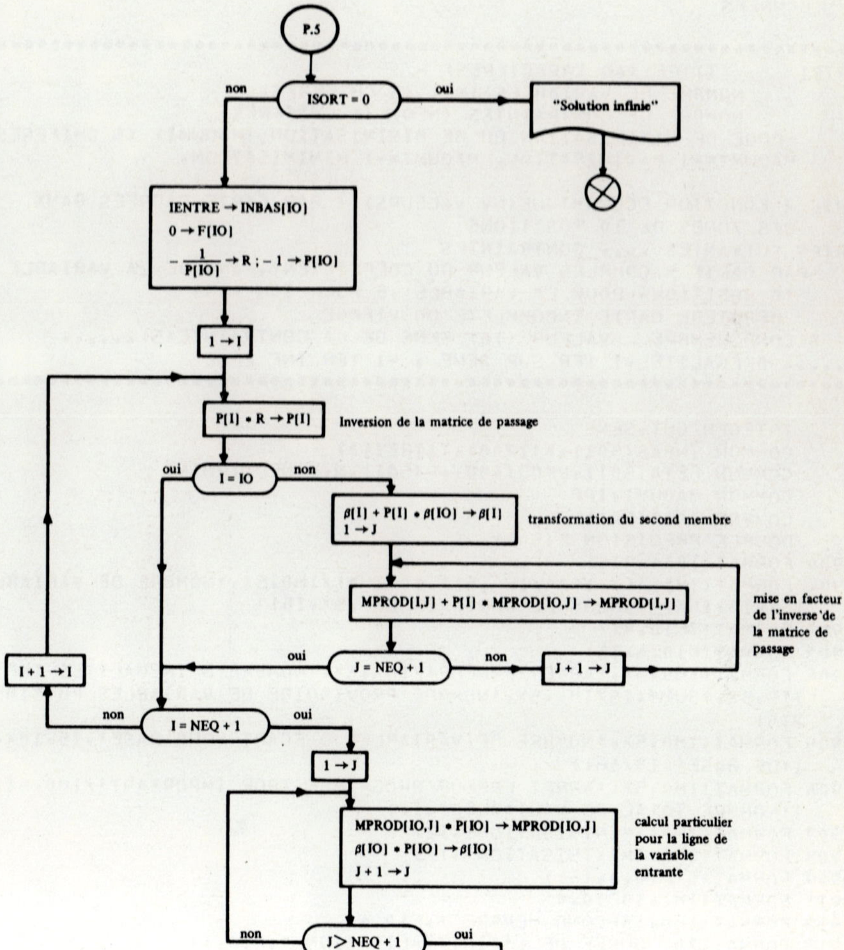
P.5
ISORT = 0
non
oui
"Solution infinie"
IENTRE → INBAS[IO]
0 → F[IO]
$-\frac{1}{P[IO]} \rightarrow R$; – 1 → P[IO]
1 → I
P[I] • R → P[I]
Inversion de la matrice de passage
I = IO
oui
non
β[I] + P[I] • β[IO] → β[I]
1 → J
transformation du second membre
MPROD[I,J] + P[I] • MPROD[IO,J] → MPROD[I,J]
mise en facteur de l'inverse de la matrice de passage
J = NEQ + 1
oui
non
J + 1 → J
I + 1 → I
I = NEQ + 1
non
oui
1 → J
MPROD[IO,J] • P[IO] → MPROD[IO,J]
β[IO] • P[IO] → β[IO]
J + 1 → J
calcul particulier pour la ligne de la variable entrante
J > NEQ + 1
non
oui
L150

(21)

```
      DEFINE FILE 8(1500,400,U,IPOINT),9(1000,400,U,IPP)
C
C     PROGRAMME LINEAIRE P.F.I. ESSAI 1 CONTRAINTES QUELCONQUES.
C     CE PROGRAMME OPTIMISE UNE FONCTION LINEAIRE D,AU PLUS 300
C     VARIABLES SOUMISES A AU PLUS 89 CONTRAINTES
C
C    DONNEES
C
C*****************************************************************
CARTE1      TITRE (40 CARACTERES) -
C          NOMBRE DE VARIABLES (NV) (5 CHIFFRES)
C          NOMBRE DE CONTRAINTES (NEQ) (5 CHIFFRES)
C       CODE DE MAXIMISATION OU DE MINIMISATION (MAOUMI) (5 CHIFFRES)
C      MAOUMI=+1 MAXIMISATION. MAOUMI=-1 MINIMISATION.
C
CARTE 2 FONCTION ECONOMIQUE(NV VALEURS) 7 PAR CARTE CADREES DANS
C      DES ZONES DE 10 POSITIONS
CARTES SUIVANTES .... CONTRAINTES
C     PAR CARTE 5 COUPLES VALEUR DU COEFFICIENT,RANG DE LA VARIABLE
C      10 POSITIONS POUR LA VARIABLE ,5 POUR SON RANG
C       DERNIERE CARTE INCOMPLETE OU VIERGE
C   SECOND MEMBRE   VALEUR (10) SENS DE LA CONTRAINTE(5)......
C...... 0 EGALITE ,1 1ER SUP 2EME , -1 1ER INF 2EME
C*****************************************************************
C
      INTEGER OUT,SENS
      COMMON INBAS(501),A(1200),TITRE(10)
      COMMON BETA(501),PROD(400),P(501),NVV,NEQ,IPOINT
      COMMON MAOUMI,IPP
      COMMON IART(501)
      DOUBLE PRECISION F(501)
  900 FORMAT(10A4,3I5)
  901 FORMAT(1H1,46X,10A4/1H ,61X,10(1H*)/1H0,5X,'NOMBRE DE VARIABLES',
     15X,I5,10X,'NOMBRE DE CONTRAINTES',5X,I5)
  902 FORMAT(7F10.4)
  903 FORMAT(F10.4,I5)
  904 FORMAT(1H0,5X,'APRET ERREUR'/1H ,5X,'NOMBRE D INEGALITES INF',
     1I5,5X,'SUP',I5/1H ,5X,'NOMBRE PROVISOIRE DE VARIABLES PHYSIQUES',
     2I5)
  905 FORMAT(1H0,5X,'NOMBRE DE VARIABLES D ECART HORS BASE',I5,10X,
     1'DE BASE',I5/1H1)
  906 FORMAT(1H0,5X,'ARRET ERREUR PROGRAMME TROP IMPORTANT'/1H0,5X,
     1'NOMBRE TOTAL DE VARIABLES',I7)
  907 FORMAT(1H0,'MINIMISATION',I2)
  908 FORMAT(1H0,'MAXIMISATION',I2)
  909 FORMAT(5(F10.4,I5))
  911 FORMAT(1H ,10F10.4)
  912 FORMAT(1H0,'SECOND MEMBRE ',F10.4)
  913 FORMAT('0  DUREE DE L''INITIALISATION ',F10.4)
      IPOINT=1
      FIND(8'IPOINT)
      IN=1
      OUT=3
    1 READ (IN,900)TITRE,NV,NEQ,MAOUMI
      CALL HORLOG(T1)
      IF(NV*NEQ)2,2,3
    2 STOP
    3 NEQ1=NEQ+1
      IP=1
      WRITE(OUT,901)TITRE,NV,NEQ
      IF(MAOUMI)19,2,20
```

```
 19 WRITE(OUT,907)MAOUMI
    GO TO 21
 20 WRITE(OUT,908)MAOUMI
 21 ZM=-1.0E+13*FLOAT(MAOUMI)
    DO 4 J=1,1200
  4 A(J)=0.0
    READ(IN,902)(A(J),J=1,NV)
    WRITE(8'IPOINT)A
    BETA(1)=0.0
    NBREP=0
    NBREN=0
    NVPRO=NV
    DO 10 I=2,NEQ1
    DO 202 J=1,1200
202 A(J)=0.0
200 READ(IN,909)(P(J),INBAS(J),J=1,5)
    WRITE(OUT,909)(P(J),INBAS(J),J=1,5)
    DO 201 J=1,5
    M=INBAS(J)
    IF(M)5,5,201
201 A(M)=P(J)
    GO TO 200
  5 READ(IN,903) BETA(I),SENS
    WRITE(OUT,909)BETA(I),SENS
    IART(I)=0
    IF(BETA(I))6,8,8
  6 DO 7 J=1,NV
  7  A(J)=-A(J)
    BETA(I)=-BETA(I)
    SENS=-SENS
  8 IF(SENS)9,10,9
  9  A(NV+1)=-SENS
    NVPRO=NVPRO+1
    NBREP=NBREP+(SENS+1)/2
    NBREN=NBREN-(SENS-1)/2
 10 WRITE(8'IPOINT)A
    IPOINT=4
    FIND(8'IPOINT)
    IF(NBREP+NV+NEQ-1200)17,17,18
 18 NVPRO=NBREP+NV+NEQ
    WRITE(OUT,906)NVPRO
    GO TO 1
 17 IF(NBREP+NBREN+NV-NVPRO)11,12,11
 11 WRITE(OUT,904)NBREN,NBREP,NVPRO
    GO TO 1
 12 NVV=NBREP+NV
    K1=0
    DO 16 I=2,NEQ1
    READ(8'IPOINT)A
    IPOINT=IPOINT-3
    FIND(8'IPOINT)
    IF(A(NV+1)+1.00)14,13,14
 13 A(NV+1)=0.0
    F(I)=ZM
    NVK=NV+K1+1
    A(NVK)=-1.0
    K1=K1+1
    IART(I)=NVV+I-1
    NVK=NVV+I-1
    A(NVK)=1.0
    GO TO 16
```

```
 14 F(I)=ZM*(1.0-A(NV+1))
 15 NVK=NVV+I-1
    IART(I)=NVK*(1-IFIX(A(NV+1)))
    A(NV+1)=0.0
    A(NVK)=1.0
 16 WRITE(8'IPOINT)A
    IPOINT=1
    FIND(8'IPOINT)
    WRITE(OUT,905)NBREP,NBREN
    NVPRO=NVV+NEQ
    F(1)=-0.1D+01
    DO 170 I=1,NEQ1
    READ(8'IPOINT)A
    WRITE(OUT,911)(A(J),J=1,NVPRO)
170 WRITE(OUT,912)BETA(I)
    CALL HORLOG(T2)
    T2=T2-T1
    WRITE(OUT,913)T2
    CALL PFI(F)
    GO TO 1
    END
    SUBROUTINE PFI(F)
    DEFINE FILE 8(1500,400,U,IPOINT),9(1000,400,U,IPP)
    COMMON INDBAS(501),A(1200),TITRE(10)
    COMMON BETA(501),MPROD(400),P(501),NV,NEQ,IPOINT
    COMMON MAOUMI,IPP
    COMMON IART(501)
    DOUBLE PRECISION ZMAN(501),F(501),D(1200),DMIN
    DIMENSION ZPROD(501)
    DOUBLE PRECISION ZMAMI
    REAL MPROD
    INTEGER OUT
    CALL HORLOG(T1)
    IPOINT=1
    FIND(8'IPOINT)
    EPS=1.0E-8
    IPP=1
    FIND(9'IPP)
    J1=NEQ+1
    J2=NV+NEQ
    ZMAMI=MAOUMI
    ITER=0
    DO 11 I=1,J1
    DO 10 J=1,J1
 10 MPROD(J)=0.
    MPROD(I)=1.
 11 WRITE(9'IPP)MPROD
    IPP=1
    FIND(9'IPP)
    IN=1
    OUT=3
    WRITE(OUT,908)(IART(I),I=1,J1)
    WRITE(OUT,906)(F(I),I=1,J1)
    INDBAS(1)=0
    DO 50 I=1,J1
    IF(I-NEQ)48,48,50
 48 INDBAS(I+1)=NV+I
 50 CONTINUE
    WRITE(OUT,908)(INDBAS(I),I=1,J1)
```

```
150 DO 51 J=1,J1
    READ(9'IPP) MPROD
    FIND(9'IPP)
    ZMAN(J)=0.
    DO 51 K=1,J1
 51 ZMAN(J)=ZMAN(J)+F(K)*MPROD(K)
    IPOINT=1
    FIND(8'IPOINT)
    IPP=1
    FIND(9'IPP)
    ITER=ITER+1
    DO 52 J=1,J2
 52  D(J)=0.
    DO 152 K=1,J1
    READ(8'IPOINT)A
    FIND(8'IPOINT)
    DO 152 J=1,J2
152 D(J)=D(J)+ZMAN(K)*A(J)
    IPOINT=1
    FIND(8'IPOINT)
    IENTRE=0
    DMIN=0
    DO 60 J=1,J2
    DO 55 I=2,J1
    IF(J-INDBAS(I))54,60,54
 54 IF(J-IART(I))55,60,55
 55 CONTINUE
 56 IF((D(J)-DMIN)*ZMAMI)57,60,60
 57 IENTRE=J
    DMIN=D(J)
 60 CONTINUE
    IF(IENTRE)103,103,62
 62 DO 63 I=1,J1
 63 P(I)=0.
    DO 163 J=1,J1
    READ(9'IPP)MPROD
    FIND(9'IPP)
    READ(8'IPOINT)A
    FIND(8'IPOINT)
    DO 163 I=1,J1
163 P(I)=P(I)+MPROD(I)*A(IENTRE)
    RMIN=1.0E+20
    ISORT=0
    DO 70 I=2,J1
    IF(BETA(I))66,66,64
 66 BETA(I)=EPS
    WRITE(3,910)I
    GO TO 70
 64 IF(P(I))164,70,164
164 R=BETA(I)/P(I)
    IF(R-RMIN)65,65,70
 65 IF(R)70,70,165
165 ISORT=INDBAS(I)
    RMIN=R
    IO=I
 70 CONTINUE
    IF(ISORT)71,71,72
 71 WRITE(OUT,904)
    WRITE(OUT,907)ITER
    RETURN
```

```
 72 INDBAS(IO)=IENTRE
    F(IO)=0.
    R=-1./P(IO)
    P(IO)=-1.
    DO 73 I=1,J1
 73 P(I)=P(I)*R
    IPP=1
    FIND(9'IPP)
    DO 75 J=1,J1
    READ(9'IPP)MPROD
    IPP=IPP-1
    FIND(9'IPP)
    DO 76 I=1,J1
    IF(I-IO)74,76,74
 74 MPROD(I)=MPROD(I)+P(I)*MPROD(IO)
 76 CONTINUE
    MPROD(IO)=MPROD(IO)*P(IO)
    WRITE(9'IPP)MPROD
    FIND(9'IPP)
 75 CONTINUE
    IPP=1
    FIND(9'IPP)
100 DO 102 I=1,J1
    IF(I-IO)101,102,101
101 BETA(I)=BETA(I)+P(I)*BETA(IO)
102 CONTINUE
    BETA(IO)=BETA(IO)*P(IO)
    WRITE(3,909)(INDBAS(I),I=1,J1)
    DO 200 I=2,J1
    IF(BETA(I))200,250,200
250 WRITE(3,910) I
    BETA(I)=EPS
200 CONTINUE
    GO TO 150
103 BETA(1)=-BETA(1)
    WRITE(OUT,905)BETA(1),(INDBAS(J),BETA(J),J=2,J1)
    WRITE(OUT,906)(D(J),J=1,J2)
    WRITE(OUT,907)ITER
    CALL HORLOG(T2)
    T2=T2-T1
    WRITE(OUT,913)T2
    RETURN
904 FORMAT(1H0,16HSOLUTION INFINIE)
905 FORMAT(1H0,5X,'OPTIMUM',F20.10/1H0,5X,'SOLUTION',/,1H0,
   *5('VARIABLE ',
   1' VALEUR  '),(/1H0,2X,I3,3X,F10.4,2X,I3,3X,F10.4,2X,I3,3X,F10.4,
   22X,I3,F10.4,2X,I3,3X,F10.4))
906 FORMAT(1H0,5X,15HCOUTS MARGINAUX,10(/1H0,5F10.4))
907 FORMAT(1H0,5X,'NOMBRE D ITERATIONS =',I5)
908 FORMAT(1H0,5X,'VECTEUR INITIAL'/4(/1H ,10I10))
909 FORMAT(1H ,5X,'VECTEUR ACTUEL'/4(/1H ,10I10))
910 FORMAT(1H0,'   DEGENERESCENCE','    I=  ',I5)
913 FORMAT('0  DUREE DU CALCUL SIMPLEXE',F15.4)
    END
```

III. GESTION DE STOCK

MISE EN OEUVRE D'UNE SIMULATION

(Méthode de Monte-Carlo)

Le procédé de la simulation va reproduire ici l'évolution du stock au cours du temps, en fonction d'une "politique" choisie. Une "politique" est définie par un certain nombre de *paramètres*, tels que :

La capacité de stockage, dans la mesure où l'on peut la modifier par une *décision*.

La méthode de gestion du stock :

- accepter ou non des clients prioritaires;
- lancer les commandes de réapprovisionnement à date fixe ou lorsque le stock atteint un niveau "d'alerte" (dans ce deuxième cas, la valeur du niveau d'alerte est un paramètre de "politique");
- valeur de la quantité de réapprovisionnement demandée; etc.

D'autre part, le stock est défini par un certain nombre de *variables* physiques, indépendantes de la décision du gérant : ce sont, par exemple:

- la loi de probabilité d'arrivée des clients;
- la loi de probabilité de la demande de chaque client;
- la nature (déterministe ou aléatoire) du délai de livraison; etc.

Enfin, il faut se donner une "fonction économique" permettant de *choisir* entre les différentes politiques possibles. Ce critère de choix pourra être, par exemple, un coût global de gestion à minimiser ou un taux de rupture à rendre inférieur à une valeur donnée.

Remarque.

Les différents coûts élémentaires qui s'introduisent dans la fonction du coût de gestion sont souvent très délicats à déterminer. En effet, si le coût de stockage proprement dit peut être atteint à condition d'avoir une comptabilité détaillée (impôts sur les valeurs marchandes stockées, entretien du lieu de stockage, personnel attaché au stock, etc.), il est par contre beaucoup plus difficile d'évaluer le *coût de rupture* du stock. La rupture peut en effet entraîner des pertes de clients, des pertes du production (s'il s'agit par exemple du stock de pièces de rechange interne à une usine), etc., dont les valeurs sont, dans la majorité des cas, impossibles à évaluer.

En réalité, on sait que le coût de rupture et la probabilité de rupture sont liés pour une politique de gestion optimale. On se fixera donc souvent une probabilité de rupture, et l'on pourra, à l'optimum correspondant, calculer le coût de rupture qu'implique la valeur choisie pour la probabilité de rupture, à titre de contrôle de vraisemblance.

ORGANIGRAMME DE LA SIMULATION

Notations

SMAX	capacité de stockage
SA	valeur du niveau d'alerte
Γ	fonction économique : coût global de gestion
C_p	clients prioritaires non satisfaits
CNP	clients non prioritaires non satisfaits
T	quantité globale demandée et non honorée
T_0	quantité demandée et non honorée pendant une journée
R	quantité à livrer aux clients prioritaires non satisfaits pour la simulation
R_0	quantité à livrer aux clients prioritaires non satisfaits pour 1 période
R_1	quantité à livrer aux clients prioritaires non satisfaits pour 1 jour
Σ	quantité livrée pendant la simulation
Σ_1	quantité commandée pendant la simulation
N_D	nombre de clients par jour
Q_D	demande d'un client
ST	niveau du stock (instantané)
Δ	délai de livraison
PRIOR	indice de priorité des clients {0 non prioritaire ; 1 prioritaire}
Q_C	quantité de réapprovisionnement
E_X	nombre de fois où l'on a observé un excédent de stockage
J_D	nombre de fois où l'on a observé une rupture
J	numéro du jour dans la semaine
SEM	nombre de jours ouvrables dans la semaine
INDIC	indice de commande de réapprovisionnement {0 pas de commande en cours ; 1 commande en cours}
ID	nature du délai de livraison {0 aléatoire ; 1 déterminé ; 2 livraison à date fixe JL}
IQ	quantité commandée {0 fonction de SMAX - SA) ; 1 demande de la semaine précédente ; 2 phénomène saisonnier}
ITC	indice de nature de politique {0 commande à jour fixe JCOM ; 1 commande sur niveau d'alerte SA}
JL	date de livraison

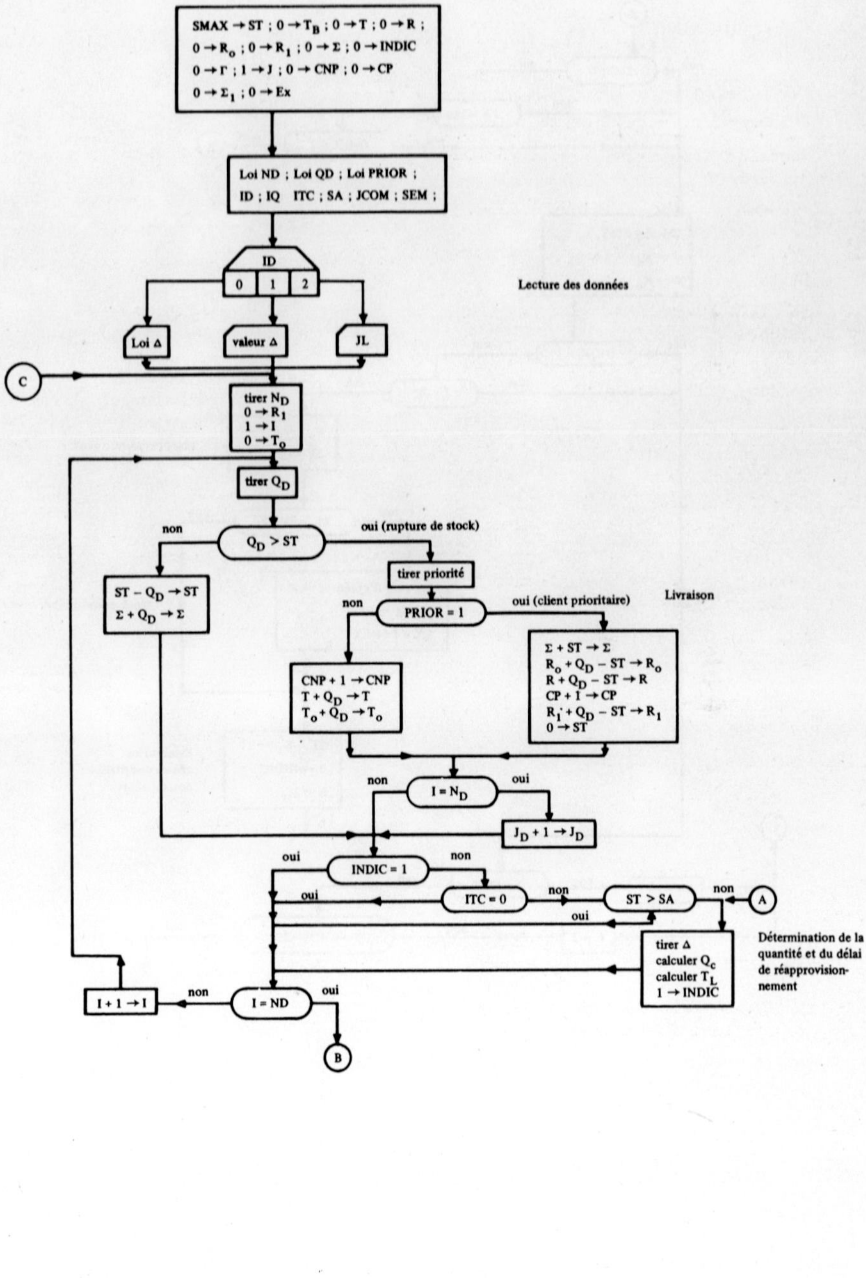
SMAX → ST ; 0 → T_B ; 0 → T ; 0 → R ;
0 → R_o ; 0 → R_1 ; 0 → Σ ; 0 → INDIC
0 → Γ ; 1 → J ; 0 → CNP ; 0 → CP
0 → Σ_1 ; 0 → Ex
Loi ND ; Loi QD ; Loi PRIOR ;
ID ; IQ ITC ; SA ; JCOM ; SEM ;
ID
0
1
2
Lecture des données
Loi Δ
valeur Δ
JL
C
tirer N_D
0 → R_1
1 → I
0 → T_o
tirer Q_D
non
Q_D > ST
oui (rupture de stock)
ST − Q_D → ST
Σ + Q_D → Σ
tirer priorité
non
PRIOR = 1
oui (client prioritaire)
Livraison
CNP + 1 → CNP
T + Q_D → T
T_o + Q_D → T_o
Σ + ST → Σ
R_o + Q_D − ST → R_o
R + Q_D − ST → R
CP + 1 → CP
R_1 + Q_D − ST → R_1
0 → ST
non
I = N_D
oui
J_D + 1 → J_D
oui
INDIC = 1
non
oui
ITC = 0
non
ST > SA
non
A
oui
tirer Δ
calculer Q_c
calculer T_L
1 → INDIC
Détermination de la quantité et du délai de réapprovisionnement
I + 1 → I
non
I = ND
oui
B

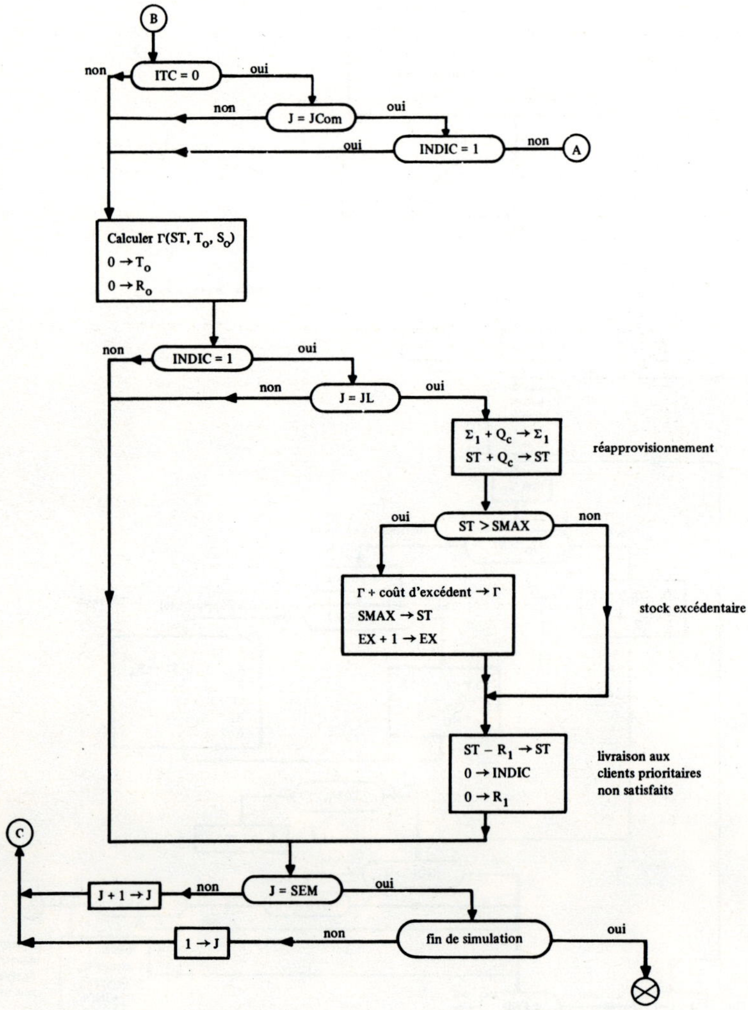
B
ITC = 0
oui
non
J = JCom
non
oui
INDIC = 1
oui
non
A
Calculer Γ(ST, T₀, S₀)
0 → T₀
0 → R₀
INDIC = 1
non
oui
J = JL
non
oui
Σ₁ + Q_c → Σ₁
ST + Q_c → ST
réapprovisionnement
ST > SMAX
oui
non
Γ + coût d'excédent → Γ
SMAX → ST
EX + 1 → EX
stock excédentaire
ST − R₁ → ST
0 → INDIC
0 → R₁
livraison aux
clients prioritaires
non satisfaits
C
J = SEM
non
oui
J + 1 → J
fin de simulation
non
oui
1 → J

IV. THEORIE DES GRAPHES

METHODE DE DESCRIPTION D'UN GRAPHE EN MACHINE

Soit un graphe $G(X,\Gamma)$ défini par l'application Γ de l'ensemble X dans X.

On peut représenter ce graphe en machine par la matrice booléenne associée $[b_{ij}]$ telle que

$$b_{ij} = 1 \text{ si et seulement si l'arc } (X_i, X_j) \text{ existe.}$$

Si cette méthode est facile à mettre en oeuvre, elle a l'inconvénient d'occuper beaucoup de place en mémoire centrale (n^2 mots pour un graphe de n sommets).

Le principe de la représentation qui est exposée ici est de ne mentionner en machine que les arcs du graphe qui existent.

Pour cela nous allons utiliser deux tableaux :

1) un tableau qui donnera pour chaque sommet du graphe le nombre d'arcs issus de ce sommet ;

2) un tableau qui donnera pour chaque arc son extrémité terminale.

Soient NARC le nom du premier tableau, IMAGE le nom du second.

Soit le graphe ci-contre :

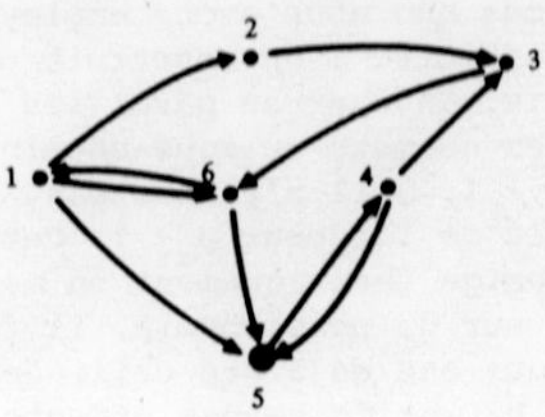

Du sommet 1 sont issus 3 arcs. On posera donc :

NARC [1] = 3

Les extrémités terminales de ces arcs sont 2, 5 et 6. On posera donc :

IMAGE [1] = 2
IMAGE [2] = 5
IMAGE [3] = 6

etc.

En réalité, il est commode, pour simplifier la programmation, d'utiliser le tableau NARC comme pointeur, qui permet de calculer le rang d'un sommet défini par le tableau IMAGE. Pour cette raison, il vaut mieux poser :

NARC [I] = NARC [I - 1] + nombre d'arcs issus du sommet I.

Ainsi, le graphe ci-dessus sera représenté par les tableaux suivants :

NARC [1] = 3
NARC [2] = 4
NARC [3] = 5
NARC [4] = 7
NARC [5] = 8
NARC [6] = 10

IMAGE [1] = 2 IMAGE [2] = 5 IMAGE [3] = 6	sommet initial 1
IMAGE [4] = 3	sommet initial 2
IMAGE [5] = 6	sommet initial 3
IMAGE [6] = 3 IMAGE [7] = 5	sommet initial 4

IMAGE [8] = 4 — sommet initial 5
IMAGE [9] = 1 }
IMAGE [10] = 5 } sommet initial 6

De cette façon, la p^e image du sommet i a pour rang dans le tableau IMAGE un nombre K tel que :

- Si p ≦ NARC [I] - NARC [I - 1], alors K = NARC [I - 1] + p
- Si p > NARC [I] - NARC [I - 1], alors K n'existe pas .

Inversement, l'arc (X_i, X_j) existe si j figure parmi la liste des images du sommet i c'est-à-dire parmi la liste des nombres :

IMAGE NARC[I - 1] + 1] à IMAGE [NARC [I]]

(en posant par exemple NARC [0] = 0).

CHEMINS HAMILTONIENS

Un chemin hamiltonien d'un graphe est un chemin qui passe une fois et une seule par chacun des sommets du graphe.

La recherche des chemins hamiltoniens d'un graphe peut être faite par de nombreuses méthodes (fermeture transitive, multiplication latine, etc.).

La méthode que nous avons employée en machine est proche de l'algorithme de la fermeture transitive : on construit un "sous-chemin" de longueur p qui passe par p sommets distincts. On cherche parmi les images du p^e sommet s'il y en a une qui ne figure pas parmi les sommets du sous-chemin. S'il y en a une, on a construit un chemin de longueur p + 1. S'il n'y en a pas, on supprime ce dernier sommet, et on recommence avec le chemin de longueur p - 1. Cette procédure, qui est un cheminement exhaustif sur un arbre, exige théoriquement un marquage des sommets. En effet, quand on diminue de 1 la longueur du sous-chemin, il faut marquer toutes les images du dernier sommet du chemin qui ont déjà été utilisées. Le mode de description des graphes que nous avons utilisé permet de ne pas effectuer de marquage, ainsi que nous allons le voir sur l'organigramme suivant.

Notations.

Le graphe est décrit par les deux tableaux :

NARC
IMAGE

Le tableau CHEMIN est le tableau des sommets par lesquels passe le chemin, ou le sous-chemin.

K est la longueur du sous-chemin réalisé.

J est l'image du dernier sommet du chemin.

IA est un pointeur, calculé au moyen de NARC, qui permet d'adresser un sommet du tableau IMAGE.

JB est le numéro d'un sommet dont l'image trouvée J figure parmi les sommets du chemin.

Le marquage est alors réalisé automatiquement par la valeur de IA.

En effet, si IA = NARC (JB), toutes les images de JB ont été envisagées.

Sinon on va chercher l'image suivante, dont le rang dans le tableau IMAGE est IA + 1.

Organigramme de la recherche d'un chemin hamiltonien

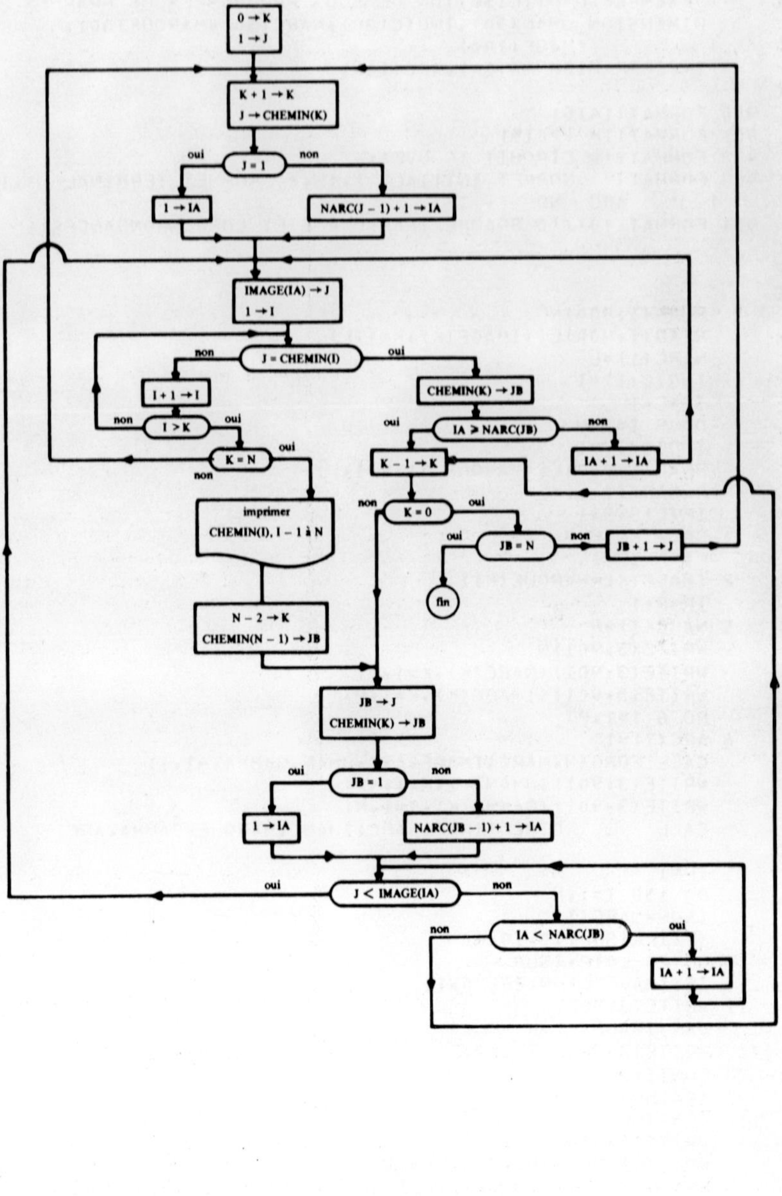

PROGRAMME DE TRANSFORMATION DE GRAPHE

Recherche et suppression des circuits

Fermeture transitive d'un sommet

```
C       EXEMPLE D'UTILISATION DE SOUS PROGRAMMES DE GRAPHES
      DIMENSION JMAN(30),INDIC(30),NARC(30),MARQUE(30),
     1          IMAGE(100)
      INTEGER P,GAMMA(30),ARC(100)
C
  900 FORMAT(14I5)
  901 FORMAT(1H ,20I5)
  902 FORMAT('0 CIRCUIT TROUVE')
  903 FORMAT('  SOMMET INITIAL  ',I5,'  SOMMET TERMINAL  ',I5,
     1 '   ARC  NO  ', I5)
  904 FORMAT('0'/'0 GRAPHE TRANSFORME ET CORRESPONDANCES')
C
C
C
      READ(1,900)N
      READ(1,900)L,(IMAGE(K),K=1,L)
      NARC(1)=L
      INDIC(1)=1
      IP=L+1
      DO 5 I=2,N
      INDIC(I)=I
      READ(1,900)L,(MARQUE(K),K=1,L)
      P=NARC(I-1)+L
      IF(L)5,5,1
    1 DO 2 K=IP,P
      K1=K-IP+1
    2 IMAGE(K)=MARQUE(K1)
      IP=P+1
    5 NARC(I)=P
      WRITE(3,901)N
      WRITE(3,901)(NARC(K),K=1,N)
      WRITE(3,901)(IMAGE(K),K=1,P)
      DO 6 I=1,P
    6 ARC(I)=1
      CALL FORD(N,NARC,IMAGE,ARC,JMAN,GAMMA,-1,1)
      WRITE(3,901)(JMAN(K),K=1,N)
      WRITE(3,901)(GAMMA(K),K=1,N)
      CALL         CIRCUI(N,P,NARC,IMAGE,MARQUE,GAMMA,ARC)
C
      IP=1
      DO 110 I=1,N
      ISUP=NARC(I)
      IF(IP-ISUP)10,10,90
   10 DO 20 L=IP,ISUP
      IF(IMAGE(L)-N)20,20,11
   11 WRITE(3,902)
      JAR=IMAGE(L)-N
      WRITE(3,903) I,JAR,L
   20 CONTINUE
   90 IP=ISUP+1
  110 CONTINUE
      WRITE(3,904)
      WRITE(3,901)(NARC(L),L=1,N)
      WRITE(3,901)(IMAGE(L),L=1,P)
      DO 50 I=1,P
```

```
 50 ARC(1)=1
    N2=2*N
    CALL FORD(N2,NARC,IMAGE,ARC,MARQUE,INDIC,1,1)
    WRITE(3,901)(MARQUE(K),K=1,N2)
    WRITE(3,901)INDIC
    STOP
    END




    SUBROUTINE CIRCUI(N,P,NARC,IMAGE,MARQUE,GAMMA,ARC)
    INTEGER P,ARC(1),GAMMA(1)
    DIMENSION NARC(1),IMAGE(1),MARQUE(1)
C
C   SOUS PROGRAMME DE RECHERCHE DE CIRCUITS DANS UN GRAPHE
C   N NOMBRE DE SOMMETS
C   P NOMBRE D'ARCS P=NARC(N)
C   NARC TABLE DES DEMI DEGRES EXTERIEURS (2*N ELEMENTS)
C   IMAGE TABLE DES EXTREMITES TERMINALES (P ELEMENTS)
C   MARQUE TABLE DE MANOEUVRE MARQUAGE DES SOMMETS(2*N ELEMENTS)
C   GAMMA  TABLE DES SOMMETS DE LA FERMETURE TRANSITIVE D'UN SOMMET
C   ARC    TABLE DES ARCS DE LA FERMETURE TRANSITIVE D'UN SOMMET
C***  APPEL***
C
C   CALL       CIRCUI(N,P,NARC,IMAGE,MARQUE,GAMMA,ARC)
C
C*****************************************************************
C***  SOUS PROGRAMME UTILISE :    TRANSI       *******************
C*****************************************************************
C
C***  INITIALISATIONS
C
    K=N+1
    L=2*N
    DO 1 J=K,L
    NARC(J)=P
  1 MARQUE(J)=3
    DO 100 I=1,N
C
C***  RECHERCHE DES CIRCUITS SE FERMANT SUR LE SOMMET I
C
    IDEB=I
C***  FERMETURE TRANSITIVE DU SOMMET IDEB
C
    CALL TRANSI(IDEB,N,P,NARC,IMAGE,GAMMA,MARQUE,KSOM,IMIN,ARC,KARC)
C
C***  Y A T-IL UN CIRCUIT EMPRUNTANT LES SOMMETS I ET IDEB ?
C
    IF(KSOM)99,99,40
 40 DO 41 L=1,KSOM
    IF(GAMMA(L)-I)41,50,41
 41 CONTINUE
C
C***  IL N'Y A PAS DE CIRCUIT EMPRUNTANT LES SOMMETS I ET IDEB .
C
C   I SUIVANT
C
    GO TO 100
```

```
C
C***  ECLATEMENT DU CIRCUIT TROUVE
C
   50 DO 59 L=1,KARC
      J=ARC(L)
      IF(IMAGE(J)-I)59,51,59
   51 IMAGE(J)=I+N
   59 CONTINUE
C
C***  IMAGE SUIVANTE DU SOMMET I
C
   99 CONTINUE
C
C***  I SUIVANT
C
  100 CONTINUE
      RETURN
      END
```

```
      SUBROUTINE TRANSI(I,N,P,NARC,IMAGE,GAMMA,MARQUE,K,IMIN,ARC,KARC)
      INTEGER P,GAMMA(1),ARC(1)
      DIMENSION NARC(1),IMAGE(1),MARQUE(1)
C
C     CALCUL DE GAMMA FERMETURE TRANSITIVE DU SOMMET I DANS LE
C     GRAPHE DECRIT PAR NARC,IMAGE,A N SOMMETS ET P ARCS (NARC(N)=P)
C *** DONNEES ***
C      I  RANG DU SOMMET INITIAL
C      N  NOMBRE DE SOMMETS
C      P  NOMBRE D'ARCS
C      NARC  TABLE DES DEMI DEGRES EXTERIEURS CUMULES   (N ELEMENTS)
C      IMAGE TABLE DES EXTREMITES TERMINALES DES ARCS   (P ELEMENTS)
C      MARQUE  TABLE DE MANOEUVRE  (N ELEMENTS)
C      GAMMA   TABLE DES SOMMETS APPARTENANT A LA FERMETURE (N ELTS)
C      K    NOMBRE D'ELEMENTS DE LA FERMETURE TRANSIVITE
C      IMIN RANG MINIMAL D'UN SOMMET DE LA FERMETURE DU RANG DE I.
C     ARC TABLE DES RANGS DES ARCS DE LA FERMETURE TRANSITIVE(P ELTS)
C     KARC NOMBRE D'ARCS EFFECTIVEMENT RENCONTRES DANS LA FERMETURE
C *** APPEL ***
C
C     CALL TRANSI(I,N,P,NARC,IMAGE,GAMMA,MARQUE,K,IMIN,ARC,KARC)
C
C *** INITIALISATIONS ***
C
      DO 1 L=1,N
      MARQUE(L)=0
    1 GAMMA(L)=0
      IDEB=I
      IMIN=I
      K=0
      KARC=0
      M=1
C
C *** MARQUER + (1) LE SOMMET DE DEPART IDEB
C
   10 MARQUE(IDEB)=MARQUE(IDEB)+1
```

```
C
C *** RECHERCHE DES ARCS DE SOMMET INITIAL IDEB
C
      IF(IDEB-1)20,20,21
   20 IP=1
      GO TO 22
   21 IP=NARC(IDEB-1)+1
   22 ISUP=NARC(IDEB)
      IF(IP-ISUP)30,30,40
C
C *** STOCKAGE EVENTUEL DES EXTREMITES TERMINALES DES ARCS DANS GAMMA
C
   30 DO 39 L=IP,ISUP
C
C .*.    ENREGISTRMENT DES RANGS DES ARCS
      KARC=KARC+1
      ARC(KARC)=L
C
      J=IMAGE(L)
      IF(MARQUE(J)-2)31,39,39
C
C *** EXTREMITE A STOCKER (RANG K) ET A MARQUER
C
   31 K=K+1
      GAMMA(K)=J
      MARQUE(J)=MARQUE(J)+2
      IF(J-IMIN)34,35,35
   34 IMIN=J
C
C *** PREMIER TEST D'ARRET:TOUS SOMMETS MARQUES
C
   35 IF(K-N)39,41,32
   32 WRITE(6,900)K
  900 FORMAT('0BIZARRE  K= ',I10,'  TROP GRAND')
      STOP
   39 CONTINUE
C
C *** RECHERCHE D'UN NOUVEAU SOMMET DE DEPART
C
   40 IDEB=GAMMA(M)
      IF(IDEB)41,41,42
   41 RETURN
C
C *** LE SOMMET TROUVE EST-IL MARQUE + ?
C
   42 IF(MARQUE(IDEB)-2)43,10,43
C
C *** MARQUE =1 OU 3  SOMMET INUTILE.AU SOMMET SUIVANT
C
   43 IF(M-N)44,41,41
   44 M=M+1
      GO TO 40
      END
```

ALGORITHME DE FORD

Recherche de chemins extrêmaux dans un graphe.

Recherche du chemin de valeur minimale (ou maximale) dans un graphe $G(X,\Gamma)$ entre le sommet X_1 et le sommet X_n . $(X = \{X_1, X_2, \ldots X_n\})$.

L'organigramme est le suivant :

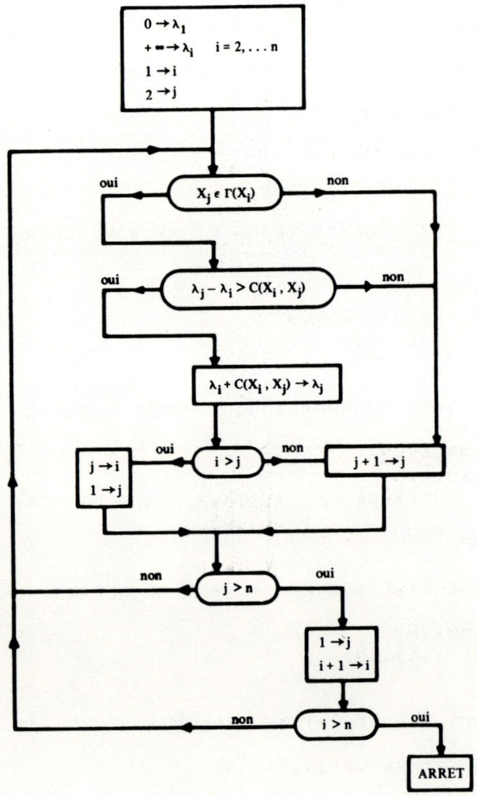

```
      SUBROUTINE FORD(N,NARC,IMAGE,COUT,LAMDA,INDIC,MAOUMI,IZERO)
C
C     SOUS-PROGRAMME DE RECHERCHE DE CHEMINS EXTREMAUX DANS UN GRAPHE
C       ALGORITHME UTILISE:FORD
C     N NOMBRE DE SOMMETS
C     P NOMBRE D'ARCS P=NARC(N)
C     NARC TABLE DES DEMI DEGRES EXTERIEURS (N ELEMENTS)
C     IMAGE TABLE DES EXTREMITES TERMINALES (P ELEMENTS)
C     COUT  TABLE DES  VALEURS  DES ARCS (ENTIERS)  (P ELEMENTS)
C     LAMDA TABLE DES  VALEURS  DES CHEMINS EXTREMAUX (N ELEMENTS)
C     MAOUMI  CODE DE RECHERCHE 1: MAXIMISATION ; -1: MINIMISATION .
C     INDIC TABLE(N ELEMENTS) PERMETTANT D'ENUMERER LES CHEMINS
C     EXTREMAUX
C          SI UN CHEMIN EXTREMAL CONTIENT L'ARC(I,J),ALORS INDIC(J)=I
C     IZERO  SOMMET INITIAL
C     CE SOUS PROGRAMME CALCULE LES  VALEURS  DES CHEMINS EXTREMAUX
C     ISSUS DU SOMMET IZERO .LA NON EXISTENCE D'UN CHEMIN SE TRADUIT
C     PAR UNE LONGUEUR EGALE A -10.**6 *MAOUMI
C
C***  APPEL ***
C
C     CALL FORD (N,NARC,IMAGE,COUT,LAMDA,INDIC,MAOUMI,IZERO)
C
      DIMENSION NARC(1),IMAGE(1),INDIC(1)
      INTEGER COUT(1),LAMDA(1)
C
C***  INITIALISATIONS
C
      DO 1 I=1,N
      INDIC(I)=0
    1 LAMDA(I)=-1000000*MAOUMI
      I=IZERO
      LAMDA(IZERO)=0
C
C***  CALCUL DES POINTEURS
C
   10 IF(I-1)11,11,12
   11 IP=1
      GO TO 13
   12 IP=NARC(I-1)+1
   13 ISUP=NARC(I)
C
C***  RECHERCHE DES IMAGES DU SOMMET I
C
      IF(IP-ISUP)20,20,40
   20 DO 29 K=IP,ISUP
      J=IABS(IMAGE(K))
C
C***  VERIFICATION SUR LA DIFFERENCE DES VALEURS
C
      IF((LAMDA(J)-LAMDA(I)-COUT(K))*MAOUMI)25,29,29
```

```
C
C***  LE NOUVEL ARC(I,J) N'EST PAS A PRENDRE EN COMPTE:
C      ALLER A I SUIVANT
C
C***  CALCUL DE LA NOUVELLE  VALEUR  ATTEINTE AU SOMMET J
C
   25 LAMDA(J)=LAMDA(I)+COUT(K)
      INDIC(J)=I
C
C***  DETERMINATION DU SOMMET I SUIVANT
C
      IF(I-J)29,29,30
C
C***  CONSERVER I PROGRESSION DE J (I<J)
C
   29 CONTINUE
      GO TO 40
C
C***  I>J RETOUR EN ARRIERE AU SOMMET J
C
   30 I=J
      GO TO 10
C
C***  I SUIVANT
C
   40 I=I+1
      IF(I-N)12,12,50
   50 RETURN
      END
```

RECHERCHE DE FLOT MAXIMAL

ET PROGRAMME D'AFFECTATION

Algorithme de recherche de flot complet

Algorithme de FORD-FULKERSON

Méthode hongroise

```
C     PROGRAMME D'AFFECTATION ET DE FORD FULKERSON
C     (EXEMPLE DE PROGRAMME PRINCIPAL)

      COMMON MAOUMI          ,CMAX
      COMMON N,C(10,10)
      INTEGER C
      INTEGER CMAX
  900 FORMAT(7I10)
  200 READ(1,900)IND
C  IND   1   AFFECTATION      2  FORD FULKERSON
      GO TO (250,300),IND
  250 CMAX=0
      READ(1,900)N,MAOUMI
      IF(N)50,50,100
   50 STOP
C   MAOUMI=1 (MAXIMISATION)    OU    -1 (MINIMISATION)
100   DO 1 I=1,N
    1 READ(1,900)(C(I,J),J=1,N)
      IF(MAOUMI)6,6,2
    2 DO 10 I=1,N
      DO 10 J=1,N
      IF(C(I,J)-CMAX)10,10,3
    3 CMAX=C(I,J)
   10 CONTINUE
      DO 5 I=1,N
      DO 5 J=1,N
    5 C(I,J)=CMAX-C(I,J)
    6 CALL AFFECT
      GO TO 200
  300 CALL MAXFLO(2)
      GO TO 200
      END
```

```
      SUBROUTINE AFFECT
      DIMENSION NARC(50),IMAGE(150),NOMSOM(50)
      INTEGER CHEMIN(50)
      INTEGER CAPA(150),RESIDU(150)
      COMMON MAOUMI,CMAX,N,C(10,10),NSOM,K
      COMMON NARC,IMAGE,CHEMIN,RESIDU,CAPA,NOMSOM
      INTEGER C,A(10,10),COUT,X(10),Y(10),ZL(10),ZC(10)
      INTEGER CMAX
C
C *** METHODE HONGROISE ***
C     1ERE ETAPE CREER DES ZEROS EN RETRANCHANT DANS CHAQUE COLONNE
C     LE PLUS PETIT ELEMENT DE LA COLONNE
      WRITE(3,904)((C(I,J),J=1,N),I=1,N)
      DO 3 J=1,N
      CMIN=C(1,J)
      DO 2 I=2,N
      IF(C(I,J)-CMIN)1,2,2
    1 CMIN=C(I,J)
    2 CONTINUE
      DO 3 I=1,N
    3 A(I,J)=C(I,J)-CMIN
C     EN LIGNE
      DO 6 I=1,N
      CMIN=A(I,1)
      DO 5 J=2,N
      IF(A(I,J)-CMIN)4,5,5
    4 CMIN=A(I,J)
    5 CONTINUE
      DO 6 J=1,N
    6 A(I,J)=A(I,J)-CMIN
      WRITE(3,904)((A(I,J),J=1,N),I=1,N)
C
C     2EME ETAPE RECHERCHE D UNE SOLUTION OPTIMALE
C
C     2-1 INITIALISATION DU MARQUAGE ET RECHERCHE DE LA LIGNE AYANT LE
C    1 MOINS DE ZEROS
   30 K=0
      NARC(1)=0
      DO 53 I=1,N
      DO 51 J=1,N
      IF(A(I,J))51,52,51
   51 CONTINUE
      GO TO 53
   52 NARC(1)=NARC(1)+1
      K=K+1
      IMAGE(K)=I+1
   53 CONTINUE
      DO 40 I=1,N
      NARC(I+1)=NARC(I)
      ZL(I)=0
      ZC(I)=0
      DO 40 J=1,N
      IF(A(I,J))31,32,40
   31 WRITE(3,900)A(I,J)
      STOP
   32 K=K+1
      IMAGE(K)=N+1+J
      NARC(I+1)=NARC(I+1)+1
   40 CONTINUE
```

```
   50 NSOM=2*N+2
      NM1=NSOM-1
      NP1=N+2
      DO 60 I=NP1,NM1
      NARC(I)=NARC(I-1)+1
      K=K+1
   60 IMAGE(K)=NSOM
      NARC(NSOM)=NARC(NSOM-1)
      DO 54 I=1,NP1
   54 NOMSOM(I)=I-1
      DO 61 I=NP1,NSOM
   61 NOMSOM(I)=I-1-N
      DO 55 I=1,K
      CAPA(I)=1
   55 RESIDU(I)=1
      CALL MAXFLO(1)
      K=NARC(1)+1
      NMOINS=N+1
      DO 58 I=2,NMOINS
      J=NARC(I)
      DO 56 L=K,J
      IF(CAPA(L)-RESIDU(L))57,57,56
   56 CONTINUE
         GO TO 58
   57 LIGNE=NOMSOM(I)
      ICOL=IMAGE(L)
      ICOL=NOMSOM(ICOL)
      ZC(LIGNE)=ICOL
      ZL(ICOL)=LIGNE
   58 K=J+1
C
C     FIN DU MARQUAGE DES ZEROS
C     3EME ETAPE MARQUAGE DES LIGNES ET DES COLONNES
C
C     TESTS D ARRET
C
  100 DO 110 I=1,N
      IF(ZC(I))120,120,110
  110 CONTINUE
      WRITE(3,901)
      COUT=CMAX*N
      DO 111 I=1,N
      J=ZC(I)
      COUT=COUT-C(I,J)*MAOUMI
  111 WRITE(3,904)I,J
      WRITE(3,908)COUT
      RETURN
  120 DO 121 I=1,N
      X(I)=0
  121 Y(I)=0
C     MARQUER LES LIGNES QUI N ONT PAS DE ZERO ENCADRE
      DO 125 I=1,N
      IF(ZC(I))122,122,125
  122 X(I)=1
      WRITE(3,903)I
  125 CONTINUE
```

```
C       MARQUER LES COLONNES QUI ONT DES ZEROS BARRES DANS UNE LIGNE
C       MARQUEE
C       =SI ZL(J)=I ALORS ZC(I)DIFFERENT DE J ET X(I)=1
  155 NUM=0
      DO 136 J=1,N
      IF(Y(J))126,126,130
  126 IF(ZL(J))130,130,127
  127 DO 1270 I=1,N
      IF(A(I,J))1271,1271,1270
 1271 IF(ZC(I)-J)128,1270,128
  128 IF(X(I))1270,1270,129
 1270 CONTINUE
      GO TO 130
  129 Y(J)=1
      WRITE(3,905)J
      GO TO 136
  130 NUM=NUM+1
  136 CONTINUE
      IF(NUM-N)137,200,200
C
C       MARQUER TOUTE LIGNE QUI A UN ZERO ENCADRE DANS UNE COLONNE
C       MARQUEE
C       = SI X(I)=0 ET ZL(I)=J ET ZC(J)=I ET Y(J)=1 ALORS X(I)=1
  137 NUM=0
      DO 150 I=1,N
      IF(X(I))138,138,149
  138 IF(ZC(I))149,149,139
  139 J=ZC(I)
      IF(ZL(J)-I)149,140,149
  140 IF(Y(J))149,149,141
  141 X(I)=1
      WRITE(3,906)I
      GO TO 150
  149 NUM=NUM+1
  150 CONTINUE
      IF(NUM-N)155,200,200
C
C       DEPLACEMENT DES ZEROS
C
  200 DO 160 I=1,N
  160 X(I)=1-X(I)
C
C       X(I)=1  LIGNE BARREE   Y(J)=1   COLONNE J BARREE
      WRITE(3,907)
      CMIN=1.0E+9
      DO 220 I=1,N
      IF(X(I))201,201,220
  201 DO 210 J=1,N
      IF(Y(J))202,202,210
  202 IF(A(I,J)-CMIN)203,210,210
  203 CMIN=A(I,J)
  210 CONTINUE
  220 CONTINUE
      DO 250 I=1,N
      DO 250 J=1,N
  250 A(I,J)=A(I,J)-CMIN*(1-X(I)-Y(J))
      WRITE(3,904)((A(I,J),J=1,N),I=1,N)
      GO TO 30
```

```
 900 FORMAT('0ARRET ERREUR A(I,J)NEGATIF=',I10)
 901 FORMAT('     AFFECTATION'/'  MOYEN       TACHE')
 902 FORMAT(' LIGNE ',I2,'   COLONNE ',I2)
 903 FORMAT('  MARQUE 1 EN LIGNE I= ',I2)
 904 FORMAT(5I10)
 905 FORMAT(' MARQUE 2 EN COLONNE J = ',I2)
 906 FORMAT(' MARQUE 3 EN LIGNE I = ',I2)
 907 FORMAT(1H ,'DEPLACEMENT DES ZEROS')
 908 FORMAT('  COUT DE L''AFFECTATION = ',I10)
     END
```

```
      SUBROUTINE MAXFLO(IVARIA)
      DIMENSION MARQUE(50)
         INTEGER P,CAPA(150),RESIDU(150),CHEMIN(50),NOMSOM(50),PHITOT
         INTEGER PHI,COUT(150)
      COMMON MM1,ICMAX0,NNNNNN,IICC(10,10)
      COMMON N,P,NARC(50),IMAGE(150),CHEMIN,RESIDU,CAPA,NOMSOM,PHITOT
      COMMON COUT,MARQUE
C     PROCEDURE DE FORD-FULKERSON
C     DONNEES
C     *******
CARTE 1
C     TITRE ALPHANUMERIQUE COLONNES 1 A 40
C     N NOMBRE DE SOMMETS COLONNES 46 A 50
C
C     LE GRAPHE EST DECRIT ARC PAR ARC
C     CARTE MAITRESSE SOMMET INITIAL NOM DE CE SOMMET (COL 7 A 10)
C                ET   DEMI DEGRE EXTERIEUR  (COL 1 A 5)
C     CARTES SUIVANTES EXTREMITES TERMINALES
C                CAPACITES DES ARCS CORRESPONDANTS
C     NOMS DES EXTREMITES TERMINALES COL 1 A 4, 11 A 14 , 21 A 24,ECT...
C    171 A 74
C     CAPACITES CORRESPONDANTES       COL 5 A 10, 15 A 20 ,ECT...75 A 80
C
C
C     PREMIERE ETAPE RECHERCHE D'UN FLOT COMPLET
C
      CALL FLOTCP(IVARIA)
C
C     PROCEDURE DE MARQUAGE DES SOMMETS
C
 901 FORMAT(1H ,'ERREUR DE MARQUAGE,II,IJ,CHEMIN(I+1)',3I5)
 902 FORMAT(1H1,'FLOT MAXIMAL = ',I10/1H0,5X,   'ARC',5X,'CAPACITE',
    15X,'FLUX')
 903 FORMAT(1H ,2X,A4,'-',A4,1X,I6,5X,I6)
 904 FORMAT(1H+,40X,'ARC SATURE')
 905 FORMAT(1H ,2X,I4,'-',I4,1X,I6,5X,I6)
     DO 1 I=1,P
   1 IMAGE(I)=IABS(IMAGE(I))
```

```
C     PREMIERE ETAPE  MARQUAGE EN DESCENDANT
   21 DO 2 I=1,N
    2 MARQUE(I)=0
      MARQUE(1)=1
   20 IMDESC=0
      I=1
   40 IJ0=I
      IF(MARQUE(I))3,10,3
    3 IF(I-1)4,4,5
    4 IA=1
      GO TO 6
    5 IA=NARC(I-1)+1
    6 IB=NARC(I)
      IF(IA-IB)190,190,10
  190 DO 9 J=IA,IB
      IF(RESIDU(J))9,9,7
    7 IJ=IMAGE(J)
      IF(MARQUE(IJ))9,8,9
    8 MARQUE(IJ)=I
      IMDESC=1
      IF(IJ0-IJ)9,9,41
   41 IJ0=IJ
    9 CONTINUE
      IF(IJ0-I)42,10,10
   42 I=IJ0
      GO TO 40
   10 I=I+1
      IF(I-N)40,40,43
C     DEUXIEME ETAPE  MARQUAGE EN REMONTANT
   43 IF(IMDESC)100,100,11
   11 IF(MARQUE(N))50,12,50
C     100 FLOT MAXIMAL  50 AUGMENTATION DU FLOT
   12 IMONT=0
      L=1
   44 I=IMAGE(L)
      IF(MARQUE(I))13,30,13
   13 DO 14 J=1,N
      IF(L-NARC(J))15,15,14
   14 CONTINUE
      STOP
   15 IF(MARQUE(J))30,16,30
   16 IF(RESIDU(L)-CAPA(L))17,30,30
   17 MARQUE(J)=-I
      IMONT=1
      IF(J-L)45,30,30
   45 L=J
      GO TO 44
   30 L=L+1
      IF(L-P)44,44,46
   46 IF(IMONT)100,100,20
C
C     AUGMENTATION DU FLOT
C
C   1
C     RECHERCHE D'UNE CHAINE ENTRE L'ENTREE ET LA SORTIE QUI
C       N'EMPRUNTE QUE DES SOMMETS MARQUES
C
   50 PHI=1.0E+8
      I=N
      K=N
```

```
   51 CHEMIN(K)=I
      IH=IABS(I)
      I=MARQUE(IH)
      K=K-1
      IF(I-1)51,53,51
   53 CHEMIN(K)=1
      NM1=N-1
      M=1
C
C   2 DEFINITION DES ARCS ET DE LEUR SENS DE PARCOURS PAR UN
C          CHEMINEMENT SUR CETTE CHAINE DE L'ENTREE VERS LA SORTIE
C
      DO 69 I=K,NM1
      IJ=IABS(CHEMIN(I+1))
      IF(CHEMIN(I))54,54,58
   54 II=-CHEMIN(I)
      IPOINT=NARC(IJ-1)+1
      ISUP=NARC(IJ)
      DO 55 J=IPOINT,ISUP
      IF(IMAGE(J)-II)55,56,55
   55 CONTINUE
      WRITE(3,901)II,IJ,CHEMIN(I+1)
      CALL DUMP
   56 COUT(M)=-J
      IF(PHI-CAPA(J)+RESIDU(J))69,69,57
   57 PHI=CAPA(J)-RESIDU(J)
      GO TO 69
   58 II= CHEMIN(I)
      IF(II-1)59,59,60
   59 IPOINT=1
      GO TO 61
   60 IPOINT=NARC(II-1)+1
   61 ISUP=NARC(II)
      DO 62 J=IPOINT,ISUP
      IF(IMAGE(J)-IJ)62,63,62
   62 CONTINUE
      WRITE(3,901)II,IJ,CHEMIN(I+1)
      CALL DUMP
   63 COUT(M)=J
      IF(PHI-RESIDU(J))69,69,64
   64 PHI=RESIDU(J)
   69 M=M+1
      M=M-1
C
C   3 AUGMENTATION DU FLOT DE LA PLUS GRANDE QUANTITE POSSIBLE
C
      DO 80 L=1,M
      II=COUT(L)
      J=IABS(II)
   80 RESIDU(J)=RESIDU(J)-PHI*II/IABS(II)
      PHITOT=PHITOT+PHI
      GO TO 21
C
C     FLOT MAXIMAL TROUVE
C
  100 WRITE(3,902)PHITOT
      DO 81 I=1,P
   81 RESIDU(I)=CAPA(I)-RESIDU(I)
      K=1
      NM1=N-1
```

```
      DO 85 I=1,NM1
      J=NARC(I)
      DO 86 L=K,J
      M=IMAGE(L)
      GO TO (1001,1000),IVARIA
 1000 WRITE(3,903)NOMSOM(I),NOMSOM(M),CAPA(L),RESIDU(L)
      GO TO 1002
 1001 WRITE(3,905)NOMSOM(I),NOMSOM(M),CAPA(L),RESIDU(L)
 1002 IF(CAPA(L)-RESIDU(L))90,90,86
   90 WRITE(3,904)
   86 CONTINUE
   85 K=J+1
      RETURN
      END
```

```
      SUBROUTINE FLOTCP(IVARIA)
      DIMENSION KTIT(10)
      INTEGER P,CAPA(150),RESIDU(150),CHEMIN(50),NOMSOM(50),PHITOT,PHI
      INTEGER COUT(150)
      COMMON MM1,ICMAX0,NNNNNN,IICC(10,10)
      COMMON N,P,NARC(50),IMAGE(150),CHEMIN,RESIDU,CAPA,NOMSOM,PHITOT
      COMMON PHI,COUT,I,IO,K,ISIMP,LAMDA(50),INDIC(50),KTIT
  900 FORMAT(10A4,5X,I5)
  901 FORMAT(1H1,45X,10A4)
  902 FORMAT(I5,1X,A4)
  903 FORMAT(8(A4,1X,I5))
  904 FORMAT(1H ,5X,'ERREUR SUR LES NOMS DE SOMMETS',2X,I5,2X,A4)
  905 FORMAT(1H ,5X,A4,' EST POINT D ENTREE INTERDIT')
  906 FORMAT(1H ,5X,'SORTIE INTERDITE',3I5,2X,A4)
  907 FORMAT(1H0,5X,'FLOT COMPLET . FLUX = ',I8/1H0,5X,'CAPACITES -',
     13X,'CAPACITES RESIDUELLES'/(1H ,5X,I8,5X,I10/))
  909 FORMAT(1H0,5X,I5,'IO TROP GRAND')
  910 FORMAT(1H0,/1H0,'GRAPHE DONNE '/1H ,4(5X,'RANG',5X,'SOMMET',5X,
     1'NARC'),/(/1H ,5X,I4,6X,A4,6X,I4,5X,I4,6X,A4,6X,I4,5X,I4,6X,A4,
     26X,I4,5X,I4,6X,A4,6X,I4))
  911 FORMAT(1H0,'RANG DES EXTREMITES TERMINALES,CAPACITES ET CAPACITES
     1RESIDUELLES'/(1H ,10X,I4,17X,I6,8X,I6))
C
C      INITIALISATION ET LECTURE DES DONNEES
       PHITOT=0
       GO TO(140,1),IVARIA
    1  READ(1,900)KTIT,N
C      N=NOMBRE DE SOMMETS P=NOMBRE D,ARCS
       IF(N)2,2,3
    2  STOP
    3  WRITE(3,901)KTIT
C
C      LE PREMIER SOMMET EST POINT D'ENTREE LE DERNIER,POINT DE SORTIE
       J1=1
       DO 4 I=1,N
       READ(1,902)NARC(I),NOMSOM(I)
       P=NARC(I)+J1-1
       IF(NARC(I))400,400,410
  410  READ(1,903)(RESIDU(K),CAPA(K),K=J1,P)
```

```
C     NOMSOM(I)=NOM DE L'EXTREMITE INITIALE NARC(I)=NOMBRE D'ARCS ISSUS
C     RESIDU=NOMS DES EXTREMITES TERMINALES CAPA =CAPACITES
  400 NARC(I)=P
    4 J1=P+1
C
C     CONSTITUTION DU GRAPHE
C
      DO 7 I=1,P
      DO 5 J=2,N
      IF(NOMSOM(J)-RESIDU(I))5,6,5
    5 CONTINUE
      WRITE(3,904)I,RESIDU(I)
      STOP
    6 IMAGE(I)=J
    7 RESIDU(I)=CAPA(I)
C     VERIFICATIONS
C
      DO 12 I=2,N
      DO  8 J=1,P
      IF(IMAGE(J)-I)8,9,8
    8 CONTINUE
      WRITE(3,905)NOMSOM(I)
    9 IF(NARC(I)-NARC(I-1))11,10,12
   10 IF(I-N)11,12,12
   11 WRITE(3,906)I,NARC(I),NARC(I-1),NOMSOM(I)
   12 CONTINUE
C     CLASSEMENT DU TABLEAU IMAGE MARQUAGE AUTOMATIQUE
      IA=1
      DO 120 I=1,N
      IB=NARC(I)
      IB1=IB-1
      IF(IA-IB1)121,120,120
  121 DO 122 J=IA,IB1
      KMIN=J+1
      DO 122 K=KMIN,IB
      IF(IMAGE(J)-IMAGE(K))122,122,123
  123 KIMA=IMAGE(K)
      IMAGE(K)=IMAGE(J)
      IMAGE(J)=KIMA
  122 CONTINUE
  120 IA=IB+1
      WRITE(3,910)(I,NOMSOM(I),NARC(I),I=1,N)
      WRITE(3,911)(IMAGE(I),CAPA(I),RESIDU(I),I=1,P)
C     MARQUAGE DES ARCS SATURES
C
      DO 14 I=1,P
      IF(RESIDU(I))13,13,14
   13 IMAGE(I)=-IABS(IMAGE(I))
   14 CONTINUE
  140 NOMBRE=1
C
C     RECHERCHE DES SOMMETS TELS QUE LES ARCS Y INCIDENTS VERS L EXTE=
C     RIEUR SOIENT MARQUES
      IP1=N-1
   15 DO 24 I=1,IP1
      IF(I-1)150,150,151
  150 IA=1
      GO TO 16
  151 IA=NARC(I-1)+1
```

```
   16 IB=NARC(I)
      IF(IB-IA)240,17,17
   17 DO 18 K=IA,IB
      IF(IMAGE(K))18,18,24
   18 CONTINUE
   19 IF(I-1)20,20,21
   21 DO 23 J=1,P
C     MARQUAGE DES ARC INCIDENTS VERS L INTERIEUR A UN TEL SOMMET
      IF(IMAGE(J)-I)23,22,23
   22 IMAGE(J)=-I
      NOMBRE=1
   23 CONTINUE
   24 CONTINUE
      IF(NOMBRE-1)35,25,25
   20 WRITE(3,907)PHITOT,(CAPA(K),RESIDU(K),K=1,P)
      RETURN
  240 WRITE(3,913)I,NOMSOM(I)
  913 FORMAT(1H ,'SORTIE INTERDITE ',I5,2X,A4)
      STOP
   25 NPRIM=0
C     RECHERCHE DES SOMMETS TELS QUE TOUS LES ARC Y INCIDENT VERS
C     L,INTERIEUR SOIENT MARQUES
C
      DO 33 I=2,N
      DO 26 K=1,P
      IF(IMAGE(K)-I)26,33,26
   26 CONTINUE
      IF(I-N)280,20,20
  280 IA=NARC(I-1)+1
      IB=NARC(I)
      IF(IB-IA)240,28,28
   28 DO 30 J=IA,IB
      IF(IMAGE(J))30,30,29
   29 IMAGE(J)=-IMAGE(J)
      NPRIM=1
   30 CONTINUE
   33 CONTINUE
      IF(NPRIM-1)35,34,35
   34 NOMBRE=0
      GO TO 15
   35 PHI=1000000
      I0=0
      DO 38 I=1,P
      IF(IMAGE(I))38,38,36
   36 IF(RESIDU(I)-PHI)37,38,38
   37 I0=I
      PHI=RESIDU(I)
   38 CONTINUE
      J0=I0
C     CAPACITE RESIDUELLE MINIMALE NON NULLE (NON MARQUEE) DANS PHI
      IF(I0)20,20,39
   39 DO 40 I=1,N
      IF(NARC(I)-I0)40,41,41
   40 CONTINUE
      WRITE(3,909)I0
      STOP
   41 CALL CHEM
      IF(ISIMP)47,47,48
   47 IMAGE(I0)=-IMAGE(I0)
      GO TO 140
```

```
   48 PHITOT=PHITOT+PHI
      DO 50 I=2,K
      J=CHEMIN(I)
      RESIDU(J)=RESIDU(J)-PHI
      IF(RESIDU(J))49,49,50
   49 IMAGE(J)=-IMAGE(J)
   50 CONTINUE
      GO TO 140
      END
```

```
      SUBROUTINE CHEM
C
C  CE PROGRAMME RECHERCHE PARMI LES ARCS PRATICABLES D'UN RESEAU (ARCS
C     NON MARQUES) L'EXISTENCE ET LA DEFINITION D'UN CHEMIN ELEMENTAIRE
C     ENTRE L'ENTREE ET LA SORTIE,QUI PASSE PAR L'ARC (IDEB IMAGE(I0))
C
      DIMENSION LAMDA(50),INDIC(50)
      DIMENSION COUT(150)
      INTEGER RESIDU(150),CAPA(150),NOMSOM(50)
      COMMON MM1,ICMAX0,NNNNNN,IICC(10,10)
      COMMON NSOM,P,NARC(50),IMAGE(150),CHEMIN(50),RESIDU,CAPA,NOMSOM
      COMMON PHITOT,PHI,COUT,IDEB,I0,K,ISIMP,LAMDA,INDIC
      INTEGER CHEMIN,COUT
      INTEGER X
      INTEGER P,OUT
      DIMENSION ICHEM(2,50),IRED(2,50),MIRO(2),LO(2),LAM(2)
      INFINI=1.0E+6
      OUT=3
      ISIMP=1
      LO(1)=0
      LO(2)=0
C     INITIALISATION
      LONG0=0
      LONG1=0
      MIRO(1)=0
      MIRO(2)=0
      DO 3 I=1,P
      IF(IMAGE(I))1,1,2
    1 COUT(I)=INFINI
      GO TO 3
    2 COUT(I)=1
    3 CONTINUE
    7 IDER=IDEB
      IZERO=1
C  ALGORITHME DE FORD ET CLASSEMENT DES LAMDA PAR VALEURS CROISSANTES
C
    8 CALL FORD(NSOM,NARC,IMAGE,COUT,LAMDA,INDIC,-1,IZERO)
      N=NSOM-1
      DO 20 I=1,NSOM
   20 INDIC(I)=I
```

```
C
C     CLASSEMENT DES POIDS PAR VALEURS CROISSANTES
C
      DO 30 I=1,N
      IPLUS1=I+1
      DO 30 J=IPLUS1,NSOM
      IF(LAMDA(I)-LAMDA(J))30,30,24
   24 X=LAMDA(I)
      LAMDA(I)=LAMDA(J)
      LAMDA(J)=X
      IX=INDIC(I)
      INDIC(I)=INDIC(J)
      INDIC(J)=IX
   30 CONTINUE
C
C     CONSTITUTION DE LA SUITE DES SOMMETS
C
  200 IFIN=IDER
      L=1
      IF(IZERO-1)32,32,33
   32 NUM=1
      GO TO 34
   33 NUM=2
   34 LO(NUM)=0
      DO 35 I=1,NSOM
      IF(INDIC(I)-IFIN)35,46,35
   35 CONTINUE
      WRITE(3,909)IFIN
  909 FORMAT(1H ,'LE SOMMET NO ',I5,'NE FIGURE PAS DANS INDIC(I)')
      STOP
   46 LAM(NUM)=LAMDA(I)
   36 ICHEM(NUM,L)=IFIN
      IF(IFIN-IZERO)37,1000,37
   37 IM1=I-1
      DO 48 J=1,IM1
      IPREC=I-J
      K=INDIC(IPREC)
   38 IF(K-1)39,39,40
   39 IPOINT=1
      GO TO 41
   40 IPOINT=NARC(K-1)+1
   41 ISUP=NARC(K)
      DO 48 II=IPOINT,ISUP
      IF(IFIN-IMAGE(II))48,42,48
   42 IF(LAMDA(I)-LAMDA(IPREC)-COUT(II))48,43,48
   43 I=IPREC
      L=L+1
      IF(COUT(II)-INFINI)44,45,45
   44 IFIN=K
      GO TO 36
   45 JA=MIRO(NUM)+1
C
C     DETERMINATION DES ENSEMBLES IRREDUCTIBLES
C
      IRED(NUM,JA)=II
      MIRO(NUM)=JA
      IFIN=K
      GO TO 36
   48 CONTINUE
      WRITE(3,911)IZERO,IDER
  911 FORMAT(1H ,'CHEMIN ENTRE',I5,' ET',I5,'IMPOSSIBLE')
      GO TO 1003
```

```
 1000 LO(NUM)=L
      IF(MIRO(1)*MIRO(2))1500,1500,1001
 1001 M1=MIRO(1)
      M2=MIRO(2)
      DO 1002 I=1,M1
      DO 1002 J=1,M2
      IF(IRED(1,I)-IRED(2,J))1002,1003,1002
 1002 CONTINUE
      GO TO 1500
 1003 ISIMP=0
C
C     IL N'EXISTE PAS DE CHEMIN ELEMENTAIRE
C
      RETURN
 1500 IF(LO(1)*LO(2))1600,1600,1501
 1501 M1=LO(1)
      M2=LO(2)
      N=1
      L=1
      IF(M1-1)1509,1509,1552
 1552 IF(LAM(1)+LAM(2)-INFINI)1502,1600,1600
C
C     CONSTITUTION DU CHEMIN ELEMENTAIRE TROUVE
C
 1502 DO 1503 I=2,M1
      L=L+1
      K=ICHEM(N,I)
      IF(K-1)1504,1504,1505
 1504 IPOINT=1
      GO TO 1506
 1505 IPOINT=NARC(K-1)+1
 1506 ISUP=NARC(K)
      DO 1507 J=IPOINT,ISUP
      IF(IMAGE(J)-ICHEM(N,I-1))1507,1508,1507
 1507 CONTINUE
      CALL DUMP
 1508 CHEMIN(L)=J
 1503 CONTINUE
      IF(N-1)1509,1509,1510
 1509 N=2
      M1=M2+1
      ICHEM(2,M1)=ICHEM(1,1)
      GO TO 1502
 1510 CHEMIN(1)=1
      K=LO(1)+LO(2)
      ISIMP=1
      RETURN
 1600 M1=LO(NUM)
      DO 1650 I=1,P
C     PASSAGE A L'AUTRE CHEMIN
      IF(IMAGE(I))1601,1601,1602
C
C     REMARQUAGE DES SOMMETS DEJA UTILISES
C
 1601 COUT(I)=INFINI
      GO TO 1650
 1602 DO 1611 J=1,M1
      IF(IMAGE(I)-ICHEM(NUM,J))1611,1603,1611
 1603 COUT(I)=INFINI
      GO TO 1650
 1611 CONTINUE
```

```
      M2=MIRO(NUM)
      IF(M2)1612,1612,1613
 1612 COUT(I)=1
      GO TO 1650
 1613 DO 1628 II=1,M2
      IF(IMAGE(I)-IRED(NUM,II))1615,1614,1615
 1614 COUT(I)=INFINI
      GO TO 1650
 1615 IREF=IRED(NUM,II)
      IF(IREF-1)1616,1616,1617
 1616 IPOINT=1
      GO TO 1618
 1617 IPOINT=NARC(IREF-1)+1
 1618 ISUP=NARC(IREF)
      IF(ISUP-IPOINT)1628,1619,1619
 1619 DO 1625 J=IPOINT,ISUP
      IF(IMAGE(J)-IMAGE(I))1625,1620,1625
 1620 COUT(I)=INFINI
      GO TO 1650
 1625 CONTINUE
 1628 CONTINUE
 1650 CONTINUE
      IF(NUM-1)1651,1651,1652
 1651 IZERO=IMAGE(I0)
      IDER=NSOM
      GO TO 8
 1652 IZERO=1
      IDER=IDEB
      GO TO 8
      END
```

V. EXEMPLES DIVERS

Les programmes qui suivent réalisent quelques algorithmes étudiés dans différents chapitres du cours.

Le premier a pour but de tracer des courbes de survie.

Le deuxième calcule une politique de maintenance d'un parc de matériel.

Le troisième est un programme de transport. La recherche d'une solution de base est faite par la méthode de Balas-Hammer. Le programme utilise l'algorithme du stepping-stone, en travaillant sur la matrice C des coûts, la matrice A de Balas-Hammer, le vecteur des besoins B et celui des demandes D. Le marquage des éléments de la matrice A est effectué au moyen de deux tableaux LIG et COL, qui permettent de repérer le sens de parcours du marquage et les reprises éventuelles.

TRACE DE COURBES DE SURVIE

```
      DIMENSION TRACE(125),POINT(4)
      READ(1,101) POINT
101   FORMAT(4A1)
      WRITE(3,102)
102   FORMAT(1H1,//////,30X,'COURBES DE SURVIE S=EXP-((T/TO)**A)')
      A=1.
2     WRITE(3,103) A
103   FORMAT(1H1,/,50X,'A = ',F3.0,//)
      WRITE(3,106)
106   FORMAT(1H ,' S ')
      DO 3  NP1=1,50
      DO 1  K=1,125
1     TRACE(K)=POINT(1)
      DO 10  K=1,13
      KM1=K-1
      KD=(10*KM1)+1
```

```
10      TRACE(KD)=POINT(4)
        N=NP1-1
        IF(N-N/5*5)14,11,14
11      DO 12  K=1,125
        KM1=K-1
        TRACE(K)=POINT(3)
        IF(KM1-KM1/10*10)12,13,12
13      TRACE(K)=POINT(4)
12      CONTINUE
14      Y=1.-N/50.
        XA=ALOG(1./Y)
        X=XA**(1./A)
        IX=IFIX(100.*X+0.5)+1
        IF(IX-125)4,4,5
4       TRACE(IX)=POINT(2)
        WRITE(3,104) Y,TRACE
104     FORMAT(1H ,F4.2,'-',125A1)
        GO TO 3
5       WRITE(3,104) Y,TRACE
3       CONTINUE
        Y=0.
        DO 6  K=1,125
6       TRACE(K)=POINT(3)
        DO 7  K=1,13
        KM1=K-1
        KD=(10*KM1)+1
7       TRACE(KD)=POINT(4)
        WRITE(3,104) Y,TRACE
        WRITE(3,105)
105     FORMAT(1H ,'T/TO',1X,'0',99X,'1')


        IF(A-20)8,9,9
8       A=A+1.
        GO TO 2
9       STOP
        END
```

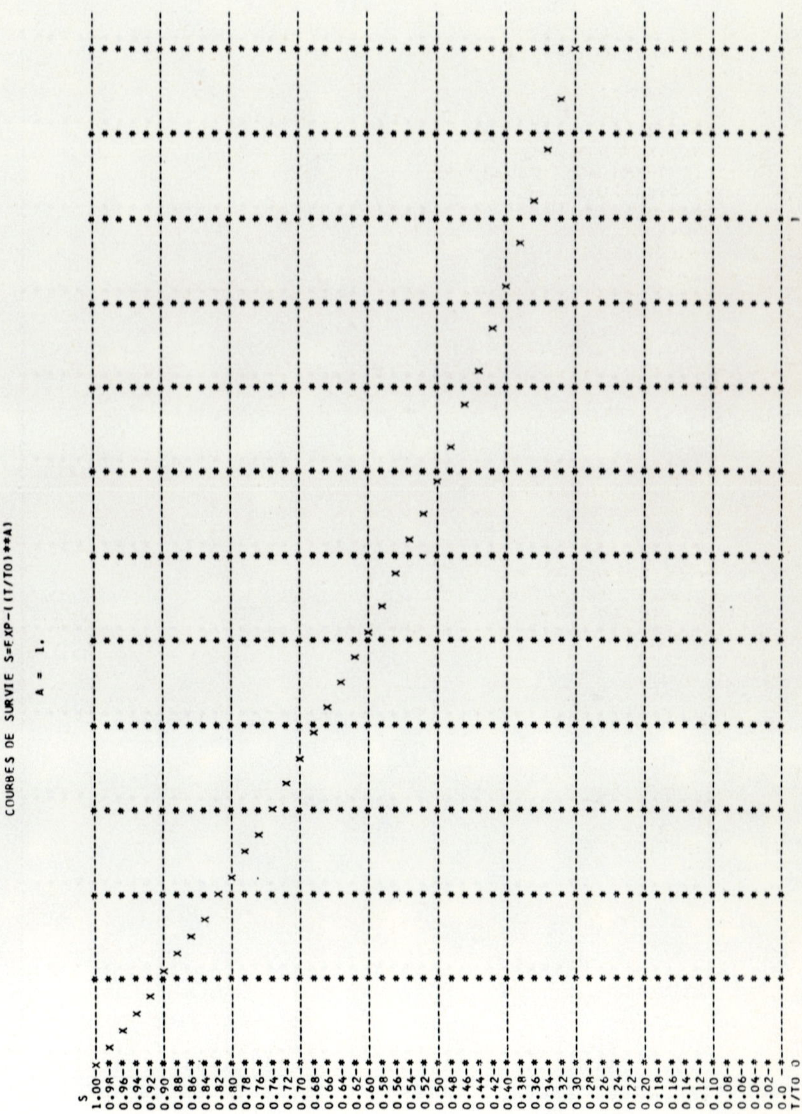
COURBES DE SURVIE S=EXP-((T/TO)**A)
A = 1.
S
T/TO

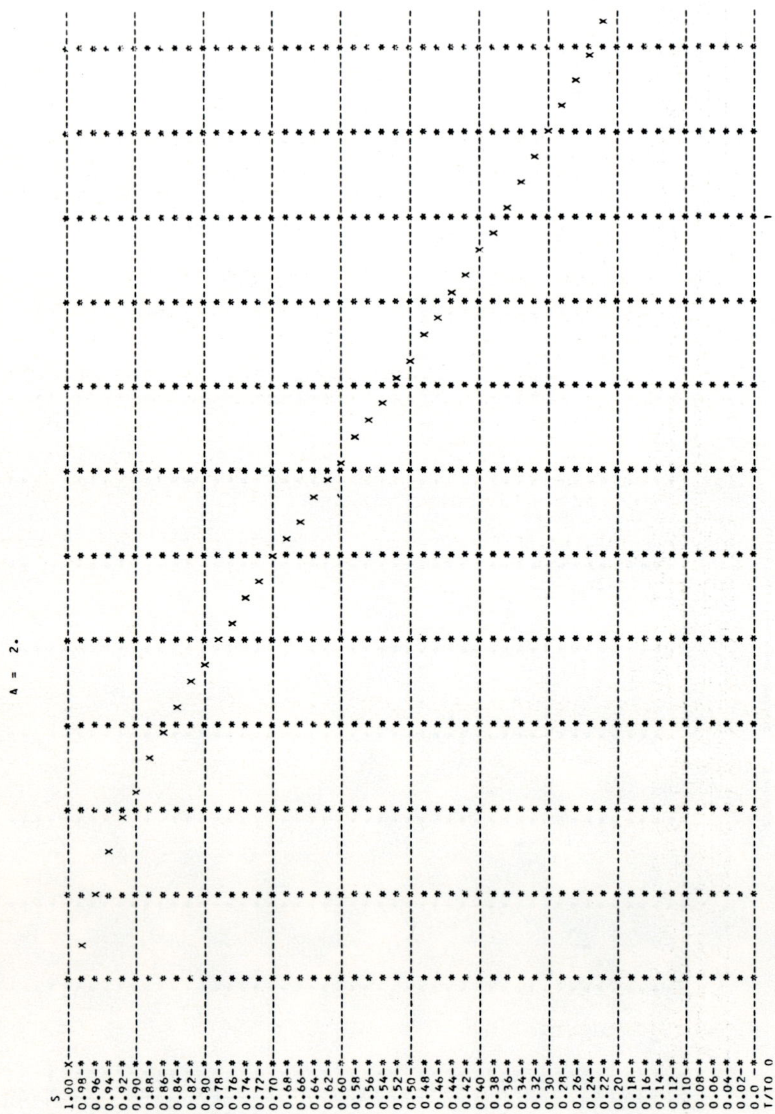
A = 2.
S
T/TO 0

POLITIQUE DE MAINTENANCE

```
      DEFINE FILE 6(200,50,U,IPOINT)
      INTEGER PERI,PERIM,DATE   ,CPERI
      DIMENSION V(500),R(10,500),X(500),YMAX(10),YMIN(10),ICOD(10)
   99 FORMAT (1H1////1H0,30X,'RECHERCHE DE METHODE DE MAINTENANCE'/1H ,3
     90X,35(1H*))
  100 FORMAT (F10.0,2F7.2,2I3,I5,F6.2)
  101 FORMAT(10F7.5)
  102 FORMAT (1H0,10X,'STABILITE ATTEINTE I=',I3///)
      READ(1,109) ICOD
  103 FORMAT (1H0,10X,'ERREUR PAR DEPASSEMENT DE PERIODE'//)
  104 FORMAT(1H0,'I=',F5.0,10X,'R=',F14.3,10X,'PR=',F7.5,10X,'COUT=',F14
     4.3,10X,'COUT MOYEN=',F14.3)
  105 FORMAT (1H0,5X,'PRIX CHANGEMENT =',F14.2/1H ,5X,17(1H-)/1H0,5X,'PR
   10 5IX REPARATION =',F14.2/1H ,5X,17(1H-)/1H0,5X,'COUT TOTAL       =',
     5F14.2/1H ,5X,17(1H-)///1H0,130(1H*)//)
  106 FORMAT(1H0//////,20X,'TRAVAIL TERMINE')
  107 FORMAT (1H0,10X,'STOCK INITIAL         =',F10.0/1H ,10X,20(1H-)/1H0,
     710X,'DUREE DE LA PERIODE=',I5/1H ,10X,20(1H-)/1H0,10X,'DATE LIMITE
     7          =',I6/1H ,10X,20(1H-)/1H0,10X,'PRECISION              =',F6.2/
     71H ,10X,20(1H-)//)
  108 FORMAT ( 1H0,10X,'PERIODE       =',I3/1H0,10X,'VALEURCAS  =',F14.3/
     81H0,10X,'VALEUR REMP.=',F14.3/1H0,10X,'COUT                =',F14.3//)
  109 FORMAT (10A1)
      IPOINT = 1
      IK = 1
      DO 80 I = 1,500
      DO 80 J=1,10
   80 R(J,I) = 0.0
      READ (1,100)STOCK,PCAS,PREMP,PERI,PERIM,DATE,EPSI
      READ (1,101) (V(I),I=1,PERIM)
      PERID = PERI
    1 REMP= 0.
      PTEST = 0.0
      CAS = 0.
      RMIN = STOCK
      RMAX = 0.0
      ECRIT = 0.
      LPER = 0
      VREMP = 0.
      VCAS = 0.
      CPERI = 0
      IDATE = DATE + 1
      R(1,1) = STOCK
      X(1)=0.
       DO 18 I=2,IDATE
      LUL = 0
```

```
      X(I)=I-1
      R(1,I)= STOCK
      IF (I-(PERI+1)) 20,20,22
   20 K = I
      J=0
      GO TO 23
   22 K=PERI+1
      J=I-PERI-1
   23 K=K-1
      J=J+1
      TEST = R(1,J)* V(K)
      IF(LUL)24,25,24
   25 IF (K-PERI) 24,44,24
   44 CAS = CAS + TEST
      VCAS = VCAS + TEST
      PTEST = TEST
      LUL = 1
      TEST = 0.
   24 R(1,I) = R(1,I) - TEST
   26 IF (K-1) 17,17,23
   17 R(2,I) = (R(1,I)-PTEST)/STOCK
      VREMP = VREMP + R(1,I)
      REMP = REMP + R(1,I)
   31 IF (RMIN - R(1,I)) 27,27,28
   28 RMIN = R(1,I)
   27 IF (RMAX - R(1,I)) 29,30,30
   29 RMAX = R(1,I)
   30 CPERI=CPERI +1
      IF (CPERI-PERI) 41,34,34
   34 RMOS = (RMAX - RMIN)/FLOAT(PERI)
      LPER = LPER + 1
      VREMP = VREMP * PREMP - PREMP * VCAS
      VCAS = VCAS * PCAS
      TCOUT = VCAS + VREMP
      WRITE (3,108) LPER,VCAS,VREMP,TCOUT
      VCAS = 0.
      VREMP = 0.
      IF (RMOS-EPSI) 35,35,42
   35 IF (ECRIT) 42,43,42
   43 WRITE(3,102) I
      ECRIT = 1.
   42 RMAX = 0.
      RMIN = STOCK
      CPERI=0
   41 QRP = REMP - CAS
      R(3,I) = PCAS * CAS + PREMP * QRP
      R(4,I) = R(3,I)/(I-1)
   18 CONTINUE
      WRITE (6'IPOINT) (R(3,IE),IE=2,IDATE)
      CCAS = PCAS * CAS
```

```
      CREMP = PREMP * REMP - PREMP * CAS
      COUT = CCAS + CREMP
      WRITE(3,99)
      WRITE(3,107) STOCK,PERI,DATE,EPSI
      WRITE(3,104)( X(I),R(1,I),R(2,I),R(3,I),R(4,I),I=2,IDATE)
      WRITE (3,105)  CCAS,CREMP,COUT
      DO 47 I = 1,10
   47 YMAX(I) = 0.
      DO 46 I=2,IDATE
      DO 46 J=1,4
      IF (YMAX(J)-R(J,I)) 45,46,46
   45 YMAX(J) = R(J,I)
   46 CONTINUE
      DO 48 I=1,10
   48 YMIN(I) = YMAX(I)
      DO 50 I=2,IDATE
      DO 50 J=1,4
      IF (YMIN(J)-R(J,I))50,50,49
   49 YMIN(J) = R(J,I)
   50 CONTINUE
      R(1,2)=YMIN(2)
      R(1,3)=YMIN(3)
      R(1,4)=YMIN(4)
      L1=4
      CALL TRACE(L1,DATE,YMAX,YMIN,X,R,ICOD)
      PERI = PERI + 1
      IK = IK+1
      R(9,IK) = COUT/FLOAT(DATE)
      R(10,IK) = COUT
      IF (PERIM - PERI) 19,1,1
   19 YMAX(1) = 0.0
      IARET = IPOINT
      IPOINT = 1
      FIND (6'IPOINT)
      YMAX(2) = 0.0
      L1 = 2
      DO 55 I=2,IK
      X(I) = PERID +I -2
      R(1,I) = R(9,I)
      R(2,I) = R(10,I)
      IF (YMAX(1)-R(1,I)) 52,53,53
   52 YMAX(1) = R(1,I)
   53 IF (YMAX(2)-R(2,I)) 54,55,55
   54 YMAX(2) = R(2,I)
   55 CONTINUE
      YMIN(1) = YMAX(1)
      YMIN(2) = YMAX(2)
      DO 59 I=2,IK
      IF (YMIN(1)-R(1,I)) 57,57,56
   56 YMIN(1) = R(1,I)
```

```
57 IF (YMIN(2) - R(2,I)) 59,59,58
58 YMIN(2) = R(2,I)
59 CONTINUE
   IK = IK-1
   WRITE (3,110)
110 FORMAT (1H1,30X,'COURBE  RECAPITULATIVE'///)
   CALL TRACE(L1,IK,YMAX,YMIN,X,R,ICOD)
78 DO 70 I=1,10
   READ (6'IPOINT) (R(I,IE),IE=2,IDATE)
   WRITE (3,111) (R(I,IE),IE=2,IDATE)
111 FORMAT (1H0,8(F14.3,2X))
   IF (IARET - IPOINT) 71,71,70
70 CONTINUE
   L3 =10
   GO TO 72
71 L3 = I
72 YMIN(1) = 10.**10-1
   YMAX(1) = 0.
   DO 76 I=2,IDATE
   DO 76 J = 1,L3
   IF (YMIN(1) - R(J,I)) 74,74,73
73 YMIN(1) = R(J,I)
74 IF ( YMAX(1) - R(J,I)) 75,76,76
75 YMAX(1) = R(J,I)
76 X(I) = I-1
   DO 77 I=1,L3
   YMIN(I) = YMIN(1)
77 YMAX(I) = YMAX(1)
   CALL TRACE(L3,DATE,YMAX,YMIN,X,R,ICOD)
   IF ( IARET - IPOINT) 79,79,78
79 WRITE (3,106)
   STOP
   END
```

```
   SUBROUTINE TRACE(N,NX,YMAX,YMIN,X,Y,ICOD)
   DIMENSION YMAX(10),YMIN(10),A(10)
   DIMENSION LIGN(11),IPOS(101),X(500),Y(10,500),ICOD(10)
   REAL LIGN
   NXX= NX + 1
   DO 11 I=1,N
   A(I) = 1.
14 IF (YMAX(I)-100000.) 11,11,12
12 YMAX(I) = YMAX(I)/10.
   YMIN(I) = YMIN(I)/10.
   A(I) = A(I)*10.
   GO TO 14
11 CONTINUE
   DO 13 I=2,NXX
   DO 13 J=1,N
13 Y(J,I) = Y(J,I)/A(J)
```

```
      DO 10 J=1,N
      LIGN(1)=YMIN(J)
      DELTA = (YMAX(J)-YMIN(J))/10.0
      DO 1 I=2,11
    1 LIGN(I) = LIGN(I-1)+DELTA
      IF (A(J)-1.) 16,16,15
   15 WRITE (3,100) A(J),ICOD(J),LIGN
      GO TO 10
   16 WRITE (3,101) ICOD(J),LIGN
  100 FORMAT(1H0,4X,'X  Y/',F7.0,2X,A1,2X,11(F9.3,1X)/)
  101 FORMAT(1H0,4X,'X  Y ',7X,2X,A1,2X,11(F9.3,1X)/)
   10 CONTINUE
      WRITE(3,102)
  102 FORMAT(1H0,26X,1H+,10(10H---------+))
  104 FORMAT(1H+,26X,'+',10('---------+'))
  105 FORMAT(1H ,5X,F16.5,5X,'+',10(9X,'I'))
      IBLA=64*2**24
      DO 5 I=2,NXX
      WRITE (3,105) X(I)
      IDIX=I/10
      DO 2 J=1,101
    2 IPOS(J)=IBLA
      DO50J=1,N
      IY1=(Y(J,I)-YMIN(J))/(YMAX(J)-YMIN(J))*100.0+0.5
      IPOS(IY1+1)=ICOD(J)
   50 WRITE(3,103) IPOS
  103 FORMAT(1H+,26X,101A1)
      IF(I-10*IDIX)5,4,5
    4 WRITE(3,104)
    5 CONTINUE

                          TRACE

      WRITE (3,106)
  106 FORMAT (1H1)
      RETURN
      END
```

```
I=  1.  R=      0.0    PR=0.0      COUT=        0.0    COUT MOYEN=       0.0
I=  2.  R=   1000.062  PR=0.01000  COUT=    20001.250  COUT MOYEN=   10000.625
I=  3.  R=   1000.000  PR=0.01000  COUT=    40001.250  COUT MOYEN=   13333.750
I=  4.  R=   1010.001  PR=0.01010  COUT=    60201.262  COUT MOYEN=   15050.312
I=  5.  R=   1020.001  PR=0.01020  COUT=    80601.250  COUT MOYEN=   16120.250
I=  6.  R=   3030.098  PR=0.03030  COUT=   141203.187  COUT MOYEN=   23533.863
I=  7.  R=   6040.297  PR=0.06040  COUT=   262009.125  COUT MOYEN=   37429.875
I=  8.  R=  87090.437  PR=0.10090  COUT=  1233818.000  COUT MOYEN=  154227.250
I=  9.  R=    201.000  PR=0.00201  COUT=  1237838.000  COUT MOYEN=  137537.500
I= 10.  R=   1932.187  PR=0.01162  COUT=  1268781.000  COUT MOYEN=  126878.062
I= 11.  R=   1924.760  PR=0.01155  COUT=  1299577.000  COUT MOYEN=  118143.312
I= 12.  R=   1983.582  PR=0.01206  COUT=  1331471.000  COUT MOYEN=  110955.875
I= 13.  R=   2161.883  PR=0.01376  COUT=  1366855.000  COUT MOYEN=  105142.687
I= 14.  R=   5671.793  PR=0.03339  COUT=  1456959.000  COUT MOYEN=  104068.500
I= 15.  R=  10566.551  PR=0.05916  COUT=  1621779.000  COUT MOYEN=  108118.562
I= 16.  R=  75955.875  PR=0.08896  COUT=  2470299.000  COUT MOYEN=  154393.687
I= 17.  R=    552.437  PR=0.00398  COUT=  2479801.000  COUT MOYEN=  145870.625
I= 18.  R=   2799.625  PR=0.01312  COUT=  2520916.000  COUT MOYEN=  140050.875
I= 19.  R=   2785.898  PR=0.01304  COUT=  2561813.000  COUT MOYEN=  134832.250
I= 20.  R=   2924.270  PR=0.01397  COUT=  2605025.000  COUT MOYEN=  130251.250
I= 21.  R=   3359.125  PR=0.01694  COUT=  2655561.000  COUT MOYEN=  126455.250
I= 22.  R=   7937.812  PR=0.03571  COUT=  2770645.000  COUT MOYEN=  125938.375
```

```
I=  23.  R=  13885.570  PR=0.05749  COUT=  2966994.000  COUT MOYEN=  128999.687
I=  24.  R=  66368.562  PR=0.07883  COUT=  3709506.000  COUT MOYEN=  154562.750
I=  25.  R=   1013.312  PR=0.00588  COUT=  3725518.000  COUT MOYEN=  149020.687
I=  26.  R=   3606.125  PR=0.01450  COUT=  3776083.000  COUT MOYEN=  145233.937
I=  27.  R=   3592.070  PR=0.01447  COUT=  3826474.000  COUT MOYEN=  141721.250
I=  28.  R=   3832.504  PR=0.01581  COUT=  3880607.000  COUT MOYEN=  138593.062
I=  29.  R=   4561.047  PR=0.01975  COUT=  3945962.000  COUT MOYEN=  136067.625
I=  30.  R=   9850.562  PR=0.03738  COUT=  4081853.000  COUT MOYEN=  136061.750
I=  31.  R=  16248.930  PR=0.05557  COUT=  4299911.000  COUT MOYEN=  138706.750
I=  32.  R=  58127.758  PR=0.07024  COUT=  4951429.000  COUT MOYEN=  154732.125
I=  33.  R=   1550.742  PR=0.00770  COUT=  4974640.000  COUT MOYEN=  150746.625
I=  34.  R=   4355.770  PR=0.01579  COUT=  5033988.000  COUT MOYEN=  148058.437
I=  35.  R=   4349.605  PR=0.01584  COUT=  5093321.000  COUT MOYEN=  145523.437
I=  36.  R=   4706.344  PR=0.01755  COUT=  5157937.000  COUT MOYEN=  143276.000
I=  37.  R=   5730.531  PR=0.02219  COUT=  5237427.000  COUT MOYEN=  141552.062
I=  38.  R=  11438.340  PR=0.03853  COUT=  5390345.000  COUT MOYEN=  141851.125
I=  39.  R=  17862.238  PR=0.05351  COUT=  5622472.000  COUT MOYEN=  144165.937
I=  40.  R=  51056.949  PR=0.06299  COUT=  6196028.000  COUT MOYEN=  154900.687

     PRIX CHANGEMENT =    3865652.00
     -----------------

     PRIX REPARATION =    2330376.00
     -----------------

     COUT TOTAL      =    6196028.00
     -----------------
```

PROGRAMME DE TRANSPORT

```
C       TRANSPORT
C       RECHERCHE D,UNE SOLUTION DE BASE PAR LA METHODE DE BALAS-HAMMER
        COMMON NN,N,P
        COMMON A(30,30),B(30),C(30,30),D(30),DIF(30),DIFF(30),CC(30,30)
       1,BB(30),DD(30),JM(30),IM(30),CCC(30),CF(30),BF(30),DF(30)
        INTEGER A,B,C,D,DIF,DIFF,CC,BB,DD,CCC,P,TOT,TTOT
        READ(1,200)N,P
  200   FORMAT(2I4)
        IPM1=P-1
        SSOM=0
        DO 201 I=1,N
        READ(1,202)(CF(J),J=1,IPM1)
  202   FORMAT(7F10.4)
        READ(1,202)DF(I)
        DO 1000 J=1,IPM1
 1000   C(I,J)=10.*(CF(J)+0.05)
        D(I)=10.*(DF(I)+0.05)
        SSOM=SSOM+D(I)
  201   C(I,P)=999998
        READ(1,1001)(BF(J),J=1,IPM1)
 1001   FORMAT(F10.4)
        TSOM=0.0
        DO 1002 J=1,IPM1
        B(J)=10.*(BF(J)+0.05)
 1002   TSOM=TSOM+B(J)
        B(P)=SSOM-TSOM
        DO 603 I=1,N
        DO 603 J=1,P
        CC(I,J)=C(I,J)
        BB(J)=B(J)
        DD(I)=D(I)
  603   A(I,J)=0
        MAX=999999
  599   DO 604 I=1,N
        DO 605 J=1,P
  605   CCC(J)=CC(I,J)
        NN=P
        CALL MIN(CCC,MX,IMX)
        JM(I)=IMX
        CCC(IMX)=MAX
        CALL MIN(CCC,MY,IMX)
  604   DIF(I)=MX-MY
        NN=N
        CALL MIN(DIF,MDIF,IMM)
        DO 606 J=1,P
        DO 607 I=1,N
```

```
607 CCC(I)=CC(I,J)
    CALL MIN(CCC,MX,IMX)
    IM(J)=IMX
    CCC(IMX)=MAX
    CALL MIN(CCC,MY,IMX)
606 DIFF(J)=MX-MY
    NN=P
    CALL MIN(DIFF,MDIFF,JMM)
    IF(MDIF-MDIFF)609,609,608
609 L=IMM
    M=JM(IMM)
    GO TO 610
608 L=IM(JMM)
    M=JMM
610 IF(DD(L)-BB(M))612,611,611
611 A(L,M)=BB(M)
    DD(L  )=DD(L   )-BB(M)
    BB(M)=0
    DO 613 I=1,N
613 CC(I,M)=MAX
    GO TO 615
612 A(L,M)=DD(L)
    BB(  M)=BB(  M)-DD(L)
    DD(L)=0
    DO 614 J=1,P
614 CC(L,J)=MAX
615 TOT=0
    TTOT=0
    DO 616 I=1,N
616 TOT=TOT+DD(I)
    DO 617 J=1,P
617 TTOT=TTOT+BB(J)
    IF(TTOT-TOT)618,619,618
618 WRITE(3,620)
620 FORMAT(1H ,'DESEQUILIBRE')
    STOP
619 IF(TOT)621,622,623
621 WRITE(3,624)
624 FORMAT(1H ,'TOTAL NEGATIF')
    STOP
622 WRITE(3,625)
625 FORMAT(1H ,'MATRICE DE BALAS-HAMMER')
    DO 626 I=1,N
626 WRITE(3,214)(A(I,J),J=1,P),D(I)
214 FORMAT(1H ,16(I6,1X))
    WRITE(3,214)(B(J),J=1,P)
    CALL STEP
    STOP
623 GO TO 599
    END
```

```
      SUBROUTINE MIN(X,MX,IMX)
      DIMENSION X(30)
      INTEGER X
      COMMON NN
      MX=X(1)
      IMX=1
      DO 2 I=1,NN
      IF(MX-X(I))2,3,3
    3 MX=X(I)
      IMX=I
    2 CONTINUE
      RETURN
      END
```

```
C     STEPPING- STONE
      SUBROUTINE STEP
      COMMON NN,N,P
      COMMON A(30,30),B(30),C(30,30),D(30),LIG(  2,30),COL(  2,30),DELTA
     1(30,30)
      INTEGER A,B,C,D,STEP,TAB,LIG,COL,P,DELTA,COUT,DISP,BES,N
      IAB=1
      WRITE(3,3000)
 3000 FORMAT(1H ,'MATRICE DES COUTS')
      DO 3001 I=1,N
 3001 WRITE(3,214)(C(I,J),J=1,P)
      DO 100 I=1,N
      DISP=0
      DO 110J=1,P
  110 DISP=DISP+A(I,J)
      DD=D(I)
      IF(DISP-DD)120,100,120
  100 CONTINUE
      GO TO 300
  120 WRITE(3,204)I
  204 FORMAT(1H ,'ERREUR A LA LIGNE ',I2)
      STOP
  300 DO 130J=1,P
      BES=0
      DO 140I=1,N
  140 BES=BES+A(I,J)
      BB=B(J)
      IF(BES-BB)150,130,150
  130 CONTINUE
      GO TO 301
  150 WRITE(3,205)J
  205 FORMAT(1H ,'ERREUR A LA COLONNE ',I2)
      STOP
  301 STEP=0
    4 STEP=STEP+1
```

```
1011 I=0
     MDELTA=0
  15 I=I+1
     IF(N+1-I)26,6,16
  16 J=0
   5 J=J+1
     IF(P+1-J)26,15,17
  17 IF(A(I,J))19,20,555
 555 DELTA(I,J)=0
     GO TO 5
  19 WRITE(3,207)I,J
 207 FORMAT(1H ,'A(',I2,1X,I2,')NEGATIF')
     STOP
  20 TAB=     1
     ITER=1
     LIG(TAB,ITER)=I
     COL(TAB,ITER)=J
   1 M=0
   2 M=M+1
     IF(P+1-M)26,21,22
  21 IF(ITER-1)26,997,813
 813 M=COL(TAB,ITER)
     L=LIG(TAB,ITER)
     GO TO 8
 997 WRITE(3,208)
 208 FORMAT(1H ,'DEGENERESCENCE,VOIR DANTZIG P307')
     STOP
  22 IF(M-J)23,902,23
 902 IF(ITER-1)900,2,900
  23 K=1
   3 K=K+1
     IF(ITER+1-K)26,900,901
 901 IF(COL(TAB,K)-M)3,2,3
 900 L=LIG(TAB,ITER)
     IF(A(L,M))19,2,904
 904 ITER=ITER+1
     COL(TAB,ITER)=M
     IF(M-J)905,34,905
 905 L=0
   8 L=L+1
     IF(N+1-L)26,907,906
  26 WRITE(3,209)
 209 FORMAT(1H ,'ERREUR LOGIQUE')
     STOP
 907 M=COL(TAB,ITER)
     ITER=ITER-1
     GO TO 2
 906 K=0
 908 K=K+1
     IF(K-ITER)910,909,26
 910 IF(LIG(TAB,K)-L)908,8,908
 909 IF(A(L,M))19,8,911
```

```
 911 LIG(TAB,ITER)=L
     GO TO 1
  34 ITERM=ITER
     DELTA(I,J)=0
     ITER=0
  10 ITER=ITER+1
     IF(ITER-ITERM)35,36,26
  35 II=LIG(TAB,ITER)
     JJ=COL(TAB,ITER)
     ITERS=ITER+1
     JJJ=COL(TAB,ITERS)
     DELTA(I,J)=DELTA(I,J)+C(II,JJ)-C(II,JJJ)
     GO TO 10
  36 IF(DELTA(I,J)-MDELTA)39,39,5
  39 MDELTA=DELTA(I,J)
     IAB=2
     ITERP=ITERM
     DO 8000 KK=1,ITERM
8000 COL(2,KK)=COL(1,KK)
     ITERN=ITERM-1
     DO 8001 KK=1,ITERN
8001 LIG(2,KK)=LIG(1,KK)
     GO TO 5
   6 IF(MDELTA)41,98,98
  41 ITER=1
     ITERM=ITERP
     II=LIG(IAB,ITER)
     ITERS=ITER+1
     JJJ=COL(IAB,ITERS)
     MIN=A(II,JJJ)
  11 ITER=ITER+1
     ITERS=ITER+1
     JJJ=COL(IAB,ITERS)
     II=LIG(IAB,ITER)
     IF(ITER-ITERM)42,7,26
  42 IF(A(II,JJJ)-MIN       )43,11,11
  43 MIN=A(II,JJJ)
     GO TO 11
   7 ITER=0
  12 ITER=ITER+1
     ITERS=ITER+1
     II=LIG(IAB,ITER)
     JJJ=COL(IAB,ITERS)
     JJ=COL(IAB,ITER)
     IF(ITER-ITERM)44,45,26
  44 A(II,JJ)=A(II,JJ)+MIN
     A(II,JJJ)=A(II,JJJ)-MIN
     GO TO 12
  45 IC=0
     COUT=0
  13 IC=IC+1
     IF(N+1-IC)26,46,47
```

```
   46 WRITE(3,210)STEP,COUT
  210 FORMAT(1H ,'STEP',I4,'  COUT ',I8)
      GO TO 4
   47 JC=1
   14 IF(P  -JC)26,48,49
   49 COUT=COUT+C(IC,JC)*A(IC,JC)
      JC=JC+1
      GO TO 14
   48 GO TO 13
   50 WRITE(3,204)IC
      STOP
   98 WRITE(3,210)STEP,COUT
      WRITE(3,212)
  212 FORMAT(1HO,'MATRICE FINALE')
      WRITE(3,6007)
 6007 FORMAT(1H ,'(COUTS MARGINAUX)')
      DO 213 I=1,N
      WRITE(3,214)(A(I,J),J=1,P),D(I)
  213 WRITE(3,6002)(DELTA(I,J),J=1,P)
 6002 FORMAT(1H ,16('(',I4,')',1X))
      WRITE(3,214)(B(J),J=1,P)
  214 FORMAT(1H ,16(I6,1X))
      RETURN
      END
```

RENOUVELLEMENT DES EQUIPEMENTS
(pour 200 périodes)

```
         REAL N1, N(100), P(100), Q(100)
         PRINT 120
         READ  100, L, M, N1
         PRINT 100, L, M, N1
         READ  110, (P(I), I=1, L)
         PRINT 110, (P(I), I=1, L)
         DO 10 I=1, L
         Q(I)=1.-P(I)
    10   N(I)=0.
         K=0
         N(1)=N1
    15   N1=0.
         DO 20 I=1, L
    20   N1=N1+N(I)*P(I)
         DO 30 I=2, L
         J=L+2-I
    30   N(J)=N(J-1)*Q(J-1)
         N(1)=N1
         PRINT 200, K, (N(I), I=1, L)
         K=K+1
         IF(K.LE.M) GOTO 15
   100   FORMAT(2I3,1X, F7.2)
   110   FORMAT(10(F5.3,1X))
   120   FORMAT( 'DEBUT')
   200   FORMAT(I4, 14F9.2)
         STOP
         END
```

ANNEXES

TABLE 1

Extrait d'une TABLE DE NOMBRES AU HASARD

1...	58528	25947	18432	88269	35594	1...	25926	48380	49923	31983	74624
2...	34991	78221	66561	51956	59781	2...	86892	17698	61847	85155	39163
3...	64136	38849	31324	89508	41405	3...	42503	60553	86473	27646	48573
4...	17239	83754	49499	85411	83903	4...	65999	38124	21054	87250	38553
5...	75524	55817	17965	29326	49490	5...	44838	82461	55374	69121	63591
6...	12260	36680	80563	97974	22849	6...	93278	98807	54791	92748	19760
7...	82115	97565	78066	78315	58114	7...	03852	93528	54885	94810	38134
8...	43251	69162	42981	94583	12673	8...	82963	18185	65932	35950	32515
9...	50287	64770	51179	83547	43579	9...	00841	89328	86004	97791	94236
10...	48575	53461	37733	73054	88315	10...	73574	03521	34543	26234	66403

TABLE 2

Valeurs de la fonction de répartition normale (loi de Laplace-Gauss)

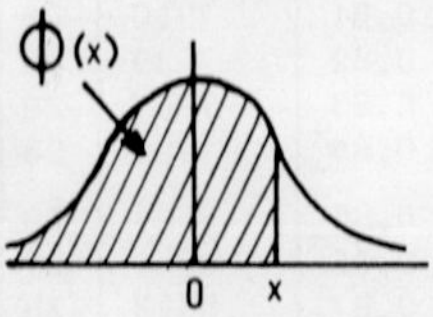

$$\Phi(x) = \frac{1}{\sqrt{2\pi}} \int_{-\infty}^{x} e^{-\frac{1}{2}t^2} dt$$

Probabilité d'une valeur inférieure à x

x	Φ(x)	Δ	x	Φ(x)	Δ	x	Φ(x)	Δ	x	Φ(x)	
-0,00	0,5000	40	-0,30	0,3821	38	-0,60	0,2743	34	-0,90	0,1841	27
-0,01	4960	40	-0,31	3783	38	-0,61	2709	33	-0,91	1814	26
-0,02	4920	40	-0,32	3745	38	-0,62	2676	33	-0,92	1788	26
-0,03	4880	40	-0,33	3707	38	-0,63	2643	32	-0,93	1762	26
-0,04	4840	39	-0,34	3669	37	-0,64	2611	33	-0,94	1736	25
-0,05	4801	40	-0,35	3632	38	-0,65	2578	32	-0,95	1711	26
-0,06	4761	40	-0,36	3594	37	-0,66	2546	32	-0,96	1685	25
-0,07	4721	40	-0,37	3557	37	-0,67	2514	31	-0,97	1660	25
-0,08	4681	40	-0,38	3520	37	-0,68	2483	32	-0,98	1635	24
-0,09	4641	39	-0,39	3483	37	-0,69	2451	31	-0,99	1611	24
-0,10	0,4602	40	-0,40	0,3446	37	-0,70	0,2420	31	-1,00	0,1587	24
-0,11	4562	40	-0,41	3409	37	-0,71	2389	31	-1,01	1563	24
-0,12	4522	39	-0,42	3372	36	-0,72	2358	31	-1,02	1539	24
-0,13	4483	40	-0,43	3336	36	-0,73	2327	30	-1,03	1515	23
-0,14	4443	39	-0,44	3300	36	-0,74	2297	31	-1,04	1492	23
-0,15	4404	40	-0,45	3264	36	-0,75	2266	30	-1,05	1469	23
-0,16	4364	39	-0,46	3228	36	-0,76	2236	30	-1,06	1446	23
-0,17	4325	39	-0,47	3192	36	-0,77	2206	29	-1,07	1423	22
-0,18	4286	39	-0,48	3156	35	-0,78	2177	29	-1,08	1401	22
-0,19	4247	40	-0,49	3121	36	-0,79	2148	29	-1,09	1379	22
-0,20	0,4207	39	-0,50	0,3085	35	-0,80	0,2119	29	-1,10	0,1357	22
-0,21	4168	39	-0,51	3050	35	-0,81	2090	29	-1,11	1335	21
-0,22	4129	39	-0,52	3015	34	-0,82	2061	28	-1,12	1314	22
-0,23	4090	38	-0,53	2981	35	-0,83	2033	28	-1,13	1291	21
-0,24	4052	39	-0,54	2946	34	-0,84	2005	28	-1,14	1271	20
-0,25	4013	39	-0,55	2912	35	-0,85	1977	28	-1,15	1251	21
-0,26	3974	38	-0,56	2877	34	-0,86	1949	27	-1,16	1230	21
-0,27	3936	39	-0,57	2843	33	-0,87	1922	28	-1,17	1210	20
-0,28	3897	38	-0,58	2810	34	-0,88	1894	27	-1,18	1190	20
-0,29	3859	38	-0,59	2776	33	-0,89	1867	26	-1,19	1170	19

Suite table 2

x	Φ(x)	Δ	x	Φ(x)	Δ	x	Φ(x)	Δ	x	Φ(x)	Δ
-1,20	0,1151	20	-1,75	0401	9	0,10	0,5398	40	0,65	7422	32
-1,21	1131	19	-1,76	0392	8	0,11	5438	40	0,66	7454	32
-1,22	1112	19	-1,77	0384	9	0,12	5478	39	0,67	7486	31
-1,23	1093	18	-1,78	0375	8	0,13	5517	40	0,68	7517	32
-1,24	1075	19	-1,79	0367	8	0,14	5557	39	0,69	7549	31
-1,25	1056	18	-1,80	0,0359	8	0,15	5596	40	0,70	0,7580	31
-1,26	1038	18	-1,81	0351	7	0,16	5636	39	0,71	7611	31
-1,27	1020	17	-1,82	0344	8	0,17	5675	39	0,72	7642	31
-1,28	1003	18	-1,83	0336	7	0,18	5714	39	0,73	7673	30
-1,29	0985	17	-1,84	0329	7	0,19	5753	40	0,74	7703	31
-1,30	0,0968	17	-1,85	0322	8	0,20	0,5793	39	0,75	7734	30
-1,31	0951	17	-1,86	0314	7	0,21	5832	39	0,76	7764	30
-1,32	0934	16	-1,87	0307	6	0,22	5871	39	0,77	7794	29
-1,33	0918	17	-1,88	0301	7	0,23	5910	38	0,78	7823	29
-1,34	0901	16	-1,89	0294	6	0,24	5948	39	0,79	7852	29
-1,35	0885	16	-1,90	0,0288	7	0,25	5987	39	0,80	0,7881	29
-1,36	0869	16	-1,91	0281	7	0,26	6026	38	0,81	7910	29
-1,37	0853	15	-1,92	0274	6	0,27	6064	39	0,82	7939	28
-1,38	0838	15	-1,93	0268	6	0,28	6103	38	0,83	7967	28
-1,39	9823	15	-1,94	0262	6	0,29	6141	38	0,84	7995	28
-1,40	0,0808	15	-1,95	0256	6	0,30	0,6179	38	0,85	8023	28
-1,41	0793	15	-1,96	0250	6	0,31	6217	38	0,86	8051	27
-1,42	0778	14	-1,97	0244	5	0,32	6255	38	0,87	8078	28
-1,43	0764	15	-1,98	0239	6	0,33	6293	38	0,88	8106	27
-1,44	0749	14	-1,99	0233	5	0,34	6331	37	0,89	8133	26
-1,45	0735	14	-2,00	0,0228	49	0,35	0,6368	38	0,90	0,8159	27
-1,46	0721	13	-2,10	0179	40	0,36	6406	37	0,91	8186	26
-1,47	0708	14	-2,20	0139	32	0,37	6443	37	0,92	8212	26
-1,48	0694	13	-2,30	0107	25	0,38	6480	37	0,93	8238	26
-1,49	0681	13	-2,40	0082	20	0,39	6517	37	0,94	8264	25
-1,50	0,0668	13	-2,50	0062	15	0,40	0,6554	37	0,95	8289	26
-1,51	0655	12	-2,60	0047	12	0,41	6591	37	0,96	8315	25
-1,52	0643	13	-2,70	0035	9	0,42	6628	36	0,97	8340	25
-1,53	0630	12	-2,80	0026	7	0,43	6664	36	0,98	8365	24
-1,54	0618	12	-2,90	0019	5	0,44	6700	36	0,99	8389	24
-1,55	0606	12	-3,00	0,0014	4	0,45	6736	36	1,00	0,8413	24
-1,56	0594	12	-3,10	0010	3	0,46	6772	36	1,01	8437	24
-1,57	0582	11	-3,20	0007	2	0,47	6808	36	1,02	8461	24
-1,58	0571	12	-3,30	0005	2	0,48	6844	35	1,03	8485	23
-1,59	0559	11	-3,40	0003	1	0,49	6879	36	1,04	8508	23
-1,60	0,0548	11	-3,50	0002	0	0,50	0,6915	35	1,05	8531	23
-1,61	0537	11	-3,60	0002	1	0,51	6950	35	1,06	8554	23
-1,62	0526	10	-3,70	0001	0	0,52	6985	34	1,07	8577	22
-1,63	0516	11	-3,80	0001	1	0,53	7019	35	1,08	8599	22
-1,64	0505	10	-3,90	0000		0,54	7054	34	1,09	8621	22
-1,65	0,0495	10	0,00	0,5000	40	0,55	7088	35	1,10	0,8643	22
-1,66	0485	10	0,01	5040	40	0,56	7123	34	1,11	8665	21
-1,67	0475	10	0,02	5080	40	0,57	7157	33	1,12	8686	22
-1,68	0465	10	0,03	5120	40	0,58	7190	34	1,13	8708	21
-1,69	0455	9	0,04	5160	39	0,59	7224	33	1,14	8729	20
-1,70	0,0446	10	0,05	5199	40	0,60	0,7257	34	1,15	0,8749	21
-1,71	0436	9	0,06	5239	40	0,61	7291	33	1,16	8770	20
-1,72	0427	9	0,07	5279	40	0,62	7324	33	1,17	8790	20
-1,73	0418	9	0,08	5319	40	0,63	7357	32	1,18	8810	20
-1,74	0409	8	0,09	5359	39	0,64	7389	33	1,19	8830	19

Suite table 2

x	Φ(x)	Δ	x	Φ(x)	Δ	x	Φ(x)	Δ	x	Φ(x)	Δ
1,20	0,8849	20	1,45	9265	14	1,70	0,9554	10	1,95	9744	6
1,21	8869	19	1,46	9279	13	1,71	9564	9	1,96	9750	6
1,22	8888	19	1,47	9292	14	1,72	9573	9	1,97	9756	5
1,23	8907	18	1,48	9306	13	1,73	9582	9	1,98	9761	6
1,24	8925	19	1,49	9319	13	1,74	9591	8	1,99	9767	5
1,25	8944	18	1,50	0,9332	13	1,75	9599	9	2,00	0,9772	49
1,26	8962	18	1,51	9345	12	1,76	9608	8	2,10	9821	40
1,27	8980	17	1,52	9357	13	1,77	9616	9	2,20	9861	32
1,28	8997	18	1,53	9370	12	1,78	9625	8	2,30	9893	25
1,29	9015	17	1,54	9382	12	1,79	9633	8	2,40	9918	20
1,30	0,9032	17	1,55	9394	12	1,80	0,9641	8	2,50	9938	15
1,31	9049	17	1,56	9406	12	1,81	9649	7	2,60	9953	12
1,32	9066	16	1,57	9418	11	1,82	9656	8	2,70	9965	9
1,33	9082	17	1,58	9429	12	1,83	9664	7	2,80	9974	7
1,34	9099	16	1,59	9441	11	1,84	9671	7	2,90	9981	5
1,35	9115	16	1,60	0,9452	11	1,85	0,9678	8	3,00	0,9986	4
1,36	9131	16	1,61	9463	11	1,86	9686	7	3,10	9990	3
1,37	9147	15	1,62	9474	00	1,87	9693	6	3,20	9993	2
1,38	9162	15	1,63	9484	11	1,88	9699	7	3,30	9995	2
1,39	9177	15	1,64	9495	10	1,89	9706	7	3,40	9997	1
1,40	0,9192	15	1,65	9505	10	1,90	0,9713	6	3,50	9998	0
1,41	9207	15	1,66	9515	10	1,91	9719	7	3,60	9998	1
1,42	9222	14	1,67	9525	10	1,92	9726	6	3,70	9999	0
1,43	9236	15	1,68	9535	10	1,93	9732	6	3,80	9999	1
1,44	9251	14	1,69	9545	9	1,94	9738	6	3,90	1,0000	

TABLE 3

Valeurs de $P_m = \frac{a^m}{m!} e^{-a}$ (répartition de Poisson)

m	a=0,1	a=0,2	a=0,3	a=0,4	a=0,05	a=0,6	a=0,7	a=0,8	a=0,9
0	0,9048	0,8187	0,7408	0,6703	0,6065	0,5488	0,4966	0,4493	0,4066
1	0,0905	0,1638	0,2222	0,2681	0,3033	0,3293	0,3476	0,3595	0,3659
2	0,0045	0,0164	0,0333	0,0536	0,0758	0,0988	0,1217	0,1438	0,1647
3	0,0002	0,0019	0,0033	0,0072	0,0126	0,0198	0,0284	0,0383	0,0494
4		0,0001	0,0002	0,0007	0,0016	0,0030	0,0050	0,0077	0,0111
5				0,0001	0,0002	0,0004	0,0007	0,0012	0,0020
6							0,0001	0,0002	0,0003

(suite p. 462)

Suite table 3

m	a=1	a=2	a=3	a=4	a=5	a=6	a=7	a=8	a=9	a=10
0	0,3679	0,1353	0,0498	0,0183	0,0067	0,0025	0,0009	0,0003	0,0001	0,0000
1	0,3679	0,2707	0,1494	0,0733	0,0337	0,0149	0,0064	0,0027	0,0011	0,0005
2	0,1839	0,2707	0,2240	0,1465	0,0842	0,0446	0,0223	0,0107	0,0050	0,0023
3	0,0613	0,1804	0,2240	0,1954	0,1404	0,0892	0,0521	0,0286	0,0150	0,0076
4	0,0153	0,0902	0,1680	0,1954	0,1755	0,1339	0,0912	0,0572	0,0337	0,0189
5	0,0031	0,0361	0,1008	0,1563	0,1755	0,1606	0,1277	0,0916	0,0607	0,0378
6	0,0005	0,0120	0,0504	0,1042	0,1462	0,1606	0,1490	0,1221	0,0911	0,0631
7	0,0001	0,0037	0,0216	0,0595	0,1044	0,1377	0,1490	0,1396	0,1171	0,0901
8		0,0009	0,0081	0,0298	0,0653	0,1033	0,1304	0,1396	0,1318	0,1126
9		0,0002	0,0027	0,0132	0,0363	0,0688	0,1014	0,1241	0,1318	0,1251
10			0,0008	0,0053	0,0181	0,0413	0,0710	0,0993	0,1186	0,1251
11			0,0002	0,0019	0,0082	0,0225	0,0452	0,0722	0,0970	0,1137
12			0,0001	0,0006	0,0034	0,0126	0,0263	0,0481	0,0728	0,0948
13				0,0002	0,0013	0,0052	0,0142	0,0296	0,0504	0,0729
14				0,0001	0,0005	0,0022	0,0071	0,0169	0,0324	0,0521
15					0,0002	0,0009	0,0033	0,0090	0,0194	0,0347
16						0,0003	0,0014	0,0045	0,0109	0,0217
17						0,0001	0,0006	0,0021	0,0058	0,0128
18							0,0002	0,0009	0,0029	0,0071
19							0,0001	0,0004	0,0014	0,0037
20								0,0002	0,0006	0,0019
21								0,0001	0,0003	0,0009
22									0,0001	0,0004
23										0,0002
24										0,0001

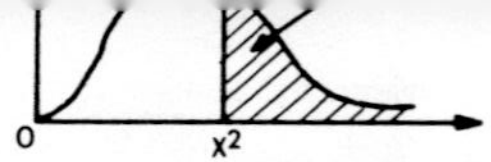

TABLE DE LA DISTRIBUTION DE χ^2 (Loi de K. Pearson)
Valeurs de χ^2 ayant la probabilité P d'être dépassées

ν \ P	0,99	0,98	0,95	0,90	0,80	0,70	0,50	0,30	0,20	0,10	0,05	0,02	0,01	0,001	P / ν
1	0,000	0,001	0,004	0,016	0,064	0,148	0,455	1,074	1,642	2,71	3,84	5,41	6,64	10,83	1
2	0,020	0,040	0,103	0,211	0,446	0,713	1,386	2,41	3,22	4,60	5,99	7,82	9,31	13,82	2
3	0,115	0,185	0,352	0,584	1,005	1,424	2,37	3,66	4,64	6,25	7,82	9,84	11,34	16,27	3
4	0,297	0,429	0,711	1,064	1,649	2,20	3,36	4,88	5,99	7,78	9,49	11,67	13,28	18,46	4
5	0,554	0,752	1,145	1,610	2,34	3,00	4,35	6,06	7,29	9,24	11,07	13,39	15,09	20,5	5
6	0,872	1,134	1,635	2,20	3,07	3,83	5,35	7,23	8,56	10,64	12,59	15,03	16,81	22,5	6
7	1,239	1,564	2,17	2,83	3,82	4,67	6,35	8,38	9,80	12,02	14,07	16,62	18,48	24,3	7
8	1,646	2,03	2,73	3,49	4,59	5,53	7,34	9,52	11,03	13,36	15,51	18,17	20,1	26,1	8
9	2,09	2,53	3,32	4,17	5,38	6,39	8,34	10,66	12,24	14,68	16,92	19,68	21,7	27,9	9
10	2,56	3,06	3,94	4,86	6,18	7,27	9,34	11,78	13,44	15,99	18,31	21,2	23,2	29,6	10
11	3,05	3,61	4,58	5,58	6,99	8,15	10,34	12,90	14,63	17,28	19,68	22,6	24,7	31,3	11
12	3,57	4,18	5,23	6,30	7,81	9,03	11,34	14,01	15,81	18,55	21,0	24,1	26,2	32,9	12
13	4,11	4,76	5,89	7,04	8,63	9,93	12,34	15,12	16,98	19,81	22,4	25,5	27,7	34,6	13
14	4,66	5,37	6,57	7,79	9,47	10,82	13,34	16,22	18,15	21,1	23,7	26,9	29,1	36,1	14
15	5,23	5,98	7,26	8,55	10,31	11,72	14,34	17,32	19,31	22,3	25,0	28,3	30,6	37,7	15
16	5,81	6,61	7,96	9,31	11,15	12,62	15,34	18,42	20,5	23,5	26,3	29,6	32,0	39,3	16
17	6,41	7,26	8,67	10,08	12,00	13,53	16,34	19,51	21,6	24,8	27,6	31,0	33,4	40,8	17
18	7,02	7,91	9,39	10,86	12,86	14,44	17,34	20,6	22,8	26,0	28,9	32,3	34,8	42,3	18
19	7,63	8,57	10,11	11,65	13,72	15,35	18,34	21,7	23,9	27,2	30,1	33,7	36,2	43,8	19
20	8,26	9,24	10,85	12,44	14,58	16,27	19,34	22,8	25,0	28,4	31,4	35,0	37,6	45,3	20
21	8,90	9,92	11,59	13,24	15,44	17,18	20,3	23,9	26,2	29,6	32,7	36,3	38,9	46,8	21
22	9,54	10,60	12,34	14,04	16,31	18,10	21,3	24,9	27,3	30,8	33,9	37,7	40,3	48,3	22
23	10,20	11,29	13,09	14,85	17,19	19,02	22,3	26,0	28,4	32,0	35,2	39,0	41,6	49,7	23
24	10,86	11,99	13,85	15,66	18,06	19,94	23,3	27,1	29,6	33,2	36,4	40,3	43,0	51,2	24
25	11,52	12,70	14,61	16,47	18,94	20,9	24,3	28,2	30,7	34,4	37,7	41,7	44,3	52,6	25
26	12,20	13,41	15,38	17,29	19,82	21,8	25,3	29,2	31,8	35,6	38,9	42,9	45,6	54,1	26
27	12,88	14,12	16,15	18,11	20,7	22,7	26,3	30,3	32,9	36,7	40,1	44,1	47,0	55,5	27
28	13,56	14,85	16,93	18,94	21,6	23,6	27,3	31,4	34,0	37,9	41,3	45,4	48,3	56,9	28
29	14,26	15,57	17,11	19,77	22,5	24,6	28,3	32,5	35,1	39,1	42,6	46,7	49,6	58,3	29
30	14,95	16,31	18,49	20,6	23,4	25,5	29,3	33,5	36,2	40,3	43,8	48,0	50,9	59,7	30

ν est le nombre de degrés de liberté. Pour $\nu > 30$, on admet que $\sqrt{2\chi^2} - \sqrt{2\nu-1}$ est normalement distribué (moyenne nulle, écart-type unité).

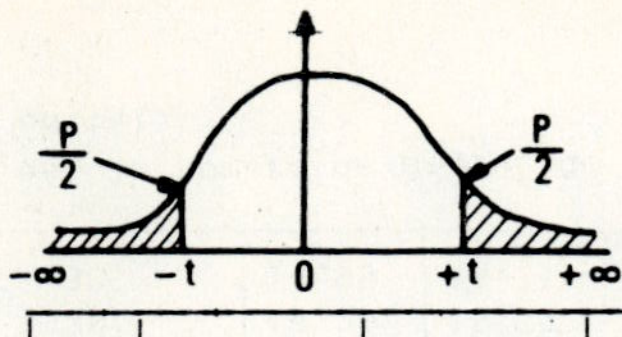

TABLE 5

TABLE DE DISTRIBUTION DE (LOI DE STUDENT-FISHER)

Valeur de **t** *ayant la probabilité* **P** *d'être dépassée en module*

n	P=0,90	0,80	0,70	0,60	0,50	0,40	0,30	0,20	0,10	0,05	0,02	0,01
1	0,158	0,325	0,510	0,727	1,000	1,376	1,963	3,078	6,314	12,706	31,821	63,657
2	0,142	0,289	0,445	0,617	0,816	1,061	1,386	1,886	2,920	4,303	6,965	9,925
3	0,137	0,277	0,424	0,584	0,765	0,978	1,250	1,638	2,353	3,182	4,541	5,841
4	0,134	0,271	0,414	0,569	0,741	0,941	1,190	1,533	2,132	2,776	3,747	4,604
5	0,132	0,267	0,408	0,559	0,727	0,920	1,156	1,476	2,015	2,571	3,365	4,032
6	0,131	0,265	0,404	0,553	0,718	0,906	1,134	1,440	1,943	2,447	3,143	3,707
7	0,130	0,263	0,402	0,549	0,711	0,896	1,119	1,415	1,895	2,365	2,998	3,499
8	0,130	0,262	0,399	0,546	0,706	0,889	1,108	1,397	1,860	2,306	2,896	3,355
9	0,129	0,261	0,398	0,543	0,703	0,883	1,100	1,383	1,833	2,262	2,821	3,250
10	0,129	0,260	0,397	0,542	0,700	0,879	1,093	1,372	1,812	2,228	2,764	3,169
11	0,129	0,260	0,396	0,540	0,697	0,876	1,088	1,363	1,796	2,201	2,718	3,106
12	0,128	0,259	0,395	0,539	0,695	0,873	1,083	1,356	1,782	2,179	2,681	3,055
13	0,128	0,259	0,394	0,538	0,694	0,870	1,079	1,350	1,771	2,160	2,650	3,012
14	0,128	0,258	0,393	0,537	0,692	0,868	1,076	1,345	1,761	2,145	2,624	2,977
15	0,128	0,258	0,393	0,536	0,691	0,866	1,074	1,341	1,753	2,131	2,602	2,947
16	0,128	0,258	0,392	0,535	0,690	0,865	1,071	1,337	1,746	2,120	2,583	2,921
17	0,128	0,257	0,392	0,534	0,689	0,863	1,069	1,333	1,740	2,110	2,567	2,898
18	0,127	0,257	0,392	0,534	0,688	0,862	1,067	1,330	1,734	2,101	2,552	2,878
19	0,127	0,257	0,391	0,533	0,688	0,861	1,066	1,328	1,729	2,093	2,539	2,861
20	0,127	0,257	0,391	0,533	0,687	0,860	1,064	1,325	1,725	2,086	2,528	2,845
21	0,127	0,257	0,391	0,532	0,686	0,859	1,063	1,323	1,721	2,080	2,518	2,831
22	0,127	0,256	0,390	0,532	0,686	0,858	1,061	1,321	1,717	2,074	2,508	2,819
23	0,127	0,256	0,390	0,532	0,685	0,858	1,060	1,319	1,714	2,069	2,500	2,807
24	0,127	0,256	0,390	0,531	0,685	0,857	1,059	1,318	1,711	2,064	2,492	2,797
25	0,127	0,256	0,390	0,531	0,684	0,856	1,058	1,316	1,708	2,060	2,485	2,787
26	0,127	0,256	0,390	0,531	0,684	0,856	1,058	1,315	1,706	2,056	2,479	2,779
27	0,127	0,256	0,389	0,531	0,684	0,855	1,057	1,314	1,703	2,052	2,473	2,771
28	0,127	0,256	0,389	0,530	0,683	0,855	1,056	1,313	1,701	2,048	2,467	2,763
29	0,127	0,256	0,389	0,530	0,683	0,854	1,055	1,311	1,699	2,045	2,462	2,756
30	0,127	0,256	0,389	0,530	0,683	0,854	1,055	1,310	1,697	2,042	2,457	2,750
	0,12566	0,25335	0,38532	0,52440	0,67449	0,84162	1,03643	1,28155	1,64485	1,95996	2,32634	2,57582

N.B. n est le nombre de degrés de liberté

BIBLIOGRAPHIE SOMMAIRE
(de langue française)

ABADIE J. - *Optimisation* (2 fascicules), Institut de programmation, Un. de Paris VI , 4, place Jussieu Paris 5e.

ARSAC J., LENTIN A., NIVAT M., NOLIN. - *Algol, théorie et pratique*, Paris, Gauthier-Villars, 1966.

BENAYOUN R. - *La pratique de l'optimisation dans l'entreprise*, Paris, P.U.F., 1974.

BERGE C. - *Théorie des graphes et applications*, Paris, Dunod, 1958.

BERGE C. - *Graphes et hypergraphes*, Paris, Dunod, 1970.

BROISE P. - *Le langage Algol - Application à des problèmes de R.O.*, Paris, Dunod,1965.

CARVALLO J. - *Algèbre de Boole*, Paris, Gauthier-Villars, 1963.

CULLMANN G. - *Recherche opérationnelle*, Paris, Masson, 1970.

DESBAZEILLE G. - *Exercices et problèmes*de recherche opérationnelle*, 2e éd. nouveau tirage, Paris, Dunod, 1976.

FAURE R., BOSS J.P., LE GARFF A. - *La recherche opérationnelle*, Que sais-je ? n° 941 (4e édition), Paris, P.U.F. 1974.

FAURE R., DENIS-PAPIN M., KAUFMANN A. - *Cours de calcul booléien appliqué*, 2e édition, Paris, Albin Michel, 1970.

FAURE R. - *Méthodes de Simulation*, Paris, Informations scientifiques Bull, 1962 (épuisé).

FAURE R. - *Recherche opérationnelle* (Cours professé à la section "informatique" 2e édition), Ecole Supérieure d'électricité, Plateau du Moulon 91190 Gif-s.Yvette, 1970.

FAURE R. - *La programmation linéaire appliquée*.Que sais-je? n°1776,Paris, P.U.F., 1979.

FERRIER J. - *La gestion scientifique des stocks*, Paris, Dunod, 1962.

FORTET R., ABADIE J, BERNADAT J. et autres - *Mathématiques des programmes économiques*, Paris, Dunod, 1976.

HAMMER P., RUDEANU S. - *Méthodes booléennes en recherche opérationnelle*, Paris, Dunod, 1970.

HENRY-LABORDERE A., GROJNOWSKI M., *Recherche opérationnelle (exercices et problèmes avancés)*, Paris, Masson, 1976.

KAUFMANN A., FAURE R. - *Invitation à la recherche opérationnelle* (2e édition, nouveau tirage) Paris, Dunod, 1976.

* La majeure partie des exercices et problèmes réunis par G. Desbazeille a été proposée par l'auteur du présent ouvrage à ses élèves de l'Ecole des Mines de Paris (60-72).

KAUFMANN A., FAURE R., LE GARFF A. - *Les jeux d'entreprise,* Que sais-je ? n° 892 (4e édition), Paris, P.U.F. 1976.

KAUFMANN A.(intr.A-BRUNET A.) - *Méthodes et modèles de la recherche opérationnelle,* tomes I et II, Paris Dunod, 1962 et 1964.

KAUFMANN A., HENRY-LABORDERE A. - *Méthodes et modèles de la recherche opérationnelle,* tome III, Dunod, 1974.

KAUFMANN A., CRUON R. - *La programmation dynamique et ses applications,* Paris, Dunod, 1965.

KAUFMANN A., CRUON R. - *Les phénomènes d'attente,* Paris, Dunod, 1962.

LESOURNE J. - *Technique économique et gestion industrielle,* Paris, Dunod, 1958.

MALGRANDE Y., DENIS-PAPIN M. - *Exercices de calcul booléien,* Paris, Eyrolles, 1966.

MAURIN H. - *Programmation linéaire appliquée,* Paris, Technip, 1967.

MOTHES J. - *Prévisions et décisions statistiques dans l'entreprise,* Paris, Dunod,1962.

MULLER Y. - *Organisation et recherche opérationnelle,* Paris, Eyrolles, 1964.

PONSSARD J.P. - *Logique de la négociation et théorie des jeux,* Paris, Les éditions d'organisation, 1977.

ROSENSTHIEL P., GHOUILA-HOURI A. - *Les choix économiques. Décisions séquentielles et simulation,* Paris, Dunod, 1960.

ROY B.et autres - *Les problèmes d'ordonnancement,* Paris, Dunod, 1964.

ROY B.(col. HORPS). *Algèbre moderne et théorie des graphes,* 2 t., Paris, Dunod, 1970.

SACHE A.- *La théorie des graphes,* Que sais-je ? n° 1554, Paris, P.U.F., 1974.

SHUBIK M. - *Stratégie et structure du marché,* Paris, Dunod, 1964.

TAKACS L. - *Processus stochastiques, problèmes et solutions.* Paris, Dunod, 1964.

VAJDA S. - *Théorie des jeux et programmation linéaire,* Paris, Dunod, 1959.

N.B.- 1) Les lecteurs qui désireraient avoir une idée suffisante des mathématiques modernes pour la lecture du présent ouvrage pourraient se reporter à : *Mathématiques pour l'informaticien* (tome 1) par R. FAURE et B. LEMAIRE, Paris, Gauthier-Villars,1973.

2) Ceux qui désireraient accéder au niveau supérieur de la recherche opérationnelle, mais *dans un esprit toujours pratique,* à :

COLLECTION PROGRAMMATION, SERIE RECHERCHE OPERATIONNELLE APPLIQUEE

1. *Chemins et flots, Ordonnancements* par R. FAURE, C. ROUCAIROL et P. TOLLA, Paris, Gauthier-Villars, 1976.
2. *Les processus stochastiques, leurs graphes et leurs usages,* par Ph. CHRETIENNE et R. FAURE, Paris, Gauthier-Villars, 1974.
3. *Eléments de programmation dynamique,* par J.L. LAURIERE, Paris, Gauthier-Villars, 1979 .
4. *Fiabilité, usure et renouvellement des équipements,* par R. FAURE et J.L. LAURIERE, Paris, Gauthier-Villars, 1974.

Aubin Imprimeur
LIGUGÉ, POITIERS

Dépôt légal : octobre 1991
Dépôt légal de la 1re édition : 2e trimestre 1968
N° d'impression L 38667
Imprimé en France